深 度 学 习

（上）

张宪超　著

科 学 出 版 社
北 京

内 容 简 介

本书对所有主要的深度学习方法和最新研究趋势进行了深入探索。全书分为上下两卷，五个部分。上卷包括两个部分：第一部分是基础算法，包括机器学习基础算法、早期神经网络算法、深度学习的正则化方法和深度学习的优化方法；第二部分是判别式模型，包括卷积神经网络（CNN）、循环神经网络（RNN）、长短期记忆模型（LSTM）、注意力机制和记忆网络。下卷包括三个部分：第三部分是生成式模型，包括深度置信网络/深度玻尔兹曼机、自编码器（AE）/变分自编码器（VAE）、生成对抗网络（GAN）、像素级生成、深度聚类等；第四部分是前沿技术，讨论深度强化学习；第五部分是安全保障，包括深度学习的可解释性和对抗样本的攻击与防御。本书特别注重学术前沿，对包括胶囊网络在内的当前最新成果进行了细致的讨论。全书构建了一套明晰的深度学习体系，同时各章内容相对独立，并有辅助网站（http://deeplearningresource.com）在线提供大量论文、代码、数据集和彩图等学习资源供读者边实践边学习。

本书适合人工智能相关领域的科研人员、工程师阅读，也可以作为人工智能、自动化和计算机等专业的研究生和高年级本科生的学习材料。

图书在版编目（CIP）数据

深度学习. 上 / 张宪超著. —北京：科学出版社，2019.7

ISBN 978-7-03-059834-9

Ⅰ. ①深… Ⅱ. ①张… Ⅲ. ①机器学习 Ⅳ. ①TP181

中国版本图书馆 CIP 数据核字(2018) 第 280839 号

责任编辑：杨慎欣 常友丽 / 责任校对：韩 杨
责任印制：吴兆东 / 封面设计：无极书装

科 学 出 版 社 出版
北京东黄城根北街 16 号
邮政编码：100717
http://www.sciencep.com

北京凌奇印刷有限责任公司 印刷
科学出版社发行 各地新华书店经销
*
2019 年 7 月第 一 版 开本：787×1092 1/16
2022 年 7 月第四次印刷 印张：28 1/2
字数：730 000

定价：168.00 元
（如有印装质量问题，我社负责调换）

　　山重水复疑无路，柳暗花明又一村。神经网络经过几起几落，在沉寂了近 20 年之后，2012 年以来又得到世人的广泛关注，自 2016 年开始全方位再度爆发。神经网络再次振兴的根本原因在于人们找到训练深度网络的有效方法，并且开发了很多新的深度模型，这些模型及训练方法被统称为深度学习。近年来，深度学习在几乎所有分类和预测任务上超过以往模型，在图像、语音等的识别精度方面甚至超过人类，引发了人工智能的新一轮热潮。尽管近 60 年来人工智能已经出现几次热潮，但这次热潮明显不同于以往，它得到了世界各国学术界、产业界、政府和军队的高度关注。人们普遍认为，人类已经开启通向智能时代的列车，若干年后，人类将和人工智能共存。2016 年以来，美国、英国、法国、德国、日本等国家纷纷制定人工智能发展战略。我国于 2017 年 7 月印发《新一代人工智能发展规划》。这一切的关注和行动都归功于深度学习的出现和极速发展。如果说深度学习、大数据和高性能计算是带领人类进入智能时代的三驾马车，那么深度学习无疑是其中的领跑者。2019 年 3 月 27 日，ACM 宣布将 2018 年度图灵奖授予深度学习之父 Yoshua Bengio、Yann LeCun 和 Geoffrey Hinton，他们使深度神经网络成为计算的关键元素。

　　神经网络的发展可追溯到一个多世纪前。1890 年，James 出版了 *Physiology*，首次阐明了有关人脑结构功能及相关学习联想记忆的规则。1943 年，Mccullocb 和 Pirts 提出了神经元突触模型中最原始最基本的模型——MP 模型，可完成任意有限的逻辑运算。1949 年，Hebb 通过对大脑神经细胞的人类学习行为和条件反射的观察和研究，提出了神经元学习的一般规则——Hebbian 学习规则。1958 年，Rosenblatt 模拟实现了感知机（perceptron），给出了两层感知机的收敛定理，建立了第一个真正的神经网络模型。这个模型可以完成一些简单的视觉处理任务，这引起了轰动。整个 20 世纪 60 年代，这一方向的研究工作都很活跃，是神经网络的第一次热潮。但是，感知机只能做简单的线性分类任务。1969 年，Minsky 等出版了 *Perceptron*，用数学证明了感知机的弱点，指出它对 XOR（异或）这样简单的非线性分类任务都无法解决。Minsky 等认为，如果将计算层增加到大于两层，则计算量过大，因此研究更深层的网络是没有价值的。Minsky 等的影响力使很多学者放弃了神经网络的研究，神经网络的发展陷入第一次低谷。1982 年，Hopfield 提出了 Hopfield 网络，它引入能量函数的概念，使神经网络的平衡稳定状态有了明确的判据方法，保证了向局部极小值收敛。1986 年，Rumelhart 和 Hinton 等提出了反向传播（BP）算法（反向传播更早由 Linnainmaa 于 1970 年和 Werbos 于 1974 年分别提出，但未得到广泛关注），解决了两层神经网络所需要的复杂计算量问题，从而带动了神经网络研究的第二次热潮。但是神经网络仍然存在若干问题：训练耗时太久，收敛于局部最优解。神经网络的优化仍然比较困难。1992 年，Vapnik 等提出了支持向量机（SVM），利用核技巧把非线性问题转换成线性问题。支持向量机在若干方面比神经网络有优势：无须调参、高效、有全局最优解。以支持向量机为代表的统计学习方法成为机器学习的主流，神经网络陷入第二次低谷。

2006 年，Hinton 等在 *Science* 上提出了深度置信网络（DBN），它有一个预训练和一个微调的训练过程，大幅度减少了训练多层神经网络的时间。他给多层神经网络相关的学习方法赋予了一个新名词——深度学习。2011 年，微软研究院和谷歌的研究人员先后采用深度神经网络技术降低语音识别错误率 20%～30%，是该领域 10 年来的最大突破。2012 年，Alex 等将 ImageNet 图片分类问题的 top-5 错误率由 26%降低至 15%，自此深度学习引起广泛关注。2013 年，深度学习被《麻省理工学院技术评论》评为当年十大突破性技术之首。2014 年，谷歌将语音识别的精准度从 2012 年的 84%提升到 98%，谷歌的人脸识别系统 FaceNet 在 LFW 数据集上达到 99.63%的准确率。2015 年，微软采用深度神经网络的残差学习方法将 ImageNet 的分类错误率降低至 3.57%，已低于同类实验中人眼识别的错误率 5.1%。2016 年，DeepMind 的深度学习围棋软件 AlphaGo 战胜人类围棋冠军李世石。2016 年和 2017 年是深度学习爆发的两年，这期间深度学习的模型、算法、软硬件实现等各个方面都得到极大的发展。2017 年，从零开始的 AlphaGo-Zero 战胜了 AlphaGo。2017～2018 年的明星技术是生成对抗网络（GAN），它被《麻省理工学院技术评论》评为 2018 年十大年度技术进展。这两年深度学习的可解释性和对抗样本的攻击与防御也是热点话题。2016 年以来，深度学习的应用领域迅速扩张，各大公司也纷纷推出开发平台（著名的有谷歌的 TensorFlow、伯克利的 Caffe、亚马逊的 MXNet、微软的 CNTK 等），极大地推进了人工智能的发展。由于 2016 年以来深度学习在很多领域产生了巨大的影响，因此 2016 年通常被称为深度学习元年。

深度学习还在快速发展中，人们仍在努力改进模型、训练方法和实现方法。深度学习专用芯片也是研究的热点。深度学习还有很多弱点，它依赖大规模数据训练，在小样本学习方面尚乏善可陈。同时，深度学习很大程度上是凭经验发展起来的，没有系统的理论基础。因此深度学习是个黑盒系统，人们对其工作机制缺乏足够的理解。人们还发现深度学习系统很容易被对抗样本欺骗，在安全性和可靠性要求较高的领域尚无法得到实质性应用。对于深度学习，学术界也一直有反对的声音，最主流的意见是它不像人脑。很遗憾，汽车轮子更不像人腿。如果非要让飞行器像鸟一样飞行，人们永远也发明不了飞机。计算机在自然界找不到可对比的东西，而早期的计算机设计者也试图模仿人脑。深度学习作为一个从数据中发现模式和规律的技术，为什么必须要像人脑（当然类脑研究是非常意义的，它另成体系）？人类很多科技进步都是受自然界的启发，但从来没有生搬硬套。事实上，深度学习已经创造了科技史上的奇迹，它在以往神经网络和浅层学习技术的基础上，短短几年迅速发展为一个全新的领域，涵盖内容非常广阔，包括建模、训练、优化、验证、软硬件实现和应用等。作为新一代人工智能的心脏，它可望在很长一段时间内在人工智能各类应用中占主导地位。因此深度学习已成为现代人工智能从业者的必修课。然而，深度学习本身发展非常迅速，及时地整理和系统地论述有相当大的难度，而且需要大量的时间，因此可供参考的书籍相对较少，这也是作者撰写本书的动机。

本书分为上下两卷，五个部分。上卷包括两个部分：第一部分讲述机器学习基础、早期神经网络、深度学习的正则化方法和深度学习的优化方法，这些是理解深度学习必备的基础知识；第二部分是判别式模型，包括卷积神经网络（CNN）、循环神经网络（RNN）和注意力机制（Attention）、记忆网络，尤其重点阐述深度残差网络（ResNet）、长短期记忆模型（LSTM）

等；下卷包括三个部分：第三部分是生成式模型，包括深度置信网络/深度玻尔兹曼机、自编码器、生成对抗网络，尤其重点阐述 Wasserstein 生成对抗网络（WGAN）、变分自编码器（VAE）、深度聚类等；第四部分是前沿技术，讨论深度强化学习；第五部分是深度学习的安全可靠性，包括深度学习的可解释性和对抗攻击与防御。本书写作的目的是探索深度学习的模型、算法、理论和前沿课题，帮助读者深入理解深度学习领域当前最好的成果。以实践为目的的读者可以与 TensorFlow 或 Caffe 等开发平台的指导手册配合使用。本书的内容虽然很多很全，但各章的内容相对独立，这方便读者有选择地阅读。深度学习是一个非常综合的领域，要求读者掌握计算机的基础知识，熟悉一门开发语言，具备一定的线性代数、概率统计、数值优化等数学基础。若读者对信息论、控制论、博弈论等有一定了解则更有帮助。

谈到深度学习，最经典的著作无疑是 Goodfellow、Bengio 和 Courville 被称作"花书"的 *Deep Learning*（MIT Press，2016）。该书作者是深度学习领域的领军人物，他们对深度学习的理解是非常深刻的。该书的写作也是高屋建瓴，非常有参考价值。但是，该书毕竟是 2016 年出版的（中译本《深度学习》于 2017 年由人民邮电出版社出版），其参考文献都是 2015 年以前的。而 2016 年和 2017 年是深度学习爆发的两年，很多革命性的模型和技术被发现或深入发展，例如著名的深度残差网络、生成对抗网络（Goodfellow 是生成对抗网络的发现者，但他的书并没有详细介绍生成对抗网络，可能他在写书时还没有意识到生成对抗网络后来会产生如此大的影响）等。本书则在完整论述深度学习主流技术的同时，尽可能涵盖更多最新的内容，从而帮助读者更好地了解深度学习的前沿进展。这些内容取材于 ICML、NIPS、ICLR、CVPR、IJCAI、AAAI 等顶级会议以及 *JMLR*、*TPAMI* 等顶级期刊，尤其重点关注会议最佳论文等。也就是说，本书将选取截止到今日具有代表性的最前沿工作（包括被 AAAI 2018、ICLR 2018、CVPR 2018 和 ICML 2018 录用的最新论文）。本书是目前唯一一本系统讨论"打开黑盒——深度学习的可解释性"和"对抗样本攻击和防御——深度学习的鲁棒性"的著作，这两方面是深度学习目前面临的最大挑战。另外，本书还专门讨论深度聚类，这也是其他著作没有涉及的内容。

除了书上讲述的内容，作者也将在线提供大量论文、代码、数据集和彩图等学习资源。同时，由于深度学习发展迅速，作者将每年增加一些最新成果作为补充材料以飨读者。读者可以访问 http://deeplearningresource.com 以获取上述资源和补充材料，本书图片对应的彩图也可以在此下载。总之，作者尽最大努力帮助读者梳理和学习深度学习这一前沿技术。作者才疏学浅，水平和能力有限，书中可能有不足之处，还望广大读者不吝指教。

张宪超
2018 年 6 月于大连燕南园

目　　录

深度学习概述

■1.1 人工智能与深度学习

人工智能（artificial intelligence, AI）是当今世界最热点的话题。自 1956 年达特茅斯会议上人工智能概念的提出，人工智能已有 60 多年的历史。这期间人工智能经历了数次高潮也有过数次低谷。今天，我们正处于人工智能的第三次热潮——深度学习时代。人工智能这次热潮的影响远远大于以往，它引起了世界各国的广泛关注。2015 年以来，美国白宫科技政策办公室连续发布了《为人工智能的未来做好准备》《国家人工智能研究和发展战略计划》和《人工智能、自动化与经济报告》3 份报告。2016 年，美国白宫成立了机器学习与人工智能分委会，专门负责协调人工智能的研发工作。2015 年，德国经济部启动"智慧数据项目"，人工智能是其中的重点。2016 年，英国政府科学办公室发布《人工智能对未来决策的机会和影响》报告，表示将利用独特的人工智能优势增强英国国力。2017 年，法国经济部与教研部发布《人工智能战略》，将人工智能纳入原有创新战略与举措中。2017 年，日本政府制定了人工智能产业化路线图。我国政府于 2017 年印发《新一代人工智能发展规划》，提出了面向 2030 年我国新一代人工智能发展的指导思想、战略目标、重点任务和保障措施。可以看出，在这次热潮中，世界各国的政府、企业和军队均对人工智能的深入发展充满信心。而这一切的根本动力就是深度学习技术的发展。

那么什么是人工智能呢？笼统地说，人工智能是模拟、延伸和扩展人的智能的科学。具体地，人工智能尚无一致的定义。表 1.1 给出人工智能的 8 种定义（Russell et al., 2013），其中上两行的定义关注思维过程，下两行的定义关注行为。左侧的定义以是否逼近人类为衡量标准，右侧定义以合理性为衡量标准。这 8 种定义代表了人们实现人工智能的 4 种不同的途径，这 4 种途径既互相竞争又相互协作。从哲学的角度，人工智能又分为弱人工智能和强人工智能。弱人工智能是指"机器能够智能地行动"（其行动看起来如同它们是有智能的）；强人工智能是指"能够智能行动的机器确实是在思考"（不只是模拟思考）（Russell et al., 2013）。事实上，我们今天讨论的人工智能均属弱人工智能。目前尚无迹象表明基于现有的物理器件（硅基电路）和数学基础（线性代数、概率统计等）能否实现强人工智能。人工智能"威胁论"等基本来自未来学家。

表 1.1 组成 4 类人工智能的 8 种定义（Russell et al., 2013）

类别	定义	类别	定义
像人一样思考	使计算机思考，即有头脑的机器	合理地思考	通过使用计算模型来研究智力
	与人类思维相关的活动，诸如决策、问题求解等的自动化		使感知、推理和行动成为可能的计算的研究

续表

类别	定义	类别	定义
像人一样行动	能执行一切功能的机器,当人执行这些功能时需要智能	合理地行动	研究基于计算技术的智能体设计
	如何使计算机能做那些目前人比计算机更擅长的事情		关心人工制品中的智能行为

实现人工智能需要使机器具备机器学习、自然语言处理、计算机视觉、计算机听觉、推理与决策、行为控制等功能,而机器学习则几乎是实现人工智能一切其他功能的基础。机器学习是这样一门学科,它致力于研究如何通过计算的手段,利用经验改善系统自身的性能(周志华,2016)。在计算机系统中,"经验"通常以"数据"的形式存在,因此,机器学习的主要内容是关于从数据中提取"模式"的算法。机器学习算法的性能很大程度上依赖于给定数据的表示。事实上,在整个计算机科学乃至日常生活中,对表示的依赖是个普遍现象。很多人工智能的任务可以通过如下方式解决:提取一个合适的特征集,然后将这个特征提供给一个学习算法(Goodfellow et al., 2016)。但通常我们很难知道应该提取哪些特征。早期的机器学习算法需要手动设计特征,这耗费大量的人力和时间。因此,要在更多的领域实现人工智能,需要机器学习能够自动地挖掘表示,这种方法称为表示学习。学习到的表示往往比手动设计的任务表现得更好,并且它们只需很少的人工参与,就能让系统适应新的任务。但是,从原始数据中提取高层次、抽象的表示是非常复杂的。深度学习将表示学习所需的复杂映射分解为一系列嵌套的简单映射来解决这一难题。深度学习(deep learning)也称深度结构学习或分层学习,是一类通过多层表示来对数据进行建模的方法。它通过一种深层的非线性网络结构表征数据,从而实现复杂函数逼近,展现出强大的学习数据本质特征的能力。因此,深度学习是一种机器学习方法,是一种实现(弱)人工智能的有效途径(图1.1)。

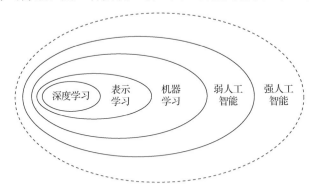

图 1.1　深度学习、机器学习与人工智能（外围虚线表示能否实现强人工智能目前是未知的）

1.2　深度学习的发展

1.2.1　深度学习的提出

1958 年,心理学家 Rosenblatt 提出了第一个可以模拟人类感知能力的感知机(perceptron)模型(Rosenblatt, 1958),奠定了人工神经网络(artificial neural network, ANN)的基础。1969年,随着感知机的瓶颈被提出(Minsky et al., 1969),刚刚兴起的人工神经网络研究热潮突然遭受到沉重的一击。这也使得在之后的 70 年代，人工神经网络的发展一度陷入低迷，人们仿佛感觉到以感知机为基础的神经网络研究走到了尽头，几乎所有为神经网络研究投入的资源都枯竭了，这在人工智能发展史上写下了极其灰暗的一页。

尽管人工神经网络的研究陷入了前所未有的低谷，但仍有为数不多的科学家坚持致力于人工神经网络的研究。20 世纪 80 年代，Rumelhart 和 McClelland 的研究小组发表文章（Rumelhart et al., 1986a），对具有非线性连续变化函数的多层感知机的误差反向传播算法进行了详尽的分析，进而推动了反向传播（back propagation, BP）算法的提出。时至今日，虽然 BP 算法不断地演化和发展，目前它仍然是用来训练人工神经网络常用且有效的方法之一。

然而，尽管多层感知机的研究瓶颈得到了一定的突破，应用反向传播算法的 BP 神经网络模型中出现了新的问题。1993 年，Bengio 等指出基于局部梯度下降方法实现权值的调整可能会带来梯度消失（gradient diffusion）现象（Bengio et al., 1993），并且这种情况会随着网络层数的增多愈发严重，这一问题的产生使得神经网络的发展再一次陷入了停滞。

2006 年，Hinton 等在世界顶级学术期刊 *Science* 上发表文章，正式提出深度学习的概念（Hinton et al., 2006a）。他们利用对模型训练方法的改进打破了 BP 神经网络发展的瓶颈，将神经网络又一次推回到大众的视线。在这篇文章中，Hinton 等提出一个深度自编码网络结构，即通过高维数据的降维与重构，学习得到初始化权值的算法。算法分为三个部分（图 1.2）：预训练、展开以及微调。预训练阶段由多个受限玻尔兹曼机（restricted Boltzmann machine, RBM）组成，每个 RBM 包含且仅包含一层特征检测器，上一个 RBM 所得到的特征作为下一个 RBM 训练的"数据"来源。在预训练之后，将 RBM 展开并由此构建一个深度自编码器，然后通过误差的反向传播进行微调，从而实现高维数据的重构。

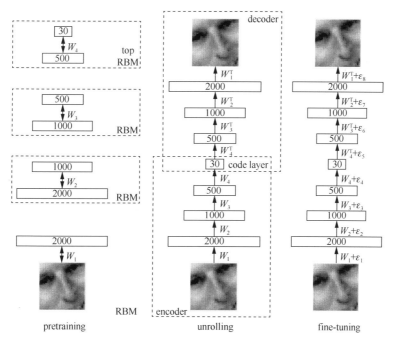

图 1.2　深度学习基础网络结构图（Hinton et al., 2006a）

pretraining：预训练。unrolling：展开。fine-tuning：微调。top：顶层。decoder：解码器。code layer：编码层。encoder：编码器

这篇文章的主要贡献有两点：①明确了神经网络的学习能力。说明了多层人工神经网络

模型具有很强的特征学习能力，而利用文章提出的深度学习模型所学习到的数据特征更贴合原始数据，更具有代表性，这可以使得模型更好地完成分类任务。②提出了逐层预训练的初始化方法。利用单层的 **RBM** 自编码预训练，将上层训练学习到的特征激活作为下层训练过程中用到的初始化参数，使得深层神经网络训练达到最优成为可能。

可以将深度学习简单地理解为传统神经网络的拓展，人工神经网络作为深度学习的起源，二者的模式和原理具有许多相似之处，例如，二者都采用了相似的分层结构——输入层、隐藏层（中间层）、输出层，相邻层各节点之间相互连接，同一层或跨层节点之间均无连接，如图 1.3 所示。这种分层结构是对人类大脑结构的模拟，每一层可以看作是一个逻辑斯谛回归（logistic regression）模型。

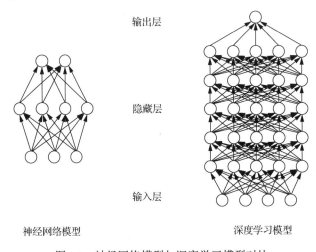

图 1.3　神经网络模型与深度学习模型对比

由于深度学习模型的层次深（如图 1.3 所示隐藏层为 5 层，通常可以有更多层的隐藏层节点）、表达能力强，因此其具有训练大规模数据的能力。对于图像、语音等特征不明显（有时甚至需要手工设计分类特征）的数据的训练过程，使用深度学习模型能够得到更好的效果。

1.2.2　深度学习的发展历程

深度学习的概念起源于人工神经网络的研究。最早地，具有多个隐藏层的多层感知机模型就是一种基础的深度学习结构。从根本上来说，深度学习通过对低层特征的组合形成更加抽象的高层表示的属性类别或特征，学习到数据的分布式特征表示。作为机器学习的一个子领域，讨论深度学习的发展历程就要追溯到与之相对应的浅层结构。深度学习是相对于简单学习或浅层结构而言的，在深度学习之前，绝大多数的机器学习和信号处理技术所采用的都是浅层结构，通常只包含一层或两层的非线性特征变换。典型的浅层结构包括常用的高斯混合模型（Gaussian mixture model, GMM）、隐马尔可夫模型（hidden Markov model, HMM）、条件随机场（conditional random field, CRF）、最大熵模型（maximum entropy model, MaxEnt）、支持向量机（support vector machine, SVM）、核回归以及多层感知机。其中，SVM 分类模型最为成功，它使用一个浅层线性分离模型，依靠核函数将在低维空间中无法划分的不同类别数据映射到高维空间，进而寻找使分类结果达到最优的超平面。浅层结构利用一层或两层的简单层结构将原始输入数据映射到特定的空间中进行特征的提取和甄别。通过这种简单结构执行分类任务速度非常快，但是，浅层结构也体现出明显的不足：当浅层结构应用于复杂情况时，其泛化能力受到简单结构的限制，对于自然信号所反映的复杂函数的表示能力有限（例如人类语音、自然语言和声音、自然图像和视觉信号等复杂信号）。然而，人工智能就意味着要求机器去学习和模仿人类信息的处理机制（例如人类的视觉系统），而人类神经系统本身就存在着分层的特点，这就需要通过建立深度结构来探索视觉感官输入信息所蕴藏的复杂结构，并完成模仿和解读，从而构建可理解的特征表示，在这一点上浅层结构是完全不够的。为了应对视觉、听觉等自然信号的处理任务，需要对简单结构进行进一步扩充，这就推动了基于深层神经网络的深度学习模型和算法的提出和发展。

1.2.2.1　神经网络的第一次热潮

深度学习是在早期人工神经网络的基础上进一步发展而来的表示学习方法。在人工智能产生和发展的数十年时间里，人工神经网络共经历了三次比较大的热潮。讨论人工神经网络的第一次热潮就要回溯到距离现在比较久远的 20 世纪 40 年代到 60 年代，此时，神经网络的前身被称为控制论（cybernetics）。在这段时间里，随着人工神经网络的概念和 MCP 神经元模型的提出以及神经心理学等生物学习理论的发展（Hebb, 1949），人类进入了人工神经网络的研究时代。

1943 年，神经学家 McCulloch 和数学家 Pitts 推测了神经元的内部工作机制。基于这些发现，他们对原始的神经网络进行了建模，这个模型就是最早的人工神经元模型——McCulloch-Pitts 神经元（即 MCP 神经元）模型（McCulloch et al., 1943），MCP 神经元模型的提出也为之后的感知机的提出和发展做出了铺垫。1950 年，英国著名数学家和逻辑学家、被誉为计算机科学与人工智能之父的 Alan Mathison Turing 发表了具有划时代意义的《机器能思考么？》，并提出图灵测试（Turing testing）的设想（Turing, 2009）。1958 年，心理学家 Rosenblatt 提出的第一个可以模拟人类感知能力的模型和机器——感知机（Rosenblatt, 1958）是具有单层计算单元的神经网络，能够实现单个神经元的训练。感知机是历史上首个依靠算法精确定义神经网络的数学模型，同时也是之后许多神经网络模型的始祖。同一时期，Widrow 等提出了最早的自适应线性元件（adaptive linear element, ADALINE）（Widrow et al., 1960），它也是早期的神经网络模型之一。自适应线性元件采用的是 Widrow-Hoff 学习规则，用于调节 ADALINE 权重的训练算法是随机梯度下降（stochastic gradient descent, SGD）算法的一种特例，在此基础上稍加改进后的随机梯度下降算法仍然是现今深度学习领域广泛应用的优化算法之一。1960 年，Kelley 提出控制论（Kelley, 1960），他的理论被应用到人工智能和人工神经网络领域的研究当中，是早期训练神经网络的连续反向传播模型的基础。1965 年，数学家 Ivakhnenko 和 Lapa 合作创建了首个深度学习网络，这是一个针对监督深度前馈多层感知机的通用、可行的学习算法，首次将理论应用于实践。此外，Ivakhnenko 还提出了一项核心技术——数据分组处理（group method of data handing, GMDH），这是一种基于计算机数学模型的多参数数据集归纳算法，能够自动建模并优化参数（Ivakhnenko et al., 1965）。

这些简单学习算法的出现大大促进了机器学习的发展。但在 20 世纪 60 年代末期，基于线性模型的感知机受到了线性模型本身所带有的局限性的限制，它被证明不能用于处理诸多模式识别问题。1969 年，Minsky 等证明了感知机不能用于学习简单的异或（XOR）函数等线性不可分问题（Minsky et al., 1969）。由于 Minsky 的巨大影响力，有关感知机和人工神经网络的研究进入冰河期。

1.2.2.2　神经网络的第二次热潮

神经网络的第二次热潮很大程度上是伴随着 1980～1995 年的连接机制（connectionism）

或并行分布处理（parallel distributed processing）运动而出现的（McClelland et al., 1986; Rumelhart et al., 1986b）。连接机制的中心思想在于：对神经网络而言，智能行为的实现依托于大量的简单计算单元的连接。这种思想同样适用于与计算模型中隐藏单元作用类似的生物神经系统中的神经元。在这段时间里，重要的成就之一就是反向传播算法的提出和成功运用（LeCun, 1987; Rumelhart et al., 1986b）。它是一种广为人知的学习算法，在学习网络参数方面有着很好的效果，可以使用反向传播来训练具有一两个隐藏层的神经网络。

1982 年，日本科学家 Fukushima 等提出了"新认知机"（neocognitron）的概念（Fukushima et al., 1982），它也是现在流行的卷积神经网络（convolutional neural network, CNN）的前身。1982 年，Hopfield 提出了一种可以用于构建联想存储器的互连网络，该网络也被命名为 Hopfield 网络模型，简称 Hopfield 模型（Hopfield, 1982）。它是一种综合存储系统，从输出到输入有反馈连接，可以看作是一种早期的循环神经网络（recurrent neural network, RNN）模型。即使在今天，Hopfield 模型也依然是当前流行的深度学习实现工具之一。1988 年，Hinton 等发表论文，首次对如何利用 BP 算法有效地训练神经网络进行了系统性描述（Hinton et al., 1988）。从这一年开始，BP 算法在有监督的神经网络算法中一直占据着核心地位。它描述了如何利用错误信息，从最后一层（输出层）开始一直到第一个隐藏层，逐步调整权值参数，从而达到学习的目的。与此同时，Hinton（1986）还提出了分布式表示（distributed representation）的概念：对某种语言来说，在训练过程中将每一个词映射到一个固定长度的向量表示，所有的这些向量表示聚集在一起就可以形成一个词向量空间；借助空间属性，在词向量空间中引入"距离"的概念，每个词向量对应空间中的一个数据点；根据数据点之间的距离度量词向量的距离，从而判断词与词之间在语义、语法等方面的相似性。这一概念在今天的深度学习领域仍然非常重要。同一时期，Jordan 提出了"循环"（recurrent）的现代定义（Jordan, 1986），他的模型后来也被称为 Jordan 网络。循环神经网络是神经网络的一种，其神经元连接形成了有向循环，这种性质赋予它处理时间数据的能力。不久之后的 1990 年，Elman 发明了另一种形式略有不同的循环神经网络，称为 Elman 网络（Elman, 1990）。Elman 网络是针对语音处理问题而提出的，它是一种典型的局部回归网络（global feed forward local recurrent），可以将它看作是一个具有局部记忆单元和局部反馈连接的递归神经网络。与 Jordan 网络不同的是，它引入了从隐藏层传递信息的可能性，显著提高了结构设计的灵活性。在另一个领域，Rumelhart 等（1986b）提出了自编码器的概念，并将其用于高维复杂数据的处理任务，促进了神经网络的发展，这也是自编码器的最早期模型。1989 年，LeCun 等发表论文，确立了卷积神经网络的现代结构，后面又对它进行了完善。在经过许多次的成功迭代后，大名鼎鼎的 LeNet-5 诞生于 1994 年，他们将 CNN 结构与 BP 理论相结合，利用 BP 算法训练 CNN 并实现了这种多层结构的人工神经网络（LeCun et al., 1998）。LeNet-5 是一个可用于读取和识别手写数字的学习方法，初步实现了手写数字的分类。作为较早的深层卷积神经网络模型之一，LeNet-5 在很大程度上推动了深度学习的提出和发展，其诸多特性现在依然在流行的卷积神经网络模型中使用。从历史的角度来说，LeNet-5 是奠定了现代卷积神经网络模型的基石之作。1989 年，Watkins 提出了 Q 学习的概念（Watkins, 1989），并且明确了强化学习的实用性和可行性。1993 年，德国计算机科学家 Schmidhuber 解决了一个具有代表意义的"很深度学习"的难题，实现了包含 1000 个隐藏层的循环神经网络，这使得神经网络处理复杂问题的能力有了跨越性的发展（Schmidhuber et al., 1993）。1997 年，Hochreiter 等提出并设计了一种循环神经网络的框架——长短期记忆（long short-term memory, LSTM）网络（Hochreiter et al., 1997）。与传统的循环神经网络相比，它可以"记住"更长时间的信息，适用于处理时间序列中间隔或延迟相对较长的重要事件，能够学习到长期依赖信息，有效解决了循环神经网络建模中的长序依赖问题，提高了循环神经网络的效率和实用性。LSTM 的普适性极高，可能的变化非常多，以LSTM 为基础的衍生版本也在日益增多。如今，LSTM 在许多序列建模任务中均有着广泛的应用，基于 LSTM 的系统可以完成语音及图像识别、手写识别、语言翻译、图像分析、文档摘要等任务。近几年，谷歌还将 LSTM 应用在 Android 智能手机的语音识别软件中，并获得了不错的效果。1998 年，LeCun 等将经典的随机梯度下降算法与反向传播算法相结合，提出了基于梯度的学习算法（LeCun et al., 1998），这一想法的提出具有开创性的意义。

随着神经网络领域的热度持续高涨，人们对神经网络发展的预期也逐渐超出了当时的技术条件，有关神经网络的研究逐渐呈现出现实与预期不平衡的局面。一方面，从内部条件来看，在神经网络模型不断发展的同时，训练方法并没有跟上模型发展的脚步，使得神经网络训练速度比较慢，在层次比较少（小于等于 3）的情况下神经网络的效果并不比其他方法更优；另一方面，机器学习其他领域的研究取得了不错的成果，例如在 20 世纪 90 年代被提出的核学习机（Cortes et al., 1995; Boser et al., 1992）以及图模型（Jordan, 1998）等都实现了很好的效果，这就使得神经网络的重要性逐渐降低。因此，之后有 20 多年的时间，神经网络所受到的关注极少，这段时间基本上是 SVM 和 boosting 算法的天下。从外部条件来看，随着神经网络发展的火热，许多 AI 技术企业变得野心勃勃，在寻求投资时开始做出一些不切实际的承诺，并且无法完成。当现有的 AI 技术不能实现这些不合理的期望时，投资者开始对 AI 技术感到失望继而放弃投资，神经网络领域的相关研究变得逐渐艰难起来。自此，神经网络研究的第二次热潮从 20 世纪 90 年代中期逐步走向了停滞，直到 2006 年深度学习的提出。

以现在的眼光来看，在 20 世纪 80 年代就存在的算法（如 BP、CNN、LSTM 等）已经可以获得非常好的效果。即便是现在，这些算法也是深度学习领域非常重要的方法。然而，可能是由于这些算法的计算复杂度太高，受当时的技术和硬件条件所限，算法的优越性直到 2006年前都没能体现出来，可用于训练深度神经网络的高效方法一直是空白的。

1.2.2.3　神经网络的第三次热潮

神经网络发展的第三次热潮就是目前正火热的深度学习时代。从 2006 年开始，"深度学习"这一术语开始进入人们的视野，相关技术逐步得到广泛的应用，神经网络研究正式进入深度学习的时代。随着深层神经网络结构的提出、初步发展进而衍生和拓展，深度学习开始依据网络结构的不同划分为不同的领域，包括引起深度学习热潮的深度置信网络和深度玻尔兹曼机、发展自神经网络早期模型的 CNN 和 RNN、最近大热的生成对抗网络和变分自编码器、最新提出的 Pixel 和 Capsule 等。各个领域模型的衍生和发展相互交织，为了保证叙述的清晰和准确，我们将在本节分别对这些模型进行详细的介绍。

1. 深度置信网络与深度玻尔兹曼机

神经网络研究的第三次热潮开始于 2006 年。这一年，Hinton 等分别在 *Science* 和 *Neural Computation* 上发表论文（Hinton et al., 2006a, 2006b），提出了一种深度生成模型——深度置信网络以及一种高效的无监督学习算法——逐层预训练（layer-wise pre-training）算法。逐层预训练算法是一种巧妙的初始化方式，将参数值设定在适当的范围内从而进行进一步的微调，这一算法的提出对深度网络的发展具有非常大的意义，有关于预训练算法的证明对后来微调过程的成功起到了关键作用。深度置信网络与之后提出的深度玻尔兹曼机（Salakhutdinov et al.,

2009）共同重新燃起了 AI 领域对于神经网络和玻尔兹曼机（Boltzmann machine, BM）研究的热情，并由此掀起了深度学习的热潮。

作为一种概率生成模型，深度置信网络（deep belief networks, DBN）是由一系列的受限玻尔兹曼机（RBM）堆叠组成的。研究者以 DBN 的权重最优化问题为出发点，逐层实现了对权重的有效训练，初步解决了深度模型相关的最优化难题。这种算法的时间复杂度与网络的大小和深度呈线性相关，在初始化多层感知机权重的过程中，使用配置好的 DBN 可以得到比随机初始化更好的结果，之后，这种贪心、分层的训练机制和方法逐渐被应用到更多的模型训练过程中。

深度玻尔兹曼机（deep Boltzmann machine, DBM）与深度置信网络有许多相似之处，它们都是起源于 RBM 思想的深度神经网络，都依赖分层预训练算法实现了模型的参数学习。不同的是，DBM 的双向结构（指近似推理程序所具有的自顶向下的反馈特性，以及初始的自下而上传播的可能性）使之能够更好地传输歧义输入的不确定性，从而具备学习更加复杂数据模式的能力。

2. 卷积神经网络

普遍认为，卷积神经网络的出现开始于 LeCun 等提出的 LeNet 网络（LeCun et al., 1998），可以说 LeCun 等是 CNN 的缔造者，而 LeNet-5 则是 LeCun 等创造的 CNN 经典之作。但在 LeNet 之前，还存在着一个更加古老的 CNN 模型。

1985 年，Rumelhart 等提出了反向传播，即 BP 算法（Rumelhart et al., 1986c），这一算法的提出使得神经网络的训练变得简单可行，从而使得多层神经网络的发展成为可能。1990 年，LeCun 等在此基础上发表文章（LeCun et al., 1990），提出利用 BP 算法训练多层神经网络并应用于手写邮政编码的识别，这可以看作是卷积神经网络的雏形。然而，尽管 LeCun 等在这篇文章中用到了 5*5 的（卷积核）结构，但并未提及卷积或卷积神经网络的概念。

1998 年，LeNet-5 的提出使得卷积神经网络结构正式进入人们的视野，它是最早的卷积神经网络模型，其中的网络结构框架沿用至今。LeNet-5 是一种简单的 5 层卷积神经网络结构，可用于基本的手写数字图像特征的读取和识别，初步实现了手写数字的分类任务。然而，其多层网络的结构使得计算规模异常庞大，在当时并没有可支持的机器设备，这也使得 LeNet-5 在之后的很长一段时间内都未能真正地流行起来。这一问题后来通过 GPU 得以解决，进而推动了 AlexNet 等卷积神经网络的出现。

虽然深度学习概念提出于 2006 年，但直到 2012 年它才真正火热起来。在此期间出现了一个非常重要的事件——ImageNet 竞赛，它极大地推动了卷积神经网络乃至深度学习的发展。随着 ImageNet 竞赛的持续升温，研究将卷积神经网络应用于图像识别任务的工作变得非常流行，在早期卷积神经网络 LeNet-5 的基础上发展出许多新的变形。我们结合 ImageNet 竞赛的结构回顾一下近几年 CNN 在图像识别领域主要的发展成果。

2009 年，斯坦福大学人工智能实验室（Stanford Artificial Intelligence Laboratory, SAIL）负责人李飞飞启动了 ImageNet 项目，即现今全球最大的图像识别数据库。截至 2016 年，ImageNet 数据库中涵盖了超过 1500 万张由人工注释的带标签图片，并且标签类别超过了 2.2 万个。在这些带标签图片中，有超过 100 万张图片提供了边框（bounding box），这些图片被打上标签并通过英文词汇数据库 Wordnet 管理。ImageNet 为深度学习及相关领域的研究人员、教育工作者和学生提供了可利用的有标签图片数据，可以应用于图像识别等计算机视觉相关领域的测试和训练。它不仅是计算机视觉领域发展的重要推动者，也是神经网络第三次热潮（即深度学习）的关键驱动力之一。以 ImageNet 为数据来源的软件竞赛——ImageNet 大规模视觉识别挑战赛（ImageNet large scale visual recognition challenge, ILSVRC），简称 ImageNet 竞赛，自 2010 年起每年举办一次（图 1.4）。在很长一段时间内，ImageNet 竞赛都是深度学习领域，尤其是计算机视觉领域关注度较高的年度赛事之一，也是致力于图像识别研究的各团队展示实力的竞技场。ImageNet 竞赛的终极目标是提高多层分类框架的准确度，作为一个与实际应用相关的竞赛，这种对准确度的追求必须在考虑实际推理时间的情况下进行。在 ImageNet 竞赛中，按照计算机视觉领域基础的人工智能任务进行分组，这些任务均有着广阔的工业应用前景，各团队相互比试，看谁能以最高的正确率对物体和场景进行分类和检测。

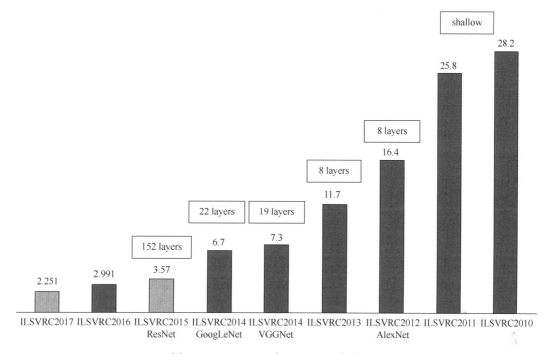

图 1.4　2010～2017 年 ImageNet 竞赛回顾

layers：层。shallow：浅的

　　2012 年，Krizhevsky、Sutskever 和 Hinton 共同发表论文，设计并创造了一种大型深度卷积神经网络——AlexNet（Krizhevsky et al., 2012），并因此获得了 2012 年 ImageNet 竞赛的冠军。AlexNet 是卷积神经网络模型的一种变体，它对早期的 LeNet-5（LeCun et al., 1998）通过修正线性单元和 Dropout 进行了改进。论文中提出的方法（如数据增强和 Dropout）沿用至今。AlexNet 真正展示了卷积神经网络模型的优点，并且在 ImageNet 竞赛中以破纪录的比赛成绩为 CNN 模型的优势做了有力支撑。自 AlexNet 被提出后，更多更深的卷积神经网络也相继出现，它为之后大热的各种 CNN 模型包括 R-CNN、ResNet 等都奠定了基础。

　　2014 年，谷歌的 Szegedy 等设计并实现了 GoogLeNet（Szegedy et al., 2014），它也是第一个 Inception 架构。Inception 架构是对基础卷积神经网络结构的调整，引入 1*1 的卷积块（NiN）以及瓶颈层（bottleneck layer）结构。事实证明，瓶颈层在诸如 ImageNet 这样的数据集上已经表现出了令人惊讶的顶尖水平，这种层结构也被用于之后出现的 ResNet 等架构中。同年，牛津大学的 Simonyan 等设计并提出了 VGGNet（Simonyan et al., 2014）。与之前的成果不同的是，VGGNet 可以通过更小的滤波器（filter）模仿出更大的视野（receptive field）效果。这一思想也被用在了之后更多的卷积神经网络架构中。

2015 年，何恺明等设计并提出具有很深网络层的残差网络 ResNet（He et al., 2016），它使用类似于 Inception 瓶颈层的网络层级结构，从而保证计算量低，同时提供丰富的特征结合。这是使神经网络的有效层数第一次超过一百层的重要成果，在此基础上甚至还能训练出 1000 层的网络。ResNet 的 top-5 错误率达到 3.57%，而在同样的 ImageNet 数据集上，人眼识别的错误率为 5.1%，这也是 CNN 模型的识别能力第一次超过人类。

2016 年，Paszke 等设计并提出了一种高效、轻量的编解码网络 ENet（Paszke et al., 2016），它使用较少的参数和计算量就能达到令人满意的结果，是当前对参数空间利用率较好的架构之一。

2016 年，黄高等发表了 DenseNet，对应的论文后来获得 CVPR 2017 最佳论文（Huang et al., 2017）。它是一种具有密集连接的卷积神经网络，其中任何两层网络之间都有直接的连接，也就是说，网络每一层的输入都是前面所有层的输出的并集，而该层所学习到的特征图也会被直接传给后面所有层作为输入，从而实现特征的重复利用并达到降低冗余性的目的。相较于其他网络，DenseNet 具有参数少、计算量小的特点，从而有效地节约了计算开销。同时，它还具有良好的抗过拟合能力，可用于训练数据相对匮乏的任务。

2017 年，胡杰等提出 SENet（Hu et al., 2017）。网络中包含一种全新的 SE 模块，它通过特征重标定策略建模特征通道之间的相互依赖关系，用学习的方式自动获取每个通道的重要程度，依照这个重要程度去提升有用的特征并抑制对当前任务用处不大的特征。可以将 SE 模块嵌入现在几乎所有的网络结构中，从而获得不同的 SENet。

随着深度学习其他领域的发展以及新型网络结构的提出，基于 ImageNet 的图像识别任务变得不再那么流行，许多处在研究领域前沿的团队逐渐退出了 ImageNet 竞赛，转而投向其他领域的研究。2017 年 7 月，在与计算机视觉领域顶级会议 CVPR 2017 同期举行的"超越 ILSVRC"研讨会上，李飞飞通过主题演讲对 8 年的 ImageNet 竞赛历史进行了总结，并宣布计算机视觉乃至整个人工智能发展史上的里程碑 ILSVRC 将于 2017 年正式结束。至此，利用基础的 CNN 网络应用于图像识别领域的传统任务走到了终点。

在计算机视觉的另一个重要领域——目标检测任务中，CNN 也有许多不错的成果。传统的目标检测主流方法包括可变形部件模型（deformable part model，DPM）（Felzenszwalb et al., 2008）和 OverFeat（Sermanet et al., 2013），前者是一种基于组件的检测算法，而后者则提出一种特征提取算子——OverFeat，将分类任务中提取到的特征应用到目标检测等任务。卷积神经网络流行起来之后，在目标检测领域发展出了新的分支 R-CNN。

2014 年，Girshick 等提出区域卷积网络特征（regions with CNN features，R-CNN）算法（Girshick et al., 2014），它是一种简单可扩展的目标检测算法，是将传统 CNN 应用到目标检测问题上的一个里程碑式的成果。R-CNN 借助了 CNN 良好的特征提取和分类性能，通过区域推荐（region proposal）方法将检测转化为 CNN 擅长的分类问题，从而实现了对目标检测问题的转化并取得了不错的成果。然而在早期的 R-CNN 模型中，region 的数目有数千个并且相互重叠，这直接导致了 R-CNN 中存在着严重的重复计算的问题。

2015 年，Girshick 提出了 R-CNN 的进阶版本 Fast R-CNN（Girshick, 2015）。它是一种基于区域的快速目标检测方法，应用卷积神经网络结构对图像区域进行快速处理，能够解决尺度不变性问题。Fast R-CNN 通过更改 region 的映射方式，使得一张图像中的不同区域之间共享卷积层参数，从而只需对一张图像提取一次特征，解决了重复计算问题，大大地提高了模型的计算速度。为了进一步提升 R-CNN 的性能，2015 年，Ren 等进一步提出了更加先进的

Faster R-CNN 方法（Ren et al., 2015）。它是一种由两个模块组成的目标检测系统，第一个模块利用 CNN 结构完成区域推荐步骤，第二个模块沿用 Fast R-CNN 结构完成目标检测任务。这种双层结构突破了区域推荐算法的瓶颈，使得模型的性能得到进一步提升。

从 R-CNN，到 Fast R-CNN，再到 Faster R-CNN。一路走来，基于卷积神经网络的目标检测方法的流程越来越精简，精度越来越高，速度也越来越快。可以说基于区域推荐的 R-CNN 系列目标检测方法是当前目标检测任务中重要的神经网络方法分支之一。

在图像分割领域，卷积神经网络也发挥了很大的作用。基于 CNN 的分割方法的传统做法是：对一个像素进行分类，使用该像素周围的一个固定大小的图像块作为 CNN 的输入用于训练和预测。这种方法存在以下三个缺点：一是存储开销过大，每个像素需要对应图像块大小的存储空间，这使得算法所需存储空间是原始图像的几十倍甚至几百倍；二是特征来源不充分，每个像素的特征仅由它周围很小的图像块决定，这使得像素特征的描述变得非常不充分；三是计算效率受限，图像块之间存在严重的重叠，这使得重复计算问题变得无法避免，最终导致计算效率低下。

2015 年，Long 等提出全卷积网络（fully convolutional network, FCN）（Long et al., 2015）用于图像分割任务。FCN 将 CNN 中的全连接层转化为多个卷积层使得网络中均为卷积层，故称为全卷积网络。它依靠反卷积上采样技术从抽象的特征中恢复每个像素的所属类别，实现了从图像类别的分类向像素级别的分类的延伸。与传统的图像分割方法相比，FCN 有两个明显的优点：一是可以接受任意大小的输入图像而不必要求所有的训练图像和测试图像具有同样的尺寸；二是避免了由像素块所带来的存储爆炸和重复计算的问题。

在图像超分辨率重建领域，卷积神经网络同样有所成就。2016 年，Dong 等提出卷积神经网络超分辨率模型（super-resolution CNN, SRCNN）（Dong et al., 2016），这也是将深度学习技术应用于超分辨率重建任务的开山之作。SRCNN 的网络结构非常简单，它仅使用了三个卷积层，并且在少量迭代次数的情况下就可以得到超越其他算法的表现结果。作者将这种三层卷积结构解释成三个步骤：图像块的提取和特征表示、特征非线性映射、最终的重建。同年，Kim 等提出深度递归卷积网络（deeply-recursive convolutional network，DRCN）（Kim et al., 2016），并且首次将之前已有的递归神经网络结构应用在超分辨率处理中。同时，利用残差学习中的跳跃连接（skip-connection），加深了网络结构，增加了网络感受野，从而提升了网络性能。

2017 年，Tong 等将 DenseNet 中的稠密块结构应用到了超分辨率问题上，并提出 SRDenseNet（Tong et al., 2017）。它的网络结构可以分成四个部分：首先使用一个卷积层学习低层的特征；接着用多个稠密块学习高层的特征；然后通过几个反卷积层学到上采样滤波器的参数；最后通过一个卷积层生成高分辨率的输出，从而实现超分辨率的重建。然而，原始的 ResNet 被提出用于解决高层的计算机视觉问题，比如图像分类和目标检测等。直接将 ResNet 的结构应用于超分辨率这类低层计算机视觉问题，显然不是最优的。之后被提出的增强深度残差网络（enhanced deep residual network, EDSR）（Lim et al., 2017）是对 SRDenseNet 的简化和升级，其中最有意义的思想是去掉了 SRResNet 中多余的批归一化（batch normalization, BN）操作模块，这样 EDSR 就可以堆叠更多的网络层或者使每层提取更多的特征，从而实现了模型性能的提升。

随着诸如无人机、自动驾驶、气候预测等现代科技的跨越式发展和应用，基于二维平面的图像数据已经不足以满足实际应用的需求。相应地，球形图像的数据量日益增加，处理球形图像的技术变得非常重要。为了解决这一问题，2018 年，Cohen 等设计并提出了一种球形卷积神经网络（S^2-CNN）（Cohen et al., 2018）。球形卷积神经网络采用了满足傅里叶理论的球形相关性技术，依靠快速傅里叶变换算法计算得到球形图像信息，从而捕捉三维流形中的信号，因此可以用于处理球形信号表达和旋转等变性之间的关系。

此外，卷积神经网络在语音合成方面也有所建树。2016 年，DeepMind 公布了其最新成果——WaveNet（Oord et al., 2016a）。它是一种基于卷积神经网络的语音生成模型，能够根据一些已经训练好的朗读素材（模型）生成一个较真实的声音，合成的语音在韵律、重读和语调上都非常出色，以至于人类真假难辨。

总的来说，卷积神经网络作为深度学习时代较热的深层神经网络之一，它在很多方面都极大地推动了深度学习的发展。

3. 循环神经网络

循环神经网络诞生于 20 世纪 90 年代初，是如今流行的深度学习网络结构中出现较早的神经网络模型之一。早期 RNN 的经典框架之一是 LSTM（Hochreiter et al., 1997），它有效地解决了神经网络建模中的长期依赖问题，极大地提高了基础 RNN 的使用效率。LSTM 强大的适用性使得它至今仍活跃在序列建模领域并出现了许多变体，RNN 及其衍生模型的提出也推动了神经机器翻译（neural machine translation, NMT）的出现和发展。

1997 年，Schuster 等提出了一种双向循环神经网络（bidirectional RNN, BRNN）（Schuster et al., 1997）。简单的前向循环神经网络根据时序信息进行预测和决策，这种特性使得它只能考虑前序时刻的输入而无法参考之后的出现信息。这就导致在需要双向信息的情况下，简单的 RNN 是无法训练和使用的。BRNN 通过一个从序列起点开始移动的 RNN 和另一个从序列终点开始移动的 RNN 的结合使用，实现了对过去或未来的所有可用信息的获取，拓宽了 RNN 的应用范围。

2014 年，Cho 等提出一种可用于解决 seq2seq（序列到序列）问题的 RNN 编码-解码（RNN encoder-decoder）模型（Cho et al., 2014a）。模型包括两个部分：在编码部分，输入序列被转化成一个固定长度的向量；在解码部分，将接收到的固定长度的向量转化成输出序列，从而实现序列转换。尽管这一模型非常经典，但是其中最大的问题在于：对于编码部分和解码部分，它们之间的唯一联系就是一个固定长度的语义向量。一旦面对较长的输入序列，解码过程无法获得足够的来自输入序列的信息，此时模型的解码准确度将变得不可信。接下来，Cho 等又提出了一种新的神经机器翻译模型——门限循环单元（gated recurrent unit, GRU），旨在解决标准 RNN 中出现的梯度消失问题（Cho et al., 2014b）。也可将 GRU 看作一种关于 LSTM 的更简化的变体，它们具有相似的基础理念和使用效果。与 LSTM 相似，GRU 同样通过门控机制控制输入、记忆等信息，并在当前时间步做出预测。不同的是，GRU 并不会保留内部记忆，它将 LSTM 模型中的遗忘门和输入门合成了一个单一的更新门，并且混合了细胞状态和隐藏状态。最终的 GRU 模型比标准的 LSTM 模型的结构更简单、参数更少、更容易训练和应用。

2016 年，DeepMind 团队提出一种更新的 RNN 算法——自适应计算时间（adaptive computation time, ACT）算法（Graves, 2016）。ACT 允许循环神经网络了解在接收输入和发射输出之间需要采取的计算步骤数目，其核心逻辑是通过拉长 RNN 在时间序列上的长度，增强 RNN 模型的复杂性，提高非线性表达。作为自适应计算领域的重要方法之一，ACT 可以提供推断序列数据中分段边界的通用方法，能够显著提高序列建模网络的性能。2017 年，Lee 等提出一个新的 RNN 体系结构——循环附加网络（recurrent additive networks, RAN）（Lee et al., 2017）。与现有的 RNN 结构仅通过控制门影响循环状态不同，RAN 使用纯粹的附加潜在状态进行更新，并在每一个时间步中，通过输入和前序状态的门限元素的加和得到更新状态。在基准语言建模任务中，RAN 的健壮性能够达到与 LSTM 相近的水平。2017 年，Lei 等发表论文并提出一个可以替代 LSTM 的简单循环单元（simple recurrent unit, SRU）工具（Lei et al., 2017）。它简化了循环单元的状态计算，也因此表现出与 CNN、注意力模型和前馈网络类似的并行性。从运算速度来说，SRU 和卷积层一样快，并且比 cuDNN 优化的 LSTM 快 5～10 倍。SRU 可有效应用于诸如文本分类、实时问答以及语言建模等自然语言处理任务。

作为较早的深度神经网络之一，循环神经网络在发展的过程中经历了数次的高潮与低谷，并逐渐发展得到了 LSTM、GRU、ACT 等重要模型，在神经机器翻译、自然语言处理等领域应用广泛。相较于其他神经网络模型，RNN 更多地出现在应用场景之中，如今它遍布于与神经网络相关的各个研究与应用领域。

4. 注意力机制与记忆网络

注意力机制和记忆网络（memory network）是最近深度学习领域研究的热点话题，两者的起源与发展脉络有着许多相似之处。注意力机制起源于人类的视觉注意机制，早期的注意力机制应用于图像识别领域（Denil et al., 2012）。最近它被更多地引入到自然语言处理领域常用的传统 RNN 结构中，并逐渐发展成为一个独立的研究方向。

2014 年，Bahdanau 等提出一种基于人类视觉注意机制的 NMT 新机制——注意力机制（Attention）（Bahdanau et al., 2014）。与编码-解码模型不同的是，它不要求编码器将所有输入信息都编码进一个固定长度的向量之中。相反地，在 Attention 模型中，编码器会将输入序列编码成一个向量序列传递给解码器。对于模型的解码过程来说，每一步都会选择性地从向量序列中挑选一个比较小的子集进行进一步处理，这样就产生一个特有的"注意力范围"。从整体来说，这个范围表示的是模型的下一步输出将重点关注输入序列中的哪些部分，即模型将根据关注区域来产生下一个输出。如此循环往复，在每产生一个输出之前都有一个对应的"注意力范围"，这样就能够做到充分利用输入序列携带的信息，这种方法在翻译任务中取得了非常不错的效果。2014 年，Mnih 等提出添加注意力机制的循环神经网络模型（recurrent models of visual attention, RAM）（Mnih et al., 2014）。这是一种全新的视觉注意力模型，它可以选择性地在图片或视频上提取一系列的区域位置，使控制区域之外的像素很低，而区域内像素很高，在实验过程中应用这种处理过的图片或视频成果，从而只对高像素区域进行操作。RAM 具有两大优势：首先，模型的计算量与输入图片的像素大小没有关系；其次，通过这种集中注意力的方法可以使得模型排除其他干扰，从而将视野集中于相关物体上。

2017 年，谷歌提出一种目标端注意力机制（target-side Attention），使只依赖于输入的 Attention 能融合已经产生的目标端信息（Shao et al., 2017）。经典的注意力机制只包含源端编码器中的信息，模型只参考这些输入进行后续的计算步骤，这就导致了 Attention 在对话任务中会显示出不足。很多时候，来自用户的输入语句是很短且不具备有效信息的，在这种情况下，模型解码器所产生的输出对于计算更有帮助。因此，对于 Attention 处理时序数据，将编码端已产生的序列也作为模型的计算源可以使得模型显现更好的效果。2017 年，谷歌提出一种基于 Attention 的更简单的网络架构 Transformer（Vaswani et al., 2017）。它抛弃了传统编码-解码结构中复杂的卷积和循环神经网络结构并且仅保留了 Attention 结构，从而得到了 self-Attention 机制。通过这一简化方案，Transformer 架构完全避免了卷积和重复，从而在减少了训练成本的同时，在多个数据集上取得了最优的 BLEU（一种常用的机器翻译衡量标准）。

在记忆网络方面，记忆机制本身的历史更加久远。标准递归神经网络的隐藏状态本身就是一种内部记忆，只是在记忆网络出现之前，大多数机器学习的模型都缺乏可以读取和写入外部知识的组件。

2014 年，Weston 等提出一种新的学习模型，称为记忆网络（memory network, memNet）（Weston et al., 2014），通过将推理组件与长期记忆组件混合，实现了共同使用，从而解决了早期 S2S 模型记忆能力有限的问题。之后，发展更复杂记忆结构的趋势还在延续。

2015 年，Sukhbaatar 等提出了端到端的记忆网络（end-to-end memory networks）（Sukhbaatar et al., 2015）。不同于经典的记忆网络存在的端到端训练受限的问题，新的模型允许网络在输出内容前多次读入相同的序列，即对于网络，每一步都进行了记忆内容的更新。当以某种特定方式绑定了网络参数的权重时，这种端到端的记忆机制就基本等同于早前提出的 Attention，只是它是多跳的记忆。

2016 年，Kumar 等提出动态记忆网络（dynamic memory networks, DMN）（Kumar et al., 2016）。它是一种通过将输入序列和问题处理形成情景记忆并产生相关答案的神经网络结构，主要应用于问答（question & answer, QA）问题并且可以拓展到情感分析和词性标注。同年，Xiong 等提出了对 DMN 内存和输入模块的一些改进（Xiong et al., 2016），他们引入了一种新颖的图像输入模块使模型能够回答视觉问题，即 DMN+模型。

5. 变分自编码器

最近几年，无监督学习领域的模型和算法成为新的研究热点。尤其是生成模型领域的变分自编码器和生成对抗网络受到越来越多的关注。

2006 年，Hinton 在原型自编码器（auto-encoder, AE）的基础上进行改进，进而提出了深度自编码器（deep auto-encoder）的概念（Hinton et al., 2006b）。自编码器是人工神经网络的一种，它通常以降维或特征学习为目的，通过将输入复制到输出，从而学习一组数据的表示（即有效编码），主要用于有效编码的无监督学习。在这里，可以将自编码器看作是前馈神经网络的一个特例，通常使用 mini-batch 梯度下降法进行训练。近年来，随着深度学习的盛行，人们将自编码器与深度神经网络（deep neural network, DNN）相结合，通过增加隐藏层和神经元的数量、调节隐藏层节点的分布结构、改变权重的分配方式等思路，对原型自编码器的结构进行改进，进而提出了稀疏自编码器、降噪自编码器、堆叠自编码器、卷积自编码器等自编码器的变体，自编码器的结构已经被更广泛地应用于研究数据的生成模型。

2013 年，Kingma 等首次将变分贝叶斯理论与传统的自编码器神经网络相结合，提出了变分自编码器（variational auto-encoder, VAE）的概念（Kingma et al., 2013）。从概念上来说，VAE 是将变分贝叶斯方法和神经网络所提供的灵活性和可扩展性相结合的成果，使用变分推理方法将棘手的推理问题转化为优化问题。从结构上来说，VAE 分为两个部分：概率编码器（encoder）以及概率解码器（decoder），在输入输出维度满足要求的前提下，二者可以是任意结构的（比如多层感知机、CNN、RNN 或其他结构）。从整体来说，VAE 通过引入变分推理理论，依托识别模型拟合难处理的后验分布，解决了后验分布不可解的问题，实现了样本的自动编码解码过程。通过 VAE 学习到的近似后验推理模型可用于多种任务，如识别、去噪、表示和可视化等。

2014 年，Kingma 等在变分自编码器的理论基础上，提出一种应用于半监督学习的深度生成模型——条件变分自编码器（conditional VAE, CVAE）（Kingma et al., 2014）。不同于基础的 VAE 模型，CVAE 模型中引入输入数据的条件概率作为参考（例如加入数据类别作为额外输入），并在数据生成过程中尽可能地利用这些额外的信息，使得输入数据更有意义，从而提高生成数据的准确性。此外，CVAE 不仅仅指这种半监督生成模型，在有关条件概率版本中还涌现出了许多不同情况下的 CVAE 模型，例如之后提出的预测数据的 CVAE 模型（Sohn et al., 2015）、CMMA 模型（Pandey et al., 2016）等。从根源来说，VAE 是一种基于贝叶斯理论的生成模型，根据所选取的条件概率的形式不同，自然会出现多种多样的条件概率生成模型。

2015 年，Im 等将流行的变分自编码器与早期的降噪自编码器（denoising auto-encoder）结构相结合，提出一种新的生成模型——降噪变分自编码器（denoising VAE, DVAE）（Im et al., 2015）。模型将在标准 VAE 结构上加以修改得到的降噪变分下界作为目标函数，并通过一个修改后的训练准则解决标准 VAE 中因边界化条件分布造成的训练标准难处理的问题。此外，DVAE 通过引入一类新的近似分布，提高了模型获得更加灵活的近似分布（如混合高斯分布）的能力。作为两种模型的结合，对输入和随机隐藏层中都注入噪声可能是对 DVAE 模型有利的。

2017 年，Zhao 等提出信息最大化变分自编码器（Zhao et al., 2017）。当与过于灵活的解码分布相结合时，标准的变分自编码器倾向于忽略潜在空间，这与无监督学习的目标相违背。而在变分自编码器的分布过于简单时，它在图像生成的任务中经常会产生非常模糊的图像。为了解决这两个问题，信息最大化变分自编码器引入了信息论的思想，通过最大化输入和潜在特征之间的互信息，实现潜在特征的有效利用，从而解决了标准变分自编码器存在的信息偏好问题。

2017 年，DeepMind 发表论文（Oord et al., 2017），提出一种最新的生成模型——向量量化变分自编码器（vector quantized-VAE, VQ-VAE）。它是一种简单而强大的生成模型，结合了向量量化和变分自编码器学习离散表示。通过引入离散隐变量，绕过 VAE 框架中可能出现的后验崩溃问题，在其潜在空间中保存数据重要特征的同时完成最大似然的优化。VQ-VAE 可用于图像识别、语音识别以及高质量对话任务中的无监督学习过程。

6. 生成对抗网络

2014 年，Goodfellow 等发表论文（Goodfellow et al., 2014），提出生成对抗网络（generative adversarial networks, GAN）。生成对抗网络启发自博弈论中的二人零和博弈（two-player game），模型中的博弈双方包括一个生成器（generativer）和一个判别器（discriminativer）。简单来说，GAN 模型中隐含了两个互相对抗的网络：生成网络与判别网络。生成网络负责获取样例并尝试创建能够以假乱真的样例，而判别模型则需要判断每个数据点是真实的还是生成的。2016 年以来，GAN 呈现出井喷式发展，AI 领域无数重要人物都对 GAN 的研究和发展持有乐观的态度。LeCun 说："GAN 以及它的变形是机器学习领域近十年最有趣的想法。"2018 年，GAN 被选入 MIT（麻省理工学院）十大年度技术进展。

2014 年，Mirza 等提出生成对抗网络的条件概率版本——条件生成对抗网络（conditional GAN, CGAN）（Mirza et al., 2014）。它是一种带条件约束的生成对抗模型，在生成模型与判别模型的建模过程中均引入条件变量作为额外输入，条件变量在生成器部分对数据的生成起到指导作用。可以将 CGAN 看作是将无监督 GAN 变成有监督模型的一种改进，这个改进非常直接，也被证明是很有效的。使用 CGAN 能够更加全面地体现对抗学习在数据生成任务中的作用，这一模型的提出和应用也为后续的相关工作提供了指导作用。

2015 年，Radford 等提出一种新的生成对抗网络应用——深度卷积生成对抗网络（deep convolutional GAN, DCGAN）（Radford et al., 2015）。DCGAN 将有监督学习中的 CNN 和无监督学习中的 GAN 结合到了一起，利用 CNN 强大的特征提取能力提高生成网络的学习效果。

在具体的网络结构中，通过在 GAN 中加入 CNN 的层级结构执行无监督训练，解决了 GAN 网络存在的不稳定问题。这种方法优化了生成网络结构，使得 GAN 训练变得更加容易，它也是实际应用中代码使用率最高的一种 GAN 模型。

2016 年，Open AI 实验室提出一种基于互信息的 GAN 模型——InfoGAN（Chen et al.，2016），这一成果被 Open AI 称为 2016 年的五大突破之一。InfoGAN 引入互信息的概念，通过最大化生成数据与隐含编码之间的关联程度（即最大化互信息的值），使得隐含编码中可以包含对生成数据的解释信息，从而实现通过非监督学习得到可分解的特征表示。与标准的 GAN 模型相比，InfoGAN 的优点是不需要监督学习和大量额外的计算开销就能得到可解释的特征。

随着 GAN 研究热度的持续走高，研究者逐渐发现经典 GAN 模型存在一些在基础架构之外无法改进的缺点，尽管通过先前的工作可以实现对 GAN 的输入输出赋予一定意义，但最直接的矛盾在于对 GAN 生成图片的能力和图片质量都不再满意。因此，在近一年的时间里，以提高 GAN 模型性能为目的，出现了许多有关 GAN 基础架构的改进模型。

2017 年，Arjovsky 等提出一种收敛更快更稳定的生成对抗网络——Wasserstein GAN（WGAN）（Arjovsky et al.，2017）。WGAN 一经提出，受到了业内很大的关注，一跃成为最近最热的生成对抗网络模型。经典 GAN 模型存在一个很大胆的假设：用于评估样本真实度的判别网络具有无限的建模能力。也就是说不管真实样本和生成样本有多复杂，判别网络都能把它们区分开。而这篇文章指出，一旦真实样本和生成样本之间的重叠可以忽略不计，并且由于判别网络具有非常强大的无限辨别能力，能够完美分割无重叠的分布。这时，经典 GAN 模型中用来优化其生成网络的目标函数（JS 散度）就会变成一个常数，进而就会出现梯度消失问题。为了解决这一问题，WGAN 提出了取代 JS 散度的 earth-mover 距离（也称 Wasserstein 距离），用于度量真实和生成样本密度之间的距离。这样做就可以在两个分布没有重叠的情况下体现它们之间距离的远近程度，从而避免了梯度消失问题。WGAN 使得网络的收敛速度变得很快，但是它并没有解决生成图片中噪声和坏点的问题，生成图像的质量没有得到根本改善，这在之后提出的模型中有所改进。

2017 年，齐国军提出损失敏感生成对抗网络（loss sensitive GAN, LSGAN）（Qi, 2017）。与 WGAN 中提及的 GAN 判别网络无限建模假设问题相似，作者认为从某种意义上来说，无限建模能力正是一切麻烦的来源，因此提出以"按需分配"建模能力取代原始的无限建模能力。按需分配是指通过修正损失函数，使之在真实样本上越小越好，而在生成样本上越大越好。当生成样本和真实样本非常接近时，就不再要求其损失函数有固定间隔，此时生成样本已经接近或者达到真实样本水平。这样，LSGAN 就可以集中力量提高那些距离真实样本还很远、真实度不那么高的样本，从而更加合理地使用 LSGAN 的建模能力。如果将损失函数限定在利普希茨连续函数上，得到的生成样本分布和真实样本分布是完全一致的。

2017 年，毛旭东等提出最小二乘生成对抗网络（least squares GAN）（Mao et al., 2017）。在标准 GAN 模型中，以交叉熵作为损失会使得生成器不会再优化那些被判别器识别为真的生成图片。即使生成图片较真实图片仍有很大的差距，一旦得到判定为真实的结果就会退出优化过程，这就使得 GAN 生成图片的质量不高。另外，GAN 模型中使用的 sigmoid 交叉熵损失函数很容易达到饱和状态（饱和是指梯度为 0，这和 WGAN 中提到的 JS 散度为常数同义，是梯度消失问题的另一种表述）。一旦损失函数过快饱和，判别网络越好，生成网络梯度消失越严重，这就使得训练过程可能过快结束，从而导致优化没有充分完成。与 sigmoid 函数不同的是，最小二乘函数仅在一点饱和。因此，通过将 GAN 的目标函数由交叉熵损失换成最小二乘损失，最小二乘生成对抗网络能够同时解决标准 GAN 模型中生成的图片质量不高以及训练过程不稳定这两个缺陷。

2017 年，Gulrajani 等在 WGAN 模型中引入梯度惩罚（gradient penalty）方法，并提出一种收敛速度更快更稳定的版本——WGAN-GP（Gulrajani et al., 2017）。先前提出的 WGAN 模型在 GAN 的稳定训练上取得了重大进展，但是依然会产生低质量的生成图像或者出现在某些情况下不能收敛的情况，产生这一问题的原因是 WGAN 通过限制权重达到强制利普希茨限制条件。为了解决这一问题，WGAN-GP 根据输入来惩罚判别网络的梯度正则项，通过这种方法可以使 GAN 收敛得更快同时得到高质量的生成样本。这也是自深度学习提出以来，第一次可以训练多种 GAN 结构，并且几乎不用进行超参数的调整，包括 101 层的 ResNet 和离散数据上的语言模型。

2017 年，英伟达（NVIDIA）提出了一种以渐进增大的方式训练 GAN 的方法（Karras et al., 2017）。该方法的关键思想是，从低分辨率图像开始，逐渐增大生成器和判别器，并在训练进行的过程中添加新的处理更高分辨率细节的网络层。这种方法不仅稳定了训练，还生成了迄今质量最高的 GAN 生成的图像（分辨率为 1024×1024），具有可以比肩真实照片的惊人效果。

2018 年，Khrulkov 等提出了他们关于生成对抗网络的最新研究和评估算法（Khrulkov et al., 2018）。该算法基于拓扑学的概念，通过比较底层的数据流形与生成数据的几何特性，构建起一个新的生成对抗网络的性能度量。这一理论为生成对抗网络的评估提供了定性与定量手段，使 GAN 评估成为可能，并可应用于调整网络的超参数。此外，这种评估算法并不局限于可视化数据，它可以被应用于任意性质的数据集，具有非常广阔的应用空间。

在 GAN 和 VAE 联合模型方面，2015 年，Makhzani 等提出首个对抗网络与自编码器的联合模型——对抗自编码器（adversarial AE, AAE）（Makhzani et al., 2015）。它由两部分网络结构组成，包括自编码部分和 GAN 判别网络部分。从网络类型来看，AAE 包括一个编码器、一个解码器以及一个判别器。AAE 具有两个优点：首先，在编码空间进行对抗就可以将解码器当作一个生成器使用，并且比一般的生成器更强大；其次，模型自带特征提取的能力，可以降低噪声干扰。

2017 年，Mescheder 等提出一种可以训练任意表征推理模型的变分自编码器的技术——对抗变分贝叶斯（adversarial variational Bayes, AVB）（Mescheder et al., 2017）。它是一种近似 AAE 的联合模型改进版本，它与 AAE 都是结合了自编码器网络和对抗学习思想的混合模型。与 AAE 模型有所不同的是，AVB 重新引入了变分贝叶斯理论，从最大似然估计的角度出发解决近似问题，并通过生成对抗学习实现最大似然估计过程。这使得 AVB 具有一个清晰的理论证明，并且保留了标准变分自编码器的大多数优点，易于实现。

2017 年，谷歌大脑 Tolstikhin 等提出了一种新思路——Wasserstein 自编码器（Wasserstein AE, WAE）（Tolstikhin et al., 2017）。它是一种用于构建数据分布生成模型的算法，基于 Wasserstein GAN 和 VEGAN 算法的研究基础，从最优传输（optimal transport, OT）的角度来看生成建模。作为第一个将 GAN 和 VAE 的优点结合的统一框架，它不仅具有 VAE 的一些优点（如训练稳定、编码器-解码器架构、良好的潜在流形结构等），更结合了 GAN 结构的特性（能够生成质量更好的样本）。可以将 WAE 看作是 AAE 的推广，它能够实现更好的性能。

7. 像素级生成模型

随着生成模型的发展和图像生成任务的火热，对自然图片的处理成为一项重要的任务。然而，对自然图片的分布进行建模一直以来都是无监督学习中里程碑式的难题，这要求图片模型易表达、易处理、可拓展。Pixel（像素）思想的提出正是为了解决这一难题。

2016 年，DeepMind 发表论文（Oord et al., 2016b），提出两种基于像素的图像生成模型——PixelRNN 和 PixelCNN，这篇论文获得了 2016 年 ICML 会议最佳论文。论文提出了一个深度神经网络，并在两个空间维度上按顺序预测图像中的像素，即根据前面的像素预测接下来的像素。其中，PixelRNN 对局部以及大范围关联图像建模效果良好，可用于图像修复、去模糊以及生成新的图片，在各种生成方法中通过 PixelRNN 生成的图像是最清晰的。

同年，DeepMind 发表了另一篇论文（Oord et al., 2016c），进一步提出了基于 PixelCNN 的条件图像生成模型。论文通过基于 PixelCNN 架构的图像密度模型，对条件图像生成进行了探索。这种条件生成模型可以对任何向量进行限制，包括描述性标签分类，或由其他网络创建的潜在条件，并且这种存在条件限制的 PixelCNN 可以在图像自编码器中充当一个强大的解码器，使得生成图片的质量更好。

8. 胶囊网络

2017 年，Sabour 等提出最新的胶囊网络（Capsule Net）模型（Sabour et al., 2017），并将 Capsule 定义为这样一组神经元：其活动向量所表示的是特定实体类型的实例化参数。与传统 CNN 不同的是，Capsule 的思想更加符合大脑的信息处理逻辑：信息的处理是立体的、向量的，而不是平面的、标量的。在 Capsule 算法中，它通过将空间联系的特征作为高级的特征集合保留了空间特征的信息，这使得它有能力识别具有一定空间立体结构的图像。从本质上讲，这是算法在认知领域的进步，能够通过空间结构获得相应特征。实验表明，具有鉴别式训练的多层 Capsule 系统在 MNIST 手写数据集上表现出目前最先进的性能，并且识别高度重叠数字的效果要远好于 CNN。

2018 年，Hinton 等关于 Capsule 网络的第二篇文章发表（Hinton et al., 2018）。在论文中，Capsule 的表现形式由 n 维向量推广到 $n \times n$ 维的矩阵结构，并将期望最大化算法与 Capsule 网络相结合。应用期望最大化算法引入了新的迭代过程，从而对不同视点的图像进行分类。论文的主要思想是通过高斯混合模型完成聚类过程并用于表达更高维的概念，也就是说，如果多个底层 Capsule 的点聚集在了一起（比如眼睛、鼻子、嘴），它们可能就是因为同一个更高维的概念（人脸）所生成的。可以看到，Capsule 降低了测试误差并且对于对抗攻击（adversarial attack）具有更好的防御能力。

9. 深度聚类算法

深度聚类算法是一种新兴的聚类算法，可以利用深度模型将数据表示为更加易于聚类的特征，算法在大规模数据集中获得了良好的聚类表现。利用深度学习模型进行聚类最早出现于 2014 年，但是深度聚类算法的兴起是在 2016 年之后。

2014 年，Tian 等将深度模型应用于图聚类算法中（Tian et al., 2014）。模型采用栈式自编码器，对图进行点嵌入（node embedding），将模型的输出嵌入特征以向量的形式作为聚类算法的输入，从而完成图聚类。在这种情况下，通常采用的聚类算法是经典的 k-均值聚类方法。

2016 年，Xie 等设计出一种新的深度聚类算法——深度嵌入聚类（deep embedding clustering, DEC）（Xie et al., 2016）。传统的聚类算法分为提取数据特征与特征聚类两个阶段，而 DEC 算法将两个阶段合并，在利用深度学习方法对数据进行特征学习的同时，根据学习到的特征进行聚类。更重要的是，这种算法通过一些神经网络的函数，将数据从其原始空间映射到了较低维的空间中，这样的低维空间可以更好地表示原始数据的特征。

2017 年，Law 等将深度模型应用到谱聚类方法中，提出了一种深度监督聚类算法——深度谱聚类学习（deep spectral clustering learning, DSCL）（Law et al., 2017）。DSCL 中包含一个设计巧妙的损失函数，函数的梯度可以在闭解的形式下被高效地计算出来。使用 DSCL 算法既可以得到一个好的相似度度量，又可以对数据进行有效的特征提取。在相同数据集上，该算法的表现要远胜过传统的谱聚类算法。

同年，Ji 等提出了一种深度子空间聚类模型（deep subspace clustering-networks, DSC-Nets）（Ji et al., 2017）。模型使用一个深度自编码器结构，通过编码模块将数据非线性地映射到相应簇所对应的隐式子空间中。DSC-Nets 最大的特点在于自表示层结构的使用，它是一个不带有偏差的非线性全连接层。作为编码器和解码器的连接点，它可以将具有相同簇的数据映射到相同的子空间中，即数据点可以被相同子空间中的其他数据点线性表示。此外，DSC-Nets 也是第一个通过直接构建联合系数矩阵学习所有数据点相似度的模型。

10．深度强化学习

深度强化学习起源于 2013 年，DeepMind 团队利用深度卷积神经网络作为值函数实现了传统的 Q 学习算法，并通过经验回放机制降低了时序数据样本之间的关联性，这种方法被称为深度 Q 网络（deep Q-network, DQN）（Mnih et al., 2013）。DQN 的测试环境是 Atari 2600 电子游戏模拟器，它从游戏的屏幕截图中获取输入信息，通过神经网络计算出每个可行动作对应的状态-动作函数（Q 函数）值，选取最大值对应的动作作为下一时间点执行的动作，之后通过屏幕截图观测游戏变化，不断迭代这一过程来进行学习。总的来说，DQN 实现了端到端的决策控制，并且能够在无须修改参数的情况下完成对不同游戏玩法的学习，在某些游戏中甚至达到了人类职业游戏玩家的水准。在这之后，DQN 模型被不断改进，增加了双重网络结构、优先化经验回放机制以及竞争网络架构，从而使其性能得到不断提升。

2015 年，Lillicrap 等将 DQN 与行动者-评论家（actor-critic, A-C）框架结合，提出深度确定性策略梯度（deep deterministic policy gradient, DDPG）算法（Lillicrap et al., 2015）。为了打破 DQN 算法不能应用于连续动作空间的限制，该算法采用了策略网络和价值网络这两套独立的网络结构，并引入了 DQN 的经验回放与目标 Q 函数机制。DDPG 算法在连续动作控制的任务中表现出色且收敛时间也远少于 DQN。

2016 年，Mnih 等注意到使用经验回放机制进行学习时存在的一些问题，并由此提出了异步强化学习（asynchronous reinforcement learning, ARL）的思想（Mnih et al., 2016）。他们在这一思想框架下实现了 4 种深度强化学习算法，其中性能最好的是异步的优势行动者-评论家算法（asynchronous advantage actor-critic, A3C）。该算法使用多个线程，每一个都代表一个独立的副智能体，并在各自独立的环境中进行学习。主智能体利用副智能体得到的反馈信息进行参数更新，同时定期将学习到的新参数传递给副智能体。这样的架构不仅增加了算法的学习效率，还降低了模型对存储和计算资源的需求，使得深度强化学习得以脱离对 GPU 的依赖。

同年，另一深度强化学习成果——AlphaGo（Silver et al., 2016）的诞生使得这一领域广为人知。它的横空出世打破了人们对计算机围棋程序棋力的质疑，使得计算机围棋程序超越人类职业围棋选手的水准成为可能。随着模型的不断改进，AlphaGo 的棋力也在不断提升，并成为首个被授予围棋职业段位的非人类选手。虽然，AlphaGo 在对局结束后已经退役，但是关于它的研究仍在继续，后续相继出现了 AlphaGo Zero（Silver et al., 2017a）、AlphaZero（Silver et al., 2017b）等版本。

11．深度学习的可解释性

尽管深度学习算法在许多任务上具有良好的表现，但其深层神经网络的多层非线性结构使得模型很难解释。也就是说，深度学习目前是黑盒系统，这极大地限制了深度学习的实际应用范围。关于深度学习的可解释性探索成为近两年新的研究热点，相关的工作主要从三个方面进行，包括深度学习的可视化、内部工作机制的探查以及对其工作机制的分析和探索。

（1）深度学习的可视化包括对特征、关系和过程的可视化。

2014 年，Zeiler 等提出一种对卷积神经网络进行可视化的方法（Zeiler et al., 2014），这也是有关深层模型可视化研究的开山之作。他们提出利用灰色小方块遮挡输入图像从而实现对输入的控制，并通过这种人为的修改和控制探索输入图像各部分对于分类结果的贡献程度。2015 年，Karpathy 等提出一种对循环神经网络进行可视化的方法（Karpathy et al., 2015），通过热图来显示文本输入时隐藏层的激活值，从而展示了隐藏层捕捉到的输入文本的结构。以上两种特征可视化方法也被广泛应用于之后的工作中，成为一种通用的可视化研究方法。2015 年，Yosinski 等提出一种深度可视化工具箱，它可以实时地、交互式地对网络中正在被训练的神经元关于输入图片或视频的响应进行可视化，是一种常用的捕捉深度学习模型整体工作机制的过程可视化系统（Yosinski et al., 2015）。2016 年，Rauber 等首次使用 t-SNE 降维技术将多层感知机学习到的特征表示之间的关系向量投影到二维平面上，并利用二维的散点图来显示（Rauber et al., 2016），通过这一方法实现了对特征表示关系的可视化。

（2）通过深度学习内部工作机制的探查强调对深层模型决策过程的模仿和理解。

2016 年，Ribeiro 等提出了一种应用于深度模型解释任务的局部可解释模型（local interpretable model-agnostic explanations, LIME）（Ribeiro et al., 2016）。LIME 的定义概括了其主要特点，即局部保真度和模型无关性。局部保真意味着 LIME 所提供的能够被人类理解的解释可以真实地反映分类器在被预测样本上的行为，而模型无关性意味着 LIME 能够在无须进行模型适配的情况下有效地应用于任何模型的解释任务。通过这种技术可以实现对任意机器学习分类器的预测结果进行合理的解释。2017 年，斯坦福大学的 Wu 等提出一种基于决策树和 DNN 的树正则化方法（Wu et al., 2017）。文章引用了 Lipton 的观点，将模型可解释性看作人类模仿性（human simulatability），并且决策树结构就具备这种强大的模仿性。因此，他们提出使用简单决策树正则化深度神经网络，即树正则化。通过训练深层时序模型，使得模型的类别概率预测具有高准确性，同时利用具有少量节点的决策树进行严密建模，从而实现了有关深层神经网络的解释过程。2018 年，Chen 等提出一种利用学习解释（learning to explain, L2X）技术对应用于分类任务的深层神经网络模型预测过程进行解释的方法（Chen et al., 2018a）。该方法的核心思想是基于信息论中两个随机变量之间的互信息来学习一个特征解释器，并用于提取实例中存在的可解释特征，这些可解释特征充分包含了实例中有用的信息。之后，通过计算可解释特征的重要性评分对实例进行解释，进而提出了逐实例特征选择技术。应用这一技术就可以根据评分表现的不同解释特征对模型预测的作用。

（3）有关深度学习工作机制的理论分析围绕统计学、信息论、物理学以及认知科学等领域。

2017 年，Koh 等提出利用影响函数理解深度学习模型的黑箱预测（Koh et al., 2017），该篇论文也是 ICML 2017 会议的最佳论文。文章中引入了稳健统计学中的经典技术影响函数并扩展到深度学习领域，通过学习算法跟踪模型预测并追溯到训练数据，从而确定对给定预测影响最大的训练点。影响函数可以应用于线性模型和卷积神经网络模型的解释、调试和纠错，同时对于非凸模型和非微分模型也有意义。2017 年，Ritter 等发表文章（Ritter et al., 2017），从认知心理学的角度分析深度神经网络工作原理。文章中提出利用形状偏好解释神经网络的预测逻辑，并使用两种功能强大但工作机制未知的深度神经网络 Inception 和匹配网络

（matching network）探测神经网络的形状偏好存在与否。相关的实验结果在一定程度上揭示了这两种模型的未知属性，验证了神经网络的偏好结果。更重要的是，这一方法为将认知心理学技术应用于深度神经网络探索提供了新的途径。

无论是对深度学习进行理论分析，抑或是对其工作机制进行探查，可以看到深度学习及其相关领域专家对深度学习理论探索的重视程度。但是，目前的研究只是初步探索，深度学习仍是黑盒。有关深度学习的可解释性研究仍然任重道远。完成深度学习的可解释性对于深度学习领域的未来发展至关重要，其研究成果甚至将直接决定深度学习能走多远。

12. 对抗攻击与防御

深度学习领域另一个火热的话题是对抗攻击与防御。尽管深度学习技术在计算机视觉等众多任务中表现出色，并取得很高的平均精度，但在某些条件下，深度学习会犯不可理喻的错误。

根据攻击者获取目标模型信息的多少，可以将对抗样本攻击分为白盒攻击和黑盒攻击。前者假设关于目标模型的所有信息对攻击者而言都是已知的，而后者意味着攻击者不需要目标模型的任何信息。2013 年，Szegedy 等首次发现了现代深度神经网络在图像分类领域极易受到对抗样本的攻击（Szegedy et al., 2013）。这是一种有目标的攻击，在这些对抗样本中仅有很轻微的扰动（以至于人类视觉系统无法察觉这种扰动）。然而，这样的攻击会导致神经网络完全改变它对图片的分类结果，并且同样的图片扰动可以欺骗众多的网络分类器。这类现象引起了人们对有关对抗攻击和深度学习安全性领域研究的兴趣。2016 年，Papernot 等提出一个低成本并且不需要额外标注数据的黑盒攻击算法（Papernot et al., 2016）。黑盒攻击通过训练一个本地模型来代替目标深度模型，并利用对抗方法产生训练样本。当本地模型的决策边界和目标模型足够接近时，本地模型的对抗样本就可以迁移到目标模型中，从而实现对目标模型的攻击。黑盒攻击的出现标志着对抗攻击走向实用化，对于机器学习的对抗攻击过程不再需要系统内部的任何信息，包括神经网络的结构和参数，也不需要系统所使用的训练数据。

2017 年，Athalye 等探讨了在二维、三维以及物理世界这三种环境下的对抗样本生成和有效性问题（Athalye et al., 2017），该工作也首次构建了物理环境中能在各个视角下欺骗神经网络的现实世界三维物体。此外，他们还提出一种通用的对抗样本生成方法，即变换期望（expectation over transformation, EOT）算法。这一框架能够产生在各种给定变换下保持对抗性的对抗样本，并且这些对抗样本在任何给定分布下均表现出很强的健壮性。

为了应对各式各样的攻击，研究者也提出了相应的防御机制。2015 年，蒸馏（Hinton et al., 2015）作为一种模型压缩技术被应用到对抗样本防御的问题上（Papernot et al., 2015），通过"软目标"的训练方式实现防御的目的。防御性蒸馏网络和原始蒸馏网络采用相同的架构，但蒸馏不再是以压缩为目的，而是致力于提高鲁棒性，从而实现了较好的防御效果。2017 年，Madry 等提出一种能有效抵御一阶对抗攻击的防御方法（Madry et al., 2017）。该方法使用投影梯度下降（projected gradient descent，PGD）来优化生成对抗样本的目标函数，从优化的角度研究神经网络的对抗鲁棒性，为现有的对抗训练防御方法提供了一个统一的视角。此外，该方法还明确了防御各种对抗攻击所需要的具体安全保证。2018 年，清华大学的团队提出了一种用于训练 DNN 提高模型鲁棒性的对抗正则化训练方法 DeepDefense（Yan et al., 2018）。不同于已有的依赖近似和优化非严格边界的防御方法，DeepDefense 的核心思想是将一个基于对抗性扰动的正则化项准确地结合到分类目标函数中。从理论角度看，这使得 DNN 模型可以直接从对抗扰动中学习，从而进一步直接而精确地防御对抗性攻击。该方法可以显著提高不同深度学习模型对于高强度对抗攻击的鲁棒性，并且不以牺牲模型准确率为代价。

除了有关对抗样本的攻击与防御，提高深度神经网络自身的鲁棒性也是提高安全性的一种办法，好的鲁棒性是指对于输入添加比较小的扰动，神经网络依然能够正确地将它分类，并且这些小的扰动并不会改变输入的类别。2018 年，Sinha 等发表了关于对抗训练鲁棒性分析的论文（Sinha et al.，2018），该论文也是 ICLR 2018 双盲审阶段得分最高的论文。它采取了分布式鲁棒优化的原则，从而保证模型在对抗性扰动输入的条件下保持良好的性能。具体来说，通过给予潜在数据分布一个扰动来构建惩罚项，并且通过一个训练过程来加强模型在最坏的训练数据扰动情况下能持续正确更新参数的能力。模型具有平滑的损失函数，这使得该模型具有适度的鲁棒性，并且计算成本或统计成本也相对较小。论文中的研究结果显示，该模型至少能够匹配甚至超越现有的监督学习和强化学习任务中常用的启发式方法。

总的来说，尽管深度学习近些年取得长足的进步，但是其安全问题也日益凸显。各种对抗样本攻击方法层出不穷，而现有的防御方法往往不够通用，无法在面对各种攻击方法时表现出广泛的防御能力，神经网络的鲁棒性研究是实现通用防御能力的重要途径之一。

13．突破当前深度学习模型

除了上述进展外，人们也一直试图寻找传统神经网络以外的模型，以突破当前深度学习的种种局限。以下是近期研究的一些代表性工作。

1）递归皮质网络

2017 年，人工智能公司 Vicarious 在 *Science* 上发表论文（George et al.，2017），提出了一个生成视觉模型，其核心是一种新的基于概率图模型的神经网络方法——递归皮质网络（recursive cortical network, RCN）。RCN 可以从很少的样本中学习并泛化到截然不同的情境下，从而展现出优秀的泛化和推理能力。RCN 在场景文本识别上胜过了深度神经网络，取得了 300 倍以上的数据效率，并且还攻破了基于文本的验证码 CAPTCHAs（自动区分计算机和人类的公开图灵测试），引起人们的广泛关注。

2）离散优化算法

反向传播算法是多层神经网络的核心。但反向传播算法的发明者 Hinton 却表示，要想让神经网络变得智能，需要放弃反向传播。在 Hinton 的 Capsule 之后，越来越多的研究者开始探讨反向传播之外的方法。2018 年，《终极算法》作者、华盛顿大学教授 Friesen 等在 ICLR 上发表论文（Friesen et al.，2018），提出了一种使用离散优化，而非反向传播的深度学习方法。为了使用梯度下降实现反向传播，现有神经网络的神经元均使用软阈值激活函数。事实上，具有硬阈值激活的网络不管对于网络优化还是对于创建深度网络的大型集成系统都越来越重要。Friesen 等提出一个学习深度硬阈值网络的框架，并说明组合优化可以为训练这些网络提供一种有原则性的方法。

3）深度森林和决策树自编码器

2017 年，南京大学周志华教授和冯霁博士在 AAAI 上提出了多粒度级联森林 gcForest（Feng et al.，2017），通过一种全新的决策树集成方法，使用级联结构，让 gcForest 做表征学习。gcForest 不需要反向传播，训练过程效率高且可扩展，相较于深度神经网络，gcForest 的性能具有很强的竞争力，在可解释方面也明显优于神经网络。2018 年，周志华和冯霁又提出了基于树集成的自编码器模型 EncoderForest（简称 eForest）（Feng et al.，2018），让一个决策树集成在监督和无监督的环境中执行前向和后向编码运算。eForest 在精度和速度方面表现良好，而且具有容损和模型可复用的能力。eForest 的另一个优点在于它可以直接用于符号属性或混合属性的数据，不会将符号属性转换为数字属性。

4）深度学习与符号 AI 的结合

深度学习聚焦于直观感知思维，符号 AI 聚焦于概念性的、基于规则的思维。虽然人类感知能力可以无缝结合这两种思维方式，但如何将二者整合到 AI 系统中，尚无清晰的结论。2018年，DeepMind 在 *JAIR* 上提出可微归纳逻辑框架（Evans et al., 2018），表明将直观感知思维和概念可解释性推理思维整合到单个系统中是可能的。论文中介绍的系统对噪声鲁棒、能高效地利用数据，而且能够产生可解释的规则。该系统可以初步回答深度神经网络能否进行符号泛化的问题。

2018 年，周志华带领的团队在 AAAI 上提出了"溯因学习"（abductive learning）的概念（Dai et al., 2018），将神经网络的感知能力和符号 AI 的推理能力结合在一起，能够同时处理亚符号数据（如原始像素）和符号知识。基于溯因学习框架的神经逻辑模型（neural logistic model, NLM），在没有图像标签的情况下，学会了分类模型，能力远超当前最先进的神经网络模型。溯因学习是为了同时进行推理和感知而设计的框架，为探索接近人类学习能力的 AI 打开了新的方向。

5）类脑脉冲神经网络

与传统人工神经网络相比，脉冲神经网络更接近人脑神经网络的工作机理，因此更适合用于揭示智能的本质。脉冲神经网络具有更加扎实的生物基础，如膜电势的非线性积累、达到阈值后的脉冲放电以及放电后的不应期冷却等，这些特性在给脉冲神经网络提供了更加复杂的信息处理能力的同时，也为它的训练和优化带来了挑战。2018 年，中科院自动化所在 AAAI 上提出以生物可塑性为核心的类脑脉冲神经网络（Zhang et al., 2018），在 MNIST 手写识别任务中正确率与人工神经网络结果相当，拉近了类脑脉冲神经网络与人工智能应用之间的距离。

6）宽度学习

虽然深度结构网络非常强大，但大多数网络都被极度耗时的训练过程所困扰。其中最主要的原因是，上述深度网络都结构复杂并且涉及大量的超参数。另外，这种复杂性使得在理论上分析深层结构变得极其困难。因此，近年来一系列以提高训练速度为目的的深度网络以及相应的结合方法逐渐引起人们关注。2018 年，澳门大学陈俊龙教授等在 *TNNLS* 上提出了一种深度学习网络的替代方法——宽度学习（Chen et al.,2018b）。宽度学习在训练速度方面明显优于现有的深度结构神经网络。此外，与其他多层感知机训练方法相比，宽度学习系统在分类准确性和学习速度上都有长足的表现。

7）图网络

2018 年 6 月，DeepMind 联合谷歌大脑、MIT 等机构 27 位作者发表论文，将端到端学习与归纳推理相结合，有望解决深度学习无法进行关系推理的问题（Battaglia et al., 2018）。作者探讨了如何在深度学习结构中使用关系归纳偏置，促进对实体、对关系，以及对组成它们的规则进行学习。他们提出了一个新的 AI 模块——图网络，是对以前各种对图进行操作的神经网络方法的推广和扩展。图网络具有强大的关系归纳偏置，为操纵结构化知识和生成结构化行为提供了一个直接的界面。这是一篇意见书，也是一种统一，它提议把传统的贝叶斯因果网络和知识图谱与深度强化学习融合。作者认为，如果 AI 要实现人类一样的能力，必须将组合泛化作为重中之重，而结构化的表示和计算是实现这一目标的关键。

1.2.3 深度学习的知识体系

历经 10 余年的发展，在深度学习领域的各种经典模型和框架下已经衍生出无数的新模型和算法。为方便读者了解，我们通过思维导图对深度学习知识体系进行概述（见图 1.5）。

图 1.5　深度学习知识体系

（1）早期模型与基础概念。我们对深度学习领域的基础知识以及通用方法进行了概述，这些内容将在第 2～5 章进行介绍。

（2）模型架构。我们参考机器学习惯例（Deng et al., 2013），将现今流行的深度学习技术大致分为两类。

第一类，有监督/判别式模型。判别式模型结构通过对可见数据类别的后验概率分布进行描述，为模型分类提供有效的识别依据。在判别式模型中，目标类别的标签总是以直接或间接的方式给出。判别式模型主要包括早期神经网络中的前馈网络、卷积神经网络、循环神经网络与递归神经网络，以及最近流行的注意力机制与记忆网络、胶囊网络等。

第二类，无监督/生成式模型。生成式模型结构旨在模型分析过程中对可见数据进行观察，并将数据的高阶相关属性或数据与其相关分类的联合概率分布描述出来，由于生成式模型并不关心数据的标签，常用非监督特征学习。在模式识别任务中使用生成式模型时，其中一个重要阶段就是预训练的过程。然而当训练数据有限时，学习较低层网络将存在困难，因此生成式模型一般采用先学习每一个较低层，之后逐步学习较高层的方式，通过分层（layer-wise）训练实现自底向上分层学习。生成式模型主要包括深度置信网络、深度玻尔兹曼机变分自编码器以及最近大热的变分自编码器、生成对抗网络、像素级生成模型等。

补充说明：随着深度学习领域的发展，两种模型之间的隔阂不断被打破。在应用生成式模型解决问题时，可以结合判别式准则在预训练阶段对生成模型的参数进行估计和优化；而在判别式模型中，也经常以生成式深度网络的结果作为重要的辅助参数。因此，深度学习模型有时会以混合的结构形式出现。在本书中，依据深度模型的主要结构及性能对其进行了归类。这些模型架构将在第 6～12 章进行详细介绍。

（3）深度聚类。包括针对四种不同类型的经典聚类场景所提出的深度聚类方法，这一部分将在第 13 章进行介绍。

（4）深度强化学习。包括基于值函数、基于策略搜索以及基于模型的深度强化学习算法，这一部分将在第 14 章进行详细介绍。

（5）深度学习可解释性。包括宏观理论分析、可视化、内部工作机制探查、工作机制理论分析等方面，这一部分将在第 15 章进行详细介绍。

（6）对抗样本攻击与防御。包括对抗样本攻击、防御、深度神经网络的鲁棒性以及深度学习的测试和验证，这一部分将在第 16 章进行介绍。

除了上述内容以外，深度学习还包括以下几个方面的内容：①深度学习的理论基础，即从数学的角度研究深度学习是如何工作的，包括表达能力分析、泛化能力分析、损失函数几何分析等；②迁移学习和多任务学习，在不同任务之间迁移知识从而帮助目标任务获得更好的性能；③模型的压缩和加速，研究面向手机等资源受限设备实现深度学习模型。另外，深度神经网络的专用芯片设计也是当前的热点工作。

1.2.4　深度学习的数学基础

随着深度架构应用于表征学习和分类任务，识别系统的性能获得了巨大提升。可以说，深度网络的成功离不开数学基础的支持，最近也有许多研究工作专注于深度学习领域重要性质的数学证明（Vidal et al., 2017）。

1. 近似、深度、广度（宽度）与不变性

神经网络结构设计中的一个重要特性是它能够逼近有关输入的任意函数。但是，这种能力的大小取决于体系结构的参数，比如网络的深度和广度。早期工作表明，具有单个隐藏层和 s 形激活（例如 sigmoid 激活函数）的神经网络是通用函数逼近器。不过，在深度学习被提出之后，人们发现宽泛和浅层网络的容量可以通过深度网络复制，并且网络性能显著提高。有关该现象的一种解释是：更深层次的架构能够更好地捕获数据的不变性质，而非简单的浅层数据。例如在计算机视觉中，对象的类别属性对于视角、照明等数据的变化是不变的。尽管支持深度网络能够捕捉这种不变性的数学分析仍然难以捉摸，但是最近的研究进展为深度网络的某些子类提供了一定的线索，其中最特别的是散射网络（Bruna et al., 2013）。作为一种深度网络，其卷积滤波器由复杂的多分辨率微波族组成。由于这种额外的结构，它们被证明是稳定以及局部不变的信号表示，并且揭示了其几何与稳定性的基本作用，即支持现代深度卷积网络架构的泛化性能。

2. 泛化和正则化

神经网络体系结构的另一个关键特性是它能够从少量的训练实例中泛化和推广。统计学习理论的传统结果表明，实现良好泛化所需的训练样例的数量随着网络的规模呈多项式增长。然而在实践中，深度网络的训练数据比参数数量少得多（数据以 $N \ll D$ 方式呈现），不过可以使用十分简单的但看似适得其反的正则化技术来防止过拟合情况的发生。比如 Dropout，它在每次迭代中简单地冻结参数的随机子集。这一难解问题的一个可能解释是更深层的架构可以产生输入数据的嵌入，这些数据大致保留了同一类中数据点之间的距离，同时增大了类与类之间的分离程度。在最近的工作中（Giryes et al., 2016），他们通过使用压缩感知和字典学习工具来证明具有随机高斯权重的深度网络执行数据保持距离的嵌入，使用该方法能够使得类似的输入具有类似的输出。这些结果提供了有关网络的度量学习属性的洞察，并给出了由输入数据的结构所确定的泛化误差的界限。

3. 信息理论

网络架构还有一个关键特性是它能够产生一个良好的"数据表征"。粗略地说，表征是指对某一任务有用的输入数据的任意函数，一个最优表征将是对"最有效"标准的量化，例如信息论、复杂性或不变性标准。表征类似于系统的"状态"，代理者将它存储在存储器中代替数据预测未来的观察情况。例如，卡尔曼滤波器的状态就是由具有高斯噪声的线性动态系统生成数据的最佳表征，并且该表征可用于预测；换句话说，这是预测的最小统计量。对于数据可能被不包含有关任务信息的干扰项所破坏的复杂任务，人们也希望表征对这类干扰项是不变的，从而避免干扰项对未来预测的影响。一般而言，任务的最优表征可以被定义为充分的统计（历史数据或训练数据），它也是最小的并且不影响未来测试数据的干扰可变性。尽管人们对表征学习有着浓厚的兴趣，但是一个能够通过构建最优表征来解释深度网络性能的综合理论尚不存在。事实上，即使是充分性和不变性等基本概念也得到了不同的对待。

研究者的工作已经开始为深度网络学习的表征建立信息论基础，例如在观察信息瓶颈损失的工作中定义了一个松弛的最小充足率概念（Tishby et al., 2000），可以用于计算最优表征。信息瓶颈损失也可以写作交叉熵的总和，它是深度学习中最常用的损失形式并且包含了一个额外的正则化项，后者可以通过在学习表征时引入类似于自适应丢失噪声的新噪声来实现。其中的正规化形式被称为信息丢失，它展示了在资源受限情况下的改进学习，并且可能导致"最大分解式"表征，即表征的组成部分之间的（总）相关性是最小的，由此制作出具有独立特征的数据特征指标。此外，类似的技术表现在对于对抗扰动的鲁棒性提升（Alemi et al., 2016）。由此可以预见，信息理论在形式化和分析深度表征的属性以及提出新的正则化类别方面将发挥关键作用。

4．优化

训练神经网络的经典方法是通过反向传播技巧最小化一个（正则化）损失，这是一种神经网络专用的梯度下降方法。反向传播的现代版本依靠 SGD 来高效近似海量数据集的梯度。SGD 仅用于严格分析凸损失函数，但在深度学习中，损失函数是网络参数的非凸函数，因此无法保证通过 SGD 能够找到全局最小值。

大量实践证据表明，SGD 为深度网络提供了良好的解决方案。最近，关于理解训练质量的研究认为，临界点更可能是鞍点而非欺骗性的局部极小值，并且局部极小值集中在全局最优值附近。近期研究还揭示了通过 SGD 方法发现的局部极小值可以产生来自于参数空间中极平坦区域的良好泛化误差。这激励了专注于寻找此类区域的算法（如 entropy-SGD 等）的广泛提出，从统计物理学领域的二进制感知机分析中也得出相似的结果，研究证明这类方法在深度网络上表现良好。令人惊讶的是，这些从统计物理学发展而来的技术与偏微分方程（partial differential equation, PDE）的正则化属性密切相关（Chaudhari et al., 2017）。例如，局部熵——entropy-SGD 最小化的损失，是 Hamilton-Jacobi-Bellman 偏微分方程的解，因此可以写作一个惩罚贪心梯度下降的随机优化控制问题。这一方向的研究进一步激励了具有良好经验性能的 SGD 变体的提出，以及例如 inf-convolutions 方法、近端方法（proximal methods）等凸优化标准方法的出现。最近，研究人员开始尝试从拓扑方面阐释深度网络的损失函数，拓扑决定了优化的复杂性，而它们的几何结构似乎与分类器的泛化属性有关。

近期的研究论文显示出深度学习等高维非凸优化问题的误差曲面具有一些良性属性。例如，对于某些类型的神经网络，其损失函数和正则化项都是相同程度下的正齐次函数的和，多个分量为零或逼近为零的局部最优解也将是全局最优解（Haeffele et al., 2017）。这些结果也可能为正齐次函数 ReLU 的成功提供一个可能的解释。除了深度学习，这个框架的特殊情况还包括矩阵分解和张量分解（Haeffele et al., 2014）。

1.2.5　深度学习的典型应用

随着深度学习算法及其应用的发展，诸如对象检测、语音识别、机器翻译等不同类别的人工智能任务中可利用的最先进技术得到大大的改进，深层神经网络架构的性质为深度学习解决更复杂的 AI 任务提供了无限的可能。近几年，深度学习领域的相关技术日渐成熟，应用场景也越来越多，在包括计算机视觉、语音识别、自然语言处理以及自动驾驶等应用领域中均获得了不俗的成绩，甚至优于人类专家。而在医学、游戏以及更多的技术领域中，深度学习算法及其应用正在发挥着越来越重要的作用。

1．计算机视觉

在计算机视觉领域，深度神经网络最令人瞩目的成绩来自于 ImageNet 竞赛。2012 年，大型深度卷积神经网络 AlexNet 一经问世，就在 ImageNet 竞赛中取得具有突破性的当时世界上最好的成绩，这也使得图像识别领域得以进一步发展并逐渐成为计算机视觉领域中火热的子领域之一。随着 ImageNet 竞赛的开展，一系列模型的提出赋予了计算机接近人类的视觉能力，直至 2015 年，ResNet 的图像识别能力首次超越人类。此后，这一技术被广泛应用于人脸识别、目标检测等具体的图像分类任务上，并陆续推出了相应的产品。

2012 年，《纽约时报》披露了由机器学习领域的著名专家 Andrew Ng 以及大规模计算机系统方面的世界顶尖专家 Jeff Dean 共同主导的 Google Brain 项目，吸引了公众的广泛关注。

该项目使用具有 16000 个 CPU Core 的并行计算平台来训练含有 10 亿个节点的深度神经网络，从而使之能够进行自我训练，进而对属于 2 万个不同物体类别的 1400 万张图片进行识别。在开始分析数据前，并不需要人工手动输入任何形式的特征描述，例如"脸、肢体、猫的长相是什么样子"。项目负责人之一 Andrew Ng 称："我们没有像通常做的那样自己框定边界，而是直接把海量数据投放到算法中，让数据自己说话，系统会自动从数据中学习。"Jeff Dean 说："在训练的时候，我们从来不会去告诉机器：'这是一只猫'（即无标注样本）。系统其实是自己发明或领悟了'猫'的概念。"

2014 年，Facebook 团队首次公布了 DeepFace 项目的成果。DeepFace 项目使用了网络层数为 9 层的深度神经网络来获取脸部特征，神经网络中的待处理参数数量高达 1.2 亿。作为一种基于深度学习算法的先进技术，DeepFace 已经使得人脸识别任务的正确率达到了97.25%，仅比人类识别正确率 97.5%略低一点点。也就是说，DeepFace 的准确率几乎可与人类相媲美。

2017 年，苹果公司最新发布的手机 IphoneX 以 FaceID 取代之前的 TouchID 技术，成为手机解锁的新方式。之后不久，苹果在其官网上发布了 IphoneX 所使用人脸识别技术的文章。通过将深度学习领域成熟的人脸识别技术应用到手机设备，实现了 FaceID 从 Viola-Jones 目标检测框架到深度学习算法的技术演变，并给出了终端深度学习的实现方案。

2. 语音识别与合成

在语音识别领域，随着智能家居、语音助手等各种语音识别软件的流行，语音识别凭借其良好的准确性和实用性受到越来越多人的青睐。回顾语音识别领域的发展历史，早期的语音识别任务在很长一段时间内常用的方法主要是依靠高斯混合模型对每个建模单元的概率模型进行相应的描述。这种早期的模型估计过程简单，具备成熟的训练算法，在实际应用中可以使用大规模数据从而得到很好的训练结果，因此高斯混合模型在很长一段时间内都在语音识别领域占据着主导地位。然而，高斯混合模型说到底是一种浅层学习模型，其特征维数通常仅有几十维，这种结构特点也就使得它对特征相关性的描述是不够充分的，因此依赖高斯混合模型实现模式分类的效果实际上是很难令人满意的。

2009 年开始，微软亚洲研究院的专家与深度学习领军人物 Hinton 合作共同致力于语音识别领域的研究，首次将 RBM 和 DBN 引入语音识别声学模型训练过程中，并于 2011 年推出了基于深度神经网络的语音识别系统（Dong et al., 2012）。它在大词汇量语音识别系统中获得巨大成功，并且使得语音识别的错误率降低了 30%。这一成果颠覆了语音识别领域现有的技术框架，实现了语音建模技术由浅层向深层的过渡，突出了深度学习在语音识别领域的优势。2012 年，微软在中国天津的一次活动上公开演示了他们最新开发的全自动同声传译系统。在该系统下，演讲者进行英文演讲，后台计算机自动完成英文语音识别、英中机器翻译以及中文语音合成等同声传译过程，整个翻译流程一气呵成，效果非常流畅。支撑这种同声传译系统的关键技术就是深度学习。

在国际上，IBM、谷歌等公司都投入了 DNN 语音识别的研究，并且进展飞快；而在国内方面，百度、阿里巴巴、科大讯飞以及中科院自动化所等公司和研究单位，同样正在探索深度学习技术在语音识别等方面的应用。近两年，IBM、微软、百度等多家机构相继推出了自己的深层卷积神经网络（Deep CNN）模型，提升了语音识别的准确率。2015 年，IBM Watson公布了英语会话语音识别领域的一项重要成果：系统在非常流行的评测基准 Switchboard 数据库中取得了 8%的词错率的成绩；2016 年，该团队再次宣布在同样的任务中他们的系统创造了 6.9%的词错率新纪录；之后不久，来自微软的研究者在产业标准 Switchboard 的语音识别任务上取得了 6.3%的词错率的新成绩；同年，微软人工智能与研究部门的团队所提出语音识别系统实现了更低的词错率 5.9%。这已经等同于人类专业速记员记录同样一段对话的水平，也意味着深度学习在对话类语音识别任务领域取得了能够与人类工作相媲美的里程碑式结果。

同一时期，国内的科大讯飞提出了前馈型序列记忆网络（feed-forward sequential memory network, FSMN）以及深度全序列卷积神经网络（deep fully convolutional neural network, DFCNN）两种语音识别框架。他们所开发的语音系统使用了大量的卷积层用于直接对整句语音信号进行建模，从而更好地表达了语音的长时相关性。这种语音系统的性能甚至比学术界和工业界中最好的双向 RNN 语音识别系统识别率提升了 15%。之后不久，百度借鉴了语音与图像在利用 CNN 模型训练的共通性，将 Deep CNN 技术应用于语音识别声学建模任务中。通过将它与基于 LSTM 和连接时序分类（connectionist temporal classification，CTC）的端对端语音识别技术相结合实现了新的语音识别框架。相较于工业界现有的 CLDNN 结构（CNN+LSTM+DNN）的语音识别产品，错误率降低了 10%。这是在端对端语音识别技术的革新之后取得的最新技术突破。

可以看到，语音识别作为较早提出的传统任务之一，已经发展成为科技产品中一项不可或缺的基本功能。在我们触手可及的领域，无论是以 Siri 为代表的智能语音助手，或是以 Echo 为代表的人工智能音箱，语音识别正悄然改变人们的生活，利用语音输入取代控制面板，成为人机交互的新模式。

3. 自然语言处理

在自然语言处理（natural language processing, NLP）领域，深度学习主要用于语义分析等任务，这些任务中应用的主流方法是基于统计的模型。当然，人工神经网络也是基于统计方法的模型之一，然而它在自然语言处理领域发展的数十年间却一直没有引起足够的重视。最早采用神经网络的子领域是语言建模，美国 NEC 研究院自 2008 年起在词汇处理任务中引入神经网络结构，通过将词汇映射到一维矢量空间和多层一维卷积结构中，构建起一个网络模型。该模型可用于解决词性标注、分词、命名实体识别以及语义角色标注这四个比较典型的自然语言处理问题，并取得了非常精确的结果。随着近几年深度学习的大热，相关技术的发展也使得自然语言处理领域取得了相当大的突破，例如最广为人知的 NLP 实践——词嵌入（word embedding）等。

2013 年，Mikolov 等提出了 Word2vec 模型（Mikolov et al., 2013）。它是一个两层神经网络，可以提取一个词的特征向量，即为词嵌入。与传统的词袋（bag of words）模型相比，新的模型通过定义语言中的单词到高维向量的一个映射函数（可能是从 200 维到 500 维），构建词嵌入空间并依靠空间距离定义词之间的相关关系，从而能够更好地测量语法及语义的相似性并准确表达语法信息。

2015 年，Venugopalan 等提出一种基于 S2S 模型的说明生成模型（Venugopalan et al., 2015）。作为自然语言处理的一个基本任务，说明生成是指利用语言模型创建图像说明的一类任务，即给定一个数字图像（如照片或视频），生成关于该图像内容的文字描述的过程。它是一种新颖的端到端、序列到序列的模型，能够为视频生成相应的描述，模型在标准的 YouTube 视频集和两个电影描述数据集（M-VAD 和 MPII-MD）中都取得了令人满意的效果。

2017 年，Google Brain 团队中的一组研究人员在网络上发布了 Magenta 项目。该项目的主要目标是利用机器学习技术创作艺术和谱写曲子，从而探索机器学习在创作艺术和音乐过程中的作用。任务主要涉及用于生成歌曲、生成图像、绘图以及其他素材的深度学习和强化学习算法的研发，通过建立智能工具和界面，让艺术家和音乐家使用这些模型来扩展（而不是取代）他们的工作流程。这是一个开放的探索任务并在 GitHub 上开放源代码。

除此之外，深度学习在问答系统（Socher et al., 2013）、信息提取（Pei et al., 2014）、情感分析（Wang et al., 2017）以及文档分类（Lei et al., 2015）等方面同样有所应用。

总的来说，虽然神经网络在自然语言处理领域的深度还远不能达到在语音以及图像识别方面的水平，但应用在实际任务中仍然可以获得不错的效果。可以看到，自然语言作为人类知识的抽象浓缩表示，具有极其广泛的应用范围，对它进行理解和分析仍是深度学习研究领域极具挑战性的分支之一，有待进一步的研究。

4. 机器翻译

机器翻译是将一种语言的源文本（文本或语音）转换为另一种语言的方法。使用深层神经网络的机器翻译，称为神经机器翻译（NMT）。从最初完全依赖人工编写规则的机器翻译方法，到后来统计机器翻译（statistical machine translation, SMT）方法，再到现在的 NMT 方法，过去的 60 余年间机器翻译技术一直在不断地更新和发展。近几年，得益于深度学习的流行，机器翻译领域的相关技术也有了很大的发展。

2014 年，谷歌发布了一种基于神经网络和 seq2seq 模型实现的英法互译模型（Sutskever et al., 2014），它在长句处理方面性能良好。它通过将句子编码成定长向量迫使模型学习捕捉语义，同时提供了一种逆序输入的优化方式，这也使之成为机器翻译领域重要的成果之一。

2016 年，微软的刘铁岩团队提出一种新的深度学习机器翻译框架——对偶学习（dual-learning）（Xia et al., 2016）。在翻译样本不足的情况下，将翻译的正向过程看作一个原（primal）阶段，反向过程看作一个对偶（dual）阶段，从而使得整个翻译过程构成一个闭环的对偶学习任务，使得模型能够根据反馈信息进行自学习。

2017 年，中科院自动化所提出了条件化 GAN 神经网络的机器翻译模型，即 CSGAN-NMT 模型（Yang et al., 2017）。该模型由两个对抗模型组成，其中一个是生成器 G，采用传统的基于注意力的神经网络模型，负责将源语句翻译成目标语句；另一个是判别器 D，用于判断语句是由机器翻译还是人工翻译的。这也是首个将 GAN 应用于机器翻译的模型，实验结果显示该模型较其他流行模型将 BLEU 这一指标提升了 2%。

可以看到，机器翻译作为自然语言处理领域的基础任务，因与人类生活的高度相关性而备受关注，并逐渐成为自然语言处理中重要、活跃的子领域之一。

5. 自动驾驶

在自动驾驶领域，随着深度学习技术的崛起、人工智能的备受关注，自动驾驶作为 AI 中重要的应用之一，因它与人类生活的高度相关性，更是让人充满了幻想。

2009 年开始，谷歌开始秘密开发无人驾驶汽车项目。2012 年，谷歌宣布这项计划达成了一项新纪录：他们设计的无人驾驶汽车在电脑的控制下累计驾驶里程已达 30 万 mi①，并且没有发生一起事故。2016 年，谷歌无人驾驶项目独立，专门成立新公司 Waymo。谷歌依据互联网优势跨界涉足无人驾驶技术，依靠人工智能和深度学习技术，在无人驾驶软件上有得天独厚的优势。

2014 年，百度首次启动"百度无人驾驶汽车"研发计划，是国内第一家投入自动驾驶领

---

① 1 mi=1.609344 km。

域研究的互联网公司。2016 年，百度宣布已获得美国加州第 15 张无人驾驶测试牌照，并于 11 月在公共道路上测试了 L3 自动驾驶汽车。2017 年，百度宣布了"阿波罗计划"，即百度将为传统汽车行业及自动驾驶领域的合作伙伴提供一个开放、安全、完整的软件平台，从而降低无人车的研发门槛，促进技术的快速普及。它也是全球范围内第一家宣布对外开放自己技术和平台的无人车技术企业。

自动驾驶的安全性、可靠性是需要重视的，对技术上的要求也要非常高才行。从近几年的发展来看，自动驾驶技术的应用也不是没有风险的。2016 年，一位美国男子驾驶特斯拉 Model S 到一个十字路口时，与一辆大型拖车发生意外碰撞事故后死亡。事故发生时汽车的 Autopilot（自动辅助驾驶）模式处于开启状态。但这一事件并未停止特斯拉在无人驾驶上的投入与发展，反而大幅增加了研发和投资力度。特斯拉首席执行官（chief executive officer, CEO）马斯克认为面对现有技术中存在的弊端，研发更先进的技术是最好的解决途径。同年 10 月，特斯拉宣布旗下搭载全自动驾驶硬件的汽车开始量产，特斯拉由此成为世界上第一家量产全自动驾驶硬件的汽车制造商。虽然该硬件是否能完全实现自动驾驶在业界仍有争议（新硬件依然未采用高精度识别的激光雷达），但这一做法仍然大大推动了整个业界自动驾驶技术的发展。

可以看到，自动驾驶技术的发展正在如火如荼地进行。各大汽车公司如福特、大众、奔驰、宝马、丰田、沃尔沃等都提出了自己的自动驾驶研发计划。国内的广汽、北汽等也都在积极部署和研发。特斯拉更是计划推出 Autopilot 的升级——全自动驾驶模式。尽管自动驾驶在法律政策和伦理道德层面仍有需要解决的问题，但可以确定的是自动驾驶技术的未来是美好的，并将应用于人类的生活中。

6. 医学

在医学领域，深度学习是一项最新引入的研究方法，它作为一种成熟的图像处理技术主要应用于医学影像识别任务。我们知道，医学领域的研究主要依赖于对病例研究经验的积累。不同于一般的工业领域，疾病的发生受多种因素的影响，对于疾病的描述也非传统的参数控制可以做到，这就使得具有自学习能力的深度学习方法找到了用武之地。最近一年，人工智能在医学领域捷报频传，在各个方面均有所突破。

2016 年，谷歌在美国医学会杂志 *JAMA* 上发表了他们关于糖尿病视网膜病变的研究成果（Gulshan et al., 2016）。他们将 Inception V3 网络的预训练版本应用于执行糖尿病视网膜病变评估相关的几项工作中，对识别严重视网膜病变并检测黄斑水肿的能力进行了评估。作为深度学习技术应用于医学领域的第一项重大突破，其实验结果表明病变检测系统获得了与单个眼科医生水平相近的表现性能，即使与眼科医生的平均水平相比，也不落下风。

2017 年，来自美国斯坦福大学的人工智能算法团队在 *Nature* 杂志上发表了他们在皮肤癌诊断上取得的重大成果（Esteva et al., 2017）。他们同样利用 Inception V3 架构创建了一个机器学习算法，这种算法能够像皮肤科医生一样检查出潜在的皮肤癌症状，允许医疗从业人员和患者主动追踪皮肤病变和检测到癌症。算法的测试表现不亚于 21 名皮肤科医生，如果这项应用能够利用在临床上，将极大提高早期皮肤癌病人的存活率，从而对皮肤癌诊断和治疗起到巨大的作用。

2018 年出版的最新一期 *Cell* 封面介绍了一项研究成果（Kermany et al., 2018）。他们开发了一种基于迁移学习技术的人工智能系统，能精确诊断眼病和肺炎两大类疾病。系统通过对医学图像的深度学习将视网膜光学相干断层扫描（optical coherence tomography，OCT）图像分类为黄斑变性和糖尿病性视网膜病，并准确地区分出胸部 X 光片上的细菌性和病毒性肺炎。在精确诊断眼病方面，系统的表现性能接近于专业的眼科医生，并能够在 30 秒内确定患者是否应该接受治疗，准确度达到 95% 以上；在区分病毒性肺炎和细菌性肺炎方面，准确率同样超过了 90%。

2018 年，人工智能成果再次荣登 *Nature* 杂志（Wong et al., 2018），来自美国、德国、意大利等 100 多个实验室的近 150 位科学家通力合作，联合开发了一个超级 AI 系统。该系统基于肿瘤组织脱氧核糖核酸（deoxyribonucleic acid, DNA）的甲基化数据（将甲基添加到 DNA 中），可以准确区分近 100 种不同的中枢神经系统肿瘤。更厉害的是，这个 AI 系统还能自学成才，发现一些临床指南里面没有的新分类。该研究成果为跨越其他癌症实体生成基于机器学习的肿瘤分类器提供了蓝图，并具有从根本上改变肿瘤病理的应用前景。

人工智能与生物科学等领域的深度融合，使得深度学习技术在生物医学图像解读和医疗决策制定中实现广泛应用成为可能。当然，医疗是极为严肃的生物科学领域，需要严谨的理论与实践支持。斯坦福癌症研究所 Pigmented Lesion & Melanoma 项目的负责人——Swetter 教授曾说："在算法用于临床实践之前，还需要从业者与病人等进行严格的验证。"但我们有理由相信，随着深度学习技术的进一步发展，在不久的将来它能够在更多的医学领域为视觉化诊断做出更多的贡献。

7. 游戏领域

在游戏领域，有关深度学习最为著名并引起广泛关注的应用还要属 DeepMind 公司所创造的人工智能围棋冠军 AlphaGo。

2016 年，时属谷歌旗下的 DeepMind 公司开发了人工智能产品 AlphaGo，它在人工智能围棋比赛上以 4∶1 的总比分战胜了世界围棋冠军、职业九段选手李世石；2016 年 12 月至 2017 年 1 月，AlphaGo 在中国棋类网站上以"Master"为注册名与来自中、日、韩三国的数十位围棋高手进行快棋对决，连续 60 局无一败绩；2017 年，在中国乌镇围棋峰会上，AlphaGo 与当时排名世界第一的世界围棋冠军柯洁的三番棋对弈，以 3∶0 的总比分获胜。之后，DeepMind 官方宣布 AlphaGo 正式退役，并公布 50 盘 AlphaGo 自我对弈的棋谱。自此，围棋界公认 AlphaGo 围棋的棋力已经超过人类职业围棋的顶尖水平，并且在 GoRatings 网站上公布的世界职业围棋排名中，AlphaGo 的等级分曾一度超过当时排名人类第一的棋手柯洁。2017 年，DeepMind 在 AlphaGo 退役之后，进一步推出升级的强化学习产物 AlphaZero。

AlphaGo 的主要工作原理就是深度学习技术，它通过两个"大脑"之间的合作来完成下棋的操作，这两部分由不同的神经网络构成，包括作为第一大脑的落子选择器（move picker）以及作为第二大脑的棋局评估器（position evaluator）。两个大脑所使用的深层神经网络与谷歌图片搜索引擎中负责识别图片的神经网络在结构上是相似的，就像图片分类器网络处理图片一样处理围棋棋盘的定位。经过多层启发式二维过滤器的过滤，13 个全连接神经网络层将对它们所接收到的棋局局面情况进行判断，进而做出有关落子位置的最终决定。这些神经网络层能够对复杂信息进行逻辑推理和分类，并模拟人的思维做出相应的反馈。

可以看到，深度学习的使用赋予了游戏与人类相近的思维和反应能力。游戏开发是一项复杂而细致的工作，利用深度学习做内容构建，利用深度强化学习来进行游戏开发，可以极大地降低游戏开发的复杂度并增强游戏的趣味性。我们已经看到这一波的机器学习和人工智能在游戏领域的巨大潜力，相信未来深度学习领域的技术和方法在游戏中的应用会越来越多。

1.2.6 深度学习当前面临的挑战

深度学习取得的成绩是毋庸置疑的，它将人工智能推进了一大步，也是第三次人工智能热潮的核心推动力。但是，过高估计深度学习的作用也是危险的。历史上人工智能的两次低谷都源于人们对神经网络技术过高的期望。现实条件下深度学习仍有很多局限性，例如深度学习在图像、语音等方面取得很大的进步，但在自然语言处理方面仍然差强人意。认识并克服当前这些局限，才能使深度学习更好地推进人工智能的发展。关于当前深度学习局限性有很多讨论，其中纽约大学心理学教授 Marcus 讨论得比较系统和全面（Marcus，2018）。Marcus 的论述引起了很大争议，但从文中不难看出 Marcus 其实是深度学习坚定的拥护者。他的观点总体来说是深度学习需要进一步发展，尤其是与其他技术融合。本节以 Marcus 的论述为基础进行讨论。以下是当前深度学习技术所面临的十个方面的挑战（Marcus, 2018）。

（1）迄今深度学习需要大量数据。

人类只需要少量的尝试就可以学习抽象的关系。如果我告诉你 schmister 是年龄在 10 岁到 21 岁的姐妹。只需要一个例子，你就可以立刻推断出你有没有 schmister，你的好朋友有没有 schmister 等。你不需要成百上千甚至上百万的训练样本，只需要用少量变量之间的抽象关系，就可以给 schmister 下一个明确的定义。深度学习目前缺少通过显式的、词语的定义学习抽象概念的机制。当有数百万甚至数十亿的训练样本的时候，深度学习能达到最好的性能，例如 DeepMind 在棋牌游戏和 Atari 上的研究。人类学习复杂规则的效率远高于深度学习系统（Lake et al., 2016）。对于没有大量数据的问题，目前的深度学习技术不是理想的解决方案。

（2）迄今深度学习在概念表达方面还是很肤浅，没有足够的能力进行迁移。

"深"在深度学习中是一个技术的、架构的性质，而不是概念意义上的"深"（所获取的表征可以自然地应用到诸如"公正""民主"或"干预"等抽象概念）。即使是像"球"或"对手"这样的具体概念也是很难被深度学习学到的。例如 DeepMind 将深度强化学习应用于 Atari 游戏的工作（Mnih et al., 2015），其结果表面上看起来很棒，但系统并没有关于游戏的具体知识，连规则也不知道。系统并不理解什么是隧道、什么是墙，它所学会的，只是特定场景下的一个特例。迁移测试表明深度强化学习方法通常学到很肤浅的东西。对场景稍加改动，比如说调整球拍的高度、在屏幕中间加一道墙，DeepMind 用来打 Atari 的算法 A3C 就无法应对。系统没有学到"墙"的概念，它只是在一小类充分训练的场景中，逼近了"打破墙"这个行为。深度学习算法抽象出的模式，通常也比它们看起来更加肤浅。

（3）迄今深度学习没有自然方式来处理层级架构。

语言有着层级结构，即大的结构是由小部件递归构成的。但是，当前大多数基于深度学习的语言模型都将句子视为词的序列。在遇到陌生的句子结构时，循环神经网络无法系统地展示、扩展句子的递归结构（Marcus, 2001）。这种情况在其他需要复杂层级结构的领域也是一样的，比如规划和电机控制。更普遍的是在机器人领域，系统一般不能在全新环境中概括抽象规划。深度学习学到的各组特征之间的关联是平面的，没有层级关系是一个核心问题。

（4）迄今深度学习无法进行开放推理。

如果你无法搞清"John promised Mary to leave"和"John promised to leave Mary"之间的区别，你就不能分清是谁离开了谁，以及接下来会发生什么。在斯坦福问答数据集 SQuAD 上，如果问题的答案包含在题面文本里，现在的机器阅读理解系统能够很好地回答出来，但如果文本中没有，系统表现就会差很多。人类在阅读文本时经常可以进行广泛的推理，形成全新的、隐含的思考。现在的系统还没有像人类那样的推理能力。尽管有研究者（Williams et al., 2017; Bowman et al., 2015）在这一方向上已经进行了一系列研究，但目前没有深度学习系统可以基于真实世界的知识进行开放式推理，并达到人类级别的准确性。

（5）迄今深度学习不够透明。

神经网络"黑箱"的特性一直是过去几年人们讨论的重点（Samek et al., 2017; Ribeiro et al., 2016）。尽管通过可视化工具可以在复杂网络中看到节点个体的贡献（Nguyen et al., 2017），但大多数观察者都认为，神经网络整体看来仍然是一个黑箱。从长远看来，目前这种情况的重要性仍不明确（Lipton, 2016）。未解决透明度问题，对于深度学习在一些关键领域如金融或法律上的应用潜力是致命的，在这些系统中人类必须了解系统是如何做出决策的。

（6）迄今深度学习并没有很好地与先验知识相结合。

深度学习的工作方式通常包含寻找一个训练数据集，通过学习输入和输出的关系来学习解决问题的方法，也就是说，深度学习的主流方法是解释学。从自包含意义上说，它将自身与其他潜在的有用知识隔离开来。例如 Lerer 等提出的系统学习从塔上掉落物体的物理性质（Lerer et al., 2016），在此之上并没有物理学的先验知识（牛顿定律），系统通过原始像素级数据有限地近似物理定律。机器学习领域中有不少像 Kaggle 那样的竞赛，问题需要的所有相关输入和输出文件都被整齐地打包好了。问题是，生活不是一场 Kaggle 竞赛，孩子们无法在一个目录中得到打包好的所有需要的数据，只能通过现实世界中零星的知识持续学习。深度学习很难解决那些开放性问题，比如怎样修理一辆绳子缠住辐条的自行车？我应该主修数学还是神经科学？这些看似简单的问题，涉及现实世界中大量风格迥异的知识，没有哪个训练集适用于它们。

（7）迄今深度学习还不能从根本上区分因果关系和相关关系。

粗略而言，深度学习系统学习的是输入特征与输出特征之间的复杂相关关系，而不是固有的因果关系。一个深度学习系统可以很容易地学到小孩的身高和词汇量是相互关联的，但并不掌握身高和词汇量之间的因果关系。其实我们很容易知道，长高并不见得增加词汇量，增加词汇量也不会让你长高。因果关系在其他一些人工智能方法中是核心因素（Pearl, 2000），但在深度学习这个方向上，很少有研究试图解决这个问题。

（8）深度学习假设世界是大体稳定的。

深度学习的逻辑是：在高度稳定的世界（比如规则不变的围棋）中效果很可能最佳，而在政治和经济等不断变化的领域的效果则没有那么好。就算把深度学习应用于股票预测等任务，它很有可能也会遭遇谷歌流感趋势（google flu trends）那样的命运。谷歌流感趋势一开始能够根据搜索趋势很好地预测流行病学数据，但却完全错过了 2013 年流感高峰等事件（Lazer et al., 2014）。

（9）迄今深度学习只是一种好的近似，不能完全相信其答案。

这个问题部分是本节中提的其他问题所造成的结果，深度学习在给定领域中相当大一部分都效果良好，但它很容易被欺骗。越来越多的论文都表明了这种脆弱性，比如使用深度学习的图像描述系统将黄黑相间的条纹图案误认为校车（Nguyen et al., 2014），将贴了贴纸的停车标志误认为装满东西的冰箱（Vinyals et al., 2014）。最近还有真实世界的停止标志在稍微修饰之后被误认为限速标志的案例（Evtimov et al., 2017），以及三维打印的乌龟被误认为步枪的情况（Athalye et al., 2017）。Szegedy 等最早提出深度学习系统的"可欺骗性"（spoofability）（Szegedy et al., 2013）。几年过去了，尽管研究活动很活跃，但目前仍未找到稳健的解决方法。

（10）迄今深度学习还很难工程化。

上述问题造成很难使用深度学习构建鲁棒的工程。机器学习在打造可在某些有限环境中工作的系统方面相对容易，但要确保它们也能在具有可能不同于之前训练数据的全新数据的其他环境中工作却相当困难（Sculley et al., 2014）。Bottou 将机器学习与飞机引擎开发进行了比较（Bottou, 2015）。他指出飞机设计是使用简单的系统构建复杂系统，这样可以确保得到可靠的性能，机器学习则缺乏得到这种保证的能力。谷歌的 Norvig 在 2016 年指出，目前机器学习还缺乏传统编程的渐进性、透明性和可调试性，这使它在获得鲁棒性方面面临着深度挑战。尽管人们已在机器学习系统开发过程自动化方面取得了一些进展（Henderson et al., 2017），但仍有很长的路要走。

1.2.7　深度学习的未来

历史上，机器学习分为符号学派、连接学派、进化学派、贝叶斯学派和类推学派。这些学派既相互竞争又相互促进，每个学派都有自己的主算法并在一定领域上有自己的优势（例如深度学习是连接学派的代表）。《终极算法》（Domingos, 2015）认为，如果存在解决人工智能所有问题的"终极算法"，那么它可能是 5 个学派技术的综合。本质上说，深度学习是一种统计技术，它有很多优势，也有很多局限。也就是说，深度学习尚不是一个普遍的解决方案，它是众多人工智能工具中的一个。深度学习技术需要进一步发展，也必然会进一步发展。那么问题是，我们的方向在哪？下面介绍四个短期内可能的方向（Marcus, 2018）。

1. 无监督学习

深度学习先驱 Hinton 和 LeCun 近期都表示无监督学习是超越有监督、少量数据深度学习的关键方法。当前深度学习主要用于带标注数据的监督学习，但是也有一些方法可以在无监督环境下使用深度学习。无监督学习指的是不需要标注数据的系统。最常见的无监督学习是聚类。LeCun 等（2017）提倡的另一种方法，它使用随时间变化的数据替代标注数据。还有一种不同的无监督学习概念，即儿童所进行的无监督学习。孩子通常会为自己设置一个新的任务，比如搭建一个乐高积木塔，这种探索性的问题涉及解决大量自主设定的目标和高层次的问题求解以及抽象知识的整合。如果我们建立了能设定自身目标的系统，并在更抽象的层面上进行推理和解决问题，那么人工智能领域将会有重大的进展。

2. 符号处理和混合模型

另一个需要关注的方面是经典的符号 AI。符号 AI 的名字来源于抽象对象可直接用符号表示这一观点，这是数学、逻辑学和计算机科学的核心思想。像 $f = ma$ 这样的方程允许我们计算广泛输入的输出，而不管我们以前是否观察过任何特定的值。正确道路可能是将善于感知分类的深度学习和优秀的推理与抽象符号系统结合起来。人们可能会认为这种潜在的合并可以类比于大脑，如初级感知皮层那样的感知输入系统好像和深度学习做的是一样的，但还有一些如 Broca 区域和前额叶皮质等区域似乎执行更高层次的抽象。大脑的能力和灵活性部分来自于实时动态整合许多不同算法的能力。例如，场景感知的过程将直接的感知信息与关于对象及其属性等复杂抽象的信息无缝地结合在一起。现已有一些尝试性的研究探讨如何整合已有的方法，包括神经符号建模（Besold et al., 2017）和可微神经计算机（Graves et al., 2016）、可微解释器规划（Bošnjak et al., 2016）以及基于离散运算的神经编程（Neelakantan et al., 2016）。

3．认知和心理学的更多启示

尽管早期试图模拟人类大脑，当前的深度学习本质上仍然仅仅是数学工具。在很多领域，从自然语言理解到常识推理，人类依然具有明显优势。借鉴这些潜在机制可以推动人工智能的发展。人类还不具备足够的神经科学知识以对人脑进行反向工程。尽管如此，借鉴认知和心理学的已有知识构建更加鲁棒和全面的人工智能是可能的。这些模型不仅由数学驱动，也由人类心理学驱动。理解人类心智中的先天机制可能是一个不错的开始，以人类心智能作为假设的来源，从而有望助力人工智能的发展。第一个重点是表示和操作信息的可能方式，比如用于表示一个类别中不同个体之间不同变量和差异的符号机制；第二个重点是常识知识以及我们如何将常识用于我们与真实世界的交互；第三个重点是人类对叙事（narrative）的理解。

4．完成更大的挑战

不管深度学习是保持当前形式，还是变成新的东西，大量的挑战性问题会将系统推进到能够学习目前有监督学习无法通过大型数据集学习到的知识。

（1）理解力挑战（Kočiský et al., 2017; Paritosh et al., 2016），需要系统观看一个任意的视频（或者阅读文本、听广播），并就内容回答开放问题（谁是主角？其动机是什么？如果对手成功完成任务，会发生什么？）。没有专门的监督训练集可以涵盖所有可能的意外事件，推理和整合现实世界的知识是必需的。

（2）科学推理与理解，比如艾伦人工智能研究所的第8级科学挑战（Schoenick et al., 2017）。尽管很多基本科学问题的答案可轻易从网络搜索中找到，其他问题则需要清晰陈述之外的推理以及常识的整合。

（3）一般性的游戏玩法（Genesereth et al., 2005），游戏之间可迁移（Kansky et al., 2017），比如学习一个第一人称的射击游戏可以提高另一个带有完全不同图像、装备等的游戏的表现。（一个系统可以分别学习很多游戏，如果它们之间不可迁移，比如 DeepMind 的 Atari 游戏系统，则不具备资格。关键是要获取累加的、可迁移的知识。）

（4）物理化地测试一个人工智能驱动的、可搭建物品的机器人。它能够基于指示和真实世界中与物体部件的交互而不是大量试错，来搭建诸如从帐篷到宜家货架这样的系统（Ortiz, 2016）。

自然智能是多维度的（Gardner, 2011），既然世界如此复杂，通用人工智能也必须是多维度的。通过推进超越感知分类，进入到推理与知识更宽泛的整合，人工智能将会获得巨大进步。

■1.3　阅读材料

有关深度学习最早的深层神经网络模型的详细情况请参阅 Hinton 等（2006a）的文章，它也是深度学习这一名称的来源。综述类文章（Wang et al., 2017; LeCun et al., 2015; Schmidhuber, 2014）对深度学习发展情况进行了介绍，需要特别推荐的是由 Alom 等（2018）在最近发表的深度学习综述。它对 AlexNet 及之后出现的深度学习技术和方法进行了全面的总结，对在深度学习领域有一定基础的读者来说，可参考性更强。一些有关深度学习数学基础的文章（Goodfellow et al., 2016; Vidal et al., 2017）对深度学习领域常用的数学知识进行了详细的讲解。

关于深度学习思维导图还可以参考 Dformoso（2017）发布在 Github 上的思维导图，它从基本概念、架构、TensorFlow 这三个角度对深度学习所涉及的基础概念和框架及其之间的关系进行了介绍。同样地，还有 Hunkim（2017）发布在 Github 上的有关深度学习领域的深度架构图谱，它对现今流行的新模型和架构进行了分类和总结，并给出了相关文章的链接。

人工智能方面的书籍推荐阅读《人工智能——一种现代的方法》（Russell et al., 2013）。有关深度学习基础方面的书籍包括《深度学习》（Goodfellow et al., 2016）、*Fundamentals of Deep Learning: Designing Next-generation Machine Intelligence Algorithms*（Buduma et al.,2017）以及 *Neural Networks and Deep Learning*（Nielsen, 2017）等。有关深度学习与应用类的书籍包括：深度学习与 R 语言相关的图书（Lewis, 2016）、深度学习与 Python 相关的图书（Chollet, 2017）、深度学习与计算机视觉相关的图书（Rosebrock, 2017; Solem, 2014）以及深度学习与语音识别相关的图书（Deng et al., 2016）等。

<h1 style="text-align:center">参 考 文 献</h1>

尼克，2017. 人工智能简史. 北京：人民邮电出版社.

周志华，2016. 机器学习. 北京：清华大学出版社.

Akhtar N, Mian A, 2018. Threat of adversarial attacks on deep learning in computer vision: a survey. arXiv preprint arXiv:1801.00553.

Alemi A A, Fischer I, Dillon J V, et al., 2016. Deep variational information bottleneck. arXiv preprint arXiv:1612.00410.

Alom M Z, Taha T M, Yakopcic C, et al., 2018. The history began from AlexNet: a comprehensive survey on deep learning approaches. arXiv preprint arXiv:1803.01164.

Arjovsky M, Chintala S, Bottou L, 2017. Wasserstein gan. arXiv preprint arXiv:1701.07875.

Athalye A, Sutskever I, 2017. Synthesizing robust adversarial examples. arXiv preprint arXiv:1707.07397.

Bahdanau D, Cho K, Bengio Y, 2014. Neural machine translation by jointly learning to align and translate. arXiv preprint arXiv:1409.0473.

Battaglia P W, Hamrick J B, Bapst V, et al., 2018. Relational inductive biases, deep learning, and graph networks. arXiv preprint arXiv:1806.01261v2.

Bengio Y, Frasconi P, Simard P, 1993. The problem of learning long-term dependencies in recurrent networks. Neural Networks, IEEE International Conference: 1183-1188.

Besold T R, Garcez A D A, Bader S, et al., 2017. Neural-symbolic learning and reasoning: a survey and interpretation. arXiv preprint arXiv:1711.03902.

Boser B E, Guyon I M, Vapnik V N, 1992. A training algorithm for optimal margin classifiers. 5th annual workshop on Computational learning theory (COLT'92), New York: 144-152.

Bošnjak M, Rocktäschel T, Naradowsky J, et al., 2016. Programming with a differentiable forth interpreter. arXiv preprint arXiv:1605.06640.

Bottou L, 2015. Two big challenges in machine learning. International Conference on Machine Learning (ICML'15).

Bowman S R, Angeli G, Potts C, et al., 2015. A large annotated corpus for learning natural language inference. arXiv preprint arXiv:1508.05326.

Bruna J, Mallat S, 2013. Invariant scattering convolution networks. IEEE Transactions on Pattern Analysis and Machine Intelligence, 35(8): 1872-1886.

Buduma N, Locascio N, 2017. Fundamentals of deep learning: designing next-generation machine intelligence algorithms. [S.l.]: O'Reilly Media.

Chaudhari P, Oberman A, Osher S, et al., 2017. Deep Relaxation: partial differential equations for optimizing deep neural networks. arXiv preprint arXiv:1704.04932.

Chen C L, Liu Z, 2018b. Broad learning system: an effective and efficient incremental learning system without the need for deep architecture. IEEE Transactions on Neural Networks and Learning Systems, 29(1): 10-24.

Chen J, Song L, Wainwright M, et al., 2018a. Learning to explain: an information-theoretic perspective on model interpretation. arXiv preprint arXiv: 1802.07814.

Chen X, Duan Y, Houthooft R, et al., 2016. Infogan: interpretable representation learning by information maximizing generative adversarial nets. Neural Information Processing Systems (NIPS'16): 2172-2180.

Cho K, van merriënboer B, Bahdanau D, et al., 2014b. On the properties of neural machine translation: encoder-decoder approaches. arXiv preprint arXiv:1409.1259.

Cho K, van Merriënboer B, Gulcehre C, et al., 2014a. Learning phrase representations using RNN encoder-decoder for statistical machine translation. arXiv preprint arXiv:1406.1078.

Chollet F, 2017. Deep Learning with Python. Greenwich: Manning Publications.

Cohen T, Geiger M, Köhler J, et al., 2018. Spherical CNNs. arXiv preprint arXiv: 1801.10130.

Cortes C, Vapnik V, 1995. Support-vector networks. Machine Learning, 20(3): 273-297.

Dai W Z, Xu Q L, Yu Y, et al., 2018. Tunneling neural perception and logic reasoning through abductive learning. arXiv preprint arXiv:1802.01173v2.

Deng L, Li X, 2013. Machine learning paradigms for speech recognition: an overview. IEEE Transactions on Audio, Speech, and Language Processing, 21(5): 1060-1089.

Deng L, Yu D，2016. 深度学习：方法与应用. 谢磊，译. 北京：机械工业出版社.

Denil M, Bazzani L, Larochelle H, et al., 2012. Learning where to attend with deep architectures for image tracking. Neural Computation, 24(8): 2151-2184.

Dformoso, 2017. Deeplearning-mindmap. (2018-02-08)[2018-07-25]. https://github.com/dformoso/deeplearning-mindmap.

Domingos P，2015. 终极算法. 黄芳萍，译. 北京：中信出版集团.

Dong C, Loy C C, He K, et al., 2016. Image super-resolution using deep convolutional networks. IEEE Transactions on Pattern Analysis and Machine Intelligence, 38(2): 295-307.

Dong Y, Seide F, Gang L, 2012. Conversational speech transcription using context-dependent deep neural networks. International Conference on Machine Learning (ICML'12): 1-2.

Elman J L, 1990. Finding structure in time. Cognitive Science, 14(2):179-211.

Esteva A, Kuprel B, Novoa R A, et al., 2017. Dermatologist-level classification of skin cancer with deep neural networks. Nature, 542(7639): 115.

Evans R, Grefenstette E, 2018. Learning explanatory rules from noisy data. Journal of Artificial Intelligence Research, 61: 1-64.

Evtimov I, Eykholt K, Fernandes E, et al., 2017. Robust physical-world attacks on deep learning models. arXiv preprint arXiv:1707.08945.

Felzenszwalb P, McAllester D, Ramanan D, 2008. A discriminatively trained, multiscale, deformable part model. IEEE Conference on Computer Vision and Pattern Recognition (CVPR'08): 1-8.

Feng J, Zhou Z H, 2017. Deep forest: towards an alternative to deep neural networks. International Joint Conference on Artificial Intelligence (IJCAI'17): 3553-3559.

Feng J, Zhou Z H, 2018. AutoEncoder by forest. Association for the Advance of Artificial Intelligence (AAAI'18): 2967-2973.

Friesen A L, Domingos P, 2018. Deep learning as a mixed convex-combinatorial optimization problem. arXiv preprint arXiv: 1710.11573.

Fukushima K, Miyake S, 1982. Neocognitron: a new algorithm for pattern recognition tolerant of deformations and shifts in position. Pattern recognition, 15(6): 455-469.

Gardner H, 2011. Frames of Mind: The Theory of Multiple Intelligences. New York: Basic Books.

Genesereth M, Love N, Pell B, 2005. General game playing: overview of the AAAI competition. AI Magazine, 26(2): 62.

George D, Lehrach W, Kansky K, et al., 2017. A generative vision model that trains with high data efficiency and breaks text-based CAPTCHAs. Science, 358 (6368): 2612.

Girshick R, 2015. Fast R-CNN. IEEE International Conference on Computer Vision (ICCV'15), IEEE Computer Society: 1440-1448.

Girshick R, Donahue J, Darrell T, et al., 2014. Rich feature hierarchies for accurate object detection and semantic segmentation. IEEE Conference on Computer Vision and Pattern Recognition (CVPR'14): 580-587.

Giryes R, Sapiro G, Bronstein A M, 2016. Deep neural networks with random Gaussian weights: a universal classification strategy?. IEEE Transactions on Signal Processing, 64(13): 3444-3457.

Goodfellow I, Bengio Y, Courville A, 2016. 深度学习. 赵申剑，等，译. 北京：人民邮电出版社.

Goodfellow I, Pouget-Abadie J, Mirza M, et al., 2014. Generative adversarial nets. Neural Information Processing Systems (NIPS'14): 2672-2680.

Graves A, 2016. Adaptive computation time for recurrent neural networks. arXiv preprint arXiv:1603.08983.

Graves A, Wayne G, Reynolds M, et al., 2016. Hybrid computing using a neural network with dynamic external memory. Nature, 538(7626): 471-476.

Gulrajani I, Ahmed F, Arjovsky M, et al., 2017. Improved training of Wasserstein gans. Neural Information Processing Systems (NIPS'17): 5769-5779.

Gulshan V, Peng L, Coram M, et al., 2016. Development and validation of a deep learning algorithm for detection of diabetic retinopathy in retinal fundus photographs. JAMA, 316(22): 2402-2410.

Haeffele B D, Vidal R, 2017. Global optimality in neural network training. IEEE Conference on Computer Vision and Pattern Recognition (CVPR'17): 7331-7339.

Haeffele B D, Young E D, Vidal R, 2014. Structured low-rank matrix factorization: optimality, algorithm, and applications to image processing. International Conference on Machine Learning (ICML'14): 2007-2015.

He K M, Zhang X Y, Ren S Q, et al., 2016. Deep residual learning for image recognition. IEEE Conference on Computer Vision and Pattern Recognition (CVPR'16): 770-778.

Hebb D O, 1949. The Organization of Behavior. New York: Wiley.

Henderson P, Islam R, Bachman P, et al., 2017. Deep reinforcement learning that matters. arXiv preprint arXiv:1709.06560.

Hinton G E, 1986. Learning distributed representations of concepts. The Eighth Annual Conference of the Cognitive Science Society: 1-12.

Hinton G E, Frosst N, Sabour S, 2018. Matrix capsules with EM routing. International Conference on Learning Representations (ICLR'18).

Hinton G E, McClelland J L, 1988. Learning representations by recirculation. Conference and Workshop on Neural Information Processing Systems (NIPS'87): 358-366.

Hinton G E, Osindero S, Teh Y W, 2006b. A fast learning algorithm for deep belief nets. Neural Computation, 18(7): 1527-1554.

Hinton G E, Salakhutdinov R R, 2006a. Reducing the dimensionality of data with neural networks. Science, 313(5786):504-507.

Hinton G E, Vinyals O, Dean J, 2015. Distilling the knowledge in a neural network. Computer Science, 14(7):38-39.

Hochreiter S, Schmidhuber J, 1997. Long short-term memory. Neural Computation, 9(8): 1735-1780.

Hopfield J J, 1982. Neural networks and physical systems with emergent collective computational abilities. Proceedings of the national academy of sciences, 79(8):2554-2558.

Hu J, Shen L, Sun G, 2017. Squeeze-and-excitation networks. arXiv preprint arXiv:1709.01507.

Huang G, Liu Z, Weinberger K Q, et al., 2017. Densely connected convolutional networks. IEEE Conference on Computer Vision and Pattern Recognition, 1(2): 3.

Hunkim, 2017. (2017-11-07)[2018-07-25]. Deep_architecture_genealogy. https://github.com//hunkim/deep_architecture_genealogy.

Im D J, Ahn S, Memisevic R, et al., 2015. Denoising criterion for variational auto-encoding framework. Association for the Advance of Artificial Intelligence (AAAI'15): 2059-2065.

Ivakhnenko A G, Lapa V G, 1965. Cybernetic predicting devices. CCM Information Corporation.

Ji P, Zhang T, Li H, et al., 2017. Deep subspace clustering networks. Conference and Workshop on Neural Information Processing Systems.

Jordan M I, 1986. Serial order: a parallel distributed processing approach. ICS-Report 8604 Institute for Cognitive Science University of California, 121: 64.

Jordan M I, 1998. Learning in Graphical Models. New York: Springer Science and Business Media.

Kansky K, Silver T, Mély D A, et al., 2017. Schema networks: zero-shot transfer with a generative causal model of intuitive physics. arXiv preprint arXiv:1706.04317.

Karpathy A, Johnson J, Li F F, 2015. Visualizing and understanding recurrent networks. arXiv preprint arXiv:1506.02078.

Karras T, Aila T, Laine S, et al., 2017. Progressive growing of gans for improved quality, stability, and variation. arXiv preprint arXiv:1710.10196.

Kelley H J, 1960. Gradient theory of optimal flight paths. ARS Journal, 30(10): 947-954.

Kermany D S, Goldbaum M, Cai W, et al., 2018. Identifying medical diagnoses and treatable diseases by image-based deep learning. Cell, 172(5): 1122-1131.

Khrulkov V, Oseledets I, 2018. Geometry score: a method for comparing generative adversarial networks. arXiv preprint arXiv:1802.02664.

Kim J, Lee J K, Lee K M, 2016. Deeply-recursive convolutional network for image super-resolution. IEEE Conference on Computer Vision and Pattern Recognition (CVPR'16): 1637-1645.

Kingma D P, Mohamed S, Rezende D J, et al., 2014. Semi-supervised learning with deep generative models. Neural Information Processing Systems (NIPS'14): 3581-3589.

Kingma D P, Welling M, 2013. Auto-encoding variational Bayes. arXiv preprint arXiv:1312.6114.

Kočiský T, Schwarz J, Blunsom P, et al., 2017. The NarrativeQA reading comprehension challenge. arXiv preprint arXiv:1712.07040.

Koh P W, Liang P, 2017. Understanding black-box predictions via influence functions. arXiv preprint arXiv:1703.04730.

Krizhevsky A, Sutskever I, Hinton G E, 2012. Imagenet classification with deep convolutional neural networks. Neural Information Processing Systems (NIPS'12): 1097-1105.

Kumar A, Irsoy O, Ondruska P, et al., 2016. Ask me anything: dynamic memory networks for natural language processing. International Conference on Machine Learning (ICML'16): 1378-1387.

Lake B M, Ullman T D, Tenenbaum J B, et al., 2016. Building machines that learn and think like people. Behavioral and Brain Sciences, 40(1): 1-101.

Law M, Urtasun R, Richard S, et al., 2017. Deep spectral clustering learning. International Conference on Machine Learning (ICML'17): 1985-1994.

Lazer D, Kennedy R, King G, et al., 2014. The parable of Google Flu: traps in big data analysis. Science, 343(6176): 1203-1205.

LeCun Y, 1987. Modèles connexionnistes de l'apprentissage. Paris: Universite de Paris VI.

LeCun Y, 2016. Yann LeCun Quora 问答全集.（2016-07-29）[2019-02-03]. https://mp.weixin.qq.com/s/5hLoBXJmkXVnTjPNBEPvFg.

LeCun Y, Bengio Y, Hinton G, 2015. Deep learning. Nature,521(7553): 436.

LeCun Y, Boser B E, Denker J S, et al., 1990. Handwritten digit recognition with a back-propagation network. Neural Information Processing Systems (NIPS'90): 396-404.

LeCun Y, Boser B E, Denker J S, et al., 2014. Backpropagation applied to handwritten zip code recognition. Neural Computation, 1(4): 541-551.

LeCun Y, Bottou L, Bengio Y, et al., 1998. Gradient-based learning applied to document recognition. IEEE, 86(11): 2278-2324.

Lee K, Levy O, Zettlemoyer L, 2017. Recurrent additive networks. arXiv preprint arXiv:1705.07393.

Lei T, Barzilay R, Jaakkola T, 2015. Molding CNNs for text: non-linear, non-consecutive convolutions. arXiv preprint arXiv:1508.04112.

Lei T, Zhang Y, 2017. Training RNNs as fast as CNNs. arXiv preprint arXiv:1709.02755.

Lerer A, Gross S, Fergus R, 2016. Learning physical intuition of block towers by example. arXiv preprint arXiv:1603.01312.

Lewis N D, 2016. Deep Learning Made Easy with R. Charleston: Create Space Independent Publishing Platform.

Lillicrap T P, Hunt J J, Pritzel A, et al., 2015. Continuous control with deep reinforcement learning. arXiv preprint arXiv:1509.02971.

Lim B, Son S, Kim H, et al., 2017. Enhanced deep residual networks for single image super-resolution. IEEE Conference on Computer Vision and Pattern Recognition Workshops: 3.

Lipton Z C, 2016. The mythos of model interpretability. arXiv preprint arXiv:1606.03490.

Long J, Shelhamer E, Darrell T, 2015. Fully convolutional networks for semantic segmentation. IEEE Conference on Computer Vision and Pattern Recognition (CVPR'15): 3431-3440.

Madry A, Makelov A, Schmidt L, et al., 2017. Towards deep learning models resistant to adversarial attacks. arXiv preprint arXiv: 1706.06083.

Makhzani A, Shlens J, Jaitly N, et al., 2015. Adversarial autoencoders. arXiv preprint arXiv:1511.05644.

Mao X D, Li Q, Xie H, et al., 2017. Least squares generative adversarial networks. IEEE International Conference on Computer Vision (ICCV'17): 2794-2802.

Marcus G F, 2001. The Algebraic Mind: Integrating Connectionism and Cognitive Science. Cambridge: MIT Press.

Marcus G F, 2018. Deep learning: a critical appraisal. arXiv preprint arXiv:1801.00631.

McClelland J, Rumelhart D, Hinton G, 1986. The appeal of parallel distributed processing. Cambridge, MA: MIT Press: 3-44.

McCulloch W S, Pitts W, 1943. A logical calculus of ideas immanent in nervous activity. Bulletin of Mathematical Biophysics, 5(4): 115-133.

Mescheder L, Nowozin S, Geiger A, 2017. Adversarial variational Bayes: unifying variational autoencoders and generative adversarial networks. arXiv preprint arXiv:1701.04722.

Mikolov T, Chen K, Corrado G, et al., 2013. Efficient estimation of word representations in vector space. arXiv preprint arXiv:1301.3781.

Minsky M L, Papert S, 1969. Perceptrons: An Introduction to Computational Geometry. Cambridge, MA: MIT Press.

Mirza M, Osindero S, 2014. Conditional generative adversarial nets. arXiv preprint arXiv:1411.1784.

Mnih V, Badia A P, Mirza M, et al., 2016. Asynchronous methods for deep reinforcement learning. International Conference on Machine Learning(ICML'16): 1928-1937.

Mnih V, Heess N, Graves A, 2014. Recurrent models of visual attention. Neural Information Processing Systems (NIPS'14): 2204-2212.

Mnih V, Kavukcuoglu K, Silver D, et al., 2013. Playing Atari with deep reinforcement learning. arXiv preprint arXiv:1312.5602.

Mnih V, Kavukcuoglu K, Silver D, et al., 2015. Human-level control through deep reinforcement learning. Nature, 518(7540): 529-533.

Neelakantan A, Le Q V, Abadi M, et al., 2016. Learning a natural language interface with neural programmer. arXiv preprint arXiv:1611.08945.

Nguyen A, Clune J, Bengio Y, et al., 2017. Plug & play generative networks: conditional iterative generation of images in latent space. Computer Vision and Pattern Recognition(CVPR'17): 3510-3520.

Nguyen A, Yosinski J, Clune J, 2014. Deep neural networks are easily fooled: high confidence predictions for unrecognizable images. IEEE Conference on Computer Vision and Pattern Recognition (CVPR'15): 427-436.

Nielsen M, 2017.Neural networks and deep learning. (2018-10-02)[2019-02-03]. http://neuralnetworksanddeeplearning.com/.

Oord A V D, Dieleman S, Zen H, et al., 2016a. Wavenet: a generative model for raw audio. arXiv preprint arXiv:1609.03499.

Oord A V D, Kalchbrenner N, Kavukcuoglu K, 2016b. Pixel recurrent neural networks. arXiv preprint arXiv:1601.06759.

Oord A V D, Kalchbrenner N, Vinyals O, et al., 2016c. Conditional image generation with pixelCNN decoders. Neural Information Processing Systems (NIPS'16): 4797-4805.

Oord A V D, Vinyals O, Kavukcuoglu K, 2017. Neural discrete representation learning. 31st Conference on Neural Information Processing Systems (NIPS 2017), Long Beach, CA, USA.

Ortiz C L, 2016. Why we need a physically embodied Turing test and what it might look like. AI Magazine, 37(1): 55-63.

Pandey G, Dukkipati A, 2016. Variational methods for conditional multimodal learning: generating human faces from attributes. Technical Report.

Papernot N, Mcdaniel P, Goodfellow I, et al., 2016. Practical black-box attacks against machine learning. ACM on Asia Conference on Computer and Communications Security (ACM'17): 506-519.

Papernot N, Mcdaniel P, Wu X, et al., 2015. Distillation as a defense to adversarial perturbations against deep neural networks arXiv preprint arXiv:1511.04508.

Paritosh P, Marcus G, 2016. Toward a comprehension challenge, using crowdsourcing as a tool. AI Magazine, 37(1): 23-30.

Paszke A, Chaurasia A, Kim S, et al., 2016. Enet: a deep neural network architecture for real-time semantic segmentation. arXiv preprint arXiv:1606.02147.

Pauline L, Neverova N, Couprie C, et al., 2017. Predicting deeper into the future of semantic segmentation. International Conference on Computer Vision (ICCV'17): 10.

Pearl J, 2000. Causality: Models, Reasoning, and Inference. New York: Cambridge University Press.

Pei W, Ge T, Chang B, 2014. Max-margin tensor neural network for Chinese word segmentation. Association for Computational Linguistics (ACL'14): 293-303.

Qi G J, 2017. Loss-sensitive generative adversarial networks on lipschitz densities. arXiv preprint arXiv:1701.06264.

Radford A, Metz L, Chintala S, 2015. Unsupervised representation learning with deep convolutional generative adversarial networks. arXiv preprint arXiv:1511.06434.

Rauber P E, Fadel S, Falcao A, et al., 2016. Visualizing the hidden activity of artificial neural networks. IEEE Transactions on Visualization and Computer Graphics, 23(1): 101-110.

Ren S, He K, Girshick R, et al., 2015. Faster R-CNN: towards real-time object detection with region proposal networks. Neural Information Processing Systems (NIPS'15): 91-99.

Ribeiro M T, Singh S, Guestrin C, 2016. "Why Should I Trust You?": explaining the predictions of any classifier. Knowledge Discovery and Data Mining (KDD'16): 1135-1144.

Ritter S, Barrett D G T, Santoro A, et al., 2017. Cognitive psychology for deep neural networks: a shape bias case study. arXiv preprint arXiv:1706.08606.

Rosebrock A, 2017. Deep Learning for Computer Vision with Python. New York: Pyimageseach.

Rosenblatt M, 1958. Remarks on some nonparametric estimates of a density function. The Annals of Mathematical Statistics, 27(3): 832-837.

Rumelhart D E, Hinton G E, Williams R J, 1986b. Learning representations by back-propagating errors. Nature, 323: 533-536.

Rumelhart D E, Hinton G E, Williams R J, 1986c. Learning Internal Representations by Error Propagation. Cambridge: MIT Press.

Rumelhart D E, McClelland J L, the PDP Research Group, 1986a. Parallel Distributed Processing: Explorations in the Microstructure of Cognition. Cambridge: MIT Press.

Russell S J, Norvig P, 2013. 人工智能：一种现代的方法（第3版）. 殷建平，等，译. 北京：清华大学出版社.

Sabour S, Frosst N, Hinton G E, 2017. Dynamic routing between capsules. Neural Information Processing Systems (NIPS'17): 3859-3869.

Salakhutdinov R, Hinton G E, 2009. Deep Boltzmann machines. AISTATS: 3.

Salehinejad H, Baarbe J, Sankar S, et al., 2017. Recent advances in recurrent neural networks. arXiv preprint arXiv:1801.01078.

Samek W, Wiegand T, Müller K R, 2017. Explainable artificial intelligence: understanding, visualizing and interpreting deep learning models. arXiv preprint arXiv:1708.08296.

Schmidhuber J, 2014. Deep learning in neural networks: an overview. Neural Network, 61: 85-117.

Schmidhuber J, Prelinger D, 1993. Discovering predictable classifications. Neural Computation, 5(4): 625-635.

Schoenick C, Clark P, Tafjord O, et al., 2017. Moving beyond the Turing test with the allen AI science challenge. Communications of the ACM, 60(9): 60-64.

Schuster M, Paliwal K K, 1997. Bidirectional recurrent neural networks. IEEE Transactions on Signal Processing, 45(11): 2673-2681.

Sculley D, Phillips T, Ebner D, et al., 2014. Machine learning: the high-interest credit card of technical debt. Software Engineering for Machine Learning(NIPS'14).

Sermanet P, Eigen D, Zhang X, et al., 2013. Overfeat: integrated recognition, localization and detection using convolutional networks. arXiv preprint arXiv:1312.6229.

Shao Y, Gouws S, Britz D, et al., 2017. Generating high-quality and informative conversation responses with sequence-to-sequence models. Empirical Methods in Natural Language Processing (EMNLP'17): 2210-2219.

Silver D, Huang A, Maddison C J, et al., 2016. Mastering the game of Go with deep neural networks and tree search. Nature, 529(7587): 484-489.

Silver D, Hubert T, Schrittwieser J, et al., 2017b. Mastering chess and shogi by self-play with a general reinforcement learning algorithm. arXiv preprint arXiv:1712.01815.

Silver D, Schrittwieser J, Simonyan K, et al., 2017a. Mastering the game of go without human knowledge. Nature, 550(7676): 354.

Simonyan K, Zisserman A, 2014. Very deep convolutional networks for large-scale image recognition. arXiv preprint arXiv:1409.1556.

Sinha A, Namkoong H, Duchi J, 2018. Certifiable distributional robustness with principled adversarial training. arXiv preprint, arXiv:1710.10571.

Socher R, Chen D, Manning C D, et al., 2013. Reasoning with neural tensor networks for knowledge base completion. Advances in Neural Information Processing Systems (NIPS'13): 926-934.

Sohn K, Lee H, Yan X, 2015. Learning structured output representation using deep conditional generative models. Neural Information Processing Systems (NIPS'15): 3483-3491.

Sukhbaatar S, Weston J, Fergus R, 2015. End-to-end memory networks. Neural Information Processing Systems (NIPS'15): 2440-2448.

Sutskever I, Vinyals O, Le Q V, 2014. Sequence to sequence learning with neural networks. Neural Information Processing Systems (NIPS'14): 3104-3112.

Szegedy C, Liu W, Jia Y, et al., 2014. Going deeper with convolutions. arXiv preprint arXiv:1409.4842.

Szegedy C, Zaremba W, Sutskever I, et al., 2013. Intriguing properties of neural networks. arXiv preprint arXiv:1312.6199.

Solem J E, 2014. Python 计算机视觉编程. 朱文涛，袁勇，译. 北京：人民邮电出版社.

Tian F, Gao B, Cui Q, et al., 2014. Learning deep representations for graph clustering. Association for the Advance of Artificial Intelligence (AAAI'14):1293-1299.

Tishby N, Pereira F C, Bialek W, 2000. The information bottleneck method. arXiv preprint physics: 0004057.

Tolstikhin I, Bousquet O, Gelly S, et al., 2017. Wasserstein auto-encoders. arXiv preprint arXiv:1711.01558.

Tong T, Li G, Liu X, et al., 2017. Image super-resolution using dense skip connections. IEEE International Conference on Computer Vision (ICCV'17): 4809-4817.

Turing A M, 2009. Computing machinery and intelligence//Parsing the Turing Test. Dordrecht: Springer: 23-65.

Vaswani A, Shazeer N, Parmar N, et al., 2017. Attention is all you need. Neural Information Processing Systems (NIPS'17): 6000-6010.

Venugopalan S, Rohrbach M, Donahue J, et al., 2015. Sequence to sequence: video to text. IEEE International Conference on Computer Vision (ICCV'15): 4534-4542.

Vidal R, Bruna J, Giryes R, et al., 2017. Mathematics of deep learning. arXiv preprint arXiv:1712.04741.

Vinyals O, Toshev A, Bengio S, et al., 2014. Show and tell: a neural image caption generator. Computer Vision and Pattern Recognition (CVPR'15): 3156-3164.

Wang H, Raj B, 2017. On the origin of deep learning. arXiv preprint arXiv:1702.07800.

Watkins C J C H, 1989. Learning from delayed rewards.Cambridge, England: University of Cambridge.

Weston J, Chopra S, Bordes A, 2014. Memory networks. arXiv preprint arXiv: 1410.3916.

Widrow B, Hoff M E, 1960. Adaptive switching circuits//1960 IRE WESCON Convention Record, volume 4: 96-104.

Williams A, Nangia N, Bowman S R, 2017. A broad-coverage challenge corpus for sentence understanding through inference. arXiv preprint arXiv:1704.05426.

Wong D, Yip S, 2018. Machine learning classifies cancer. Nature, 555: 446-447.

Wu M, Hughes M C, Parbhoo S, et al., 2017. Beyond sparsity: tree regularization of deep models for interpretability. arXiv preprint arXiv:1711.06178.

Xia Y, He D, Qin T, et al., 2016. Dual learning for machine translation. Neural Information Processing Systems (NIPS'16): 820-828.

Xie J, Girshick R, Farhadi A, 2016. Unsupervised deep embedding for clustering analysis. International Conference on Machine Learning (ICML'16): 1985-1994.

Xiong C, Merity S, Socher R, 2016. Dynamic memory networks for visual and textual question answering. International Conference on Machine Learning (ICML'16): 2397-2406.

Yan Z, Guo Y, Zhang C, 2018. DeepDefense: training deep neural networks with improved robustness. arXiv preprint arXiv:1803.00404.

Yang Z, Chen W, Wang F, et al., 2017. Improving neural machine translation with conditional sequence generative adversarial nets. arXiv preprint arXiv:1703.04887.

Yosinski J, Clune J, Nguyen A, et al., 2015. Understanding neural networks through deep visualization. arXiv preprint arXiv: 1506. 06579.

Yu D, Deng L，2016．解析深度学习：语音识别实践．俞凯，钱彦旻，译．北京：电子工业出版社．

Zeiler M D, Fergus R, 2014. Visualizing and understanding convolutional networks. European Conference on Computer Vision: 818-833.

Zhang T, Zeng Y, Zhao D C, et al., 2018. A plasticity-centric approach to train the non-differential spiking neural networks. Association for the Advance of Artificial Intelligence (AAAI'18): 620-627.

Zhao S, Song J, Ermon S, 2017. Infovae: information maximizing variational autoencoders. arXiv preprint arXiv: 1706.02262.

Zhou Z H, Feng J, 2017. Deep forest: towards an alternative to deep neural networks. arXiv preprint arXiv:1702.08835.

机器学习基础

深度学习是近些年机器学习研究最为火热的一个方向，虽然本书重点关注深度学习的各种方法，但是在开始深度学习的探索之前，有必要对机器学习的一些基础知识进行了解。本章首先介绍机器学习领域涉及的基本概念及其发展历史，之后按照所解决问题的不同对机器学习方法加以分类，分别从监督学习、无监督学习和强化学习三个方向进行具体分析，并给出各个方向的评价标准和常用算法。掌握机器学习的知识是进行深度学习研究所必备的基础，对于之后理解深度学习的内容来讲是不可或缺的。

2.1 机器学习基本概念

2.1.1 定义

机器学习（machine learning, ML）是关于计算机基于数据构建模型并运用模型对数据进行预测与分析的一门学科（李航, 2012）。机器学习有几个主要的特点：首先，它是建立在计算机和网络的基础上进行研究的一门学科；其次，数据是机器学习最重要的组成部分，是机器学习所要研究的对象；最后，机器学习的目的是对数据进行预测与分析，从而挖掘出数据之间存在的关联等重要信息。基于这些特点，机器学习中"学习"的概念就和普通的学习有着很大的差别。将"机器"与"学习"分开来看的话，"机器"指的是计算机系统，对于"学习"，Simon（1996）给出了如下定义："如果一个系统能够通过执行某个过程改进它的性能，这就是学习。"而关于机器学习这一整体，一直没有一个标准的定义。最著名且简洁的定义是由 Mitchell（1997）提出的："机器学习这门学科所关注的问题是：计算机程序如何随着经验积累自动提高性能。"更为形式化的定义也在他的同一本书中给出："对于某类任务 T 和性能度量 P，如果一个计算机程序在 T 上以 P 衡量的性能随着经验 E 而自我完善，那么我们称这个计算机程序在从经验 E 学习。"在这个定义中出现了三个比较难懂的描述，分别是任务 T、性能度量 P 以及经验 E。下面就从这三个词开始来对机器学习做一个初步的认识。

首先，对于任务 T 的定义，与日常所说的完成某项任务中的任务是有一定差异的。这里是指机器学习系统应该如何去处理样本（sample），而不是指系统如何去学习的这一过程，这里的样本指的是从机器学习算法处理的对象或事件中收集到的已经量化的特征（feature）的集合。举例来说，如果给定的目标是要让机器手臂能够抓住一个物体，那么抓住物体就是任务，而如何去抓住这个物体就是学习的过程。机器学习可以解决的任务分为很多类，常见的有分类任务、回归任务、去噪任务和异常检测任务等。

性能度量 P 是为了对机器学习算法的能力进行评估而设立的一个标准。既然机器学习算法有能力在不同的任务中进行学习，那么就应该设立一个评判学习效果的度量，这样不同的学习算法之间才能进行公正的比较，进而有优劣之分。通常情况下，性能度量 P 是对系统执行的特定任务 T 而言的。比如对于分类任务，常用的性能度量就是模型的准确率或错误率；对于聚类任务，常用的性能度量就是 FM 指数（Fowlkes and Mallows index, FMI）和标准化互信息（normalized mutual information, NMI）等。在具体的任务中，研究者更加关注机器学习算法在未观测数据上的性能表现，因为这与算法在实际应用当中的性能更为相近。

经验 E 是指算法在学习过程中，获得的对学习有帮助的中间成果。根据学习过程中获得经验的类型，机器学习算法大致可以分为监督学习、无监督学习和强化学习三个类别。对于监督学习算法，需要学习的就是如何通过给定的样本特征来判断样本类别的经验。对于无监督学习算法，需要学习的就是样本之间隐含的类别关系。强化学习算法相对而言比较特殊，它并没有给定任何样本，而是直接通过与环境的交互来获得经验和回报，它需要学习的是如何能使最终获得的累计回报最大。

2.1.2　数据

在进行机器学习任务的过程中，数据是不可或缺的一项基本资源，没有数据任何算法都只是空谈。在本书中，数据集（dataset）采用 $D = \{x_1, x_2, x_3, \cdots, x_n\}$ 来表示，其中 n 表示数据集中的数据样本数量。对于每一个数据样本 x_i，不同的属性（attribute）值描述了它在不同角度下的表现或性质，这里用 $x_i = (x_i^{(1)}, x_i^{(2)}, \cdots, x_i^{(d)})^{\mathrm{T}}$ 来表示样本的属性构成，属性个数用 d 表示，如无特殊说明，本书中的所有向量默认为列向量。机器学习的方法建立在数据的基础上，将数据作为输入，并提取数据特征，最终得到目标的输出。下面以监督学习为例对数据的输入空间、输出空间以及特征空间的概念进行说明。在监督学习中，输入的所有可能集合称为输入空间（input space），输出的所有可能集合称为输出空间（output space）。这两个空间均可以是有限元素的集合，也可以是整个欧几里得空间。通常来说，输出空间的大小是要远远小于输入空间的。对于每一个特定的输入，都被称为一个实例（instance），实例通常由特征向量（feature vector）表示。那么所有的特征向量也存在于一个空间当中，这个空间被称为特征空间（feature space）。在特征空间中，每一个维度对应着输入数据的一个特征。在一些情况下，假设输入空间和特征空间是相同的，这种情况下算法直接对输入数据进行处理。而在输入数据的特征不明显或者不符合算法要求的时候，需要增加一项数据处理的步骤，将实例从输入空间映射到特征空间中，这样就可以更好地进行后续的处理。

在监督学习的过程中，输入与输出被视为定义在输入空间和输出空间上的随机变量的取值。输入与输出变量分别用大写字母 X 和 Y 来表示，它们的取值分别用小写字母 x 和 y 表示。监督学习的过程是采用训练数据（training data）来进行学习得到模型，之后将模型应用到测试数据（test data）中进行预测。训练数据是由输入与输出对构成的，对于每一个输入实例 x_i，都有它对应的一个输出的标签（label），这一标签用 y_i 来表示。这样，训练数据集就可以用每个样本和它的标签构成的数据对表示为 $S = \{(x_1, y_1), (x_2, y_2), (x_3, y_3), \cdots, (x_n, y_n)\}$。相应地，测试数据集也是由输入与输出构成的数据对组成的，这种数据对被称为样本或者样本点。

2.1.3　机器学习的三要素

介绍完数据的相关定义，现在将重点重新回到机器学习方法上来。机器学习的目的是对数据进行预测和分析，这种预测与分析主要是针对未知的新数据而言的，通过对新数据应用已经学习好的模型，来获得数据之中包含的新知识，从而解决新的问题。机器学习方法是基于数据构建模型来对数据进行分析。同样是以监督学习为例，在这种情况下，需要从给定的训练数据集出发，并依据两个重要的假设：①假设数据是独立同分布产生的，输入与输出的随机变量 X 和 Y 遵循联合概率分布 $P(X,Y)$。$P(X,Y)$ 表示概率分布函数或概率密度函数，训练数据与测试数据被看作是依据联合概率分布 $P(X,Y)$ 独立同分布产生的。②要学习的模型属于某个函数集合，这个集合被称为假设空间（hypothesis space）。在这两个假设的基础上，学习过程应用某个评价准则，从假设空间中选取一个符合问题需求的最优模型，使得在给定的标准下模型对训练数据和测试数据有最优的预测。模型的选取过程是在给定准则下设计算法进行实现的。综上所述，机器学习方法包括模型的假设空间、模型选取的准则和模型学习的方法。这三个内容被称为机器学习方法的三要素，简称为模型（model）、策略（strategy）和算法（algorithm）。设计一个机器学习方法可以视为确定该方法中这三要素的具体内容。

1. 模型

依然以监督学习为例，针对一个问题，机器学习方法首先要考虑三要素中的模型。

监督学习所考虑的模型就是要学习的决策函数或条件概率分布，决策函数可以表示为 $Y=f(X)$，条件概率分布可以表示为 $P(Y|X)$。模型的假设空间包含了所有可能的决策函数或条件概率分布，一般来讲有无穷多个，这里用 $\mathcal{F}$ 来表示假设空间。对于通过学习决策函数来构建模型的方法，其假设空间可表示为所有可能的决策函数的集合：

$$\mathcal{F}=\left\{f\,|\,Y=f_\theta(X),\theta\in R^n\right\} \tag{2.1}$$

式中，θ 是参数向量，决定具体的函数形式，参数向量构成的集合称为参数空间（parameter space）。如果是通过学习条件概率分布来构建模型，那么假设空间便是条件概率的集合：

$$\mathcal{F}=\left\{P\,|\,P_\theta(Y|X),\theta\in R^n\right\} \tag{2.2}$$

这里的 θ 同样是参数向量。

2. 策略

在确定了模型的假设空间之后，需要使用一个准则对模型的好坏进行评判，依照这一准则可以从假设空间的众多模型中选取最优的模型，这就是策略。为了度量模型预测的好坏，这里引入损失函数（loss function）的概念对其结果进行评估。损失函数用 $L(Y,f(X))$ 表示，用于量化输入 X 的真实输出值 Y 和经过模型处理后的预测值 $f(X)$ 之间的差异大小。损失函数的数值越小，这个模型就越好。因为模型的输入和输出是遵循联合概率分布 $P(X,Y)$ 的随机变量，因此可以得到损失函数的期望值：

$$R_{\exp}(f)=E_p\left[L(Y,f(X))\right]=\int L(y,f(x))P(x,y)\mathrm{d}x\mathrm{d}y \tag{2.3}$$

这代表平均意义下 $f(X)$ 关于联合分布 $P(X,Y)$ 的损失，因此称为期望损失（expected loss）或风险函数（risk function）。

因为在求期望损失时所用到的联合分布函数是未知的，因此无法直接使用上述公式求出损失来评判模型好坏。为此，采用一个近似的替代来简化问题的求解。给定一个训练数据集 $S=\{(x_1,y_1),(x_2,y_2),(x_3,y_3),\cdots,(x_n,y_n)\}$，定义模型在训练数据上得到的平均损失为经验损失（empirical loss）或经验风险（empirical risk）：

$$R_{\mathrm{emp}}(f)=\frac{1}{n}\sum_{i=1}^{n}L\left(y_i,f(x_i)\right) \tag{2.4}$$

在模型的假设空间、损失函数以及训练数据集确定的情况下，可以由公式（2.4）计算求得模型的经验风险。如果将经验风险最小的模型确立为最优的模型，就可以得到一种策略，称为经验风险最小化（empirical risk minimization, ERM）策略。按照这种策略对模型求解相当于求解如下的最优化问题：

$$R_{\text{emp}}(f) = \min_{f \in F} \frac{1}{n} \sum_{i=1}^{n} L\left(y_i, f(x_i)\right) \tag{2.5}$$

根据大数定律，在训练集中包含的样本数量 n 趋近于无穷时，经验风险也会趋近于期望风险。因此，当训练数据集中的样本数量足够多时，使用 ERM 策略可以获得很好的学习效果。

3. 算法

在确定了模型的假设空间与选取准则后，机器学习的算法，也就是学习模型的具体计算方法，它的作用就是用来求解这一最优模型。在这一阶段，机器学习问题可以视为一个最优化问题。如果这个最优化问题有显式的解析解，那么求解起来就比较简单。但是通常情况下这样的解析解并不存在，在这种情况下只能采用数值计算的方法进行求解。在简单问题的处理上，传统的最优化算法就可以解决，而对于多数复杂问题，必须要设计新的最优化算法才能处理。因此诞生了处理不同问题的各类机器学习算法。

2.1.4　归纳偏好

在最终的模型选取过程中，通过学习得到的模型是对应到假设空间的一个假设上的。那么如果最终存在多个与训练集一致的假设，但是它们对应的模型在处理新的数据样本时却会产生不同的输出，这时如何选取最优的模型就成了一个新的问题。在这种情况下，仅仅通过现有的训练样本是无法判别这几种模型的好坏的，那么算法本身的"偏好"就成了选取最优模型的关键。偏好是指算法更倾向于选择某种类型的模型，这里的类型可能表示模型是否特殊，或者模型受某些特征的影响比较大等。机器学习算法在学习过程中对某种类型假设的偏好被称为归纳偏好（inductive bias）。

每一个有效的机器学习算法都有它对应的偏好，否则当遇到在训练集上无法区分优劣的模型时，算法将陷入选择的困境。虽然偏好是可以随意设定的，但是通常需要一种一般性的原则来指导偏好的确定。这里可以使用奥卡姆剃刀（Occam's razor）原则，这是一种常用的自然科学领域的基本原则。奥卡姆剃刀原则的内容是："如果有多个假设与观察一致，则选取最简单的那一个。"这一原则让算法倾向于选取能解决问题的模型中较为简单的一个，从而避免模型出现复杂度过高的问题。

利用归纳偏好来进行模型选取，是基于机器学习算法本身所做出的关于什么样的模型更好的假设，而选取的模型是否能在新的数据上表现出良好的效果其实无法确定。机器学习学科的一个著名的定理——"没有免费的午餐定理"（no free lunch theorem）表明，在所有可能的数据生成分布上平均后，每种学习算法在事先未观测到的样本点上都有着相同的错误率。这就说明，所有算法的期望性能是相同的，没有一个机器学习的算法总是比其他的算法好。举一个极端一点的例子，采用某个精心设计的复杂算法和随机猜测的算法的期望性能一致，那么设计复杂算法的价值存在很大的疑问。不过需要注意的是，这个结论仅仅在考虑所有可能的数据生成分布时才成立，但是实际情况下并不是这样。现实的机器学习算法是只关注于正在处理的问题的特殊算法，而不是着眼于所有可能问题的通用学习算法。那么设计一个处理特定问题的算法就是有意义的，这个算法得到的模型可以在对应的问题上表现得比其他模型更好。没有免费的午餐定理主要说明的问题是如果脱离了具体的问题，泛泛地比较哪个学习算法最好，这是毫无意义的。

机器学习方法包括三种类型，分别是监督学习（supervised learning）、无监督学习（unsupervised learning）以及强化学习（reinforcement learning）。这三种不同的学习方法分别适用于不同的机器学习问题，2.2～2.4 节将对三种方法进行详细的介绍。

■2.2　机器学习发展历程

了解机器学习的发展历程，首先要从它所属的领域人工智能开始说起。人工智能是人类对使用机器来模仿和学习人类活动进行研究的一门学科，它试图去了解智能的实质，并生产出一种新的能以人类智能相似的方式做出反应的智能机器。人工智能所包含的范畴十分广泛，包括机器人、语音识别、图像识别、自然语言处理和专家系统等。机器学习是因人工智能领域发展而诞生的一个重要的研究分支，目前已经成为人工智能领域研究的核心，并且突破了单纯的学术研究范围，相当一部分研究成果被应用到了实际生产之中，给人们的生活带来了巨大的改变。

提及人工智能学科的起源，公认的时间节点是 1956 年的达特茅斯会议。这是在 1956 年的夏天于美国达特茅斯学院召开的一场学术会议，会议的名称为"人工智能夏季研讨会"（Summer Research Project on Artificial Intelligence），这是由会议的组织者之一，被称为"人工智能之父"的 McCarthy 所发起。在这次会议中，McCarthy 邀请了开发出首个计算机西洋跳棋程序的学者 Samuel 介绍他所做的工作，而机器学习这一词汇就是从他的报告中诞生的，Samuel（1959）将它定义为"不显式编程地赋予计算机能力的研究领域"。

机器学习从诞生至今已有 60 多年的历史，虽然这一学科从萌芽到壮大仅仅用了半个世纪的时间，但是其发展过程是十分曲折而坎坷的，既有轰动世界的飞跃，又有无人问津的沉寂。在这样一个几经波折的发展历史中，机器学习始终拥有着顽强生命力的主要原因在于，它是一个思想多元化的学科。在机器学习领域存在不同思想的学派，每个学派都具有其核心理念和特定关注的问题。依照机器学习领域的先驱人物、华盛顿大学教授 Domingos（2015）的观点，可以将机器学习领域划分为五个学派，分别是符号学派（symbolists）、联结学派（connectionists）、进化学派（evolutionaries）、贝叶斯学派（Bayesians）和类推学派（analogizers）。

2.2.1　符号学派

符号学派，又称为心理学派或计算机学派，这一学派在机器学习发展早期占据着主要的位置，其代表人物为 Mitchell、Muggleton 和 Quinlan。符号学派将数理逻辑的思想引入了机器学习，它认为人类的认知过程就是使用各种符号进行运算的过程。因此，符号学派主张将所有信息简化为操作符号，之后利用计算机完成对符号的推理及运算。符号学派重视先验知识，并利用它们进行逻辑推理以解决新问题，大多数专家系统采用的就是符号学派的方法。

符号学派的思想起源可以追溯到早期哲学家最为热衷的关于理性主义与经验主义的争论，理性主义者认为逻辑推理是唯一正确的通往知识的道路，而经验主义者认为所有推理都是不可靠的，只有通过观察与实验才能得到真正的知识。著名哲学家 Hume 于 1739 年在他的著作中提出了一个经典问题："在利用我们已经看到过的东西来概括我们没看到过的东西时，怎样做才是合理的？"（Hume, 2003）。这个问题实际上是一个归纳问题，而归纳就是逆向的演绎，这一观点在 Jevons（1958）关于科学法则的著作中被首次提出。逆向演绎（inverse deduction）是符号学派的主要算法。演绎即推理，是使用通用的规则对特定事实进行推导，逆向演绎就是从特定的事实总结出通用的规则。一个典型的例子是，给出"苏格拉底是人类"和"所有人类都会死"，可以得到"苏格拉底也会死"这一事实，这就是将"人类都会死"这一通用规则应用到"苏格拉底"身上的演绎；如果给出"苏格拉底是人类"和"苏格拉底会死"，可以推理得到"如果苏格拉底是人类，那么他会死"，将这一规则通过牛顿法则推广到所有实体中就可以得到"如果某个实体是人类，那么他会死"这个通用规则，这就是逆向演绎的结果。逆向演绎的思想起源于人类在描述复杂概念时使用简单概念进行组合得到"合取概念"的习惯，一项规则的形成也是如此，通过对一系列相关概念进行组合就可以得到相应的规则。不过，在概念数量较多时，这种方法的时间复杂度太高而无法进行实际应用，于是，更为有效的规则集取代了合取的方法。使用规则集的方法就是同时对多条规则进行学习，这一想法是由波兰计算机科学家 Michalski（1969）提出的。在他于 1970 年移民美国之后，就与 Mitchell 和 Carbonell 一同创立了机器学习的符号学派。1988 年，Muggleton 等首次提出将逆向演绎应用到机器学习领域（Muggleton et al., 1988）。使用规则集进行逆向演绎可以在大量的基础论据之上形成简洁的假设，这样就可以对之前观察到的现象提出有效的判断规则。不过，逆向演绎也存在一些严重的缺点：一是它容易受到噪声的干扰；二是真正的概念很少能通过一个规则集来定义。因此，关于逆向演绎的研究随着机器学习领域的发展而渐渐消沉。

符号学派的另一种著名算法是决策树（decision tree）算法，这是一种通过一系列简单规则来构建一个树形的预测模型的方法，它代表了样本属性与样本标签之间的一种映射关系。第一个决策树构造算法是 Quinlan（1986）提出的 ID3 算法，这种方法使用信息熵的下降速度作为分裂属性的选取标准。在此之后，Breiman 等和 Quinlan 分别对决策树的构造和调整方法做出改进，提出了 CART 算法（Breiman et al., 1984）和 C4.5 算法（Quinlan, 1992）。由于决策树算法具有对数据量要求不高、模型简单易于理解和构建、效果优异等特点，在实际问题中取得了很好的应用。在 Wu 等（2008）评选的数据挖掘领域的十大算法中，决策树算法就占据了两个位置，分别是 CART 算法和 C4.5 算法，这足以体现决策树算法在机器学习领域的重要程度。1995 年，Ho 提出了结合决策树算法与集成学习方法的随机森林（random forest，RF）模型，可以在很快的学习速率下保证很高的准确度，而且具有很好的鲁棒性（Ho, 1995）。

知识图谱（knowledge graph, KG）是符号学派近几年最为出色的应用，它的概念是由谷歌公司在 2012 年所提出的（Singhal, 2012），是指用于提升搜索引擎性能的知识库。知识图谱的起源可以追溯到 20 世纪 70 年代，曾经风靡一时的专家系统（expert systems）是它的前身。专家系统是一种利用知识和推理过程来解决那些借助人类专家知识才能得以解决的问题的计算机程序（Feigenbaum, 1981），由知识库与推理引擎两个部分组成。由于其知识库是利用相关领域的人类专家提供的知识来构建的，因此具有很高的准确率，但是构建所带来的巨大的时间和资源消耗给它的进一步发展带来了阻碍。1989 年，万维网（world wide web, WWW）的出现为知识的获取提供了极大的方便，作为其创始者之一的 Berners-Lee（1998）在这一架构的基础上提出了语义网（semantic web）的概念。语义网向机器提供可直接用于程序处理的知识表示，从而让机器拥有和人类相近的获取和使用知识的能力。2001 年，维基百科（wikipedia）（Remy, 2002）的出现是知识图谱发展的一个里程碑，之后的诸多知识图谱项目都是基于维基百科架构进行构建的。2006 年，Berners-Lee 提出了链接数据（linked data）的概念（Berners-Lee, 2006），鼓励研究者在遵循一定规则的前提下将数据在互联网上公开，通过链接使数据形成一张巨大的网络。第一个大规模的开放域链接数据是 2007 年开始运行的 DBpedia 项目（Auer et al., 2007），它主要通过社区成员来定义和撰写准确的抽取模板，从维基百科中抽取结构化信息来构建大规模知识库。近年来，随着知识图谱构建技术的不断发展，不仅许多英文的知识图谱更加完善，一些中文知识图谱也逐步创建，比较成功的例子有上海交通大学的 zhishi.me（Niu et al., 2011）、清华大学的 XLore（Wang et al., 2013）和复旦大学的 CN-pedia（Xu et al., 2017）等。

2.2.2　联结学派

联结学派，又称为仿生学派或生理学派，其代表人物为 Bengio、Hinton 和 LeCun。联结学派认为，使用符号学派的逻辑规则进行定义的概念只是全部概念的一个极小部分，因此，符号主义的方法无法完成更多的机器学习任务。生命体的大脑是一切学习的基础，如果能对大脑进行逆向演绎，那么就可以得到一个真正的学习方法。联结学派研究的开展是建立在人类对生命体神经系统认知的基础上的，通过构建一个模拟人类大脑神经系统结构的计算机系统来实现对大脑工作机制的复现。

在神经科学领域，通过对哺乳动物的大脑进行研究，研究者发现，虽然不同的大脑皮层负责不同的功能，但是这并不是特殊化的生物结构。如果将两个不同区域之间的神经连接互相交换，生物所具有的能力并不会被破坏。研究者使用雪貂作为实验对象，对其大脑进行重新布线，交换了其眼睛到视觉皮层和耳朵到听觉皮层之间的连接，并观察其之后的视觉和听觉能力是否会受到影响。令人惊讶的是，作为实验体的雪貂不仅没有出现残疾，反而恢复了视觉和听觉的功能。实验结果显示，一段时间后，原来负责听觉功能的皮层可以产生负责视觉功能皮层上的特定能力。这说明大脑皮层具有通用的学习能力，虽然不同区域的表现不同，但是在接收了新的输入信息后，完全可以通过学习来改变其能力。如果与计算机科学中的算法进行类比，不同区域并不像是多种不同的算法，而更像是同一算法在不同参数或设置下的情况。联结学派的主要思想与此类似，就是利用仿造人脑神经细胞的神经元模型来搭建神经网络架构，并通过调整其中包含的参数学习到不同的解决问题的方案，从而实现一种通用的学习方法。

联结学派的思想起源可以追溯到公元前由亚里士多德提出的联想主义学说，他认为"在一个有组织的概念元素集合之中，思想是将元素组织起来的关联"，这是最早的关于"联结"的哲学理论。1873 年，Bain 提出的神经群组（neural groupings）概念是对神经网络的一项重要启发（Bain, 1873）。在这之后，神经学家 McCulloch 和数学家 Pitts 于 1943 年制作了世界上第一个神经元模型，称为 MCP 神经元模型（McCulloch et al., 1943）。心理学家 Hebb 于 1949 年提出了一项著名的学习规则，称为 Hebbian 学习规则（Hebb, 1949），它为神经网络之后的发展起到极其重要的奠基作用。1958 年，Rosenblatt 提出了感知机模型，将 Hebbian 学习规则进一步实体化（Rosenblatt, 1958）。感知机是人工神经网络最为重要的基础模型，它被视为现代人工神经网络的雏形。1966 年，Widrow 等发明了 Widrow-Hoff 学习算法来完成对单层神经网络模型的训练（Widrow et al., 1966）。在这一阶段，早期的联结学派算法发展达到了一个顶峰。

不过好景不长，在 1969 年，Minski 等对感知机的表达能力提出了质疑，并在他们的著作中对感知机的线性表达局限性进行了详细的分析（Minski et al., 1969）。这给神经网络的研究带来了巨大的影响，联结学派的方法也一下子变得无人问津。值的庆幸的是，仍有少部分研究者坚持了对神经网络的研究，并最终获得了成功。20 世纪 80 年代，反向传播算法在多层感知机上的应用（Rumelhart et al., 1986; LeCun, 1985; Parker, 1985）让联结学派重获生机，神经网络的反向传播算法也一直作为这一领域最为重要的算法沿用至今。多层感知机又称为前馈神经网络（feedforward neural network），它是许多深度网络模型的基础，但并非所有神经网络都是前馈神经网络。1982 年提出的 Hopfield 网络（Hopfield, 1982）是一种反馈神经网络（feedback neural network），是循环神经网络的早期模型。1985 年提出的玻尔兹曼机（Ackley et al., 1985）和 1986 年提出的受限玻尔兹曼机（Smolensky, 1986）是两种随机神经网络（random neural network）。1990 年提出的自组织映射网络（Kohonen, 1990）是一种无监督的神经网络。

1989 年，LeCun 等提出了采用卷积神经网络进行手写数字识别的 LeNet（LeCun et al., 1989），在手写数字识别等小规模问题上取得了当时世界最好结果，引起了足够的重视。但是，在 20 世纪 90 年代，由于其他学派的迅速发展，联结学派所受到的关注度又一次下降，鲜有研究成果产生。直到 2006 年，深度神经网络作为一个崭新的起点又一次将联结学派的研究推向了高潮。目前，深度学习模型作为联结学派最成功的范例，被诸多机器学习研究者认为是最有可能解决人工智能所有问题的答案。

2.2.3　进化学派

进化学派，又称为行为学派或控制论学派，是以生物进化论为思想基础的一个派别，其代表人物为 Holland、Koza 和 Lipson。联结学派通过模拟大脑的结构和工作方式进行学习，但是进化学派认为他们所做的事情只是在模型中调整权重而已，其实并没有弄清楚大脑所具有的能力的真正来源是什么。大脑具有完成一系列任务的能力的根源是它经历了长期的进化，并在进化的过程中不断地进行学习以提升能力。因此，进化学派主张使用计算机来模拟整个进化的流程。

达尔文的进化论是目前生物学领域对于物种起源以及演化认同度最高的基本假说，其核心思想是自然选择机制，即生物在生存斗争中适者生存、不适者被淘汰的现象。这种机制在计算机领域也同样存在并十分常用：在解决问题时通常需要尝试多种备选方法，在尝试的过程中选择那些表现好的、更加适合这一问题的方法而淘汰那些不适合的，最终可以选出满意的解决方法。如果将进化论看作一种算法，那么自然环境通过这种算法选择了目前生存在地球上的物种。假如我们拥有性能足够强大的计算机，是否可以将进化论这种算法应用到机器学习的研究领域？进化学派就是在这一假想的基础上发展的，其主要思想是通过模仿自然选择来使程序进化，从而赋予机器自己进行创造与更新的能力。

将自然选择机制变成一种算法的人是美国计算机科学家 Holland，同时他也是一名心理学和电气工程学教授，被视为进化学派的开创者。他于 1975 年所提出的遗传算法（genetic algorithm, GA）是进化学派中最为重要的算法，这一算法将问题的学习过程表示成基因在环境的选择中不断交叉（crossover）和变异（mutation）的过程（Holland, 1975）。具体来讲，一个生物种群（population）是由多个个体（individual）构成的，每个生物个体实际上是一个在染色体（chromosome）上带有特征的实体，染色体是生物遗传物质的主要载体，它是多个基因（gene）的集合。不同的基因组合构成了不同基因型，即内部表现。内部表现的不同决定了个体的外部表现不同。遗传算法首先将数据转化成基因编码的形式，之后依据问题设置一个适应度的度量标准，即最终的求解目标。这个标准可以衡量不同基因序列对环境的适应能力，也就是对目标的符合程度，更符合目标的基因序列将被选择进行下一轮的进化，这模拟了进化理论中"适者生存"的观点。在选取了表现较好的基因序列后，遗传算法通过模拟生物繁衍后代时染色体片段进行交换的过程，将基因序列进行部分交换，也就是交叉过程。在进化的过程中，基因会产生变异的现象而出现新的性状，因此遗传算法在整个算法循环的最后添加了对单个基因点或基因片段的变异过程。与联结学派的主要算法反向传播算法相比，遗传算法在求解过程中陷入局部最优值的可能性更低，且原则上更有可能找到真正新颖的解，但是对遗传算法的分析则更加困难。

在遗传算法诞生的最初几十年时间里，遗传算法的阵营主要由 Holland 和他的学生团队组成。关于遗传算法的第一次会议于 1985 年在美国匹兹堡举行，在此之后，遗传算法进入了一个蓬勃发展的阶段。1987 年，Holland 的学生 Koza 提出了遗传编程（genetic programming, GP）方法，并在其 1992 年的著作中对这一方法进行了详尽的描述（Koza, 1992）。遗传编程的第一次成功应用是在 1995 年，它成功设计了一个低通滤波器电路，改进了之前的电路设计专利。Ackley（1987）提出了随机迭代遗传爬山（stochastic iterated genetic hill-climbing, SIGH）法，在函数测试中取得了比单点交叉和均匀交叉更好的效果。Starkweather 等（1991）提出了基于领域交叉的交叉算子（adjacency based crossover），并将其应用到了旅行商问题（travelling salesman problem, TSP）当中。1992 年，英国格拉斯哥大学的李耘指导博士生将基于二进制基因的遗传算法扩展到七进制、十进制、整数、浮点等表示形式，以便将遗传算法更有效地应用于模糊参量、系统结构等的直接优化，并于 1997 年开发了世界上最早的遗传算法网上程序 GA_demo（Codeforge, 2010），以帮助新手交互式地了解遗传计算的编码和工作原理。

2.2.4 贝叶斯学派

贝叶斯学派的思想起源于统计学的研究，重点关注问题是不确定性，其代表人物为 Pearl、Heckerman 和 Jordan。统计学的另一大学派——频率学派认为世界是确定的，概率就是长期试验中频率稳定性所反映的真值，是事物的一种客观属性。而贝叶斯学派认为，所有事物都包含着不确定性，概率反映了人们对某些事物认识的不确定性的程度，是由经验或知识进行判断的，而不是依靠频率的稳定性。与符号学派相似，贝叶斯学派也十分强调先验知识的重要性。

贝叶斯学派的基础理论就是贝叶斯定理，它是在 18 世纪由英国数学家 Bayes 提出的重要概率论理论。这一理论起源于他去世后发表的论文《论有关机遇问题的求解》，后续经过一系列的发展才转化为现在的贝叶斯定理。贝叶斯定理的现代形式实际上归因于法国数学家 Laplace，他也是贝叶斯主义的创始人，他将 Bayes 的思想总结成定理，并以 Bayes 的名字来命名。McGrayne（2011）在其著作中对贝叶斯主义进行了介绍，详细梳理了从 Bayes 到 Laplace 再到现在的发展历程。贝叶斯定理认为，一个事件 A 发生的概率是不确定的，会受到新出现的事件 B 的影响。在新事件 B 出现时，事件 A 发生的概率将变成 A 的原始发生概率与 B 所带来的调整的乘积。用数学语言可以表示为 $P(A|B) = P(A)P(B|A)/P(B)$，这里，$P(A)$ 称为事件 A 发生的先验概率（prior probability），$P(A|B)$ 称为事件 A 在事件 B 已经发生状态下的后验概率（posterior probability）。贝叶斯定理给机器学习方法提供了新思路，即在掌握了足够的先验知识后，可以通过由先验知识构建的概率分布对新出现的样本进行判定。

贝叶斯学派最基础的算法就是朴素贝叶斯（naive Bayes）算法，它的具体发明时间无从确定，它在 1973 年的一本关于模式识别的教科书中被提及（Duda et al., 1973），但是并未标明出处。朴素贝叶斯算法真正得到广泛应用是在 20 世纪 90 年代，研究者发现这种简单算法的实验结果比许多更为复杂的学习算法的结果还要准确。其中最著名的例子要数它在垃圾邮件过滤中的成功应用（Goodman et al., 2005），首先提出这一想法的是名叫 Hermann 的医生，他想到可以将垃圾邮件当作疾病，而疾病的症状就相当于邮件当中的文字，可以通过朴素贝叶斯算法对邮件进行分类从而筛选出垃圾邮件。时至今日，采用朴素贝叶斯算法进行的垃圾邮件过滤依旧为人们提供着便利，同样提供便利的还有它在搜索引擎中的应用，搜索引擎采用了一个类似于朴素贝叶斯的算法来推测网页与用户搜索之间的相关性，从而将更为相关的网页排在搜索结果的前列。由于朴素贝叶斯算法引入的属性条件独立性假设在现实生活中很难成立，因此，Pearl（1988）提出了全面考虑属性之间依赖性的贝叶斯网络（Bayes network）。在之后的研究中，一些研究者放宽了对于依赖性的要求，基于假设和约束对属性间的部分依赖性进行建模，进而发展成为一种介于朴素贝叶斯和贝叶斯网络之间的方法，称为半朴素贝叶斯（semi-naive Bayes）算法（Kononenko, 1991）。

　　朴素贝叶斯算法只能对所有属性值均已知的问题进行处理，当存在未观测到的属性，即隐变量时，就无法发挥它的作用。1977 年，Dempster 等提出的期望最大化算法（Dempster et al., 1977）可以解决属性缺失的问题，是目前为止应用最为广泛的隐变量估计方法。

　　概率图模型（probabilistic graphical model）是一类用图来表达变量相关关系的概率模型，也是贝叶斯学派的重要组成部分。概率图模型可大致分为两类：使用有向无环图的贝叶斯网络和使用无向图的马尔可夫网络（Markov network）。马尔可夫网络将一系列连续的变量和它们之间的关系以马尔可夫链（Markov chain）的形式进行描述。1984 年，Geman 等提出的马尔可夫随机场（Markov random field, MRF）（Geman et al., 1984）是一种典型的马尔可夫网络，在现实应用中经常与贝叶斯网络结合使用。之后诞生的隐马尔可夫模型（Rabiner, 1989）是另一种可以处理隐变量问题的方法，也是结构最为简单的动态贝叶斯网络（dynamic Bayes network）。此外，还有一种基于马尔可夫链的采样算法，称为马尔可夫链蒙特卡罗（Markov chain Monte Carlo, MCMC）方法，该方法解决了复杂概率分布下常用方法无法采样的问题。

2.2.5　类推学派

　　类推学派的思想起源于心理学的研究，重点关注的问题是相似性，其代表人物为 Hart、Vapnik 和 Hofstadter。类推学派认为，在不同的情景中发生的事件是具有相似性的，通过发掘这种相似性可以将对已知事件的认知推广到未知事件上。因此，类推学派算法首先要进行的工作就是类比，从而发现不同事件的相似性。

　　类推学派最早的算法诞生于 1951 年，这种称为 k-最近邻（k-nearest neighbor, kNN）的算法使计算机可以进行简单的模式识别（Fix et al., 1951），它也是人类有史以来发明的最简单、最快速的学习算法。kNN 算法的简单性体现在其核心思想上，即如果一个样本在特征空间中的 k 个最相邻的样本中的大多数属于某一个类别，则该样本也属于这个类别，并具有这个类别上样本的特性。kNN 算法的快速性体现在它无须对数据样本进行任何计算处理，只需要将新的样本和已有样本进行类比，就可以将新样本分类。1994 年，kNN 首次应用于推荐系统中，为用户提供更加接近他们需求的物品（Resnick et al., 1994）。推荐系统是机器学习在商业领域成功的应用案例之一。随着电子商务规模的不断扩大，商品个数和种类快速增长，用户需要花费大量的时间才能找到自己想买的商品，这给用户造成了极大的困难从而导致用户量的流失，推荐系统就是为解决这样的问题而诞生的。目前，基于 kNN 算法的推荐系统已经淡出历史舞台，大量的推荐系统所使用的是 SVM（Cortes et al., 1995）算法。20 世纪 90 年代，统计机器学习逐渐兴起，大量基于统计算法的出现使机器学习领域呈现蓬勃发展的态势，SVM 算法就是众多算法中的佼佼者。SVM 通过构造一个分类超平面的方式将样本分开从而达到分类效果，它的理论论证十分完善，在实际应用中也表现出了极好的效果。原始的 SVM 算法存在着一定的局限性，作为一种线性方法，它无法对非线性分类问题进行处理。2001 年，核（kernel）方法在 SVM 算法的成功运用彻底解决了这一问题。时至今日，SVM 依旧是机器学习领域受欢迎、应用广泛的算法之一。

■2.3 生成模型和判别模型

根据学习方式的不同，机器学习方法可以分为生成方法（generative approach）和判别方法（discriminative approach）两种，采用这两种方法学习到的模型分别称为生成模型（generative model）和判别模型（discriminative model）。从本质上来说，两者的最大区别在于，生成模型是面向数据的生成方式建模，而判别模型是直接面向判别问题建模。因此，生成模型考虑的是更加基础的数据分布，判别模型考虑的则是更加直接的解决问题的方式。

为了便于理解，这里采用最能突出两者区别的监督学习问题进行分析。首先介绍生成模型。监督学习的任务是通过学习模型来预测输出，所学习到的模型的一般形式为决策函数 $Y=f(X)$ 或条件概率分布 $P(Y|X)$。生成方法是先由数据学习输入向量与输出向量的联合概率分布 $P(Y, X)$，然后再求出条件概率分布 $P(Y|X)$ 作为预测的模型，也就是生成模型：

$$P(Y|X) = \frac{P(Y, X)}{P(X)} \tag{2.6}$$

具体的求解思路是通过类别先验概率 $P(Y)$ 和类别条件概率 $P(X|Y)$ 计算出联合概率分布，之后再使用条件概率公式得到 $P(Y|X)$。由于模型表示的是给定输入 X 产生输出 Y 的生成关系，因此称为生成方法。常用的生成模型有高斯混合模型、朴素贝叶斯模型和隐马尔可夫模型等。

接下来介绍判别模型。判别方法是由数据直接学习决策函数 $Y=f(X)$ 或条件概率分布 $P(Y|X)$ 作为预测的模型，也就是判别模型。具体的求解思路是将条件概率分布 $P(Y|X)$ 转化为模型参数的后验概率最大化，并通过最大似然函数进行求解。判别方法的关注点在于，给出特定的输入 X，应该预测出怎样的输出 Y。常用的判别模型有逻辑斯谛回归、决策树和支持向量机等。

生成模型与判别模型之间是存在联系的，这种联系表现为：由生成模型可以得到判别模型，但由判别模型无法得到生成模型。在实际应用中，两种方法分别适用于不同条件的问题。下面介绍生成方法和判别方法的优缺点。

生成方法的优缺点：生成方法学习的是联合概率密度分布 $P(X, Y)$，从而可以从统计的角度表示数据的分布情况，反映同类数据本身的相似度。与判别方法相比，生成方法的收敛速度更快，而且可以适用于存在隐变量的问题。不过，由于生成模型需要计算联合概率分布，就需要更多的样本和计算量，因此只适用于样本容量无穷大或尽可能大的情况。

判别方法的优缺点：判别方法直接学习的是决策函数 $Y=f(X)$ 或者条件概率分布 $P(Y|X)$，它通过寻找不同类别之间的最优分类面来反映异类数据之间的差异。因为是直接面对问题进行预测，判别方法学习的准确率往往比生成方法更高，且更容易学习。而且判别方法可以对数据进行各种程度上的抽象，从而简化了学习问题。判别模型的缺点就在于它不

能反映训练数据本身的特性，所以无法对数据进行更多的分析。

下面举一个简单例子来帮助理解生成方法和判别方法之间的不同之处（邹晓艺，2012）。假如当前有一个任务是识别一个语音属于哪种语言，即给定一段固定的语音，需要判别出这段语音所采用的语言是汉语、英语还是法语等。那么采用监督学习可以有两种方法达到这个目的。

（1）学习每一种语言（当然这很耗费时间）。但是如果将每一种语言都学会，知道语音和语言的对应关系，那么无论给定的语音采用的是哪种语言，就都可以识别出来。

（2）不去学习每一种语言，只学习这些语言模型之间的差别，然后再分类。即只需要学习到汉语和英语等语言的发音之间的差别。

那么上面的第一种方法就是生成方法，第二种方法就是判别方法。生成方法尝试去发掘到底这个数据是怎么产生的，然后再对一个信号进行分类。基于生成假设，如果某个类别最有可能产生这个信号，那么这个信号就属于那个类别。判别模型则不关心数据是怎么产生的，它只关心信号之间的差别，然后用差别来简单对给定的一个信号进行分类。

2.4　监督学习

2.4.1　任务描述

监督学习是利用有标签的数据样本进行训练的一种机器学习方法。它的目标是通过学习获得一个模型，这个模型具有对任意给定输入的相应输出进行良好预测的能力。因为它所利用的训练样本集的标签是人工添加的，在训练之前已知，因此它被称为监督学习。

机器学习是建立在计算机系统这一平台上的，而计算机的基本操作就是针对一个给定的输入产生一个相应的输出，因此监督学习方法在机器学习方法的总体之中占有很大份额，也是机器学习研究最为深入的一类方法。简要回顾一下机器学习的发展历程，如果是按照模型的层次结构来进行阶段性划分，那么自 20 世纪 80 年代末期起，机器学习的发展大致经历了两次热潮，分别是浅层学习热潮与深度学习热潮。浅层学习起源于 1982 年，神经网络的反向传播算法的发明有效地解决了多层感知机训练困难的问题，使得当时停滞多年的神经网络研究重获生机，继而掀起了一股基于统计模型的机器学习热潮。很多著名的监督学习方法都是在这个时期诞生的，这也是监督学习方法发展最为迅速的一段时期。神经网络作为本书的重点之一几乎贯穿之后的所有章节，从早期的浅层网络到深度网络都会进行详细的介绍。本节主要关注其他重要的监督学习方法。

2.4.1.1　分类和回归

在监督学习的问题中，输入变量 X 和输出变量 Y 可以是多种不同的类型，常见的有离散和连续两种。根据输入变量和输出变量的不同类型，可以将预测任务划分为两种问题：输入变量和输出变量均为连续变量的预测问题称为回归问题；输入变量不限，输出变量为有限个离散变量的预测问题称为分类问题。

首先介绍回归问题。回归的目标是预测输入变量和输出变量之间的关系，当输入变量的值发生变化时，回归模型可以描绘出输出变量的值发生的变化。回归问题的学习可以等价于函数拟合，即选择一条函数曲线使它很好地拟合已知数据且很好地预测未知数据。所学习到的回归模型就是表示从输入变量到输出变量之间的映射函数。

给定训练数据集 $T = \{(x_1, y_1), (x_2, y_2), (x_3, y_3), \cdots, (x_n, y_n)\}$，回归学习基于训练数据样本构建一个模型，即映射函数 $Y = f(X)$。对于一个新的输入 x_{n+1}，回归模型可以根据函数 $Y = f(X)$ 确定相应的输出 y_{n+1}。

接下来介绍分类问题。分类是监督学习中最为重要的一个问题，其目标是从数据中学习一个分类模型或分类决策函数，称为分类器（classifier）。采用分类器对新的输入数据进行预测，输出即为该数据所对应的类别，整个过程称为分类。

给定训练数据集 $T = \{(x_1, y_1), (x_2, y_2), (x_3, y_3), \cdots, (x_n, y_n)\}$，分类学习基于训练数据样本构建一个模型，即分类器 $Y = f(X)$ 或 $P(Y|X)$。对于一个新的输入 x_{n+1}，采用分类器 $Y = f(X)$ 或 $P(Y|X)$ 对它进行分类，即预测它输出的类别标记 y_{n+1}。

2.4.1.2　过拟合与欠拟合

在 2.1.3 节以监督学习为例介绍确定模型选取的策略时，介绍过关于期望风险和经验风险的概念。由于期望风险的求解是一个病态的问题，因此通常采用经验风险来估计期望风险。但是这种估计的准确度是受训练样本的容量影响的，只有在训练样本充足的情况下，才可以得到较为准确的估计结果。在现实问题中，训练样本的获取往往是十分困难的，获取大量好的训练样本需要付出巨大的时间和经济代价，因此这种做法的实际可行性并不高。在样本容量小的情况下，还会引发另一个问题，那就是过拟合（over-fitting）问题。在介绍过拟合问题之前，先给出训练误差（training error）与测试误差（test error）的定义。假设学习到的模型是 $Y = \hat{f}(X)$，训练误差即为模型关于训练数据集的平均损失：

$$R_{\mathrm{emp}}\left(\hat{f}\right) = \frac{1}{n} \sum_{i=1}^{n} L\left(y_i, \hat{f}\left(x_i\right)\right) \tag{2.7}$$

测试误差为模型关于测试数据集的平均损失：

$$E_{\mathrm{test}} = \frac{1}{n'} \sum_{i=1}^{n'} L\left(y_i, \hat{f}\left(x_i\right)\right) \tag{2.8}$$

在确定了训练数据集、假设空间和损失函数的情况下，如果采用 ERM 策略对模型进行选择，求解最优模型可以表示为求解公式（2.5）所示的最优化问题。不过，由于训练样本的容量是有限的，如果单纯使用这个公式来进行优化，那么在样本容量低的情况下，算法会更倾向于选择把样本点的每个细节都尽量拟合的模型，因为这种模型最终得到的训练误差是最低的。但是，这种模型由于拟合得过于细致，反而丢失了数据中包含的一些普遍特征。如果训练数据不能良好地反映真实的数据分布，那么在将模型应用到测试数据上进行分析时，就会得到很差的结果。模型在训练数据集上学习，是为了获得相应的能力，可以拟合训练样本，但其实更重要的目标是模型在测试数据集上也能表现出良好的性能，这也是监督学习方法所面临的主要挑战。通过学习使模型具有的对未知数据的预测能力称为泛化（generalization）能力，即模型在先前未观测到的输入数据上表现良好的能力。由于无法直接评价方法的泛化误差，因此通常采用测试误差来近似泛化误差。

机器学习方法处理问题与优化问题的不同点在于，优化问题仅需要保证误差最小化，而机器学习方法不但希望训练误差小，更希望泛化误差很低。这样，一个重要的问题就是如何在这两种误差之间寻求一个最佳的平衡。如果没有把握好这一平衡，就会造成两种不良的情况。一种就是上面一直在叙述的过拟合问题。当过拟合情况出现时，整个模型将变得特别复杂，而且在使用测试数据的时候，无法正确地完成任务，导致测试误差增大，以至于两种误差之间出现了巨大的差距。另一种不良情况是欠拟合（under-fitting）问题，这个问题是发生在训练的过程中，没有将训练误差降低到一定标准的情况下。如果训练误差最终维持在一个较高的水准，就说明模型没有很好地拟合训练样本，这样的模型对于样本的分析能力是不足的。因此，这样训练出来的模型同样无法在测试数据上获得满意的效果。

一种好的解决这一问题的方法就是通过调整模型的容量来控制模型是否偏向于过拟合和欠拟合。简单来说，模型的容量是指它拟合各种函数的能力。容量低的模型可能很难拟合训练集，而容量过高又会造成过拟合，因此，合理选择学习算法的函数集，也就是假设空间就可以控制问题的发生。这种控制模型容量的方法简单来说就是要让所选择的模型与最优模型的参数个数相同，所选择的模型的参数向量与最优模型的参数向量相近。下面给出一个回归问题的例子来说明模型选择时参数个数对所得到的模型的影响（李航，2012）。

假定给出一个训练数据集 $T = \{(x_1, y_1), (x_2, y_2), (x_3, y_3), \cdots, (x_n, y_n)\}$，任务是采用多项式函数对这些数据样本进行拟合。这种拟合假设给定的训练数据是由 M 次多项式函数生成的，目标是选取一个最有可能产生这些数据的 M 次多项式函数。图 2.1 给出了 10 个数据点和不同情况下对这些数据点的分布进行拟合的函数曲线，在四幅子图中共有的部分是 10 个数据点的分布情况和一条可以拟合其分布的基准函数曲线。剩下不同的部分分别是在 $M=0$、$M=1$、$M=3$ 和 $M=9$ 的情况下多项式函数的拟合情况。可以看出，在 M 很小的情况下，多项式函数无法对数据分布做出好的拟合，此时出现了欠拟合问题。当 $M=0$ 时，多项式曲线是一个常数；当 $M=1$ 时，多项式曲线是一条直线。两种情况下的拟合效果都不理想。相反地，在 M 很大的情况下，如 $M=9$ 时，多项式曲线通过训练数据集中的每一个点，这样训练误差就降低为 0。从对给定的训练数据进行拟合的角度来说，此时的效果是最好的。但是，在实际情况中训练数据本身可能存在噪声，这种完美拟合训练数据的多项式曲线在对未知数据的预测问题中往往无法表现得很好，此时就发生了过拟合问题。因此，在模型选择时不仅仅要考虑它对已知数据的预测能力，更要考虑它对未知数据的预测能力，也就是模型的泛化能力。在这个例子中，当 $M=3$ 时，多项式曲线可以很好地拟合训练数据的分布，同时又对未知数据有较好的预测能力，因此这是一个恰当的选择。

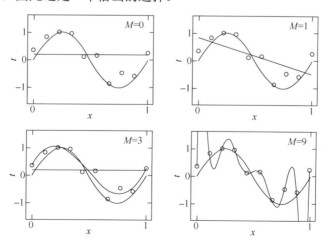

图 2.1　M 次多项式函数拟合问题（李航，2012）

　　由这个例子还可以看出，模型的复杂度（即例子中的多项式次数 M）对数据预测误差的影响是有一定规律可循的。图 2.2 给出了训练误差和测试误差与模型复杂度之间的关系。从图中可看出，当模型复杂度增大时，训练误差会逐渐减小并趋向于 0；而测试误差会先减小，并在达到最小值之后又增大。当所选择的模型复杂度对于该问题来讲过大时，就会导致过拟合现象发生。因此，为了防止发生过拟合现象，在进行模型选择时应该以最小化测试误差为目的，选取一个具有足够表达能力且复杂度较低的模型。

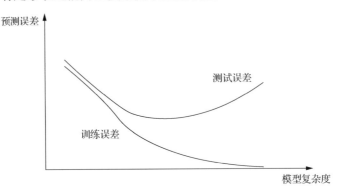

图 2.2　训练误差和测试误差与模型复杂度的关系（李航，2012）

　　另一种控制不良拟合情况发生的方法就是正则化（regularization）。上文中提到过的经验风险最小化策略容易引发过拟合问题，如果在经验风险中加上表示模型复杂度的正则化项，构成的损失评估函数被称为结构风险：

$$R_{\mathrm{srm}}(f) = \frac{1}{n}\sum_{i=1}^{n}L\big(y_i, f(x_i)\big) + \lambda J(f) \qquad (2.9)$$

式中，$J(f)$ 表示模型的复杂度，这是定义在假设空间上的泛函，通过引入正则化项，结构风险添加了对复杂模型的惩罚；$\lambda \geqslant 0$ 是系数，用来调整经验风险和模型复杂度之间的平衡性。最小化结构风险要求经验风险和模型复杂度同时小，因此可以得到训练误差和测试误差都很小的模型。

2.4.1.3　评估方法

　　通常情况下，为了测试模型的泛化误差，需要提供一个测试数据集来检验模型对新样本的判别能力，然后以测试集上得到的测试误差作为泛化误差的近似。测试集的选取要遵守以下两个原则：一是假设测试样本与训练样本都是从真实样本的分布中通过独立同分布采样获得的；二是测试集与训练集应该尽可能互斥，这样才能测试模型对新样本的泛化能力。

　　不过，在接触到一个监督学习任务时，通常只有一个包含 n 个数据样本的数据集 $D = \{(x_1, y_1), (x_2, y_2), (x_3, y_3), \cdots, (x_n, y_n)\}$。在这个数据集上既要完成训练工作，又要完成测试任务，这是一个两难的问题。一个标准的解决方案是通过对数据集 D 进行适当的处理，将它划分为训练集 S 和测试集 T。常见的划分方法有以下两种。

1. 留出法

留出（hold-out）法随机将数据集 D 划分为两个互斥的集合，其中一个集合作为训练集，另一个作为测试集，即 $D = S \bigcup T$，$S \bigcap T = \varnothing$。方法在 S 上训练得到模型后，用 T 中的数据来评估其测试误差，作为对泛化误差的估计。通常采用 1/5 到 1/3 的数据作为测试集，剩余的数据作为训练集。

在划分的过程中，有两个问题需要注意。一是要尽可能保持数据分布的一致性，避免其他偏差的引入以影响最终的结果。如在分类任务中，S 和 T 中每一类别所占的比例要与 D 中的原有比例相近，这可以通过分层采样的方式实现；二是保持分布的随机划分也会影响到最终的结果。不同的划分产生了不同的 S 和 T，在不同的 S 和 T 上进行训练和评估的结果也会有所差别。因此，采用多次划分、训练、评估，最后取平均值的方式可以得到更为准确的结果。

留出法的一个不足之处在于，它未能将 T 中的数据进行充分的利用。如果在样本容量很大时，这个不足的影响可以忽略不计。但是当样本容量很小时，仅使用 S 中的数据可能无法让模型得到充分的训练，而 T 中的数据仅用于测试，这可以视为一种浪费。

2. 交叉验证法

交叉验证（cross validation）法首先在尽可能保持数据分布一致性的前提下，将数据集 D 划分为 k 个大小相近的互斥子集，之后每次使用其中的 $k-1$ 个子集作为训练集，剩余的子集作为测试集，从而获得 k 组训练/测试集。使用这 k 组训练/测试集可以对模型进行 k 次评估，并取 k 次结果的均值作为最终结果。基于这种方式，每个子集都在评估过程既担任过训练集又担任过测试集，这充分保证了数据的利用率。在使用交叉验证法时，k 的取值对最终评估结果的影响很大，因此通常又把交叉验证法称为"k 折交叉验证"（k-fold cross validation）。

在交叉验证法中，有一个特殊的划分方式是令 k 等于样本个数 n。这种每次选取一个样本作为测试集的方法称为留一（leave-one-out）法。留一法保证了每次评估的训练集的大小均为 $n-1$，与原始的数据集 D 十分相近，所以训练出的模型也更接近于直接使用 D 训练得到的模型，评估结果也更加准确。但是，在样本容量很大时，留一法所带来的计算开销也是十分巨大的。

2.4.2 评价标准

首先介绍回归问题的评价标准。根据输入变量与输出变量之间关系类型的不同，回归可以分为线性回归和非线性回归。在回归问题中，常用的损失函数是平方损失函数：

$$L\left(Y, f\left(X\right)\right)=\left(Y-f\left(X\right)\right)^2 \tag{2.10}$$

在使用这一损失函数的情况下，通常可以采用最小二乘法进行求解。

接下来是分类问题，在分类问题中，常用的评价分类器性能的指标是分类准确率：在给定的测试数据集上，分类器正确分类的样本数与总样本数之间的比值。其公式如下：

$$r=\frac{1}{n'}\sum_{i=1}^{n'}I\left(y_i=\hat{f}\left(x_i\right)\right) \tag{2.11}$$

式中，I 表示指示函数，当 $y_i=\hat{f}\left(x_i\right)$ 时它的值为 1，否则值为 0。

对二分类问题而言，可以将样本根据它真实类别与分类器预测的类别的组合划分为四种不同情况：真正例，将正类预测为正类；假正例，将负类预测为正类；真负例，将负类预测为负类；假负例，将正类预测为负类。规定 TP、FP、TN、FN 分别表示四种情况所对应的样本数，则可以定义另外两种常用的评价指标，分别是精确率（precision）：

$$P=\frac{TP}{TP+FP} \tag{2.12}$$

以及召回率（recall）：

$$R=\frac{TP}{TP+FN} \tag{2.13}$$

此外，还可以通过计算得到精确率和召回率的调和平均值，称为 F_1 值：

$$F_1 = \frac{2P \times R}{P + R} = \frac{2\text{TP}}{2\text{TP} + \text{FP} + \text{FN}} \tag{2.14}$$

F_1 值同时考虑了精确率和召回率的大小，当精确率和召回率都很高时，F_1 值才会很高。因此它是一个更为全面的评价标准。

2.4.3　常用方法

2.4.3.1　逻辑斯谛回归

逻辑斯谛回归又称为对数几率回归，虽然它称为回归，但它其实是一种分类算法。之所以称为回归，是因为它与线性回归算法之间的关联，这将在下面算法的详细介绍中进行说明。

首先简单介绍线性回归的算法思想。从最为简单的情况开始考虑，在一个给定的数据集 D 中共有 N 个数据样本对 $\{(x_1, y_1), (x_2, y_2), \cdots, (x_N, y_N)\}$，其中每个数据样本都只有一个属性值。线性回归算法的目标就是学习到一个线性模型，对给定的数据样本可以准确地预测出它的标记值。这一模型可以表示成如下形式：

$$f(x_i) = wx_i + b \tag{2.15}$$

在训练模型的过程中，算法试图让模型的输出 $f(x_i)$ 和训练样本已知的标记值 y_i 更加接近。通过最小化 $f(x_i)$ 与 y_i 之间的差异，就可以得到模型的 w 和 b 值。算法采用均方误差作为衡量差异的度量方式，并采用最小二乘法来对它进行求解。设定 $E_{(w,b)} = \sum_{i=1}^{n} (y_i - wx_i - b)^2$，想要求得使 $E_{(w,b)}$ 最小化时的 w 和 b 的值，可以将 $E_{(w,b)}$ 分别对 w 和 b 求导，可得

$$\frac{\partial E_{(w,b)}}{\partial w} = 2\left(w\sum_{i=1}^{n} x_i^2 - \sum_{i=1}^{n} (y_i - b)x_i \right) \tag{2.16}$$

$$\frac{\partial E_{(w,b)}}{\partial b} = 2\left(nb - \sum_{i=1}^{n} (y_i - wx_i) \right) \tag{2.17}$$

然后令两式为 0，即可解出最优的 w 和 b 值。

考虑复杂情况，每个数据样本 x_i 具有 d 个属性，那么相应地，算法也应该学习 d 个 w 值。为了方便表述，可以把参数 b 也视为一个 w 值，这样就可以把所有的 w 表示成一个 $d+1$ 维的向量，并令 $x_i' = (x_i, 1)$。这时线性回归的模型就变为了：

$$f(x_i') = w^{\mathrm{T}} x_i' \tag{2.18}$$

将所有的数据 x_i' 表示成一个大小为 $n \times (d+1)$ 的矩阵 X：

$$X = \begin{pmatrix} x_i' \\ \vdots \\ x_n' \end{pmatrix} = \begin{pmatrix} x_{11} & \cdots & x_{1d} & 1 \\ \vdots & & \vdots & \vdots \\ x_{n1} & \cdots & x_{nd} & 1 \end{pmatrix} \tag{2.19}$$

而优化的目标参数就只有

$$w = \underset{w}{\arg\min} (y - Xw)^{\mathrm{T}} (y - Xw) \tag{2.20}$$

在许多问题上，线性回归都可以给出对给定样本标记值很好的预测，比如房价问题等。但是，如果需要进行一个分类任务，将数据样本分为两种不同的类别，这时候就无法应用线性回归方法了。不过，解决的办法也很简单，只需要在线性回归模型上进行简单的修改就可

以得到处理分类问题的逻辑斯谛回归算法。假设数据样本分为两个类别，可以将其类别标记设置为 $y \in \{0,1\}$。线性回归模型的输出是对于标记值的预测，是一个实值，逻辑斯谛回归算法需要将这一输出转换为 0 或 1 的取值。这里，采用 sigmoid 函数对输出值进行一个非线性映射，将其取值范围转换到 $(0,1)$，最终将小于 0.5 的值标记为 0，将大于等于 0.5 的值标记为 1，这样就解决了二分类问题。

sigmoid 函数是一个非线性函数，由于它的函数图像与 s 十分相近，因此又称为 s 形函数。它的表达式如下：

$$y = \frac{1}{1 + e^{-x}} \tag{2.21}$$

函数图像如图 2.3 所示。作为单位阶跃函数的一个很好的替代，sigmoid 函数很好地解决了阶跃函数不连续导致的不可微问题。由于它具有形式简单、求导便利等诸多优点，在早期的机器学习算法中发挥了重要的作用。

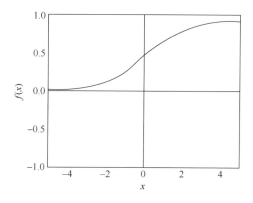

图 2.3 sigomid 函数（Aghdam et al., 2017）

现在，将之前的线性回归模型得到的输出 $w^{\mathrm{T}}x + b$ 作为 sigmoid 函数的输入值 z，就可以得到逻辑斯谛回归模型：

$$y = \frac{1}{1 + e^{-\left(w^{\mathrm{T}}x + b\right)}} \tag{2.22}$$

将上式进行一个简单变换可得

$$\ln \frac{y}{1-y} = w^{\mathrm{T}}x + b \tag{2.23}$$

如果将类标记 y 视为样本 x 是 1 类的可能性，那么 $1-y$ 就是样本 x 是 0 类的可能性。那么这两者的比值 $\frac{y}{1-y}$ 就是一个几率，它反映了 x 是 1 类的相对可能性。对这个几率取对数就得到了对数几率 $\ln \frac{y}{1-y}$。由此可以看出，逻辑斯谛回归模型就是利用了线性回归模型来逼近样本真实标记的对数几率，因此它又被称为对数几率回归。

对数几率回归的目标就是选择合适的参数 w 和 b，满足样本属于 1 类时 $w^{\mathrm{T}}x + b$ 尽可能大，样本属于 0 类时，$w^{\mathrm{T}}x + b$ 就尽可能小，这样通过 sigmoid 函数就可以确定该样本属于 1 类的概率有多大。将 $w^{\mathrm{T}}x + b$ 简写为 $\theta \hat{x}$，记 $h_\theta(x) = \frac{1}{1 + e^{-(\theta\hat{x})}}$，那么有

$$P(y=1|\hat{x},\theta)=h_\theta(\hat{x}) \tag{2.24}$$

$$P(y=0|\hat{x},\theta)=1-h_\theta(\hat{x}) \tag{2.25}$$

综合公式（2.24）和公式（2.25）可得

$$P(y|\hat{x},\theta)=h_\theta(\hat{x})^y\left(1-h_\theta(\hat{x})\right)^{1-y} \tag{2.26}$$

假设有 m 个样本，则似然函数为

$$L(\theta)=\prod_{i=1}^{m}h_\theta(\hat{x}_i)^{y_i}\left(1-h_\theta(\hat{x}_i)\right)^{1-y_i} \tag{2.27}$$

对数似然函数为

$$l(\theta)=\sum_{i=1}^{m}y_i\log(h_\theta(\hat{x}_i))+(1-y_i)\log\left(1-h_\theta(\hat{x}_i)\right) \tag{2.28}$$

为了让似然函数取最大值，可以定义逻辑斯谛回归的损失函数为 $-l(\theta)$，那么就转变成了求损失函数的最小值。利用给定的数据集，可以通过批量梯度下降法或者随机梯度下降法来求这个最值，从而得到参数 θ，即 w 和 b 的值，继而得到逻辑斯谛回归模型。

2.4.3.2　支持向量机

在度过了 20 世纪 70 年代神经网络发展的低谷期后，反向传播算法的兴起给停滞的神经网络研究重新注入了生机。随着机器学习算法的发展，研究者获取数据的能力也在不断地提高。到了 90 年代，神经网络模型的计算能力已经无法负荷大规模数据的处理，而且为提高计算能力，就要增加神经元的数目，参数的数目也随之增加。由此带来的训练速度慢、容易过拟合等问题使得研究者试图寻求一种可以简化模型的方法。

受制于简化模型会降低计算能力的困境，研究者放弃了这种建立严格模型的物理方法，而是尝试着从数学方法入手对问题进行处理，这便促成了统计机器学习方法的诞生。统计机器学习方法运用了"黑箱"原理，即在对从问题世界中得到的数据进行分析时，无法或没有必要对数据建立一个严格的物理模型，而是采用数学的方法从数据中推断出关于问题世界的数学模型。虽然无法得到一个准确的问题世界的物理解释，但是输入数据与输出数据之间的关联可以反映问题世界的实质。统计机器学习的目标是从假设空间中寻找一个最优的参数模型，从而利用同类数据所具有的统计规律性对数据进行分析处理。

于 1995 年诞生的支持向量机（SVM）是最负盛名的统计机器学习算法，时至今日仍活跃在机器学习的实际应用领域。虽然它的名字很容易让刚刚接触它的人产生困惑，但其原理十分简单，是一种监督学习的线性分类器。不过，与一般的线性分类器不同，SVM 所寻找的是能分离不同类别数据的最优线性超平面，这个最优使得它的分类性能远好于其他的线性分类器，因此在相当长的一段时间内，尤其是 2001 年核方法在 SVM 上的成功运用使得它处理问题的领域从线性拓展到非线性后，SVM 一直占据着最受人欢迎的机器学习算法的宝座。令 SVM 广受欢迎的一个重要原因在于，它是效果较好的现成可用的分类算法之一（Pluskid, 2010）。自机器学习这一研究领域兴起以来，在学术界和工业界，甚至只是学术界里的理论研究与应用研究之间，都存在着一个实用性的鸿沟。一些在模拟数据中表现出极好效果的算法，在处理现实数据时表现就变得差强人意，这种实用性的问题使得许多算法无法在实际应用中发挥作用。而 SVM 则不同，它在处理现实数据时可以得到与处理模拟数据同样水准的分类准确度，这一特性使得它自诞生以来就一直受到实际应用领域的青睐。

下面对 SVM 的原理进行说明，为了便于理解，首先从线性分类器说起。假设目前需要解决一个二分类（类标签为 1 或-1）的问题，线性分类器的目标就是要在 n 维的数据空间中找到一个超平面从而将不同类别的数据点划分开来，其方程可以表示为

$$w^{\mathrm{T}}x + b = 0 \qquad (2.29)$$

在确定了这个超平面后，不同的数据点就可以通过计算 $w^{\mathrm{T}}x+b$ 的值来得到其类别标号。不过对于 $w^{\mathrm{T}}x+b=0$ 的点，它位于分类超平面上，因此无法给出它的类别标号。甚至对于 $w^{\mathrm{T}}x+b$ 的值接近于 0 的点，其类别也存在不确定性。如果分类超平面稍微转动一个微小的角度，就可能导致其类别标号发生变化。因此，在理想状态下，$w^{\mathrm{T}}x+b$ 的值都是远离 0 的很大的正数或是很小的负数，这样就能更加相信其类别标号的准确性。

SVM 的目标是寻找一个最大间隔分类器，如图 2.4 所示，图中实线所表示的分类超平面与两侧实心和空心类别的点相距的最近距离相等，这样就最大化地区分了两类样本点，与超平面距离最近的两个或多个点被称为支持向量，它们是确定超平面的关键所在。

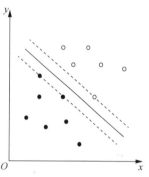

图 2.4　最大间隔分类超平面

首先给出两个距离的定义，分别是函数间隔（functional margin）和几何间隔（geometrical margin）。在超平面 $w^{\mathrm{T}}x+b=0$ 确定的情况下，$|w^{\mathrm{T}}x+b|$ 可以作为点 x 到超平面距离的一种表示。通过观察 $w^{\mathrm{T}}x+b$ 的符号与数据样本的类标签 y 是否一致，可以判断分类的结果是否正确。因此，可以通过 $y(w^{\mathrm{T}}x+b)$ 的正负性来表示分类的正确性。那么定义函数间隔为

$$\hat{\gamma} = y\left(w^{\mathrm{T}}x + b\right) = yf(x) \qquad (2.30)$$

这样就获得了数据样本到分类超平面的一个距离表示，选取数据集中所有样本函数间隔的最小值 $\min \hat{\gamma}_i$ 作为优化目标即可开始训练。但是，其实这样做是存在一定问题的，如果成比例地改变 w 和 b 的值，则函数间隔 $\hat{\gamma}$ 也会随之增大或减小，这种不稳定性使得它不能成为良好的距离度量。为此，在法向量 w 上添加一些约束条件。对于数据样本 x，假定它垂直投影到分类超平面上的对应点为 x_0，w 是法向量，γ 为样本 x 到超平面的距离，则有

$$x = x_0 + \gamma \frac{w}{\|w\|} \qquad (2.31)$$

式中，$\|\|$ 表示 L_2 范数；因为 x_0 是位于超平面上的点，所以它满足 $w^{\mathrm{T}}x+b=0$。将上式进行转换之后代入超平面方程可得

$$\gamma = \frac{w^{\mathrm{T}}x + b}{\|w\|} = \frac{f(x)}{\|w\|} \qquad (2.32)$$

采用与函数间隔同样的方式，用数据样本真实的类标签 y 与 γ 相乘，得到另外一种更为准确的距离表示，即几何间隔

$$\overline{\gamma} = y\gamma = \frac{\hat{\gamma}}{\|w\|} \qquad (2.33)$$

由公式（2.33）也可以看出几何间隔与函数间隔之间的关联。

有了间隔，就可以对分类目标进行最优化的度量。为了得到更好的分类效果，构造的分类超平面要能使不同的类之间的距离越远越好，也就是让超平面与数据点之间的间隔越大越好。所以 SVM 的目标就是能够最大化数据点与超平面之间的最小几何间隔。于是，最大间隔分类器的目标函数可以定义为 $\max \overline{\gamma}$，并同时满足以下条件：

$$y_i\left(w^{\mathrm{T}}x_i+b\right)=\hat{\gamma}_i\geqslant\hat{\gamma},\quad i=1,2,\cdots,N \tag{2.34}$$

为了便于求解，首先对初始的目标函数做一下简化，令函数间隔 $\hat{\gamma}=1$，则有 $\overline{\gamma}=\dfrac{1}{\|w\|}$。这样，SVM 最终的目标函数就可以转化为如下形式：

$$\max_{w,b}\frac{1}{\|w\|}$$
$$\text{s.t.}\quad y_i\left(w^{\mathrm{T}}x_i+b\right)\geqslant1,\quad i=1,2,\cdots,N \tag{2.35}$$

因为这一目标函数是二次的，且约束条件是线性的，因此它是一个凸二次规划问题。直接求解这一问题存在一定的困难，因此需要借助拉格朗日对偶性将它变换到对偶变量的优化问题，即通过求解与原问题等价的对偶问题得到原始问题的最优解。

经过上面的分析，可知 SVM 能够很好地处理线性可分的问题。对于非线性可分的问题，如图 2.5 所示，分别用圆圈和叉号表示两类数据，在二维空间中它们并不是线性可分的。为此，SVM 通过一个核函数（kernel function）K 将数据映射到高维空间，从而解决数据在原始空间中线性不可分的问题。这在图 2.5 中表现为将数据映射到三维空间后，可以找到一个最大间隔分类超平面来解决分类问题。对于非线性分类，首先要将在原始空间中线性不可分的数据点映射到高维空间中，使它在高维空间中变得线性可分。不过，在高维空间中进行计算将会导致复杂度的增加。核函数是一种特殊的映射，它可以降低在高维空间计算的难度。因此，引入了核函数的 SVM 可以在不提升计算复杂度的前提下处理标准 SVM 无法处理的非线性分类问题。SVM 正是凭借这种拓展加大了它的适用范围，使它在如今深度学习迅猛发展的浪潮中依然能保守自己的地位。

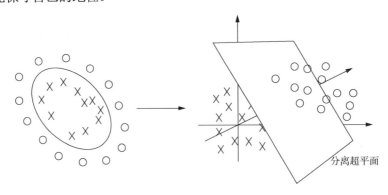

图 2.5　SVM 分类非线性问题（Redis_v, 2016）

下面详细说明 SVM 是如何利用核函数进行非线性分类的。首先，根据之前线性 SVM 分类的原理可知，最终得到的目标函数是求 $\dfrac{1}{\|w\|}$ 的最大值。为方便求解，将其转化为求 $\dfrac{1}{2}\|w\|^2$ 的最小值，因此求解 SVM 的目标函数等同于求解如下最优化问题：

$$\min_{w,b}\frac{1}{2}\|w\|^2\quad\text{s.t.}\quad y_i\left(w^{\mathrm{T}}x_i+b\right)-1\geqslant0 \tag{2.36}$$

根据拉格朗日对偶性，对偶问题也就是最优化问题转化为

$$\min_{\alpha} \frac{1}{2} \sum_{i=1}^{N} \sum_{j=1}^{N} \alpha_i \alpha_j y_i y_j \left(x_i \cdot x_j \right) - \sum_{i=1}^{N} \alpha_i$$

$$\text{s.t.} \sum_{i=1}^{N} \alpha_i y_i = 0, \ \alpha_i \geqslant 0, \ i = 1, 2, \cdots, N \tag{2.37}$$

在公式（2.37）所示的目标函数中，包含样本点的内积 $x_i \cdot x_j$，在进行数据映射后将变为 $\phi(x_i) \cdot \phi(x_j)$。如果直接在高维空间中进行内积计算，将会导致计算复杂度的巨大提高。此时，可以利用核函数将高维空间中的内积计算转换为低维空间中的内积计算：

$$K\left(x_i, x_j \right) = \phi\left(x_i \right) \cdot \phi\left(x_j \right) \tag{2.38}$$

在已知数据具体分布的情况下，可以得到低维空间到高维空间的映射函数，就可以构造出与之相对应的核函数 K。但是在大多数情况下，数据的具体分布是未知的，这样就很难构造出完全符合的核函数。通常，采用表 2.1 中几种核函数来代替针对不同数据构造的特殊核函数。

表 2.1　常用的核函数

名称	公式
线性核函数	$K\left(x_i, x_j \right) = x_i \cdot x_j$
多项式核函数	$K\left(x_i, x_j \right) = \left(x_i \cdot x_j + 1 \right)^d, \ d = 1, 2, \cdots, n$
高斯核函数（RBF）	$K\left(x_i, x_j \right) = \exp\left(-\dfrac{\left\| x_i - x_j \right\|^2}{2\delta^2} \right)$
sigmoid 核函数	$K\left(x_i, x_j \right) = \tanh\left(\gamma\left(x_i \cdot x_j \right) + r \right)$

采用表 2.1 所列出的通用核函数对非线性 SVM 的性能不会造成影响。将核函数 K 代入原始 SVM 的目标函数中，即可得到非线性 SVM 所需要求解的最优化问题：

$$\min_{\alpha} \frac{1}{2} \sum_{i=1}^{N} \sum_{j=1}^{N} \alpha_i \alpha_j y_i y_j K\left(x_i \cdot x_j \right) - \sum_{i=1}^{N} \alpha_i$$

$$\text{s.t.} \sum_{i=1}^{N} \alpha_i y_i = 0, \alpha_i \geqslant 0, \ i = 1, 2, \cdots, N \tag{2.39}$$

2.4.3.3　决策树

决策树算法是一种利用树结构进行分类的监督学习方法，它可以被看作是一系列 if-else（条件语句）规则的集合。对于一棵已经构建好的决策树，一个新的数据将从根节点开始，不断根据节点所对应的属性判断条件沿着节点之间的边向下搜索，直至到达叶子节点并得到叶子节点所对应的类别归属信息。

要使用决策树算法对新数据进行分类，首先需要借助训练数据构建一棵决策树。对于一组训练数据，可以构建出多个满足分类要求的决策树，但是其中很多树的计算效率并不高。其原因在于创建新节点时所选取的划分属性的不同，不同的划分属性会很大程度地影响树的深度和宽度。一棵好的决策树的标准是它的分类精度要高，即与训练数据矛盾较小，而且树的规模小，这样它的计算效率更高。

首先简单介绍决策树的结构。决策树是一种通过对特征属性的分类实现对样本进行分类的树形结构，包括有向边与三类节点：根节点（root node），表示第一个特征属性，只有出边没有入边；内部节点（internal node），表示特征属性，有一条入边和至少两条出边；叶子节点（leaf node），表示类别，只有一条入边没有出边。决策树学习的目的是构建一棵泛化能力强，即在对未知样本进行类别预测的任务上表现良好的决策树。其基本流程遵循分而治之的思想，算法的伪代码如下所示。

算法 2.1　决策树算法

输入：数据集合 D，候选属性集合 A，划分属性选择方法 attribute-selection-method

输出：一颗根节点为 N 的决策树

1　　创建一个节点 N

2　**if**　D 中的元组都在一个类 C 中　**then**

3　　　返回 N 作为叶节点，以类 C 标记

4　**if**　attribute-list 为空　**then**

5　　　返回 N 作为叶节点，标记为 D 中的多数类

6　　　使用 attribute-selection-method（D, attribute-list），找到最优的 splitting-criterion

7　　　使用 splitting-criterion 标记节点 N

8　**if**　splitting-attribute 是离散值的，并且允许多路划分　**then**

9　　　attribute-list<-attribute-list-splitting-attribute

10　**for**　splitting-criterion 的每个输出 j　**do**

11　　　设 D_j 是 D 中满足输出 j 的数据元组的集合

12　　　**if**　D_j 为空　**then**

13　　　　　加一个树叶到节点 N，标记为 D 中的多数类

14　　　**else**　加一个由 generate-decision-tree（D_j, attribute-list）返回的节点到 N

15　**end for**

16　返回 N

在从根节点构建整个决策树的过程中，最为重要的一点是在每一次划分时属性的选择。根据划分属性选取方式的不同，决策树算法包括由 Quinlan（1992，1986）提出的 C4.5 与 ID3 算法，以及 Breiman 等（1984）提出的 CART 算法等。算法的目的是随着划分的进行，使得决策树的分支节点内部的样本纯度提高。纯度是一种衡量节点所包含样本的类别属性是否混杂的标准，也可以看作是分类误差率的一种衡量。一个节点内样本类别相同的程度越高，它的纯度也就越高。不同算法对于纯度的定义各不相同。ID3 算法以信息增益作为判断纯度的指标，首先计算样本集合 D 的信息熵：

$$\text{Ent}(D) = -\sum_{k=1}^{|y|} p_k \log p_k \tag{2.40}$$

利用属性集合 A 中的各个属性对样本集合进行划分，划分后得到的信息增益可以由以下公式计算得出：

$$\text{Ain}(D,a) = \text{Ent}(D) - \sum_{v=1}^{V} \frac{|D^v|}{|D|} \text{Ent}(D^v) \tag{2.41}$$

此时，选择信息增益最大的属性 a 作为划分属性即可得到 ID3 算法。在实际应用的过程中发现，信息增益准则对于可取值数目较多的属性有所偏好。为了消除这种偏好带来的影响，在 ID3 算法的基础上，C4.5 算法做出了改进。它采用了信息的增益率来选择划分的最优属性。其公式如下：

$$\text{Gainratio}(D,a) = \frac{\text{Gain}(D,a)}{\text{IV}(a)} \tag{2.42}$$

$$\text{IV}(a) = -\sum_{v=1}^{V} \frac{|D^v|}{|D|} \log \frac{|D^v|}{|D|} \tag{2.43}$$

式中，$\text{IV}(a)$ 称为属性 a 的固有值，a 的可能取值越多，则 $\text{IV}(a)$ 越大，这样就对偏好进行了有效的平衡，达到更好的分类效果。

相比于其他分类方法，决策树方法在以下方面具有优势：①决策树易于理解和实现，对数据处理的要求较低，实施快捷；②它能够同时对数值型属性和非数值型属性进行处理，其他方法通常要先将非数值型数据进行转化才能使用；③算法的鲁棒性很强，对缺失值不敏感；④算法效率很高，只需在最初使用时构建一次，之后可以重复使用。相对而言，决策树方法的缺点也比较明显。对于连续性的属性它就比较难处理，对于有时间顺序的数据也需要做很多预处理工作才能使用，在处理特征关联性较强的数据时，算法的表现并不好。

2.4.3.4 朴素贝叶斯

贝叶斯分类是一类分类算法的总称，这类算法均以贝叶斯定理为基础，因此统称为贝叶斯分类。其中最简单也是应用最多的就是朴素贝叶斯分类，作为贝叶斯分类的代表，它是理解其他所有同系列算法的基础。

首先，介绍朴素贝叶斯算法中最重要的一个定理，它是整个算法的基础，即贝叶斯定理。给定两个事件 A 和 B，那么 $P(A|B)$ 就表示在已知事件 B 发生的前提下事件 A 发生的概率，这是一个条件概率，其基本求解公式为

$$P(A|B) = \frac{P(AB)}{P(B)} \tag{2.44}$$

在生活中往往会遇到这样的情况，已知事件 A 和事件 B 发生的概率，且现在得到了 $P(A|B)$，那么要是想得到 $P(B|A)$ 应该如何进行求解？贝叶斯公式提供了一种简便的求解方法：

$$P(B|A) = \frac{P(A|B)P(B)}{P(A)} \tag{2.45}$$

基于贝叶斯公式强大的计算能力，可以构造出一个有效的分类算法来解决问题。算法的思想也很简单，就是观察给定的数据样本的各个属性状态，求解在此状态下各个类别出现的概率分别是多少，然后选取概率最大的类别作为样本的类别标签。如果将样本表示为 x，类别表示为 c，那么所要求解的问题用数学语言表示为

$$P(c|x) = \frac{P(x|c)P(c)}{P(x)} \tag{2.46}$$

虽然朴素贝叶斯算法的思想十分简单，但是实际应用起来却存在着很大的问题。每个数据样本都是由多个属性进行描述的，若采用贝叶斯公式来进行估计，虽然每个类别的先验概率 $P(c)$ 和每个属性的条件概率 $P(x_i|c)$ 都比较容易求得，但是公式要求类条件概率 $P(x|c)$ 是样本所有属性上的联合概率，这一联合概率难以从有限的训练样本数据中直接估计得出。因此，为了解决这个问题，朴素贝叶斯算法放宽了条件，采用了"属性条件独立性假设"来对问题进行约束，假设规定：对已知类别，假设所有属性相互独立。也就是说，方法假设每个属性独立地对分类结果产生影响。那么基于这样的假设，上面的公式（2.46）就可以重写为

$$P(c|x) = \frac{P(x|c)P(c)}{P(x)} = \frac{P(c)}{P(x)}\prod_{i=1}^{d}P(x_i|c) \tag{2.47}$$

式中，d 为属性个数。对所有类别来说，$P(x)$ 的取值相同，因此它的影响在这个问题中可以忽略不计。这样，朴素贝叶斯算法最终的判定准则就是

$$h(x) = \underset{c}{\operatorname{argmax}} \, P(c)\prod_{i=1}^{d}P(x_i|c) \tag{2.48}$$

基于这种判定准则，给出朴素贝叶斯算法的训练过程：首先，基于训练集 D 估计类先验概率 $P(c) = \dfrac{|D_c|}{|D|}$ 和每个属性的条件概率 $P(x_i|c) = \dfrac{|D_{c,x_i}|}{|D_c|}$；接着，采用贝叶斯公式分别计算每个类别的后验概率 $P(c)\prod\limits_{i=1}^{d}P(x_i|c)$；最后，比较各个类别后验概率并选取最大的类作为对应样本的类标记。

朴素贝叶斯算法有几个优点：①容易构造，模型参数的估计不需要任何复杂的迭代求解框架，因此该方法非常适用于大规模的数据集；②可解释性强，即使是一名不熟悉分类技术的用户也能在较短的时间内理解这个方法的运作机理；③稳定性好，通常情况下都可以表现出良好的效果。针对某一特定的问题，即便它的效果不一定是所有方法中最好的，但是它的稳定性可以保证不会获得一个比较差的结果。综合以上，不难理解为什么朴素贝叶斯算法可以在多年的竞争中始终保持在一个很高的位置上。

下面用一个例子来展示朴素贝叶斯算法分类的过程（蓝鲸，2016）。

通过历史数据，目前已知几类疾病的病症及患病人职业如表 2.2。那么如果新来的一位打喷嚏的建筑工人，应该如何使用贝叶斯算法通过历史数据来预测这位打喷嚏的建筑工人患感冒的概率。

表 2.2 病人信息

症状	职业	疾病
打喷嚏	护士	感冒
打喷嚏	农夫	过敏
头痛	建筑工人	脑震荡
头痛	建筑工人	感冒
打喷嚏	教师	感冒
头痛	教师	脑震荡

首先，根据疾病的种类分别对不同病症和不同职业患病的频率进行统计。以下分别是不

同症状与对应疾病发生的频率（表2.3），和不同职业与所对应疾病发生的频率（表2.4）。

表 2.3　不同症状与对应疾病发生频率

症状	感冒	过敏	脑震荡	合计
打喷嚏	2	1	0	3
头痛	1	0	2	3
合计	3	1	2	6

表 2.4　不同职业与对应疾病发生频率

职业	感冒	过敏	脑震荡	合计
护士	1	0	0	1
农夫	0	1	0	1
建筑工人	1	0	1	2
教师	1	0	1	2
合计`	3	1	2	6

根据两个频率表分布计算出贝叶斯算法中所需的概率值，这里已知每种疾病的概率、不同职业和不同症状的概率，以及患感冒后打喷嚏和患感冒后职业为建筑工人的概率（表2.5、表2.6）。

表 2.5　不同疾病下产生不同症状的条件概率

症状	感冒	过敏	脑震荡	概率
打喷嚏	0.67	1.00	0.00	0.50
头痛	0.33	0.00	1.00	0.50
概率	0.50	0.17	0.33	—

表 2.6　不同疾病下患者职业的条件概率

职业	感冒	过敏	脑震荡	概率
护士	0.33	0.00	0.00	0.17
农夫	0	1.00	0	0.17
建筑工人	0.33	0.00	0.50	0.33
教师	0.33	0.00	0.50	0.33
概率	0.50	0.17	0.33	—

由表 2.5、表 2.6 中数据可得，$P(打喷嚏)=0.50$，$P(头疼)=0.50$，$P(感冒)=0.50$，$P(过敏)=0.17$，$P(脑震荡)=0.33$，$P(护士)=0.17$，$P(农夫)=0.17$，$P(建筑工人)=0.33$，$P(教师)=0.33$，以及条件概率例如 $P(打喷嚏|感冒)=0.67$，$P(建筑工人|感冒)=0.33$。

按照贝叶斯公式，已知 $P(BC|A)$，$P(A)$ 和 $P(BC)$。求 $P(A|BC)$：

$$P(A|BC)=\frac{P(BC|A)P(A)}{P(BC)}$$

假设护士和打喷嚏这两个特征在感冒这个结果下是独立的，因此，上面的贝叶斯公式可以转化为朴素贝叶斯公式：

$$P(A|BC) = \frac{P(B|A)P(C|A)P(A)}{P(B)P(C)}$$

将贝叶斯公式套用到疾病预测中：$P(A) = P(感冒) = 0.50$，$P(B) = P(打喷嚏) = 0.50$，$P(C) = P(建筑工人) = 0.33$，$P(B|A) = P(打喷嚏|感冒) = 0.67$，$P(C|A) = P(建筑工人|感冒) = 0.33$。最终可以得到

$$P(感冒|打喷嚏 \times 建筑工人) = \frac{P(打喷嚏|感冒) \times P(建筑工人|感冒) \times P(感冒)}{P(打喷嚏) \times P(建筑工人)}$$

$$= \frac{0.67 \times 0.33 \times 0.50}{0.50 \times 0.33} = 0.67$$

2.4.3.5 Adaboost

在诸多的机器学习方法中，集成学习（ensemble learning）是一个很特殊的类别。它本身并不是一个单独的学习算法，而是一种通过构建并结合多个学习器来完成任务的方法。集成学习的主要思想就是先构建若干个个体学习器（individual learner），之后通过某种策略将它们结合起来，形成一个强学习器（strong learner），从而使分类性能得到提升。集成学习方法在个体学习器是弱学习器（weak learner）时可以获得十分明显的提升效果，不过在实践中，如果考虑个体学习器的数量和特殊经验等问题，研究者通常会采用强学习器作为个体学习器。

通常，个体学习器是由一个现有的学习算法经数据训练得到的，如果集成中只包含同一种类的个体学习器，那么可以称这种集成是同质的（homogeneous）。同质集成中的个体学习器也可以称为基学习器（base learner）。如果集成中包含不同种类的个体学习器，那么就称这种集成是异质的（heterogeneous）。在实际问题中，同质集成学习的应用更加普遍。在同质集成中，按照基学习器之间是否存在依赖关系可以将同质集成分为两类：一类是基学习器之间存在强依赖关系，需要串行生成，这类的代表算法是 Adaboost 算法；另一类是基学习器之间不存在强依赖关系，可以并行生成，这类的代表算法是随机森林算法。下面以 Adaboost 算法为例介绍集成学习的思想。

Adaboost 是一种迭代算法，分为以下三个步骤。

（1）初始化训练数据的权值分布。如果有 N 个样本，则每一个训练样本最开始时都被赋予相同的权值：$1/N$。

（2）训练弱分类器。具体训练过程中，如果某个样本点已经被准确地分类，那么在构造下一个训练集时，它的权值就被降低；相反，如果某个样本点没有被准确地分类，那么它的权值就得到提高。然后，权值更新过的样本集被用于训练下一个分类器，整个训练过程如此迭代地进行下去。

（3）将各个训练得到的弱分类器组合成强分类器。各个弱分类器的训练过程结束后，加大分类误差率小的弱分类器的权重，使它在最终的分类函数中起着较大的决定作用，而降低分类误差率大的弱分类器的权重，使它在最终的分类函数中起着较小的决定作用。换言之，误差率低的弱分类器在最终分类器中占的权重较大，否则较小。

Adaboost 算法的具体流程如下所示。

算法 2.2   Adaboost 算法

输入： 训练数据集 $T = \{(x_1, y_1), (x_2, y_2), \cdots, (x_N, y_N)\}$
输出： 最终分类器 $G(x)$

1   初始化训练数据的权值分布 $D_1 = (w_{11}, w_{12}, \cdots, w_{1N})$, $w_{1i} = \dfrac{1}{N}$, $i = 1, 2, \cdots, N$

2   **for** $m = 1, 2, \cdots, M$ **do**

3   使用具有权值分布 D_m 的训练数据集学习，得到个体分类器 $G_m(x): X \to \{-1, +1\}$

4   计算 $G_m(x)$ 在训练集上的分类误差 $e_m = P(G_m(x_i) \neq y_i) = \sum_{i=1}^{n} w_{mi} I(G_m(x_i) \neq y_i)$

5   **if** 分类误差 e_m 大于 0.5 **then break**

6   计算 $G_m(x)$ 的系数 $\alpha_m = \dfrac{1}{2} \ln \left(\dfrac{1 - e_m}{e_m} \right)$

7   更新训练数据集的权值分布 $D_{m+1} = (w_{m+1,1}, \cdots, w_{m+1,i}, \cdots, w_{m+1,N})$

$$w_{m+1,i} = \frac{w_{m,i}}{Z_m} \exp(-\alpha_m y_i G_m(x_i)), \quad 其中, \quad Z_m = \sum_{i=1}^{n} w_{mi} \exp(-\alpha_m y_i G_m(x_i)) 是规范化因子$$

8   **end for**

9   构建个体分类器的线性组合 $f(x) = \sum_{m=1}^{n} \alpha_m G_m(x)$

10   得到最终的分类器： $G(x) = \text{sgn}(f(x))$

由于 Adaboost 是一种同质的集成学习算法，因此在迭代的过程中使用的个体分类器一定是相同类型的。个体分类器的选取并没有一个特定的标准，只要可以实现基本分类功能的分类器均可以作为个体分类器。在算法迭代的过程中，需要对数据样本的权值进行更新，具体的更新方式是：如果某个样本在当前的分类器中被错误划分，那么就提高该样本的权值，这样可以使它在下一轮的迭代中对分类器训练的影响加重。Adaboost 算法不仅为每个样本赋予了不同的权值，同时也给每个个体分类器添加了不同的系数，来决定它们在强分类器进行分类决策时的影响程度。系数越大，代表其所具有的影响程度越高。

在算法 2.2 的第 5 行，需要将个体分类器的分类误差与 0.5 进行比较。0.5 代表了使用随机预测方法分类的分类误差，如果当前迭代得到的个体分类器的效果还不如随机预测方法的分类效果好，那么算法直接终止。不过，这一判定容易引发一个问题，就是如果在算法直接终止时它所经历的迭代轮次远小于最初设置的迭代轮次 M，那么算法所得到的个体分类器的数目就会很少，从而导致最终集成的强分类器的分类性能较差。

下面用一个例子来展示 Adaboost 算法学习一个强分类器的过程（李航，2012）。

表 2.7   Adaboost 算法训练数据集

序号	X	Y
1	0	1
2	1	1
3	2	1
4	3	−1
5	4	−1
6	5	−1

序号	X	Y
7	6	1
8	7	1
9	8	1
10	9	-1

上表给出了一个由 10 个训练样本构成的训练数据集，分类器的目标是要根据 X 和 Y 的对应关系将样本分为两类：1 和-1。Adaboost 算法的具体学习过程如下。

首先，初始化训练数据的权值分布，令每个权值 $w_{1i} = \dfrac{1}{N} = 0.1$，其中，$N = 10$，$i = 1,2,\cdots,10$。设置迭代器 $m = 1,2,3,\cdots$ 进行算法的迭代过程。

迭代过程 1：$m = 1$，训练数据的权值分布 $D_1 = (0.1, 0.1, 0.1, 0.1, 0.1, 0.1, 0.1, 0.1, 0.1, 0.1)$，有如下 3 种阈值选取方案。

（1）当阈值 $v = 2.5$ 时，最低误差情况为 $x < 2.5$ 时取 1，$x > 2.5$ 时取-1，则"6 7 8"错误划分，分类误差 $e_1 = 0.3$。

（2）当阈值 $v = 5.5$ 时，最低误差情况为 $x < 5.5$ 时取-1，$x > 5.5$ 时取 1，则"3 4 5 6 7 8"错误划分，分类误差 $e_1 = 0.4$。

（3）当阈值 $v = 8.5$ 时，最低误差情况为 $x < 8.5$ 时取 1，$x > 8.5$ 时取-1，则"3 4 5"错误划分，分类误差 $e_1 = 0.3$。

可以看出，分类误差最低为 0.3，此时阈值 v 取值为 2.5 或 8.5。这里取 $v = 2.5$，可以得到第一个个体分类器：

$$G_1(x) = \begin{cases} 1, & x \leqslant 2.5 \\ -1, & x > 2.5 \end{cases}$$

$G_1(x)$ 在训练数据集上的分类误差 $e_1 = P(G_1(x_i) \neq y_i) = 0.3$，根据 e_1 计算 G_1 的系数：

$$\alpha_1 = \frac{1}{2}\ln\left(\frac{1-e_1}{e_1}\right) = 0.4236。$$

之后更新训练数据的权值分布，用于下一轮迭代：

$$D_{m+1} = (w, \cdots, w_{m+1,i}, \cdots, w_{m+1,N})$$

$$w_{m+1,i} = \frac{w_{m,i}}{Z_m}\exp(-\alpha_m y_i G_m(x_i)), \quad i = 1,2,\cdots,N$$

在第一轮迭代后，更新的数据权值分布 $D_2 = (0.0715, 0.0715, 0.0715, 0.0715, 0.0715, 0.0715, 0.1666, 0.1666, 0.1666, 0.0715)$。由于在第一个个体分类器 $G_1(x)$ 中，样本"6 7 8"被错误划分，因此它们的权值从之前的 0.1 增大到 0.1666。而其他数据均正确划分，因此它们的权值均从之前的 0.1 减小到 0.0715。此时算法得到的分类函数 $f_1(x) = \alpha_1 G_1(x) = 0.4236 G_1(x)$。

迭代过程 2：$m = 2$，训练数据的权值分布 $D_2 = (0.0714, 0.0714, 0.0714, 0.0714, 0.0714, 0.0714, 0.1667, 0.1667, 0.1667, 0.0714)$，有如下 3 种阈值选取方案。

（1）当阈值 $v = 2.5$ 时，最低误差情况为 $x < 2.5$ 时取 1，$x > 2.5$ 时取-1，则"6 7 8"错误划分，分类误差 $e_2 = 0.5000$。

（2）当阈值 $v = 5.5$ 时，最低误差情况为 $x < 5.5$ 时取-1，$x > 5.5$ 时取 1，则"0 1 2 9"错

误划分，分类误差 $e_2 = 0.2857$。

（3）当阈值 $v = 8.5$ 时，最低误差情况为 $x < 8.5$ 时取 1，$x > 8.5$ 时取-1，则"3 4 5"错误划分，分类误差 $e_2 = 0.2143$。

可以看出，分类误差最低为 0.2143，此时阈值 v 取值为 8.5。这样可以得到第二个个体分类器：

$$G_2(x) = \begin{cases} 1, & x \leqslant 8.5 \\ -1, & x > 8.5 \end{cases}$$

$G_2(x)$ 在训练数据集上的分类误差 $e_2 = P(G_2(x_i) \neq y_i) = 0.2143$，根据 e_2 计算 G_2 的系数：

$$\alpha_2 = \frac{1}{2}\ln\left(\frac{1-e_2}{e_2}\right) = 0.6496 \text{。}$$

更新训练数据的权值分布可得 $D_3 = (0.0455, 0.0455, 0.0455, 0.1667, 0.1667, 0.1667, 0.1060,$ $0.1060, 0.1060, 0.0455)$。此时，被错误划分的样本"3 4 5"的权值变大，其他样本的权值变小，算法得到的分类函数 $f_2(x) = \alpha_1 G_1(x) + \alpha_2 G_2(x) = 0.4236G_1(x) + 0.6496G_2(x)$。

迭代过程 3：$m = 3$，训练数据的权值分布 $D_3 = (0.0455, 0.0455, 0.0455, 0.1667, 0.1667, 0.1667,$ $0.1060, 0.1060, 0.1060, 0.0455)$，有如下 3 种阈值选取方案。

（1）当阈值 $v = 2.5$ 时，最低误差情况为 $x < 2.5$ 时取 1，$x > 2.5$ 时取-1，则"6 7 8"错误划分，分类误差 $e_3 = 0.3182$。

（2）当阈值 $v = 5.5$ 时，最低误差情况为 $x < 5.5$ 时取-1，$x > 5.5$ 时取 1，则"0 1 2 9"错误划分，分类误差 $e_3 = 0.1820$。

（3）当阈值 $v = 8.5$ 时，最低误差情况为 $x < 8.5$ 时取 1，$x > 8.5$ 时取-1，则"3 4 5"错误划分，分类误差 $e_3 = 0.5000$。

可以看出，分类误差最低为 0.1820，此时阈值 v 取值为 5.5。这样可以得到第三个个体分类器：

$$G_3(x) = \begin{cases} 1, & x \leqslant 5.5 \\ -1, & x > 5.5 \end{cases}$$

$G_3(x)$ 在训练数据集上的分类误差 $e_3 = P(G_3(x_i) \neq y_i) = 0.1820$，根据 e_3 计算 G_3 的系数：

$$\alpha_3 = \frac{1}{2}\ln\left(\frac{1-e_3}{e_3}\right) = 0.7514 \text{。}$$

更新训练数据的权值分布可得 $D_4 = (0.125, 0.125, 0.125, 0.102, 0.102, 0.102, 0.065, 0.065,$ $0.065, 0.125)$。此时，被错误划分的样本"0 1 2 9"的权值变大，其他正确划分的样本权值变小。算法经过三轮迭代得到的分类函数 $f_3(x) = \alpha_1 G_1(x) + \alpha_2 G_2(x) + \alpha_3 G_3(x) = 0.4236G_1(x) +$ $0.6496G_2(x) + 0.7514G_3(x)$，这个分类器在训练数据集上已经没有误分类点。至此，整个训练过程结束。

▌2.5 无监督学习

2.5.1 任务描述

无监督学习又称为非监督学习，从字面就可以看出来这种学习方法与监督学习方法所处理的问题是相反的。监督学习利用的是有对应标签的样本对作为输入数据，而在无监督学习中，输入数据是没有任何附加信息的。无监督学习的数据集并没有训练数据和测试数据之分，而是直接采用整体数据集，通过学习构建出的模型可以体现样本之间隐含的关联性。

无监督学习包括聚类、降维和密度估计等问题，其中最常见的问题就是聚类问题，甚至在某些时候，聚类就等同于无监督学习。关于聚类，一直都没有一个较为统一的定义，目前比较常用的定义如下："聚类是把一个数据对象的集合划分成簇（子集），使簇内对象彼此相似，簇间对象不相似的过程。"这个定义是非形式化的，对计算机来说很难操作。一个稍具可操作性的定义如下："给定 n 个对象的某种表示，根据某种相似度度量，发现 k 个簇，使得簇内对象的相似度高，簇间对象的相似度低。"聚类最直接的例子就是人们常说的"人以群分，物以类聚"。聚类的目标是在一个对象（模式、数据点）的集合中发现它的自然分组，而且只是需要把相似度高的东西放在一起，对于新来的样本，计算相似度后，按照相似程度进行归类就好，而对于那一类究竟是什么并不关心。

在聚类的形式化定义中，一个比较重要的概念就是簇。簇是决定一个聚类结果好坏的关键，但是如何定义一个簇是首先要解决的问题。一个理想的簇是紧凑而且孤立的数据集的子集，内部紧致、互相分离、边界清晰。但现实的数据分布复杂多样，噪声（也称孤立点）的存在、簇呈现不同的密度、某些簇可进一步划分为子簇、不同簇的尺寸差距较大、簇的形状复杂等因素给聚类任务带来很大挑战。针对不同的数据分布形式，现有的聚类算法也可以分为不同的类型。常用的聚类算法有基于划分的 k-均值算法、基于密度的 DBSCAN 算法、处理高维数据的子空间聚类算法以及处理图聚类问题的谱聚类算法等。

2.5.2　评价标准

对于无监督学习，即聚类，同样需要一些标准来评价模型输出结果的好坏。对聚类问题来说，如果确定了最终要使用的性能度量，那么可以直接将它作为聚类的最终优化目标，这样可以得到更好的聚类结果。

聚类的目标是使同一个簇的样本尽可能地彼此相近，而不同簇的样本间距离相对较远，这里的距离泛指度量样本之间相似度的指标。为了满足这一目标，需要让聚类结果的簇内相似度高且簇间相似度低。根据已知的真实分组评价聚类分析的结果，可以构造出如图 2.6 所示的混淆矩阵，总结任意一对记录是否属于同一分组。

		聚类	
		same cluster	different clusters
真实分组	same cluster	SS	SD
	different clusters	DS	DD

图 2.6　混淆矩阵

same cluster：相同簇。different clusters：不同簇

其中 SS 对记录属于相同的真实分组和相同的聚类；SD 对记录属于相同的真实分组，但不同的聚类；DS 对记录属于不同的真实分组，但相同的聚类；DD 对记录属于不同的真实分组和不同的聚类。由上面的混淆矩阵可以计算聚类分析的质量。

准确率：

$$acc = \frac{SS + DD}{SS + SD + DS + DD}$$

（2.49）

Jaccard 系数：

$$JC = \frac{SS}{SS + SD + DS} \tag{2.50}$$

FM 指数：

$$FMI = \sqrt{\frac{SS}{SS + SD} \cdot \frac{SS}{SS + DS}} \tag{2.51}$$

互信息也是评价聚类结果好坏的常用指标。对于一个包含 n 个数据的样本集，若有真实分组结果 U 和算法得到的聚类结果 V，首先计算这两种样本分布的熵（entropy）分别为

$$H(U) = \sum_{i=1}^{|U|} P(i) \log\big(P(i)\big) \tag{2.52}$$

$$H(V) = \sum_{j=1}^{|V|} P'(j) \log\big(P'(j)\big) \tag{2.53}$$

式中，$P(i) = \dfrac{|U_i|}{n}$；$P'(j) = \dfrac{|V_j|}{n}$。这里的 $|\cdot|$ 代表集合中的元素个数，比如 $|U|$ 代表 U 中聚类结果的类别个数。熵是对随机变量不确定度的度量，在得到 U 和 V 各自的熵后，可以求出两者之间的互信息（mutual information, MI）为

$$MI(U,V) = \sum_{i=1}^{|U|} \sum_{j=1}^{|V|} P(i,j) \log\left(\frac{P(i,j)}{P(i)P'(j)}\right) \tag{2.54}$$

式中，$P(i,j) = \dfrac{|U_i \bigcap V_j|}{n}$。互信息是一个随机变量包含另一个随机变量的信息量的度量，在聚类任务评估中可以理解为通过算法得到的聚类结果中包含了多少正确聚类结果的信息量，因此可以作为对聚类结果好坏的评价标准。在实际应用中更为常用的指标是标准化后的互信息：

$$NMI(U,V) = \frac{MI(U,V)}{\sqrt{H(U)H(V)}} \tag{2.55}$$

2.5.3　常用方法

2.5.3.1　期望最大化

期望最大化（expectation maximization, EM）算法（Dempster et al., 1977）是无监督学习方法中基础的算法之一，同时也是数据挖掘领域的十大算法之一（Wu et al., 2008）。EM 算法是一种迭代优化策略，用于含有隐变量的概率模型参数的极大似然估计和最大后验概率估计。由于它的计算方法中每一次迭代都分两步，其中一个为期望步（E 步），另一个为极大步（M 步），因此算法被称为 EM 算法。

在介绍 EM 算法之前，首先要对詹森不等式（Jensen's inequality）进行了解。如果一个函数 f 是凸函数，参数 $\theta_1, \cdots, \theta_k \geqslant 0$，$\theta_1 + \cdots + \theta_k = 1$，变量 $x_1, \cdots, x_k$ 在函数 f 的定义域内，则詹森不等式通常具有如下的性质：

$$f\big(\theta_1 x_1 + \cdots + \theta_k x_k\big) \leqslant \theta_1 f(x_1) + \cdots + \theta_k f(x_k) \tag{2.56}$$

如果 f 是凹函数，则

$$f\left(\theta_1 x_1 + \cdots + \theta_k x_k\right) \geqslant \theta_1 f\left(x_1\right) + \cdots + \theta_k f\left(x_k\right) \tag{2.57}$$

下面开始介绍 EM 算法的具体思想。假设有一组观测数据 $X = \{x_1, \cdots, x_n\}$，$x_i \in R^d$ 和一组隐变量 $Z = \{z_1, \cdots, z_n\}$，$z_i \in R^k$。为了简化分析，假设 z_i 是离散变量，每一个数据点 x_i 与一个隐变量 z_i 密切相关。X 和 Z 连在一起被称为完全数据（complete-data），观测数据 X 又被称为不完全数据。

令 Θ 代表模型所有的参数，则参数 Θ 的似然函数 $p(X|\Theta)$ 等于给定参数 Θ 后观测数据 X 的概率。在实际应用中，为了简化计算，通常是极大化对数似然函数，即极大化如下公式：

$$l(\Theta) = \log p(X|\Theta) = \sum_{i=1}^{n} \log p(x_i|\Theta) = \sum_{i=1}^{n} \log \sum_{z_i} p(x_i, z_i|\Theta) \tag{2.58}$$

由于直接极大化对数似然函数非常困难，期望最大化算法通过极大化对数似然函数的下界来实现极大化对数似然函数。

假设隐变量 Z 服从任意一个分布 $q(z_i)$，$\sum_{z_i} q(z_i) = 1$，$q(z_i) \geqslant 0$，则对于任意的 $q(z_i)$，根据詹森不等式，可以得到

$$
\begin{aligned}
l(\Theta) = \log p(X|\Theta) &= \sum_{i=1}^{n} \log \sum_{z_i} p(x_i, z_i|\Theta) \\
&= \sum_{i=1}^{n} \log \sum_{z_i} q(z_i) \frac{p(x_i, z_i|\Theta)}{q(z_i)} \\
&\geqslant \sum_{i=1}^{n} \sum_{z_i} q(z_i) \log \frac{p(x_i, z_i|\Theta)}{q(z_i)} \\
&\equiv L(q, \Theta)
\end{aligned}
\tag{2.59}
$$

$l(\Theta)$ 的下界为 $L(q, \Theta)$，$L(q, \Theta)$ 是分布 q 和参数 Θ 的函数。若 $q(z_i) = p(z_i|x_i, \Theta)$，则可以得到

$$
\begin{aligned}
L(q, \Theta)\big|_{q(z_i) = p(z_i|x_i, \Theta)} &= \sum_{i=1}^{n} \sum_{z_i} p(z_i|x_i, \Theta) \log \frac{p(x_i, z_i|\Theta)}{p(z_i|x_i, \Theta)} \\
&= \sum_{i=1}^{n} \sum_{z_i} p(z_i|x_i, \Theta) \log p(x_i|\Theta) \\
&= \sum_{i=1}^{n} \log p(x_i|\Theta) = l(\Theta)
\end{aligned}
\tag{2.60}
$$

因此，如果 $q(z_i) = p(z_i|x_i, \Theta)$，则 $L(q, \Theta) = l(\Theta)$。也就是说，如果参数 Θ 固定，则极大化 $L(q, \Theta)$ 的解为 $q(z_i) = p(z_i|x_i, \Theta)$。下面我们介绍如何使用期望最大化算法极大化对数似然函数。

期望最大化算法包含两个步骤：E 步骤和 M 步骤。假设当前的参数估计是 $\Theta^{(t)}$。

E 步骤：固定参数 $\Theta^{(t)}$，极大化 $L(q, \Theta)$ 转化为寻找一个 $q(z_i)$ 使 $L(q, \Theta)$ 的值是一个极大值。根据上面的分析可知 $q(z_i) = p(z_i|x_i, \Theta^{(t)})$，即

$$q(z_i) = \underset{q}{\arg\max}\, L(q, \Theta^{(t)}) = p(z_i|x_i, \Theta^{(t)}) \tag{2.61}$$

M 步骤：分布 $q^{(t)}$ 固定，极大化 $L(q, \Theta)$ 转化为寻找参数 $\Theta^{(t+1)}$ 使 $L(q^{(t)}, \Theta)$ 的值是一个极大值，即

$$\Theta^{(t+1)} = \underset{\Theta}{\arg\max}\, L\left(q^{(t)}, \Theta\right)$$

将 $q^{(t)}\left(z_i\right) = p(z_i \mid x_i, \Theta^{(t)})$ 代入 $L\left(q^{(t)}, \Theta\right)$，则可以得到

$$L\left(q^{(t)}, \Theta\right) = Q\left(\Theta, \Theta^{(t)}\right) - \sum_{i=1}^{n}\sum_{z_i} p(z_i \mid x_i, \Theta^{(t)})\log p(z_i \mid x_i, \Theta^{(t)}) \qquad (2.62)$$

式中，

$$Q\left(\Theta, \Theta^{(t)}\right) = \sum_{i=1}^{n}\sum_{z_i} p(z_i \mid x_i, \Theta^{(t)})\log p(x_i, z_i \mid \Theta)$$

公式（2.62）的第二项是分布 q 的负熵，是一个常数。因此，极大化 $L\left(q^{(t)}, \Theta\right)$ 转化为极大化函数 $Q\left(\Theta, \Theta^{(t)}\right)$。$Q\left(\Theta, \Theta^{(t)}\right)$ 是完全数据的对数似然函数 $\log p\left(x_i, z_i \mid \Theta^{(t)}\right)$ 关于隐变量 z_i 的条件概率分布 $p\left(z_i \mid x_i, \Theta^{(t)}\right)$ 的期望。

通过不断地迭代进行 E 步骤和 M 步骤，$l(\Theta)$ 的值会逐渐增大并最终收敛，下面简述其收敛过程。

在 E 步骤，

$$l\left(\Theta^{(t)}\right) = L\left(q^{(t)}, \Theta^{(t)}\right) \geqslant L\left(q^{(t-1)}, \Theta^{(t)}\right)$$

在 M 步骤，

$$L\left(q^{(t)}, \Theta^{(t+1)}\right) \geqslant L\left(q^{(t)}, \Theta^{(t)}\right)$$

结合两个步骤，可以得到

$$L\left(q^{(t+1)}, \Theta^{(t+1)}\right) \geqslant L\left(q^{(t)}, \Theta^{(t)}\right)$$

图 2.7 给出了期望最大化算法的直观解释。图中上方曲线为 $l(\Theta)$，使用期望最大化算法逐渐逼近 $l(\Theta)$ 的一个极大值。首先初始化 $\Theta = \Theta^{(t)}$。

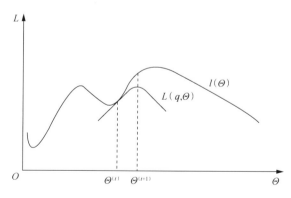

图 2.7　期望最大化算法图示

在 E 步骤，由公式（2.59）和公式（2.60）可知，存在一个分布 q，使 $l(\Theta)$ 的下界 $L(q, \Theta)$ 和 $l(\Theta)$ 在 $\Theta^{(t)}$ 处相等。$L(q, \Theta)$ 和 $l(\Theta)$ 在 $\Theta^{(t)}$ 处相切，图 2.7 中下方曲线即为 $L(q, \Theta)$。

在 M 步骤，期望最大化算法寻找 $\Theta^{(t+1)}$ 使 $L(q, \Theta)$ 的值是一个极大值，即极大化 $Q\left(\Theta, \Theta^{(t)}\right)$。下一次迭代时，将会在 $\Theta^{(t+1)}$ 处计算 $l(\Theta)$ 的下界 $L(q, \Theta^{(t+1)})$。由于 $l(\Theta) \geqslant L(q, \Theta)$，增大 $L(q, \Theta)$ 的值也会增大 $l(\Theta)$ 的值，因此保证 $l(\Theta)$ 的值在每次迭代中都会增加。

EM 算法的流程如下所示。

算法 2.3　EM 算法

输入：观测数据 X，隐变量 Z

输出：模型参数 Θ

1　初始化模型参数 $\Theta = \Theta^{(0)}$

2　E 步骤：计算 $q(z_i) = p(z_i \mid x_i, \Theta^{(t)})$

3　M 步骤：更新参数 $\Theta^{(t+1)} = \underset{\Theta}{\arg\max}\, Q(\Theta, \Theta^{(t)})$

4　判断算法是否收敛。如果算法不收敛则返回第 2 步，否则返回参数 $\Theta^{(t+1)}$

虽然期望最大化算法涉及诸多数学方面的推导，但是其算法思想还是较为简单的。算法在实际应用中收敛到局部极大值，它的解依赖于初值的选取。如果初值选取得不好，期望最大化算法将会收敛得非常缓慢。一种常用的初始化方法是多次随机初始化，然后选取具有最大似然函数值的估计结果。

2.5.3.2　k-均值

k-均值（k-means）算法可以看作是 EM 算法的一个特例。早在 20 世纪 60 年代，Sebestyen（1962）和 MacQueen（1967）就分别在各自的科学研究领域独自提出了 k-means 算法。随后，Lloyd（1982）在之前的研究基础上提出了 k-means 算法最为基础，也是至今为止应用最为广泛的启发式求解算法。在之后几十年的发展历程中，k-means 算法经过不断的改进后日趋完善。由于它在诸多领域的大量应用，Wu 等（2008）将它评选为数据挖掘领域的十大算法之一。

k-means 算法是一种基于划分的聚类方法，这类方法是通过一个最优化的目标函数发掘数据中包含的类别信息结构，从而将数据集中的点划分到不同的簇中。对于每一个簇，划分方法采用一个原型点作为这个簇的代表，因此这种方法也被称为基于原型的方法，通常采用迭代的方式逐步提高聚类的效果。在将数据集划分为不相交子集的过程中，设定子集个数为 k，计算每个子集的自然中心，即子集中包含的所有数据点的均值，最终会获得 k 个均值作为簇的代表，因此这种聚类方法被称为 k-means 算法。

Lloyd 算法作为 k-means 算法最为基础的求解方法，在发表多年之后还能有着这么广泛的应用，主要原因就在于该算法应用了启发式的思想，通过简单的逐步迭代方式求解了 k-means 这一复杂问题。k-means 聚类其实可以表述为一个优化问题，给定一个包含 n 个数据对象的数据集合 $D = \{x_1, x_2, \cdots, x_n\}$，定义聚类分析后产生的类别集合为 $C = \{C_1, C_2, \cdots, C_k\}$。算法采用误差平方和（sum of the squares of errors, SSE）作为度量聚类质量的目标函数，其形式化定义如下：

$$\text{SSE}(C) = \sum_{k=1}^{K} \sum_{x_i \in C_k} \|x_i - c_k\|^2 \tag{2.63}$$

式中，c_k 是簇 C_k 的中心点，计算方法如下：

$$c_k = \frac{\sum_{x_i \in C_k} x_i}{|C_k|} \tag{2.64}$$

算法的目标是找到能最小化 SSE 的聚类结果，这个最优化问题是一个 NP 难问题（Mahajan et al., 2009），难以找到一个多项式算法对它进行求解。因此，就需要采用 Lloyd 算法这种启发式方法。算法的迭代过程主要分为两个步骤：第一步是分配过程，在分配过程中，每个数据样本都要被分配到与它距离最近的簇中心点所属的簇中；第二步是更新过程，在更新过程中，簇中心点需要被重新计算，采用分配到这一簇中的所有数据点对簇中心点进行更新。

在簇中心点的更新过程中，选取均值作为计算标准。定义 C_k 为第 k 个簇，x_i 是从属于 C_k 的数据点，c_k 是 C_k 中所有数据点的均值点。简化公式（2.63），对于一维数据可以写成

$$\text{SSE}(C) = \sum_{k=1}^{K} \sum_{x \in C_k} (c_k - x_i)^2 \tag{2.65}$$

为最小化 SSE，对公式（2.65）求导，令导数等于 0，并求解 c_k。其过程如下所示：

$$\frac{\partial}{\partial c_j} \text{SSE} = \frac{\partial}{\partial c_j} \sum_{k=1}^{K} \sum_{x_i \in C_k} (c_k - x_i)^2$$

$$= \sum_{k=1}^{K} \sum_{x_i \in C_k} \frac{\partial}{\partial c_j} (c_j - x_i)^2 = \sum_{x_i \in C_j} 2(c_j - x_i) = 0 \tag{2.66}$$

$$\sum_{x_i \in C_j} 2(c_j - x_i) = 0 \Rightarrow |C_j| c_j = \sum_{x_i \in C_j} x_i \Rightarrow c_j = \frac{\sum_{x_i \in C_j} x_i}{|C_j|} \tag{2.67}$$

由此可见，当导数为 0 时，每个簇中心点的计算公式正好为计算该簇中包含的所有数据点的均值的公式。

k-means 算法在每次迭代后都会减小目标函数 SSE 的值，因此算法是收敛的，且可以在有限步达到终止。对于一个包含 n 个数据点的数据集，将它划分为 k 个非空分区的数目可以用第二类斯特林数给出：

$$\begin{Bmatrix} n \\ k \end{Bmatrix} = \frac{1}{k!} \sum_{j=0}^{k} (-1)^{k-j} \binom{k}{j} j^n \tag{2.68}$$

这为算法提供了一个有限的界限，算法会终止在某一特定划分情况。下面以伪代码的形式给出 k-means 方法的具体步骤。

算法 2.4   k-means 算法

输入：所有数据点 A，聚类个数 k	
输出：k 个聚类中心点	
1	随机选取 k 个初始的中心点
2	**repeat**
3	计算每个点与各中心点之间的距离，将点分配到与它距离最近的中心点所属的类别中
4	计算每个类别包含的所有数据点的均值，更新类别的中心点
5	**Until** 中心点不发生变化

为了更加直观地展示 k-means 方法的工作流程，下面以图形的方式举例说明它是如何工作的。如图 2.8 所示，数据集中一共包含三个类型的数据点，设定初始的聚类个数 k 的值为 3。首先随机选取 3 个初始的中心点。接下来，对于每个数据点，计算它和 3 个中心点间的距离并选择距离较小的那个中心点加入它表示的类别。在所有数据点都完成分配，即 3 个类别构建完成后，计算每个类别中所有数据点的均值，以此作为新的类别中心点，之后再次计算数据点与中心点之间的距离来进行数据的重分配，就形成了一次迭代后的数据分布。重复进行分配和中心点更新这两个步骤，直至没有数据点的类别归属发生变化，算法终止。在图 2.8 中，数据点由初始的类别分布（左上角），依照箭头指示的步骤逐步迭代更新类别信息，最终划分到正确的类别当中（左下角）。

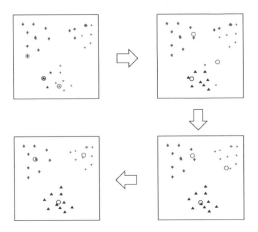

图 2.8　k-means 方法执行过程（张宪超，2017）

2.5.3.3　谱聚类

谱聚类算法是一种基于谱图理论的聚类算法，它易于实现，在聚类效果上明显地优于传统的聚类算法。给定数据集 $\{x_i\}_{i=1}^{n}$，$x_i \in R^d$，首先将这些数据点映射到无向图 $G=(V,E)$，其中每个数据点 x_i 对应图 G 的一个节点 v_i，E 代表图中边的集合，之后可以使用一个非负的相似矩阵 W 表示整个无向图，其元素 w_{ij} 表示无向图中两个节点 v_i 和 v_j 之间的权重，并且 $w_{ij}=w_{ji}$。如图 2.9 所示，谱聚类的目标是将无向图划分为两个或多个子图，使得子图内部节点相似而子图间节点距离较远，从而达到聚类的目的。

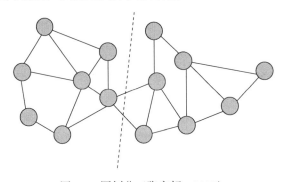

图 2.9　图划分（张宪超，2017）

与传统的聚类算法（如 k-means 算法）相比，谱聚类能在任意形状的样本空间上聚类且收敛于全局最优解。图 2.10 展示了一些簇形状变化较大的人工数据集，谱聚类算法可以有效地划分这些数据集。假设簇符合特定形状的聚类算法很难在这些数据集上获得良好的聚类效果，如 k-means 算法假设簇符合凸几何形状，欧几里得距离较小的两个数据点属于同一个簇，而这些数据集中欧几里得距离较小的两个数据点不一定属于同一个簇，因此，使用 k-means 算法不能有效地划分这些数据集。

谱聚类是一种基于图的聚类算法，相似度图的构造直接影响聚类效果。因此，谱聚类的图构造问题是一个研究重点，包括建立何种类型的图，以及如何度量图上两个节点之间的权重。在建立相似度图之前，需要利用相似度函数来计算两个点之间的相似度，也就是相似度图中边的权重。相似度函数需要保证计算出来的相似度是有意义的，也就是说，如果原始的数据点比较相似,那么利用相似度函数计算出来的这两点之间的相似度也应该是比较大的;相反地,如果两个数据点本身就联系不太紧密,那么经过相似度函数计算出来的相似度也是比较小的。

图 2.10　人工数据集(Zelnik-Manor et al., 2005)

下面简单介绍采用高斯核函数来进行相似度计算的图构造方法。高斯核函数的定义如公式(2.69)所示:

$$s\left(x_i, x_j\right) = \mathrm{e}^{-\frac{\left\|x_i - x_j\right\|^2}{2\sigma^2}} \tag{2.69}$$

式中,x_i 和 x_j 是两个数据点;参数 σ 被称为核宽度,是一个距离的阈值。如果两个数据点之间的距离小于 σ,则将这两个数据点在相似度图中连接起来。因此,如果 σ 值固定,高斯核函数的定义只与数据点之间的欧几里得距离有关,一旦距离确定,不论数据点的邻居如何分布,相似度都是确定的。

由于谱聚类算法是依托于拉普拉斯矩阵的相关性质和定理得出聚类结果的,因此拉普拉斯矩阵在谱聚类中有着相当重要的作用。在介绍谱聚类算法之前,有必要先解释一下拉普拉斯矩阵及其相关性质。首先介绍非正则化的拉普拉斯矩阵和正则化的拉普拉斯矩阵及这些矩阵的性质。非正则化的拉普拉斯矩阵的定义如公式(2.70)所示,其中 D 是一个对角矩阵,且对角元素 $d_i = \sum\limits_{j=1}^{n} w_{ij}$:

$$L = D - W \tag{2.70}$$

非正则化的拉普拉斯矩阵 L 有如下性质。

(1)对于任意向量 $f = (f_1, \cdots, f_n)^{\mathrm{T}} \in R^n$:

$$f^{\mathrm{T}} L f = \frac{1}{2} \sum_{i,j=1}^{n} w_{ij} \left(f_i - f_j\right)^2 \tag{2.71}$$

(2)L 是对称的半正定矩阵。

(3)L 的最小特征值为 0,且对应的特征向量为 1。

(4)L 有 n 个非负的实特征值,并且 $0 = \lambda_1 \leqslant \lambda_2 \leqslant \cdots \leqslant \lambda_n$。

公式(2.72)中定义了两种正则化的拉普拉斯矩阵:

$$L_{\mathrm{sym}} = D^{-\frac{1}{2}} L D^{-\frac{1}{2}} = I - D^{-\frac{1}{2}} W D^{-\frac{1}{2}}$$

$$L_{\mathrm{rm}} = D^{-1} L = I - D^{-1} W \tag{2.72}$$

式中,D 是一个对角矩阵,且对角元素 $d_i = \sum\limits_{j=1}^{n} w_{ij}$。这两种拉普拉斯矩阵的性质如下所示。

（1）对于任意向量 $f = (f_1, \cdots, f_n)^{\mathrm{T}} \in R^n$：

$$f^{\mathrm{T}} L_{\mathrm{sym}} f = \frac{1}{2} \sum_{i,j=1}^{n} w_{ij} \left(\frac{f_i}{\sqrt{d_i}} - \frac{f_j}{\sqrt{d_j}} \right)^2 \tag{2.73}$$

（2）当且仅当 L_{rm} 的特征值 λ 与它对应的特征向量 γ 满足 $\mu = D^{\frac{1}{2}}\gamma$ 时，λ 是 L_{sym} 的特征值且对应的特征向量为 μ。

（3）当且仅当 λ 和 γ 满足广义的特征问题 $L\gamma = \lambda D\gamma$ 时，λ 是 L_{rm} 的特征值且对应的特征向量为 γ。

（4）L_{sym} 和 L_{rm} 是对称的半正定矩阵。

（5）L_{sym} 和 L_{rm} 的最小特征值为 0，且 L_{sym} 对应的特征向量为 $D^{\frac{1}{2}}1$，L_{rm} 对应的特征向量为 1。

（6）L_{sym} 和 L_{rm} 有 n 个非负的实特征值，并且 $0 = \lambda_1 \leqslant \lambda_2 \leqslant \cdots \leqslant \lambda_n$。

下面介绍一种非正则化的谱聚类算法和两种正则化的谱聚类算法。

（1）非正则化的谱聚类以非正则化的拉普拉斯矩阵为基础。假设矩阵 $F \in R^{n \times k}$ 包含 k 个正交向量 $f_1, f_2, \cdots, f_k$，$f_k \in R^n$，非正则化的谱聚类的目标函数如公式（2.74）所示：

$$\min_F \mathrm{tr}(F^{\mathrm{T}} L F) \qquad \mathrm{s.t.} \quad F^{\mathrm{T}} F = I \tag{2.74}$$

式中，$\mathrm{tr}(\bullet)$ 为矩阵的迹。公式（2.74）的解由 L 的 k 个最小的特征值对应的特征向量组成。F 可以看作原始数据在低维空间的映射，之后，可以使用传统的聚类算法（如 k-means）对 F 进行聚类，从而得到每个数据点的类标签。算法的流程如下所示。

算法 2.5　非正则化的谱聚类

输入：相似度矩阵 W

输出：数据点的类标签

1　构造非正则化的拉普拉斯矩阵 L，其中 $L = D - W$

2　计算 L 的 k 个最小的特征值对应的特征向量 $f_1, f_2, \cdots, f_k$

3　根据特征向量 $f_1, f_2, \cdots, f_k$ 构造矩阵 $F \in R^{n \times k}$

4　将矩阵 F 的每一行看作一个数据点，使用 k-means 算法对 F 进行聚类

（2）正则化的谱聚类以两种正则化的拉普拉斯矩阵为基础，下面介绍两种正则化的谱聚类算法。同样假设存在矩阵 $F \in R^{n \times k}$ 包含 k 个正交向量 $f_1, f_2, \cdots, f_k, f_k \in R^n$，这两种正则化的谱聚类的目标函数如公式（2.75）和公式（2.76）所示：

$$\min_F \mathrm{tr}(F^{\mathrm{T}} L_{\mathrm{sym}} F) \qquad \mathrm{s.t.} \quad F^{\mathrm{T}} F = I \tag{2.75}$$

$$\min_F \mathrm{tr}(F^{\mathrm{T}} L F) \qquad \mathrm{s.t.} \quad F^{\mathrm{T}} D F = I \tag{2.76}$$

首先介绍基于正则化的拉普拉斯矩阵 L_{sym} 的谱聚类算法（Ng et al., 2002），该算法的流程如下所示。这种情况下，特征值 0 对应的特征向量为 $D^{\frac{1}{2}}1$ 而不是 1，因此，在使用 k-means 算法聚类之前，需要将矩阵的每一行正则化。

算法 2.6　基于 L_{sym} 的正则化的谱聚类

输入：相似度矩阵 W

输出：数据点的类标签

1　构造正则化的拉普拉斯矩阵 L_{sym}，其中 $L_{sym} = D^{-\frac{1}{2}} L D^{-\frac{1}{2}}$

2　计算 L_{sym} 的 k 个最小的特征值对应的特征向量 $f_1, f_2, \cdots, f_k$

3　根据特征向量 $f_1, f_2, \cdots, f_k$ 构造矩阵 $F \in R^{n \times k}$

4　正则化矩阵 F 的每一行，使每一行元素的平方和为 1

5　将矩阵 F 的每一行看作一个数据点，使用 k-means 算法对 F 进行聚类

　　另一种正则化的谱聚类算法以正则化的拉普拉斯矩阵 L_{rm} 为基础（Shi et al., 2000），具体流程如下所示。该算法求解 L 的广义特征向量，根据正则化的拉普拉斯矩阵的性质（3），L 的广义特征向量对应于 L_{rm} 的特征向量，因此，该算法实际上求解 L_{rm} 的特征向量。L_{rm} 的特征值 0 对应的特征向量为 1，因此在聚类前不需要进行正则化的步骤。

算法 2.7　基于 L_{rm} 的正则化的谱聚类

输入：相似度矩阵 W

输出：数据点的类标签

1　构造非正则化的拉普拉斯矩阵 L，其中 $L = D - W$

2　求解广义的特征问题 $Lf = \lambda Df$，获得向量 $f_1, f_2, \cdots, f_k$

3　根据特征向量 $f_1, f_2, \cdots, f_k$ 构造矩阵 $F \in R^{n \times k}$

4　将矩阵 F 的每一行看作一个数据点，使用 k-means 算法对 F 进行聚类

2.5.3.4　主成分分析

1. 高维数据的挑战

　　在许多机器学习的应用领域，例如面部识别、概念索引以及协同过滤等，其输入往往会有很高的维度，这给传统的机器学习方法的使用带来了很大的挑战。高维数据和低维数据的维度数界限目前尚没有统一的标准，通常何种数据为高维数据与具体应用场景以及数据的各个维度所表达的语义有关，不过一般认为 50 维已经是很高的维度了。维度灾难（Bellman, 1956），又名维度诅咒，是指在优化问题中随着（数学）空间维度增加，分析和组织高维空间因体积指数增加遇到的各种问题场景，现在一般指高维数据空间的"空空间"现象，即高维数据空间的本征稀疏性，这种现象使得数理统计中的多元密度估计问题变得十分困难。与人们的直觉相反，高维分布的尾概率分布要比相应的低维情形重要得多。

　　图 2.11 直观地解释了维度灾难，即同样大小的数据集，随着数据维度的增多，在单位空间中数据的分布会越来越稀疏。图中所展示的数据集由 20 个三维数据点构成，每个维度的取值都在 [0,2] 的范围内。图 2.11（a）显示将 20 个数据点投影在一维空间，也就是维度 a 上，可见有 11 个数据点落在单位空间 [0,1] 上；图 2.11（b）是全部数据点在二维空间，即维度 a 和维度 b 上的投影，可见数据在 b 维上是分散的，所以只有 6 个点落在单位空间 {[0,1],[0,1]} 中；

图 2.11（c）显示了在三维空间中，数据点进一步被分离开，在三维的单位空间 {[0,1],[0,1],[0,1]} 中只包含 4 个数据点。

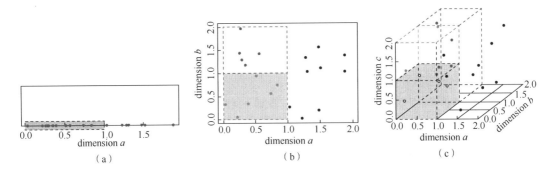

图 2.11　维度灾难（张宪超，2017）

dimension：维度

　　使用传统的方法在高维空间中进行数据分析是十分困难的，以聚类问题来说，在高维空间中的距离度量、密度度量、相似度度量均需要针对高维数据的特点做出调整。在高维数据聚类中常见的几种问题表述如下。

　　（1）簇有效性问题。更多的维度带来的问题是无法直观地表示数据。由于数据表和图依赖于承载媒体的原因，对三维以上的数据描述显得无力。就聚类问题来说，寻找隐含在数据中的簇这一过程假定数据在全部维度或者某些维度中满足映射关系。如生成模型方法假设数据集是由几个概率分布函数混合生成。在理想情况下，一个聚类算法能够使用户找出隐含在数据集中的依赖关系，进而通过样本数据得出自然科学或者人文科学的规律。随着数据维度越来越高，模型的参数也变得越来越多，其相互影响也难以描述。

　　（2）差距趋零问题。随着维度的增长，数据点在高维空间中的分布变得稀疏。当维数达到一定规模时，若使用一些常用的距离测度，如欧几里得距离时，数据点之间的距离将趋向于相等，这是所谓的"差距趋零"现象。这个现象还使得基于 kNN 查询的算法准确性降低。高维空间数据稀疏性同时影响数据点的"邻域密度"，基于密度阈值的聚类算法在高维空间数据中无效。通常，解决这个问题需要扩展聚类问题的局部性假设，即数据只在降维后的空间中与近邻点具体有相似的簇标签。

　　（3）有效维度问题。在针对某一个事物采集数据样本时，通常要围绕不同的角度选择实体属性。然而随着数据越来越多，样本属性的有效问题也变得越来越明显。有效维度问题指的是某维度与数据是否相关。有可能在同一个数据集中，不同的簇中有不同的维相关性。虽然整体上某一维度与数据有相关性，但是在特定簇中可能无关。

　　（4）维度相关性问题。这个问题也可认为是维度之间的正交性问题，如果两个维度存在显著的相关性，那么基于假设维度正交性算法的聚类结果是不可信的。维度相关性问题随着数据维度的增加会使聚类的概率变大。同样地，不同的簇也可能有不同的维度之间相关性。如果维度之间存在相关性，高维数据聚类算法可以采取一定的策略选取有代表性的维度。

　　在以上问题中，较为重要的就是有效维度问题和维度相关性问题。现有的方案从三个角度解决这两种问题：①假设数据集中的所有簇共享相同的子空间，即所有的簇都存在于同一个低维流形上，这类算法通常先将整个数据集降维以剔除数据集中的相关维度和无效维度，再对得到的低维空间进行聚类；②假设不同的簇有不同的子空间，即不同的簇存在于原始数据的不同的低维流形表示中，这类算法通常要同时得出簇和簇对应的子空间；③假设每个样本都有自己的子空间，簇通过合并有相似样本子空间的样本形成。这类算法通常也要同时得出簇和对应的子空间。从解决问题的策略上看，现有算法主要可分为两类：降维算法和子空间聚类算法。

降维算法认为高维数据存在一个或者多个本征低维流形，故其学习目标是能通过维度选择或者维度变换方法找到这样的流形，也就是簇所在的子空间。一些算法要进行后续的聚类过程；另一些算法本身就是非监督学习，即在降维的同时能得出簇分配结果。在传统的全局降维算法的基础上，近年来发展出了一些局部降维或非线性的降维方法。

子空间聚类算法关注样本的簇属性，其目标是找出高维空间的子空间中的簇。如果在高维空间的子空间中存在簇，那么如同经典的聚类算法，这些簇仍满足聚类假设，即簇内点距离小于簇间点距离，簇之间由点分布稀疏的空间分隔。子空间聚类算法中的簇存在于全局维度的子空间中，因此，通常寻找子空间与寻找子空间中的簇同时进行。子空间聚类、协同聚类、投影聚类等属于这类算法，它们的共同特点是，对不同的簇来说不同特征的重要性是有差异的，或者说簇只与特定的特征子集相关联。

2．常用降维方法

在本节中，首先介绍一种最为常用的降维方法，主成分分析（principal component analysis, PCA）（Hotelling, 1933）方法。在不同领域，它也被称为卡洛变换、霍特林变换和经验正交函数（empirical orthogonal function, EOF）方法。这是一种线性降维方法，具有许多优良的特性，如计算复杂度低、多数情况下有解析解、对具有线性结构的数据有效性强、可解释性高等。

主成分分析的目的是找出表达性最优的正交基以重新表示一个数据集，希望这个新的基底能滤除噪声和揭示数据隐藏的结构。在图 2.12 所示的二维数据中，主成分分析的明确目标是将变化最大的方向设为 x 轴，即主成分分析的目标是将重要性最高的方向设为 x 轴单位基向量 x 的方向。之后，再找到另外一个维度，这个维度同样要求变量的变化程度较大，同时，要表达最多的信息，就要确保这个坐标基与上述新的 x 轴方向正交。按照这种策略选择基底的元素，直到选择到合适的维度为止。通过这种重新定义基底的方式实现降维。

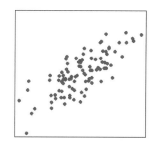 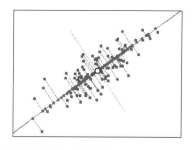

图 2.12　二维数据的主成分分析示意图（张宪超，2017）

在统计学中，通常使用方差（或者标准差）来衡量某个随机变量的变化程度，通过协方差矩阵衡量不同维度的相关性。考虑点集 $x_i \in R^d$，$i = 1, \cdots, N$，它表示为随机变量 $X = [x_1, x_2, \cdots, x_N]^T$。令 $\mu = E[X]$ 为 X 的期望，$S_X^2 = E[(X - \mu)(X - \mu)^T]$ 为 X 的自协方差矩阵。也就是说，主成分分析的目的是找到一个正交阵 P 使得 $Y = PX$，使变换后的矩阵 Y 的协方差矩阵 $S_Y^2 = E[(Y - E(Y))(Y - E(Y))^T]$ 是一个对角矩阵，且非对角线上的元素为 0，即各个维度不相关，称 P 的每一行为数据集 X 的主成分。根据定义有

$$S_Y^2 = E[YY^T] - E[Y]E[Y]^T$$
$$= E[(PX)(PX)^T] - E[PX]E[PX]^T$$
$$= E[PXX^TP^T] - PE[X]E[X]^TP^T$$
$$= P\left(E[XX^T] - E[X]E[X]^T\right)P^T$$
$$= PS_X^2P^T \tag{2.77}$$

注意到公式（2.77）最后出现了 S_X^2，因此优化问题的目标变成了寻找一个矩阵 P 使得 $S_Y^2 = PS_X^2P^T$ 是一个对角矩阵。由于 S_X^2 是一个实对称矩阵，其不同特征值对应的特征向量必正交，如果一个特征值 λ 重数为 r，则必然存在与之对应的 r 个线性无关的特征向量，因此可以将这 r 个特征向量单位正交化。据此，S_X^2 必存在一个单位正交特征向量 $U = (e_1, e_2, \cdots, e_n)$ 使得

$$U^TS_X^2U = \Lambda = \mathrm{diag}(\lambda_1, \lambda_2, \cdots, \lambda_n) \tag{2.78}$$

则 U 就是满足公式（2.77）的矩阵 P，只需对 S_X^2 进行谱分解就可以求解 U：

$$S_X^2 = U^T\Lambda U \tag{2.79}$$

上式中，$\Lambda = \mathrm{diag}(\lambda_1, \lambda_2, \cdots, \lambda_n)$ 为对角矩阵，并按 λ_i 值的大小降序排列。$U = (u_1, u_2, \cdots, u_N)$，$u_i$ 为与 λ_i 对应的特征向量，并满足 $U^TU = I$，I 为单位矩阵。

选取 U 的前 n 个特征向量构成矩阵 U_n，那么数据集合 X 的主成分变换为

$$y_i = U_n^T(x_i - \mu), \quad i = 1, 2, \cdots, N \tag{2.80}$$

如果选取合适的降维参数 n，即对于某个 n，选取投影矩阵 U_n 使 y_i 的方差最大化，即

$$\max_{A^TA=I}\left\{\mathrm{tr}\left(\frac{1}{N}\sum_i y_iy_i^T\right)\right\} = \sum_{i=1}^{d}\lambda_i \tag{2.81}$$

达到最大。

由于求协方差矩阵需要较高的时间复杂度，而最终求的是正交基，使用奇异值分解直接分解原数据矩阵 X 而不是协方差矩阵 S_X^2，这样可以提高处理的速度。

2.5.3.5　子空间聚类

在2.5.3.4节已经对降维方法做出了介绍，本节将简要介绍子空间聚类的基本方法。首先给出子空间聚类的定义（王卫卫等，2015）：给定一组数据 $X = [x_1, x_2, \cdots, x_N] \in R^{D\times N}$，假设这组数据属于 k（k 已知或未知）个线性子空间 $\{S_i\}_{i=1}^{k}$ 的并，子空间聚类是指将这组数据分割为不同的类，且在理想的情况下，每一个类对应其中一个子空间。

子空间聚类算法不是寻找全局存在的低维流形，而是针对每个簇寻找其有效维度和相关维度，因此子空间聚类把维度分析集成到聚类迭代的过程中。子空间聚类的主要任务有两个，一是寻找簇所在的子空间，二是寻找合适的簇分配。在典型场景中，这两个任务是相互依赖的。引入其他的信息有助于打破这个循环依赖，从而构建有效的子空间聚类方法。

根据对簇子空间的假设以及对子空间簇的定义不同，子空间聚类算法可以分成轴平行子空间聚类算法、基于模式的子空间聚类算法和任意方向子空间聚类算法。虽然子空间簇可能存在任意方向。但是在一些应用中，簇存在于轴平行子空间中。采用簇只存在于轴平行子空间中这个假设可以降低寻找子空间的复杂度。

下面介绍一种常用的子空间聚类算法，称为稀疏子空间聚类（sparse subspace clustering, SSC）（Elhamifar et al., 2009），它是近年来子空间聚类方向的研究热点。稀疏子空间聚类算法假设高维空间中的数据可以在低维子空间中进行线性表示，且这种表示可以保持高维数据的

本质信息。它是一种基于谱聚类的子空间聚类方法，首先计算出数据在低维子空间中的表示系数来进行相似度矩阵的构造，从而建立相应的表示模型，之后再利用谱聚类算法进行聚类分析得到最终的结果。

稀疏子空间聚类算法的基本思想是，对于数据集 X 中的第 i 个数据 $x_i \in S_\alpha$（S_α 表示第 α 个子空间），它可以表示为其他所有数据的线性组合：

$$x_i = \sum_{j \neq i} Z_{ij} x_j \tag{2.82}$$

在这一基础上，对表示系数施加一定的约束使得在一定条件下对所有的 $x_j \notin S_\alpha$，对应的 $Z_{ij} = 0$。考虑数据集中的所有数据，可以将它简化表示为矩阵形式：

$$X = XZ \tag{2.83}$$

式中，系数矩阵 $Z \in R^{N \times N}$ 满足：当 x_i 和 x_j 属于不同的子空间时，$Z_{ij} = 0$。公式（2.83）这种采用数据集本身对数据进行表示的方法称为数据的自表示。

如果数据的子空间结构已知，则可以将数据按照类别逐列进行排放。在一定条件下，系数矩阵 Z 将满足如下的块对角结构：

$$Z = \begin{bmatrix} Z_1 & 0 & \cdots & 0 \\ 0 & Z_2 & \cdots & 0 \\ \vdots & \vdots & \ddots & \vdots \\ 0 & 0 & \cdots & Z_k \end{bmatrix} \tag{2.84}$$

式中，$Z_\alpha (\alpha = 1, 2, \cdots, k)$ 表示属于子空间 S_α 的所有数据的表示系数矩阵。采用这种表示形式可以将不同的数据划分到其所对应的子空间中，从而实现聚类。稀疏子空间聚类算法的目标就是通过对系数矩阵 Z 采取不同的约束，使它尽可能地具有这种理想的结构。在得到了结构良好的表示系数矩阵 Z 后，稀疏子空间聚类首先利用 Z 构造数据的相似度矩阵 $W = \dfrac{|Z| + |Z^T|}{2}$，之后再使用谱聚类算法完成聚类任务。

下面介绍两种经典的构建表示系数矩阵 Z 的方法。首先是 Elhamifar 等（2009）提出的基于系数向量的一维稀疏性的稀疏子空间聚类方法，其子空间模型表示为

$$\min_Z \|Z\|_1 \quad \text{s.t. } X = XZ, \ Z_{ii} = 0 \tag{2.85}$$

这一模型利用稀疏表示（sparse representation, SR）的方法，迫使每个数据仅用同一子空间中其他数据的线性组合来表示。如果数据所属的子空间是相互独立的，那么模型的解，即数据的表示系数矩阵 Z 具有块对角结构。此外，模型还添加了 $Z_{ii} = 0$ 这一约束，从而避免出现每个数据仅用它自己进行表示的情况。

采用一维稀疏性来构建子空间模型的方法主要考虑的是每个数据自身的稀疏表示，而没有考虑数据集的全局结构和数据之间的关系。为了解决这一问题，Liu 等（2010）利用数据矩阵的二维稀疏性提出了基于低秩表示（low rank representation, LRR）的子空间聚类方法，其子空间表示模型为

$$\min_Z \|Z\|_* \quad \text{s.t. } X = XZ \tag{2.86}$$

与公式（2.85）所构建的模型类似，在数据所属的子空间相互独立的条件下，公式（2.86）所构建模型的解矩阵 Z 也是块对角矩阵。

■2.6　强化学习

2.6.1　任务描述

与监督学习和无监督学习不同，强化学习是机器学习中比较特殊的一个类型，它所面对的问题并不是在给定完整数据的情况下进行学习，而是通过模型［在强化学习问题中称为智能体（agent）］与环境（environment）交互地获取反馈信息，利用这些信息来调整模型，之后再利用当前模型指导下一步的交互活动获取新的信息并不断迭代直至模型收敛到最优。

虽然监督学习和无监督学习这两种学习方式有着很大的差别，但是这种差别主要体现在它们处理的数据样本是否具有标签这一问题上。从总体上看，这两种方法都是在已知的样本集上通过误差的最优化来构建一个学习器，从而给出在这一固定情况下问题的解答。而在日常生活中，更多的情况是人们需要与外界的环境进行一种交互。在这种情况下系统是随机的，之后的状态是未知且不可预测的，那么以上两种方法就无法处理这样的问题。因此，仿造人类对信息的处理机制，强化学习应运而生。强化学习在一定程度上与监督学习有着相似之处，都是通过已知或得到的信息来辅助模型的构建。但是，两者之间的差异也是比较明显的：①强化学习没有标签值，只有从系统的反馈中获得的奖励值；②这种奖励既不是已知的，也不一定能在系统状态改变后立即得到，而是具有延时性的；③强化学习中的反馈信息不是确定性的，智能体的行动决定了它接下来接收到的反馈信息。

为了便于理解强化学习的概念，这里引用吴恩达教授在他介绍强化学习的专题论文中采用的一个无人机控制的例子来进行说明（Ng，2003）。如图2.13所示，假设一个这样的无人直升机，那么应该如何设计一个自动控制程序能让它很好地完成在空中正常飞行的任务？

这项任务刻画出人工智能和控制中的一个基础问题，那就是在随机系统中进行序列决策。首先，飞行中的直升机是随机系统一个很好的例子，因为它展现出的行为是随机且不可预测的，而大风和其他类似的干扰可能导致它的运动偏离预期。其次，直升机的控制是一个序列决策问题，控制直升机需要连续地决策向着哪个方向推操纵杆。两者共同构成了一个复杂的问题，如何在一个系统中通过决策执行动作并获得反馈，再根据反馈信息调整动作的选择，这就是强化学习所要解决的问题。比起那些只需要针对一个情况及时做出一个正确决策的问题，本问题展现出了所谓的延迟后果（delayed consequences）性质，使得解决问题的难度大大增加。所谓延迟后果，就是说直升机的自动控制器的水平好坏是根据它的长期表现来决定的，假设它现在做出了一个错误的操作，直升机并不会马上坠毁，可能依然能够飞行很多秒。导致直升机控制问题难度增大的另一个方面是它的局部可观测性。具体来说，就是不能够精确地观测到直升机的位置或状态。但是，即便是面对系统状态的不确定性，仍然在每一秒都需要计算出正确的控制指令，使得直升机能够在空中正常飞行。

在这个例子中，可以得到强化学习最基本的几个要素。强化学习是通过智能体和环境交互的过程进行学习的一种方法，这里的智能体就是无人直升机，而环境就是人们生活的室外环境。一个标准的强化学习系统由4个基本部分组成：状态S、动作A、状态转移概率P和奖励信号R。可以用一张图来描述整个交互过程，见图2.14。

图 2.13　加州大学伯克利分校的无人直升机（Ng, 2003）

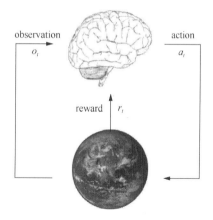

图 2.14　强化学习的交互过程（Silver, 2015）

observation: 观测值。action: 动作。reward: 奖励值

从图 2.14 中可以观察到，在每个时间节点 t，智能体都会从候选动作集 A 中选择一个动作 a 并执行，而环境则会通过智能体执行的动作返回给它不同的反馈值 R，并且给它一个代表状态的观测值 O，那么此时智能体所处的状态也发生了变化，这一变化是由一个潜在的状态转移函数 P 控制的。整个交互过程会随着时间持续下去直到某些情况下才会终止。在上面的例子中，无人直升机的位置或是否正常飞行可以看作不同的状态，而它的各种飞行动作可以看作不同的动作 a。如果飞机保持良好的飞行状态，就可以给它好的奖励值 R。在执行了不同的动作后，飞机就会在不同的飞行状态之间切换。如果在飞行的过程中，选取了错误的动作导致飞机坠毁，则整个交互过程终止，飞机也会收获一个差的奖励值。强化学习通常可以采用马尔可夫决策过程（Markov decision process, MDP）进行描述，表示为一个四元组 $E = \langle S, A, P, R \rangle$，其中 S 是状态集合，A 是动作集合，$P: S \times A \times S \to [0,1]$ 是状态转移概率，$R: S \times A \times S \to \mathbb{R}$ 是奖励，整个决策过程和上图的描述大致相同。状态的转移过程构成了一个马尔可夫链，整个过程遵循马尔可夫性质："当一个随机过程在给定现在状态及所有过去状态情况下，其未来状态的条件概率分布仅依赖于当前状态。"换句话说，在给定现在状态时，它与过去状态（即该过程的历史路径）是条件独立的，那么此随机过程即具有马尔可夫性质。在强化学习的任务中这代表智能体在下一时刻的状态仅取决于它当前所处的状态和在当前状态下做出的动作。

在整个强化学习的过程中，奖励往往具有稀疏性和延时性，即可能奖励只在到达终止状态时才会存在，而在漫长的过程中是得不到任何奖励的。这样就会带来一个问题，在到达终止状态前所做的所有动作中，有哪些动作会对最终获得的奖励产生影响，且影响的程度是多少，这些都是未知的，这被称为信用分配问题（credit assignment problem）。另一个问题是关于策略改进的，在已有当前模型的情况下，如何选择下一步的行动才对完善当前的模型最有利。这涉及强化中的两个非常重要的概念：探索（exploration）和利用（exploitation）。探索是指选择之前未执行过的动作，从而探索更多的可能性；利用是指选择已执行过的动作，从而对已知动作的模型进行完善。一个标准的强化学习算法必然要包括探索和利用，探索帮助智能体充分了解它的状态空间，利用则帮助智能体找到最优的动作序列。事实上，这两个选择模式是矛盾的，进行探索就代表着要放弃当前所知的最优动作的选择，意味着可能选择到比当前最优差的情况，而进行利用就代表着可能会错过发现更好动作的机会。但是反过来，两者又是共存的，在一个强化学习过程中，如果仅使用其中一种模式是始终无法完成学习任务的。因此，这两者之间就存在一个使用上的困难，这被称为"探索-利用窘境"（exploration-exploitation dilemma）。只有在学习过程中让两者的实施达到相对平衡的状态，才能获得好的学习效果。一个折中的策略是：在大部分时间都去利用，但同时以一定的概率去探索，这就是探索-利用平衡。

2.6.2　评价标准

了解了整个交互过程后，强化学习任务的目标就很明显了，那就是通过选取恰当的动作使得智能体最终获得的总体奖励值越高越好。那么，怎样才能选取恰当的动作呢？在每一个不同的状态，相同的动作所起到的作用是不同的，因此就要针对状态来决定动作。状态与动作之间存在一个映射关系，也就是一个状态可以对应一个动作，或者对应不同动作的概率（可看作一个分布）。从状态到动作的这样一个过程称为策略（policy），一般用 π 表示。通过选择最好的策略，就能得到最大的奖励。

为了评估策略的好坏，需要引入一些计算奖励的方法。首先给出状态值函数（state value function）和状态-动作值函数（state-action value function）的定义。状态值函数 $V^\pi(s)$ 表示从状态 s 出发，使用策略 π 进行动作选取所获得的累计奖励：

$$V^\pi(s) = \mathbb{E}_\pi\left[\sum_{t=0}^{+\infty}\gamma^t r_{t+1} \mid s_0 = s\right] \tag{2.87}$$

状态-动作值函数表示从状态 s 出发，采取动作 a 之后再使用策略 π 进行动作选取所获得的累计奖励：

$$Q^\pi(s,a) = \mathbb{E}_\pi\left[\sum_{t=0}^{+\infty}\gamma^t r_{t+1} \mid s_0 = s, a_0 = a\right] \tag{2.88}$$

上面式中的 $\gamma \in [0,1)$ 是一个阻尼系数，控制越靠后的奖励信号对当前的累计奖励值影响越小，这一特性被称为折扣奖励（discount reward）。依据马尔可夫性质，在有模型学习（model-based learning），即模型中包含的四元组均为已知的情况下，可以将值函数进行全概率展开以获得值函数的递归形式：

$$V^\pi(s) = \sum_{a\in A}\pi(s,a)\sum_{s'\in S}P^a_{s\to s'}\left(R^a_{s\to s'} + \gamma V^\pi(s')\right) \tag{2.89}$$

这种递归等式被称为 Bellman 等式（Bellman expectation equation）。利用这个等式，就可以从初始值出发，通过一次次迭代计算出每个状态的累计奖励。通过状态值函数也可以得到状态-动作值函数：

$$Q^\pi(s,a) = \sum_{s'\in S}P^a_{s\to s'}\left(R^a_{s\to s'} + \gamma V^\pi(s')\right) \tag{2.90}$$

通过计算不同策略的累计奖励值，自然就可以对策略进行评估。一个理想的策略应该可以最大化累计奖励：

$$\pi^* = \underset{\pi}{\arg\max}\sum_{s\in S}V^\pi(s) \tag{2.91}$$

如果当前所评估的策略并不是最优的策略，那么可以通过对前面的 Bellman 等式进行修改，将求和运算改为取最大值运算，即可得到最优状态值函数：

$$V^*(s) = \max_{a\in A}\sum_{s'\in S}P^a_{s\to s'}\left(R^a_{s\to s'} + \gamma V^{\pi^*}(s')\right) \tag{2.92}$$

那么也可以得到最优的状态-动作值函数：

$$Q^*(s,a) = \sum_{s' \in S} P_{s \to s'}^a \left(R_{s \to s'}^a + \gamma \max_{a' \in A} Q^*(s',a') \right) \qquad (2.93)$$

经过修改后的关于最优值函数的等式被称为最优 Bellman 等式（Bellman optimality equation）。由于值函数对于策略的每一点都是单调递增的，因此可以将当前策略修改为

$$\pi'(s) = \underset{a \in A}{\operatorname{argmax}}\, Q^\pi(s,a) \qquad (2.94)$$

最后，直到 π' 不再发生变化，就说明当前的策略满足了最优 Bellman 等式，即为最优策略。

2.6.3 常用方法

2.6.3.1 基于值函数的方法

以上对于最优值函数的推导都是建立在有模型的状态下的，在现实的强化学习任务中，环境转移概率 P 和奖励函数 R 往往很难获得，有时连全部状态的获取都存在困难，这种情况下的强化学习方法被称为无模型学习（model-free learning）。相比于有模型学习，无模型学习中未知项的增加大大提升了学习的难度，由于缺少转移概率 P 而无法进行全概率展开，导致原有的策略评估手段失效，因此需要有新的学习方法来解决这一问题。

首先提出的是蒙特卡罗强化学习方法（Thrun, 2000），这种方法利用了采样的思想，在环境中不断执行模型选择的动作，就可以得到由动作、转移的状态和得到的奖励构成的序列片段（episode）。反复执行新的动作就可以得到多条序列片段，每一条序列片段都可以视为一个采样，通过对多条采样求平均累计奖励的方式来近似期望累计奖励，就可以完成策略的学习。在给定起始状态的情况下，使用某种策略进行采样，在执行 T 步后可以获得如下序列片段：

$$\langle s_0, a_0, r_1, s_1, a_1, r_2, \cdots, s_{T-1}, a_{T-1}, r_T, s_T \rangle \qquad (2.95)$$

在得到序列片段后，需要对序列片段中的每一对状态-动作分别记录其后的奖励之和并取平均值，作为该状态-动作对的一次累计奖励采样值。在之前提到的值函数中计算累计奖励的方法都是使用一个折扣因子 γ 对之后状态产生的奖励进行削减，再将得到的所有奖励叠加，称为 γ 折扣累计奖励。在蒙特卡罗方法中使用的这种计算累计奖励的方法称为 T 步累计奖励。在经历了多次采样后，计算每一对状态-动作的累计奖励采样平均值，作为对状态-动作值函数的估计。

既然是以计算平均值的方式作为对累计奖励的期望的估计，那么得到良好估计的一个简单方式就是增加采样次数，获得多条序列片段，这样取得的平均估计更接近真实情况。然而这里存在一个问题，就是在采样的过程中，采取的策略有可能是确定性的，即对于某个状态仅可能输出一个动作，这样的话多次采样所得到的序列片段也都会是相同的，采用这些序列计算得到的平均值没有任何意义，不能作为期望的一个很好的估计。这就相当于在强化学习的两种动作选取模式中，仅仅使用了开发模式，得到的都是相同的结果。此时就需要使用一种随机策略来代替确定性策略。随机策略是探索-利用平衡的一种表现形式，这里首先介绍一种最简单的随机策略方法，称为 ϵ-贪心法。ϵ-贪心法基于一个概率来对探索和利用进行折中：在每次进行动作选取时，以 ϵ 的概率进行探索，即以均匀概率随机选取一个当前状态下可行的动作；以 $1-\epsilon$ 的概率进行利用，即选择当前最优的动作。这里将确定性的策略 π 称为原始策略，在原始策略上使用 ϵ-贪心法得到的随机策略表示为

$$\pi^{\epsilon}(s) = \begin{cases} \text{以} 1-\epsilon \text{的概率选取动作} \pi(s) \\ \text{以} \epsilon \text{的概率从} A(s) \text{中按均匀概率选取动作} a \end{cases} \tag{2.96}$$

实际上，在以 ϵ 的概率进行探索时，也可能选取到当前最优的动作。因此在采样过程的每一步中，最优动作被选中的概率实际上是 $1-\epsilon+\dfrac{\epsilon}{|A(s)|}$，而其他动作被选取的概率都是 $\dfrac{\epsilon}{|A(s)|}$。

在使用蒙特卡罗方法进行策略评估后，可以采用 2.6.2 节所介绍的方法进行策略改进，即选取使得 $Q^{\pi}(s,a)$ 取值最大的动作 a 来改进当前的策略 $\pi(s)$。如果在策略评估和策略改进时使用的都是同一种策略（如均使用 π^{ϵ}），这种方法被称为是同策略（on-policy）的；如果策略评估和策略改进使用的是不同的策略（如评估时使用 π^{ϵ} 而改进的是 π），这种方法就被称为是异策略（off-policy）的。在产生采样序列的时候，需要随机性的算法来得到不同的序列片段以进行策略评估，而最终学习到的策略只需要在某个状态给出确定的动作选择。因此，异策略的方法可以直接得到最终的确定性策略，在实际应用中使用得更为广泛。

虽然蒙特卡罗方法解决了模型未知给策略估计造成的困难，但是由于它需要在每个完整的采样序列完成之后才能进行更新，其效率大大降低了。因此，一种增量更新方法的提出取代了蒙特卡罗方法，这就是时序差分（temporal difference）学习。这种方法将动态规划的思想同蒙特卡罗方法的思想结合，不需要得到完整的采样序列，而是在采样的每一个动作完成后即可进行增量式的更新。假设采样的序列为 $\langle s_0, a_0, r_1, s_1, a_1, r_2, \cdots \rangle$，在第 t 个采样完成后已经估计出值函数 $Q_t^{\pi}(s,a)$，在 $t+1$ 时刻，由增量求和可以得到状态-动作值函数：

$$Q_{t+1}^{\pi}(s,a) = Q_t^{\pi}(s,a) + \alpha\left(R_{s\to s'}^{a} + \gamma Q_t^{\pi}(s',a') - Q_t^{\pi}(s,a)\right) \tag{2.97}$$

式中，s' 是在状态 s 下选择动作 a 得到的下一个状态；a' 是在状态 s' 下当前策略所选择的动作。依照这一公式进行值函数的估计，并在每一步后用其最大值对应的动作对策略进行修改，就可以得到著名的 Q 学习算法（Watkins et al., 1992）。这是一种异策略的算法，该算法执行的是 ϵ-贪心策略 π^{ϵ}，但评估和改进的是原始策略 π。算法的伪代码如下（周志华，2016）。

算法 2.8　Q 学习算法

输入：环境 E，动作空间 A，起始状态 s_0，折扣因子 γ，更新步长 α

输出：策略 π

1　　$Q(s,a) = 0$, $\pi(s,a) = \dfrac{1}{|A(s)|}$

2　　$s = s_0$

3　　**for** $t = 1, 2, \cdots$ **do**

4　　　　r, s'：在 E 中执行 $\pi^{\epsilon}(s)$ 产生的奖励与转移的状态

5　　　　$a' = \pi(s')$

6　　　　$Q(s,a) = Q(s,a) + \alpha\left(r + \gamma Q(s',a') - Q(s,a)\right)$

7　　　　$\pi(s) = \underset{a}{\text{argmax}}\, Q(s,a'')$

8　　　　$s \leftarrow, a \leftarrow a'$

9　　**end for**

在以上的介绍中一直隐含着一种假设，即假设强化学习的任务是在离散的、有限的状态空间进行的。此时，每个状态都可以用一个编号进行标识，值函数可以视为关于有限状态的表格值函数，可以以构建一张表格的方式为每个状态设置一个对应的位置，更改某一个状态上的值并不会影响到其他状态上的值。然而实际上，在现实的强化学习任务中状态空间往往是连续的，具有无穷多个状态。在这种情况下就无法采用构建表格的方式对值函数进行学习。一种有效的解决方案是直接对值函数进行学习，假定值函数是由参数控制的，对于每种状态输入都可以得到一个输出值作为函数真实值的近似，这种求解值函数的方法被称为值函数近似（value function approximation）。

为便于理解，考虑一个简单的情况，即值函数可以表达为状态的线性函数（Busoniu et al., 2010）：

$$V_\theta(s) = \theta^{\mathrm{T}} s \qquad (2.98)$$

式中，s 为状态向量；θ 为参数向量。为了使学习到的值函数尽可能接近真实的值函数 V^π，需要使两者之间的差异最小化。误差通常采用均方误差来度量：

$$E_\theta = \mathbb{E}_{s \sim \pi}\left[\left(V^\pi(s) - V_\theta(s)\right)^2\right] \qquad (2.99)$$

式中，$\mathbb{E}_{s \sim \pi}$ 表示由策略 π 采样而得的状态上的期望。为使误差最小化，采用梯度下降法对误差求负导数：

$$\begin{aligned}
-\frac{\partial E_\theta}{\partial \theta} &= \mathbb{E}_{s \sim \pi}\left[2\left(V^\pi(s) - V_\theta(s)\right)\frac{\partial V_\theta(s)}{\partial \theta}\right] \\
&= \mathbb{E}_{s \sim \pi}\left[2\left(V^\pi(s) - V_\theta(s)\right)s\right]
\end{aligned} \qquad (2.100)$$

这样就可以得到对于单个样本的参数更新规则：

$$\theta = \theta + \alpha\left(V^\pi(s) - V_\theta(s)\right)s \qquad (2.101)$$

由于真实的值函数 V^π 是未知的，这里可以采用时序差分学习的方法，依据 $V^\pi(s) = r + \gamma V^\pi(s')$，用当前估计的值函数代替真实的值函数可以得到

$$\theta = \theta + \alpha\left(r + \gamma V_\theta(s') - V_\theta(s)\right)s = \theta + \alpha\left(r + \gamma\theta^{\mathrm{T}}s' - \theta^{\mathrm{T}}s\right)s \qquad (2.102)$$

需要注意的一点是，时序差分算法需要使用状态-动作值函数来获取策略，而上式中使用的是状态值函数。这一问题仅需要对函数的输入向量做一个微小的改变即可解决，将原来仅包含状态向量的输入替换为由状态和动作联合表示的向量。例如在输入向量上增加一个维度用于存放动作的编号，这样经过学习就可以得到状态-动作值函数的近似。

2.6.3.2 基于策略搜索的方法

基于值函数的强化学习方法的思想是通过计算每一个状态-动作对的期望累计奖励值，并选取其中最大值所对应的动作作为策略。对于策略更新，这是一种间接的更新方法，依靠值函数进行评估完成对策略的优化。更为直接的方法是通过参数化策略，将策略表示为 $\pi_\theta(s, a) = P(a \,|\, s, \theta)$，直接输出对应动作的概率。在这种情况下可以使用神经网络进行参数学习，采用梯度下降法更新网络，最终达到收敛从而得到最优的策略。这种方法被称为策略搜索（policy search）算法。

与基于值函数的方法相比，策略搜索算法有以下几个优点：①策略搜索算法可以学习到随机的策略，对于确定状态下的每一个动作选取都以概率进行表示，而基于值函数的方法学

习到的策略本质上都是确定性的策略；②在高维空间或连续行为的空间中，策略搜索算法更加高效，基于值函数的方法得到的策略本质上是从状态空间到有限动作空间的映射，而策略搜索算法可以应对动作集合是无穷的状态；③相比于用值函数进行参数化，直接参数化的策略搜索算法的收敛性更好。同样的，策略搜索算法也存在着一些问题。首先，算法通常会收敛到一个局部最优解而不是全局最优解；其次，采用这种方法来评估一个策略通常十分低效，且方差很高。

下面介绍策略搜索算法中最简单的一种算法，称为策略梯度（policy gradient）算法。该算法利用了蒙特卡罗方法的思想，采用抽样序列的平均值来估计累计奖励的期望值。给定一个采样片段 $\langle s_0, a_0, r_1, s_1, a_1, r_2, \cdots, s_{T-1}, a_{T-1}, r_T, s_T \rangle$，强化学习的目标函数表示为

$$J(\theta) = \sum_{s \in S} d_{\pi_\theta}(s) \sum_{a \in A} \pi_\theta(s,a) R_{s \to s'}^a \tag{2.103}$$

式中，$d_{\pi_\theta}(s)$ 是策略 π_θ 的马尔可夫链的平稳分布，也就是在应用策略 π_θ 的情况下达到的平稳分布。

通常使用梯度下降法通过最大化 $J(\theta)$ 得到 θ 的取值，定义策略梯度为

$$\nabla_\theta J(\theta) = \begin{pmatrix} \dfrac{\partial J(\theta)}{\partial \theta_1} \\ \vdots \\ \dfrac{\partial J(\theta)}{\partial \theta_n} \end{pmatrix} \tag{2.104}$$

假设策略 π_θ 在值为 0 时可微，并且已知梯度 $\nabla_\theta \pi_\theta(s,a)$，则可以定义 $\nabla_\theta \log \pi_\theta(s,a)$ 为得分函数（score function），两者之间的关系如下：

$$\nabla_\theta \pi_\theta(s,a) = \nabla_\theta \pi_\theta(s,a) \frac{\nabla_\theta \pi_\theta(s,a)}{\pi_\theta(s,a)} = \pi_\theta(s,a) \nabla_\theta \log \pi_\theta(s,a) \tag{2.105}$$

接下来考虑单步情况，从状态 s 到 s' 获得的奖励 $r = R_{s \to s'}$，选择动作 a 获得的奖励为 $\pi_\theta(s,a) R_{s \to s'}^a$。从而应用策略 π_θ 可以获得的期望奖励及其梯度为

$$J(\theta) = \mathbb{E}_{\pi_\theta}[r] = \sum_{s \in S} d(s) \sum_{a \in A} \pi_\theta(s,a) R_{s,a} \tag{2.106}$$

$$\nabla_\theta J(\theta) \sum_{s \in S} d(s) \sum_{a \in A} \pi_\theta(s,a) \nabla_\theta \log \pi_\theta(s,a) R_{s,a} = \mathbb{E}_{\pi_\theta}[\nabla_\theta \log \pi_\theta(s,a) r] \tag{2.107}$$

推广到多步情况时，可以用 $Q^\pi(s,a)$ 来代替奖励值 r。对于任意可微函数，策略梯度为

$$\nabla_\theta J(\theta) = \mathbb{E}_{\pi_\theta}\left[\nabla_\theta \log \pi_\theta(s,a) Q^{\pi_\theta}(s,a)\right] \tag{2.108}$$

算法采用了蒙特卡罗的思想，利用采样序列片段的平均值 v_t 作为 $Q^{\pi_\theta}(s,a)$ 的无偏估计，此时：

$$\nabla \theta_t = \alpha \nabla_\theta \log_{\pi_\theta}(s_t, a_t) v_t \tag{2.109}$$

则参数的更新公式为

$$\theta_{\text{new}} = \theta_{\text{old}} + \alpha \nabla_\theta \log_{\pi_\theta}(s_t, a_t) v_t \tag{2.110}$$

最终得到的这种策略梯度方法称为 REINFORCE 算法（Williams, 1992），其伪代码如下。

算法 2.9　REINFORCE 算法

输入：环境 E，动作空间 A，更新步长 α

输出：策略参数 θ

1　　随机初始化参数 θ

2　　**for** 每个序列片段 $\{s_1,a_1,r_2,\ldots,s_{T-1},a_{T-1},r_T\} \sim \pi_\theta$ **do**

3　　　　**for** $t=1,2,\cdots,T-1$ **do**

4　　　　　　$\theta \leftarrow \theta + \alpha\nabla_\theta\log\pi_\theta(s_t,a_t)v_t$

5　　　　**end for**

6　　**end for**

REINFORCE 算法虽然收敛十分迅速，但是它的方差较高。为了改进这一缺点，采用值函数估计的方法来代替 v_t 作为对 $Q^{\pi_\theta}(s,a)$ 的估计，表示为 $Q_w(s,a)$。将这一部分称为评论家（critic），其参数为 w，而选取动作的策略梯度部分称为行动者（actor），参数为 θ。两者共同构成了 AC 算法。

AC 算法结合了值函数估计方法（评论家）和策略估计方法（行动者）的优点，行动者基于概率来选择行为，评论家对行动者选择的行为进行评估并打分，之后行动者再根据评论家的评分修改行为被选择的概率。相比于使用蒙特卡罗思想的 REINFORCE 算法需要等到一整条采样序列完成才能进行更新，AC 算法采用了时序差分的思想，可以进行单步更新，因此算法的速度更快。

若假设状态-动作值函数 $Q_w(s,a)$ 是用线性函数来近似的，即 $Q_w(s,a)=\phi(s,a)^\mathrm{T}w$。AC 算法的流程可以由以下伪代码表示。

算法 2.10　actor-critic 算法

输入：环境 E，动作空间 A，起始状态 s_0，更新步长 α

输出：策略参数 θ，值函数参数 w

1　　随机初始化 θ

2　　根据策略 π_θ 选取动作 a

3　　**for** $t=1,2,\cdots$ **do**

4　　　　$r,s'=$ 在 E 中执行动作 a 产生的奖励与转移的状态

5　　　　$a'=\pi_\theta(s',a')$

6　　　　$\delta = r+\gamma Q_w(s',a')-Q_w(s,a)$

7　　　　$\theta = \theta + \alpha\nabla_\theta\log\pi_\theta(s,a)Q_w(s,a)$

8　　　　$w \leftarrow w + \beta\delta\phi(s,a)$

9　　　　$a \leftarrow a', s \leftarrow s'$

10　　**end for**

此外，还有一个方法可以进一步降低策略梯度算法的方差。将策略梯度减去一个基线函数 $B(s)$，就可以在不改变期望的情况下达到降低方差的目的。下面首先证明减去一个基线函数不会改变原本的期望值：

$$\mathbb{E}_{\pi_\theta}\Big[\nabla_\theta \log \pi_\theta\left(s,a\right)B(s)\Big] = \sum_{s\in S}d^{\pi_\theta}\left(s\right)\sum_a \nabla_\theta \pi_\theta\left(s,a\right)B(s)$$

$$= \sum_{s\in S}d^{\pi_\theta}\left(s\right)B(s)\nabla_\theta\sum_{a\in A}\pi_\theta\left(s,a\right) = 0 \qquad (2.111)$$

由于对基线函数的策略梯度求期望的值为 0，因此原本的期望值不变。一个好的基线函数选取是选择状态价值函数 $V^{\pi_\theta}(s)$，这样原本的状态-动作价值梯度函数就转变为优势函数（advantage function）$A^{\pi_\theta}\left(s,a\right)$：

$$A^{\pi_\theta}\left(s,a\right) = Q^{\pi_\theta}\left(s,a\right) - V^{\pi_\theta}(s) \qquad (2.112)$$

策略梯度变为

$$\nabla_\theta J\left(\theta\right) = \mathbb{E}_{\pi_\theta}\Big[\nabla_\theta \log \pi_\theta\left(s,a\right)A^{\pi_\theta}(s,a)\Big] \qquad (2.113)$$

在采用时序差分算法时，利用了 Bellman 等式来近似真实的状态价值函数 $V^{\pi_\theta}(s)$，两者之间存在的误差 $\delta^{\pi_\theta} = r + \gamma V^{\pi_\theta}\left(s'\right) - V^{\pi_\theta}(s)$。这一误差是优势函数的无偏估计，因此可以采用该误差进行策略梯度的计算：

$$\nabla_\theta J\left(\theta\right) = \mathbb{E}_{\pi_\theta}\Big[\nabla_\theta \log \pi_\theta\left(s,a\right)\delta^{\pi_\theta}\Big] \qquad (2.114)$$

图 2.15 展示了 AC 算法的工作流程。从初始状态出发，首先由行动者模块通过策略梯度算法选择动作，智能体经过与环境交互后得到奖励反馈和下一个状态值，评论家模块接收到状态值和奖励信息并对值函数进行估计，之后利用时序差分算法得到误差作为优势函数的估计值并传送给行动者模块，行动者模块采用这一误差和接收到的下一个状态的信息重新计算在新的状态下应该选取的动作。算法持续运行从而迭代地更新两个模块中的参数值直至收敛，这样就完成了强化学习的任务。

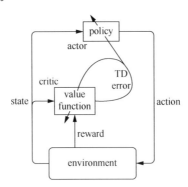

图 2.15　AC 算法工作流程示意图（周沫凡，2017）

policy：策略。actor：行动者。critic：评论家。TD error：时序差分误差。
state：状态。value function：价值函数。action：动作。reward：奖励值。environment：环境。

■2.7　阅读材料

本章对机器学习的基础知识进行了较为全面的介绍。首先整理了机器学习的基本概念，并按照五个不同学派分别回顾了其发展历史；之后简单介绍了生成模型与判别模型之间的联系和区别；最后详细介绍了机器学习三种方法的目标、评价标准以及常用算法。

关于机器学习，有非常多的书籍是专门对这一领域进行介绍的，在此列举部分经典的机器学习教材以供参考。英文著作有：Mitchell（1997）所著的 *Machine Learning*、Bishop（2006）

所著的 *Pattern Recognition and Machine Learning*、Murphy（2012）所著的 *Machine Learning: A Probabilistic Prospective*、Harrington（2012）所著的 *Machine Learning in Action*、Rogers 等（2016）所著的 *A First Course in Machine Learning* 等。中文著作有：李航（2012）所著的《统计学习方法》、周志华（2016）所著的《机器学习》等。

由于其他机器学习书籍中关于强化学习的内容相对较少，因此特别推荐一本由 Sutton 等（2018）所著的 *Reinforcement Learning: An Introduction*，书中对强化学习的内容进行了全面且细致的讲解，对于深入了解和学习强化学习方法有很大帮助。

此外，还有一些著名的网络公开课程。如斯坦福大学的"机器学习"公开课（Ng，2016），卡耐基梅隆大学的"机器学习"公开课（Mitchell，2011），台湾大学的"机器学习基石"公开课（林轩田，2016）等。

参 考 文 献

蓝鲸，2016. 朴素贝叶斯分类和预测算法的原理及实现. (2016-04-01)[2018-05-19]. http://bluewhale.cc/2016-04-01/naive-bayesian.html.

李航，2012. 统计学习方法. 北京：清华大学出版社.

林轩田，2016. 机器学习基石. (2016-07-06)[2018-05-19]. http://c.open.163.com/coursera/courseIntro.htm?cid=938.

王卫卫，李小平，冯象初，等，2015. 稀疏子空间聚类综述. 自动化学报，41（8）：1373-1384.

张宪超，2017. 数据聚类. 北京：科学出版社.

周沫凡，2017. 强化学习 Reinforcement learning: actor critic (TensorFlow). (2017-12-03)[2018-05-19]. https://morvanzhou.github.io/tutorials/machine-learning/reinforcement-learning/6-1-actor-critic/.

周志华，2016. 机器学习. 北京：清华大学出版社.

邹晓艺，2012. 生成模型与判别模型. (2017-11-17)[2018-05-19]. https://blog.csdn.net/zouxy09/article/details/8195017?winzoom=1.

Ackley D H, 1987. Stochastic iterated genetic hillclimbing. Pittsburgh: Carnegie Mellon University.

Ackley D H, Hinton G E, Sejnowski T J, 1985. A learning algorithm for Boltzmann machines. Cognitive Science, 9(1): 147-169.

Aghdam H H, Heravi E J, 2017. Guide to Convolutional Neural Networks: A Practical Application to Traffic-Sign Detection and Classification. Berlin: Springer Publishing Company, Incorporated.

Auer S, Bizer C, Kobilarov G, et al., 2007. Dbpedia: A nucleus for a web of open data. The Semantic Web. Heidelberg Berlin: Springer: 722-735.

Bain A, 1873. Mind and body: the theories of their relation. Landolt-Börnstein - Group III Condensed Matter, 22(3): 347-359.

Bellman R, 1956. Dynamic programming and Lagrange multipliers. National Academy of Sciences, 42(10): 767-769.

Berners-Lee T, 1998. The semantic web road map. [2018-05-19]. http://www.w3.org/DesignIssues/Semantic.html.

Berners-Lee T, 2006. Linked data-design issues. (2017-12-03)[2018-05-19]. http://www.w3.org/DesignIssues/LinkedData.html.

Bishop C M, 2006. Pattern Recognition and Machine Learning. Berlin: Springer.

Breiman L, Friedman J H, Olshen R, et al., 1984. Classification and regression trees. Encyclopedia of Ecology, 40(3): 582-588.

Busoniu L, Babuska R, Schutter B D, et al., 2010. Reinforcement Learning and Dynamic Programming Using Function Approximators. Boca Raton: CRC Press.

Codeforge, 2010. GADEMO2.M.(2010-08-22)[2018-05-19]. http://www.codeforge.com/read/123556/GADEMO2.M__html.

Cortes C, Vapnik V, 1995. Support-vector networks. Machine Learning, 20(3): 273-297.

Dempster A P, Laird N M, Rubin D B, 1977. Maximum likelihood from incomplete data via the EM algorithm. Journal of the Royal Statistical Society, Series B (methodological): 1-38.

Domingos P, 2015. The Master Algorithm: How the Quest for the Ultimate Learning Machine Will Remake Our World. New York: Basic Books.

Duda R O, Hart P E, Stork D G, 1973. Pattern Classification (Vol. 2). New York: Wiley.

Elhamifar E, Vidal R, 2009. Sparse subspace clustering. IEEE Conference on Computer Vision and Pattern Recognition (CVPR'09): 2790-2797.

Feigenbaum E A, 1981. Expert Systems in the 1980s. State of the art report on machine intelligence. Maidenhead: Pergamon-Infotech.

Fix E, Hodges J L, 1951. Discriminatory analysis-nonparametric discrimination: consistency properties. California University Berkeley.

Geman S, Geman D, 1984. Stochastic relaxation, Gibbs distributions, and the Bayesian restoration of images. IEEE Transactions on Pattern Analysis and Machine Intelligence, 6(5/6): 721-741.

Goodman J, Heckerman D, Rounthwaite R, 2005. Stopping spam. Scientific American, 292(4): 42-49.

Harrington P, 2012. Machine Learning in Action (Vol. 5). Greenwich, CT: Manning.

Hebb D O, 1949. The Organization of Behavior: A Neuropsychological Theory. Hove: Psychology Press.

Ho T K, 1995. Random decision forests. IEEE Document analysis and recognition(1): 278-282.

Holland J H, 1975. Adaptation in Natural and Artificial Systems. An Introductory Analysis With Applications to Biology, Control and Artificial Intelligence. Ann Arbor: University of Michigan Press.

Hopfield J J, 1982. Neural networks and physical systems with emergent collective computational abilities. National Academy of Sciences, 79(8): 2554-2558.

Hotelling H, 1933. Analysis of a complex of statistical variables into principal components. Journal of educational psychology, 24(6): 417.

Hume D, 2003. A Treatise of Human Nature. North Chelmsford: Courier Corporation.

Jevons W S, 1958. Principles of science. Daedalus, 87(4): 148-154.

Kohonen T, 1990. The self-organizing map. IEEE, 78(9): 1464-1480.

Kononenko I, 1991. Semi-naive Bayesian classifier. European Working Session on Learning. Heidelberg, Berlin: Springer: 206-219.

Koza J R, 1992. Genetic Programming II, Automatic Discovery of Reusable Subprograms. Cambridge, MA: MIT Press.

LeCun Y, 1985. Une procedure d'apprentissage pour reseau a seuil asymetrique. Cognitiva, 85: 599-604.

LeCun Y, Boser B, Denker J S, et al., 1989. Backpropagation applied to handwritten zip code recognition. Neural Computation, 1(4): 541-551.

Liu G, Lin Z, Yu Y, 2010. Robust subspace segmentation by low-rank representation. International Conference on Machine Learning (ICML'10): 663-670.

Lloyd S, 1982. Least squares quantization in PCM. IEEE Transactions on Information Theory, 28(2): 129-137.

MacQueen J, 1967. Some methods for classification and analysis of multivariate observations. Berkeley Symposium on Mathematical Statistics and Probability, 1(14): 281-297.

Mahajan M, Nimbhorkar P, Varadarajan K, 2009. The planar k-means problem is NP-hard. International Workshop on Algorithms and Computation. Heidelberg, Berlin: Springer: 274-285.

McCulloch W S, Pitts W, 1943. A logical calculus of ideas immanent in nervous activity. Bulletin of Mathematical Biophysics, 5: 115-133.

McGrayne S B, 2011. The Theory That Would not Die: How Bayes' Rule Cracked the Enigma Code, Hunted Down Russian Submarines, & Emerged Triumphant From Two Centuries of Controversy. New Haven: Yale University Press.

Michalski R S, 1969. On the quasi-minimal solution of the general covering problem. Proceedings of the V International Symposium on Information Processing, A3:125-128.

Minski M L, Papert S A, 1969. Perceptrons: an introduction to computational geometry. Cambridge: MIT Press.

Mitchell T M, 1997. Machine Learning. New York: McGraw-Hill Education.

Mitchell T, 2011. Machine learning.(2010-03-23)[2018-05-19]. http://www.cs.cmu.edu/~tom/10701_sp11/.

Muggleton S, Buntine W, 1988. Machine invention of first-order predicates by inverting resolution. Machine Learning Proceedings: 339-352.

Murphy K P, 2012. Machine Learning: A Probabilistic Prospective. London: MIT Press.

Ng A Y, 2003. Shaping and policy search in reinforcement learning. Berkeley: University of California.

Ng A Y, 2016. Machine Learning. (2016-04-13)[2018-05-19]. https://www.coursera.org/learn/machine-learning.

Ng A Y, Jordan M I, Weiss Y, 2002. On spectral clustering: analysis and an algorithm. Neural Information Processing Systems (NIPS'02): 849-856.

Niu X, Sun X, Wang H, et al., 2011. Zhishi.me-weaving chinese linking open data. International Semantic Web Conference. Heidelberg, Berlin: Springer: 205-220.

Parker D B, 1985. Learning-logic: casting the cortex of the human brain in silicon//Technical Report Tr-47, Center for Computational Research in Economics and Management Science. Cambridge: MIT Press.

Pearl J, 1988. Probabilistic Reasoning in Intelligent Systems//Probabilistic Reasoning in Intelligent Systems. San Mateo, CA:Morgan Kaufmann Publishers.

Pluskid, 2010. 支持向量机:Maximum margin classifier. (2010-09-11)[2018-05-19]. http://blog.pluskid.org/?p=632.

Quinlan J R, 1986. Induction of decision trees. Machine learning, 1(1): 81-106.

Quinlan J R, 1992. C4.5: programs for machine learning. Morgan Kaufmann Publishers Inc.

Rabiner L R, 1989. A tutorial on hidden Markov models and selected applications in speech recognition. IEEE, 77(2): 257-286.

Remy M, 2002. Wikipedia: the free encyclopedia. Reference Reviews, 26(16): 5-5.

Resnick P, Iacovou N, Suchak M, et al., 1994. GroupLens: an open architecture for collaborative filtering of netnews. ACM Conference on Computer Supported Cooperative Work: 175-186.

Rogers S, Girolami M, 2016. A First Course in Machine Learning. Boca Raton: CRC Press.

Rosenblatt F, 1958. The perceptron: a probabilistic model for information storage and organization in the brain. Psychological Review, 65(6): 386.

Rumelhart D E, Hinton G E, Williams R J, 1986. Learning representations by back-propagating errors. Nature, 323(6088): 533.

Redis_v, 2016. SVM 核函数的理解和选择. (2016-02-18)[2018-05-19]. http://blog.csdn.net/Leonis_v/article/details/50688766.

Samuel A L, 1959. Some studies in machine learning using the game of checkers. IBM Journal of Research and Development, 3(3): 210-229.

Sebestyen G S, 1962. Decision-Making Processes in Pattern Recognition. New York: ACM Monograph Series.

Shi J, Malik J, 2000. Normalized cuts and image segmentation. IEEE Transactions on Pattern Analysis and Machine Intelligence, 22(8): 888-905.

Silver D, 2015. UCL Course on RL. (2015-08-03)[2018-05-19]. http://www0.cs.ucl.ac.uk/staff/D.Silver/web/Teaching.html.

Simon H A, 1996. The Sciences of the Artificial. Cambridge: MIT Press.

Singhal A,2012. Introducing the knowledge graph: things, not strings.(2012-03-16)[2018-05-19]. https://googleblog.blogspot.com/2012/05/introducing-knowledge-graph-things-not.html.

Smolensky P, 1986. Information processing in dynamical systems: foundations of harmony theory. Technical report, DTIC Document.

Starkweather T, McDaniel S, Mathias K E, et al., 1991. A comparison of genetic sequencing operators. International Computer Games Association (ICGA'91): 69-76.

Sutton R S, Barto A G, 2018. Reinforcement Learning: An Introduction. Cambridge: MIT press.

Thrun S, 2000. Monte Carlo pomdps. Neural Information Processing Systems (NIPS'00): 1064-1070.

Wang Z, Li J, Wang Z, et al., 2013. XLore: a large-scale English-Chinese bilingual knowledge graph. International semantic web conference (Posters & Demos), 1035: 121-124.

Watkins C J, Dayan P, 1992. Q-learning. Machine Learning, 8(3/4): 279-292.

Widrow B, Hoff M E, 1966. Adaptive switching circuits. Ire Wescon Conv. Rec (4).

Williams R J, 1992. Simple statistical gradient-following algorithms for connectionist reinforcement learning//Reinforcement Learning. Boston: Springer, 5-32.

Wu X, Kumar V, Quinlan J R, et al., 2008. Top 10 algorithms in data mining. Knowledge and Information Systems, 14(1): 1-37.

Xu B, Xu Y, Liang J, et al., 2017. CN-DBpedia: A Never-Ending Chinese Knowledge Extraction System. International Conference on Industrial, Engineering and Other Applications of Applied Intelligent Systems, Cham: 428-438.

Zelnik-Manor L, Perona P, 2005. Self-tuning spectral clustering. Neural Information Processing Systems (NIPS'05): 1601-1608.

3

早期神经网络

■3.1 早期研究成果

　　人工神经网络作为产生较早且影响巨大的一个分支,在整个机器学习的发展历程当中起到了十分重要的作用。早期的机器学习研究是与其他领域的研究息息相关的,尤其是生物学和医学等领域的发现对机器学习的研究有很大的启示作用。最初人们想要构造的就是一个参照人类大脑神经网络结构的机器,仿照人的思考模式进行工作。本章的内容是对神经网络的基础知识进行介绍,首先追溯到神经网络的萌芽时期,介绍几种对神经网络的发展影响深远的模型与规则。

3.1.1　神经网络雏形

　　在开始介绍人工神经网络之前,有必要先对生物神经系统中神经元的结构进行了解。图3.1是人脑中一个神经元结构的示意图。神经元由三个部分构成,分别是细胞体、树突和轴突。细胞体中包含细胞核、核糖体等,在这里会进行新陈代谢等各种生化过程,从而给神经元的活动提供能量。树突是神经元接收来自其他神经元信息的入口,轴突是神经元将自身信息传递给其他神经元的出口。在轴突的末端,有细小的分叉状结构用来进行信息传递,称为突触。生物学的研究发现,神经元在进行信息处理与传递时具有几种特点:神经元具有抑制和兴奋两种状态,状态根据细胞膜内外的不同电位差来表征;神经元传递信息的过程中存在一个阈值,只有当接收信息后细胞膜电位发生变化使得它的值超过这个设定的阈值时,神经元才会转换为兴奋状态,并将信息通过轴突继续传递;神经元与轴突具有数字信号和模拟信号的转换功能。

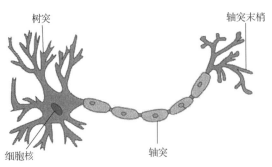

图 3.1　人脑神经元结构示意图

　　人工神经网络的研究起源于人们想要制造一个能够模拟人类大脑神经系统工作方式的计

算机应用，而这一切又建立在对人类自身认知系统功能的研究上。早在公元前，古希腊先贤亚里士多德就提出了联想主义学说，认为在一个有组织的概念元素集合之中，思想是将元素组织起来的关联。这一理论学说后来被哲学家不断地发展壮大，并由 Hartley（2013）完成了推广和补充。他提出的想法是：记忆在大脑的同一区域以小规模波动的形式进行传递，这些波动连接起来可以表现出复杂的思想，因此它们可以被视为意识流的原材料。这一思想为之后的神经网络研究给予了很大的启示。

除此之外，Bain（1873）提出的神经群组概念也是神经网络重要的一个早期模型，而且它对于之后提出的 Hebbian 学习规则（Hebb, 1949）起到了重要的启发作用。Bain 将联想记忆的过程与神经群组活动的分布联系起来，提出了一个建设性的存储模式，可以把需要的内容组装起来，这与包含预存储记忆的传统存储模式存在很大的不同。

为了进一步说明他的构想，Bain 在一些假设的前提下设法描述了一个与今天的神经网络高度相似的结构：个体细胞汇总了来自组内其他被选择进行连接的细胞的激励，如图 3.2 所示。图 3.2 中，a、b、c 代表激励，X、Y、Z 代表细胞的输出。可以看出，a 和 c 的联合激励触发 X，a 和 b 的联合激励触发 Y，b 和 c 的联合激励触发 Z。

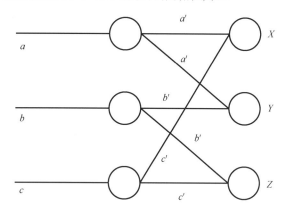

图 3.2　神经群组示意图（Wang et al., 2017）

在确定了这种神经群组的联想结构是如何起到记忆的作用后，Bain 描述了这些结构的构造。他遵循联想主义的方向，提出神经分组的相关影响一定是在一段时间的接触之后产生的，这个接触可以是一次或者多次。后来，Bain 提出了神经群组的计算特点：通过改变介入的细胞质获得的经验，来决定连接是被加强还是被减弱。

Bain 的思想作为之后提出的 Hebbian 学习规则的基石，其实已经包含了其中大部分主要内容。不过令人感到惋惜的是，Bain 最终不但没能坚信自己理论的正确性，反而对神经群组的实用性产生了怀疑。因此，这一重要的学习规则直到 70 多年后才被正式提出。

3.1.2　MCP 神经元模型

神经学家 McCulloch 和数学家 Pitts 于 1943 年制作了世界上第一个神经元模型，称为 MCP 神经元模型（McCulloch et al., 1943），这个名字是由这两位学者的名字缩写构成的。此外，它还被称为线性阈值模型（linear threshold model）。MCP 神经元模型的提出相当早，不仅仅比重要的 Hebbian 学习规则的诞生早了 6 年，甚至比世界上第一台电子计算机的发明都要早。这一模型包括多个输入参数和权值、内积运算、二值激活函数等人工神经网络的基础要素，通过拓展，可以从 MCP 神经元模型得到如今常用的全连接结构。

在介绍模型之前，首先需要对神经元模型中使用的符号做一个规范。到目前为止，在神经网络领域的研究中并没有一个被大家广泛认可的标准符号表示，在本章中，所有关于神经网络结构的图和表达形式均以 Hagan 等（1996）的神经网络的经典著作 *Neural Network Design* 为参考，力求做到标准规范。这里先介绍单个神经元涉及的符号，在后续的小节中会对多层网络的表示加以补充。神经元的输入用一个 R 维的列向量 x 表示，$x = (x_1, x_2, \cdots, x_R)$，输入的每一个维度对应着一个权值（weight）$w_i$，所有权值构成向量 $w = (w_1, w_2, \cdots, w_R)$。神经元有一个偏置项（bias）$b$，这一偏置项与 $w^T x$ 构成的加权求和项叠加共同构成了网络的净输入（net input）$n = w_1 x_1 + w_2 x_2 + \cdots + w_R x_R + b$。这一净输入在经过激活函数（activation function）f 的作用后得到标量 y，即为神经元的输出，总体表示为 $y = f(w^T x + b)$。这里使用的激活函数是最简单的单位阶跃函数，又称为硬限值（hard limit）传输函数，其输入和输出关系可以表达为

$$y = \begin{cases} 1, & n \geqslant 0 \\ 0, & n < 0 \end{cases} \tag{3.1}$$

一个简单的多输入神经元的运算步骤就可以用从输入 x 计算得到输出 y 的过程来描述，具体表示为

$$y = \begin{cases} 1, & \sum_{i=1}^{R} w_i x_i \geqslant -b \\ 0, & \sum_{i=1}^{R} w_i x_i < -b \end{cases} \tag{3.2}$$

多输入神经元的结构可以表示成图 3.3 的样式。

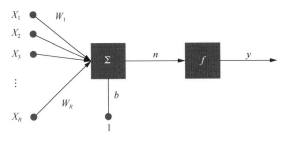

图 3.3　多输入神经元结构

在图 3.3 中，每个维度的 x_i 所对应的权值 w_i 构成向量 w。在实际问题的处理中，偏置项 b 可以被视为是权值向量的一项，表示为 w_{R+1}。此时，需要在输入向量中也增加一个维度，使其默认值为 1，这样就可以将加权求和输入的整体表示为 $w^T x$，这是一种更为简洁的表示方法。

现在回到 MCP 模型的讨论中来，McCulloch 和 Pitts 在之前的研究基础上，对神经元的内部工作机制进行推测，并用一个电路对原始的神经网络进行建模，所得到的模型就是 MCP 神经元模型，它是一个对输入数据线性加权的线性阶跃函数，可以被描述为

$$y = \begin{cases} 1, & \sum_{i=1}^{R} w_i x_i \geqslant -b \text{且对于所有} i, z_i = 0 \\ 0, & \text{其他情况} \end{cases} \tag{3.3}$$

仔细观察，这一函数与上面普通的多输入神经元的表示十分相似，其不同点就在于 MCP 模型中引入了一个抑制性输入 z 的概念，在上式中表现为 z_i，其取值范围为 $\{0,1\}$。对于输入的每一个维度，都可以通过改变 z_i 的取值来决定是否抑制这一维度的输入活性。如果 $z_i = 0$，则输入正常；$z_i = 1$ 则表示被抑制。通过这一抑制性输入可以实现仅改变其中一个维度的输入信号就能将输出调整为 0，在生物学中可以类比为神经元中的一个树突接收到了抑制性的信号导致神经元未被激活。

MCP 神经元模型作为最早的神经元模型，不仅借鉴了许多其他领域的思想，同时也有着开创性的设计思维。该模型最初是作为一个电路而设计的，早期的很多神经网络模型都借鉴了电路设计的思想，比如之后诞生的 Hopfield 网络也是作为电路模型设计的。比较独特的一点是，MCP 神经元模型中的抑制性输入在后来的网络中几乎不再出现，而目前也没有研究表明这一超常规的思维是否会在今天的网络模型中起到特殊的效果。

在当时看来，MCP 神经元模型是一项突破性的设计，它的出现给之后的神经网络研究打下了良好的基础。但是如今回顾这一模型，可以发现其中也包含着一些不足之处。首先，MCP 神经元模型中的权值都是固定的，全部需要通过手工计算在初始时刻就设置好，不能进行自适应的调整；其次，它没有考虑神经元动作的相对时间，仅仅将输入与输出设计为一种简单的映射关系，这与真实的神经元反应其实是不符的。

3.1.3 Hebbian 学习规则

Hebb 在他于 1949 年所著的 *The Organization of Behavior*：*A Neuropsychological Theory* 一书中提出了一项著名的学习规则，被称为 Hebbian 学习规则（Hebb, 1949）。这项研究成果为神经网络之后的发展起到极其重要的奠基作用，因为这项研究成果，Hebb 被视为神经网络之父（Didier et al., 2011）。

Hebbian 学习规则是一个无监督的学习规则，这种学习的结果是使网络能够提取训练集的统计特性，从而把输入信息按照它们的相似性程度划分为若干类。这一点与人类观察和认识世界的过程非常吻合，人类观察和认识世界在一定程度上就是在根据事物的统计特征进行分类。Hebbian 学习规则的机理与"条件反射"行为一致，这一论断已经得到了神经细胞学说的证实。比如巴甫洛夫的条件反射实验：每次给狗喂食前都先响铃，时间一长，狗就会将铃声和食物联系起来。以后如果响铃但是不给食物，狗也会流口水。这就是受到了刺激之后因为联系产生的条件反射行为，Hebbian 学习规则也是一样，通过刺激来提高两个产生刺激信号的神经元的传递效率。

在 *The Organization of Behavior*：*A Neuropsychological Theory* 这本书中，Hebb 提出了他的著名理论"同时工作的神经元，应该是被连接在一起的"（cells that fire together, wire together），这句话强调了同时工作的神经元间的激活行为。他在书中更加明确地指出："当神经元 A 的轴突足以接近以激发神经元 B，并反复持续地对神经元 B 放电，一些生长过程或代谢变化将发生在这两个神经元中的某一个或两个内，以致 A 作为能使 B 兴奋的神经元之一，且它们之间电信号传递的效率增加。"通俗来讲，就是轴突前神经元向轴突后神经元的持续重复的刺激可以导致突触传递效能的增加。用现代机器学习语言可以将 Hebbian 学习规则重写如下：

$$\Delta w_i = \eta x_i y \tag{3.4}$$

式中，Δw_i 是神经元 i 的突触的权值变化；x_i 是神经元 i 的输入信号；y 表示突触后面产生的响应；η 表示学习率。从公式（3.4）可以看出，权值的变化量与输入和输出的乘积成正比。

换句话说，Hebbian 学习规则说明了两个神经元间的连接会随着两个神经元同时出现的频率的增加而增强，那么经常出现的神经元就会对权值产生更大的影响。这样的话，Hebbian 学习规则一个很明显的不足就显现出来了，即如果输入和输出的正负始终一致的话，那么权值将持续不断地呈指数形式增长，这一缺点被视为 Hebbian 学习规则的不稳定性（Principe et al., 1999）。如果没有预先设定一个权值的最大约束，则易产生权值无限增长的情况。

Oja（1982）对 Hebbian 学习规则做了补充以消除它不稳定的特点。与此同时，他还提出如果遵循这个更新规则，一个神经元会和 PCA 表现出相近的行为。首先，为了纠正 Hebbian 学习规则，Oja 引入了一个正则项，将公式（3.4）改写成如下形式：

$$w_i^{t+1} = w_i^t + \eta x_i y \tag{3.5}$$

式中，t 代表迭代次数。避免权值激增的一种直接方式就是在每次迭代后采用归一化的方法处理数据，即

$$w_i^{t+1} = \frac{w_i^t + \eta x_i y}{\left(\sum_{i=1}^n (w_i^t + \eta x_i y)^2 \right)^{\frac{1}{2}}} \tag{3.6}$$

这里的 n 代表神经元的数量。公式（3.6）可以进一步扩展成如下形式：

$$w_i^{t+1} = \frac{w_i^t}{Z} + \eta \left(\frac{y x_i}{Z} + \frac{w_i \sum_j^n y x_j w_j}{Z^3} \right) + O(\eta^2) \tag{3.7}$$

式中，$Z = \left(\sum_i^n w_i^2 \right)^{\frac{1}{2}}$；$O(\eta^2)$ 表示复杂度。

此外，Oja 还引入了两个假设：①η 是很小的，因此 $O(\eta^2)$ 近似等于 0；②权值会被归一化，因此 $Z = \left(\sum_i^n w_i^2 \right)^{\frac{1}{2}} = 1$。将这两个假设带入公式（3.7），Oja 的规则可以表示成如下形式：

$$w_i^{t+1} = w_i^t + \eta y \left(x_i - y w_i^t \right) \tag{3.8}$$

按照这种规则更新神经元的过程就是对数据进行有效的主成分分析处理的过程。为了说明这一点，Oja 首先在这两个假设条件下将公式（3.8）修改成如下形式：

$$\frac{\mathrm{d}}{\mathrm{d}(t)} w_i^t = C w_i^t - \left((w_i^t)^{\mathrm{T}} C w_i^t \right) w_i^t \tag{3.9}$$

式中，C 是输入矩阵 X 的协方差。而后，在另一个研究中，Oja 等继续说明了与这个性质有关的许多结论（Oja et al., 1985），并根据以下事实与 PCA 产生关联：PCA 的分量就是特征向量，并且第一分量就是协方差矩阵的最大特征值所对应的特征向量。可以用一个简单的解释来说明这个性质：当最大化公式（3.8）时，C 的特征向量就是所求的解。由于 w_i^t 就是 X 协方差矩阵的特征向量，可以将 w_i^t 看作 PCA 中的特征向量。

■3.2 感知机

Hebbian 学习规则的提出对人工神经网络的研究起到了巨大的推动作用，然而仅有理论规

则是不够的，这时就需要一个好的模型来将理论的有效性充分展现。虽然 MCP 神经元模型在之前就已经被提出了，但是由于它过于简单且有设计不合理的地方，MCP 神经元模型并不能作为 Hebbian 学习规则的一个好的展示。直到 1958 年，Rosenblatt 提出了感知机模型，使得 Hebbian 学习规则可以进一步地实体化（Rosenblatt, 1958），从而更好地发挥它的效用。与 MCP 神经元模型类似，感知机同样是作为一个电路模型来设计的。由于感知机设计的合理性以及它所展现出的良好性能，它的出现在当时的学术界引起不小的轰动。作为之后诞生的诸多人工神经网络模型的基础，感知机被视为现代人工神经网络的雏形。

通常情况下，感知机一词所指代的就是单层感知机。首先介绍其网络结构，如图 3.4 所示。

在 3.1.2 节介绍神经元模型的时候，将输入的每一个维度分开表示。在神经网络的层数较少、每层所包含的神经元数量也较少的情况下，这种表示可以清晰地显现出网络结构的细节。但是如果网络层数很多且包含大量的神经元，那么继续使用这种表示方法将造成整个示意图十分庞大而繁杂，且具有

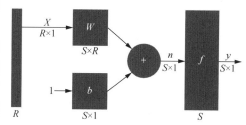

图 3.4　单层感知机网络结构

很多重复的部分。这里引入了一种更为简洁的表示方法，将网络最底层的结构进行抽象，使得网络的主要特征更为突出。在图 3.4 中，输入向量 x 使用一个实心竖条来表示，维数为 R。网络中所有神经元均在同一层中，共有 S 个，输入向量的每一个维度与每个神经元之间全部进行连接，因此就有 $S \times R$ 个权值，构成了一个权值矩阵表示为 W：

$$W = \begin{bmatrix} w_{1,1} & w_{1,2} & \cdots & w_{1,R} \\ w_{2,1} & w_{2,2} & \cdots & w_{2,R} \\ \vdots & \vdots & & \vdots \\ w_{S,1} & w_{S,2} & \cdots & w_{S,R} \end{bmatrix} \tag{3.10}$$

在矩阵 W 中，元素的下标采用通用的顺序规范进行编排。权值的第一个下标代表该权值所要连接的目标神经元编号，第二个下标代表发送给该神经元的信号源。比如权值 $w_{1,2}$ 指的是从第二个信号源到第一个神经元之间的连接权值。这种顺序规范可能与日常的顺序不太相同，但是在之后涉及神经网络中计算的时候就可以体现出这种顺序编排的方便之处，因为采用这种方式可以直接将权值向量与输入向量相乘而不用进行转置处理。如果将矩阵 W 按行进行划分，就可以得到 S 个行向量，其中第 i 个可以表示为

$$w_i = \begin{bmatrix} w_{i,1} \\ w_{i,2} \\ \vdots \\ w_{i,R} \end{bmatrix} \tag{3.11}$$

那么权值矩阵就被划分为

$$W = \begin{bmatrix} w_1^T \\ w_2^T \\ \vdots \\ w_S^T \end{bmatrix} \tag{3.12}$$

单层感知机虽然结构上十分简单，但是包含了神经网络的全部基本部件，在它的基础上

加以扩充和修改就可以得到其他复杂的神经网络结构，因此有必要从它入手。通过以上的结构图和表示规范，可以得到感知机输出的表达形式：

$$y = f(Wx + b) \tag{3.13}$$

其中第 i 个分量可以写作

$$y_i = f(n_i) = f(w_i^\mathrm{T} x + b_i) \tag{3.14}$$

下面介绍感知机的工作原理。感知机属于监督学习算法，可以完成分类任务。为了便于理解，首先考虑一个仅有两个输入的单神经元感知机结构，激活函数使用硬限值函数，表示为 hardlim，则网络输出可以计算为

$$
\begin{aligned}
y = \mathrm{hardlim}(n) &= \mathrm{hardlim}(Wx + b) = \mathrm{hardlim}(w_1^\mathrm{T} x + b) \\
&= \mathrm{hardlim}(w_{1,1} x_1 + w_{1,2} x_2 + b)
\end{aligned} \tag{3.15}
$$

感知机通过寻找一个决策边界（decision boundary）来将不同类别的样本划分到不同的区域，而决策边界是通过使得网络净输入 n 等于 0 的输入向量来确定的：

$$n = w_1^\mathrm{T} x + b = w_{1,1} x_1 + w_{1,2} x_2 + b = 0 \tag{3.16}$$

这一等式定义了输入空间中的一条直线，这条直线与权值向量 w_1 始终是垂直的关系，并且 w_1 将总是指向神经元输出为 1 的区域。

对于图 3.4 所示的多神经元单层感知机，每一个神经元都会计算出一个决策边界，此时第 i 个神经元的决策边界可以由如下公式确定：

$$w_i^\mathrm{T} x + b_i = 0 \tag{3.17}$$

单个神经元得到一个决策边界将输入空间划分为两个部分，从而可以将输入向量分为两个类别，分别用不同的输出 0 和 1 来表示。多神经元感知机可以得到多个决策边界，就可以将输入空间划分为多个部分，对应着多个不同的类别，每一个类别都可以由一个输出向量来表示，输出向量的每一个维度可以取 0 或 1 两种值。由于共有 S 个神经元，也就是输出向量维度为 S，因此共有 2^S 种可能的类别。

在了解感知机网络的工作原理后，现在对感知机的学习规则进行讨论。由于感知机是一种监督学习方法的模型，因此它所采用的数据是由每个样本和其标签 t 构成的数据对，可以表示为 $T = \{(x_1, t_1), (x_2, t_2), \cdots, (x_m, t_m)\}$，$m$ 是数据对的个数。感知机通过将输入向量作用到网络上得到网络输出 y，并将它与输入实际对应的标签 t 进行比较，目标是降低两者之间的差异使得网络的输出越来越接近正确的标签，学习规则就是用来指导网络如何调整权值和偏置项的值以实现这一目标。

为了形式化地描述学习规则，首先定义感知机的误差 e：

$$e = t - y \tag{3.18}$$

在学习的过程中，可能会出现三种不同的情况，因此可以得到以下三条学习规则：

（1）如果 $e = 1$，即 $t = 1$ 且 $y = 0$，那么 $w_i^{\mathrm{new}} = w_i^{\mathrm{old}} + x$。

（2）如果 $e = -1$，即 $t = 0$ 且 $y = 1$，那么 $w_i^{\mathrm{new}} = w_i^{\mathrm{old}} - x$。

（3）如果 $e = 0$，即 $t = y$，那么 $w_i^{\mathrm{new}} = w_i^{\mathrm{old}}$。

更为简洁的表达方式是将这三种情况用一个公式来描述，即为权值的更新规则：

$$w_i^{\mathrm{new}} = w_i^{\mathrm{old}} + e_i x \tag{3.19}$$

对于偏置项 b，如前文所述可以将它视为权值向量的一个维度，因此其更新规则可以描述为

$$b_i^{\text{new}} = b_i^{\text{old}} + e_i \tag{3.20}$$

对于多神经元感知机，通常使用矩阵的表示方式更为便捷，这也是感知机规则（perceptron rule）的标准表达形式：

$$W^{\text{new}} = W^{\text{new}} + ex^{\text{T}} \tag{3.21}$$

$$b^{\text{new}} = b^{\text{old}} + e \tag{3.22}$$

从根本上讲，感知机是一个关于输入信号的线性函数，因此它能限制性地表示线性决策边界，如逻辑操作的 NOT（非）、AND（与）和 OR（或），但是当决策边界的需求更加复杂时，像是 XOR 这类非线性决策边界，单层感知机则无法表示。Rosenblatt（1958）认为虽然这个缺点是十分致命的，但是通过使用复杂的网络结构可以解决这一局限性。不过遗憾的是，尽管 Rosenblatt 对更加复杂的网络进行过研究，提出了多层的模型，但是他并没能将单层感知机的学习规则有效地扩展到多层结构当中。在 1969 年，Minski 等抨击了感知机的线性表达局限性，他们强调感知机不能表示像 XOR 和 NXOR 这样的函数，并指出理论上还不能证明将感知机模型扩展到多层网络是有意义的。感知机的出现在人工神经网络的发展历程中具有重要的意义，它将人工神经网络的研究带入了一个崭新的阶段。但是 *Perceptrons: An Introduction to Computational Geometry*（Minski et al., 1969）这本书的出现令感知机的研究者遭受到了巨大的打击，以至于大多数研究者纷纷放弃了这一研究方向，最终导致直到 20 世纪 80 年代都很少有关于这个领域的研究。

为了更直观地展示这一局限性，这里沿用前面提到的仅有两个输入的单神经元感知机结构作为例子，其决策边界在二维空间表现为一条线的形式。偏置值 b 的大小决定了这条线水平的偏移量，权值向量 w 所指向的方向是感知机输出为 1 的区域。图 3.5 展示了单层感知机的线性表示能力，图 3.5（a）中的阴影区域是输出为 1 的半空间。在图 3.5（b）～图 3.5（d）中，a 和 b 两个节点代表输入，同时取一个点（图中为 a AND b）表示两者都被触发时的状态值，取另一个点（图中为 0）表示两者都没有被触发时的状态值。图 3.5（b）和图 3.5（c）清晰地展示出了一个带有两个输入的感知机，可以用来描述 AND 操作和 OR 操作。然而，在图 3.5（d）中，当想要执行 XOR 操作时，一个简单的线性决策边界划分则不再可行。

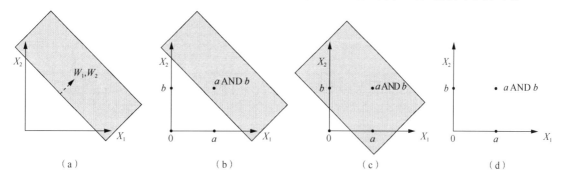

（a）   （b）   （c）   （d）

图 3.5　单层感知机的线性表示能力（Wang et al., 2017）

AND：与

虽然 Minski 等强烈地抨击了单层感知机存在的这一致命缺点，但是在当时，包括他们在内的许多研究者都已经发现和了解到这一问题可以通过增加感知机的层数来得到解决，这便促成了多层感知机的产生。

3.3 多层感知机

多层感知机（multi-layer perceptron, MLP）又称前馈神经网络，是在感知机的基础上发展而来的，其主要作用就是解决单层感知机表达能力不足的问题。多层感知机以及用于训练它的神经网络反向传播算法的出现将一度中断的神经网络研究从低谷中拯救回来，时至今日，多层感知机仍是大部分深度学习网络模型的基础。本节将详细介绍多层感知机的结构和性质，并介绍在此结构下应用的前向和反向传播算法。

3.3.1 多层感知机的结构

由于单层感知机存在结构上的缺陷，它所构造的决策边界无法解决非线性分类问题，这样的决策边界在二维空间中表现为直线的形式。既然直线无法进行更为复杂的表达，那么一个很自然的想法就是采用弯曲的折线来增强表达能力，从而完成非线性样本的分类问题。折线是由一个个直线段构成的，因此想要产生折线的决策边界可以将单层感知机进行组合得到一个更为复杂的网络结构。其实，基本的神经网络结构就是将多个单层感知机以某种方式拼接在一起所构成的。通过并列放置感知机可以得到一个单层神经网络，再叠加一个单层神经网络就能得到一个多层神经网络，这通常被称为多层感知机（Kawaguchi, 2000）。相比于单层感知机，多层感知机的表示能力大大增强，它可以通过构造凸区域来正确地完成样本分类任务。不包含隐藏层的感知机只能将区域经由一个超平面分成两个，因此根本无法解决非线性分类的问题，仅仅一个简单的异或问题就将它表示能力上的缺陷展露无遗。而包含单个隐藏层的感知机可以构成开凸区域或闭凸区域，因此能完成异或分类问题。包含两个隐藏层的感知机通过增加层中单元的数目就可以构成任意形状的凸区域，从而完成对任意函数的拟合，可以解决各类非线性分类问题。这三种结构对于异或问题的解决方式如图 3.6 所示。

图 3.6　三种感知机结构处理异或问题的方式（Jh.ding, 2016）

首先介绍多层感知机的结构，采用与单层感知机相同的表示方式，一个三层的感知机结构可以表示如图 3.7。

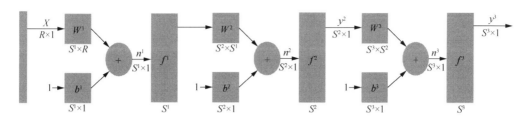

图 3.7　多层感知机网络结构

在这种多层结构中，网络每一层内的连接与单层感知机相同，都是将输入向量进行加权求和。层与层之间的连接是用上一层的输出向量作为下一层的输入向量，每一层都有各自的权值矩阵，层之间的不同采用上标来进行区分，例如，第一层的权值矩阵表示为 W^1，第一层的输出向量表示为 y^1，第一层的激活函数表示为 f^1。不同的层具有不同的作用，根据该层在网络结构中的位置可以给它们分别命名。输入向量虽然不包括在正式的网络结构中，但是也可以将它看作一层，称为输入层（input layer）。网络的最后一层产生网络整体的输出，因此称为输出层（output layer）。其余层均夹在这两者之间，称为隐藏层（hidden layer）。网络每一层的神经元个数可以相同也可以不同，分别表示为 S^1、S^2 和 S^3，输入和输出神经元数量都是根据网络要解决的具体问题而设定的，而隐藏层所需要的最佳神经元数量是不可知的，如何进行预测和调整使它达到最优至今仍是一个正在研究的问题。

3.3.2　多层感知机的通用近似性

多层感知机的一个显著特性就是广为人知的通用近似性（universal approximation property），又称为万能表达定理。单层感知机只能构建由线性函数表示的决策边界，而多层感知机则具有更为强大的表示能力。这个性质可以描述为：MLP 可以表示任何函数。在这里，从三个不同的方面讨论这个性质。

（1）布尔近似性：有一个隐藏层的 MLP 可以精确地表示任意布尔函数。

（2）连续近似性：有一个隐藏层的 MLP 可以精确地表示任意连续有界函数。

（3）任意近似性：有两个隐藏层的 MLP 可以精确地表示任意函数。

下面分别证明这三个性质。

（1）证明 MLP 对任意布尔函数的精确表示。

这种近似性质非常简单，在 3.2 节中已经说明了每个线性感知机可以执行 AND 或 OR 操作。根据德摩根定律，每个命题逻辑可以转换为等价的正态连接形式，即将每个命题逻辑用 OR 和多个 AND 的形式表达。因此，通过简单地将目标布尔函数重写为多个 AND 表达式的 OR 运算，然后以这样的方式设计网络：输入层执行所有 AND 操作，隐藏层执行一个 OR 操作。这样就可以用 MLP 来表示任意的布尔函数。

（2）证明 MLP 对任意连续有界函数的精确表示。

如果想要表示一个更复杂的函数，可以使用一组线性感知机，每个感知机描述一个半空间。使用这些感知机可以获得一个叠加的区域，通过适当地选择关于叠加数目的阈值，就可以求出目标函数。因此，用只有一个隐藏层的 MLP 就可以描述任何连续有界函数，无论其形状多么复杂。

该性质首先在 Cybenko（1989）与 Hornik 等（1989）提出的模型中得到应用。Cybenko 表明，如果有一个以下形式的函数：

$$f(x) = \sum_i \omega_i \sigma\left(w_i^{\mathrm{T}} x + \theta\right) \tag{3.23}$$

$f(x)$ 在它所在的子空间中是密集的。上式中，σ 表示激活函数，这在当时被称为挤压函数；w_i 表示输入层的权值；ω_i 表示隐藏层的权值。换句话说，对于与 $f(x)$ 相同的子空间中的任意函数 $g(x)$ 有（Wang et al., 2017）：

$$\left|f(x) - g(x)\right| < \epsilon, \quad \epsilon > 0 \tag{3.24}$$

直到今天，这个性质已经被引用了数千遍。不幸的是，后来很多人证明了这个性质是不正确的。因为公式（3.23）不能表达只有一层神经网络的所有形式，这个证明只包含了线性输出情况，没有证明非线性输出的情况。11 年后，Castro 等（2000）通过设定输出的阈值，证明了上述等式近似特性仍然成立。此外，这个性质证明了激活函数就是挤压函数。挤压函数被定义为 $\sigma: R \to [0,1]$，它是具有属性 $\lim\limits_{x \to \infty} \sigma(x) = 1$ 和 $\lim\limits_{x \to -\infty} \sigma(x) = 0$ 的非递减函数。近几年深度学习研究中使用的许多激活函数不属于这一类。

（3）证明 MLP 对任意函数的精确表示。

首先要讨论的一点是如何将很多个线性感知机组合成神经网络，图 3.8 给出了一个采用线性感知机来约束函数边界的例子。随着线性感知机数量的增加，多边形外部区域收缩，区域的总数（浅色部分）也更加接近阈值。根据这种收缩趋势，就可以使用大量的感知机来约束一个圆，并且这可以在不知道阈值的情况下实现，因为外部区域最终将会收缩为 0。

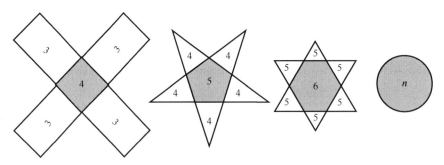

图 3.8　采用多层感知机约束函数边界（Wang et al., 2017）

因此，具有一个隐藏层的神经网络可以表示具有任意直径的圆。如果引入另一个隐藏层用于组合许多不同的圆作为输出，这个新添加的隐藏层仅用于执行 OR 操作，那么就可以实现对任意函数的近似，而且对函数的连续性没有要求。如图 3.9 所示，当使用额外隐藏层合并来自前一层的圆时，神经网络可用于近似任何函数，如叶形函数。不过这种表示方式的缺点在于，每个圆都需要大量的神经元来进行约束，想要完整地表达这种多圆函数就需要数量庞大的神经元。

图 3.9　使用多层感知机近似叶形函数（Wang et al., 2017）

这一性质分别在 Lapedes 等（1988）以及 Cybenko（1988）的论文中提出。如果以今天的眼光来看这个性质，将它与傅里叶级数近似法联系起来比较容易理解。通俗地说，傅里叶级数近似法认为每个信号可以被分解为许多子信号，并将这个信号看作这些子信号的叠加和。依靠这种联系，一种通用的性质可以表示为：包含一个隐藏层的神经网络可以表示一个简单的曲线，添加了第二个隐藏层可以将这些简单曲线叠加以近似任意函数。

根据之前的证明可以得知，具有一个隐藏层的神经网络可以简单地执行阈值求和运算。在具有两个隐藏层的神经网络中，第一个隐藏层可以表示一个简单的曲面，通过与傅里叶变换的联系，简单的曲面可以理解为在二维平面下，正弦曲线的一个循环或平面的"凸起"。对于一个维度，想要拟合一个简单的曲面，只需要适当放置两个 sigmoid 函数，例如：

$$f_1(x) = \frac{h}{1+e^{-(x+t_1)}} \tag{3.25}$$

$$f_2(x) = \frac{h}{1+e^{x-t_2}} \tag{3.26}$$

然后，利用 $f_1(x)+f_2(x)$，可以创建一个宽度为 $t_1 \leqslant x \leqslant t_2$ 的、高度为 $2h$ 的简单曲面。这可以很容易地推广到 n 维的情况，此时需要 $2n$ 个 sigmoid 函数（神经元）作为每一个曲面的表达。将这些曲面的表达函数输入到第二个隐藏层当中进行组合，就可以得到最终的函数。虽然需要用到很多神经元，但两层隐藏层已经足够用了，不需要第三个隐藏层来近似任何函数。

至此，关于通用近似性的解释已经完成，这里有一个很好的可视化工具可以帮助理解，网址为 http://neuralnetworksanddeeplearning.com/chap4.html。通用近似性质显示了浅层神经网络的巨大潜力，但在这些层中神经元的数目却是指数数量级的。随之而来的问题是如何减少神经元的数量，同时维持表达能力。尽管浅层神经网络已经具有无限的建模能力，但是神经元数量庞大的问题将研究者带入了复杂神经网络的研究之中。庞大的神经元数量代表着庞大的参数数量，从而增加了模型训练的困难程度。而更令人头痛的是隐藏层权值更新的问题，对各隐藏层的节点来说，它们并不存在期望输出，所以也无法通过感知机的学习规则来训练多层感知机。因此，多层感知机的训练也遇到了瓶颈，人工神经网络的发展进入了低谷。这一低谷一直持续到 20 世纪 80 年代，直到应用于神经网络的反向传播算法的提出，多层感知机才重新受到人们的关注。

3.3.3 前向传播过程

多层感知机的前向传播过程十分简单，可以将它视为多个单层感知机的组合，前一层的输出向量作为下一层的输入向量。具体来说，对于图 3.7 所示的多层感知机结构，首先以 x 作为输入向量，经过网络的第一层可以得到输出 $y^1 = f^1(W^1 x + b^1)$。之后，将 y^1 作为网络第二层的输入向量，继续前向传播，直至最后一层得到整个网络的输出 $y^3 = f^3(W^3 y^2 + b^3)$。对于层数更多的感知机结构，网络的第 $m+1$ 层输出可以表示为 $y^{m+1} = f^{m+1}(W^{m+1} y^m + b^{m+1})$，这里可以将网络最初的输入向量 x 视为 y^0。

多层感知机的前向传播算法伪代码如下所示。

算法 3.1 多层感知机的前向传播算法

输入：总层数 M，输入向量 x，各层的权值矩阵 W^m 和偏置项 b^m
输出：输出层输出 y^M

1　初始化 $y^0 = x$
2　**for**　$m = 0, \cdots, M-1$　**do**
3　　　依次计算第 m 层的输出：$y^{m+1} = f^{m+1}(W^{m+1} y^m + b^{m+1})$
4　**end for**

3.3.4　反向传播过程

虽然多层感知机的提出以及万能表达定理的证明在理论上解决了非线性样本的分类问题，但是仅有结构和理论是不够的，已有的感知机训练方法无法推广到这种多层的结构当中。为此，急需一种算法可以通过输出向量与标签向量之间的误差来调整网络的参数使得网络可以完成分类任务，这其中的难点在于误差在多层网络结构中层与层之间如何进行传递。多层网络训练算法的首次描述出现在 Werbos（1974）的毕业论文中。但是这种算法是面向一般网络而不是专门针对神经网络设计的，因此并未引起足够的重视。直到 20 世纪 80 年代中期，反向传播算法才被重新发现并得到广泛宣传，几名学者（Rumelhart et al., 1986; LeCun, 1985; Parker, 1985）分别独立重新发现了该算法，并且该算法在 *Parallel Distributed Processing*（Hinton et al., 1987）这本著作中也得到收录，从而成为一种广为人知的训练多层神经网络的算法。反向传播方法在神经网络训练上的成功应用是一个转折点，自此以后关于神经网络的研究热情被重新激发。时至今日，使用反向传播算法训练的多层感知机网络仍是应用最为广泛的神经网络。

虽然"反向传播"这个词经常被误认为是特指用于训练多层神经网络的学习算法，但是实际上反向传播指的是用于计算梯度的一种方法，而随机梯度下降算法指的是使用梯度来进行学习的方法。就如 Werbos（1974）在博士论文中描述的那样，反向传播算法是一种训练一般网络的方法，多层神经网络只是其中的一个特例。除此以外，理论上它还可以计算任何函数的导数。

在介绍反向传播算法（以下简称 BP 算法）的具体流程之前，先引入另外一个算法：最小均方（least mean square, LMS）学习算法，又称为 Widrow-Hoff 学习算法。这一算法是用来训练由 Widrow 和 Hoff 发明的自适应线性神经元（adaptive linear neuron, ADALINE）网络模型的（Widrow et al., 1966）。这一模型与单层感知机网络十分相似，不同点仅仅在于它采用了线性函数作为神经元的激活函数。虽然 ADALINE 模型的提出要晚于感知机模型，而且两者除激活函数外结构和参数基本一致，但是这并不代表 ADALINE 模型是感知机模型的一个简单的改进。Widrow 于 20 世纪 50 年代就开始了关于神经网络的研究工作，这一模型是由他和 Hoff 独立研究提出的，只不过感知机模型在当时引起的反响更为剧烈以至于被后人确立为神经网络的雏形。Widrow 和 Hoff 最大的贡献并不在于 ADALINE 网络模型，而是为训练它所设计的 LMS 算法，这一算法是一个以均方误差为性能指标的近似最速下降算法。该算法的重要性主要体现在两个方面：①它被广泛应用到现今诸多信号处理的实际问题中，如自适应滤波；②它是 BP 算法的前导工作。

由于 ADALINE 网络的结构与感知机结构相似，可以参考 3.2 节中单层感知机的结构示意图。其激活函数使用线性函数，表示为 purelin，网络的输出由下式计算：

$$y = f(n) = \text{purelin}(Wx + b) = Wx + b \tag{3.27}$$

其中第 i 个分量可以写作

$$y_i = f(n_i) = \text{purelin}(w_i^{\mathrm{T}} x + b_i) = w_i^{\mathrm{T}} x + b_i \tag{3.28}$$

LMS 算法使用的数据集与感知机相同，都是样本与其标签构成的样本对 $T = \{(x_1, t_1), (x_2, t_2), \cdots, (x_m, t_m)\}$。ADALINE 网络采用均方误差作为误差的评价指标，可以表示为

$$F(W) = \frac{1}{2} E[e^{\mathrm{T}} e] = \frac{1}{2} E[(t - y)^{\mathrm{T}} (t - y)]$$

$$= \frac{1}{2} E[(t - Wx - b)^{\mathrm{T}} (t - Wx - b)] \tag{3.29}$$

这里在期望前加上一个常数 1/2 会给之后的求导带来便利。为了使均方误差达到最小值，通过计算上式中的网络参数的梯度值来调整权值的大小，可采用最速下降法。通常情况下，式中包含的期望计算比较困难，因此 LMS 算法采用了一个近似的最速下降法进行求解，所求的梯度是对期望梯度的一个估计值。算法使用的误差估计量如下所示：

$$\hat{F}(W) = \frac{1}{2}\big(t(k) - y(k)\big)^{\mathrm{T}}\big(t(k) - y(k)\big) = \frac{1}{2}e(k)^{\mathrm{T}}e(k) \tag{3.30}$$

即采用第 k 次迭代的均方误差代替均方误差的期望。考虑模型中的单个神经元 i，在算法每次迭代的过程中都会产生一个如下形式的梯度估计：

$$\hat{\nabla}F(w_i) = \frac{1}{2}\nabla e_i(k)^{\mathrm{T}}e_i(k) = \frac{1}{2} \tag{3.31}$$

在 $\nabla e_i(k)^{\mathrm{T}}e_i(k)$ 中，前 R 个元素是关于网络权值的导数值，第 $R+1$ 个元素是关于偏置项的导数值，分别表示为

$$\Big[\nabla e_i(k)^{\mathrm{T}}e_i(k)\Big]_j = \frac{\partial e_i(k)^{\mathrm{T}}e_i(k)}{\partial w_{i,j}} = 2e_i(k)\frac{\partial e_i(k)}{\partial w_{i,j}}, j = 1, 2, \cdots, R \tag{3.32}$$

$$\Big[\nabla e_i(k)^{\mathrm{T}}e_i(k)\Big]_{R+1} = \frac{\partial e_i(k)^{\mathrm{T}}e_i(k)}{\partial b_i} = 2e_i(k)\frac{\partial e_i(k)}{\partial b_i} \tag{3.33}$$

计算两个式子后半部分的导数项：

$$\frac{\partial e_i(k)}{\partial w_{i,j}} = \frac{\partial\big[t(k) - y(k)\big]}{\partial w_{i,j}} = \frac{\partial}{\partial w_{i,j}}\Big[t(k) - \big(w_i^{\mathrm{T}}x(k) + b_i\big)\Big] = -x_j(k) \tag{3.34}$$

$$\frac{\partial e_i(k)}{\partial b_i} = -1 \tag{3.35}$$

将得到的导数值带回原公式，可以得到梯度的估计值 $\hat{\nabla}F(W)$。将它应用于最速下降算法，可以得到如下的参数更新公式：

$$w_i(k+1) = w_i(k) + \alpha e_i(k)x(k) \tag{3.36}$$

$$b_i(k+1) = b_i(k) + \alpha e_i(k) \tag{3.37}$$

这两个公式构成了 LMS 学习算法，它也被称为 δ 规则，式中的 α 称为学习率（learning rate），用来控制权值调整的幅度。如果采用矩阵形式，LMS 算法可以简洁地表示为

$$W(k+1) = W(k) + \alpha e(k)x^{\mathrm{T}}(k) \tag{3.38}$$

$$b(k+1) = b(k) + \alpha e(k) \tag{3.39}$$

至此，LMS 学习算法介绍完成。这种算法比感知机学习规则的应用更加广泛，尤其是在数字信号处理领域当中的应用。但遗憾的是，与感知机一样，使用这种方法进行训练的 ADALINE 网络也具有只能解决线性可分问题的局限性。同样，LMS 算法也无法成功推广到多层感知机网络中。那么下面开始介绍本节内容的重点，也就是使得神经网络的研究得到复苏的多层网络训练方法——BP 算法。

这里依旧使用 3.2.2 节中给出的多层感知机网络结构。如前所述，多层网络中前一层的输出将作为后一层的输入，那么对于一个 M 层的网络，有

$$y^{m+1} = f^{m+1}\big(W^{m+1}y^m + b^{m+1}\big), \quad m = 0, 1, \cdots, M-1 \tag{3.40}$$

网络第一层（输入层）的神经元接收外部输入：

$$y^0 = x \tag{3.41}$$

这是网络层级间输入信息传递的起点。最后一层（输出层）的神经元输出作为网络整体的输出：

$$y = y^M \tag{3.42}$$

与 LMS 学习算法相同，BP 算法也采用均方误差作为评价性能的指标：

$$F(W) = \frac{1}{2}E\left[e^{\mathrm{T}}e\right] = \frac{1}{2}E\left[(t-y)^{\mathrm{T}}(t-y)\right] \tag{3.43}$$

同样的，BP 算法采用第 k 次迭代的均方误差代替均方误差的期望：

$$\hat{F}(W) = \frac{1}{2}\left(t(k) - y(k)\right)^{\mathrm{T}}\left(t(k) - y(k)\right) = \frac{1}{2}e^{\mathrm{T}}(k)e(k) \tag{3.44}$$

那么，近似均方误差的最速下降算法为

$$w_{i,j}^m(k+1) = w_{i,j}^m(k) - \alpha\frac{\partial \hat{F}}{\partial w_{i,j}^m} \tag{3.45}$$

$$b_i^m(k+1) = b_i^m(k) - \alpha\frac{\partial \hat{F}}{\partial b_i^m} \tag{3.46}$$

下面开始关于梯度项的推导，这也是整个 BP 算法中最困难的部分。由于误差是隐藏层权值的间接函数，需要采用微积分中的链式法则进行偏导数的计算。以上两个公式中的偏导数部分可以表示为

$$\frac{\partial \hat{F}}{\partial w_{i,j}^m} = \frac{\partial \hat{F}}{\partial n_i^m} \times \frac{\partial n_i^m}{\partial w_{i,j}^m} \tag{3.47}$$

$$\frac{\partial \hat{F}}{\partial b_i^m} = \frac{\partial \hat{F}}{\partial n_i^m} \times \frac{\partial n_i^m}{\partial b_i^m} \tag{3.48}$$

由于第 m 层的净输入 n^m 是该层权值和偏置项的显示函数，其偏导数可以很容易地计算出来：

$$\frac{\partial n_i^m}{\partial w_{i,j}^m} = y_j^{m-1} \tag{3.49}$$

$$\frac{\partial n_i^m}{\partial b_i^m} = 1 \tag{3.50}$$

定义 $\hat{F}$ 对第 m 层中净输入的第 i 个元素变化的敏感度（sensitivity）为

$$s_i^m = \frac{\partial \hat{F}}{\partial n_i^m} \tag{3.51}$$

则公式（3.47）和公式（3.48）可以简化为

$$\frac{\partial \hat{F}}{\partial w_{i,j}^m} = s_i^m y_j^{m-1} \tag{3.52}$$

$$\frac{\partial \hat{F}}{\partial b_i^m} = s_i^m \tag{3.53}$$

那么近似梯度下降算法就可以使用含有敏感度的表示方法：

$$w_{i,j}^m(k+1) = w_{i,j}^m(k) - \alpha s_i^m y_j^{m-1} \tag{3.54}$$

$$b_i^m(k+1)=b_i^m(k)-\alpha s_i^m \tag{3.55}$$

写成矩阵形式为

$$W^m(k+1)=W^m(k)-\alpha s^m\left(y^{m-1}\right)^{\mathrm{T}} \tag{3.56}$$

$$b^m(k+1)=b^m(k)-\alpha s^m \tag{3.57}$$

可以注意到，这个表达形式与 LMS 算法的矩阵表达形式十分相似，只是这里的敏感度需要借助层与层之间的关联得到。这里依旧应用链式法则进行求解，从而得到相邻层间敏感的递归关系。

考虑第 $m+1$ 层净输入的第 i 个元素和第 m 层净输入的第 j 个元素之间的关联：

$$\frac{\partial n_i^{m+1}}{\partial n_j^m}=\frac{\partial\left(\sum_{l=1}^{s^m}w_{i,l}^{m+1}y_l^m+b_i^{m+1}\right)}{\partial n_j^m}=w_{i,j}^{m+1}\frac{\partial y_j^m}{\partial n_j^m}$$

$$=w_{i,l}^{m+1}\frac{\partial f^m\left(n_j^m\right)}{\partial n_j^m}=w_{i,l}^{m+1}\dot f^m\left(n_j^m\right) \tag{3.58}$$

式中，

$$\dot f^m\left(n_j^m\right)=\frac{\partial f^m\left(n_j^m\right)}{\partial n_j^m} \tag{3.59}$$

那么第 $m+1$ 层净输入和第 m 层净输入之间的关联可以表示为矩阵形式：

$$\frac{\partial n^{m+1}}{\partial n^m}=W^{m+1}\dot F^m\left(n^m\right) \tag{3.60}$$

式中，

$$\dot F^m\left(n^m\right)=\begin{bmatrix}\dot f^m\left(n_1^m\right)&0&\cdots&0\\0&\dot f^m\left(n_2^m\right)&\cdots&0\\\vdots&\vdots&\ddots&\vdots\\0&0&\cdots&\dot f^m\left(n_{s^m}^m\right)\end{bmatrix} \tag{3.61}$$

有了以上关联，就可以利用矩阵形式的链式法则得到敏感度之间的递归关系：

$$s^m=\frac{\partial\hat F}{\partial n^m}=\left(\frac{\partial n^{m+1}}{\partial n^m}\right)^{\mathrm{T}}\frac{\partial\hat F}{\partial n^{m+1}}=\dot F^m\left(n^m\right)\left(W^{m+1}\right)^{\mathrm{T}}\frac{\partial\hat F}{\partial n^{m+1}}$$

$$=\dot F^m\left(n^m\right)\left(W^{m+1}\right)^{\mathrm{T}}s^{m+1} \tag{3.62}$$

由此可以看出，敏感度在网络中从最后一层依次向前传递直到第一层，这也是反向传播名称的由来。为了实现传递，首先需要计算最后一层，也就是输出层的 s^M：

$$s_i^M=\frac{\partial\hat F}{\partial n_i^M}=\frac{\partial\frac{1}{2}(t-y)^{\mathrm{T}}(t-y)}{\partial n_i^M}=\frac{\partial\frac{1}{2}\sum_{j=1}^{s^M}(t_j-y_j)^2}{\partial n_i^M}$$

$$=-(t_i-y_i)\frac{\partial y_i}{\partial n_i^M}=-(t_i-y_i)\dot f^M\left(n_i^M\right) \tag{3.63}$$

表示为矩阵形式如下：

$$s^M=-\dot F^M\left(n^M\right)(t-y) \tag{3.64}$$

　　至此，整个 BP 算法的推导过程结束。下面重新梳理一下算法的计算流程，将其表示为伪代码，如下所示。

算法 3.2　多层感知机的反向传播算法

输入：总层数 M，输入向量 x，各层的激活函数 f^m，更新步长 α，最大迭代次数 K

输出：各层的权值矩阵 W^m 和偏置项 b^m

1	随机初始化各层的权值矩阵 W^m 和偏置项 b^m
2	**for** $k=1,\cdots,K$ **do**
3	初始化 $y^0 = x$
4	**for** $m=0,\cdots,M-1$ **do**
5	通过前向传播计算第 m 层的输出：$y^{m+1}=f^{m+1}(W^{m+1}y^m+b^{m+1})$
6	**end for**
7	网络的输出：$y=y^M$
8	计算输出层的敏感度：$s^M=-\dot{F}^M(n^M)(t-y)$
9	**for** $m=M-1,\cdots,1$ **do**
10	通过公式（3.62）递归计算第 m 层的敏感度：$s^m=\dot{F}^m(n^m)(W^{m+1})^{\mathrm{T}}s^{m+1}$
11	**end for**
12	**for** $m=1,\cdots,M$ **do**
13	采用最速下降法更新第 m 层的权值：$W^m(k+1)=W^m(k)-\alpha s^m(y^{m-1})^{\mathrm{T}}$
14	采用最速下降法更新第 m 层的权值：$b^m(k+1)=b^m(k)-\alpha s^m$
15	**end for**
16	**end for**

3.3.5　训练过程实例

　　为了能够更好地理解感知机的训练过程，下面给出一个简单的例子，带入数值演示前向和反向传播的过程（Charlotte77，2016）。假设有一个网络，如图 3.10 所示。

　　第一层是输入层，其中有两个神经元 x_1、x_2 和偏置项 b_1；第二层是隐含层，包含两个神经元 h_1、h_2 和偏置项 b_2；第三层是输出 o_1、o_2。每条线上标的 w_i 是层与层之间连接的权值，激活函数默认为 sigmoid 函数。首先赋初值，如图 3.11 所示。

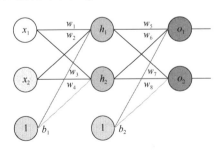

图 3.10　反向传播网络例图

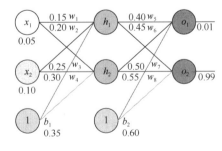

图 3.11　反向传播计算网络图

　　其中，输入数据：$x_1=0.05$，$x_2=0.10$。输出数据：$o_1=0.01$，$o_2=0.99$。初始权值：$w_1=0.15$，$w_2=0.20$，$w_3=0.25$，$w_4=0.30$，$w_5=0.40$，$w_6=0.45$，$w_7=0.50$，$w_8=0.55$。最终目标是：当给定输入数据 x_1 和 x_2 时，使输出 o_1 和 o_2 尽可能与原始输出 0.01 和 0.99 接近。

　　首先是前向传播过程。

（1）从输入层到隐含层。

计算神经元 h_1 的输入加权和：

$$n_{h_1} = w_1 \times x_1 + w_2 \times x_2 + b_1 = 0.15 \times 0.05 + 0.2 \times 0.1 + 0.35 = 0.3775$$

神经元 h_1 的输出 o_1（此处用到的激活函数为 sigmoid 函数）：

$$\text{out}_{h_1} = \frac{1}{1 + e^{-n_{h_1}}} = \frac{1}{1 + e^{-0.3775}} = 0.5933$$

同理，可计算出神经元 h_2 的输出 o_2：

$$\text{out}_{h_2} = 0.5969$$

（2）从隐含层到输出层。

计算输出层神经元 o_1 和 o_2 的值：

$$n_{o_1} = w_5 \times \text{out}_{h_1} + w_6 \times \text{out}_{h_2} + b_2 = 0.4 \times 0.5933 + 0.45 \times 0.5969 + 0.6 \times 1 = 1.1059$$

$$\text{out}_{o_1} = \frac{1}{1 + e^{-n_{o_1}}} = \frac{1}{1 + e^{-1.1059}} = 0.7514$$

同理， $\text{out}_{o_2} = 0.7729$ 。

这样前向传播的过程就结束了，可以得到输出值为[0.7514, 0.7729]，与实际值[0.01, 0.99]还相差很远，应对误差进行反向传播，更新权值，重新计算输出。

其次是反向传播过程。

（1）计算总误差（平方差）。

$$E_{\text{total}} = \sum \frac{1}{2}\left(\text{target} - \text{out}\right)^2$$

由于有两个输出，所以分别计算 o_1 和 o_2 的误差，总误差为两者之和：

$$E_{o_1} = \frac{1}{2}\left(\text{target}_{o_1} - \text{out}_{o_1}\right)^2 = \frac{1}{2}\left(0.01 - 0.7514\right)^2 = 0.2748$$

同理得 $E_{o_2} = 0.0236$ ，所以：

$$E_{\text{total}} = E_{o_1} + E_{o_2} = 0.2984$$

（2）从隐含层到输出层的权值更新。

以权值 w_5 为例，如果想知道 w_5 对整体误差产生了多少影响，可以用整体误差对 w_5 求偏导（链式法则）：

$$\frac{\partial E_{\text{total}}}{\partial w_5} = \frac{\partial E_{\text{total}}}{\partial \text{out}_{o_1}} \frac{\partial \text{out}_{o_1}}{\partial n_{o_1}} \frac{\partial n_{o_1}}{\partial w_5}$$

图 3.12 可以更直观地看清楚误差是怎样反向传播的。

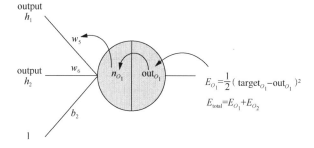

图 3.12　误差反向传播计算图

output：输出。**out**：输出值。**target**：目标值

下面分别计算每个式子的值。

计算 $\dfrac{\partial E_{\text{total}}}{\partial \text{out}_{o_1}}$：

$$E_{\text{total}} = \frac{1}{2}\left(\text{target}_{o_1} - \text{out}_{o_1}\right)^2 + \frac{1}{2}\left(\text{target}_{o_2} - \text{out}_{o_2}\right)^2$$

$$\frac{\partial E_{\text{total}}}{\partial \text{out}_{o_1}} = 2 \times \frac{1}{2}\left(\text{target}_{o_1} - \text{out}_{o_1}\right)^{2-1} \times (-1) + 0$$

$$\frac{\partial E_{\text{total}}}{\partial \text{out}_{o_1}} = -\left(\text{target}_{o_1} - \text{out}_{o_1}\right) = -(0.01 - 0.7514) = 0.7414$$

计算 $\dfrac{\partial \text{out}_{o_1}}{\partial n_{o_1}}$：

$$\text{out}_{o_1} = \frac{1}{1 + \mathrm{e}^{-n_{o_1}}}$$

$$\frac{\partial \text{out}_{o_1}}{\partial n_{o_1}} = \text{out}_{o_1}\left(1 - \text{out}_{o_1}\right) = 0.7514 \times (1 - 0.7514) = 0.1868$$

计算 $\dfrac{\partial n_{o_1}}{\partial w_5}$：

$$n_{o_1} = w_5\text{out}_{h_1} + w_6\text{out}_{h_2} + b_2$$

$$\frac{\partial n_{o_1}}{\partial w_5} = 1 \times \text{out}_{h_1} \times w_5^{(1-1)} + 0 + 0 = \text{out}_{h_1} = 0.5933$$

然后三者相乘：

$$\frac{\partial E_{\text{total}}}{\partial w_5} = \frac{\partial E_{\text{total}}}{\partial \text{out}_{o_1}}\frac{\partial \text{out}_{o_1}}{\partial n_{o_1}}\frac{\partial n_{o_1}}{\partial w_5}$$

$$\frac{\partial E_{\text{total}}}{\partial w_5} = 0.7414 \times 0.1868 \times 0.5933 = 0.0822$$

这样就计算出整体误差 E_{total} 对 w_5 的偏导值。而上述公式可表达如下：

$$\frac{\partial E_{\text{total}}}{\partial w_5} = -(\text{target}_{o_1} - \text{out}_{o_1})\text{out}_{o_1}\left(1 - \text{out}_{o_1}\right)\text{out}_{h_1}$$

为了表达方便，用 δ_{o_1} 来表示输出层的误差：

$$\delta_{o_1} = \frac{\partial E_{\text{total}}}{\partial \text{out}_{o_1}}\frac{\partial \text{out}_{o_1}}{\partial n_{o_1}}$$

$$\delta_{o_1} = -(\text{target}_{o_1} - \text{out}_{o_1})\text{out}_{o_1}\left(1 - \text{out}_{o_1}\right)$$

因此，整体误差 E_{total} 对 w_5 的偏导公式可以写成

$$\frac{\partial E_{\text{total}}}{\partial w_5} = \delta_{o_1}\text{out}_{h_1}$$

如果输出层误差计为负的话，也可以写成

$$\frac{\partial E_{\text{total}}}{\partial w_5} = -\delta_{o_1}\text{out}_{h_1}$$

然后更新 w_5 的值，其中 0.5 是学习速率：

$$w_5^+ = w_5 - 0.5 \times \frac{\partial E_{\text{total}}}{\partial w_5} = 0.4 - 0.5 \times 0.0822 = 0.3589$$

同理，可更新 w_6、w_7、w_8：

$$w_6^+ = 0.4087$$

$$w_7^+ = 0.5113$$

$$w_8^+ = 0.5614$$

（3）从隐含层到隐含层的权值更新。

在上面计算总误差对 w_5 的偏导时，是 $\text{out}_{o_1} \to \text{net}_{o_1} \to w_5$，但是在隐含层之间的权值更新时，是 $\text{out}_{h_1} \to \text{net}_{h_1} \to w_1$，而 out_{h_1} 会接受 E_{o_1} 和 E_{o_2} 两个地方传来的误差，所以这里两个都要计算。

计算 $\frac{\partial E_{\text{total}}}{\partial \text{out}_{h_1}}$：

$$\frac{\partial E_{\text{total}}}{\partial \text{out}_{h_1}} = \frac{\partial E_{o_1}}{\partial \text{out}_{h_1}} + \frac{\partial E_{o_2}}{\partial \text{out}_{h_1}}$$

先计算 $\frac{\partial E_{o_1}}{\partial \text{out}_{h_1}}$：

$$\frac{\partial E_{o_1}}{\partial \text{out}_{h_1}} = \frac{\partial E_{o_1}}{\partial \text{net}_{o_1}} \frac{\partial n_{o_1}}{\partial \text{out}_{h_1}}$$

$$\frac{\partial E_{o_1}}{\partial n_{o_1}} = \frac{\partial E_{o_1}}{\partial \text{out}_{h_1}} \times \frac{\partial \text{out}_{h_1}}{\partial n_{o_1}} = 0.7414 \times 0.1868 = 0.1385$$

$$n_{o_1} = w_5 \text{out}_{h_1} + w_6 \text{out}_{h_2} + b_2$$

$$\frac{\partial n_{o_1}}{\partial \text{out}_{h_1}} = w_5 = 0.4$$

$$\frac{\partial E_{o_1}}{\partial \text{out}_{h_1}} = \frac{\partial E_{o_1}}{\partial n_{o_1}} \times \frac{\partial n_{o_1}}{\partial \text{out}_{h_1}} = 0.1385 \times 0.4 = 0.0554$$

同理，计算出：

$$\frac{\partial E_{o_2}}{\partial \text{out}_{h_1}} = -0.0190$$

两者相加得到总值：

$$\frac{\partial E_{\text{total}}}{\partial \text{out}_{h_1}} = \frac{\partial E_{o_1}}{\partial \text{out}_{h_1}} + \frac{\partial E_{o_2}}{\partial \text{out}_{h_1}} = 0.0554 - 0.0190 = 0.0364$$

计算 $\frac{\partial \text{out}_{h_1}}{\partial n_{h_1}}$：

$$\text{out}_{h_1} = \frac{1}{1 + e^{-\text{net}_{h_1}}}$$

$$\frac{\partial \text{out}_{h_1}}{\partial n_{h_1}} = \text{out}_{h_1} \left(1 - \text{out}_{h_1}\right) = 0.5933 \times \left(1 - 0.5933\right) = 0.2413$$

再计算 $\dfrac{\partial n_{h_1}}{\partial w_1}$：

$$n_{h_1} = w_1 i_1 + w_2 i_2 + b_1$$

$$\frac{\partial n_{h_1}}{\partial w_1} = i_1 = 0.05$$

三者相乘：

$$\frac{\partial E_{\text{total}}}{\partial w_1} = \frac{\partial E_{\text{total}}}{\partial \text{out}_{h_1}} \frac{\partial \text{out}_{h_1}}{\partial n_{h_1}} \frac{\partial n_{h_1}}{\partial w_1}$$

$$\frac{\partial E_{\text{total}}}{\partial w_1} = 0.0364 \times 0.2413 \times 0.05 = 0.0004$$

为了简化公式，用 δ_{h_1} 表示隐含层单元 h_1 的误差：

$$\frac{\partial E_{\text{total}}}{\partial w_1} = \left(\sum_o \frac{\partial E_{\text{total}}}{\partial \text{out}_o} \frac{\partial \text{out}_o}{\partial n_o} \frac{\partial n_o}{\partial \text{out}_{h_1}} \right) \frac{\partial \text{out}_{h_1}}{\partial n_{h_1}} \frac{\partial n_{h_1}}{\partial w_1}$$

$$\frac{\partial E_{\text{total}}}{\partial w_1} = \left(\sum_o \delta_o w_{ho} \right) \text{out}_{h_1} \left(1 - \text{out}_{h_1} \right) i_1$$

$$\frac{\partial E_{\text{total}}}{\partial w_1} = \delta_{h_1} i_1$$

更新 w_1 的权值：

$$w_1^+ = w_1 - 0.5 \times \frac{\partial E_{\text{total}}}{\partial w_1} = 0.15 - 0.5 \times 0.0004 = 0.1498$$

同理，可以更新 w_2、w_3、w_4 的权值：

$$w_2^+ = 0.1996$$
$$w_3^+ = 0.2498$$
$$w_4^+ = 0.2995$$

这样整个反向传播算法的一次权值更新过程就完成了，之后通过不断迭代来继续权值的更新，最终得到最优的网络权值。

虽然反向传播算法是应用最为广泛、使用时间最久的神经网络训练方法，但是关于它自身特性的争论却一直存在。在 20 世纪 90 年代后期，神经网络和反向传播算法受到了人们的忽视，在机器学习、计算机视觉和语音识别领域都没有得到很好的发展，这主要是因为当时的学者普遍认为简单的前馈神经网络无法真正学习到好的多层次的特征，那么也就不能很好地完成任务。特别是在反向传播计算出梯度后，用梯度下降法会使权值的解陷入局部极小值，即使改变权值的设置也不能改变这种情况，因此也不能降低平均误差。但实际上，最近的研究（Choromanska et al., 2015; Dauphin et al., 2014）表明，局部极小值很少会影响大型网络的性能，而且无论初始条件如何设置，系统总能达到非常相似并且很好的效果，所以在一般情况下局部极小值并不是十分严重的问题。

另外一个争论的焦点问题就是反向传播算法的收敛速度。由于采用了最基本的梯度下降方法——最速下降法，在网络训练的过程中算法收敛的速度十分缓慢。不过这一问题目前已经得到了解决，方法就是使用更好的数值优化技术来提升算法的收敛速度，如共轭梯度法和

Levenberg-Marquardt 算法都是最速下降法的良好替代。关于优化技术的详细讨论将在第 4 章进行，这里就不再赘述。

■3.4　其他神经网络模型

3.4.1　自组织映射

自组织映射（self organizing map, SOM）网络（Kohonen，1990）是一种基于无监督学习的神经网络，它与人类大脑皮层进行学习的特点十分相似。SOM 网络的提出基于这样一个观点："一个神经网络接受外界输入模式时，将会分为不同的对应区域，各区域对输入模式具有不同的响应特征，而且这个过程是自动完成的。"现代生物学研究表明，在人类的大脑皮层上，神经元是按照一定的顺序进行组织的。当接收到外界特定的输入信息时，大脑皮层上的特定区域将会兴奋，而且当接收到类似的外界信息时，与该区域相近的区域会处于兴奋状态。比如在听觉信息方面，特定区域的神经元与特定频率的声波是相互对应的，频率相近的声波所激发的神经元兴奋区域也相近，而频率差别较大的声波所激发的神经元兴奋区域则相隔较远。大脑皮层神经元的这种对应关系并不是在人类出生时就已经确定好的，而是通过后天的学习自行组织的。

SOM 网络的作用十分强大，主要用于降低数据的维度，通常情况下是将高维数据映射到一维或二维空间。在降低维度的同时，SOM 网络保留了数据点之间的拓扑相似性。因此，SOM 网络可以对数据进行无监督学习，完成对数据的聚类。下面介绍 SOM 网络的典型结构。本质上，SOM 是一种只有输入层和隐藏层的神经网络，输入层接收数据，隐藏层实现映射。在隐藏层中，每一个节点代表一个需要聚成的类。SOM 网络的一个特点是，其隐藏层的节点之间存在拓扑关系。这个拓扑关系需要自行确定，对于一维的模型，隐藏层的节点依次连成一条线；对于二维的模型，隐藏层的节点会形成一个平面。这样的结构如图 3.13 所示。

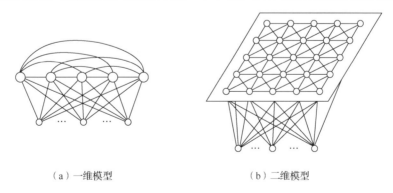

（a）一维模型　　　　　　　　　　　　（b）二维模型

图 3.13　自组织映射结构

训练时，SOM 网络采用"竞争学习"的方式，让每个输入数据在隐藏层中找到一个和它最为匹配的节点，称为它的激活节点，也叫获胜神经元（winning neuron）。接着，使用随机梯度下降法来更新激活节点的参数。比较特殊的是，在一次迭代的过程中不只是更新激活节点的参数，和激活节点邻近的节点也根据它们距离激活节点的远近而适当地进行参数更新。这种更新方式主要由三种函数来控制，分别是墨西哥草帽函数、大礼帽函数和厨师帽函数。

（1）墨西哥草帽函数。激活节点获得最大的权值调整量，邻近节点的调整量随着距离的增加逐渐降低。当与激活节点的距离达到设定的距离 d 时，权值调整量降低为零，此后的权值调整量为负，直至最远距离又回到零。

（2）大礼帽函数。墨西哥草帽函数的简化版本，原理与前者相类似。

（3）厨师帽函数。大礼帽函数的简化版本，原理与前者相类似。

这三种函数的图像如图 3.14 所示。

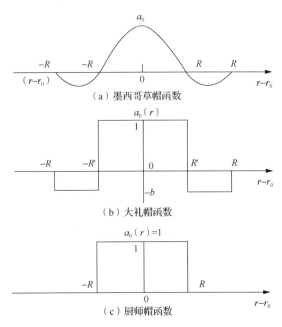

（a）墨西哥草帽函数

（b）大礼帽函数

（c）厨师帽函数

图 3.14　三种不同的调节函数

SOM 网络学习算法的具体步骤如下。

算法 3.3　SOM 网络学习算法

输入：输入向量 x，最大迭代次数 M
输出：权值矩阵 W

1　随机初始化权值矩阵 W，其中 w_{ij} 为输入层的第 i 个节点和隐藏层的第 j 个节点之间的权值

2　**for**　$m = 1, \cdots, M$　**do**

3　　　将输入向量 $x = (x_1, x_2, \cdots, x_n)^{\mathrm{T}}$ 传递给输入层

4　　　计算权值向量和输入向量之间的距离：$d = \sqrt{\sum_{i=1}^{n}(x_i - w_{ij})^2}$

5　　　将距离最小的向量对应的隐藏层节点确定为激活节点 j^*，并给出它的邻近节点集合 S

6　　　对激活节点及其邻近节点的权值进行更新：$\Delta w_{ij} = \eta h(j, j^*)(x_i - w_{ij})$

7　**end for**

在算法 3.3 的第 6 行，需要对激活节点及其邻近节点的权值进行更新。更新公式中的 η 是 $(0,1)$ 范围内的常数。$h(j, j^*) = \exp\left(-\dfrac{\left|j, j^*\right|^2}{\sigma^2}\right)$ 中的 σ^2 随着学习的进行逐渐减小，$h(j, j^*)$ 随着

学习的进行慢慢变窄，即在学习的过程中从粗略调节缓慢过渡到细微调节。

显而易见，激活节点与其邻近节点都与对应的输入向量十分相近。在学习过程初期，根据邻域函数 $h(j, j^*)$ 可以挑选出较多的邻近节点，这将会形成粗略的映射。随着学习的进行，邻域函数逐渐变窄，激活节点的邻近节点数变少，这使得映射更加具体，相当于进行了局部微调。这一过程持续到最终只对激活节点进行调整。算法结束时，每个输入向量都有它所对应的唯一的激活节点，从而实现了聚类的效果。

3.4.2　Hopfield 网络

Hopfield 网络（Hopfield neural network, HNN）（Hopfield, 1982）是一种反馈神经网络，在某些分类标准下，它被视为一种早期的循环神经网络模型。前馈神经网络的每一层只接收前一层的输出作为自己的输入，从而最终的网络输出仅由当前输入和网络的权值矩阵决定。反馈神经网络与前馈神经网络的不同之处在于，它将网络的输出重新连接到网络输入，从而考虑了上一时刻网络的输出状态。由于结构的不同，两种网络的训练方式也不同。前馈神经网络通常采用误差函数作为评价标准，利用反向传播算法让网络逐步达到收敛状态；反馈神经网络采用的是能量函数（energy function）作为评价标准，利用 Hebbian 学习规则让网络最终达到稳定状态。

能量函数是一种用于衡量物理模型能量值的方法，最初在热力学中被定义。在模型内部能量值较高时，模型处于活跃状态。随着能量值的降低，模型的活跃性也逐渐下降，直到能量值最低时模型到达稳定状态。反馈神经网络在接收到最初的输入后，网络将计算得到输出并重新传回输入端。由于这个反馈过程会一直反复进行，因此网络将会在输入的激励下持续进行状态变换。这种状态变换导致网络无法被使用，所以要寻求一种方式使得网络可以到达某种稳定状态。Hopfield 教授首先在反馈神经网络中引入了能量函数的概念，使网络稳定性的判别有了一个良好的依据，由此诞生了 Hopfield 网络。

在学习的过程中，Hopfield 网络通过求解能量函数最小化这一最优化问题来进行参数更新。随着迭代的进行，产生的参数变化量会越来越小。当到达稳定的平衡状态时，Hopfield 网络的参数固定，从而网络输出一个恒定的值。因此，Hopfield 网络通常用于记忆数据的状态。对于某种状态，网络通过调整参数来确保能量最小化。当另一个状态输入网络时，虽然网络参数是固定的，但 Hopfield 网络可以搜索让能量最小化的状态并恢复它所存储的状态。

Hopfield 网络有两种类型，分别是离散型 Hopfield 网络和连续型 Hopfield 网络，它们的网络结构和工作机理大致相同，下面以离散 Hopfield 网络为例进行具体介绍。最早提出的 Hopfield 网络模型是一个二值的神经网络，神经元输出的取值范围为 {0,1}，这种网络被称为离散 Hopfield 神经网络（discrete Hopfield neural network, DHNN）。在 DHNN 中，分别用 1 和 0 表示神经元处于激活和抑制状态。

1．网络结构

DHNN 是一种单层的、采用二值神经元的网络。一个由三个神经元组成的 DHNN 的结构如图 3.15 所示。

在图 3.15 中，第 0 层仅仅作为网络的输入而并非真正的神经元，因此它没有计算功能。第 1 层是真实的神经元，用于对输入信息和权值乘积的累加求和得到净输入，再经过非线性函数 f 的处理之后产生输出信息 y。这里的 f 是一个简单的阈值函数，当净输入大于阈值 θ 时，神经元的输出取值为 1；当净输入小于阈值 θ 时，神经元的输出取值为 0。对于二值神经元，其计算公式为

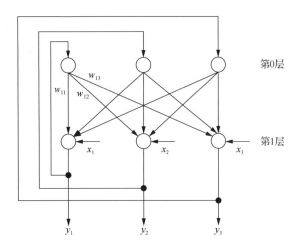

图 3.15   DHNN 的结构

$$u_j = \sum_i w_{ij} y_i + x_j \tag{3.65}$$

$$y_i = \begin{cases} 1, & u_i \geqslant \theta_i \\ 0, & u_i < \theta_i \end{cases} \tag{3.66}$$

式中，x_j 是外部输入；w_{ij} 是第 0 层第 i 个神经元与第 1 层第 j 个神经元之间的权值。对于一个包含 n 个神经元的 DHNN，有 $n \times n$ 的权值矩阵 W：

$$W = \left\{ w_{ij} \right\}, \ i = 1, 2, \cdots, n; \ j = 1, 2, \cdots, n \tag{3.67}$$

还有 n 维阈值向量 θ：

$$\theta = \left[\theta_1, \theta_2, \cdots, \theta_n \right]^{\mathrm{T}} \tag{3.68}$$

一个 DHNN 的网络状态是它的输出神经元信息的集合，对于一个包含 n 个神经元的 DHNN，它在 t 时刻的状态为一个 n 维向量：

$$y(t) = \left[y_1(t), y_2(t), \cdots, y_n(t) \right]^{\mathrm{T}} \tag{3.69}$$

因为 $y_i(t)(i = 1, 2, \cdots, n)$ 可以取值为 1 或 0，所以 n 维向量 $y(t)$ 共有 2^n 种可能的状态，也就是网络有 2^n 种可能的状态。那么，对于包含三个神经元的 DHNN，共有 8 个网络状态。这些网络状态如图 3.16 所示。

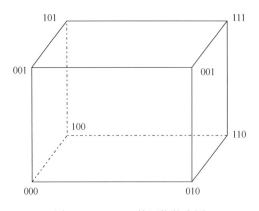

图 3.16   DHNN 的网络状态图

在图 3.16 中，立方体的每一个顶点表示一种网络状态。同理，对于包含 n 个神经元的 DHNN，其 2^n 种网络状态和一个 n 维超立方体的顶角一一对应。

2．网络工作方式

DHNN 的工作方式分为串行（异步）和并行（同步）两种。对于一个包含 n 个神经元的 DHNN，在串行工作方式下，t 时刻只会有一个神经元 j 的状态发生变化，其他 $n-1$ 个神经元的状态均保持不变。网络输出的计算规则为

$$y_j(t+1) = f\left(\sum_{i=1}^{n} w_{ij} y_i(t) + x_j - \theta_j\right) \tag{3.70}$$

$$y_i(t+1) = y_j(t), \ i \neq j \tag{3.71}$$

在不考虑外部输入的情况下：

$$y_j(t+1) = f\left(\sum_{i=1}^{n} w_{ij} y_i(t) - \theta_j\right) \tag{3.72}$$

在并行工作方式下，t 时刻所有的神经元的状态都会发生变化，网络输出的计算规则为

$$y_j(t+1) = f\left(\sum_{i=1}^{n} w_{ij} y_i(t) + x_j - \theta_j\right), \quad j = 1, 2, \cdots, n \tag{3.73}$$

在不考虑外部输入的情况下：

$$y_j(t+1) = f\left(\sum_{i=1}^{n} w_{ij} y_i(t) - \theta_j\right), \ j = 1, 2, \cdots, n \tag{3.74}$$

3．网络稳定性

当 DHNN 的权值矩阵 W 是一个对称矩阵，且对角线元素为 0 时，网络达到稳定状态。即稳定状态下网络的权值矩阵 W 需满足：

$$\begin{cases} w_{ij} = 0, & i = j \\ w_{ij} = w_{ji}, & i \neq j \end{cases} \tag{3.75}$$

DHNN 的稳定性是用能量函数来衡量的，这个能量函数可以表示如下：

$$E = -\sum_{i,j} y_i y_j w_{ij} - \sum_{j} x_j y_j + \sum_{j} \theta_j y_j \tag{3.76}$$

当能量函数达到最低值时，网络处于稳定状态。因此，DHNN 的参数学习是直接的，只需要将权值 w_{ij} 设置为

$$w_{ij} = \sum_{i,j} (2y_i - 1)(2y_j - 1) \tag{3.77}$$

这样，当阈值 θ_j 为 0 时，网络的总能量最低，即达到了稳定状态。

3.5　神经网络的激活函数

从本质上来讲，使用线性激活函数的前馈神经网络层与层之间的连接依旧是线性的，无论如何增加其层数，最终获得的仅仅是线性表达能力的提升，这并不能满足大多数情况下网络对表达能力的要求。因此，非线性的激活函数作为神经网络的一个重要组成部分，可以将非线性的成分引入网络，使得其表达能力大大加强，从而可以处理更多复杂的问题。

神经网络的激活函数出现在除输入层以外的每一层的最后，在层中的每个神经元接收上

层数据作为输入完成累加求和的计算后，需要经过激活函数的处理才能作为下层的输入数据。根据实际情况的不同，可以选择是否添加激活函数和应该添加哪种激活函数。可供选择的激活函数有很多种，不同的激活函数可以得到不同的处理效果，但它们都满足一些基本的要求。

（1）激活函数需要是连续可微的。因为只有这样才能在更新参数的过程中得到激活函数的梯度值，从而完成梯度的反向传播。

（2）激活函数最好是一个非线性函数。这样做的好处是，可以很好地提升神经网络的表达能力，将有些用线性函数没有办法解决的问题采用非线性的方式解决。只要神经网络的层数足够深、神经元的个数足够多，利用非线性函数就可以学到任意的复杂函数。

（3）激活函数需要尽量地近似为输入的一个恒等映射（identity mapping）。假设神经网络中神经元的激活函数是 $f\left(wx^{\mathrm{T}}+b\right)$，$w$ 和 b 为参数，初始化为一个接近于 0 的数。这时 $f\left(wx^{\mathrm{T}}+b\right)$ 接近于 0，$\frac{\partial f}{\partial x}\approx 0$，$wx^{\mathrm{T}}+b\approx 0$，$\frac{\partial f}{\partial x}\approx wx^{\mathrm{T}}+b$，这样可以很好地帮助深度神经网络在很快的情况下达到收敛。

在神经网络的发展史中，随着网络结构的不断变化，激活函数也在不断地改进。下面选取几种较有代表性的激活函数进行详细介绍。

首先是 sigmoid 激活函数，其图像及其导数图像如图 3.17 所示。

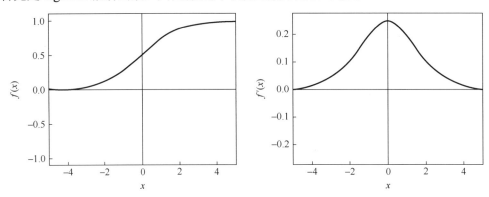

图 3.17　sigmoid 激活函数的图像及其导数图像（Aghdam et al., 2017）

其函数公式如下：

$$y_{\mathrm{sigmoid}}\left(x\right)=\frac{1}{1+\mathrm{e}^{-x}} \tag{3.78}$$

其导数公式如下：

$$y'_{\mathrm{sigmoid}}\left(x\right)=y_{\mathrm{sigmoid}}\left(x\right)\left(1-y_{\mathrm{sigmoid}}\left(x\right)\right) \tag{3.79}$$

sigmoid 函数的取值范围为[0,1]，它是一个光滑函数且处处可导。在其他激活函数未被提出之前，sigmoid 曾是一种十分流行的激活函数，但是由于它自身存在的一些问题，导致近些年来它的使用量越来越低。它的问题主要表现在两个方面：①它的输出并不是 0 均值的，即 $y_{\mathrm{sigmoid}}(0)$ 的值不接近于 0，$y'_{\mathrm{sigmoid}}(x)$ 的值不接近于 1。这个问题将会导致如果一个正值的数据输入到神经元，那么之后计算出的参数梯度也都会是正值。②sigmoid 是一个挤压函数，即当输入非常大或者非常小时，梯度将会接近于 0，发生饱和现象。在深度神经网络层数很多、网络结构很复杂的情况下，沿着网络向前求多次梯度将会使梯度无限接近于 0，这就导致了在反向传播的过程中产生梯度消失问题。当误差梯度传播到第一层的神经元时，梯度已经接近于 0 或者等于 0,这样参数几乎没进行更新,训练的效果很差。所以,sigmoid 函数在深度神经网络中慢慢被淘汰。

接下来是双曲正切(hyperbolic tangent, tanh)激活函数,函数图像及其导数图像如图 3.18 所示。

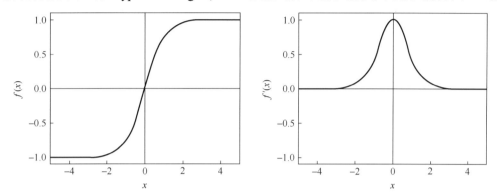

图 3.18　双曲正切激活函数的图像及其导数图像(Aghdam et al., 2017)

其函数公式如下:

$$y_{tanh}(x) = \frac{e^x - e^{-x}}{e^x + e^{-x}} = \frac{2}{1 + e^{-2x}} - 1 \tag{3.80}$$

其导数公式如下:

$$y'_{tanh}(x) = 1 - y_{tanh}(x)^2 \tag{3.81}$$

双曲正切函数的取值范围为[−1,1],它也是一个光滑且处处可导的函数,在形状上与 sigmoid 函数很相似。双曲正切函数区别于 sigmoid 函数的重要一点是它的输出是 0 均值的,这使得求解梯度时的收敛速度加快。不过,与 sigmoid 函数相同的是,它也会引发梯度消失的问题,因此在深度网络中也无法得到有效的应用。

下面介绍线性整流函数,又称为整流线性单元(rectified linear unit, ReLU)(Nair et al., 2010),其函数图像和导数图像如图 3.19 所示。

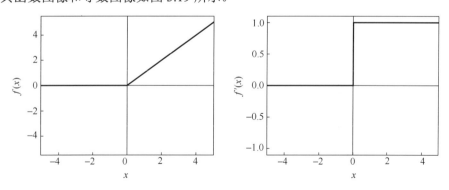

图 3.19　ReLU 激活函数的图像及其导数图像(Aghdam et al., 2017)

其函数公式如下:

$$y_{ReLU}(x) = \max(0, x) \tag{3.82}$$

其导数公式如下:

$$y'_{ReLU}(x) = \begin{cases} 0, & x < 0 \\ 1, & x \geq 0 \end{cases} \tag{3.83}$$

ReLU 是一个十分简单的非线性激活函数，但是它在实践中却十分有效。实验表明，使用 ReLU 得到梯度下降的收敛速度要比使用 sigmoid 或 tanh 函数时快很多，这主要因为 ReLU 的导数在正数区间均为 1，且不会发生饱和。因此，ReLU 很好地解决了梯度消失问题，在目前的神经网络研究中经常被使用。ReLU 有一个独特的性质，就是它在训练的过程中十分脆弱，在某些情况下会将一个神经元变成死亡神经元（dead neurons）。由于 ReLU 的导数在负数区间均为 0，如果在参数更新的过程中将学习率设置得很大，当遇到负例时，一个很大的梯度值会使参数突然变得很小。这导致所有数据在经过这一神经元时的输出均为负值，之后经过 ReLU 的输出始终为 0，即这个神经元再也不会对任何输入数据产生激活现象。当这种情况发生时，这个神经元的梯度将会一直为 0。虽然这样可以使后续传播过程中的计算量降低，带来了计算效率的提升，但如果死亡神经元过多将会影响参数的优化精度，使得网络最终的表现较差。

为了避免死亡神经元带来的问题，Maas 等（2013）提出了一种全新的激活函数，称为 Leaky ReLU，其函数图像和导数图像如图 3.20 所示。

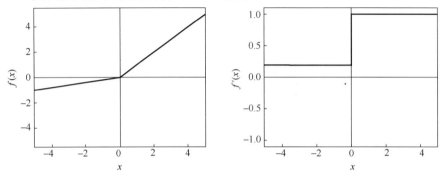

图 3.20 Leaky ReLU 激活函数的图像及其导数图像（Aghdam et al., 2017）

其函数公式如下：

$$y_{\text{LReLU}}(x) = \begin{cases} \alpha x, & x < 0 \\ x, & x \geqslant 0 \end{cases} \tag{3.84}$$

其导数公式如下：

$$y'_{\text{LReLU}}(x) = \begin{cases} \alpha, & x < 0 \\ 1, & x \geqslant 0 \end{cases} \tag{3.85}$$

Leaky ReLU 激活函数引入了一个参数 α 来解决死亡神经元的问题，在修正数据分布的同时保留了一部分负数区间的值，这样在负数区间内函数的导数始终为 α。在实际应用中，α 的取值范围是 [0,1]，通常情况下将其设为 0.01。

对于 Leaky ReLU 中的 α，基本上都是通过先验知识进行人工赋值的。然而，通过观察可以知道，损失函数对 α 的导数是可求的。因此，如果将它作为一个参数进行训练，就得到了一种新的激活函数，称为 Parametric ReLU。它对 α 的导数如下所示：

$$\frac{\delta y_{\text{PReLU}}(x)}{\delta \alpha} = \begin{cases} x, & x < 0 \\ \alpha, & x \geqslant 0 \end{cases} \tag{3.86}$$

由于 ReLU 和 Leaky ReLU 激活函数在原点并不可导，为了解决这一问题，研究者提出了 softplus 激活函数。它是 sigmoid 函数的原函数，且在定义域范围内处处可导，因此可以将它视为 ReLU 的平滑版本。

其函数公式如下：

$$y_{\text{softplus}}\left(x\right)=\ln\left(1+\text{e}^x\right) \tag{3.87}$$

其导数公式如下：

$$y'_{\text{softplus}}\left(x\right)=\frac{1}{1+\text{e}^{-x}} \tag{3.88}$$

最后要介绍的是 Maxout 激活函数（Goodfellow et al., 2013），它是对 ReLU 和 Leaky ReLU 激活函数的一般化归纳。其函数公式如下：

$$\max\left(w_1^{\text{T}}x+b_1,w_2^{\text{T}}x+b_2\right) \tag{3.89}$$

通过观察可以发现，在某种参数设置下，Maxout 函数可以转化为 ReLU 和 Leaky ReLU 函数。比如当 w_1^{T} 和 b_1 均为 0 时，函数变为了 ReLU。这样的一种设计使得 Maxout 函数既保留了 ReLU 的所有优点，又不会造成神经元死亡的问题。不过它也有自身的缺点，就是相比于 ReLU，其参数数量增加了一倍。因此，在一个大规模的网络结构中，使用 Maxout 激活函数可能会导致计算量过于庞大。

此外还有一些激活函数，在此就不逐一进行详细介绍了。表 3.1 对其他常用激活函数的公式以及导数进行了归纳总结。

表 3.1　其他常用的激活函数

名称	公式	导数	取值范围
恒等函数	$f\left(x\right)=x$	$f'\left(x\right)=1$	$\left(-\infty,\infty\right)$
阶跃函数	$f\left(x\right)=\begin{cases}0,&x<0\\1,&x\geqslant0\end{cases}$	$f'\left(x\right)=\begin{cases}0,&x\neq0\\?,&x=0\end{cases}$	$\{0,1\}$
逻辑斯谛函数	$f\left(x\right)=\dfrac{1}{1+\text{e}^{-x}}$	$f'\left(x\right)=f\left(x\right)\left(1-f\left(x\right)\right)$	$\left(0,1\right)$
反正切函数	$f\left(x\right)=\tan^{-1}\left(x\right)$	$f'\left(x\right)=\dfrac{1}{x^2+1}$	$\left(0,1\right)$
指数线性单元	$f\left(\alpha,x\right)=\begin{cases}\alpha\left(\text{e}^x-1\right),&x<0\\x,&x\geqslant0\end{cases}$	$f'\left(\alpha,x\right)=\begin{cases}f\left(\alpha,x\right)+\alpha,&x<0\\1,&x\geqslant0\end{cases}$	$\left(-\alpha,\infty\right)$

3.6　深度的必要性

机器学习算法的学习过程可以被看作将数据集（一组样本）映射到函数（通常为决策函数）的过程。由于数据集本身就是一个随机变量，所以学习的过程包含了从目标分布中进行抽样，并从该抽样中确定一个很好的决策函数的过程。许多现代的学习算法都将算法表示成一个优化问题，通过这种方式，研究人员希望找到最小化训练样本的经验误差的同时，还能完成各种各样类型的任务。目前，使用这些算法处理的主流任务都是人工智能类型的任务，例如对图像、视频识别或者是对自然语言文本、语音的学习。这种类型的任务往往涉及大量具有复杂依赖关系的变量，而且需要大量的先验知识才能完成对任务的处理，这对学习算法来说是一个特殊的挑战。从统计学方面的经验可以得知，如果要学习大量的知识，就需要相应很高的自由度（也就是大量的参数）以及很多的训练样本。除此之外，机器学习算法在优化目标函数的计算方面往往存在着不可忽视的问题。产生这一问题的原因是，在许多情况下，算法的训练目标函数可能是非凸的，而在另一些情况下，算法甚至不能以确定性的方式直接计算梯度，而是要通过一些随机（基于抽样）方法进行估算，并且还只能从有限的样本中估算。

人工神经网络是一种利用神经元组合对目标函数进行优化的机器学习算法，它主要分为浅层网络和深度网络两种网络结构。浅层网络指的是只有一个隐藏层的网络，深度网络指的是有多于一个隐藏层的网络（Poggio et al., 2017）。在人工神经网络发展的初期，浅层网络得到了广泛应用，但随着研究的深入，浅层网络暴露出越来越多的问题。

浅层网络的局限性主要是从浅层电路的局限性延伸而来。Hastad（1986）用奇偶校验电路证明了如果一个函数用深度为 k 的结构电路来计算，只需要多项式级的计算量，但当深度减小为 $k-1$ 时却需要指数级的计算量。由此可以看出，浅层网络的局限就是计算能力的有限性。

Bengio 等（2011）提出用更深的网络可以解决浅层网络的局限性，并提出了两个支持该想法的理由：第一，由于人类自己就拥有一个复杂的神经系统，为了模仿这样的系统来构建模型，有必要将模型的层次加深；第二，更抽象的特征可以表示为较低层次的特征的组合。此外， Bianchini 等（2014）将这项研究扩展到了一个不用激活函数（包括 tanh 和 sigmoid）的一般神经网络，推导出 Betti 数的概念，并使用这个数字来描述神经网络的表达能力，表明了对于浅层网络大量的神经元具有有限的表达能力，但对于深度网络，相同数量的神经元可以拥有指数级的表达能力。最近，Eldan 等（2016）表明对于具有激活函数的标准 MLP，网络的深度比宽度更具有指数数量级的价值。由此可以看出太浅的架构对某些函数无法有效地表示，主要是因为可调节参数数量有限，当需要通过学习来调整的参数空间的自由度很小时，对目标函数功能的表达是紧凑的。然而对于数量有限的训练样本，算法可以学习到的知识毕竟有限，所以研究人员期望目标函数能被紧凑表示的同时还能产生良好的泛化能力，而这样的泛化能力是浅层网络所做不到的。

为了研究浅层网络和深度网络在表示能力上体现出巨大差别的原因，Poggio 等（2017）从数学角度说明了两者在学习能力上的区别。假设一个紧凑域上有 n 个变量的一类特殊函数，这类函数的层次结构表达式如下，这里的 $n=8$：

$$f\left(x_1,\cdots,x_8\right)=h_3\left(h_{21}\left(h_{11}\left(x_1,x_2\right),h_{12}\left(x_3,x_4\right)\right),h_{22}\left(h_{13}\left(x_5,x_6\right),h_{14}\left(x_7,x_8\right)\right)\right) \tag{3.90}$$

在对公式（3.90）所表示的层次结构函数进行学习时，可以采用图 3.21 所示的两种网络结构。其中，图 3.21（a）表示的是浅层网络的结构图，图 3.21（b）表示的是深度网络的结构图，这种深层结构的网络也可称为二叉树网络。

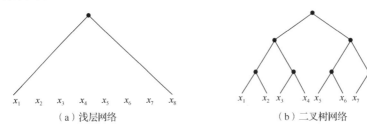

图 3.21　浅层网络组合图和二叉树网络组合图（Poggio et al., 2017）

下面给出网络近似度的定义，假设 V_N 是复杂度为 N 的给定类型的所有网络构成的集合，这里的 N 是网络中的总单元数（例如，在隐藏层中包含 N 个单元的所有浅层网络）。假定复杂度较高的网络类别包括复杂度较低的网络类别，如 $V_N \in V_N + 1$，那么近似度由下式定义：

$$\text{dist}\left(f, V_N\right) = \inf_{P \in V_N} \|f - P\| \qquad (3.91)$$

举例来说，当存在一个 $\gamma > 0$，如果 $\text{dist}\left(f, V_N\right) = O\left(N^{-\gamma}\right)$，那么复杂度为 $N = O\left(\varepsilon^{-\frac{1}{\gamma}}\right)$ 的

网络将保证至少以 ε 的准确性逼近函数 f，其中 O 是算法复杂度的衡量标准。由于 f 是未知的，为了获得理论上证明的上限，需要对选择未知目标函数的函数类别做出一些假设。这个先验信息存在的前提条件是：函数 f 属于一个赋范线性空间 X 的某个子空间 W。这里的子空间 W 通常是一个以光滑参数 m 为特征的平滑类。为了说明深度网络和浅层网络在近似能力上的差别，Poggio 等提出了以下四个定理。

定理 3.1　假设网络的激活函数 $\sigma : R \to R$ 是一个光滑函数而非多项式函数，当 $f \in W_n^m$ 且给定精度为 ε 时，如果用浅层网络来近似目标函数 f，网络在最优情况下的复杂度至少为

$$N = O\left(\varepsilon^{-\frac{n}{m}}\right) \qquad (3.92)$$

在定理 3.1 中，n 表示变量的个数；W_n^m 表示光滑参数为 m 的包含 n 个变量的子空间。定理所描述的浅层网络的近似在本质上是目标函数 f 这类多项式函数近似程度的上界，由于这个估计是基于由浅层网络实现的岭函数包含的多项式空间的近似，所以人们会考虑是否存在不同的可以降低复杂度的方法。不过，并不存在其他降低复杂度的方法，因为紧集 W_n^m 有非线性的 n-width 的概念（Devore et al., 1989; Mhaskar et al., 2016a），这个概念使得定理 3.1 的近似方法是所有合理的方法中最可能在 W_n^m 中近似任意函数的方法。定理 3.1 的复杂度估计是最优的前提是假定了目标函数 $f \in W_n^m$。为了获得精确度 $O(\varepsilon)$ 的近似能力，浅层网络所需的参数数目 $\varepsilon^{-\frac{n}{m}}$ 对数据的维度 n 具有指数依赖性，这通常被称为维度灾难。此外，定理 3.1 中涉及的常量取决于 f 和 σ 各自导数的范数。

下面考虑具有平滑激活函数的深度网络，这里采用图 3.21 所示的二叉树结构来描述深度网络。二叉树的每个节点可以对应到目标函数的各个组合函数，这些组合函数所包含的变量数 $d = 2$。实际上，深度网络可以用包含更多变量数的组合函数进行表示，使用 $d = 2$ 这种最基础的形式是为了便于表述。深度网络的近似能力由定理 3.2 给出。

定理 3.2　假设网络的激活函数 $\sigma : R \to R$ 是一个光滑函数而非多项式函数，当 $f \in W_n^{m,2}$ 且给定精度至少为 ε 时，如果采用组合结构的深度网络来近似目标函数 f，则网络的复杂度为

$$N = O\left((n-1)\varepsilon^{-\frac{2}{m}}\right) \qquad (3.93)$$

从定理 3.1 可以看出，当目标函数的唯一先验假设是导数的个数时，为了保证准确性 ε，需要一个具有 $O\left(\varepsilon^{-\frac{n}{m}}\right)$ 个可训练参数的浅层网络。不过如定理 3.2 所示，如果近似相同层次结构的目标函数时，相应的深度网络在保证 ε 的准确性的前提下只需要 $O\left(\varepsilon^{-\frac{2}{m}}\right)$ 个可训练参

数。此外，定理 3.2 实际上适用于所有 f，其组合结构可以由和深度网络有关的一个图或子图来表示。在这种情况下，该图对应的子空间是 $W_n^{m,d}$。

为了阐明最普遍的结果，首先从一个有向无环图的角度来正式定义复合函数。假设 G 是一个有向无环图（directed acyclic graph, DAG），其节点集合为 V。定义 G 函数为：每个源节点从 R 获得输入，其他每个在边缘上的节点代表输入一个实变量，而节点本身就代表了这些输入实变量的函数，称为组合函数。不在边缘上的节点散播出去得到计算结果。假设只有一个汇聚节点，其输出是 G 函数的输出。因此，忽略这个函数的组合性，它是 n 个变量的函数，其中 n 是 G 中源节点的数量，则对于深度网络和浅层网络表达能力上的差距如定理 3.3 所示。

定理 3.3   设 G 是一个有向无环图，n 是源节点的数量，并且对于每个节点 $v \in V$，令 d_v 是节点 v 的入边数。假设 $f: R_n \to R$ 由 G 函数组合而成，其中每个组合函数都属于 $W_{m_v}^{d_v}$。同时假定浅层网络和深度网络具有相同的无限平滑的激活函数，如定理 3.1 所示。那么，深度网络避免了在近似 f 的过程中关于 n 的维数灾难问题，而浅层网络不能直接避免。特别是在最佳近似情况下，浅层网络的复杂度是关于 n 的指数级：

$$N_s = O\left(\varepsilon^{-\frac{n}{m}}\right) \tag{3.94}$$

式中，$m = \min_{v \in V} m_v$。而深度网络的复杂度为

$$N_d = O\left(\sum_{v \in V} \varepsilon^{-\frac{d_v}{m_v}}\right) \tag{3.95}$$

如果目标函数的组合函数有一个小的有效维度，即有固定的"小"维度或固定的"小"粗糙度，深度网络可以避免维度的诅咒。前面所述的都是带有平滑激活函数的浅层网络和深度网络的近似能力的比较，下面所述是当浅层和深度网络的激活函数不是平滑函数，例如激活函数是 ReLU 时，二者的近似能力的比较。

定理 3.4   假设 f 是关于 n 个变量的 L-Lipshitz 连续函数，则当激活函数为标准 ReLU 的两种网络以至少为 ε 的精度逼近函数 f 时，其浅层网络的复杂度是

$$N_s = O\left(\left(\frac{\varepsilon}{L}\right)^{-n}\right) \tag{3.96}$$

而深度网络的复杂度为

$$N_d = O\left((n-1)\left(\frac{\varepsilon}{L}\right)^{-2}\right) \tag{3.97}$$

定理 3.4 是定理 3.3 的扩展，它表明了具有标准 ReLU 激活函数的组合深度网络可以避免维度灾难。综上所述，存在深度网络，例如卷积类型的网络，如果它们学习的函数具有组合性，就可以避免维度灾难，然而浅层网络没有类似的保证，这主要是因为对浅层网络来说，近似一般连续函数的下界和上界都是指数型的。从机器学习的角度来看，浅层网络与深度网络不同，它显然不能在其架构中利用与合成函数相对应的先验参数的减少数量。

除了理论说明以外，Poggio 等（2017）还对浅层网络与深度网络在组合函数逼近能力上的差异上做了对比实验，其中损失函数采用的是标准均方误差（mean squared error, MSE）。在实验的设置中，两种网络结构可参考图 3.21，其中对于深度网络，建立了一个二叉树网络，并且树的每个节点中都有多个单元。对于浅层网络和二叉树网络，两者的每个单元有相同数

量的参数，此外深度网络的每一层也都有相同数量的单元和共享参数。

图 3.22 的实验结果表示的是逼近一个组合 ReLU 函数的结果，该函数每个组成部分由单个 ReLU 函数构成，实验中两种网络的激活函数也采用 ReLU 函数。从结果中可以看出，对于拥有相同参数数量的浅层和深度网络，二叉树网络对目标函数的逼近误差更小。图 3.23 的目标函数为 $f(x_1, \cdots, x_4) = h_2(h_{11}(x_1, x_2), h_{12}(x_3, x_4))$，并通过采用 ReLU 激活的两种网络来近似。从实验结果中可以看出，当两种网络的参数数量相同时，二叉树网络的逼近误差更小，由此可以看出二叉树网络（深度网络）的近似能力要优于浅层网络。

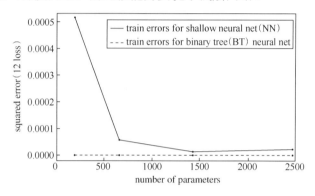

图 3.22　浅层与二叉树网络逼近组合 ReLU 函数的比较试验（Poggio et al., 2017）

number of parameters：参数数目。squared error：平方误差。train errors for shallow neural net (NN)：浅层神经网络的训练误差。

train errors for binary tree (BT) neural net：二叉树神经网络的训练误差。loss：损失

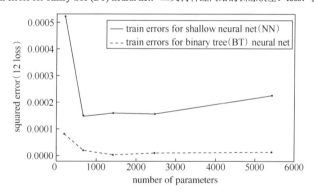

图 3.23　浅层与二叉树网络在组合函数逼近中的比较试验（Poggio et al., 2017）

number of parameters：参数数目。squared error：平方误差。train errors for shallow neural net (NN)：浅层神经网络的训练误差。

train errors for binary tree (BT) neural net：二叉树神经网络的训练误差。loss：损失

3.7　阅读材料

本章主要介绍了神经网络的早期模型，从最初的思想起源开始，依次介绍了最早的 MCP 神经元模型和影响深远的 Hebbian 学习规则。之后对单层感知机和多层感知机进行了详细分析，并举例说明了神经网络反向传播算法的计算流程。此外，本章还对两种浅层网络模型进行了简要介绍，并整理了在神经网络中经常使用的激活函数。最后，本章对神经网络深度的必要性进行了分析，说明了为什么神经网络向深度模型发展是一个必然选择。

Hagan 等（1996）所著的 *Neural Network Design* 是神经网络的经典著作之一，该书详细

地介绍了神经网络的各种浅层模型，并对优化求解等问题进行了分析。此外，Schmidhuber（2015）和 Wang 等（2017）关于深度学习的综述中均对深度学习的发展历史进行了梳理，其中也包含了早期神经网络的相关内容。

关于神经网络的激活函数，Sheehan（2017）对 26 种激活函数进行了可视化，并附上了神经网络的相关属性，从而可以使读者对激活函数有更加直观的了解。

在深度必要性方面，还有几篇文章做出了详细分析。尽管通用逼近性质同时适用于深度网络和浅层网络，Mhaskar 等（2016a）证明深层（分层）网络能够以与浅层网络相同的准确度近似组合函数的类别，并且在参数数量以及 VC 维上达到了指数级的减少。Mhaskar 等（2016b）还提出了一个相对维度的概念来重新定义函数的稀疏性，深度网络可以通过这个性质来更好地近似和学习函数，而浅层网络则不能。

参 考 文 献

Aghdam H H, Heravi E J, 2017. Guide to Convolutional Neural Networks: A Practical Application to Traffic-Sign Detection and Classification. Berlin Springer Publishing Company, Incorporated.

Bain A, 1873. Mind and body: the theories of their relation. Landolt-Börnstein - Group III Condensed Matter, 22(3): 347-359.

Bengio Y, Delalleau O, 2011. On the expressive power of deep architectures. In International Conference on Algorithmic Learning Theory. Heidelberg, Berlin: Springer: 18-36.

Bianchini M, Scarselli F, 2014. On the complexity of neural network classifiers: a comparison between shallow and deep architectures. IEEE Transactions on Neural Networks and Learning Systems, 25(8): 1553-1565.

Castro J L, Mantas C J, Benítez J M, 2000. Neural networks with a continuous squashing function in the output are universal approximators. Neural Networks, 13(6): 561-563.

Choromanska A, Henaff M, Mathieu M, et al., 2015. The loss surfaces of multilayer networks. Artificial Intelligence and Statistics: 192-204.

Cybenko G, 1988. Continuous valued neural networks with two hidden layers are sufficient. Technical Report, Department of Computer Science, Tufts University, Medford, Massachusetts, USA.

Cybenko G, 1989. Approximation by superpositions of a sigmoidal function. Mathematics of Control, Signals and Systems, 2(4): 303-314.

Charlotte77，2016．一文弄懂神经网络中的反向传播法——BackPropagation. (2016-06-30)[2018-05-19]. http://www.cnblogs.com/charlotte77/p/5629865.html.

Dauphin Y N, Pascanu R, Gulcehre C, et al., 2014. Identifying and attacking the saddle point problem in high-dimensional non-convex optimization. Neural Information Processing Systems (NIPS'14): 2933-2941.

Devore R A, Howard R, Micchelli C, 1989. Optimal nonlinear approximation. Manuscripta Mathematica, 63(4): 469-478.

Didier J P, Bigand E, 2011. Rethinking Physical and Rehabilitation Medicine: New Technologies Induce New Learning Strategies. Berlin Springer Science & Business Media.

Eldan R, Shamir O, 2016. The power of depth for feedforward neural networks. Conference on Learning Theory (COLT'16): 907-940.

Goodfellow I, Warde-Farley D, Mirza M, et al., 2013. Maxout networks. International Conference on Machine Learning (ICML'13): 1319-1327.

Hagan M T, Demuth H B, Beale M H, 1996. Neural Network Design. Boston: Pws Pub.

Hartley D, 2013. Observations on Man(volume 1). Cambridge: Cambridge University Press.

Hastad J, 1986. Almost optimal lower bounds for small depth circuits. ACM symposium on Theory of computing: 6-20.

Hebb D O, 1949. The Organization of Behavior: A Neuropsychological Theory. New York: Psychology Press.

Hinton G E, Mcclelland J L, Rumelhart D E, 1987. Parallel distributed processing. Cambridge：MIT Press.

Hopfield J J, 1982. Neural networks and physical systems with emergent collective computational abilities. National Academy of Sciences, 79(8): 2554-2558.

Hornik K, Stinchcombe M, White H, 1989. Multilayer feedforward networks are universal approximators. Neural Networks, 2(5): 359-366.

Jh.ding, 2016. 深度学习的起源. (2016-07-20)[2018-05-19]. https://www.cnblogs.com/jhding/p/5687549.html.

Kawaguchi K, 2000. A multithreaded software model for backpropagation neural network applications. （2000-07-10）[2018-05-19]. http://www.ece.utep.edu/research/webfuzzy/docs/kk-thesis/kk-thesis-html/thesis.html.

Kohonen T, 1990. The self-organizing map. IEEE, 78(9): 1464-1480.

Lapedes A S, Farber R M, 1988. How neural nets work. Neural Information Processing Systems (NIPS'88): 442-456.

LeCun Y, 1985. Une procedure d'apprentissage pour reseau a seuil asymetrique. Cognitiva, 85: 599-604.

Lewicki G, Marino G, 2003. Approximation by superpositions of a sigmoidal function. Zeitschrift fur Analysis und Ihre Anwendungen, 22(2): 463-470.

Maas A L, Hannun A Y, Ng A Y, 2013. Rectifier nonlinearities improve neural network acoustic models. International Conference on Machine Learning (ICML'13): 3.

McCulloch W S, Pitts W, 1943. A logical calculus of ideas immanent in nervous activity. Bulletin of Mathematical Biophysics, 5: 115-133.

Mhaskar H N, Liao Q, Poggio T, 2016a. Learning real and boolean functions: when is deep better than shallow. arXiv preprint arXiv:1603.00988.

Mhaskar H N, Poggio T, 2016b. Deep vs. shallow networks: an approximation theory perspective. Analysis and Applications, 14(6): 829-848.

Minski M L, Papert S A, 1969. Perceptrons: An Introduction to Computational Geometry. Cambridge: MA: MIT Press.

Nair V, Hinton G E, 2010. Rectified linear units improve restricted Boltzmann machines. International Conference on Machine Learning (ICML'10): 807-814.

Oja E, 1982. Simplified neuron model as a principal component analyzer. Journal of Mathematical Biology, 15(3): 267-273.

Oja E, Karhunen J, 1985. On stochastic approximation of the eigenvectors and eigenvalues of the expectation of a random matrix. Journal of Mathematical Analysis and Applications, 106(1): 69-84.

Parker D, 1985. Learning-logic: Casting the cortex of the human brain in silicon. Technical Report Tr-47, Center for Computational Research in Economics and Management Science.. Cambridge：MIT Press.

Poggio T, Mhaskar H, Rosasco L, et al., 2017. Why and when can deep-but not shallow-networks avoid the curse of dimensionality: a review. International Journal of Automation and Computing, 14(5): 503-519.

Principe J C, Euliano N R, Lefebvre W C, 1999. Neural and Adaptive Systems: Fundamentals Through Simulations with CD-ROM. New York: John Wiley & Sons, Inc: 648-649.

Rosenblatt F, 1958. The perceptron: a probabilistic model for information storage and organization in the brain. Psychological Review, 65(6): 386.

Rumelhart D E, Hinton G E, Williams R J, 1986. Learning representations by back-propagating errors. Nature, 323(6088): 533.

Schmidhuber J, 2015. Deep learning in neural networks: an overview. Neural Networks, 61: 85-117.

Sheehan D, 2017. Visualising activation functions in neural networks. (2017-10-08)[2018-05-19]. https://dashee87.github.io/data%20science/deep%20learning/visualising-activation-functions-in-neural-networks/.

Wang H, Raj B, Xing E P, 2017. On the origin of deep learning. arXiv preprint arXiv:1702.07800.

Werbos P, 1974. Beyond regression: new fools for prediction and analysis in the behavioral sciences. Boston: Harvard University.

Widrow B, Hoff M E, 1966. Adaptive switching circuits. Ire Wescon Conv. Rec (4).

Yao C C, 1985. Separating the polynomial-time hierarchy by oracles. Symposium on Foundations of Computer Science, IEEE Computer Society: 1-10.

深度学习的优化

传统的机器学习算法大部分都涉及优化，比如线性回归中的梯度下降、牛顿法以及支持向量机算法中对凸二次规划问题的求解等。深度学习作为机器学习的一个分支，同样也会涉及优化问题，而且在深度学习中尤其是神经网络训练部分，优化问题会更加复杂。在实际运用中，利用几百台计算机进行数月的计算来解决一个神经网络的优化问题都是有可能的。为了解决深度学习中的复杂优化问题，研究人员开发了许多专门的优化技术，本章将介绍这些优化技术。值得注意的是，关于深度学习的优化技术，现在基本都是基于梯度的优化方法，即通过对参数求梯度，利用梯度信息优化神经网络的一系列参数 θ，使得代价函数 $J(\theta)$ 最小，但是直接对神经网络的结构进行改变来优化训练的方法很少，这或许是以后努力的方向。

■4.1 深度学习优化的困难和挑战

最优化是应用数学的一个分支，其问题可以被描述为：对于一个给定的函数 $f(x)$，其中 $x \in A$（A 为函数定义域），找到一个 $x_0 \in A$，满足对于 A 中所有 x 的取值，有 $f(x_0) \leqslant f(x)$（极小值的情况），或者 $f(x_0) \geqslant f(x)$（极大值的情况）。关于最优化的具体理论和方法，可以参见 Nocedal 等（2006）的文献。根据问题的具体条件不同，最优化还有很多类别，比如线性规划（linear programming, LP）、二次规划（quadratic programming, QP）和非线性规划等。在机器学习领域遇到的优化问题，大部分都要转化为"凸优化"（convex optimization）问题，其特点是取极小值的目标函数为凸函数（convex function）。目标函数、约束以及定义域的凸集性质，使得凸优化问题中局部极小值即为全局极小值，大大方便了问题的求解，所以凸优化在机器学习领域非常重要。有关凸优化的详细解释以及相关介绍，可以参见 Boyd 等（2004）和 Rockafellar（1997）的文献。

然而，在深度学习领域中，大部分优化问题的求解都难以转化为凸优化问题。当处理的问题是最简单的神经网络模型——只有单个神经元节点的神经网络的时候，其优化问题是凸优化问题，但是单节点神经网络的应用领域非常局限。随着网络神经元的添加，网络结构的复杂性越来越高，网络的优化问题就不再满足凸优化的性质了。举个最简单的例子，在神经网络的分类问题中，最后一层往往是一个线性分类器模型，Marcotte 等（1992）经过实验得出结论，其 0-1 损失函数的优化是非凸的。所以，需要引入代理损失函数（surrogate loss function），比如对数损失函数、Hinge 损失函数等，此时虽然最后一层的线性模型满足凸优化条件了。但是由于神经网络中反向传播算法（backpropagation algorithm, BP 算法）的存在，需要在错综复杂的网络结构中进行求导运算，不断调整中间参数的大小，这种复杂的组合和关联关系，导致整体优化的问题又成为非凸的了。早在 1988 年 Judd 就发现神经网络的优化问题是个 NP-hard（NP 难）问题（Judd, 1989）。随后的一些研究更是证明了对于神经网络的任何优化方法都有性能上的限制，比如 Blum 等（1992）就发现训练一个有三个神经元节点的神经网络就是 NP-hard 问题。

需要指出的是，虽然对于神经网络的优化是 NP-hard 问题，但并不影响神经网络在实践中的应用。因为即便寻找到神经网络的最优解是困难的，但是通过网络结构的调整，更多参数的设置以及其他的一些技巧，可以找到满足应用的可接受的解。在训练神经网络的时候，通常并不关心精确的全局极小值，只关心当误差降低到可接受的程度时，网络的解是如何的。因此，对于神经网络的各种优化方法的研究依然是非常重要而且有价值的。

4.1.1　局部极小值问题

一般情况下，优化问题的目标是找到代价函数 $J(\theta)$ 的全局极小值，这样算法的误差才会小。但是往往在求解的过程中，由于局部极小值的存在，代价函数取不到其全局极小值点，而是陷入了局部极小值点处，导致算法的精确度不高。当最优化问题为凸优化时，局部极小值点就是全局极小值点，即便凸函数底部有平坦区域，凸优化也不会带来什么麻烦，因为这个极小值点也可以不唯一，可以是平坦区域的任意一点。然而在深度学习领域，绝大部分神经网络的优化采用的都是反向传播算法，反向传播算法采用梯度下降法调整整体网络的权值，而往往神经网络的代价函数都是非凸的，因而不可避免地会出现复杂的局部极小值问题。研究者也进行了许多有关神经网络中反向传播算法和局部极小值的研究，Sontag 等（1989）的研究表示即使没有隐藏层的神经网络，在使用反向传播算法优化的时候也可能陷入局部极小值。有些人则是对反向传播算法在较为浅层的神经网络中的表现进行了研究，发现同样也会受到局部极小值的影响，同时讲解了发生上述情况可能的原因。研究者也解释了 BP 算法为什么对很多神经网络的优化有较好的效果（Gori et al., 1992; Brady et al., 1989）。

在实际应用的神经网络中，是否一定存在大量的局部极小值，以及优化算法是否一定会陷入这些局部极小值，事实上都是尚未解决的问题。不过大部分局部极小值往往拥有较小的代价函数值，于是能否找到真正的全局极小值并不重要，只需要在求解空间中找到代价小到满足要求的点即可。对神经网络在优化时面对局部极小值具体表现的研究一直都在进行，Saxe 等（2013）定量地回答了一系列问题，如：训练神经网络时训练速度如何延缓？学习过程中网络内部展示了怎样的规律？Dauphin 等（2014）通过分析神经网络优化过程中，鞍点（saddle point）和局部极小值点产生的影响，提出了一种新的优化算法。Choromanska 等（2014）分析了自旋玻璃模型（spin-glass model）和神经网络模型的相似性，并以此解释了神经网络优化理论。Goodfellow 等（2015）发现仅使用简单的随机梯度下降进行网络训练就可以克服局部最优，并且找到了相关的证据。最近几年，神经网络优化问题的相关研究也表明了其较高的复杂度（Agarwal et al., 2017; Zhu et al., 2016; Swirszcz et al., 2016）。

4.1.2　鞍点问题

与局部极小值问题一样，鞍点同样也是神经网络优化中常见的问题之一。首先，什么是鞍点？鞍点是指函数中既不是极大值点也不是极小值点的临界点，如图 4.1 所示。

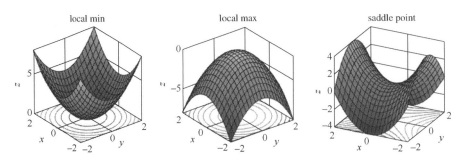

图 4.1　三种临界值点（Ge, 2016）

local min：局部极小值。local max：局部极大值。saddle point：鞍点

在鞍点处，函数的梯度为零或者接近零，但是却并非极大值或者极小值点。一般而言，在低维空间的情况下，函数中最为常见的是局部极小值点；而在高维空间中，鞍点远远比局部极小值点（以及局部极大值点）更为常见（Dauphin et al., 2014）。

在深度学习领域，由于网络的复杂性，高维空间的函数是很常见的，因此鞍点在神经网络的优化过程中经常出现。早在 1989 年，Baldi 和 Hornik 就从理论上证明了浅层自编码器只有全局极小值和鞍点（Baldi et al., 1989），他们还发现在更深的神经网络中上述结果同样存在，不过没有给出证明。Dauphin 等（2014）通过实验发现，现如今很多实际应用的神经网络同样存在具有很多高代价鞍点的损失函数。可见，在深度学习领域，鞍点是不可避免的，那么鞍点对神经网络的优化又有哪些影响？显然，对优化算法中的牛顿法而言，众多的鞍点是非常不利的，牛顿法的目标是直接寻找梯度为零的点。如上所述，在鞍点处，函数的梯度为零或者接近零，牛顿法显然会陷入鞍点。这可能也解释了在神经网络训练中，除了计算代价高这个缺点之外二阶方法无法取代梯度下降的原因。Dauphin 等（2014）还介绍了一种二阶优化的无鞍牛顿法（saddle-free Newton method），而且此方法较传统方法而言有明显的改进，关于牛顿法的具体解释可以参见下面章节的内容。直观上看，一阶优化算法，比如梯度下降，也会受到鞍点的影响，此时参数将不会再变化。然而，在实践中梯度下降在很多情况下都可以逃离鞍点，Goodfellow 等（2015）在实验中发现，虽然在鞍点附近代价函数确实没有明显的变化，但是通过可视化梯度下降的轨迹，发现梯度下降可以较快地从鞍点附近离开，即梯度下降受到鞍点的影响甚微。

4.1.3　海森矩阵病态问题

海森矩阵（Hessian matrix）的病态问题是数值优化、凸优化中普遍存在的问题，更是深度学习领域的一大挑战，一般体现在神经网络训练过程中（训练过程即优化过程）。尤其是采用梯度下降相关方法进行训练的时候，即使学习速率非常小，也将导致训练出现"停顿"，代价函数不再下降，反而增加，关于这种病态条件的优化可以参见文献 Smagt 等（1998）和 Saarinen 等（1993）。首先，介绍一下海森矩阵，当一个函数的输入和输出都是向量，那么该函数所有偏导数值所组成的矩阵称为雅可比矩阵（Jacobian matrix），即函数 $f: R^m \to R^n$，关于 f 的雅可比矩阵为

$$J_{i,j} = \frac{\partial}{\partial x_j} f(x_i), \quad J \in R^{n \times m} \tag{4.1}$$

当对函数的导数再进行求导，那么就得到函数的二阶导数，将函数的所有二阶导数值合

并为一个矩阵，就得到了函数的海森矩阵，即

$$H_{i,j} = \frac{\partial^2}{\partial x_i \partial x_j} f(x) \tag{4.2}$$

对函数 $f(x)$ 在点 $x^{(0)}$ 处进行泰勒展开，并代入海森矩阵，可以得到

$$f(x) \approx f(x^{(0)}) + (x - x^{(0)})^{\mathrm{T}} \cdot g + \frac{1}{2} \cdot (x - x^{(0)})^{\mathrm{T}} \cdot H \cdot (x - x^{(0)}) \tag{4.3}$$

式中，g 是梯度；H 是函数的海森矩阵；右上角标 T 表示矩阵的转置。假如利用梯度下降法进行代价函数的迭代优化，r 为学习速率，那么下次迭代的 x 值是 $x^{(0)} - r \cdot g$，将新的值代入得到

$$f(x^{(0)} - r \cdot g) \approx f(x^{(0)}) - r \cdot g^{\mathrm{T}} \cdot g + \frac{1}{2} \cdot r^2 \cdot g^{\mathrm{T}} \cdot H \cdot g \tag{4.4}$$

正常情况下，上式后两项的结果会是负数，使代价函数的值不断减小。但是当海森矩阵出现病态问题时，可能导致后两项结果为正数，从而增加代价函数。而且当出现病态时，随着迭代的进行，梯度信息会以 $-r \cdot g$ 的形式增加到代价中，导致优化的"停顿"，学习会变得非常缓慢，此时需要急剧减小学习速率 r，使得优化继续进行。

海森矩阵的病态问题使得很小的数值更新导致代价函数的很大波动，从而使训练速度减缓。在数值分析问题中一个问题的条件数（condition number）是该问题在数值计算中的容易程度的衡量，也就是该问题的适定性。一个低条件数的问题称为良置的，而高条件数的问题称为病态（或者说非良置）的。矩阵的条件数可用于判断矩阵病态与否，矩阵的条件数总是大于 1 的，正交矩阵的条件数等于 1，奇异矩阵的条件数为无穷大，而病态矩阵的条件数则为比较大的数值。因此条件数越大，海森矩阵的病态问题越严重，梯度下降算法也会表现得很差。病态问题同时使学习速率的选择更加困难，学习速率的选择要防止损失函数的剧烈变化。

4.1.4　梯度爆炸

梯度爆炸问题是深层神经网络训练中可能出现的比较严重的问题，尤其在循环神经网络中最为常见（Pascanu et al., 2013）。所谓梯度爆炸就是指在网络的训练过程中会突然出现梯度异常大的情况，其表现就是在网络的优化过程中，会出现像悬崖一样的斜率较大的区域。此时利用梯度下降进行更新，会大幅度地改变参数值，很可能打破之前的参数优化效果，使之前的努力付之东流。梯度爆炸产生的原因往往是采用了较大的初始权重，加上反向传播算法链式法则中的因子相乘，一旦前面网络的权重很大，层层相乘就会使得梯度变成很大的值，出现悬崖区域，尤其在循环神经网络中，因为循环神经网络中存在大量的相乘因子。

缓解梯度爆炸问题有多种方法。第一种是采用梯度截断（gradient clipping）方法（Pascanu et al., 2013；Mikolov, 2012），顾名思义，就是在网络的优化过程中，对较大的梯度进行截断处理，限制梯度的值，得到较小的梯度更新量，以避免梯度爆炸。具体来说有两种操作可以选择：①在参数更新之前逐元素地截断梯度，使其不至于过大；②在参数更新之前截断梯度的范数 $\|g\|$，如果 $\|g\|$ 大于范数的上界 f，那么改变梯度 g 为 $(g \cdot f) / \|g\|$，并用新的梯度来更新参数。图 4.2 中圆形表示利用梯度截断方法时悬崖处的梯度下降情况，五角星表示未利用梯度截断方法的梯度下降情况。第二种针对循环神经网络可以采用 LSTM 结构，LSTM 结构可以在一定程度上缓解梯度爆炸问题，因为 LSTM 结构中将因子的连乘转化为一种相加的形式，具体可以参考第 7 章循环神经网络章节。第三种是采用预训练的方式，给网络初始化一

些比较合理的权值。第四种是采用批归一化，对权重进行归一化，可以非常有效地防止梯度爆炸。第五种是采用正则化，对网络的权重进行 L_1, L_2 正则处理，惩罚较大的权值，从而避免大权重的出现。

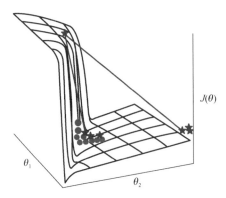

图 4.2　悬崖处的梯度下降示意图（Goodfellow et al., 2016）

4.1.5　梯度消失

与梯度爆炸一样，梯度消失也是深层神经网络训练中经常出现的问题。梯度消失是指在神经网络的优化过程中梯度值逐渐变得非常小，以至于停止对网络的更新，这种问题也可以称为神经网络的长期依赖问题，也就是相隔较远的神经元的梯度信息难以长时间保留。尤其在循环神经网络中，长时间序列的优化会构建出很深的计算图，但是更深层的神经元难以利用浅层神经元的信息，导致优化失败。梯度消失产生的原因同样是反向传播算法的链式法则，在权重初始化比较合理的时候，由于某些激活函数的导数值小于 1，比如 sigmoid 函数的导数值最大为 1/4，函数两端的导数接近 0，那么经过链式法则中的因子相乘，会导致梯度越来越小，造成梯度消失，而且随着网络层数的加大，相乘因子的增多，梯度消失问题也会越来越严重。

缓解梯度消失问题的方法也有很多。第一种是采用更加合理的激活函数，使其导数不是恒小于 1，比如 ReLU，该函数的正数部分导数恒等于 1，负数部分函数值恒等于 0，避免了小于 1 的因子相乘。第二种方法是采用批归一化，虽然在梯度消失问题中权重不是主要原因，但是通过批归一化可以使权重获得归一化，一定程度上放大了较小的权重，而且让权重主要分布在激活函数的中间区域，避免了导数为 0 的情况，因此可以缓解梯度消失。第三种可以采用残差结构（residual block），残差结构中的捷径连接（shortcut connection）部分（直接将输入连接到输出的部分）将梯度直接无损地向网络的深层传递，从而一定程度上保留了梯度的信息，缓解梯度消失现象，利用残差结构可以使网络的层数增加到上百层而不用担心梯度消失（图 4.3）。第四种对于循环神经网络依然可以采用 LSTM 结构，和防止梯度爆炸的原因一样，相加比相乘更容易保存梯度信息。

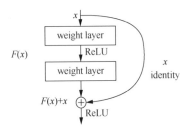

图 4.3　残差结构示意图（He et al., 2016）

weight layer: 权重层。ReLU: 线性整流函数。identity: 恒等

■4.2 梯度下降基本方法

  涉及机器学习的地方，梯度下降（gradient descent）都会被或多或少地提及。所谓"梯度下降"，就是利用梯度信息进行优化学习，这种思想在机器学习，尤其在深度学习领域是非常常见的。Werfel 等（2003）在早期网络的训练中，就使用了梯度下降方法。这里提到的梯度下降方法只是利用梯度进行优化学习的最基本、最简单的方法，后面章节会讲到其他利用梯度信息进行优化的较为复杂的算法。

  梯度下降作为优化问题的一种迭代近似求解方法被 Cauchy（1847）引入，它是一种一阶最优化算法，用于寻找函数极小值点（或者极大值点）。基本思想是对函数当前位置的点求梯度，然后沿着梯度的相反方向进行一定步长的搜索，因为该方向是当前位置最快的下降方向，不断迭代最终到达函数极小值点。如果沿着梯度方向搜索则会到达极大值点。在凸优化情况下，梯度下降法的解是全局最优解，但是一般情况下，该方法不保证得到全局最优解，而是收敛到局部最优解，因为涉及的问题往往不是凸优化问题，而是更复杂的非凸问题，在深度学习领域更是如此。梯度下降的迭代搜索示意图见图 4.4。

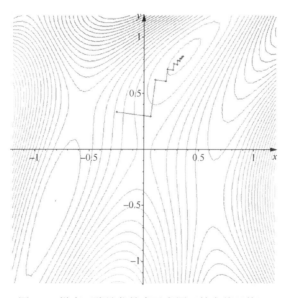

图 4.4　梯度下降迭代搜索示意图（等高线风格）

  在机器学习领域，考虑最小化目标函数的问题时，通常将目标函数写成样本数据和的形式，即

$$J(\theta)=\frac{1}{m}\sum_{i=1}^{m}J_i(\theta) \tag{4.5}$$

式中，$J(\theta)$ 就是代价函数值；m 是需要计算的样本数据的个数，优化的目标是使其最小；θ 是待优化的参数；$J_i(\theta)$ 表示训练集中第 i 个训练样本的代价函数值。梯度下降方法利用迭代的方式进行优化，迭代过程中参数的更新类似如下的形式：

$$\theta=\theta-r\cdot\nabla J(\theta)=\theta-r\cdot\frac{1}{m}\cdot\sum_{i=1}^{m}\nabla J_i(\theta) \tag{4.6}$$

式中，$\nabla J(\theta)$ 是代价函数的梯度值；r 是学习速率，反复迭代最后达到满足条件的最优值。

梯度下降法被提出之后，研究人员对该方法进行了很多探索和改进，从理论上分析鞍点、极小值点对梯度下降方法的影响（Lee et al., 2016）。Kobayashi（2017）从应用的角度观察研究梯度下降法对于 Hopfiled 网络（Hopfiled network）的训练表现。在对梯度下降法研究的过程中，形成了很多梯度下降法的变体，并成功应用于神经网络的优化过程，这些变体将在后面小节进行介绍。下面先介绍几种梯度下降的基本方法。

4.2.1 批梯度下降

批梯度下降，也叫批量梯度下降（batch gradient descent, BGD），是一种迭代搜索算法，是较早的，同时也是较经典的梯度下降方法之一。上面提到梯度下降的基本思想是向着函数当前点的梯度反方向进行调整搜索，那么在优化问题中，对应的函数就是代价函数 $J(\theta)$，需要调整的就是对应的 θ 值。调整的直观过程如图 4.5 所示。

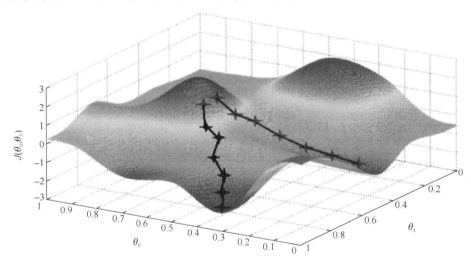

图 4.5　从不同的起始点调整 θ 的过程（θ 是二维的情况）（Ng, 2018）

如图 4.5 所示，每次迭代时，根据一定的学习速率 r，对 θ 进行调整，使得 θ 逐渐接近代价函数的极小值点，当梯度为零或者接近零时，代价函数的值也趋于稳定，算法迭代结束，此时的 θ 值就是搜索到的解。之所以称为"批量"梯度下降，是因为在算法每次迭代的时候，使用的数据是整个数据集，即利用整个数据集计算代价函数 $J(\theta)$ 的梯度值，然后取平均，并结合学习速率 r 进行调整。算法的整体流程如下。

算法 4.1　批梯度下降算法

输入：数据集 $\left\{x^{(1)}, x^{(2)}, \cdots, x^{(m-1)}, x^{(m)}\right\}$，初始化迭代次数 $t = 0$，初始化参数 θ，r 是学习速率，g_t 表示第 t 次的梯度值

输出：新的参数 θ

1　　**while** 不满足迭代停止条件

2　　　　对于含有 m 个训练数据的整个训练集 $\left\{x^{(1)}, x^{(2)}, \cdots, x^{(m-1)}, x^{(m)}\right\}$，其中 $x^{(i)}$ 对应的 y 值是 $y^{(i)}$，计算代价函数梯度：

$$g_t = \frac{1}{m} \cdot \sum_{i}^{m} \nabla_{\theta_t} J\left(f\left(x^{(i)}; \theta_t\right), y^{(i)}\right)$$

3　　　　计算参数 θ 的更新量，更新 θ 的值：

$$\Delta\theta_t = -r \cdot g_t$$
$$\theta_{t+1} = \theta_t + \Delta\theta_t$$

4　　　　更新迭代次数：$t = t + 1$

5　end while

对批梯度下降而言，学习速率 r 是一个非常重要的参数，在实际应用中，常常将学习速率 r 随着迭代次数进行线性调整，直至第 k 次迭代保持不变：

$$r_t = (1 - \alpha) \cdot r_0 + \alpha \cdot r_k \tag{4.7}$$

式中，$\alpha = \dfrac{t}{k}$，当 t 等于 k 的时候，学习速率就不再调整。一般情况下，最终的 r_k 为 r_0 大小的 1%，所以人们一般需要探索 r_0 该如何设置，假如 r_0 设置过小，那么整个学习过程会很缓慢，而且不易收敛，代价函数的值会停留在一个较大值；如果设置过大，那么学习过程会发生剧烈的震荡，代价函数值极不稳定，同样不易收敛。在实际应用中，通常需要观察和分析在前几轮迭代中不同学习率的表现，选择表现最好的一个。尽管如此，批梯度下降的效率依旧不是很高，Wilson 等（2003）以及 Nakama（2009）分别从理论上解释了批梯度下降和接下来要介绍的随机梯度下降的效率问题，表明了随机梯度下降的优越性。

4.2.2　随机梯度下降

随机梯度下降（SGD）算法，也称渐进梯度下降算法，是由传统批梯度下降算法发展而来的一种更有效的优化方法（Bottou, 1998）。

SGD 算法每次从数据集中随机选择一个样本数据 $x^{(i)}$ 进行梯度的计算和参数的更新。很显然，这样做可以大大加速梯度的计算，因为每次只需要计算一个样本数据即可，而不是像批梯度下降算法一样将数百万甚至更多的数据全部带入算法计算梯度。SGD 算法可能在处理完整个数据集之前就已基本收敛。由于算法的速度很快，SGD 可以进行在线学习（online learning），即可以一边获取训练数据，一边进行训练。"在线"地更新数据集和进行训练，而不是事先准备好全部的数据，然后一次性进行算法的训练，这样做可以更好地适应数据的变化，随时根据最新的数据调整下降的方向。Jin 等（2016）利用 SGD 的这种特性在线解决低秩矩阵的恢复问题，利用 SGD 算法对未知矩阵进行在线估计。

SGD 算法相比批梯度下降算法拥有这么多优点的同时，也存在固有的问题。由于每次随机选取样本数据进行梯度的计算和参数的更新，导致每次计算的梯度方向可能并不是下降最快的方向，这种扰动在一定程度上会影响算法的收敛速度。但是这个问题对于最后 SGD 收敛到极小值是没有影响的，就像一个是从大路缓慢前进，一个是抄小路快速前进，最终都可以到达目的地。不过从另一个方面来看，这样的随机选取也可能带来一些好处，对于类似盆地区域（即存在很多局部极小值点）的情况，这种随机选取可能会使得优化的方向从当前的局部极小值点跳到另一个更好的局部极小值点，这样对于非凸函数，可能最终收敛于一个较好的局部极值点，甚至是全局极值点。下面是 SGD 算法整体流程。

算法 4.2　随机梯度下降算法

输入：数据集 $\left\{x^{(1)},x^{(2)},\cdots,x^{(m-1)},x^{(m)}\right\}$，初始化迭代次数 $t=0$，初始化参数 θ，r 是学习速率，g_t 表示第 t 次的梯度值

输出：新的参数 θ

1　　**while** 不满足迭代停止条件

2　　　　从含有 m 个训练数据的整个训练集 $\left\{x^{(1)},x^{(2)},\cdots,x^{(m-1)},x^{(m)}\right\}$ 中随机抽取一个训练样本 $x^{(i)}$，对应的

　　　　　　y 值是 $y^{(i)}$，计算代价函数梯度：
$$g_t = \nabla_{\theta_t} J\left(f\left(x^{(i)};\theta_t\right),y^{(i)}\right)$$

3　　　　计算参数 θ 的更新量，更新 θ 的值：
$$\Delta\theta_t = -r \cdot g_t$$
$$\theta_{t+1} = \theta_t + \Delta\theta_t$$

4　　　　更新迭代次数：$t = t+1$

5　　**end while**

　　需要指出的是，在批梯度下降算法中提到的关于学习速率的动态调整也适用于 SGD 算法，而且相比批梯度下降算法，SGD 更需要对学习速率的良好把控，因为在计算梯度时，对训练数据的随机选择引入了噪声，这些噪声并不会在极值点处消失，导致代价函数不易收敛，因此需要动态调整学习速率。而在批梯度下降算法中，极值点处不存在噪声引起的误差，代价函数的真实梯度接近于 0，因此就算设置为固定的学习速率，批梯度下降算法的效果仍然可以接受。

　　SGD 算法在实践中表现良好，而且比较稳定。Hardt 等（2016）指出任何在合理时间内用随机梯度下降算法训练的模型都可以得到较小的泛化误差，无论处理凸优化还是非凸优化的情况，都得到稳定性界限，而且表明训练大型深层神经网络模型的 SGD 算法确实是稳定的。当然 SGD 在机器学习的其他领域同样很受欢迎。Sa 等（2015）在 SGD 算法的基础上提出一种用于加速低阶因子分解的迭代算法。Shamir（2016）将 SGD 用于解决主成分分析问题。

4.2.3　小批量梯度下降

　　虽然随机梯度下降算法解决了批梯度下降速度慢的问题，加快了算法的运行速度。但是每次只使用一个随机的样本来计算梯度和更新参数，容易引入噪声，造成每次迭代并不是完全向着最优化方向进行，往往使得参数在极值点处来回震荡，无法尽快收敛，而且算法的迭代次数会比较多。为了在提高算法速度的同时，提高精度，加快收敛，研究人员结合批梯度下降和随机梯度下降，提出一个折中的算法——小批量梯度下降（mini-batch gradient descent, MBGD）算法。

　　小批量梯度下降算法在每个计算步骤中，通过计算若干训练样本的梯度的均值，得到梯度的无偏估计，即每次从训练数据中随机选取一定数量的训练样本，组成"小批量"的数据，然后对小批量的数据采用批梯度下降算法进行训练，从而在更新速度和更新次数之间取得一个平衡。相对于标准的随机梯度下降算法，小批量梯度下降算法在每个步骤计算梯度的过程中使用了更多的训练样本，从而降低了收敛波动性，即降低了参数更新的方差，使得更新过程更加稳定。相对于批梯度下降算法，它提高了每次学习的速度并且不用担心内存瓶颈，从

而可以利用矩阵运算进行高效计算。通过小批量梯度下降算法进行估计，可以得到比随机梯度下降算法更好的结果，因此常常将它运用于神经网络的优化中。算法整体流程如下。

算法 4.3　小批量梯度下降算法

输入：数据集 $\left\{x^{(1)}, x^{(2)}, \cdots, x^{(m-1)}, x^{(m)}\right\}$，初始化迭代次数 $t=0$，初始化参数 θ，r 是学习速率，g_t 表示第 t 次的梯度值

输出：新的参数 θ

1　**while** 不满足迭代停止条件

2　从含有 m 个训练数据的整个训练集 $\left\{x^{(1)}, x^{(2)}, \cdots, x^{(m-1)}, x^{(m)}\right\}$ 中随机选取 n 个样本组成小批量训练集 $\left\{x^{(1)}, x^{(2)}, \cdots, x^{(n-1)}, x^{(n)}\right\}$，其中 $x^{(i)}$ 对应的 y 值是 $y^{(i)}$，计算代价函数梯度：
$$g_t = \frac{1}{n} \cdot \sum_i^n \nabla_{\theta_t} J\left(f\left(x^{(i)}; \theta_t\right), y^{(i)}\right)$$

3　计算参数 θ 的更新量，更新 θ 的值：
$$\Delta \theta_t = -r \cdot g_t$$
$$\theta_{t+1} = \theta_t + \Delta \theta_t$$

4　更新迭代次数：$t = t+1$

5　**end while**

需要说明的是，小批量梯度下降算法已经逐渐取代了上面的两种梯度下降方法，所以很多资料和文献中将小批量梯度下降算法称为"随机梯度下降算法"，简写为 SGD，即很多出现随机梯度下降算法或者 SGD 的地方实际上指的是小批量随机梯度下降算法。学习速率的动态调整策略，对于小批量梯度下降方法同样重要。另外对于"小批量"的大小选取不宜过大，否则其效率会有所下降。Bhardwaj 等（2017）以及 Keskar 等（2016）分别发现超过一定大小的批量值会显著影响网络的表现。

既然小批量梯度下降算法每次选取一定数量的数据进行批梯度下降，那么如果有两个选取不同数据的小批量梯度下降过程，这两个过程就是互不影响的。因此结合分布式硬件或者共享内存机制，就可以实现小批量梯度下降算法的并行化，加快收敛的速度。Zinkevich 等（2010）提出了第一个并行小批量梯度下降算法，Huo 等（2016）从理论上分析了另一种随机梯度下降算法的变体的并行实现。显然，并行的方法在数据巨大的时候更能发挥其作用，可以极大地加速神经网络的训练。

■4.3　动量

4.3.1　动量法

动量（momentum）法是对小批量随机梯度下降算法的一种改进，同样是为了加快梯度下降的速度（Polyak, 1964）。动量，是物理学的一个概念，表示为物体的质量和速度的乘积，代表这个物体在它原来运动方向上保持运动的趋势的大小。动量法之所以叫这个名称，和动量的含义必然是脱不了关系的，下面将仔细说明这一点。

假如将算法的优化比作小球从山上下降的过程，那么梯度下降方法就像是小球每次在某一个位置，先找到眼下坡度最陡峭的地方然后从那里下降，之后到达新的位置，速度减为零，

重新寻找最陡峭的地方，如此循环往复到达最底部。而动量法则是每次保留上次下降时的速度，然后在新的位置寻找到最陡峭的地方，结合上次的速度下降。所以动量法在梯度下降的基础上累计了之前梯度方向的衰减值，并且结合累计的梯度方向和新计算的梯度方向共同决定下一步的移动方向，与经典的梯度下降算法不同的是，动量法更倾向于保持在相同方向上前进，以防止震荡的产生。

梯度下降算法每次迭代就重新计算梯度方向，并沿着新的梯度方向下降，而动量法则是在上一次梯度的基础上进行修正，得到新的下降方向，需要指出的是动量法在一定程度上克服了海森矩阵的病态问题。图 4.6 可以看作一个具有病态问题的二次函数，表现为一个细长而窄的山谷，动量法可以快速穿过山谷到达底端，而梯度下降算法则会在山谷两侧来回移动，缓慢到达底端。

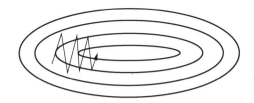

（a）无动量的梯度下降　　　　　　　　（b）带有动量的梯度下降

图 4.6　无动量和带有动量的梯度下降的比较（Ruder, 2016）

为了达到动量法的目的，算法引入了一个新的变量——速度 v。v 累计了之前的梯度，而且引入衰减率 α，表示之前梯度对当前方向的影响程度，α 越高表明影响程度越大，具体的算法流程如下。

算法 4.4　momentum 算法

输入：数据集 $\left\{x^{(1)}, x^{(2)}, \cdots, x^{(m-1)}, x^{(m)}\right\}$，初始化迭代次数 $t=0$，初始化速度 $v_0=0$，初始化衰减率 α，初始化参数 θ，r 是学习速率，g_t 表示第 t 次的梯度值

输出：新的参数 θ

1　　**while** 不满足迭代停止条件

2　　　　对于从训练数据中采集的 m 个小批量样本 $\left\{x^{(1)}, x^{(2)}, \cdots, x^{(m-1)}, x^{(m)}\right\}$，其中 $x^{(i)}$ 对应的 y 值是 $y^{(i)}$，计算代价函数梯度：

$$g_t = \frac{1}{m} \cdot \sum_{i}^{m} \nabla_{\theta_t} J\left(f\left(x^{(i)}; \theta_t\right), y^{(i)}\right)$$

3　　　　计算速度值 v：

$$v_{t+1} = \alpha \cdot v_t - r \cdot g_t$$

4　　　　计算参数 θ 的更新量，更新 θ 的值：

$$\Delta \theta_t = v_{t+1}$$
$$\theta_{t+1} = \theta_t + \Delta \theta_t$$

5　　　　更新迭代次数：$t = t+1$

6　　**end while**

一般在实践中衰减率 α 取值为 0.5、0.9 或 0.99，而且也会随着迭代次数和时间不断调整，常常一开始是一个较小的值，随后会慢慢变大。可以这样来理解现在的更新值 $\Delta \theta$，即速度 v。

之前 $\Delta\theta$ 仅仅取决于当前梯度和学习速率的乘积，但是现在 $\Delta\theta$ 和历史梯度也有关系。假如历史梯度和当前梯度方向相同，那么会在这个方向上更快地下降。如果历史梯度和当前梯度方向不同，那么会在当前梯度方向减缓下降。假如每次梯度方向总是类似的，那么下降速度将达到极限，可以知道此时

$$\Delta\theta = \frac{r \cdot g}{1 - \alpha} \tag{4.8}$$

当衰减率 α 取值为 0.5、0.9 和 0.99 时，分别表示下降速度是 SGD 算法的 2 倍、10 倍和 100 倍。

动量法虽然很早就被提出，但是对动量算法的研究改进一直都在进行，比如 Dozat（2016）将动量法结合到适应性矩估计（adaptive moment estimation, Adam）算法，从而提升性能形成新算法。而且动量法在神经网络的实际优化中经常被使用，在最近几年提出的对抗生成网络的研究中，动量法被用于网络的优化，在训练中 α 初始为 0.5，随着训练增加到 0.7（Mirza et al., 2014）。

4.3.2　Nesterov 动量法

Nesterov 动量法是动量法的变种。虽然名称叫作 Nesterov momentum，但却不是 Nesterov 正式提出的，Nesterov（2004，1983）首先提出了一种加速梯度算法，随后 Sutskever 等（2013）根据这个算法，提出了动量法的改进算法——Nesterov 动量法。

Nesterov 动量法和原始动量法的区别就在于梯度的计算，在 Nesterov 动量法中，梯度计算使用的参数 θ 是根据当前速度 v 更新之后的，可以表示为 $\tilde{\theta}$：

$$\tilde{\theta} = \theta + \alpha \cdot v \tag{4.9}$$

$$g = \frac{1}{m} \cdot \sum_{i}^{m} \nabla_{\tilde{\theta}} J\left(f\left(x^{(i)}; \tilde{\theta}\right), y^{(i)}\right) \tag{4.10}$$

可以将 Nesterov 动量法视作加了一个校正因子的原始动量法，Nesterov 动量法并不是在原来位置更新梯度（这是动量法的做法），而是在上次动量更新的位置更新梯度。利用图示简单解释一下 Nesterov 动量法和动量法的区别，见图 4.7。

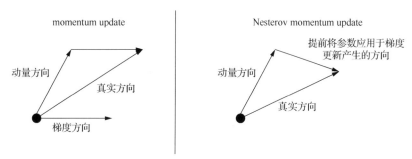

图 4.7　Nesterov 动量法和动量法更新方式的比较（Anon, 2018）

momentum update：动量更新。Nesterov momentum update：Nesterov 动量更新

算法的整体流程如下。

算法 4.5　Nesterov momentum 算法

输入： 数据集 $\left\{x^{(1)}, x^{(2)}, \cdots, x^{(m-1)}, x^{(m)}\right\}$，初始化迭代次数 $t = 0$，初始化速度 $v_0 = 0$，初始化衰减率 α，初始

化参数 θ， r 是学习速率， g_t 表示第 t 次的梯度值， $\tilde{\theta}_t$ 表示第 t 次的临时更新参数

输出：新的参数 θ

1　**while** 不满足迭代停止条件

2　　对于从训练数据中采集的 m 个小批量样本 $\{x^{(1)},x^{(2)},\cdots,x^{(m-1)},x^{(m)}\}$，其中 $x^{(i)}$ 对应的 y 值是 $y^{(i)}$，进行临时更新：

$$\tilde{\theta}_t = \theta_t + \alpha \cdot v_t$$

3　　计算代价函数梯度：

$$g_t = \frac{1}{m}\cdot\sum_i^m \nabla_{\tilde{\theta}_t} J\left(f\left(x^{(i)};\tilde{\theta}_t\right),y^{(i)}\right)$$

4　　计算速度值 v：

$$v_{t+1} = \alpha \cdot v_t - r \cdot g_t$$

5　　计算参数 θ 的更新量，更新 θ 的值：

$$\Delta\theta_t = v_{t+1}$$
$$\theta_{t+1} = \theta_t + \Delta\theta_t$$

6　　更新迭代次数： $t = t+1$

7　**end while**

Botev 等（2016）在动量法和 Nesterov 动量法基础上又提出了一种新的方法，称为正则化梯度下降。

■4.4　自适应学习率算法

自适应学习率算法是在小批量梯度下降算法的基础上，对学习速率进行自适应调节的算法。虽然小批量梯度下降算法在机器学习以及浅层神经网络的大部分优化问题上表现良好，但是由于梯度爆炸和梯度消失问题的存在，加上神经网络的结构复杂性和层数的增加，小批量梯度下降算法在神经网络的训练中，尤其是深层神经网络的训练中，效果并不理想，因此产生了一系列更加适用于神经网络优化的自适应学习率算法。

在神经网络的训练中，学习速率 r 是一个非常重要，并且十分难以设置的超参数。对很多神经网络的优化算法而言，学习速率设置得合适与否将会非常大地影响到神经网络的训练效果，而往往学习速率相差一点，算法的表现就会大相径庭。换句话说，神经网络的优化对学习速率 r 十分敏感，因此难以设置。虽然动量法在一定程度上缓解了这种敏感性，但是也引入了新的超参数。本节将介绍一些可以在优化的过程中自动适应学习速率的算法。需要指出的是，没有哪个自适应学习率优化算法是最好的，Schaul 等（2013）对多种优化算法进行大量的实验，从结果上看虽然有的算法的表现好过其他算法，但是没有哪个算法的表现是最优异的。

在正式介绍一些自适应学习率算法之前，先介绍一个早期的自适应学习率策略。Jacobs（1988）的策略是假如代价函数的梯度保持相同的符号，那么速率增加，假如符号发生变化，那么速率减小。Riedmiller 等（1993）也采用了类似的策略，并提出 Rprop 优化算法，在 Rprop 优化算法中，只考虑梯度的符号来调整学习速率：

$$\theta_{t+1} = \theta_t - r \cdot I\left(\nabla_{\theta_t} > 0\right) + r \cdot I\left(\nabla_{\theta_t} < 0\right) \tag{4.11}$$

式中，$I(\cdot)$ 表示指示器功能，即满足括号中条件时表达式为 1，不满足时为 0；θ_t 表示待优化的参数；r 表示学习速率；∇_{θ_t} 是参数的梯度（Wang et al., 2017）。这种策略现在已经很少使用了，但是这种思想值得重新思考研究。

4.4.1 Adagrad 算法

上文提到，假如在训练、优化的过程中，学习速率始终不变，将会很大程度上影响收敛的速度，更加合适的方法是，在训练的过程中，依据实时的参数状态动态调整学习速率。Duchi 等（2011）提出的 Adagrad 算法就是一个自适应学习速率算法。该算法的出发点是，对于神经网络训练中的所有参数，不应该采用同一个学习速率，而是每个参数单独根据自己的更新状态来调整自己的学习速率。比如有些参数已经接近收敛，只需要稍微调整即可；有些参数可能还没有被大幅度调整，需要较大的学习速率来增加收敛的速度。

根据这样的思想，Adagrad 算法将较大的学习速率分配给那些更新幅度还很小的参数，将较小的学习速率分配给那些更新幅度已经很大的参数。算法通过对历史梯度的积累来实现：

$$S_{t+1} = S_t + g_t \cdot g_t \tag{4.12}$$

式中，S_t 表示历史梯度平方累计值。此时参数的更新值 $\Delta\theta_t$ 不再等于梯度乘以学习速率，而是对学习速率增加了新的约束：

$$\Delta\theta_t = -\frac{r}{\sqrt{S_{t+1}+\varepsilon}} \cdot g_t \tag{4.13}$$

式中，r 是学习速率；ε 为一个很小的常数。由于约束的存在，在优化的前期梯度 g_t 较小的时候，放大学习速率；后期梯度 g_t 较大的时候，可以自适应地缩小学习速率。整个算法流程如下。

算法 4.6 Adagrad 算法

输入： 数据集 $\{x^{(1)}, x^{(2)}, \cdots, x^{(m-1)}, x^{(m)}\}$，初始化迭代次数 $t=0$，$S_0=0$，初始化参数 θ，r 是学习速率，g_t 表示第 t 次的梯度值

输出： 新的参数 θ

1   **while** 不满足迭代停止条件

2   对于从训练数据中采集的 m 个小批量样本 $\{x^{(1)}, x^{(2)}, \cdots, x^{(m-1)}, x^{(m)}\}$，其中 $x^{(i)}$ 对应的 y 值是 $y^{(i)}$，计算代价函数梯度：

$$g_t = \frac{1}{m} \cdot \sum_i^m \nabla_{\theta_t} J\left(f\left(x^{(i)};\theta_t\right), y^{(i)}\right)$$

3   累计梯度的平方：

$$S_{t+1} = S_t + g_t \cdot g_t$$

4   计算参数 θ 的更新量，更新 θ 的值，ε 约为 10^{-6}，防止学习速率约束项的分母为 0：

$$\Delta\theta_t = -\frac{r}{\sqrt{S_{t+1}+\varepsilon}} \cdot g_t$$
$$\theta_{t+1} = \theta_t + \Delta\theta_t$$

5   更新迭代次数：$t = t+1$

6   **end while**

Dean 等（2012）的研究发现，Adagrad 算法能够很好地提高 SGD 的鲁棒性，因此，谷歌

研究员便使用 Adagrad 算法训练大规模神经网络，实现了 Word2vec 模型（Mikolov et al., 2013）。
Pennington 等（2014）在 GloVe 中同样使用 Adagrad 算法来训练网络，并最终得到高质量的
词向量（word embeddings），频繁出现的单词被赋予较小的更新，不经常出现的单词则被赋予
较大的更新。此外 Kalchbrenner 等（2014）还利用 Adagrad 算法训练一种语言模型。Hadgu
等（2015）在 Apache Spark 集群计算引擎上实现了分布式的 Adagrad 算法，适应大规模数据
集。虽然 Adagrad 算法在理论上有很好的收敛性质，但是依然存在不少的问题。由 Adagrad
算法的公式可以看出，算法依然需要人工指定全局学习速率 r，而且当 r 较大的时候约束项会
非常敏感，使学习速率 r 波动很大。另外当历史梯度累积到一定值的时候，学习速率将被约
束为一个非常非常小的值，导致结果 $\Delta\theta_t$ 几乎为零，参数过早地停止更新。

　　Mukkamala 等（2017）依据在线学习的分析方法，对 Adagrad 算法在强凸函数的情况下
的表现提出了质疑，并提出新的改进算法 SC-Adagrad 算法。首先简单介绍一下在线学习背景
下算法性能的度量标准——遗憾值（regret value）。在每一个迭代次数 t 中，优化算法选择一
个点（即代表模型的参数）$\theta_t \in F$，其中 $F \in R^d$，表示可行的一组点（解），则可以得到损失
函数 $f_t(\theta_t)$，那么算法的遗憾值可以表示为 $R_T = \sum_{t=1}^{T} f_t(\theta_t) - \min_{\theta \in F} \sum_{t=1}^{T} f_t(\theta)$，其中 T 表示算法总的
迭代次数，并且假设对于所有的 $t \in [T], \theta \in F$，可行集合 F 是有界的且等于 $\|\nabla f_t(\theta)\|_\infty$。在线
学习理论中遗憾值是衡量算法好坏的非常重要的一个标准，大体上来说遗憾值的复杂度越低，
算法在实践中的性能越好。Adagrad 算法的遗憾值复杂度为 $O(\sqrt{T})$，其中 T 可以理解为算法
更新的次数，而 SC-Adagrad 算法在强凸函数的情况下遗憾值复杂度可以达到 $O(\log(T))$。其
主要的原因在于算法对学习速率 r 的衰减力度加大了，由除以 $\sqrt{S_{t+1}}$ 变为除以 S_{t+1}，同时改变
了常数 ε，使其变成一个关于迭代次数 t 的函数。理由为，在 Adagrad 算法中，这个小常数的
作用是防止分母为 0，出于数值考虑。但是在新的算法中，由于除以 S_{t+1}，那么当梯度值 g_t 非
常小的时候，比如达到了 ε 的量级，如果小常数依然选择非常小的数值，$\dfrac{g_t}{S_{t+1} + \varepsilon}$ 的值将会变
得非常大，导致梯度的更新量非常大，使优化过程不稳定。因此，新的算法引入另外两个常
数 $\xi_1 > 0, \xi_2 > 0$，并且都是接近"1"的量级，然后按照 $\varepsilon_t = \xi_2 \cdot e^{-\xi_1 \cdot S_t}$ 来更新 ε 的值，在实践中
可设置 $\xi_1 = \xi_2 = 0.1$。算法的具体推导可以参见原文，这里给出简单的流程。

算法 4.7　SC-Adagrad 算法

输入：数据集 $\left\{x^{(1)}, x^{(2)}, \cdots, x^{(m-1)}, x^{(m)}\right\}$，初始化迭代次数 $t = 0$，$S_0 = 0$，$\xi_1 = \xi_2 = 0.1$，初始化参数 θ，r 是
学习速率，g_t 表示第 t 次的梯度值

输出：新的参数 θ

1　　**while** 不满足迭代停止条件

2　　　　对于从训练数据中采集的 m 个小批量样本 $\left\{x^{(1)}, x^{(2)}, \cdots, x^{(m-1)}, x^{(m)}\right\}$，其中 $x^{(i)}$ 对应的 y 值是 $y^{(i)}$，
　　　　计算代价函数梯度：

$$g_t = \frac{1}{m} \cdot \sum_{i}^{m} \nabla_{\theta_t} J\left(f\left(x^{(i)}; \theta_t\right), y^{(i)}\right)$$

3　　　　累计梯度的平方：

$$S_{t+1} = S_t + g_t \cdot g_t$$

4 计算 ε 的值：

$$\varepsilon_{t+1} = \xi_2 \cdot e^{-\xi_1 \cdot S_{t+1}}$$

5 计算参数 θ 的更新量，更新 θ 的值：

$$\Delta\theta_t = -\frac{r}{S_{t+1} + \varepsilon_{t+1}} \cdot g_t$$

$$\theta_{t+1} = \theta_t + \Delta\theta_t$$

6 更新迭代次数：$t = t + 1$

7 **end while**

4.4.2 RMSprop 算法

RMSprop 算法是基于 Adagrad 算法和 Rprop 算法的一种修改，由 Hinton（2012）提出，并且该方法在 Hinton 等（2012）的 Coursera 课程的演示课件中也有提及。RMSprop 算法将遥远的历史梯度丢弃，只是加权保留最近的历史梯度。Adagrad 算法对于凸问题的优化效果很好，而对于非凸问题，优化效果并不是非常理想，因为在没有到达一个凸区域之前，可能 Adagrad 算法就将学习速率变得太小了。为了防止学习速率过早变小，RMSprop 算法采用移动平均，以指数衰减的速度丢弃遥远的历史梯度，同时引入了一个新的超参数 ρ，用于移动平均，一般设为 0.9：

$$S_{t+1} = \rho \cdot S_t + (1-\rho) \cdot g_t^2 \tag{4.14}$$

进行求根操作，就得到历史梯度均方根（root mean square, RMS）$\sqrt{S_{t+1}}$ 形成对学习速率的约束，如此一来，学习速率就可以拥有更长的存活时间。理论上讲在非凸情况下 RMSprop 算法找到的极值点比 Adagrad 算法的更好些，RMSprop 算法更适合处理非平稳目标，对于循环神经网络的效果很好，算法的整体流程如下。

算法 4.8 RMSprop 算法

输入：数据集 $\{x^{(1)}, x^{(2)}, \cdots, x^{(m-1)}, x^{(m)}\}$，初始化迭代次数 $t = 0$，$S_0 = 0$，初始化参数 θ，初始化移动平均参数 ρ，r 是学习速率，g_t 表示第 t 次的梯度值

输出：新的参数 θ

1 **while** 不满足迭代停止条件

2 对于从训练数据中采集的 m 个小批量样本 $\{x^{(1)}, x^{(2)}, \cdots, x^{(m-1)}, x^{(m)}\}$，其中 $x^{(i)}$ 对应的 y 值是 $y^{(i)}$，计算代价函数梯度：

$$g_t = \frac{1}{m} \cdot \sum_i^m \nabla_{\theta_t} J\left(f\left(x^{(i)}; \theta_t\right), y^{(i)}\right)$$

3 计算历史梯度平方的移动平均：

$$S_{t+1} = \rho \cdot S_t + (1-\rho) \cdot g_t^2$$

4 计算参数 θ 的更新量，更新 θ 的值，ε 约为 10^{-6}，防止学习速率约束项的分母为 0：

$$\Delta\theta_t = -\frac{r}{\sqrt{S_{t+1}} + \varepsilon} \cdot g_t$$

$$\theta_{t+1} = \theta_t + \Delta\theta_t$$

5 更新迭代次数：$t = t + 1$

6 **end while**

另外，RMSprop 算法也可以结合 Nesterov 动量法形成新的算法，算法流程如下。

算法 4.9　结合 Nesterov 动量法的 RMSprop 算法

输入：数据集 $\left\{x^{(1)},x^{(2)},\cdots,x^{(m-1)},x^{(m)}\right\}$，初始化迭代次数 $t=0$，$S_0=0$，$v_0=0$，初始化参数 θ，初始化衰减率 α，初始化移动平均参数 ρ，r 是学习速率，g_t 表示第 t 次的梯度值，$\tilde{\theta}_t$ 表示第 t 次的临时更新参数

输出：新的参数 θ

1　**while** 不满足迭代停止条件

2　　　对于从训练数据中采集的 m 个小批量样本 $\left\{x^{(1)},x^{(2)},\cdots,x^{(m-1)},x^{(m)}\right\}$，其中 $x^{(i)}$ 对应的 y 值是 $y^{(i)}$，计算临时更新值：

$$\tilde{\theta}_t = \theta_t + \alpha \cdot v_t$$

3　　　计算代价函数梯度：

$$g_t = \frac{1}{m}\cdot\sum_i^m \nabla_{\tilde{\theta}_t} J\left(f\left(x^{(i)};\tilde{\theta}_t\right),y^{(i)}\right)$$

4　　　计算历史梯度平方的移动平均：

$$S_{t+1} = \rho \cdot S_t + (1-\rho)\cdot g_t^2$$

5　　　计算速度值 v：

$$v_{t+1} = \alpha \cdot v_t - \frac{r}{\sqrt{S_{t+1}}}\cdot g_t$$

6　　　计算参数 θ 的更新量，更新 θ 的值：

$$\Delta\theta_t = v_{t+1}$$
$$\theta_{t+1} = \theta_t + \Delta\theta_t$$

7　　　更新迭代次数：$t=t+1$

8　**end while**

可以看出，RMSprop 算法仍然依赖于全局学习速率 r，但是在实践中，RMSprop 算法已被广泛应用于深度神经网络的优化。Dauphin 等（2015）在 RMSprop 算法的基础上，提出了一个新的变种，称为 ESGD 算法。与 SC-Adagrad 算法类似，Mukkamala 等（2017）提出 RMSprop 算法的改进算法 SC-RMSprop 算法，并且拥有 $O(\log(T))$ 的遗憾值复杂度。值得注意的是，论文中为了证明 RMSprop 算法的遗憾值复杂度是 $O\left(\sqrt{T}\right)$，对原始算法进行了一些修改，将算法中的权值参数 ρ、学习速率 r 以及常数 ε 都修改为随迭代次数 $t(t\geqslant 1)$ 更新的形式，具体为 $\rho_t = 1-\frac{1}{t}, r_t=\frac{r}{\sqrt{t}}, \varepsilon_t=\frac{\xi}{\sqrt{t}}$，其中 $\xi=10^{-8}$。SC-RMSprop 算法同样将除以 $\sqrt{S_{t+1}}$ 变为了除以 S_{t+1}，同时使权值参数 ρ、学习速率 r、常数 ε 都变成关于迭代次数 t 的函数，算法的推导和 SC-Adagrad 的推导类似，这里给出算法流程。

算法 4.10　SC-RMSprop 算法

输入：数据集 $\left\{x^{(1)},x^{(2)},\cdots,x^{(m-1)},x^{(m)}\right\}$，初始化迭代次数 $t=0$，$S_0=0$，$\xi_1=\xi_2=0.1$，初始化参数 θ，初始化移动平均参数 ρ，r 是学习速率，g_t 表示第 t 次的梯度值

输出：新的参数 θ

1　**while** 不满足迭代停止条件

2　　　对于从训练数据中采集的 m 个小批量样本 $\left\{x^{(1)},x^{(2)},\cdots,x^{(m-1)},x^{(m)}\right\}$，其中 $x^{(i)}$ 对应的 y 值是 $y^{(i)}$，

计算代价函数梯度：

$$g_t = \frac{1}{m} \cdot \sum_i^m \nabla_{\theta_t} J\left(f\left(x^{(i)}; \theta_t\right), y^{(i)}\right)$$

3   计算 ρ ：

$$\rho_{t+1} = 1 - \frac{1}{t+1}$$

4   计算历史梯度平方的移动平均：

$$S_{t+1} = \rho_{t+1} \cdot S_t + \left(1 - \rho_{t+1}\right) \cdot g_t^2$$

5   计算 ε 和 r ：

$$\varepsilon_{t+1} = \frac{\xi_2 \cdot e^{-\xi_1 \cdot S_{t+1}}}{t+1}, r_{t+1} = \frac{r}{t+1}$$

6   计算参数 θ 的更新量，更新 θ 的值：

$$\Delta\theta_t = -\frac{r_{t+1}}{S_{t+1} + \varepsilon_{t+1}} \cdot g_t$$

$$\theta_{t+1} = \theta_t + \Delta\theta_t$$

7   更新迭代次数： $t = t+1$

8   **end while**

需要说明的是，在实际应用中，有时候会简化 RMSprop 算法，不采用梯度的均方根，而是直接采用梯度平方的移动均值，即计算过梯度 g_t 之后，参数更新规则改为

$$S_{t+1} = \rho \cdot S_t + \left(1 - \rho\right) \cdot g_t^2 \tag{4.15}$$

$$\Delta\theta_t = -\frac{r}{S_{t+1} + \varepsilon} \cdot g_t \tag{4.16}$$

$$\theta_{t+1} = \theta_t + \Delta\theta_t \tag{4.17}$$

4.4.3   AdaDelta 算法

AdaDelta 算法（Zeiler, 2012）是对 Adagrad 算法的改进，而且和 RMSprop 算法有类似的地方，不过 AdaDelta 算法和 RMSprop 算法是在同一年被各自独立提出的。

AdaDelta 算法的提出者在研究了 Adagrad 算法之后，提出了和 RMSprop 算法几乎一样的自适应优化算法，同样是对历史梯度求加权均方，用来衰减遥远的历史梯度，然后在约束学习速率时对均方开方，得到均方根，具体的算法流程可以参见 RMSprop 算法。由于这种算法已经被 Hinton 命名为 RMSprop，而且算法并没有实现学习速率的完全自适应，为了解决这个问题，Zeiler 开始研究一阶优化算法和二阶优化算法的近似关系，提出了一阶近似海森矩阵方法，不依赖于全局学习速率，这里简单描述一下算法思想，具体可以参考原文。首先和 RMSprop 算法相似，AdaDelta 算法同样利用一个权值参数 ρ 作为衰减速率，以抛弃遥远的梯度均方累计，提出更新量的形式为

$$\Delta\theta_t = -\frac{r}{\sqrt{S_t + \varepsilon}} \cdot g_t \tag{4.18}$$

式中， S_t 表示历史梯度平方的移动均值； ε 是一个很小的常数。之后，对一阶方法和二阶方法进行对比分析，发现在一阶方法中，参数 θ 的更新量 $\Delta\theta$ 正比于 $1/\theta$ ，而二阶方法中正比于 θ ，即一阶方法参数逐渐变大的时候，梯度反而成倍缩小，而二阶方法中参数逐渐变大的时候，梯度不受影响，因此二阶方法较一阶方法的效果更好。因此这里利用二阶方法改进原来

的算法，并对二阶方法进行新的变换推导，有

$$
\Delta\theta \approx \frac{\dfrac{\partial J}{\partial \theta}}{\dfrac{\partial^2 J}{\partial \theta^2}}
\tag{4.19}
$$

式中，J 表示损失函数；θ 为待优化的损失函数中的参数。进而上式可以转化为

$$
\frac{1}{\dfrac{\partial^2 J}{\partial \theta^2}} = \frac{\Delta\theta}{\dfrac{\partial J}{\partial \theta}}
\tag{4.20}
$$

下一步分别利用 $\Delta\theta$ 和 g_t 的历史均方根来近似：

$$
\frac{1}{\dfrac{\partial^2 J}{\partial \theta^2}} = \frac{\Delta\theta}{\dfrac{\partial J}{\partial \theta}} \approx -\frac{\sqrt{Z_{t-1}}}{\sqrt{S_t}}
\tag{4.21}
$$

式中，Z_{t-1} 表示 $\Delta\theta$ 平方的移动均值，最终得到一阶近似以及新的参数更新形式：

$$
\Delta\theta_t = -\frac{\sqrt{Z_{t-1}+\varepsilon}}{\sqrt{S_t+\varepsilon}} \cdot g_t
\tag{4.22}
$$

AdaDelta 算法完整流程如下。

算法 4.11   AdaDelta 算法

输入： 数据集 $\left\{x^{(1)},x^{(2)},\cdots,x^{(m-1)},x^{(m)}\right\}$，初始化迭代次数 $t=1$，$S_0=Z_0=0$，初始化参数 θ，初始化移动平均参数 ρ，g_t 表示第 t 次的梯度值

输出： 新的参数 θ

1　**while** 不满足迭代停止条件

2　　对于从训练数据中采集的 m 个小批量样本 $\left\{x^{(1)},x^{(2)},\cdots,x^{(m-1)},x^{(m)}\right\}$，其中 $x^{(i)}$ 对应的 y 值是 $y^{(i)}$，
　　计算代价函数梯度：

$$
g_t = \frac{1}{m} \cdot \sum_{i}^{m} \nabla_{\theta_t} J\left(f\left(x^{(i)};\theta_t\right),y^{(i)}\right)
$$

3　　计算历史梯度平方的移动平均：

$$
S_t = \rho \cdot S_{t-1} + (1-\rho) \cdot g_t^2
$$

4　　计算参数 θ 的更新量，ε 约为 10^{-6}，防止学习速率约束项的分母为 0：

$$
\Delta\theta_t = -\frac{\sqrt{Z_{t-1}+\varepsilon}}{\sqrt{S_t+\varepsilon}} \cdot g_t
$$

5　　更新 $\Delta\theta$ 平方的移动均值：

$$
Z_t = \rho \cdot Z_{t-1} + (1-\rho) \cdot \Delta\theta_t^2
$$

6　　更新 θ 的值：

$$
\theta_{t+1} = \theta_t + \Delta\theta_t
$$

7　　更新迭代次数：$t = t+1$

8　**end while**

AdaDelta 论文中采用的 $\rho = 0.95$。可以看到 AdaDelta 算法利用参数 θ 的均方根除以梯度均方根来近似海森矩阵方法，从而避免了全局学习速率的使用。AdaDelta 算法的效果也不是完美的，在训练的前中期 AdaDelta 算法加速效果很不错，但是到了后期，AdaDelta 算法会反

复在极值点处抖动。

4.4.4 Adam 算法

由 Kingma 等（2014）提出的 Adam 算法是最受欢迎的一种自适应学习速率算法。Adam 全称是自适应矩估计。在概率论中，如果一个随机变量 X 服从于某个分布，那么 X 的一阶矩 是 $E[X]$，也就是它的均值，X 的二阶矩就是 $E[X^2]$，也就是 X 平方的均值。Adam 算法根据 参数梯度的一阶矩估计和二阶矩估计动态调整每个参数的学习速率。Adam 算法可以说是目 前深度学习优化中使用最为广泛、效果最好的优化算法，而且稳定，收敛速度快，不存在提 前收敛的问题。

Adam 算法像是动量法和 RMSprop 算法的结合，算法将动量项直接并入了梯度的一阶矩估 计中，同时 Adam 算法和 RMSprop 算法一样利用了梯度的平方项，体现在梯度的二阶矩估计中， Adam 利用梯度的一阶、二阶矩估计，动态调整每个参数的学习速率，而且经过偏置校正后， 每次迭代的学习速率都有一定范围，避免了参数的大幅度变化。Adam 算法的完整流程如下。

算法 4.12 Adam 算法

输入：数据集 $\left\{x^{(1)}, x^{(2)}, \cdots, x^{(m-1)}, x^{(m)}\right\}$，初始化迭代次数 $t=0$，一阶和二阶矩变量 $m_0 = n_0 = 0$，学习速率 $r = 0.001$，指数衰减参数 ρ_1 和 ρ_2 在 $[0,1)$ 范围，默认为 $\rho_1 = 0.9$，$\rho_2 = 0.999$，初始化参数 θ，g_t 表示第 t 次的梯度值

输出：新的参数 θ

1 **while** 不满足迭代停止条件

2 对于从训练数据中采集的 m 个小批量样本 $\left\{x^{(1)}, x^{(2)}, \cdots, x^{(m-1)}, x^{(m)}\right\}$，其中 $x^{(i)}$ 对应的 y 值是 $y^{(i)}$，
   计算代价函数梯度：

$$g_t = \frac{1}{m} \cdot \sum_i^m \nabla_{\theta_t} J\left(f\left(x^{(i)}; \theta_t\right), y^{(i)}\right)$$

3 更新有偏一阶矩估计：

$$m_{t+1} = \rho_1 \cdot m_t + (1 - \rho_1) \cdot g_t$$

4 更新有偏二阶矩估计：

$$n_{t+1} = \rho_2 \cdot n_t + (1 - \rho_2) \cdot g_t^2$$

5 修正一阶矩的偏差：

$$\hat{m}_{t+1} = \frac{m_{t+1}}{1 - \rho_1^{t+1}} \quad (\rho_1^t \text{ 表示 } t \text{ 次幂})$$

6 修正二阶矩的偏差：

$$\hat{n}_{t+1} = \frac{n_{t+1}}{1 - \rho_2^{t+1}} \quad (\rho_2^t \text{ 表示 } t \text{ 次幂})$$

7 计算参数 θ 的更新量，ε 约为 10^{-8}，防止学习速率约束项的分母为 0：

$$\Delta\theta_t = -r \cdot \frac{\hat{m}_{t+1}}{\sqrt{\hat{n}_{t+1}} + \varepsilon}$$

8 更新 θ 的值：

$$\theta_{t+1} = \theta_t + \Delta\theta_t$$

9 更新迭代次数：$t = t + 1$

10 **end while**

可以看到算法更新梯度的指数移动值为均值 m_t 和平方梯度 n_t，而参数 ρ_1 和 ρ_2 控制了这些移动值（m_t 和 n_t）的指数衰减率，其中 m_t 和 n_t 是对梯度的一阶矩估计和二阶矩估计，可以看作是对 $E[g_t]$ 和 $E[g_t^2]$ 的估计。然而因为这些移动值初始化为 0，在初始时间步和衰减率非常小（即 ρ_1 和 ρ_2 接近 1 的时候）的情况下，矩估计值会趋向 0。但好消息是，初始化偏差很容易抵消，因此可以得到偏差修正的估计 $\hat{m}_t$ 和 $\hat{n}_t$，此时可以看作对 $E[g_t]$ 和 $E[g_t^2]$ 的无偏估计，接着按照约束对参数 θ 进行动态更新。Adam 算法的调参非常简单，在实践中几乎只使用默认参数就可以完成大部分任务。此外，Adam 算法梯度的对角缩放具有不变性，所以很适合求解带有大规模数据或参数的问题，该算法同样适用于解决大噪声和稀疏梯度的非稳态（non-stationary）问题。下面详细说明一下算法是如何做到将每次迭代学习的学习速率都控制在一定范围内，并且如何修正初始化偏差的。

Adam 算法每次更新都可以谨慎地选择学习速率的大小，将速率控制在一定范围内。假设 $\varepsilon = 0$，那么在时间步 t 下，有效学习速率可以表示为 $\Delta_t = r \cdot \hat{m}_t / \sqrt{\hat{n}_t}$，这个有效学习速率有两个上确界，在 $(1 - \rho_1) > \sqrt{1 - \rho_2}$ 时，有效学习速率的上确界满足 $|\Delta_t| \leqslant r \cdot (1 - \rho_1) / \sqrt{1 - \rho_2}$，其他情况下满足 $|\Delta_t| \leqslant r$。第一种情况只有在非常稀疏的情况下才会发生，即当梯度除了当前时间步不为零且其他都为零时。而在不那么稀疏的情况下，有效学习速率将会变得更小。当 $(1 - \rho_1) = \sqrt{1 - \rho_2}$ 时，可以得到 $|\hat{m}_t / \sqrt{\hat{n}_t}| < 1$，因此可以得出上确界 $|\Delta_t| < r$。在更一般的情况下，因为 $|E[g] / \sqrt{E[g^2]}| \leqslant 1$，所以有 $\hat{m}_t / \sqrt{\hat{n}_t} \approx \pm 1$。因此每一个时间步的有效学习速率在参数空间的量级近似受限于学习速率 r，也就是 $|\Delta_t| \leqslant r$，这个可以理解为在当前参数值下确定了一个置信域，因此要好于没有提供足够信息的当前梯度估计，相当于提前知道了 r 的范围。可以将 $\hat{m}_t / \sqrt{\hat{n}_t}$ 称作信噪比（signal-to-noise ratio, SNR），如果 SNR 值较小，那么有效学习速率 Δ_t 将接近于 0，目标函数也将收敛到极值。这是非常令人满意的性质，因为越小的 SNR 就意味着算法对方向 $\hat{m}_t$ 是否符合最真实的梯度方向存在着越大的不确定性。例如，SNR 值在最优解附近趋向于 0，因此也会在参数空间中有更小的有效学习速率，即一种自动退火（automatic annealing）的形式。有效学习速率 Δ_t 对梯度缩放来说是不变量，如果用因子 c 重新缩放梯度 g，即相当于用因子 c 重新缩放 $\hat{m}_t$，用因子 c^2 重新缩放 $\hat{n}_t$，而在计算 SNR 的时候缩放因子会相互抵消 $(c \cdot \hat{m}_t) / (\sqrt{c^2 \cdot \hat{n}_t}) = \hat{m}_t / \sqrt{\hat{n}_t}$。

Adam 算法可以做到自动修正初始化偏差。这里利用二阶矩估计推导出这一偏差修正项，一阶矩估计的推导与二阶矩估计的推导相似。首先初始化二阶矩估计 $n_0 = 0$，然后在每个时间步 t 中，二阶矩估计的更新为 $n_t = \rho_2 \cdot n_{t-1} + (1 - \rho_2) \cdot g_t^2$，接着可以将其改写为在前面所有时间步上只包含梯度和衰减率的函数，即消去 n 的形式 $n_t = (1 - \rho_2) \cdot \sum_{i=1}^{t} \rho_2^{t-i} \cdot g_i^2$，此时需要知道时间步 t 上 $E[n_t]$ 的值与真实的二阶矩值 $E[g_t^2]$ 的关系，然后才能对这两个量之间的偏差进行修正。对上面表达式两边取期望得到：

$$E[n_t] = E\left[(1-\rho_2)\cdot\sum_{i=1}^{t}\rho_2^{t-i}\cdot g_i^2\right]$$

$$= E[g_t^2]\cdot(1-\rho_2)\cdot\sum_{i=1}^{t}\rho_2^{t-i} + \delta$$

$$= E[g_t^2]\cdot(1-\rho_2^t) + \delta \tag{4.23}$$

如果真实二阶矩 $E[g_t^2]$ 是静态的，那么 $\delta=0$，否则 δ 可以是一个很小的值，因此可以认为式子中只留下了 $(1-\rho_2^t)$ 项，故在 Adam 算法中除以了此项以修正初始化偏差。

Adam 算法的应用非常广泛，几乎所有类型的神经网络都可以使用 Adam 算法进行训练优化，尤其是深度网络或者处理复杂问题的网络，比如 Zhang 等（2017）提出了一种称为 StackGAN 的 GAN 网络的变种，可实现高分辨率的图像生成，并使用 $r=0.0002$ 的 Adam 算法进行训练。Yang 等（2017）提出了一种新的自然语言模型，以机器翻译为例，并使用 $r=0.001$ 的 Adam 算法进行训练。

Balles 等（2018）对 Adam 算法进行了深入的分析，剖析了算法的工作原理，下面对他们的工作进行简单的介绍。Adam 可以解释为两个方面的组合：对于每个权重，更新方向由随机梯度的符号确定，而更新量由随机梯度的相对方差估计确定。通过分离这两个方面，并单独进行分析，逐渐了解 Adam 的工作机制，同时在一定程度上验证了 Adam 对泛化确实存在不利影响。

首先对 Adam 进行简单的变换，从分离符号和方差两个方面进行。回顾算法 4.12 中参数更新量的表达式 $\frac{\hat{m}_t}{\sqrt{\hat{n}_t}+\varepsilon}$，忽略常数 ε 并假设 $|\hat{m}_t|>0$，将表达式重写，其中 $\odot$ 表示逐元素相乘：

$$\frac{\hat{m}_t}{\sqrt{\hat{n}_t}} = \frac{\mathrm{sgn}(\hat{m}_t)}{\sqrt{\frac{\hat{n}_t}{\hat{m}_t^2}}} = \sqrt{\frac{1}{1+\frac{\hat{n}_t-\hat{m}_t^2}{\hat{m}_t^2}}}\odot\mathrm{sgn}(\hat{m}_t) \tag{4.24}$$

因此，Adam 可以被解释为以下两个方面的组合：①第 t 个更新方向由 $\hat{m}_t$ 的符号确定；②第 t 个更新大小（更新量）由学习速率 r 和以下方差自适应因子共同决定：

$$\tau_t = \sqrt{\frac{1}{1+\hat{\eta}_t^2}} \tag{4.25}$$

式中，$\hat{\eta}_t^2$ 是相对方差的估计值，并且有

$$\hat{\eta}_t^2 = \frac{\hat{n}_t-\hat{m}_t^2}{\hat{m}_t^2} \approx \frac{\sigma_t^2}{g_t^2} = \eta_t^2 \tag{4.26}$$

其中，σ_t^2 表示梯度 g_t 的方差。将第二个方面称为方差自适应，方差自适应因子 τ_t 缩短了高相对方差方向的更新量，以适应不同方向下随机梯度的可靠性变化。接下来将分别独立地对这两个方面进行分析，以展示符号和方差自适应在 Adam 算法中的不同特性。

在分析之前，首先确保单独采用符号进行梯度更新的可用性，将单独利用符号进行梯度更新的方法称为随机符号下降方法。设计随机二次问题对随机梯度下降方法和随机符号下降方法进行实验测试，该随机二次问题由一个对称正定矩阵 Q 定义。经过分析得到随机符号下

降方法的效果和矩阵 Q 的对角百分比有关，对角百分比可以表示为 $\mathrm{Pdiag}(Q)=\left(\sum\limits_{i=1}^{d}|q_{ii}|\right)\Big/$

$\left(\sum\limits_{i,j=1}^{d}|q_{ij}|\right)$，假如 Q 是对角矩阵，那么随机二次问题完全轴对齐，并且 $\mathrm{Pdiag}(Q)=1$，这是最大

值也是随机符号下降方法的最佳情况。在最坏的情况下，$\mathrm{Pdiag}(Q)$ 可能变小至 $1/d$，并且平均情况下 $\mathrm{Pdiag}(Q)=1.57/d$，这表明随机符号下降方法非常依赖于接近"轴对齐"的问题。经过实验，发现在矩阵 Q 良置的问题下随机梯度下降方法和随机符号下降方法的效果相差不大，但对于矩阵 Q 是对角矩阵的"轴对齐"问题，随机符号梯度下降方法明显优于随机梯度下降方法。总之，大体上可以认为随机符号下降方法对于有"对角占优"海森矩阵的噪声、病态问题是有益的。

图 4.8 展示了接下来要分析的四种组合方法，分别为在 $\hat{m}_t$ 上进行随机梯度下降的 M-SGD 方法，在 $\hat{m}_t$ 进行随机符号下降的 M-SSD 方法，以及这两个方法对应的方差自适应版本 M-SVAG 和 Adam。具体的算法推导可以查看原文，这里仅仅为了分析符号和方差自适应对 Adam 算法的偏好影响，因此直接给出算法流程。先给出不涉及方差自适应因子的 M-SGD 和 M-SSD 算法流程。

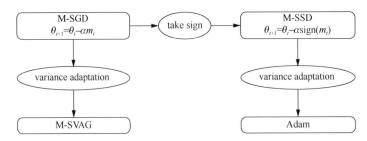

图 4.8　组合方法汇总（图中的 m_t 即算法 4.12 中的 $\hat{m}_t$）（Balles et al., 2018）

variance adaptation：方差适应。take sign：考虑符号

算法 4.13　M-SGD 算法

输入：数据集 $\left\{x^{(1)},x^{(2)},\cdots,x^{(m-1)},x^{(m)}\right\}$，初始化迭代次数 $t=0$，一阶矩变量 $m_0=0$，学习速率 $r=0.001$，指数衰减参数 ρ 在 $[0,1]$ 范围，初始化参数 θ，g_t 表示第 t 次的梯度值

输出：新的参数 θ

1　　**while** 不满足迭代停止条件

2　　　　对于从训练数据中采集的 m 个小批量样本 $\left\{x^{(1)},x^{(2)},\cdots,x^{(m-1)},x^{(m)}\right\}$，其中 $x^{(i)}$ 对应的 y 值是 $y^{(i)}$，

　　　　计算代价函数梯度：

$$g_t=\frac{1}{m}\cdot\sum_{i}^{m}\nabla_{\theta_t}J\Big(f\big(x^{(i)};\theta_t\big),y^{(i)}\Big)$$

3　　　　更新有偏一阶矩估计：

$$m_{t+1}=\rho\cdot m_t+(1-\rho)\cdot g_t$$

4　　　　修正一阶矩的偏差：

$$\hat{m}_{t+1}=\frac{m_{t+1}}{1-\rho^{t+1}}\quad(\rho^t\text{ 表示 }t\text{ 次幂})$$

5　　　　计算参数 θ 的更新量：

$$\Delta\theta_t = -r \cdot \hat{m}_{t+1}$$

6　　　更新 θ 的值：

$$\theta_{t+1} = \theta_t + \Delta\theta_t$$

7　　　更新迭代次数：$t = t+1$

8　　**end while**

算法 4.14　M-SSD 算法

输入：数据集 $\left\{x^{(1)}, x^{(2)}, \cdots, x^{(m-1)}, x^{(m)}\right\}$，初始化迭代次数 $t = 0$，一阶矩变量 $m_0 = 0$，学习速率 $r = 0.001$，指数衰减参数 ρ 在[0,1]范围，初始化参数 θ，g_t 表示第 t 次的梯度值

输出：新的参数 θ

1　　**while** 不满足迭代停止条件

2　　　对于从训练数据中采集的 m 个小批量样本 $\left\{x^{(1)}, x^{(2)}, \cdots, x^{(m-1)}, x^{(m)}\right\}$，其中 $x^{(i)}$ 对应的 y 值是 $y^{(i)}$，计算代价函数梯度：

$$g_t = \frac{1}{m} \cdot \sum_i^m \nabla_{\theta_t} J\left(f\left(x^{(i)}; \theta_t\right), y^{(i)}\right)$$

3　　　更新有偏一阶矩估计：

$$m_{t+1} = \rho \cdot m_t + (1-\rho) \cdot g_t$$

4　　　计算参数 θ 的更新量：

$$\Delta\theta_t = -r \cdot \mathrm{sgn}(m_{t+1})$$

5　　　更新 θ 的值：

$$\theta_{t+1} = \theta_t + \Delta\theta_t$$

6　　　更新迭代次数：$t = t+1$

7　　**end while**

接下来给出 M-SVAG 方法的方差自适应因子的估计：

$$\hat{\tau}_t^m = \frac{\hat{m}_{t+1}^2}{\hat{m}_{t+1}^2 + \varphi(\rho,t) \cdot \hat{s}_t} \tag{4.27}$$

式中，$\varphi(\rho,t)$ 和 $\hat{s}_t$ 分别为

$$\varphi(\rho,t) = \frac{(1-\rho) \cdot (1+\rho^{t+1})}{(1+\rho) \cdot (1-\rho^{t+1})} \tag{4.28}$$

$$\hat{s}_t = \frac{\hat{n}_{t+1} - \hat{m}_{t+1}^2}{1 - \varphi(\rho,t)} \tag{4.29}$$

注意到当 $t = 0$ 的时候 $\hat{s}_t$ 是未定义的，因此第一次迭代的时候使用 $\hat{s}_0 = 0$。而且 $\hat{\tau}_t^m$ 的计算可以涉及除零操作，这里不使用添加常数的方法，因为只有当 $\hat{m}_t = \hat{n}_t = 0$ 的时候才会发生除零现象，故当 $\hat{m}_t = 0$ 的时候，不执行本次更新操作即可。在 M-SVAG 算法中利用上面的估计值作为计算中采用的值，下面给出 M-SVAG 算法流程。

算法 4.15　M-SVAG 算法

输入：数据集 $\left\{x^{(1)}, x^{(2)}, \cdots, x^{(m-1)}, x^{(m)}\right\}$，初始化迭代次数 $t = 0$，一阶和二阶矩变量 $m_0 = n_0 = 0$，学习速率 $r = 0.001$，指数衰减参数 ρ 在[0,1]范围，初始化参数 θ，g_t 表示第 t 次的梯度值

输出：新的参数 θ

1   **while** 不满足迭代停止条件

2   对于从训练数据中采集的 m 个小批量样本 $\left\{x^{(1)}, x^{(2)}, \cdots, x^{(m-1)}, x^{(m)}\right\}$，其中 $x^{(i)}$ 对应的 y 值是 $y^{(i)}$，

计算代价函数梯度：

$$g_t = \frac{1}{m} \cdot \sum_i^m \nabla_{\theta_t} J\left(f\left(x^{(i)}; \theta_t\right), y^{(i)}\right)$$

3   更新有偏一阶矩估计：

$$m_{t+1} = \rho_1 \cdot m_t + \left(1 - \rho_1\right) \cdot g_t$$

4   更新有偏二阶矩估计：

$$n_{t+1} = \rho_2 \cdot n_t + \left(1 - \rho_2\right) \cdot g_t^2$$

5   修正一阶矩的偏差：

$$\hat{m}_{t+1} = \frac{m_{t+1}}{1 - \rho^{t+1}} \quad (\ \rho^t \text{ 表示 } t \text{ 次幂})$$

6   修正二阶矩的偏差：

$$\hat{n}_{t+1} = \frac{n_{t+1}}{1 - \rho^{t+1}} \quad (\ \rho^t \text{ 表示 } t \text{ 次幂})$$

7   计算 s_t：

$$s_t = \frac{\hat{n}_{t+1} - \hat{m}_{t+1}^2}{1 - \varphi(\rho, t)}$$

8   计算自适应因子 τ_t：

$$\tau_t = \frac{\hat{m}_{t+1}^2}{\hat{m}_{t+1}^2 + \varphi(\rho, t) \cdot s_t}$$

9   计算参数 θ 的更新量：

$$\Delta\theta_t = -r \cdot \left(\tau_t \odot \hat{m}_{t+1}\right) \quad (\odot \text{ 表示逐元素相乘})$$

10   更新 θ 的值：

$$\theta_{t+1} = \theta_t + \Delta\theta_t$$

11   更新迭代次数：$t = t + 1$

12   **end while**

在四个问题上进行四种算法的同步实验，图 4.9 是实验结果。由实验结果得出以下结论：①符号方面占主导地位。除了 P4 之外，四种方法的性能明显地分为基于符号和非基于符号的方法。②符号方面的有用性和具体问题有关（是问题依赖的）。若只考虑训练损失，在 P1 和 P3 上这两种基于符号的方法明显优于两种基于非符号的方法。在 P2 上，Adam 和 M-SSD 的初期进展很快，但后来变得平稳并被 M-SGD 和 M-SVAG 超越。在语言建模任务 P4 中，基于非符号的方法表现出优越的性能。③方差自适应对算法改善有所帮助。在所有实验中，方差自适应变体的表现至少与它们的"基本算法"一样好，并且通常更好。改善的大小各不相同，例如，Adam 和 M-SSD 在 P3 上具有相同的性能，但 M-SVAG 在 P3 和 P4 上明显优于 M-SGD。④对泛化的不利影响是由符号方面引起的。在 P3 上，Adam 在训练损失方面远远优于 M-SGD，但测试性能明显更差。观察到 M-SSD 在训练损失和测试精度两方面的表现都几乎与 Adam 相同，并因此显示出相同的泛化效应。另外，M-SVAG 对 M-SGD 在泛化方面有所改善，对泛化没有任何不利影响。或许 Adam 的泛化能力降低是由符号方面引起的，而不是逐元素的自适应步长引起的。

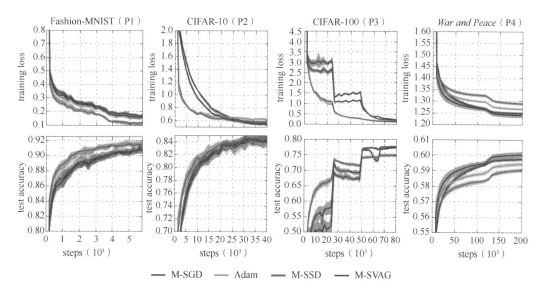

图 4.9　四组算法的训练损失和测试精度的实验结果（Balles et al., 2018）

training loss：训练损失。test accuracy：测试精度。steps：步数。Fashion-MNIST、CIFAR-10、CIFAR-100：三种图像分类数据集。

War and Peace：列夫・托尔斯泰创作的长篇小说《战争与和平》，作为文本数据集

4.4.5　Adamax 算法

Adamax 算法（Kingma et al., 2014）是 Adam 算法的一种简单变种，和 Adam 算法在同一篇论文中被提出。Adamax 算法和 Adam 算法的区别在于，Adam 算法中单个权重的更新规则是将其梯度与当前和过去梯度的 L_2 范数（标量）成反比例缩放，而在 Adamax 算法中将基于 L_2 范数更新变为了基于 L_p 范数更新，虽然这样会因为 p 值较大而在数值上不稳定，但是当在 $p \to \infty$ 的特例中，会得到一个比较稳定和相对简单的算法，此时有

$$n_t = \rho_2^p \cdot n_{t-1} + \left(1 - \rho_2^p\right) \cdot \left|g_t\right|^p = \left(1 - \rho_2^p\right) \cdot \sum_{i=1}^{t} \rho_2^{p \cdot (t-i)} \cdot \left|g_i\right|^p \tag{4.30}$$

注意这里的衰减项等价为 ρ_2^p。令 $p \to \infty$，并且定义 $n_t = \lim_{p \to \infty}(n_t)^{1/p}$，展开推导：

$$\begin{aligned}
n_t &= \lim_{p \to \infty}(n_t)^{\frac{1}{p}} = \lim_{p \to \infty}\left(\left(1 - \rho_2^p\right) \cdot \sum_{i=1}^{t} \rho_2^{p \cdot (t-i)} \cdot \left|g_i\right|^p\right)^{\frac{1}{p}} \\
&= \lim_{p \to \infty}\left(1 - \rho_2^p\right)^{\frac{1}{p}} \cdot \left(\sum_{i=1}^{t} \rho_2^{p \cdot (t-i)} \cdot \left|g_i\right|^p\right)^{\frac{1}{p}} \\
&= \lim_{p \to \infty}\left(\sum_{i=1}^{t} (\rho_2^{(t-i)} \cdot \left|g_i\right|)^p\right)^{\frac{1}{p}} \\
&= \max\left(\rho_2^{(t-1)} \cdot \left|g_1\right|, \rho_2^{(t-2)} \cdot \left|g_2\right|, \cdots, \rho_2 \cdot \left|g_{t-1}\right|, \left|g_t\right|\right) \tag{4.31}
\end{aligned}$$

经过推导得出需要更改的部分为 n_t 的计算，即上面表达式相当于 $n_t = \max\left(\rho_2 \cdot n_{t-1}, \left|g_t\right|\right)$，并且设置初始值 $n_0 = 0$。注意在该情况下不需要修正初始化偏差，而且 Adamax 参数更新的量级要比 Adam 更简单，即 $\left|\Delta_t\right| \leqslant r$。算法整体流程如下。

算法 4.16   Adamax 算法

输入：数据集 $\left\{x^{(1)},x^{(2)},\cdots,x^{(m-1)},x^{(m)}\right\}$，初始化迭代次数 $t=0$，一阶和二阶矩变量 $m_0=n_0=0$，学习速率 $r=0.001$，指数衰减参数 ρ_1 和 ρ_2 在[0,1)范围，默认为 $\rho_1=0.99$，$\rho_2=0.999$，初始化参数 θ，g_t 表示第 t 次的梯度值

输出：新的参数 θ

1   **while** 不满足迭代停止条件

2   对于从训练数据中采集的 m 个小批量样本 $\left\{x^{(1)},x^{(2)},\cdots,x^{(m-1)},x^{(m)}\right\}$，其中 $x^{(i)}$ 对应的 y 值是 $y^{(i)}$，
        计算代价函数梯度：

$$g_t = \frac{1}{m} \cdot \sum_{i}^{m} \nabla_{\theta_t} J\left(f\left(x^{(i)};\theta_t\right),y^{(i)}\right)$$

3   更新有偏一阶矩估计：

$$m_{t+1} = \rho_1 \cdot m_t + \left(1-\rho_1\right) \cdot g_t$$

4   更新 n_t：

$$n_{t+1} = \max\left(\rho_2 \cdot n_t, \left|g_t\right|\right)$$

5   修正一阶矩的偏差：

$$\hat{m}_{t+1} = \frac{m_{t+1}}{1-\rho_1^{t+1}} \quad （\rho_1^t \text{ 表示 } t \text{ 次幂}）$$

6   计算参数 θ 的更新量：

$$\Delta\theta_t = -r \cdot \frac{\hat{m}_{t+1}}{n_{t+1}}$$

7   更新 θ 的值：

$$\theta_{t+1} = \theta_t + \Delta\theta_t$$

8   更新迭代次数：$t=t+1$

9   **end while**

Adamax 算法实际上对学习速率的上限提供了一定的范围，而且算法不用修正二阶偏差。但 Adamax 算法只是 Adam 算法的一种简化改进，在实践中较少用到。

4.4.6   Nadam 算法

Nadam 算法（Dozat, 2016）结合了 Adam 算法，加入了动量项，并在计算矩估计之前，先对梯度进行更新并记录。Dozat（2016）的论文中将有关的自适应学习速率算法进行了回顾，然后结合 Nesterov 动量法和 Adam 算法提出了新的算法。Nadam 算法提出时间较晚，而且 Adam 算法本身有很好的特性，实现也简单，Nadam 算法没有得到太大的普及，在这里也只是简单介绍算法的流程。

算法 4.17   Nadam 算法

输入：数据集 $\left\{x^{(1)},x^{(2)},\cdots,x^{(m-1)},x^{(m)}\right\}$，初始化迭代次数 $t=0$，一阶和二阶矩变量 $m_0=n_0=0$，学习速率 $r=0.001$，指数衰减参数 ρ_1 和 ρ_2 在[0,1)范围，默认为 $\rho_1=0.99$，$\rho_2=0.999$，初始化参数 θ，g_t 表示第 t 次的梯度值

输出：新的参数 θ

1   **while** 不满足迭代停止条件

2　对于从训练数据中采集的 m 个小批量样本 $\left\{x^{(1)},x^{(2)},\cdots,x^{(m-1)},x^{(m)}\right\}$，其中 $x^{(i)}$ 对应的 y 值是 $y^{(i)}$，
计算代价函数梯度：

$$g_t=\frac{1}{m}\cdot\sum_i^m\nabla_{\theta_t}J\left(f\left(x^{(i)};\theta_t\right),y^{(i)}\right)$$

3　计算 $\hat{g}_t$：

$$\hat{g}_t=\frac{g_t}{1-\prod_{i=1}^{t+1}\rho_1^i}\quad\left(\text{其中 }\rho_1^i=\rho_1\cdot\left(1-0.5\times0.96^{\frac{i}{250}}\right)\right)$$

4　更新有偏一阶矩估计：

$$m_{t+1}=\rho_1\cdot m_t+(1-\rho_1)\cdot g_t$$

5　更新有偏二阶矩估计：

$$n_{t+1}=\rho_2\cdot n_t+(1-\rho_2)\cdot g_t^2$$

6　修正一阶矩的偏差：

$$\hat{m}_{t+1}=\frac{m_{t+1}}{1-\prod_{i=1}^{t+1}\rho_1^i}\quad\left(\text{其中 }\rho_1^i=\rho_1\cdot\left(1-0.5\times0.96^{\frac{i}{250}}\right)\right)$$

7　修正二阶矩的偏差：

$$\hat{n}_{t+1}=\frac{n_{t+1}}{1-\rho_2^{t+1}}\quad(\rho_2^t\text{ 表示 }t\text{ 次幂})$$

8　计算动量项：

$$\bar{m}_{t+1}=\left(1-\rho_1^{t+1}\right)\cdot\hat{g}_t+\rho_1^{t+1}\cdot\hat{m}_{t+1}\quad\left(\text{其中 }\rho_1^t=\rho_1\cdot\left(1-0.5\times0.96^{\frac{t}{250}}\right)\right)$$

9　计算参数 θ 的更新量，ε 约为 10^{-8}，防止学习速率约束项的分母为 0：

$$\Delta\theta_t=-r\cdot\frac{\bar{m}_{t+1}}{\sqrt{\hat{n}_{t+1}}+\varepsilon}$$

10　更新 θ 的值：

$$\theta_{t+1}=\theta_t+\Delta\theta_t$$

11　更新迭代次数：$t=t+1$

12　**end while**

由算法流程可以知道，Nadam 算法中 Nesterov 动量法的思想体现在以下三个式子中：

$$\bar{m}_{t+1}=\left(1-\rho_1^{t+1}\right)\cdot\hat{g}_t+\rho_1^{t+1}\cdot\hat{m}_{t+1},\quad\rho_1^t=\rho_1\cdot\left(1-0.5\times0.96^{\frac{t}{250}}\right)\tag{4.32}$$

$$\Delta\theta_t=-r\cdot\frac{\bar{m}_{t+1}}{\sqrt{\hat{n}_{t+1}}+\varepsilon}\tag{4.33}$$

$$\theta_{t+1}=\theta_t+\Delta\theta_t\tag{4.34}$$

最终算法形成对学习速率更强的约束，在实践中，通常可以用 Nadam 算法代替带动量的 RMSprop 或者 Adam 算法，同样可以取得不错的效果。

4.4.7　AMSgrad 算法

2018 年，谷歌的研究团队提出了新的自适应学习率优化算法——AMSgrad 算法（Reddi et al., 2018），该论文获得了 ICLR 2018 会议的最佳论文。AMSgrad 算法是 Adam 算法和 RMSprop 算法的结合，并且该算法的效果至少不劣于最受欢迎的 Adam 算法。虽然现有的自

适应学习速率算法，尤其是基于在历史梯度上使用指数移动平均的算法在实践中的效果不错，比如 RMSprop 算法、Adam 算法、Nadam 算法以及 AdaDelta 算法，但是这些算法在输出空间很大的情况下，都无法收敛到最佳的解，其原因就是使用了指数移动平均。假设在算法优化过程中，某次梯度计算获得了一个很大的梯度值，尽管这种情况出现的次数很少，但是这些大的梯度值所包含的信息很丰富。由于指数移动平均的使用，这些大的梯度值很快就会被衰减为很小的值，其影响也会随之消失，从而导致收敛效果不理想。为了克服这个问题，AMSgrad 算法决定采用历史梯度的长期记忆。可以证明 AMSgrad 算法的遗憾值复杂度是 $O\left(\sqrt{T}\right)$。

以 Adam 算法为例，讨论指数移动平均类算法的缺陷。体现这些算法缺陷的值可以表示为 $\Gamma_{t+1}=\left(\dfrac{\sqrt{n_{t+1}}}{r_{t+1}}-\dfrac{\sqrt{n_t}}{r_t}\right)$，其中 n_t 为包含历史梯度平方的项，r_t 为学习速率（该学习速率既可以认为随迭代次数减小，也可以认为是不变的），那么 Γ_t 的值就基本衡量了自适应方法的有效学习速率（自适应调整之后的学习速率）的倒数相对于迭代次数的变化。对于 SGD 和 Adagrad 算法一个关键的观测结果是，这两个算法中 n_t 分别为 1 和 $\sum_{i=1}^{t}g_i^2$，所以这两个算法的更新不会产生有效学习速率的增加现象，因此 $\Gamma_t \geqslant 0$。但是在有指数移动平均的情况下，比如 Adam 算法，由于有衰减系数，Γ_t 的值是不确定的，即有可能产生有效学习速率增加的现象，导致不收敛的结果。现有一个简单的线性序列 $F=[-1,1]$，并且损失函数为 $f_t\left(\theta\right)=\begin{cases}C\cdot\theta, & t\bmod 3 =1 \\ -\theta, & \text{其他}\end{cases}$，其中 $C>2$，很明显 -1 为最优解。设 Adam 算法中的 $\rho_1=0, \rho_2=1/\left(1+C^2\right)$，那么每隔 3 个迭代次数，算法得到一次大的梯度值 C，而得到两次 -1 的梯度值，而且这个负的梯度值是错误的方向，可是由于 ρ_2 衰减系数的存在，会将大梯度值缩小将近 C 倍，因此大梯度值无法抵消这种错误方向的引导，故 Adam 算法最终会得到 +1 的解而不是 -1。虽然这个非收敛的例子是经过仔细构造的，但是现实中很可能出现这种情况，那么这种问题的存在会减缓收敛的速度。

为了解决 Γ_t 值可能出现负数的问题，AMSgrad 算法采用的策略是，保持所有的 n_t 中最大的值，并使用这个最大值对 Adam 中梯度的移动平均值进行归一化，而不是直接使用当前的 n_t 值，如此一来，AMSgrad 算法的有效学习速率也是非增加的，即 $\Gamma_t \geqslant 0$。AMSgrad 算法中 ρ_2 为恒定值，可以选择为 0.99 或者 0.999，而 ρ_1 可以选择为恒定值 0.9，或者随着迭代次数变化 $\rho_{1,t}=\rho_1/t$，学习速率 r 也可以设置为恒定值 0.001，或者随着迭代次数变化 $r_t=r/\sqrt{t}$。下面给出算法的流程。

算法 4.18　AMSgrad 算法

输入：数据集 $\left\{x^{(1)},x^{(2)},\cdots,x^{(m-1)},x^{(m)}\right\}$，初始化迭代次数 $t=0$，$m_0=n_0=\hat{n}_0=0$，学习速率 $r=0.001$，指数衰减参数 ρ_1 和 ρ_2 在 [0,1) 范围，默认为 $\rho_1=0.9$，$\rho_2=0.999$，初始化参数 θ，g_t 表示第 t 次的梯度值

输出：新的参数 θ

1　**while** 不满足迭代停止条件

2　　对于从训练数据中采集的 m 个小批量样本 $\left\{x^{(1)},x^{(2)},\cdots,x^{(m-1)},x^{(m)}\right\}$，其中 $x^{(i)}$ 对应的 y 值是 $y^{(i)}$，计算代价函数梯度：

$$g_t=\frac{1}{m}\cdot\sum_{i}^{m}\nabla_{\theta_t}J\left(f\left(x^{(i)};\theta_t\right),y^{(i)}\right)$$

3   更新有偏一阶矩估计：

$$m_{t+1} = \rho_1 \cdot m_t + (1 - \rho_1) \cdot g_t$$

4   更新有偏二阶矩估计：

$$n_{t+1} = \rho_2 \cdot n_t + (1 - \rho_2) \cdot g_t^2$$

5   求二阶矩的最大值：

$$\hat{n}_{t+1} = \max(\hat{n}_t, n_{t+1})$$

6   计算参数 θ 的更新量：

$$\Delta \theta_t = -r \cdot \frac{m_{t+1}}{\sqrt{\hat{n}_{t+1}}}$$

7   更新 θ 的值：

$$\theta_{t+1} = \theta_t + \Delta \theta_t$$

8   更新迭代次数： $t = t + 1$

9   **end while**

4.5 二阶近似法

二阶近似法是优化问题中比较常用的方法，深入了解可以参见 Nocedal 等（2006）的文献。由于之前在 4.1.3 节中提到的海森矩阵的病态问题，使用梯度下降的方法在一定的情况下表现不好，与梯度下降等一阶方法相比，以牛顿法为代表的二阶近似方法能更好地解决这个问题。

4.5.1 牛顿法

牛顿法是使用最广泛的二阶方法，不仅在机器学习领域很活跃，在数值分析领域和非线性方程的求解问题上也是非常传统的方法（Süli et al., 2003; Kelley, 2003）。其基本思想是在估计值附近使用二阶泰勒展开来找到下一个估计值。假设要优化的代价函数为 $J(\theta)$，对代价函数在 θ_0 处进行二阶泰勒展开，H 是代价函数的海森矩阵在 θ_0 处的估计，得到

$$J(\theta) \approx J(\theta_0) + (\theta - \theta_0)^{\mathrm{T}} \cdot \nabla_\theta J(\theta_0) + \frac{1}{2} \cdot (\theta - \theta_0)^{\mathrm{T}} \cdot H \cdot (\theta - \theta_0) \tag{4.35}$$

当 θ 无限接近于 θ_0 的时候，有 $J(\theta)$ 无限接近于 $J(\theta_0)$，那么上式可以转化为

$$(\theta - \theta_0)^{\mathrm{T}} \cdot \nabla_\theta J(\theta_0) + \frac{1}{2} \cdot (\theta - \theta_0)^{\mathrm{T}} \cdot H \cdot (\theta - \theta_0) = 0 \tag{4.36}$$

在代价函数二阶的情况下，一步迭代就可以找到最优解，迭代过程如下：

$$\theta^* = \theta_0 - H^{-1} \cdot \nabla_\theta J(\theta_0) \tag{4.37}$$

二阶方法考虑了二阶导数，解决了海森矩阵的病态问题，同时也使得收敛速度更快，可以证明，牛顿方法是二阶收敛的。当代价函数是二次函数，具有正定的 H，采用上面的迭代方法可以一步得到最优解。对于代价函数是凸的情况，具有正定的 H，可以不断迭代逐步得到最优解。对于代价函数非凸的情况，H 非正定，如鞍点处，牛顿法在更新的过程中不能保证函数值稳定下降，这时可以使用正则化的方法来解决，常用的正则化方法是在海森矩阵的对角线增加常数。算法流程如下。

算法 4.19 牛顿法

输入：数据集 $\{x^{(1)}, x^{(2)}, \cdots, x^{(m-1)}, x^{(m)}\}$，初始化迭代次数 $t = 0$，初始化参数 θ，g_t 表示第 t 次的梯度值

输出：新的参数 θ

1　　**while** 不满足迭代停止条件

2　　　　对于训练数据中的 m 个样本 $\left\{x^{(1)},x^{(2)},\cdots,x^{(m-1)},x^{(m)}\right\}$，其中 $x^{(i)}$ 对应的 y 值是 $y^{(i)}$，计算代价

函数梯度：

$$g_t = \frac{1}{m}\cdot\sum_i^m \nabla_{\theta_t} J\left(f\left(x^{(i)};\theta_t\right),y^{(i)}\right)$$

3　　　　计算海森矩阵：

$$H = \frac{1}{m}\cdot\sum_i^m \nabla_{\theta_t}^2 J\left(f\left(x^{(i)};\theta_t\right),y^{(i)}\right)$$

4　　　　计算海森矩阵的逆：

$$H^{-1}$$

5　　　　计算参数 θ 的更新量，更新 θ 的值：

$$\Delta\theta_t = -H^{-1}\cdot g_t$$
$$\theta_{t+1} = \theta_t + \Delta\theta_t$$

6　　　　更新迭代次数：$t = t+1$

7　　**end while**

　　需要指出的是，在训练大规模神经网络的时候，海森矩阵求逆算法的时间复杂度很高，而且每次迭代都要进行求逆这种复杂运算，大大影响了神经网络的训练效率，因此对神经网络而言，一般较少采用牛顿法作为训练方法。

4.5.2　DFP 算法

　　前面提到海森矩阵求逆运算的计算量随网络规模增大的问题，拟牛顿法引入了海森矩阵的逆的近似矩阵，避免每次迭代都计算海森矩阵的逆。最早的拟牛顿法是 DFP（davidon-fletcher-powell, DFP）算法，它由 Davidon 在 1959 年提出，后来经由 Fletcher 和 Powell 改善完成（Davidon, 1991; Fletcher, 1987）。算法思想是，通过迭代的方法对海森矩阵的逆求近似 B_t，迭代的公式可以写成

$$B_{t+1} = B_t + \Delta B_t \tag{4.38}$$

　　因此，每次只需求出 ΔB_t 即可，DFP 算法提出时间较早，现如今应用较少，这里不做过多的叙述，具体的推导过程可以参见 Luenberger 等（2008）的专著。下面给出算法的流程。

算法 4.20　DFP 算法

输入：数据集 $\left\{x^{(1)},x^{(2)},\cdots,x^{(m-1)},x^{(m)}\right\}$，初始化迭代次数 $t=0$，初始 B_0 为单位矩阵 I，初始化参数 θ，g_t 表示第 t 次的梯度值

输出：新的参数 θ

1　　**while** 不满足迭代停止条件

2　　　　对于训练数据中的 m 个样本 $\left\{x^{(1)},x^{(2)},\cdots,x^{(m-1)},x^{(m)}\right\}$，其中 $x^{(i)}$ 对应的 y 值是 $y^{(i)}$，计算代价函数

梯度：

$$g_t = \frac{1}{m}\cdot\sum_i^m \nabla_{\theta_t} J\left(f\left(x^{(i)};\theta_t\right),y^{(i)}\right)$$

3　　　　确定下降方向 d_t：

$$d_t = -B_t\cdot g_t$$

4　　　　计算步长和中间参数：

$$\lambda_t = \underset{\lambda \in R}{\operatorname{argmin}} \frac{1}{m} \cdot \sum_{i=1}^{m} J\left(f(x^{(i)};\theta_t + \lambda \cdot d_t), y^{(i)}\right)$$

$$p_t = \lambda_t \cdot d_t$$

5   计算参数 θ 的更新量，更新 θ 的值：

$$\Delta\theta_t = p_t$$
$$\theta_{t+1} = \theta_t + \Delta\theta_t$$

6   计算 B_{t+1} 的值：

$$q_t = g_{t+1} - g_t$$

$$B_{t+1} = B_t + \frac{p_t \cdot p_t^{\mathrm{T}}}{p_t^{\mathrm{T}} \cdot q_t} - \frac{B_t \cdot q_t \cdot q_t^{\mathrm{T}} \cdot B_t}{q_t^{\mathrm{T}} \cdot B_t \cdot q_t}$$

7   更新迭代次数：$t = t+1$

8   **end while**

4.5.3 BFGS 算法

目前广泛运用的拟牛顿法是 BFGS 算法，该算法由 Broyden、Fletcher、Goldfarb 和 Shanno 四人独立提出，因此命名为 BFGS 算法。该算法的推导过程比较复杂，在这里仅给出计算公式，具体的推导过程可以参见 Luenberger 等（2008）的文献。该方法中，海森矩阵的逆也是通过迭代的方法求出的，最后海森矩阵的逆可以表示为

$$B_{t+1} = B_t + \frac{1 + q_t^{\mathrm{T}} \cdot B_t \cdot q_t}{q_t^{\mathrm{T}} \cdot q_t} \cdot \frac{p_t \cdot p_t^{\mathrm{T}}}{p_t^{\mathrm{T}} \cdot q_t} - \frac{p_t \cdot q_t^{\mathrm{T}} \cdot B_t + B_t \cdot q_t \cdot q_t^{\mathrm{T}}}{q_t^{\mathrm{T}} \cdot p_t} \tag{4.39}$$

式中，

$$p_t = \lambda_t \cdot \left(-B_t \cdot g_t\right), q_t = g_{t+1} - g_t \tag{4.40}$$

其中，λ_t 是在下降方向上进行线性搜索得到的步长因子。BFGS 算法流程如下。

算法 4.21   BFGS 算法

输入：数据集 $\left\{x^{(1)}, x^{(2)}, \cdots, x^{(m-1)}, x^{(m)}\right\}$，初始化迭代次数 $t=0$，初始 B_0 为单位矩阵 I，初始化参数 θ，g_t 表示第 t 次的梯度值

输出：新的参数 θ

1   **while** 不满足迭代停止条件

2   对于训练数据中的 m 个样本 $\left\{x^{(1)}, x^{(2)}, \cdots, x^{(m-1)}, x^{(m)}\right\}$，其中 $x^{(i)}$ 对应的 y 值是 $y^{(i)}$，计算代价函数梯度：

$$g_t = \frac{1}{m} \cdot \sum_{i}^{m} \nabla_{\theta_t} J\left(f\left(x^{(i)};\theta_t\right), y^{(i)}\right)$$

3   确定下降方向 d_t：

$$d_t = -B_t \cdot g_t$$

4   计算步长和中间参数：

$$\lambda_t = \underset{\lambda \in R}{\operatorname{argmin}} \frac{1}{m} \cdot \sum_{i=1}^{m} J\left(f(x^{(i)};\theta_t + \lambda \cdot d_t), y^{(i)}\right)$$

$$p_t = \lambda_t \cdot d_t$$

5   计算参数 θ 的更新量，更新 θ 的值：

$$\Delta\theta_t = p_t$$
$$\theta_{t+1} = \theta_t + \Delta\theta_t$$

| 6 | 计算 B_{t+1} 的值： |

$$q_t = g_{t+1} - g_t$$

$$B_{t+1} = B_t + \left(\frac{1 + q_t^{\mathrm{T}} \cdot B_t \cdot q_t}{q_t^{\mathrm{T}} \cdot q_t}\right) \cdot \frac{p_t \cdot p_t^{\mathrm{T}}}{p_t^{\mathrm{T}} \cdot q_t} - \frac{p_t \cdot q_t^{\mathrm{T}} \cdot B_t + B_t \cdot q_t \cdot q_t^{\mathrm{T}}}{q_t^{\mathrm{T}} \cdot p_t}$$

| 7 | 更新迭代次数： $t = t + 1$ |
| 8 | **end while** |

BFGS 算法的收敛速度相比牛顿法更慢，也不能处理太大规模的数据，因为算法和 DFP 算法一样需要存储海森矩阵逆矩阵的近似矩阵，存储空间开销很大，不太适用大规模的神经网络模型。BFGS 算法虽然每次迭代不能保证是最优，但是近似矩阵始终是正定的，因此算法始终是朝着最优化的方向在搜索。

4.5.4　L-BFGS 算法

在 BFGS 算法中提到，算法需要不断存储海森矩阵逆的近似矩阵 B_t，当处理的数据规模很大时，B_t 的存储需要消耗很大的内存，因此减少迭代过程中存储空间的开销成了需要解决的问题。Liu 等（1989）提出的 L-BFGS 算法解决了存储空间高开销的问题。

L-BFGS 算法的思想是，迭代过程中，不再存储完整的 B_t 矩阵，而是存储用于计算 B_t 的过程向量的值 p_t 和 q_t，每次需要 B_t 时，就利用 p_t 和 q_t 计算得到，而且 p_t 和 q_t 只是存储最近的 m 个。算法具体推导可以参考论文，这里简单写出算法流程，首先定义几个算法中用到的变量：

$$\rho_t = \frac{1}{q_t^{\mathrm{T}} \cdot p_t} \tag{4.41}$$

$$V_t = I - \rho_t \cdot q_t \cdot p_t^{\mathrm{T}} \tag{4.42}$$

$$B_{t+1} = V_t^{\mathrm{T}} \cdot B_t \cdot V_t + \rho_t \cdot p_t \cdot p_t^{\mathrm{T}} \tag{4.43}$$

因此，计算 B_t 的时候需要前 t 次的 p_t 和 q_t，当只存储最近的 m 次 p_t 和 q_t 的时候，就可以近似所有的 B_t 矩阵了，计算公式如下：

$$
\begin{aligned}
B_{t+1} =&\ \left(V_t^{\mathrm{T}} \cdot V_{t-1}^{\mathrm{T}} \cdot \cdots \cdot V_{t-m+1}^{\mathrm{T}} \cdot V_{t-m}^{\mathrm{T}}\right) \cdot B_0 \cdot \left(V_{t-m} \cdot V_{t-m+1} \cdot \cdots \cdot V_{t-1} \cdot V_t\right) \\
&+ \left(V_t^{\mathrm{T}} \cdot V_{t-1}^{\mathrm{T}} \cdot \cdots \cdot V_{t-m+2}^{\mathrm{T}} \cdot V_{t-m+1}^{\mathrm{T}}\right) \cdot \left(\rho_{t-m} \cdot p_{t-m} \cdot p_{t-m}^{\mathrm{T}}\right) \cdot \left(V_{t-m+1} \cdot V_{t-m+2} \cdot \cdots \cdot V_{t-1} \cdot V_t\right) \\
&+ \left(V_t^{\mathrm{T}} \cdot V_{t-1}^{\mathrm{T}} \cdot \cdots \cdot V_{t-m+3}^{\mathrm{T}} \cdot V_{t-m+2}^{\mathrm{T}}\right) \cdot \left(\rho_{t-m+1} \cdot p_{t-m+1} \cdot p_{t-m+1}^{\mathrm{T}}\right) \cdot \left(V_{t-m+2} \cdot V_{t-m+3} \cdot \cdots \cdot V_{t-1} \cdot V_t\right) \\
&+ \cdots + \rho_t \cdot p_t \cdot p_t^{\mathrm{T}}
\end{aligned}
\tag{4.44}
$$

下面给出 L-BFGS 算法流程。

算法 4.22　L-BFGS 算法

输入：数据集 $\left\{x^{(1)}, x^{(2)}, \cdots, x^{(n-1)}, x^{(n)}\right\}$，初始化迭代次数 $t = 0$，初始 B_0 为单位矩阵 I，$d_0 = -I \cdot g_0$，$\lambda_t = 1$，$0 < \beta' < \frac{1}{2}$，$\beta' < \beta < 1$，初始化参数 θ，g_t 表示第 t 次的梯度值

输出：新的参数 θ

| 1 | **while** 不满足迭代停止条件 |
| 2 | 对于训练数据中的 n 个样本 $\left\{x^{(1)}, x^{(2)}, \cdots, x^{(n-1)}, x^{(n)}\right\}$，其中 $x^{(i)}$ 对应的 y 值是 $y^{(i)}$，计算代价函数梯度： |

$$g_t = \frac{1}{n} \cdot \sum_i^n \nabla_{\theta_t} J\left(f\left(x^{(i)}; \theta_t\right), y^{(i)}\right)$$

3　确定下降方向 d_t：

$$d_t = -B_t \cdot g_t$$

4　记录 p_t 并计算参数 θ 的更新量：

$$p_t = \lambda_t \cdot d_t$$
$$\Delta\theta_t = p_t$$

5　更新 θ 的值：

$$\theta_{t+1} = \theta_t + \Delta\theta_t$$

6　其中 λ_t 满足 Wolfe 条件（Wolfe conditions）：

$$f\left(\theta_{t+1}\right) \leqslant f\left(\theta_t\right) + \beta' \cdot \lambda_t \cdot g_t^{\mathrm{T}} \cdot d_t$$
$$g_{t+1}^{\mathrm{T}} \cdot d_t \geqslant \beta \cdot g_t^{\mathrm{T}} \cdot d_t$$

7　记录 q_t 和 ρ_t：

$$q_t = g_{t+1} - g_t$$
$$\rho_t = \frac{1}{q_t^{\mathrm{T}} \cdot p_t}$$

8　使 $\hat{m} = \min\{t, m-1\}$，利用下式和 $\{p_j, q_j\}_{j=t-\hat{m}}^{t}$ 对 B_0 更新 $\hat{m}+1$ 次得到

$$\begin{aligned}
B_{t+1} &= \left(V_t^{\mathrm{T}} \cdot V_{t-1}^{\mathrm{T}} \cdot \cdots \cdot V_{t-\hat{m}+1}^{\mathrm{T}} \cdot V_{t-\hat{m}}^{\mathrm{T}}\right) \cdot B_0 \cdot \left(V_{t-\hat{m}} \cdot V_{t-\hat{m}+1} \cdot \cdots \cdot V_{t-1} \cdot V_t\right) \\
&+ \left(V_t^{\mathrm{T}} \cdot V_{t-1}^{\mathrm{T}} \cdot \cdots \cdot V_{t-\hat{m}+2}^{\mathrm{T}} \cdot V_{t-\hat{m}+1}^{\mathrm{T}}\right) \cdot \left(\rho_{t-\hat{m}} \cdot p_{t-\hat{m}} \cdot p_{t-\hat{m}}^{\mathrm{T}}\right) \cdot \left(V_{t-\hat{m}+1} \cdot V_{t-\hat{m}+2} \cdot \cdots \cdot V_{t-1} \cdot V_t\right) \\
&+ \left(V_t^{\mathrm{T}} \cdot V_{t-1}^{\mathrm{T}} \cdot \cdots \cdot V_{t-\hat{m}+3}^{\mathrm{T}} \cdot V_{t-\hat{m}+2}^{\mathrm{T}}\right) \cdot \left(\rho_{t-\hat{m}+1} \cdot p_{t-\hat{m}+1} \cdot p_{t-\hat{m}+1}^{\mathrm{T}}\right) \cdot \left(V_{t-\hat{m}+2} \cdot V_{t-\hat{m}+3} \cdot \cdots \cdot V_{t-1} \cdot V_t\right) \\
&+ \cdots + \rho_t \cdot p_t \cdot p_t^{\mathrm{T}}
\end{aligned}$$

9　更新迭代次数：$t = t + 1$

10　**end while**

在 L-BFGS 算法被提出来之后，论文作者后续又发表了一篇论文，对 L-BFGS 算法又进行了改进，称为 L-BFGS-B 算法（Byrd et al., 1995）。L-BFGS-B 算法在大型计算机集群的条件下进行训练的效果非常不错，由于计算性能的提升，算法的可用性和效率有了很大的改善，Dean 等（2012）在他们的工作中利用 L-BFGS 算法搭建了大规模分布式深度网络集群。Sohl-Dickstein 等（2014）将 L-BFGS 算法和 SGD 算法相结合提出了一种全新的拟牛顿方法。

4.5.5　共轭梯度算法

共轭梯度算法最初由 Hestenes 和 Stiefel 于 1952 年提出，是一种重要的最优化方法，用于求解无约束最优化问题，共轭梯度算法的基本思想是把共轭性与梯度下降方法相结合，利用已知点处的梯度构造一组共轭方向，并沿这组方向进行搜索，求出目标函数的极小值点。共轭梯度算法克服了梯度下降法收敛慢的缺点，而且不用存储和计算海森矩阵（Hestenes et al., 1952）。

首先介绍一下共轭的概念以及共轭方向的性质。假设有 n 阶正定矩阵 G，假如一组 n 维向量 $d_1, d_2, \cdots, d_n$ 满足：

$$d_i^{\mathrm{T}} \cdot G \cdot d_j = 0, i \neq j \tag{4.45}$$

那么就称这组 n 维向量是关于 G 共轭的。并且当矩阵 $G = I$ 时，上式变为

$$d_i^{\mathrm{T}} \cdot d_j = 0, i \neq j \tag{4.46}$$

即这组向量正交，所以正交是共轭的特例，共轭是正交的推广。共轭方向有个非常有用的性

质，即从空间任意初始点出发，依次沿着共轭方向 $d_1, d_2, \cdots, d_n$ 进行搜索，最多经过 n 次搜索就可以到达极小值点。结合这个性质和梯度的因素，最终形成共轭梯度算法。假设上一次的搜索方向为 d_{t-1}，那么下一次的搜索方向可以由下式得出：

$$d_t = -g_t + \beta_t \cdot d_{t-1} \tag{4.47}$$

式中，g_t 为梯度，并且满足 $d_t \cdot H \cdot d_{t-1} = 0$，$H$ 为海森矩阵，所以 d_t 和 d_{t-1} 是共轭的。为了满足 d_t 和 d_{t-1} 对 H 的共轭，β_t 的直接计算会涉及海森矩阵，为了避免海森矩阵的计算，采用近似的方法计算 β_t 的值，目前比较常用的 β_t 计算方法有以下两种。

Fletcher-Reeves：

$$\beta_t = \frac{g_t^T \cdot g_t}{g_{t-1}^T \cdot g_{t-1}} \tag{4.48}$$

Polak-Ribiere：

$$\beta_t = \frac{(g_t - g_{t-1})^T \cdot g_t}{g_{t-1}^T \cdot g_{t-1}} \tag{4.49}$$

综上，结合梯度信息和共轭方向的共轭梯度法就产生了，算法流程如下。

算法 4.23   共轭梯度算法

输入：数据集 $\{x^{(1)}, x^{(2)}, \cdots, x^{(m-1)}, x^{(m)}\}$，初始化迭代次数 $t=1$，初始 $d_0 = 0$，$g_0 = 0$，初始化参数 θ，g_t 表示第 t 次的梯度值

输出：新的参数 θ

1   **while** 不满足迭代停止条件

2   对于训练数据中的 m 个样本 $\{x^{(1)}, x^{(2)}, \cdots, x^{(m-1)}, x^{(m)}\}$，其中 $x^{(i)}$ 对应的 y 值是 $y^{(i)}$，计算代价函数梯度：

$$g_t = \frac{1}{m} \cdot \sum_i^m \nabla_{\theta_{t-1}} J\left(f\left(x^{(i)}; \theta_{t-1}\right), y^{(i)}\right)$$

3   计算 β_t：

$$\beta_t = \frac{(g_t - g_{t-1})^T \cdot g_t}{g_{t-1}^T \cdot g_{t-1}} \quad \text{（Polak-Ribiere）}$$

4   计算搜索方向和步长：

$$d_t = -g_t + \beta_t \cdot d_{t-1}$$
$$\lambda_t = \underset{\lambda \in R}{\arg\min} \frac{1}{m} \cdot \sum_{i=1}^m J\left(f(x^{(i)}; \theta_{t-1} + \lambda \cdot d_t), y^{(i)}\right)$$

5   计算参数 θ 的更新量，更新 θ 的值：

$$\Delta\theta_t = \lambda_t \cdot d_t$$
$$\theta_t = \theta_{t-1} + \Delta\theta_t$$

6   更新迭代次数：$t = t+1$

7   **end while**

对于 n 维参数空间，共轭梯度算法最多只需要 n 次搜索就可以到达极小值点。虽然共轭梯度算法提出来的时候是针对二次目标函数的，然而当将其运用在复杂的神经网络的目标函数中时，结果却依然很好，即利用非线性共轭梯度进行神经网络的优化，由于每次迭代不再保证是沿着极小值的方向，非线性共轭梯度算法在优化过程中会包含 β_t 的重置，然后重启搜索。另外，针对神经网络的共轭梯度方法很早就有人提出（Moller, 1993），有的神经网络直接

应用了非线性共轭梯度算法进行优化（Roux et al., 2011）。

4.6　超参数调节方法

　　超参数调节在神经网络的优化训练中非常重要，因为它直接影响神经网络的实际表现。一般而言好的神经网络设计只是成功的一部分，关键还在于实践中超参数的调整。深度学习中的超参数数量比传统机器学习中的要多，而且调整起来也更复杂。这些超参数中最重要的就是学习速率，其余的还有动量参数、学习速率退火（learning rate delay）的参数、每层中隐藏单元的数量、训练批量的大小、迭代的次数以及神经网络的层数等。更宽泛地说，激活函数的选取以及正则化方法的选取都可以看成超参数调节的一部分。超参数的调节都是以实验为基础的，尝试不同的超参数设置以期望误差值的下降，一般都会绘制误差曲线来直观感受超参数设置带来的改变，同时不同领域的超参数设置通常是有差别的，不应该直接照搬。超参数调节一般没有终点，每隔一段时间就应该尝试一些新的设置，或许会有更合适的新参数。

4.6.1　权值初始化

　　在讨论超参数调节之前，首先介绍一下神经网络中权值（参数）的初始化，因为超参数的调节必须在神经网络权值初始化之后再进行，并且神经网络结构复杂，权值很多，权值的初始选择对算法的收敛情况以及超参数调节的难度大小都有很大的影响，包括收敛需要的时间长短，最后收敛的极值大小等。

　　对于神经网络中权值的初始化，一般来说，会选择服从均匀分布或高斯分布的初始点作为初始化策略，但具体的作用却因算法而异。不过，更大的初始权值虽然有助于减少网络前向和后向传播中信息的丢失，同时也容易造成梯度爆炸的现象，使网络训练失败。在循环网络中，大的权值会导致网络对输入中很小的扰动非常敏感，使得原本确定的前向传播出现随机性。不过权值初始化也有一些启发式的方法，Glorot 等（2010）提出的 "Xavier" 初始化方法就是其中一种。为了使网络中的信息得以更好地流动，该方法认为每一层输出的方差应该尽可能相等。对于有 m 个输入和 n 个输出的全连接层的权值初始化，该方法建议权值从以下均匀分布中采样：

$$W_{i,j} \sim U\left(-\sqrt{\frac{6}{m+n}}, \sqrt{\frac{6}{m+n}}\right) \tag{4.50}$$

　　Martens（2010）提出一种被称为稀疏初始化的方案，该方法建议每个单元初始化为恰好有 k 个非零权值。

　　神经网络中偏置的初始化较权值的初始化是更加简单的。最一般的情况是设置偏置为零。有些特殊情况，例如，对于激活函数为 ReLU 的单元，可以初始化偏置为 0.1 而不是 0，以避免 ReLU 在初始化时饱和；对于 LSTM 模型，初始化遗忘门的偏置为 1 等。

4.6.2　自动调节方法

　　自动调节方法顾名思义就是同时尝试多种超参数设置，从众多的实验值中选择最好的一组超参数设置。好处在于不需要人工花费大量的时间精力在分析误差值曲线上，通过采样大量的超参数值，让网络选择效果最好的即可。缺点是对计算要求高，计算代价会随着超参数的个数呈指数级增长。传统的自动调节方法是网格搜索（grid search），该方法主要适用于超参数个数不是非常多的情况。对该方法的简单描述如下，对于每一个超参数，选择一个有限的值区间，一般是离散形式的，然后结合这些超参数区间的笛卡儿集合得到每一组的超参数，然后依次按照每组的设置进行实验，挑选出测试误差最小的那组超参数设置即可。通常网格搜索需要重复进行多次，在某次实验获得超参数最优值之后，应该扩大值区间的范围或者细化值区间的范围再次进行搜索实验，确保找到超参数的最优值。图 4.10 是二维（也就是两个超参数）情况下的网格搜索示意图，两个轴表示两个超参数，每个都有独立的有限的值区间，每个点表示一组超参数的设置，分别对应轴上的超参数值。

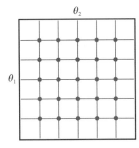

图 4.10　网格搜索示意图

网格搜索主要应用于传统的机器学习领域，因为超参数的数量少，而深度学习中可调节的超参数很多，更重要的是，超参数的敏感情况不同，假如网格搜索中涉及了不敏感的超参数，那么对该超参数不同值的多次实验（给定其他的超参数的值不变），其结果几乎相同，这就造成了实验次数的浪费，而且在实验之前，一般无法获得超参数的敏感情况。此外，网格搜索的高计算代价也使其很难应用于深度学习领域。

在深度学习领域替代网格搜索的方法是随机搜索（random search）（Bergstra et al., 2012）。随机搜索不是设置规则的网格点，而是在所有的超参数区间中随机选择点进行实验。具体方法是为每个超参数定义一个边缘分布，比如均匀分布，然后进行随机采样。采用随机搜索的方法可以在不知道超参数敏感情况（重要程度）的时候更加合理地探究超参数的潜在价值，而不会产生无用的实验次数。同时随机搜索不需要离散化超参数的值，因此搜索集合更大。当有不敏感的超参数时，随机搜索比网格搜索的效果好得多，能够更快地减小测试误差。和网格搜索一样，随机搜索也需要重复多次运行，每次扩大搜索范围或者细化搜索范围，以得到最优的超参数设置。另外，随机搜索还可以结合区域细化的方法，当采用随机搜索发现在某个区域超参数的效果很好，那么可以考虑放大该区域的采样密度，进一步定位超参数范围（图 4.11）。

在网格搜索和随机搜索中都会遇到超参数的值区间是指数级的情况，比如超参数的搜索范围是 10^{-4} 到 10^0，此时依然采用均匀随机采样的方法进行取值是不合理的，假如在 10^{-4} 到 10^0 进行均匀采样，那么 90%会选择 10^{-1} 到 10^0 之间的值，而更重要的 10^{-4} 到 10^{-1} 之间的值很难被选到，这显然是不合理的，因此需要采用对数尺度（logarithmic scale）方法。对于网格搜索，可以将取值集合设置为{0.1, 0.01, 0.001, 0.0001}。对于随机搜索，可以在-4 到 0 之间进行随机采样，然后将超参数的值设置为 10^a，其中 a 为随机采样的结果，这样就能保证取值的合理性。除了这两种自动调节方法之

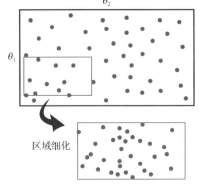

图 4.11　随机搜索示意图

外，还有一些方法将超参数调节问题转化为优化问题（Maclaurin et al., 2015; Snoek et al., 2012; Bergstra et al., 2011; Hutter et al., 2011），但是目前为止效果甚微，大部分都还无法运用于实践。

4.6.3 手动调节方法

　　手动调节顾名思义就是让研究者根据有关知识自己选择和调整合适的超参数，这需要对超参数的作用、训练误差、泛化误差以及模型的特点有清晰的认识。调节的目的是降低模型的泛化误差，因为最终衡量模型好坏的是泛化误差的大小，即使训练误差再小，当模型运用于真实数据时，如果效果很差也没有什么用。手动调节也是基于实验，主要方法是监测模型训练过程中训练误差、泛化误差的变化，根据两者的变化，推断模型处于欠拟合还是过拟合的状态，进而采取不同的调整策略。如果模型欠拟合，则需要增加模型的容量，使模型能够充分拟合数据，相反如果模型过拟合，那么需要减小模型的容量，或者增加训练数据的数量。在调节的过程中，绘制模型在不同的超参数设置下，损失函数曲线和误差曲线随训练进程的变化情况，基于实验结果确定调整方向。下面针对经常用到的几种超参数，给出在不同情况下调节方法的指导，这些方法大部分都是经验方法。

　　（1）学习速率。学习速率是最重要的超参数，需要第一个进行确定和调整。学习速率不是越大越好，也不是越小越好，必须设置为一个最合适的值，此时模型的容量才是最大的，梯度更新才是最有效的，否则模型根本无法进行学习。当学习速率设置过小，梯度无法得到有效更新，设置过大，有可能增加误差，而且训练过程不稳定（LeCun et al., 1998）。首先将学习速率设置为领域默认值，然后设置不同数量级的对比实验，监测不同数量级学习速率对误差的影响，这样可以确定学习速率的量级。接着，在学习速率附近进行微调，进一步确定更好的学习速率大小，如果误差一直很大，而且不稳定，一般是学习速率设置过大导致的。如果误差可以逐渐降低，但是最终停留在一个稍高的位置，则学习速率设置过小，导致梯度更新停滞，此时应该稍微增大学习速率。除此之外，还可以参考已经成功训练的模型来设置学习速率的大小。

　　（2）学习速率退火的参数。学习速率退火是动态调整学习速率的方法，尽管在训练的时候，已经选取了合适的学习速率大小，但是随着训练的进行，恒定的学习速率可能还是难以满足复杂的优化情况，因此采用学习速率退火的方法，动态地减小学习速率大小。通常随着训练的进行，误差的下降变得非常困难，梯度下降到了非常敏感的时期，过大的学习速率非常容易使优化跳出极小值区域，因此需要减小学习速率的大小，学习速率退火就是将学习速率乘以一个小于 1 的系数，随着训练的进行，每隔一定的迭代次数就减小学习速率。通常当观察到训练后期训练误差开始波动甚至上升的时候，可以考虑使用学习速率退火，但是当采用的优化算法本身就有学习速率的动态调整策略时，一般就不使用学习速率退火的办法了。

　　（3）批次大小。神经网络的优化基本都是采用基于梯度下降的方法，其中每次迭代的数据批次大小对模型的训练影响很大。通常批次大小的选择不宜过大，过大的批次训练出来的模型一般泛化效果不好（Bhardwaj et al., 2017; Keskar et al., 2016），而且大批次对内存要求高，容易造成内存泄漏。批次大小的选择还和具体的任务有很大关系，具体需要参考特定领域已经约定俗成的默认值。调整方法也是绘制不同批次大小和误差的曲线，确定数量级之后，进行细微的数值调整，最终确定合适的大小。

　　（4）迭代次数。迭代次数与模型的泛化能力有关，当发现模型的训练误差小，但是泛化误差很大时，说明迭代次数设置过大，导致模型过拟合，此时应该降低迭代次数。迭代次数不足，表现为训练误差较大，此时模型还没有得到充分的优化。当不想重复多次试验来确定最优的迭代次数时，可以使用提前终止策略，即在训练的过程中，如果发现泛化误差基本稳定不变，那么就可以提前终止训练，不再进行进一步的优化，因为此时的模型泛化能力最好。

（5）隐藏单元的数量和网络的层数。这两个超参数效果类似，增大两者会提高模型的容量，也就是拟合能力，减小两者会降低模型容量。当训练数据集很大或者网络的训练误差很大的时候，可以适当增加隐藏单元的数量和网络的层数，因为此时模型很可能欠拟合，需要更大的容量来拟合众多的训练数据。当数据集很小或者泛化误差非常大的时候，说明模型过拟合，此时应该适当减小隐藏单元数量和网络层数。需要注意的是，当模型使用越多的隐藏单元数量和网络层数的时候，模型就越容易过拟合，应该增加适当的正则化方法以期望模型能够在降低训练误差的同时保证泛化能力。

（6）正则化超参数。正则化是防止模型过拟合的重要方法，但是并不是所有的模型都需要正则化，只有当模型出现过拟合现象，即训练误差小、泛化误差大的时候才需要。建议在模型训练初始，不添加正则化，然后监测模型的误差曲线，如果发现过拟合现象，可以适当选择 L_1、L_2 正则化方法或者 Dropout 正则化方法（Srivastava et al., 2014），并根据过拟合程度调整正则化方法的参数。其中 L_1、L_2 正则化是传统的机器学习领域经常使用的方法，两者都可以防止过拟合，L_2 正则化效果更明显一点，L_1 正则化更有利于将模型参数稀疏化，Dropout 正则化是深度学习中常用的正则化方法，对于神经网络模型更加有效（Warde-Farley et al., 2013）。

（7）优化算法中的超参数。神经网络的优化可以采用不同的优化算法，不同优化算法中除了学习速率之外，还有其他的一些参数，虽然这些参数也可以调整，但是通常默认值就可以解决大部分问题，其中动量参数是为数不多的经常被调整的超参数。动量参数控制着保留之前梯度大小的程度，其值在 0 到 1 之间，设置过大，会使之前梯度方向比重增大，设置过小则相反。一般在训练刚刚开始的时候，设置为一个较小的值，随着训练的进行，慢慢增大，这是因为训练初始的时候，梯度下降的方向是经常变化的，此时应当减小历史梯度方向的影响，当训练后期，梯度下降方向趋于稳定，增大动量参数的值可以显著提高梯度下降的速度。

（8）激活函数的选择。宽泛地说，激活函数的选择也是超参数设置之一。激活函数一般都是非线性函数，目的是增加模型的非线性拟合能力，不同激活函数的特点在此不做赘述，可以参考本书激活函数相关章节。一般激活函数的选取和数据集的特点以及具体的任务有关，例如不同数据集的值域和不同激活函数的值域需要匹配，分类任务中常用 sigmoid 函数作为概率表示等。不同的激活函数可能会带来不同程度的梯度消失或者梯度爆炸问题，不过通常 ReLU 激活函数或者 leaky ReLU 激活函数是使用最多的激活函数，可以有效防止梯度消失。

最后，手动调节超参数的最终目标是为了提高模型的测试精度，降低模型的泛化误差。而且手动调节超参数是一个需要更多精力和经验积累的工作，不要期望在很短的时间就得出最好的超参数设置，因此手动调整超参数一般由多人组成的小组共同完成。

■4.7 策略方法

在进行神经网络训练的时候，除了一些优化算法之外，还有其他的一些优化技术，这些技术并不是具体的算法，而是一些通用的技巧，可以和之前章节提到的优化算法一起使用，共同实现神经网络的训练。

4.7.1   批归一化

批归一化是 Ioffe 等（2015）提出来的优化神经网络训练的方法，自提出就受到广泛关注。批归一化和普通的数据标准化类似，是将分散的数据统一的一种做法。批归一化所解决的问题实际上是对数据分布的调整。在神经网络训练过程中，尤其是深度神经网络的训练中，在初始训练阶段，隐藏层中的神经元可能会变成"饱和"状态导致更新缓慢，这时对于隐藏层使用批归一化来解决这个问题。

"饱和"状态是指数据经过神经网络的激活函数之后，函数的输出接近函数的极值（一般是+1 和-1），之后反向传播进行梯度计算和更新网络参数时，得出的更新量将会很小（因为激活函数极值处的梯度值很小），网络参数无法得到有效更新，这种影响会随着庞大的神经网络结构不断累积，最后导致神经网络训练的失败。批归一化方法每次在数据进入激活函数之前，对数据进行"批归一化"处理，让数据分布在激活函数的敏感区域，不至于接近极值，这样神经网络的训练就可以正常进行。

具体的做法为，先把数据分批进行随机梯度下降，然后在前向传播的过程中对每一层进行标准化的处理。因此，批归一化是在全连接层到激活函数的步骤之间，假如神经元写成 $\varphi(X \cdot W + b)$，其中 φ 是激活函数，那么批归一化处理在计算 $X \cdot W$ 之后，在经过激活函数之前进行，通过批归一化的处理，数据分布的改变使得激活函数非线性化的效果更加显著。批归一化处理可以写成下面的几个公式：

$$\mu_B = \frac{1}{m} \cdot \sum_{i=1}^{m} x^{(i)} \tag{4.51}$$

$$\sigma_B^2 = \frac{1}{m} \cdot \sum_{i=1}^{m} \left(x^{(i)} - \mu_B \right)^2 \tag{4.52}$$

$$\hat{x}^{(i)} = \frac{x^{(i)} - \mu_B}{\sqrt{\sigma_B^2 + \varepsilon}} \tag{4.53}$$

$$x_{\text{out}}^{(i)} = \gamma \cdot \hat{x}^{(i)} + \beta \tag{4.54}$$

其中前三个式子完成对数据的批归一化操作，ε 是小常数，防止分母出现 0。最后一个式子其实是让神经网络自己学习如何对待标准化操作，γ 和 β 是神经网络学习得出的参数，用于对数据重新缩放和移位，假如神经网络觉得批归一化操作没有太大的作用，就会使用最后的式子对批归一化进行一定的抵消，$x_{\text{out}}^{(i)}$ 就是算法的最后输出。

4.7.2   预训练

深度学习的模型一般都比较复杂，当网络的层数不断增加，直接采用梯度下降相关算法进行训练很难达到预想的结果，此时可以采用监督预训练的方法完成对网络的初步训练，之后再采用梯度下降相关算法进行进一步的训练。即采用监督训练的方法对网络进行简单训练，完成网络参数的初步定型，使随后的网络训练更加有效。

在深度学习领域，采用监督预训练算法对网络进行预训练是非常常见的，贪心监督预训练就是一种常用的预训练算法（Bengio et al., 2006），该方法每次对一层隐藏层进行监督训练，将上一层隐藏层的输出作为下一层的输入，对某层进行训练的时候，会附加偏置项和输出项，该层训练完成后，丢弃附加的偏置项和输出项，将该层的输出作为下层输入，直至完成所有隐藏层的预训练。当然每次也可以对多层隐藏层一起进行预训练，并不是只能每次训练一层（Simonyan et al., 2014）。另一种常用的方法是 Romero 等（2014）提出的 FitNets 方法，该方法首先训练一个宽度很宽但是深度很浅的网络，这种网络往往更加容易被训练，当训练完成后，该网络的参数作为另一个窄而深的网络的参考，两者建立一种映射关系，可以认为宽而浅的网络是"老师"，窄而深的网络是"学生"，老师指导学生完成网络的训练。

此外，也可以对神经网络进行无监督的预训练，来改善网络的训练难度，Erhan 等（2010）的实验证实，预训练权重的无监督优化比随机初始化权重能更好地进行分类，同时增加深度网络的鲁棒性，使得预训练网络可以始终有更好的泛化能力。从本质上来说，无监督预训练具有正则化的特性，即对于足够小的层数，预训练结果比随机初始化的结果更差，而当层数足够大时，预训练模型的训练误差虽然不理想，但是泛化性能好，即无监督预训练可以看作正则化的一种特别有效的形式，但与经典的正则化技术如 L_1、L_2 正则化不同，L_1、L_2 正则化达不到无监督预训练的效果。

4.7.3　神经网络的压缩和加速

最后介绍一下最近几年备受关注的神经网络压缩和加速技术，神经网络虽然功能强大，但是其内存和计算消耗都比较大，因此如何减少消耗，使神经网络可以用于在线学习和嵌入式设备就显得很重要，神经网络的压缩和加速就是为了解决这些问题。神经网络的压缩并不是一个全新的领域，在早期就有关于卷积神经网络的压缩技术（Strom, 1997; Hassibi et al., 1992; LeCun et al., 1989; Hanson et al., 1988），早期方法主要是删除网络中特定的连接，以减少网络的规模，比如将权值低于某些阈值的连接直接删除，然后对修剪之后的网络重新调整训练，最终可以减少网络的复杂度，同时防止网络的过拟合，最新的实践可以参见 Han 等（2015）的文献。除此之外还有其他的一些压缩和加速方法，这里结合 Cheng 等（2017）的一篇综述简单介绍一下，这些方法技术大致可以分为四类：参数修剪和共享方法，基于低秩因子分解技术的方法，基于迁移和压缩卷积滤波器的方法和知识精炼方法。参数修剪和共享方法，顾名思义就是将网络中的参数按照某种方式减少和共享以达到减少参数数量的目的。低秩因子分解技术是将卷积核看成一个四维张量，将全连接层看成一个二维矩阵，然后采用低秩因子分解的技术减少这些张量和矩阵中的冗余。基于迁移和压缩卷积滤波器的方法主要是对卷积神经网络的一种压缩技术，该技术基于这样的观察，即先对输入进行转换然后传入卷积层和先将输入传入卷积层然后对层进行转换，两者的效果是相同的，因此该方法通过设计特殊的转换函数（滤波器）对层进行操作，达到压缩输出的目的，进而减少网络的尺寸。最后知识精炼的方法通过软 softmax 学习教师模型（能够完成特定任务的大型复杂网络模型）的输出类别分布，从而将大型教师模型的知识精炼为较小的模型。这些方法大部分都没有得到较好的普及。

斯坦福大学的 Han 等（2016）发表的一篇关于神经网络压缩的论文，获得了 ICLR 2016 的最佳论文。该论文引起了学术界的广泛关注，不仅是因为其提出的压缩技术效果显著，更重要的是该技术使神经网络广泛应用于嵌入式系统成为可能，使神经网络的压缩和加速技术回归人们的视野。该论文主要采用的是参数修剪和共享方法，下面结合 Han 等的论文介绍压缩技术。

具体的压缩流程主要分为三个步骤——网络修剪（network pruning）、训练量化和权值共享（trained quantization and weight sharing）以及霍夫曼编码（Huffman coding），如图 4.12 所示。

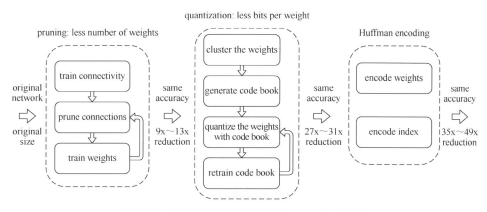

图 4.12　神经网络压缩的流程（Han et al., 2016）

original network: 原始网络。original size: 原始大小。pruning: 修剪。less number of weights: 更少的权重数量。train connectivity: 训练连接。prune connections: 修剪连接。train weights: 训练权重。same accuracy: 相同的精度。reduction: 减少。quantization: 量化。less bits per weight: 每个权重更少的比特。cluster the weights: 对权重聚类。generate code book: 生成编码表。quantize the weights with code book: 利用编码表量化权重。retrain code book: 重新训练编码表。Huffman encoding: 利用霍夫曼编码规则进行编码。encode weights: 编码权重。encode index: 编码索引。9x～13x 表示压缩倍数为 9 到 13 倍，其他类似

　　网络修剪的过程分为以下三个步骤：①正常训练一个神经网络；②对神经网络中权值不满足阈值的连接进行修剪；③重新训练修剪过的神经网络。不断进行步骤②、③直到网络的规模满足要求，并且保证模型精确度不变。

　　训练量化和权值共享过程主要有两个：①对网络每层的权值聚类，同一个类簇共享同一个权值大小；②反向传播时按照聚类结果对权值更新。聚类方法采用最简单的 k-means 方法，同一个类簇共享相同的权值，并且权值矩阵中只存储权值的索引，反向传播过程中，梯度按照权值的类簇分组，同组的梯度加和之后乘以学习速率得到更新量，用共享的"质心"减去该更新量，完成权值的更新（图 4.13）。

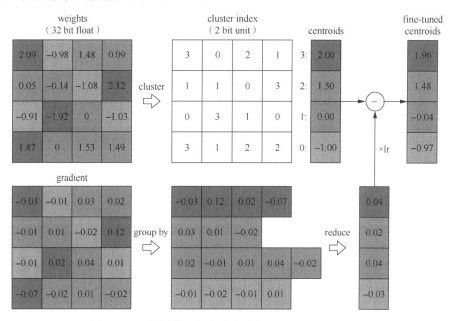

图 4.13　训练量化和权值共享过程（Han et al., 2016）

weights: 权重。32 bit float: 32 bit 浮点数。gradient: 梯度。cluster: 聚类。group by: 分组。cluster index: 类簇索引。2 bit uint: 2 bit 无符号整数。centroids: 质心。reduce: 减去。fine-tuned centroids: 微调的质心。lr: 学习速率

最后霍夫曼编码非常简单，对权重及其索引进行编码即可。最后实验部分将 AlextNet 网络压缩了 35 倍，VGG-16 网络压缩了 49 倍，并且有效提升了计算速度。

这篇论文在当时获得了广泛的关注，也促进了神经网络压缩加速领域的研究。随后，由 Dai 等（2017）完成的一篇网络压缩加速论文再次获得学术界的关注。其工作主要是构建了一个神经网络压缩和加速系统，可以动态地改变网络的结构，同时训练网络的权重并对连接进行修剪，最终生成已压缩的并且具有高精度的网络。

首先传统的深度学习定型网络的方法不够灵活，无法做到动态地从给定数据集产生合适的网络结构。具体来说有三个主要缺点：①大多数基于反向传播算法的网络训练都是针对权重进行训练，其网络结构是固定的，不能做到动态改善网络的结构；②对网络结构的选择采用反复试验的方法，每次试验都产生大量的时间和计算代价，效率低；③训练好的神经网络通常都有很多的冗余。为了解决以上问题，研究人员仿照人类大脑的学习生长过程提出自动生成神经网络的算法。算法基本思想是，从一个简单的种子结构开始，允许网络基于梯度信息增长网络中神经元之间的连接和新的神经元，使网络逐渐生长，直至网络满足一定的精确度和规模要求。接着根据神经元之间连接的强度，对部分微弱的连接进行修剪，并重新调整网络保证精度不变，最后生成已压缩的具有高精度的网络，算法思想大致如图 4.14 所示。

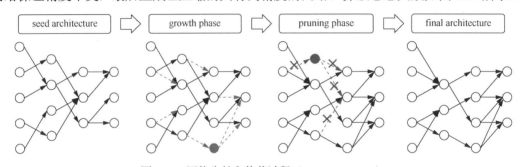

图 4.14   网络生长和修剪过程（Dai et al., 2017）

seed architecture：种子结构。growth phase：生长阶段。pruning phase：修剪阶段。final architecture：最终结构

算法主要可以分成两部分：基于梯度的生长（gradient-based growth）和基于强度的修剪（magnitude-based pruning）。对于网络中的连接和神经元的生长，首先计算要增加的连接或者神经元前一层和后一层神经元的梯度强度，在有较高梯度强度的神经元之间增加连接或者神经元，同时根据梯度强度大小初始化连接的权重。特别的，对卷积层而言，连接的增加方法和全连接层相同，但是神经元的增加方法有所区别，在卷积层增加的是特征映射，因为卷积操作是在特征映射上面进行的，那么增加神经元就相当于增加了一个特征映射，而特征映射是由图像和卷积核通过卷积运算产生的，所以本质上需要增加新的卷积核。采取的办法是直接随机生成一系列卷积核，然后选取最能够降低损失函数值的那些卷积核。对于网络的修剪，也分为两种情况：第一种是对于连接的修剪；第二种是对于卷积操作的修剪。对于连接的修剪，首先采用批归一化对连接的权重和偏置进行标准化处理，得到有效权重和有效偏置，再将每层有效权重和偏置较小的连接修剪掉，并重新训练网络，保持精度不变。对于卷积操作的修剪，算法使用局部区域卷积方法，通过分析生成的特征映射的强度，采用阈值方法得到图像中非感兴趣区域，将这些区域的输入连接修剪掉，使卷积只发生在感兴趣区域，并重新训练网络，保持精度不变。

图 4.15 是算法整体结构，算法在 LeNets 和 AlexNet 网络上进行了大量实验，从压缩率和

精确度的综合结果来看，两者都达到了当前最先进的水平。

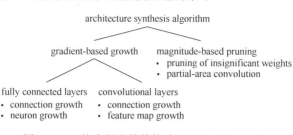

图 4.15　网络生长和修剪算法（Dai et al., 2017）

architecture synthesis algorithm：架构的综合算法。gradient-based growth：基于梯度的生长。fully connected layers：全连接层。connection growth：连接增长。neuron growth：神经元增长。convolutional layers：卷积层。feature map growth：特征图增长。magnitude-based pruning：基于强度的修剪。pruning of insignificant weights：修剪不重要的权重。partial-area convolution：局部区域卷积

■4.8　阅读材料

在本章的最后，补充一些阅读材料。阅读材料主要是近几年发表的论文，这些文献是本章介绍的优化问题的进一步研究。

Needell 等（2016）指出传统的随机梯度下降和小批量梯度下降算法采用均匀分布的方式对单个训练数据或者小批量数据进行采样，阻碍了收敛的速度，提出利用加权分布对训练数据采样，以此改进小批量梯度下降算法，加速收敛。Loshchilov 等（2017）采用定期热启动机制对 SGD 进行改良，提出 SGDR 算法，每次相隔一定数目的 epoch 重启学习速率，将其设定为某个较大值，随后逐渐减少，并针对深度神经网络进行了多次实验。Koushik 等（2017）结合目标函数的相对变化，将信息反馈到梯度下降算法中，如果平均相对变化较大，就降低学习速率，否则相反，论文中针对 Adam 算法进行了反馈改进的实验，并在 CNN 和 RNN 的训练中验证了该方法的有效性。Chaudhari 等（2017）发现有更低泛化误差的极值往往在能量景观（energy landscape）中的宽阔峡谷处，而不是在尖锐的峡谷处，基于这样的观察，利用局部熵重新构建目标函数，使得新的目标函数的极值处于能量景观的宽阔峡谷处，从而得到具有更低泛化误差的极值，将算法命名为 Entropy-SGD 算法，并在 CNN 和 RNN 上进行实验，获得了很不错的效果。Neyshabur 等（2015）对使用激活函数 ReLU 进行构建的神经网络研究，发现其权重具有尺度保持性，经过激活单元前后放大和缩小权重，并不影响网络的功能，并根据这一特点提出同样满足这种尺度保持性的带有路径正则化的 SGD 算法，命名为 Path-SGD 算法并表示其效果好于 SGD 和 Adagrad 算法。Zhu 等（2017）类比 CNN 利用稀疏性降低能耗和存储占用，对 LSTM 网络在训练时是否存在稀疏性进行了研究，并发现其在后向传播中产生的梯度有潜在的稀疏性。在 CNN 中，大量 ReLU 激活函数使负数都归零，导致稀疏性的产生，而 RNN 中并未引入 ReLU 激活函数，其稀疏性的产生主要是因为在后向传播中，激活函数的值经常饱和，而那些负饱和的激活函数（通常负饱和时激活函数的值接近零）产生了潜在的稀疏性，因此论文中提出了一种简单的阈值切割的方法，在反向传播的过程中将接近零的激活值按照阈值重置为零，提高网络的稀疏性，最终提高对 LSTM 网络的训练效率，消除冗余操作。

参 考 文 献

Agarwal N, Zhu Z A, Bullins B, et al., 2017. Finding approximate local minima faster than gradient descent. ACM Symposium on Theory of Computing (STOC'17), Montreal, QC, Canada: 1195-1199.

Anon, 2018. CS231n convolutional neural networks for visual recognition. [2019-01-30]. http://cs231n.github.io/ neural-networks-3/.

Baldi P, Hornik K, 1989. Neural networks and principal component analysis: learning from examples without local minima. Neural Networks, 2(1): 53-58.

Balles L, Hennig P, 2018. Dissecting Adam: the sign, magnitude and variance of stochastic gradients. International Conference on Machine Learning (ICML'18), Stockholm, Sweden.

Becker S, LeCun Y, 1988. Improving the convergence of back-propagation learning with second order methods. Tech. Rep., Department of Computer Science, University of Toronto, Toronto, ON, Canada.

Bengio Y, Lamblin P, Popovici D, et al., 2006. Greedy layer-wise training of deep networks. Conference and Workshop on Neural Information Processing Systems (NIPS'06), Vancouver, British Columbia, Canada: 153-160.

Bergstra J, Bardenet R, Bengio Y, et al., 2011. Algorithms for hyper-parameter optimization. Conference and Workshop on Neural Information Processing Systems (NIPS'11), Granada, Spain: 2546-2554.

Bergstra J, Bengio Y, 2012. Random search for hyper-parameter optimization. Journal of Machine Learning Research, 13(1): 281-305.

Bhardwaj O, Cong G, 2017. Inefficiency of stochastic gradient descent with larger mini-batches (and more learners). International Conference on Learning Representations (ICLR'17), Palais des Congrès Neptune, Toulon, France.

Blum A L, Rivest R L, 1992. Training a 3-node neural network is NP-complete. Neural Networks, 5(1): 117-127.

Botev A, Lever G, Barber D, 2016. Nesterov's Accelerated gradient and momentum as approximations to regularised update descent. Computing Research Repository: 1607.01981.

Bottou L, 1998. Online algorithms and stochastic approximations// Saad, D. Online Learning in Neural Networks. Cambridge, UK: Cambridge University Press: 1-34.

Boyd S, Vandenberghe L, 2004. Convex Optimization. New York, USA: Cambridge University Press.

Brady M L, Raghavan R, Slawny J, 1989. Back-propagation fails to separate where perceptrons succeed. IEEE Transactions on Circuits and Systems, 36(5): 665-674.

Byrd R H, Lu P, Nocedal J, et al., 1995. A limited memory algorithm for bound constrained optimization. Siam Journal on Scientific Computing, 16(5): 1190-1208.

Cauchy A, 1847. Méthode générale pour la résolution de systèmes d'équations simultanées. In Compte rendu des séances de l'académie des sciences: 536-538.

Chaudhari P, Choromanska A, Soatto S, et al., 2017. Entropy-SGD: biasing gradient descent into wide valleys. International Conference on Learning Representations (ICLR'17), Palais des Congrès Neptune, Toulon, France.

Cheng Y, Wang D, Zhou P, et al., 2017. A survey of model compression and acceleration for deep neural networks. Computing Research Repository: 1710.09282.

Choromanska A, Henaff M, Mathieu M, et al., 2014. The loss surface of multilayer networks. Computing Research Repository: 1412.0233.

Dai X, Yin H, Jha N K, 2017. NeST: a neural network synthesis tool based on a grow-and-prune paradigm. Computing Research Repository: 1711.02017.

Dauphin Y N, Pascanu R, Gulcehre C, et al., 2014. Identifying and attacking the saddle point problem in high-dimensional non-convex optimization. Conference and Workshop on Neural Information Processing Systems (NIPS'14), Montreal, Quebec, Canada: 2933-2941.

Dauphin Y N, Vries H, Chung J, et al., 2015. RMSProp and equilibrated adaptive learning rates for non-convex optimization. Computing Research Repository: 1502.04390.

Davidon W C, 1991. Variable metric method for minimization. SIAM Journal on Optimization, 1: 1-17.

Dean J, Corrado G, Monga R, et al., 2012. Large scale distributed deep networks. Conference and Workshop on Neural Information Processing Systems (NIPS'12), Lake Tahoe, Nevada, USA: 1232-1240.

Dozat T, 2016. Incorporating Nesterov momentum into Adam. International Conference on Learning Representations (ICLR'16), Caribe Hilton, San Juan, Puerto Rico.

Duchi J C, Hazan E, Singer Y, 2011. Adaptive subgradient methods for online learning and stochastic optimization. Journal of Machine Learning Research, 12: 2121-2159.

Erhan D, Bengio Y, Courville A, et al., 2010. Why does unsupervised pre-training help deep learning?. Journal of Machine Learning Research, 11(3): 625-660.

Fletcher R, 1987. Practical Methods of Optimization .2nd ed. New York:John Wiley & Sons.

Ge R, 2016. Escaping from Saddle Points. (2016-03-22)[2019-01-30]. http://www.offconvex.org/2016/03/22/saddlepoints/.

Glorot X, Bengio Y, 2010. Understanding the difficulty of training deep feedforward neural networks. International Conference on Artificial Intelligence and Statistics (AISTATS'10), Sardinia, Italy: 249-256.

Goodfellow I J, Vinyals O, Saxe A M, 2015. Qualitatively characterizing neural network optimization problems. Computing Research Repository: 1412.6544.

Goodfellow I, Bengio Y, Courville A, 2016. Deep Learning. Cambridge: MIT Press.

Gori M, Tesi A, 1992. On the problem of local minima in backpropagation. IEEE Transactions on Pattern Analysis and Machine Intelligence, 14(1): 76-86.

Hadgu A T, Nigam A, Diaz-Aviles E, 2015. Large-scale learning with AdaGrad on Spark. IEEE International Conference on Big Data (Big Data'15), Santa Clara, CA, USA: 2828-2830.

Han S, Mao H, Dally W J, 2016. Deep compression: compressing deep neural networks with pruning, trained quantization and Huffman coding. International Conference on Learning Representations (ICLR'16), Caribe Hilton, San Juan, Puerto Rico.

Han S, Pool J, Tran J, et al., 2015. Learning both weights and connections for efficient neural networks. Computing Research Repository: 1506.02626.

Hanson S J, Pratt L Y, 1988. Comparing biases for minimal network construction with back-propagation. Conference and Workshop on Neural Information Processing Systems (NIPS'88), Denver, CO, USA: 177-185.

Hardt M, Recht B, Singer Y, 2016. Train faster, generalize better: stability of stochastic gradient descent. International Conference on Machine Learning (ICML'16), New York: 1225-1234.

Hassibi B, Stork D G, 1992. Second order derivatives for network pruning: optimal brain surgeon. Conference and Workshop on Neural Information Processing Systems (NIPS'92), Denver, CO, USA: 164-171.

He K, Zhang X, Ren S, et al., 2016. Deep residual learning for image recognition. Computer Vision and Pattern Recognition (CVPR'16), Las Vegas, NV, USA: 770-778.

Hestenes M R, Stiefel E, 1952. Methods of conjugate gradients for solving linear systems. Journal of Research of the National Burean of Standards, 49(6): 409-436.

Hinton G E, 2012. Tutorial on deep learning. IPAM Graduate Summer School: Deep Learning, Feature Learning.

Hinton G E, Srivastava N, Swersky K, 2012. Coursera, Lecture 6e: rmsprop: divide the gradient by a running average of its recent magnitude. Neural Networks for Machine Learning.

Huo Z, Huang H, 2016. Asynchronous stochastic gradient descent with variance reduction for non-convex optimization. Computing Research Repository: 1604.03584.

Hutter F, Hoos H, Leyton-Brown K, 2011. Sequential model-based optimization for general algorithm configuration. Learning and Intelligent Optimization (LION'11), Rome, Italy: 507-523.

Ioffe S, Szegedy C, 2015. Batch normalization: accelerating deep network training by reducing internal covariate shift. International Conference on Machine Learning (ICML'15), Lille, France: 448-456.

Jacobs R A, 1988. Increased rates of convergence through learning rate adaptation. Neural Networks, 1(4): 295-307.

Jin C, Kakade S M, Netrapalli P, 2016. Provable efficient online matrix completion via non-convex stochastic gradient descent. Conference and Workshop on Neural Information Processing Systems (NIPS'16), Barcelona, Spain: 4520-4528.

Judd J S, 1989. Neural network design and the complexity of learning// Neural Network Modeling and Connectionism. Cambridge, MA, USA: MIT Press.

Kalchbrenner N, Grefenstette E, Blunsom P, 2014. A convolutional neural network for modelling sentences. Meeting of the Association for Computational Linguistics (ACL'14), Baltimore, MD, USA: 655-665.

Kelley C T, 2003. Solving Nonlinear Equations with Newton's Method. No 1 in Fundamentals of Algorithms. Philadelphia, USA: SIAM.

Keskar N S, Mudigere D, Nocedal J, et al., 2016. On large-batch training for deep learning: generalization gap and sharp minima. Computing Research Repository: 1609.04836.

Kingma D P, Ba J, 2014. Adam: a method for stochastic optimization. Computing Research Repository: 1412.6980.

Kobayashi M, 2017. Gradient descent learning for quaternionic Hopfield neural networks. Neurocomputing, 260: 174-179.

Koushik J, Hayashi H, 2017. Improving stochastic gradient descent with feedback. International Conference on Learning Representations (ICLR'17), Palais des Congrès Neptune, Toulon, France.

LeCun Y, Bottou L, Orr G B, et al., 1998. Effiicient BackProp. Neural Networks Tricks of the Trade, 1524(1): 9-50.

LeCun Y, Denker J S, Solla S A, et al., 1989. Optimal brain damage. Conference and Workshop on Neural Information Processing Systems (NIPS'89), Denver, CO, USA: 598-605.

Lee J D, Simchowitz M, Jordan M I, et al., 2016. Gradient descent only converges to minimizers. Conference on Learning Theory (COLT'16), New York: 1246-1257.

Liu D C, Nocedal J, 1989. On the limited memory BFGS method for large scale optimization. Mathematical Programming, 45(1/2/3): 503-528.

Loshchilov I, Hutter F, 2017. SGDR: stochastic gradient descent with warm restarts. International Conference on Learning Representations (ICLR'17), Palais des Congrès Neptune, Toulon, France.

Luenberger D G, Ye Y, 2008. Linear and Nonlinear Programming. 3rd ed. 2008 Edition. Boston, MA, USA: Springer.

Maclaurin D, Duvenaud D, Adams R P, 2015. Gradient-based hyperparameter optimization through reversible learning. arXiv preprint arXiv: 1502.03492 .

Marcotte P, Savard G, 1992. Novel approaches to the discrimination problem. Mathematical Methods of Operations Research, 36(6): 517-545.

Martens J, 2010. Deep learning via Hessian-free optimization. International Conference on Machine Learning (ICML'10), Haifa, Israel: 735-742.

Mikolov T, 2012. Statistical language models based on neural networks.Brno: Brno University of Technology.

Mikolov T, Chen K, Corrado G, et al., 2013. Efficient estimation of word representations in vector space. Computing Research Repository: 1301.3781.

Mirza M, Osindero S, 2014. Conditional generative adversarial nets. Computing Research Repository: 1411.1784.

Moller M, 1993. Efficient training of feed-forward neural networks. Aarhus, Denmark: Aarhus University.

Mukkamala M C, Hein M, 2017. Variants of RMSProp and Adagrad with logarithmic regret bounds. International Conference on Machine Learning (ICML'17), Sydney, NSW, Australia: 2545-2553.

Nakama T, 2009. Theoretical analysis of batch and on-line training for gradient descent learning in neural networks. Neurocomputing, 73(1/2/3): 151-159.

Needell D, Ward R, 2016. Batched stochastic gradient descent with weighted sampling. Computing Research Repository: 1608.07641.

Nesterov Y, 1983. A method of solving a convex programming problem with convergence rate O(1/k2). Soviet Mathematics Doklady, 27(2): 372-376.

Nesterov Y, 2004. Introductory Lectures on Convex Optimization: A Basic Course. Applied Optimization. Boston, MA, USA: Springer.

Neyshabur B, Salakhutdinov R, Srebro N, 2015. Path-SGD: path-normalized optimization in deep neural networks. Conference and Workshop on Neural Information Processing Systems (NIPS'15), Montreal, Quebec, Canada: 2422-2430.

Ng A, 2018. Coursera: machine-learning. [2019-01-30]. https://www.coursera.org/learn/machine-learning/lecture/Wh6s3/putting-it-together.

Nocedal J, Wright S, 2006. Numerical Optimization. New York: Springer.

Pascanu R, Mikolov T, Bengio Y, 2013. On the difficulty of training recurrent neural networks. International Conference on Machine Learning (ICML'13), Atlanta, GA, USA: 1310-1318.

Pennington J, Socher R, Manning C D, 2014. Glove: global vectors for word representation. Empirical Methods in Natural Language Processing (EMNLP'14), Doha, Qatar: 1532-1543.

Polyak B T, 1964. Some methods of speeding up the convergence of iteration methods. USSR Computational Mathematics and Mathematical Physics, 4(5): 1-17.

Reddi S J, Kale S, Kumar S, 2018. On the convergence of Adam and beyond. International Conference on Learning Representations (ICLR'18), Vancouver, Canada.

Riedmiller M, Braun H, 1993. A direct adaptive method for faster backpropagation learning: the RPROP algorithm. IEEE International Conference on Neural Networks, San Francisco, CA, USA: 586-591.

Rockafellar R T, 1997. Convex Analysis. Princeton Landmarks in Mathematics. Princeton, New Jersey, USA: Princeton University Press.

Romero A, Ballas N, Kahou E S, et al., 2014. FitNets: hints for thin deep nets. Computing Research Repository: 1412.6550.

Roux N L, Bengio Y, Fitzgibbon A, 2011. Improving first and second-order methods by modeling uncertainty// In Optimization for Machine

Learning. Cambridge, MA, USA: MIT Press.

Ruder S, 2016. An overview of gradient descent optimization algorithms. Computing Research Repository: 1609.04747.

Sa C D, Ré C, Olukotun K, 2015. Global convergence of stochastic gradient descent for some non-convex matrix problems. International Conference on Machine Learning (ICML'15), Lille, France: 2332-2341.

Saarinen S, Bramley R, Cybenko G, 1993. Ill-conditioning in neural network training problems. SIAM Journal on Scientific Computing, 14(3): 693-714.

Saxe A M, McClelland J L, Ganguli S, 2013. Exact solutions to the nonlinear dynamics of learning in deep linear neural networks. Computing Research Repository: 1312.6120.

Schaul T, Antonoglou I, Silver D, 2013. Unit tests for stochastic optimization. Computing Research Repository: 1312.6055.

Shamir O, 2016. Convergence of stochastic gradient descent for PCA. International Conference on Machine Learning (ICML'16), New York: 257-265.

Simonyan K, Zisserman A, 2014. Very deep convolutional networks for large-scale image recognition. Computing Research Repository: 1409.1556.

Smagt P P V D, Hirzinger G, 1998. Solving the ill-conditioning in neural network learning// Neural Networks: Tricks of the Trade. Berlin Heidelberg, Germany: Springer.

Snoek J, Larochelle H, Adams R P, 2012. Practical Bayesian optimization of machine learning algorithms. Conference and Workshop on Neural Information Processing Systems (NIPS'12), Lake Tahoe, Nevada, USA: 2960-2968.

Sohl-Dickstein J, Poole B, Ganguli S, 2014. Fast large-scale optimization by unifying stochastic gradient and quasi-Newton methods. International Conference on Machine Learning (ICML'14), Beijing, China: 604-612.

Sontag E D, Sussman H J, 1989. Backpropagation can give rise to spurious local minima even for networks without hidden layers. Complex Systems, 3(1): 91-106.

Srivastava N, Hinton G E, Krizhevsky A, et al., 2014. Dropout: a simple way to prevent neural networks from overfitting. Journal of Machine Learning Research, 15(1): 1929-1958.

Strom N, 1997. Phoneme probability estimation with dynamic sparsely connected artificial neural networks. The Free Speech Journal, 1(5): 1-41.

Süli E, Mayers D F, 2003. An Introduction to Numerical Analysis. 1st Edition.Cambridge: Cambridge University Press.

Sutskever I, Martens J, Dahl G E, et al., 2013. On the importance of initialization and momentum in deep learning. International Conference on Machine Learning (ICML'13), Atlanta, GA, USA: 1139-1147.

Swirszcz G, Czarnecki W M, Pascanu R, 2016. Local minima in training of deep networks. Computing Research Repository: 1611.06310.

Wang Haohan, Raj B, Xing E P, 2017. On the origin of deep learning. Computing Research Repository: 1702.07800.

Warde-Farley D, Goodfellow I J, Courville A C, et al., 2013. An empirical analysis of dropout in piecewise linear networks. Computing Research Repository: 1312.6197.

Werfel J, Xie X H, Seung H, 2003. Learning curves for stochastic gradient descent in linear feedforward networks. Conference and Workshop on Neural Information Processing Systems (NIPS'03), Vancouver, British Columbia, Canada: 1197-1204.

Wilson D R, Martinez T R, 2003. The general inefficiency of batch training for gradient descent learning. Neural Networks, 16(10): 1429-1451.

Yang Z, Chen W, Wang F, et al., 2017. Improving neural machine translation with conditional sequence generative adversarial Nets. Computing Research Repository: 1703.04887.

Zeiler M D, 2012. ADADELTA: an adaptive learning rate method. Computing Research Repository: 1212.5701.

Zhang H, Xu T, Li H, 2017. StackGAN: text to photo-realistic image synthesis with stacked generative adversarial networks. IEEE International Conference on Computer Vision (ICCV'17), Venice, Italy: 5908-5916.

Zhu M, Rhu M, Clemons J, et al., 2017. Training long short-term memory with sparsified stochastic Gradient Descent. International Conference on Learning Representations (ICLR'17), Palais des Congrès Neptune, Toulon, France.

Zhu Y, Chatterjee S, Duchi J, et al., 2016. Local minimax complexity of stochastic convex optimization. Conference and Workshop on Neural Information Processing Systems (NIPS'16), Barcelona, Spain: 3423-3431.

Zinkevich M, Weimer M, Smola A J, et al., 2010. Parallelized stochastic gradient descent. Conference and Workshop on Neural Information Processing Systems (NIPS'10), Vancouver, British Columbia, Canada: 2595-2603.

5

正　则　化

正则化，是一种适用于求解不适定问题目标函数的技术，是机器学习领域的核心问题之一。在传统的优化领域和早期的神经网络文献中，正则化被定义为损失函数中的惩罚项（Bishop, 1995）。最近，它有了更广泛的含义：正则化技术通过引入更多信息以解决不适定问题或防止过拟合问题的发生，主要应用于数理统计尤其是机器学习和逆向问题领域，旨在减小学习算法的测试误差（泛化误差）而非调整训练误差（Goodfellow et al., 2016）。而在最新的正则化综述文章中，正则化被定义为：旨在更好实现模型泛化的补充技术，即在测试集上得到更好的表现（Kukačka et al., 2017）。常见的正则化方法有提前终止（early-stopping）、数据集扩增、Dropout 以及参数范数惩罚等，基于参数范数惩罚的正则化方法主要包括 L_2 正则化、L_1 正则化两类。

■5.1　理论框架

5.1.1　基本概念

有关机器学习基础的具体介绍，请参阅本书第 2 章。在这里，我们首先对正则化领域涉及的一些基本概念及符号表示进行强调，用于之后对理论框架和解决正则化技巧的描述。

下面通过一个案例对表 5.1 中的概念进行形象化的解释。

表 5.1　相关符号

概念		符号	意义
目标函数（objective function）		$\mathcal{J}$	度量模型拟合的最终目标
误差函数（error function）		$\mathcal{E}$	根据函数与目标的一致性为模型预测分配惩罚
损失/代价函数（loss/cost function）		$\mathcal{L}$	模型预测值与真实输出值之间的差异
风险函数	期望风险（expected risk）	$\hat{\mathcal{L}}$	损失函数的期望
	经验风险（empirical risk）	$\mathcal{L}'$	真实输出值在训练集上的平均损失
	结构风险（structural risk）	$\mathcal{J}'$	经验风险与模型复杂度的结合
正则化项（regularization term）		$\mathcal{R}$	降低模型复杂度

如图 5.1 所示，图中的实心点表示数据 (X, Y)，其中，X 为输入，Y 为真实值。对模型来说，给定输入 X，可以得到相应函数的输出值 $f(X)$，这在图中由曲线表示。将函数输出值与真实值进行比较，引入损失函数 $\mathcal{L} = L(Y, f(X))$ 度量模型的拟合程度。损失函数越大，代表模型的拟合程度越差；损失函数越小，代表模型的拟合程度越好。这里还有一个概念——

风险函数，因为原始数据集遵循联合概率分布 $P(X,Y)$，因此可以在整个数据集上求得损失函数的期望，即期望风险 $\mathcal{L}' = \int L\big(y,f(x)\big)P(x,y)\mathrm{d}x\mathrm{d}y$。但是，这里存在一个问题：由于原始数据的联合分布函数未知，在这种情况下，风险函数是无法计算的。为了解决该问题，引入训练集作为分布已知的历史数据，通过近似计算简化求解过程。将 $f(X)$ 关于训练集的平均损失称作经验风险 $\hat{\mathcal{L}} = \dfrac{1}{N}\sum\limits_{i=1}^{N}L\big(y_i,f(x_i)\big)$。在这种情况下，经验风险越小，模型的拟合度越好，因此提高模型拟合度的目标转变为最小化经验风险。然而这种对拟合程度的过度追求也可能会引起过拟合问题（这也是机器学习领域的一个重要问题，我们将在 5.1.2 节详细介绍）。为了限制过拟合的出现，引入结构风险的概念 $\mathcal{J}'(f)$，它是经验风险与模型复杂度的结合，用于度量模型复杂度的项在机器学习中称为正则化项 $\mathcal{R}$。此时，拟合的优化目标转变为实现对经验风险和结构风险的共同最优化，最终的目标函数为 $\mathcal{J} = \dfrac{1}{N}\sum\limits_{i=1}^{N}L\big(y_i,f(x_i)\big) + \lambda\mathcal{R}$，用于预测未知数据。

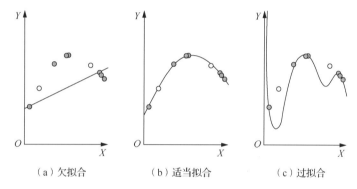

（a）欠拟合　　　　　　　（b）适当拟合　　　　　　　（c）过拟合

图 5.1　数据拟合与正则化（实心点表示训练点，空心点表示测试点）

5.1.2　过拟合与欠拟合

过拟合（overfitting），是指统计模型或机器学习算法对训练集拟合程度过高以至于在新的数据集（测试集）上泛化能力不足的问题，主要出现在训练误差和测试误差之间差距过大的情况，如图 5.1（c）所示。相对地，当模型无法捕获数据的基本趋势时，发生欠拟合（underfitting），如图 5.1（a）所示。例如，将线性模型拟合到非线性数据时，因为模型不能从训练集上获得足够低的误差而导致欠拟合，这样的模型预测性能也很差。

过拟合的概念在机器学习中很重要。在统计学和机器学习领域，常见的任务之一是将“模型”拟合到一组训练数据，从而实现对未知数据集的可靠预测。通常一个机器学习算法是借由训练样本（训练集）来完成模型训练的，训练过程会伴随着训练误差。当将该模型应用到未知数据集（测试集）进行测试时，就会带来相应的测试误差。过拟合一般在统计模型描述随机误差或噪声时出现，当统计模型过于复杂时就会发生过拟合的问题。这种情况的出现会使得经过训练得到的模型对训练数据的微小波动反应过度，而对新的数据样本的预测性能变弱，即在降低模型泛化能力的同时，增加了数据的波动性。例如，在参数比观测次数多的情况中，就会出现训练数据少而变量（特征）过多的问题，进而导致模型对训练集的特征描述过于详尽而失去应有的泛化能力。

　　发生过拟合的主要原因是用于训练模型的标准和用于评判该模型性能的标准不同。模型通常会通过在某些训练数据集上最优化其性能来达到训练目的，然而，模型的性能并不是由它在训练集上的表现来决定的，而是由模型能否在未知数据集上实现良好的表现决定的。当模型开始"记忆"训练数据而不是从训练数据中"学习"时，过拟合就出现了。例如，上面提到的模型的参数个数大于或等于观测值个数的例子，这种模型过于简单，其学习过程可以通过简单地将训练数据全部记住从而实现对训练数据的完全预测。虽然模型在训练时的效果可以表现得非常完美，几乎可以记住数据的全部特征，但这种模型在未知数据集上的预测表现会大打折扣，甚至以失败告终。这是因为这种简单模型并没有获得泛化能力，或者泛化能力非常弱。过拟合的出现不仅取决于参数和数据的数目，同时还和模型结构与数据分布的一致性以及模型误差的大小与数据噪声或误差的预期水平有关。即使拟合模型没有过多的参数，也可以预测到模型的拟合关系在未知数据集上的表现不如训练数据集。

　　解决过拟合问题主要有以下两个方法。

　　（1）尽可能地减少选取变量（特征）的数量。通过人工检查每一项变量，对变量的重要性进行度量，然后舍弃那些不重要的变量，仅保留重要的变量。选择变量的过程需要模型选择算法，通过这些算法可以自动选择采用哪些特征变量同时舍弃不需要的变量。这种方法可以完全避免过拟合的发生，然而其缺点是人工检查的过程效率低。而从数据的角度来说，在舍弃一部分变量的同时，也舍弃了一些相关信息。尽管这些信息不那么重要，但也会对问题本身产生一些影响。

　　（2）应用正则化技术。在正则化中，训练数据将保留所有的特征变量，但会有效减少特征变量的数量级。相较于第一个方法，通过正则化技术可以显著改善过拟合的现象并减少过拟合的发生，并且训练过程保留了所有的特征变量及其所包含的有用信息，避免了信息丢失的问题。应用正则化技术能够使算法的性能更好，预测更加精确，模型更接近任务的真实描述。

5.1.3　神经网络领域的正则化框架

　　了解了正则化的基础知识之后，下面我们对神经网络领域通用的正则化框架进行梳理。

　　模型拟合是指：找到一个函数 f，使它逼近于由输入到期望输出 $f(x)$ 的期望映射。一个给定的输入 x 可以有一个相关的目标 y（即真实输出值），它直接或间接指定了期望输出 $f(x)$。具有可用目标 y 的一个典型例子就是有监督学习。数据样本 (x,y) 服从正确标记的概率分布 P。

　　许多应用证明，神经网络是映射 f 的良好函数集合。将神经网络看成一个包含可训练权重的函数 $f_w:\mathcal{X}\rightarrow\mathcal{Y}$，其中权重 $w\in W$，$\mathcal{X},\mathcal{Y}$ 为输入和输出空间。因此，神经网络的训练过程就意味着找到一个权重设置 w'，使得损失函数 $\mathcal{L}$ 最小化：

$$w'=\underset{w}{\arg\min}\,\mathcal{L}(w) \tag{5.1}$$

　　通常，损失函数 $\mathcal{L}$ 写成期望风险 $\mathcal{L}'$ 的形式：

$$\mathcal{L}'=E_{(x,y)\sim P}\Big[\mathcal{E}\big(f_w(x),y\big)+\mathcal{R}(\cdots)\Big] \tag{5.2}$$

式中，$\mathcal{E}$ 为误差函数，它依赖于目标 y，并根据函数与目标的一致性为模型预测分配惩罚；$\mathcal{R}$ 为正则化项，根据除目标以外的其他标准（如权重）为模型分配惩罚。

　　由于数据样本的概率分布 $P(x,y)$ 是未知的，无法直接实现期望风险最小化。因此，从已知分布的集合中采样得到训练集 $\mathcal{D}$，通过经验风险 $\hat{\mathcal{L}}$ 最小化来近似得到期望风险 $\mathcal{L}'$ 最小化：

$$\underset{w}{\arg\min} \frac{1}{|\mathcal{D}|} \sum_{(x_i,y_i)\in\mathcal{D}} \mathcal{E}\left(f_w\left(x_i\right),y_i\right) + \mathcal{R}\left(\cdots\right) \tag{5.3}$$

式中，$\left(x_i,y_i\right)$ 采样于训练集 $\mathcal{D}$。

■5.2　参数范数惩罚

当数据集可调整空间有限时，防止过拟合情况的一种方式就是降低模型的复杂度。通过在损失函数中加入一个正则化项，对模型复杂度进行控制，这里可以将正则化简单地理解为模型复杂度的表示。我们知道损失函数越小模型泛化性能越好，当在损失函数中加入正则化项后，为了使损失函数保持在原来的状态，就不能让正则化项变大，即不能让模型变得更复杂。这样就降低了模型的复杂度，也降低了模型过拟合的风险。正则化技术有很多种，较为常见的是 L_1 正则化和 L_2 正则化，下面将对这两种正则化技术进行介绍。

5.2.1　L_2 正则化

L_2 正则化也称**权重衰减**（weight decay），在其他领域也称为岭回归或 Tikhonov 正则，是常用的正则化技术之一（Kukačka et al., 2017）。首先对 L_2 正则化项进行定义：

$$\mathcal{R}\left(w\right) = \lambda \frac{1}{2}\left\|w\right\|_2^2 \tag{5.4}$$

L_2 表示 2 范数，在这里指的是权重 2 范数的平方项，式（5.4）中，λ 为正则化系数（大于 0）。

此时，加入 L_2 正则化项的损失函数为

$$\mathcal{L} = \mathcal{L}_0 + \frac{\lambda}{2n} \sum_w w^2 \tag{5.5}$$

式中，第一项 $\mathcal{L}_0$ 是原始损失函数；第二项是 L_2 正则化项，它是所有权重的平方和，通过一个因子 $\lambda/2n$ 进行量化调整，n 为训练集所包含的实例个数。可以看到正则化项不包含偏置，对所有的权重 w 取平方和除以 n，通过系数 λ 权衡正则化项和原始损失函数的比重。

从定义来看，正则化的效果会使得网络倾向于学习小一点的权重，否则第一项 $\mathcal{L}_0$ 将明显变化。换言之，正则化其实是一种对追求小权重和最小化原始损失函数这两个目标进行权衡的过程。两个目标之间的相对重要性由正则化系数 λ 控制：λ 越小，越倾向于以最小化原始损失函数为主要目标；λ 越大，越倾向于以追求小权重为主要目标。

为了进一步理解 L_2 正则化的原理，对式（5.5）求导：

$$\frac{\partial \mathcal{L}}{\partial w} = \frac{\partial \mathcal{L}_0}{\partial w} + \frac{\lambda}{n} w \tag{5.6}$$

$$\frac{\partial \mathcal{L}}{\partial b} = \frac{\partial \mathcal{L}_0}{\partial b} \tag{5.7}$$

式中，w 为权重；b 为偏置。可知，偏置的更新规则：

$$b \to b - \eta \frac{\partial \mathcal{L}_0}{\partial b} \tag{5.8}$$

权重的更新规则：

$$w \rightarrow w - \eta \frac{\partial \mathcal{L}_0}{\partial w} - \frac{\eta \lambda}{n} w$$

$$= \left(1 - \frac{\eta \lambda}{n}\right) w - \eta \frac{\partial \mathcal{L}_0}{\partial w} \tag{5.9}$$

可以发现，偏置的更新与 L_2 正则化项无关，不受正则化影响，而权重的更新与 L_2 正则化项有关。在此，仅考虑引入 L_2 正则化项这一个因素：在未引入 L_2 正则化项时，w 的原系数为 1；引入 L_2 正则化项后，w 的系数为 $1 - \frac{\eta \lambda}{n}$，其中，$\eta$、$\lambda$、$n$ 均为正数，因此现有系数小于 1，即小于原系数。因此，引入 L_2 正则化项将使得参数 w 减小，这也是权重衰减概念的由来。当考虑后面的偏导项时，w 的更新可能变大也可能变小。

上面所讨论的是基于梯度下降法的情况，而应用到基于 mini-batch 的随机梯度下降法，更新的公式则有所不同：

$$b \rightarrow b - \frac{\eta}{m} \sum_x \frac{\partial \mathcal{L}_x}{\partial b} \tag{5.10}$$

$$w \rightarrow \left(1 - \frac{\eta \lambda}{n}\right) w - \frac{\eta}{m} \sum_x \frac{\partial \mathcal{L}_x}{\partial w} \tag{5.11}$$

式中，m 为 mini-batch 的训练样本个数；x 是样本数据；$\mathcal{L}_x$ 是每个训练样本所对应的原始损失。这与之前的规则在逻辑上是一样的，唯一不同的是，此时第二项变为关于样本数据 x 的导数和的形式。

从更新过程来看，L_2 正则化网络更倾向于学习小的权重，在权重小的情况下，数据 x 的随机变化并不会对网络的模型产生太大的影响，因此可以尽可能地减小模型受到数据局部噪声的影响。而相对于正则化网络，原始网络权重较大，模型可能为了适应数据而发生较大的改变，更容易学习到局部噪声，甚至可能会发生过拟合的情况。

5.2.2 L_1 正则化

L_2 正则化是权重衰减最常见的形式，还有另一种参数范数惩罚方法——L_1 正则化，其定义如下：

$$\mathcal{R}(w) = \lambda \|w\|_1 = \lambda \sum_w |w| \tag{5.12}$$

L_1 表示 1 范数，在这里指的是权重的 1 范数项，式（5.12）中，λ 为正则化系数（大于 0）。

此时，加入 L_1 正则化项的损失函数为

$$\mathcal{L} = \mathcal{L}_0 + \frac{\lambda}{n} \sum_w |w| \tag{5.13}$$

式中，第一项 $\mathcal{L}_0$ 是原始损失函数；第二项是 L_1 正则化项，它是所有权重绝对值之和，通过一个因子 λ / n 进行量化调整，n 为训练集所包含的实例个数。

从定义来看，L_1 正则化的定义和 L_2 正则化类似，即通过一个有关权重的参数范数惩罚项，使得网络规避较大的权重并优先选择较小的权重。当然，L_1 正则化和 L_2 正则化并不完全相同，因此也不会得到与 L_2 正则化完全相同的效果。让我们来进一步分析 L_1 正则化，从而探究它与 L_2 正则化的不同之处。

对 L_1 正则化的损失函数进行求导：

$$\frac{\partial \mathcal{L}}{\partial w} = \frac{\partial \mathcal{L}_0}{\partial w} + \frac{\lambda}{n} \mathrm{sgn}(w) \tag{5.14}$$

式中，$\mathrm{sgn}(w)$ 表示 w 的符号。此时，关于权重 w 的更新规则为

$$w \rightarrow w' = w - \frac{\eta \lambda}{n} \mathrm{sgn}(w) - \eta \frac{\partial \mathcal{L}_0}{\partial w} \tag{5.15}$$

与原始的更新规则相比，加入 L_1 正则化的更新规则多了第二项 $-\frac{\eta \lambda}{n}\mathrm{sgn}(w)$，其中，$\eta$、$\lambda$、$n$ 均为正数。此时，若 w 为正，则更新后 w 趋向于更小的值；若 w 为负，则更新后 w 趋向于更大的值。因此，加入 L_1 正则化的效果就是使 w 的更新趋近于 0。当 w 等于 0 时，绝对值不可导，此时只能应用原始的无正则化方法进行更新。这就相当于去掉了第二项，因此可以约定 $\mathrm{sgn}(0)=0$，这样就把 $w=0$ 的情况也统一进来了。考虑整个神经网络，L_1 正则化使得网络权重都趋近于 0，也就相当于降低了网络复杂度，防止过拟合。

这两种情形下，正则化的效果都是使权重尽可能地缩小。这符合我们的预期，但缩小权重的方式有所不同。在 L_2 正则化中，权重通过一个与 w 成比例的量进行缩小；而在 L_1 正则化中，权重通过一个常量向 0 靠近从而达到缩小的目的。因此，对于一个绝对值很大的特定权重，经过 L_1 正则化更新权重的缩小程度远比经过 L_2 正则化要大得多。相反，对于一个绝对值很小的特定权重，经过 L_1 正则化更新权重的缩小程度远比经过 L_2 正则化要小得多。这就导致了最终的结果：与 L_2 正则化相比，L_1 正则化更倾向于将网络的权重聚集在相对少量的重要连接上，而权重则会趋近于 0。

通过上面的介绍可以了解正则化技术在规避过拟合方面的作用，在实际应用中也验证了这一点。在正则化网络中，更小的权重意味着网络的结构不会因为随意改变的一个输入而发生太大的变化，从而更多地去对整个训练集中经常出现的特征进行学习。从这种角度来说，可以将正则化技术看成一种避免单个数据过度影响网络输出的方式。相对的，未经正则化的网络可能会因为输入的微小改变而产生较大的行为变化，因此可以使用更大的权重来学习训练数据中噪声包含大量信息的复杂模型。简而言之，正则化网络基于训练集中较为常见的特征来构造相对简单的模型并抵抗数据噪声的影响。此外，加入正则化的神经网络，其权重会相应减小，能够避免网络陷入局部最优解的困境。因此，正则化的使用能够很好地解决过拟合的问题，正则化网络的泛化能力往往好于未经正则化网络的泛化能力。

■5.3　基于数据的正则化

5.3.1　数据集扩增

数据的数量决定着训练的质量，尤其是在深度学习方法中，更多的训练数据，意味着可以使用更深的网络，训练出更好的模型。获取更多的训练样本其实是很好的想法，遗憾的是，这种方法的代价很大，在实际应用中常常是难以实现的。不过，还有一种方法能够获得类似的效果，那就是人为扩展训练数据。

数据增加依赖于随机参数变换（以函数 r_θ 表示，θ 服从概率分布），一个简单的例子是高斯噪声对输入的破坏（Bishop，1995）：

$$r_\theta = x + \theta, \quad \theta \sim \mathcal{N}(0, \Sigma) \tag{5.16}$$

式中，θ 服从多维高斯分布。

转换参数的随机性导致新的样本出现，即数据集扩增。这种扩展的方法及其变体可以用在许多不同的学习任务上，如图像识别（Krizhevsky et al., 2012; Cireşan et al., 2011）、语音识别（Jaitly et al., 2013）等。

数据集扩增对一个具体的分类问题来说是一个特别有效的方法。在图像识别任务中，图像是高维的并且包含各种巨大的变化因素，其中有许多变化因素是可以模拟的，例如像素级的图像平移、旋转以及缩放等。在实际应用中，可以根据数据样本类型的不同有针对性地进行特定的数据集扩增操作。例如，在 MNIST 手写数据集中，可以通过单个数据图像的旋转得到扩展的训练样本，尽管旋转后的图像还是会被识别为同样的数字，但是在像素层级，这一图像与原始训练集中的任何一幅图像都不相同，因此，将扩展的训练样本加入训练集可以帮助网络更好地学会图像识别和分类。对 MNIST 中的所有样本执行不同角度的旋转就实现了训练集的扩展，然后将扩展后的训练集应用到网络训练过程，从而提升网络性能。

制定训练数据扩展策略一般是参考反映真实世界变化的操作。找到这些方法其实并不困难。例如，构建一个神经网络来执行语音识别，对语音数据的扩展就可以参考人类分辨声音的过程。人类甚至可以在有一定程度的背景噪声的情况下完成语音识别而准确度几乎不受影响，因此，可以通过增加背景噪声来扩展训练数据（Sietsma et al., 1991）。从这方面来说，输入噪声也是一些无监督学习算法的一部分，如降噪自编码器（Vincent et al., 2008）等。同样地，在一定程度的加速或减速干扰下，人类仍然能够完成语音识别，因此可以对训练数据进行加速和减速来获得相应的扩展数据，这是另一种扩展训练数据的方法。然而，这些方法并不总是高效的。例如，与其在训练数据中增加噪声，倒不如先对数据集清除噪声，这样可能得到更具参考意义的数据。当然，通过一定策略人为进行数据集的扩展，对避免过拟合来说还是相当有效的一种方法。下一节介绍的正则化策略 Dropout，在某种程度上也可以看作是一种通过噪声来构建新输入的过程。

5.3.2　Dropout

Dropout 是由 Hinton 等提出并命名的一种优化方法（Srivastava et al., 2014; Krizhevsky et al., 2012），与其他常用的正则化方法不同，Dropout 的实现并不依赖于对模型参数（如损失函数）进行修改，而是通过控制神经网络单元的工作状态直接修改神经网络结构本身，从而达到提高网络泛化能力的目的。

5.3.2.1　Dropout 工作机制

我们通过一个例子简单介绍一下 Dropout 的工作机制，假设一个标准的前馈神经网络结构如图 5.2 所示。

定义输入空间 $\mathcal{X}$，输出空间 $\mathcal{Y}$，网络参数 Θ，即网络映射 $f_{\Theta}:\mathcal{X}\to\mathcal{Y}$，此时的期望风险：

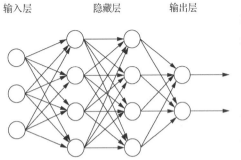

输入层　　　　隐藏层　　　　输出层

图 5.2　标准神经网络

$$\mathcal{L}' = E_{x,y}\Big[\mathcal{E}\big(f_{\Theta}(x),y\big)\Big] \tag{5.17}$$

通过 5.1 节的内容已知，在原始数据分布未知的情况下，通常利用经验风险对期望风险进行近似。因此，采样训练集 $\mathcal{D} = \big\{(x_1,y_1),\cdots,(x_n,y_n)\big\}$，并在训练集上进行训练和优化。按照通常的训练方法：首先，输入数据 x_i 前向传播得到相应的输出 $f_\Theta(x_i)$；然后，引入反向传播算法对网络参数 Θ（包括权重和偏置）进行更新；当参数达到收敛时，训练结束。由此，对公式（5.3）进行重写，此时的经验风险：

$$\hat{\mathcal{L}} = \frac{1}{n}\sum_{i=1}^{n}\mathcal{E}\big(f_\Theta(x_i),y_i\big) \tag{5.18}$$

应用 Dropout 的神经网络在训练时，保持输入输出层结构不变，对隐藏层结构进行了修改：引入了一个关于 Dropout 率 p 的控制变量 σ，σ 服从概率为 $1-p$ 的伯努利分布，从而对每一个隐藏层随机地"删除"固定比例（即 Dropout 率）的隐藏单元，得到如图 5.3 所示的网络。

输入层　　　　　　隐藏层　　　　　　输出层

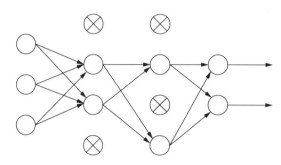

图 5.3　Dropout 网络（$p = 0.5$）

此时的网络由两个变量 Θ 和 σ 参数化，网络映射为 $f_{\Theta,\sigma}:\mathcal{X}\to\mathcal{Y}$，输入数据不变，经过前馈网络得到网络输出 $f_{\Theta,\sigma}(x)$；之后，同样应用反向传播算法更新网络参数 Θ，得到训练结果。其中，被删除的隐藏层单元的网络参数不更新，因为它们被临时"隐藏"了。此时的经验风险：

$$\hat{\mathcal{L}} = \frac{1}{n}\sum_{i=1}^{n}E_\sigma\big[\mathcal{E}\big(f_{\Theta,\sigma}(x_i),y_i\big)\big] \tag{5.19}$$

以上就是应用 Dropout 的神经网络执行一次迭代的过程。在第二次迭代时，恢复被"删除"的部分，并再次对每一个隐藏层随机地"删除"相同比例的隐藏单元，从而构建起新的网络。每一次迭代都对隐藏层单元按照固定比例"随机"删除，应用相同的方法重复执行迭代操作，直至训练结束。

下面给出 Dropout 训练的伪代码，见算法 5.1。

算法 5.1　Dropout 训练（mini-batch 版本）

输入：训练集 $\mathcal{D}$，迭代次数 $t=0$，Dropout 率 p，初始化网络参数 Θ^0

输出：迭代结果 $\Theta^* = \Theta^t$

1　　**repeat**
2　　　　采样输入数据 $\{(x_1,y_1),\cdots,(x_m,y_m)\}\subset\mathcal{D}$
3　　　　采样控制变量 $\sigma^1,\cdots,\sigma^m$
4　　　　更新学习率 η_t
5　　　　$\Theta^{t+1} = \Theta^t - \dfrac{\eta_t}{m}\sum_{j=1}^{m}\dfrac{\partial}{\partial\Theta}\mathcal{E}\big(f_{\Theta^t,\sigma^j}(x_j),y_j\big)$
6　　　　$t = t+1$
7　　**until** 达到终止条件

在算法5.1中，通过适当降低学习率η_t，网络参数的序列$\left\{ \Theta^0, \Theta^1, \cdots \right\}$可以收敛于公式(5.19)的局部最小值，这也类似于随机梯度下降的一种特殊形式（Bulò et al., 2016）。

5.3.2.2　Dropout 理论解释

关于 Dropout 得以有效实现正则化的原因有两种解释，包括集成方法理论和数据增强理论。

1. 集成方法理论

这一理论由 Hinton 等提出（Srivastava et al., 2014; Krizhevsky et al., 2012），在介绍该理论之前，我们首先来介绍一种解决过拟合的传统方法——**Bagging 集成方法**。

在大型神经网络中，过拟合情况经常出现。为了解决这一问题，一般会分别训练几个不同的模型，并依靠多个模型之间的组合来表决测试样例输出。这种策略在机器学习领域称为模型平均（model averaging），采取这种策略的技术被称为集成方法。不同的集成方法以不同的方式构建集成模型，Bagging 是其中一种允许多次重复使用相同模型、训练算法和目标函数的方法。

通过模型平均减少泛化误差是一种强大而可靠的方法，然而对多个大型神经网络模型组合来说，集成模型的训练时间和测试时间较原模型均有数倍的增长，由此带来的过度的时间代价就成了一个新的问题。

在 Hinton 等的工作中，他们认为 Dropout 实现了一种类似于集成众多大型神经网络的 Bagging 方法，并获得了相应的分类性能。为了理解这一说法，我们引用 Hinton 等首次提出 Dropout 时在论文中举出的一个例子（Krizhevsky et al., 2012）：在生物学领域，自然界中的有性繁殖涉及两个不同生物之间的基因分解和交换的过程。与无性繁殖相比，这种以少量联合适应基因（指生物体中已存在的成对基因）通过多种随机替代方案进行组合的方式，可以使得进化能够避免走入需要依靠大量联合适应基因进行协调变化才能完成适应性改进的困境。同时，它还降低了环境中微小变化导致适应性大幅下降的现象发生的概率。在机器学习领域中，这种剧烈波动的现象被称为过拟合，而 Dropout 方法具有与基因的分解和组合过程类似的效果。

对 Dropout 来说，它在训练期间从神经网络中随机"丢弃"神经元及其连接，从指数数量的不同"稀疏"网络中剔除样本。这种做法一方面能够防止适应性单元调整太多，降低协调变化的难度；另一方面，Dropout 强迫被保留的神经元与其他随机选择的神经元共同工作，削弱了神经元之间的联合适应性，推动了神经网络的适应性改进。

如图 5.4 所示，运用了 Dropout 技术的神经网络模型相当于分解成很多个只有一部分隐藏层单元的神经网络，每一个这样的子网络都可以作为一个相对独立的神经网络给出相应的分类结果。这样就使得网络中的每个神经元都不能完全依赖于相邻层之间相互连接的某几个其他的神经元，即减少了神经元之间的依赖性。通过这种方法，就可以使得神经网络有更多的机会学习到神经元之间更加健壮的特征，即提高了网络的泛化能力。

与原始模型相比，Dropout 网络的神经元结构发生了一定的变化，相对应地训练过程和测试过程也必然存在一定的改变，图 5.5 为标准网络与 Dropout 网络的训练过程对比。

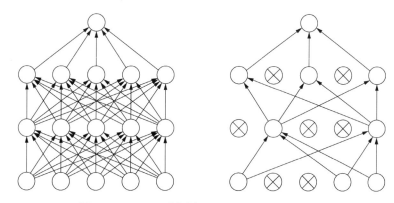

图 5.4　Dropout 示意图（Srivastava et al., 2014）

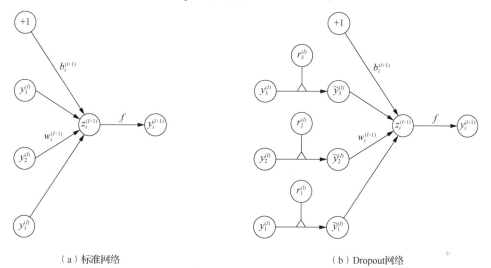

（a）标准网络　　　　　　　　　　　　（b）Dropout网络

图 5.5　标准网络与 Dropout 网络的训练过程（Srivastava et al., 2014）

以图 5.5 的情况为例，考虑一个具有 L 个隐藏层的神经网络，其中 $l \in \{1, \cdots, L\}$，$z^{(l)}$ 表示第 l 层的输入向量，$y^{(l)}$ 表示第 l 层的输出向量（$y^{(0)}$ 表示网络输入 x），$w^{(l)}$ 和 $b^{(l)}$ 分别为第 l 层的权重和偏置，f 为任意激活函数。

标准网络的反向传播过程如下：

$$z_i^{(l+1)} = w_i^{(l+1)} y^{(l)} + b_i^{(l+1)} \tag{5.20}$$

$$y_i^{(l+1)} = f\left(z_i^{(l+1)}\right) \tag{5.21}$$

而 Dropout 网络的反向传播过程增加了通过 $r^{(l)}$ 选择子网络的过程：

$$r_j^{(l)} \sim \text{Bernoulli}(p) \tag{5.22}$$

$$\tilde{y}^{(l)} = r^{(l)} * y^{(l)} \tag{5.23}$$

$$z_i^{(l+1)} = w_i^{(l+1)} \tilde{y}^{(l)} + b_i^{(l+1)} \tag{5.24}$$

$$y_i^{(l+1)} = f\left(z_i^{(l+1)}\right) \tag{5.25}$$

通过不断地重复，Dropout 网络将得到一个权重和偏置的集合，这些参数都是通过不同的子网络学到的。当实际运行整个网络时，相较于训练过程中所使用的子网络，全部的隐藏层单元被激活。

如图 5.6 所示，为了补偿这个问题，我们对权重进行同比例缩放：

$$w_{\text{test}}^{(l)} = pw^{(l)} \tag{5.26}$$

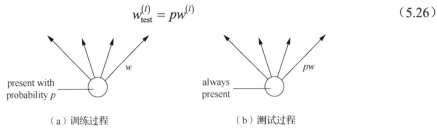

（a）训练过程　　　　　　　　　（b）测试过程

图 5.6　Dropout 训练过程与测试过程（Srivastava et al., 2014）

present with Probability p：以概率 p 出现。always present：始终出现

至此，Dropout 网络就完成相应的训练及测试过程。关于参数 p 的选择，通常遵循隐藏单元概率 $p=0.5$、输入单元概率 $p=1$ 的设置。这样既可以保证输入信息的完整性，又使得通过 Dropout 生成的子网络结构最多，这样的网络也称为"半数网络"。

从集成方法理论的角度来看，Dropout 具有以下几个优点。

（1）计算方便：每次迭代的计算复杂度小，单个样本的计算代价可以忽略不计。

（2）适用范围广：对模型结构没有限制，能够广泛应用于各种流行的深度神经网络，如概率模型、前馈神经网络、受限玻尔兹曼机以及循环神经网络等。

（3）效果良好：相较于其他常用的正则化技术（如权重衰减等）效果更好，且可与其他正则化技术联合使用，使得效果进一步提升。

当然，凡事有利也有弊。作为一种激进的正则化技术，Dropout 对正则化效果的实现是以减少模型有效容量为代价的，尽管这在单个样本迭代过程中的代价是微不足道的，但在完整系统上的代价可能非常显著。为了弥补这一问题，必须扩大模型规模从而获得足够的有效容量，这就使得整个算法的训练迭代次数增多。

2. 数据增强理论

这一理论由 Bouthillier 等（2015）提出。同样地，在介绍该理论之前，我们首先来介绍一个重要的概念——**数据稀疏性**。

我们知道，当特定类别的数据在输入空间呈线性或子空间分布时，学习一组特征表示对于描述数据分布是足够的；而当数据呈高度非线性不连续分布时，表示这种分布最好的办法就是学习局部空间的特征集合。在这种情况下，数据由不同的非连续性簇表示，对不同的数据类别的区分就是依靠学习到的特征集合，当数据量小的时候，可以通过增大簇（数据）的稀疏性，来增加特征的区分度。

在 Bouthillier 等的工作中，他们将 Dropout 的有效性解释为神经元噪声方案所隐含的一种输入空间中的数据增强。为了理解这一理论，我们提出一个简单的例子：以图 5.5 的网络为例，标准网络输出层得到的来自隐藏层的信息为(1,2,3,4,5)；在相同输入的情况下，Dropout 网络输出层得到的信息为(1,0,3,0,5)。将输出结果映射回输入空间，对于标准网络，一定可以找到另一个输入样本使得标准网络得到与 Dropout 相同的输出结果，即(1,0,3,0,5)。

根据公式（5.26）并结合训练过程，对 Dropout 测试过程进行重写：

$$\overline{w}^{(l)} = pw^{(l)} \tag{5.27}$$

$$\overline{z}_i^{(l+1)} = \overline{w}_i^{(l+1)} y^{(l)} + b_i^{(l+1)} \tag{5.28}$$

$$\overline{y}_i^{(l+1)} = f\left(\overline{z}_i^{(l+1)}\right) \tag{5.29}$$

式中，$y^{(l)}$ 作为隐藏层的输入向量与网络的输入 x 有关。此时，对于给定的 Dropout 网络输出 $y_i^{(l+1)}$，存在相应的输入 x^* 满足：

$$\overline{y}_i^{(l+1)}\left(x^*\right) = f\left(\overline{z}_i^{(l+1)}\right) \approx f\left(z_i^{(l+1)}\right) = y_i^{(l+1)}\left(x\right) \tag{5.30}$$

参考 Goodfellow 等（2014）提出的对抗样本思想，可以利用随机梯度下降法最小化平方差 L 得到 x^*：

$$L\left(x, x^*\right) = \left|\overline{y}_i^{(l+1)}\left(x^*\right) - y_i^{(l+1)}\left(x\right)\right|^2 \tag{5.31}$$

这样，每一次 Dropout 都相当于增大了一倍的输入空间，可以得到与在完整的增广样本上训练标准网络相似的结果，由此实现了输入空间的数据增强。

总的来说，Dropout 是一种非常简便且高效的正则化技术，最早的 Dropout 原型一经提出就受到了热烈的追捧。在实践中，可以将 Dropout 看作是网络的一个超参数，需要根据具体的网络、具体的应用进行相应的分析和尝试。

■5.4 基于优化过程的正则化

终止，是通过自身优化过程实现正则化的一种方法。在相应的终止标准下，选择合适的时刻终止优化过程可以使得模型通过减少期望风险和经验风险的最小值之间的差异所导致的误差来改善泛化效果。最成功的终止方法是将一部分标记数据作为验证集放在一边，并用它来评估性能（验证错误），即流行的提前终止方法（Prechelt, 1998）。

在机器学习算法中，通常将数据集分为三个部分：训练集、测试集以及验证集（validation dataset）。训练集用于算法训练的过程，测试集比训练集小，可以是训练集的一部分，用于测试训练结果的泛化能力，而验证集则是用来避免过拟合的：当仅使用测试数据对模型的性能进行度量时，随着训练的进行，一旦出现过拟合的情况，在训练集上收敛效果达到完美的模型未必会在测试集上呈现出最优的性能，这就可能导致最后得到的测试结果没有任何的参考意义，因此需要引入验证集，从而代替测试数据更好地完成超参数的设置。此外，在发生过拟合的大型模型中，随着时间的推移，训练误差会逐渐降低但验证误差则会再次上升（图 5.7）。

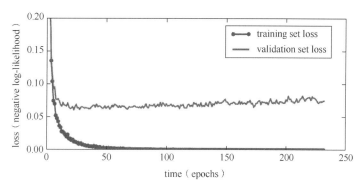

图 5.7 训练与验证误差的矛盾（Goodfellow et al., 2016）

time（epochs）：时间（次数）。loss（negative log-likelihood）：损失（负对数似然）。

training set loss：训练集损失。validation set loss：验证集损失

这意味着可以通过记录验证误差最低的参数设置来获得更好的模型，即通过验证集的参数来进一步测试每一次迭代的结果在验证集上是否最优。如果算法在验证集上的错误率不再下降，则停止迭代，在得到测试结果的同时避免了过拟合情况的发生，这种策略就是提前终止。

另外，我们可以认为提前终止是一种非常高效的超参数选择方法，此时训练步长仅是另一个超参数。因此，验证数据与超参数有关，在训练过程中，会通过验证数据来衡量不同超参数选择所达到的不同效果并做出相应的决定，例如，根据验证数据的精度来确定提前终止中的 epochs 的大小（图 5.7）、根据验证数据确定学习率等。这也使得通过提前终止自动选择超参数存在一个显著代价：模型训练期间需要定期评估验证集，从而获得最优训练时间（超参数）。因此，在应用提前终止进行正则化的过程中，通常借助与主训练过程分离的并行处理，以及使用较小的验证集或降低评估频率进行估计，从而减小评估代价（Goodfellow et al., 2016）。提前终止的另一个额外代价是需要保持模型的最佳参数副本（即验证误差最低的参数设置），但是这个代价一般是可忽略的。此外，由于提前终止需要验证集，可能导致一些训练数据无法应用于训练过程。因此，可以在应用提前终止执行初步训练后，使用全部训练数据执行第二轮训练，从而保证模型训练结果的完整性。

除了图 5.7 中展示的验证集误差曲线呈 U 形以外，提前终止作为正则化技术的依据还包括它对参数空间的限制效果：提前终止能够将优化过程的参数空间限制在初始参数值相对小的邻域内（Bishop, 1995; Sjöberg et al., 1995）。假设学习率为 ϵ，迭代次数为 τ 时执行提前终止。如果梯度有界，通过对迭代次数和学习率的控制，就能够限制从初始参数到达的参数空间大小。在二次误差的简单线性模型和简单梯度下降情况下，提前终止等同于 L_2 正则化（Goodfellow et al., 2016）。

考虑一种简单情况，此时线性权重 w 是唯一的参数，它的经验最佳值为 w^*，即没有正则化的目标函数取得最小训练误差的权重向量 $w^* = \underset{w}{\arg\min} \mathcal{L}(w)$。在 w^* 附近以二次近似对损失函数进行建模：

$$\tilde{\mathcal{L}}(w) = \mathcal{L}(w^*) + \frac{1}{2}(w - w^*)^{\mathrm{T}} H(w - w^*) \tag{5.32}$$

式中，H 是 $\mathcal{L}$ 关于 w 在 w^* 点的海森矩阵，由于 w^* 定义为 $\mathcal{L}$ 的最小点，因此 H 半正定。在局部泰勒级数逼近下，得到梯度：

$$\nabla_w \tilde{\mathcal{L}}(w) = H(w - w^*) \tag{5.33}$$

当 $\tilde{\mathcal{L}}$ 取最小时，梯度消失为 0。

对于 L_2 正则化方法，加入正则化项的梯度为

$$\lambda \tilde{w} + H(\tilde{w} - w^*) = 0$$

整理得到：

$$\tilde{w} = (H + \lambda I)^{-1} H w^* \tag{5.34}$$

式中，$\tilde{w}$ 表示加入正则化的最小值点；λ 为正则化系数。引入 H 的特征分解 $H = Q \Lambda Q^{\mathrm{T}}$，其中 Λ 是对角矩阵，Q 是特征向量的一组正交基。对上式进行重写：

$$\tilde{w} = (Q \Lambda Q^{\mathrm{T}} + \lambda I)^{-1} Q \Lambda Q^{\mathrm{T}} w^* \tag{5.35}$$

进行整理，得到 L_2 正则化的最小值点：

$$\tilde{w} = Q(\Lambda + \lambda I)^{-1} \Lambda Q^{\mathrm{T}} w^* \tag{5.36}$$

考虑提前终止的情况，迭代次数为 τ，学习率为 ϵ。通过分析 $\tilde{\mathcal{L}}$，近似得到 $\mathcal{L}$ 的梯度下降过程：

$$w^{(\tau)} = w^{(\tau-1)} - \epsilon\nabla_w\tilde{\mathcal{L}}\left(w^{(\tau-1)}\right)$$
$$= w^{(\tau-1)} - \epsilon H\left(w^{(\tau-1)} - w^*\right)$$

整理得到：

$$w^{(\tau)} - w^* = \left(I - \epsilon H\right)\left(w^{(\tau-1)} - w^*\right) \tag{5.37}$$

同样地，引入 H 的特征分解 $H = Q\Lambda Q^T$，对上式进行重写：

$$w^{(\tau)} - w^* = \left(I - \epsilon Q\Lambda Q^T\right)\left(w^{(\tau-1)} - w^*\right)$$

整理得到

$$Q^T\left(w^{(\tau)} - w^*\right) = (I - \epsilon\Lambda)Q^T\left(w^{(\tau-1)} - w^*\right) \tag{5.38}$$

如图 5.8 所示，以原点为参数向量初始点（即 $w^{(0)} = 0$），考虑训练时参数向量的轨迹。选择足够小的 ϵ，经过 τ 次迭代后轨迹如下：

$$Q^T w^{(\tau)} = \left[I - (I - \epsilon\Lambda)^\tau\right]Q^T w^* \tag{5.39}$$

此时，对 L_2 正则化的第 τ 次迭代后的轨迹进行重写：

$$Q^T\tilde{w} = \left[I - (\Lambda + \lambda I)^{-1}\lambda\right]Q^T w^* \tag{5.40}$$

比较公式（5.39）和公式（5.40）可以发现，如果 ϵ, λ, τ 满足：

$$(I - \epsilon\Lambda)^\tau = (\Lambda + \lambda I)^{-1}\lambda \tag{5.41}$$

那么在目标函数的二次近似下，L_2 正则化和提前终止可以看作是等价的。

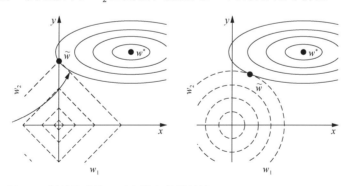

图 5.8　提前终止情况下参数向量的轨迹（Goodfellow et al., 2016）

总的来说，提前终止是一种简单而有效的正则化方法，通过限制训练的迭代次数显著减少了模型训练过程的计算成本，并且它几乎不需要对基本训练过程、目标函数或一组可行参数执行任何改变，也没有正则化项，无须破坏模型的学习状态即可使用（Goodfellow et al., 2016）。

■5.5　基于函数模型的正则化

1. 权重共享

在同一网络的多个部分中重用一定的可训练参数，这种方法称为权重共享。当两个模型执行足够相似的分类任务并且具有相似的输入/输出分布时，模型参数之间也应当存在一些相关性，这时认为模型参数具有一定的可重用性，应用这一正则化方法可以使得模型比使用单独训练参数的模型更简单。

目前，较广泛地应用权重共享作为正则化方法的模型之一是卷积神经网络（LeCun et al., 1989），它通过在图像的多个位置共享权重从而对有关特征提取的平移不变性和局部性的先验知识进行了编码。此外，权重共享有效降低了卷积神经网络中需要学习的权重的数量，支持网络在不增加训练数据的同时向更深处扩展。使用权重共享的模型的另一个例子是自动编码器，将编码部分与相应的 sigmoid 层参数共享，实现网络的构建。

2．噪声模型

5.3.1 节介绍过在模型输入部分添加噪声是数据集扩增的一种主要方式。将噪声添加到模型的隐藏单元可以得到常用的噪声模型，这类噪声模型中最流行的例子是 5.3.2 节介绍的 Dropout。可以看到，两种方法都是基于数据的正则化方法，可见添加噪声对于（输入）数据具有很重要的作用。

噪声模型的另一个例子是循环神经网络，通过将噪声添加到模型权重从而转换到一个有关权重的贝叶斯推断的随机实现。通过贝叶斯推理的学习过程表现权重的不确定性，是一种实用的随机方法。此外，随机池化通过向模型的各个部分注入随机噪声赋予模型随机性实现了确定性模型随机泛化。向输出目标添加噪声的一个重要应用是标签平滑（label smoothing），它通过将 softmax 函数的明确分类结果替换为有关输出数量的比值，对模型进行正则化。标签平滑的优势是能够防止模型陷入精确概率求解并且不影响正常的分类结果，这种方法自 20 世纪末就已广泛使用，并且在现代神经网络结构中表现良好（Szegedy et al., 2015）。

3．多任务学习

多任务学习（Caruana, 1993）是一种比较特别的正则化方法，通过合并多个任务中的样例提高网络泛化。它可以与半监督学习相结合，从而实现无标记的数据在辅助任务上的应用（Rasmus et al., 2015）。在元学习（meta learning）中也使用类似的任务共享概念，即来自同一领域的多个任务按顺序学习并使用之前获得的知识作为新任务的偏置（Baxter, 2000）；而在迁移学习（transfer learning）中则将来自一个领域的知识迁移到另一个领域，从而实现多任务学习（Pan et al., 2010）。

5.6　基于误差函数的正则化

一般情况下，误差函数 $\mathcal{E}$ 反映一个关于质量的概念以及一些与数据分布相关的假设，比较典型的例子有均方差或者是交叉熵。而在一些特殊情况下，误差函数 $\mathcal{E}$ 也可以具有正则化的效果，例如 Dice 系数优化（Milletari et al., 2016）就对处理类不平衡的情况具有很好的正则化效果。不过，损失函数的完整形式可能与通用的经验风险公式［公式（5.3）］有所不同，数据不仅取自训练样本并且是训练样本的成对组合 $\mathcal{D} \times \mathcal{D}$（Yan et al., 2003），当然这种替换情况也是比较少见的。如果对正则化效果添加额外的任务（多任务学习）则需要将目标 y 改为多任务组合的形式，修改映射 f_w 使之产生相应的输出，并根据 y 和 f_w 对误差函数进行相应的适应性调整。除此之外，还有依赖于 $\partial \mathcal{E} / \partial x$ 的正则化项，并且由目标 y 确定。考虑到它与 $\mathcal{E}$ 有关，因此将它归类于有关误差函数的正则化。

▉5.7　阅读材料

正则化作为深度学习的关键要素之一，其具体形式具有多种定义。有关正则化的综述可以参考 Kukačka 等（2017）的文章，这篇文章提出了一个系统的、一致的分类法对现有的正则化方法进行分类，有助于揭示它们之间的联系和相似之处。

Dropout 是目前重要的正则化方法之一，除 5.3.2 节介绍的两种非常具有代表性的 Dropout 理论之外，最近几年陆续出现了许多其他类型的 Dropout 变体，包括快速 Dropout（Wang et al., 2013）、Standout（Ba et al., 2013）、贝叶斯 Dropout（Maeda, 2014）以及测试时间 Dropout（Gal, et al., 2016; Kendall et al., 2015）等，这些方法为 Dropout 提供了更多的理论动机并进一步改进了技术性能，感兴趣的读者可以结合参考文献进行更深层次的了解。

提前终止作为一种需要额外的数据集的方法，在训练数据稀缺（无法满足验证集）的情况下，可以应用不使用验证集的终止方法，包括固定迭代次数以及优化近似算法（Liu et al., 2008）。

关于过拟合/欠拟合的介绍请参阅本书第 2 章，以及 *Deep Learning*（Goodfellow et al., 2016）一书的第五章，其他正则化技巧可以参考该书第七章。

参 考 文 献

Ba L J, Frey B, 2013. Adaptive dropout for training deep neural networks. Neural Information Processing Systems (NIPS'13), 3084-3092.

Baxter J, 2000. A model of inductive bias learning. Journal of Artificial Intelligence Research, 12(1): 149-198.

Bishop C M, 1995. Neural Networks for Pattern Recognition. Oxford: Oxford University Press.

Bouthillier X, Konda K, Vincent P, et al., 2015. Dropout as data augmentation. arXiv preprint arXiv:1506.08700.

Bulò S R, Porzi L, Kontschieder P, 2016. Dropout distillation. International Conference on Machine Learning(ICML'16): 99-107.

Caruana R, 1993. Multitask connectionist learning. In Proceedings of the 1993 Connectionist Models Summer School: 372-379.

Cireşan D C, Meier U, Masci J, et al., 2011. High-performance neural networks for visual object classification. arXiv preprint arXiv:1102.0183.

Gal Y, Ghahramani Z, 2016. Dropout as a Bayesian approximation: representing model uncertainty in deep learning. International Conference on Machine Learning(ICML'16): 1050-1059.

Goodfellow I J, Bengio Y, Courville A, 2016. Deep Learning. Cambridge: MIT Press.

Goodfellow I J, Shlens J, Szegedy C, 2014. Explaining and harnessing adversarial examples. arXiv preprint arXiv:1412.6572.

Hinton G E, Srivastava N, Krizhevsky A, et al., 2012. Improving neural networks by preventing co-adaptation of feature detectors. arXiv preprint arXiv:1207.0580.

Jaitly N, Hinton G E, 2013. Vocal tract length perturbation (VTLP) improves speech recognition. Proc. ICML Workshop on Deep Learning for Audio, Speech and Language: 117.

Kendall A, Badrinarayanan V, Cipolla R, 2015. Bayesian SegNet: model uncertainty in deep convolutional encoder-decoder architectures for scene understanding. arXiv preprint arXiv:1511.02680.

Krizhevsky A, Sutskever I, Hinton G E, 2012. ImageNet classification with deep convolutional neural networks. Neural Information Processing Systems(NIPS'12): 1097-1105.

Kukačka J, Golkov V, Cremers D, 2017. Regularization for deep learning: a taxonomy. arXiv preprint arXiv:1710.10686.

LeCun Y, Boser B, Denker J S, et al., 1989. Backpropagation applied to handwritten zip code recognition. Neural Computation, 1(4): 541-551.

Liu Y, Starzyk J A, Zhu Z, 2008. Optimized approximation algorithm in neural networks without overfitting. IEEE Transactions on Neural Networks, 19(6): 983-995.

Maeda S, 2014. A Bayesian encourages dropout. arXiv preprint arXiv:1412.7003.

Milletari F, Navab N, Ahmadi S A, 2016. V-Net: fully convolutional neural networks for volumetric medical image segmentation. 3D Vision, 2016 Fourth International Conference on(3DV'16): 565-571.

Pan S J, Yang Q, 2010. A survey on transfer learning. IEEE Transactions on Knowledge and Data Engineering, 22(10):1345-1359.

Prechelt L, 1998. Automatic early stopping using cross validation: quantifying the criteria. Neural Networks, 11(4):761-767.

Rasmus A, Berglund M, Honkala M, et al., 2015. Semi-supervised learning with ladder network. Neural Information Processing Systems(NIPS'15):3546-3554.

Sietsma J, Dow R, 1991. Creating artificial neural networks that generalize. Neural Networks, 4(1), 67-79.

Sjöberg J, Lennart L, 1995. Overtraining, regularization and searching for a minimum, with application to neural networks. International Journal of Control 62 (6): 1391-1407.

Srivastava N, Hinton G, Krizhevsky A, et al., 2014. Dropout: a simple way to prevent neural networks from overfitting. Journal of Machine Learning Research, 15(1):1929-1958.

Szegedy C, Vanhoucke V, Ioffe S, et al., 2015. Rethinking the inception architecture for computer vision. IEEE Conference on Computer Vision and Pattern Recognition(CVPR'16): 2818-2826.

Vincent P, Larochelle H, Bengio Y, et al., 2008. Extracting and composing robust features with denoising autoencoders. International Conference on Machine Learning(ICML'08): 1096-1103.

Wang S I, Manning C D, 2013. Fast dropout training. International Conference on Machine Learning(ICML'13): 118-126.

Yan L, Dodier R, Mozer M C, et al., 2003. Optimizing classifier performance via an approximation to the Wilcoxon-Mann-Whitney statistic. International Conference on Machine Learning(ICML'03): 848-855.

卷积神经网络

卷积神经网络（convolutional neural network, CNN）是一类具有代表性的深度神经网络，它可以处理图像、文本、语音等类网格结构的数据。卷积神经网络的设计受动物大脑视觉皮层的启发，在当前计算机视觉任务中占主导地位。早在 20 世纪 80 年代，即使在神经网络最黑暗的时期，卷积神经网络仍然是当时多数图像识别、分类和检测任务的引领技术。深度学习技术的爆发源自卷积神经网络：正是 2012 年 AlexNet 在基于图像网络的大规模视觉识别比赛（ImageNet large scale visual recognition challenge, ILSVRC）上的突出表现使深度学习进入人们的视野并迅速发展起来，成为当前人工智能的主流技术。卷积神经网络是一个前馈神经网络，它的每个基本模块通常由一个卷积层和一个池化层构成。本章介绍卷积神经网络，包括使用卷积和池化的动机，卷积神经网络的训练，卷积神经网络在图像识别、目标检测等领域的各种实践架构，如 AlexNet、VGGNet、Inception、R-CNN 以及著名的 ResNet（残差网络）等。最后，本章还介绍新一代卷积神经网络——胶囊网络。

■6.1　卷积神经网络的神经科学基础

卷积神经网络结构设计受人类视觉皮层结构的启发，网络主要特点为卷积操作。卷积操作从计算机视觉领域图像处理技术演变而来，该操作可以用来处理类似网格结构的数据，例如：将时间序列看成在时间轴上的一维网格，将黑白图像看成是二维的像素网格，彩色图像看成是三维的像素网格。卷积神经网络以层次结构来近似人类神经系统结构，使神经网络的表现如人类一般，甚至在某些任务中表现超过了人类。

人类的视觉皮层位于头骨后部的枕叶中，它是处理视觉信息的重要部分。来自眼睛的视觉信息通过一系列脑结构处理后到达视觉皮层。视觉皮层中接受视觉输入的部分被称为主视觉皮层，也称为 V1 视觉区域。之后视觉信息进一步由纹状体区域处理，其主要包括 V2 区域和 V4 区域，相关视觉区域包括 V3、V5 和 V6 区域。与物体识别相关的视觉区域称为腹侧流，由区域 V1、V2、V4 和颞下回皮层组成，这些区域是视觉信息处理的高级阶段，通过处理可以把所看到物体的复杂结构关联起来。

图 6.1 是视觉皮层腹侧流处理视觉信息的过程，它显示了视网膜的信息处理过程。该过程包括：主视觉皮层（V1），视觉区域（V2 和 V4）和颞下回皮层。腹侧流接收图像信息并将信息传递到颞下回皮层，从而帮助人类识别物体。处理信息的组成部分功能如下。

（1）V1 视觉区域主要完成物体边缘检测任务，边缘信号是具有较强局部对比度的区域信号，对于物体识别起着重要作用。

（2）V2 视觉区域是将视觉信号关联起来的第一个区域。它接收来自 V1 的前馈信号，并向较后的区域发送强连接信号。V2 视觉区域中的细胞开始有选择地提取视觉信号中的信息，例如：方向、空间频率、颜色以及一些复杂的结构特征。

（3）V4 视觉区域可以探测到观测物体更复杂的特征，例如：简单图形的几何结构、空间频率、位置等。V4 视觉区域可以调节信号，并可以通过捷径直接从 V1 中获取信号。

（4）颞下回皮层可以分辨物体颜色和形状。将当前信号与存储在记忆中的类似信号进行比较，以识别当前物体。通过颞下回皮层结构，人脑可以处理具有语义级的任务。

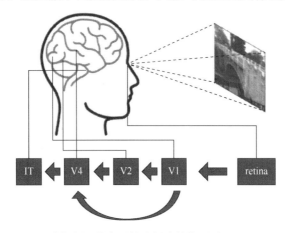

图 6.1　在人类视觉系统中视觉皮层的腹侧流的简要说明（Wang et al., 2017a）

IT：颞下回皮层。retina：视网膜

人类视觉皮层对视觉图像信号的处理，有着较强的局部感受野特性。局部感受野特性指空间的局部性、方向性、信息的选择性。视觉皮层对信号的处理采用稀疏编码原则，不同层细胞之间的信号传递并不都是全连接传递，根据功能的需要，后一层的细胞选择性地与前一层的细胞连接。受人类视觉皮层系统中细胞结构与层次结构的启发，在 20 世纪 80 年代 Fukushima（1980）提出了 neocogitron 神经网络，此神经网络对卷积神经网络的设计有着启发式的作用。

6.2　卷积神经网络的基本结构

一个典型的卷积神经网络包括一个特征提取器和一个分类器。特征提取器由多个模块叠加而成，每个模块通常包括一个卷积层和一个池化层。模块对前一模块传递来的特征进行加工，从而获得更高级的特征。最终获得的特征作为分类器的输入。分类器通常采用 2～4 层的全连接前馈神经网络，因此又称全连接层。

图 6.2 是一个简单的卷积网络结构处理图像分类任务的流程图。此网络将输入图像前向传递给一些卷积层和池化层进行特征提取，之后采用全连接层对提取的信息进行处理。

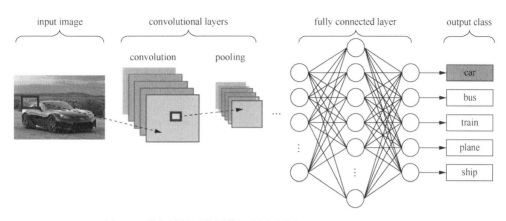

图 6.2　卷积神经网络图像识别流程图（Rawat et al., 2017）
input image：输入图片。convolutional layers：卷积层。fully connected layer：全连接层。output class：输出类别。
convolution：卷积。pooling：池化。car：汽车。bus：公车。train：火车。plane：飞机。ship：船

1．卷积层

卷积层是一个特征提取器，能够提取图像的表达特征。经过卷积层操作得到的表达特征称为特征图（feature map）。特征图中特征的提取受前一层特征图中的局部感受野（local receptive field）影响。一个特征图中的特征由一个卷积核计算得到，不同特征图由不同的卷积核计算得到。相同的局部感受野范围内，不同的图像特征可以被不同的卷积核提取，将第 k 个卷积核计算的特征图 x_j^l 用公式化的形式表示如下：

$$x_j^l = f\left(\sum_{i \in M_j} x_j^{l-1} * w_{ij}^l + b_j^l\right) \tag{6.1}$$

式中，x_j^l 为第 l 层第 j 个特征图；x_j^{l-1} 为上一层输出；w_{ij}^l 为卷积核；b_j^l 为卷积层偏置；M_j 为卷积核作用的不同图像区域；$*$ 表示卷积操作；f 表示非线性激活函数，常用的激活函数有 sigmoid、tanh、ReLU 等。

2．整流线性单元（ReLU）

整流线性单元是卷积神经网络中一个重要的结构单元，对神经元有着激活的作用，该结构单元对应的激活函数公式如下：

$$y_{\text{ReLU}}(x) = \max(0, x) \tag{6.2}$$

整流线性单元计算简单且易于优化，它对应的函数在一半定义域中值域为零。由公式（6.2）可知，当神经元处于激活状态时，相应的激活值能在网络中顺利传播。

整流线性单元有着线性计算的性质，这样的性质使模型更容易被优化。线性操作容易被优化的性质不仅适用于卷积神经网络，同样适用于其他的深度神经网络。在一些处理时间序列的深度网络中，当训练的网络含有线性操作时，信息会更容易在网络中进行传播。长短期记忆模型中对不同时间步中的信息累积求和，就是采用了线性操作。

3．池化层

池化层是一个特征压缩器，对上一层的特征进行压缩并尽可能地减小图像的失真率，通过压缩特征使神经网络更具图像的平移不变性。池化可以表示为如下公式：

$$x_j^l = \text{pool}\left(x_j^{l-1}\right) \tag{6.3}$$

式中，x_j^{l-1} 表示池化的输入特征；x_j^l 表示池化的输出特征；pool 为池化层操作。常用的池化层为平均池化层和最大池化层。图 6.3 展示了最大池化和平均池化之间的区别。

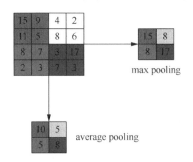

图 6.3　最大池化和平均池化的示意图（Rawat et al., 2017）

average pooling：平均池化操作。max pooling：最大池化操作

图 6.3 中池化层输入区域大小为 4×4，池化区域大小为 2×2，池化步长为 2，平均池化与最大池化的输出区域大小为 2×2，平均池化输出区域中所有元素的平均值，最大池化输出区域中所有元素的最大值。

图 6.4 展示了卷积神经网络对一张输入图片的基本卷积和池化操作。神经网络的输入是一张图片，经过一个卷积核层提取到图片的轮廓信息，之后使用一个池化层对轮廓特征进行压缩，使信息能更好地在网络中传播。

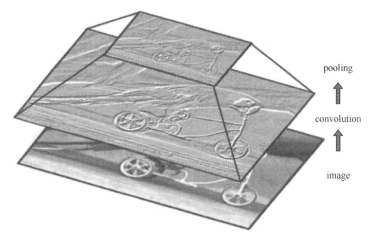

图 6.4　卷积与池化操作的实例图（Alom et al., 2018）

pooling：池化。convolution：卷积。image：图像

4．全连接层

卷积层和池化层的交替堆叠组成了一个简单的卷积神经网络，这样的神经网络可以提取到输入图像的抽象特征。为了将卷积神经网络更好地应用在具体的任务上，通常在模型的卷积层和池化层之后添加全连接层。在分类问题中，全连接层是一个 softmax 层，如图 6.2 所示。后来有研究者在网络的最后层中插入径向基函数（radial basis functions, RBF）。又有研究者发现用支持向量机替换 softmax 可以提高分类的准确率。对于不同的任务，网络最后一层需要使用不同的结构使得模型的表现达到最佳。

6.3 卷积神经网络的操作

6.3.1 卷积层操作

6.3.1.1 二维卷积操作

卷积神经网络中的卷积操作与数学中的卷积操作稍有不同，数学中的卷积操作要在每次运算结束后对结果矩阵进行旋转操作，而卷积神经网络中的卷积操作则没有旋转操作。为了更好地描述卷积操作，下面先介绍几个概念。

输入大小（input shape）：彩色图像输入值为三维的张量，即图像的宽度、高度和深度。灰度图像输入值为二维矩阵，即图像的宽度和高度。

零填充（zero-padding）：用 0 值为图像添加新的像素。如图 6.5 所示，虚线圆圈代表 0 值填充图像像素。左边为一个 3×3 的图像，其零填充大小为 1，右边图像的零填充大小为 2。

零填充的作用：在卷积操作的时候，图像边缘像素值只参加过一次卷积运算，非边缘像素值重复地参加卷积运算。这样的运算导致卷积操作的不平衡，使图像的边缘信息被卷积操作忽略。加入零填充设置，原有的图像边缘像素信息可以被卷积操作多次运算，解决了卷积运算不平衡的问题。零填充还可以扩大卷积操作之后输出特征图的维度。

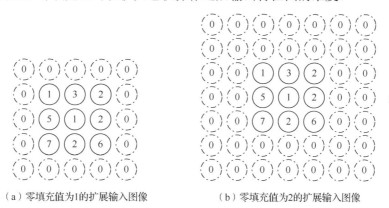

（a）零填充值为1的扩展输入图像　　　　（b）零填充值为2的扩展输入图像

图 6.5　加入零填充的输入图片

步长（stride）：卷积核在从左往右、从上往下扫描图像的时候每次移动的像素点的距离大小。如图 6.6 所示，该过程展示了一个卷积核从左往右移动一步的示意图，方框称为过滤器（filter）或卷积核，它的作用范围称为卷积核区域或局部感受野。

图 6.6　步长设置为 1 的卷积核移动过程

卷积核大小（kernel shape）：是一个三维张量，即卷积核的宽度、高度和深度。其中卷积核的深度与输入图像的深度相同。

输出大小（output shape）：与输入大小相似，是一个张量，包括宽度、高度和深度，其中宽度和高度由零填充、步长、输入大小决定，深度为卷积核的个数。

图 6.7 展示了二维卷积运算过程图，其中上下与左右步长为 1，最后得到一个 3×3 大小的运算结果，这样的结果称为特征图。

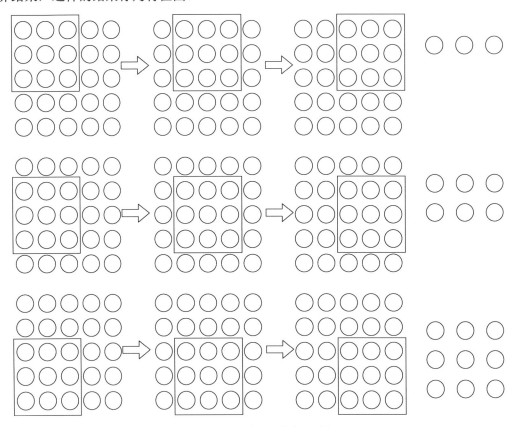

图 6.7 卷积神经网络卷积过程

对二维图像进行三步卷积操作。假设输入灰度图像大小为 5×5，卷积核大小为 3×3，对应的参数值如图 6.8 右下角所示，零填充为 0，左右和上下的步长为 1，经过卷积操作之后得到输出图像的大小为 3×3。卷积操作为将相应的卷积核中的卷积参数值与对应方框中的图像像素值相乘之后再相加，这个操作可以看成两个矩阵的内积运算。一次卷积运算得到一个输出值，其用图 6.8 中右上角的一个圆圈代替。

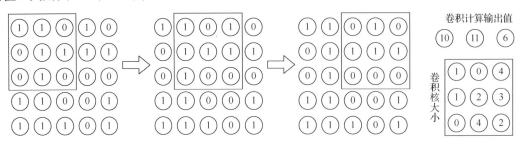

图 6.8 卷积运算的过程

图 6.8 二维卷积操作对应的数学公式表示如下：

$$a_{i,j} = f\left(\sum_{m=1}^{3}\sum_{n=1}^{3} w_{m,n} x_{i+m,j+n} + b_b\right) \tag{6.4}$$

式中，$x_{i,j}$ 表示图像的第 i 行第 j 列元素；用 $w_{m,n}$ 表示卷积核第 m 行第 n 列的参数值；b_b 为此层的偏置项。输入大小为 5×5，卷积核大小为 3×3，零填充为 0，步长为 1，输出大小为 3×3。

6.3.1.2 三维卷积运算

彩色图像的输入为三维张量，其大小由图像的宽度、高度和深度构成。其中深度又叫通道。如图 6.9 所示，将深度为 3 的 RGB 图像看作是三个深度为 1 的二维图像组成，输出结果为三个二维矩阵，每个二维矩阵的计算与二维卷积计算相同。图 6.9 中左侧为一个大小为 $3\times3\times3$ 的图像，将其沿深度展开为 3 个 $3\times3\times1$ 的矩阵，中部为 $2\times2\times3$ 的卷积核，将其沿深度展开为 3 个 $2\times2\times1$ 的矩阵。可以将三维卷积操作看成 3 个二维卷积操作，之后得到 3 个对应的二维矩阵运算结果，再将 3 个相同大小的矩阵对应位置上的数值相加得到最终输出的一个二维矩阵。这样的二维矩阵称为特征图。卷积操作中，卷积核的数量不止一个，不同的卷积核类型会得出不同的特征图，即卷积核的种类影响特征图的深度。卷积核的深度必须与图像的深度保持一致。

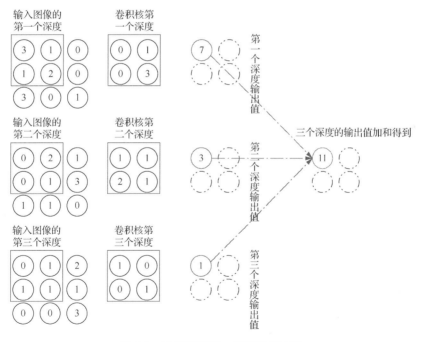

图 6.9　三维卷积第一步的静态过程

三维卷积运算写成公式的形式如下：

$$a_{i,j} = f\left(\sum_{d=1}^{D}\sum_{m=1}^{F}\sum_{n=1}^{F} w_{d,m,n} x_{d,i+m,j+n} + b_b\right) \tag{6.5}$$

式中，F 表示卷积核的宽度和高度；D 表示卷积核与图像的深度；$a_{i,j}$ 为第 i 行第 j 列的输出像素值；$w_{d,m,n}$ 表示卷积核的第 d 层第 m 行第 n 列的权重；$x_{d,i,j}$ 表示图像第 d 层第 i 行第 j 列的像素。

在实践过程中，一般采用三维卷积操作处理图像，二维卷积操作处理文字。卷积核中的参数可以随机初始化，并通过训练网络得到最优的参数值，也可以人为设计卷积核参数。模型训练过程中不使用卷积是有可能的，用这种方式可以训练规模很大的模型，但是在模型预测期间会产生高计算成本（Coates et al., 2012; Kavukcuoglu et al., 2010; Ranzato et al., 2007）。

6.3.1.3 卷积层输出大小

卷积神经网络中不同的超参数，例如输入图像尺寸、卷积核步长和零填充等，会导致卷积操作输出结果大小有所变化。假设输入为一个 $i \times i$ 的方阵图像，卷积核大小为 $k \times k$ 的方阵，输出即为一个 $o \times o$ 的方阵，步长设为 s，零填充设为 p。

情况一：当 i 和 k 取任意值，$s=1$，$p=0$，输出大小为

$$o = (i-k)+1 \tag{6.6}$$

情况二：当 i,k,p 取任意值并且 $s=1$ 的时候，输出大小为

$$o = (i-k)+2p+1 \tag{6.7}$$

情况三：当 i,k,s 取任意值并且 $p=0$ 的时候，输出大小为

$$o = \left\lfloor \frac{i-k}{s} \right\rfloor + 1 \tag{6.8}$$

情况四：当 i,k,s,p 四个值全部取得任意值的时候，输出大小为

$$o = \left\lfloor \frac{i+2p-k}{s} \right\rfloor + 1 \tag{6.9}$$

式中，$\lfloor \ \rfloor$ 符号表示向下取整。

6.3.2 池化层操作

池化操作用特征图中相邻区域的总体统计特征来代替区域中每一个位置的特征。其相应结果如图 6.3 所示。池化操作可以使模型对于图像具备平移不变性。即当输入的物体平移一个微小的位置时，池化操作的输出值并不会发生改变。

池化可以处理不同大小的输入，例如对不同大小的图像进行分类时，分类层的输出需要满足固定的大小。通过调整池化层的池化范围可以固定图像最后的输出特征大小，这样的设计可以让分类层接收到相同大小的特征，而不需要考虑输入图像的大小。大部分池化操作是不含参数的，只是将输入信息进行压缩筛选。其作用是对数据进行降维操作，所以池化操作又称下采样层或者降采样层（down sampling）。通常一个池化核的大小为 2×2，步长设置为 2。

6.3.2.1 最大池化与平均池化

常用的池化类型有两种，一种是最大池化（max pooling）（Zhou et al., 1998），一种是平均池化（average pooling），根据不同的任务需求选择不同的池化操作（Boureau et al., 2010）。Scherer 等（2010）经过实验发现通常情况下最大池化比平均池化表现效果更好。使用最大池化可以减少不必要的计算开销，忽略冗余信息。YJango（2007）对此原因进行了分析。图像识别任务中用一个卷积核对输入图像进行扫描，在输出的多个卷积结果当中只有扫描到待检测物体的卷积结果才有用。图 6.10 为卷积神经网络检测"三点图案"过程，第一行到第二行为卷积操作，第二行到第三行为池化操作。将图像卷积后会得到一个 3×3 的特征图，图中与待检测物体相关的值为 3，其余值都与待检测物体无关，若用 3×3 的最大池化操作将不会对特征图原有的数值 3 产生失真的影响。若用平均池化，所得到的结果是一个平均值，对特征

图进行了近似操作，这样的近似操作不仅不会保留原来图像的数值信息，造成图像特征失真结果，还会增加计算开销。

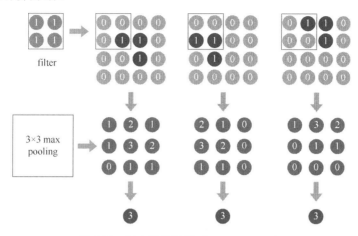

图 6.10　最大池化过程（YJango, 2007）

filter：过滤器。max pooling：最大池化

最大池化的缺点是当被识别物体周围存在干扰信息时，最大池化可能将干扰信息保留下来而没有考虑到待检测物体的信息。

6.3.2.2　保留细节池化

最大池化和平均池化只是选取池化区域的最大值或平均值作为池化操作的输出结果，这样的结果忽略了像素之间的相关性。受人类视觉系统的启发，Saeedan 等（2018）设计了一种关注局部空间信息变化的池化操作，保留细节池化（detail-preserving pooling, DPP）操作。与传统的池化操作不同之处在于该池化操作引入了可学习的可导池化核参数，这种动态的池化方法使得模型获得了更好的表现效果。

保留细节池化应用了 Weber 等（2015）提出的保留细节图像降尺度（detail-preserving image downscaling）技术，使用标量奖励函数（scalar reward function）定义保留细节池化操作，公式如下：

$$\mathcal{D}_{\alpha,\lambda}(I)[p] = \frac{1}{\sum_{q' \in \Omega_p} w_{\alpha,\lambda}[p,q']} \sum_{q \in \Omega_p} w_{\alpha,\lambda}[p,q]I[q] \tag{6.10}$$

该公式是对输入特征图 I 的空间位置 p 上的池化操作，其中 p 为像素点，Ω_p 为 p 的临近点。将 $w_{\alpha,\lambda}[p,q]$ 定义如下：

$$w_{\alpha,\lambda}[p,q] = \alpha + \rho\lambda\big(I[q] - \tilde{I}[p]\big) \tag{6.11}$$

式中，α,λ 为奖励参数，可以在模型训练时学得，它们使得池化层能够自适应每一个特征图中的特征。

保留细节池化操作是一个自适应的池化方法，该方法能够放大变化的信息，并保留原有信息的局部性结构特征。该结构可以应用在很多深层的卷积神经网络当中，使网络获得更好的表现效果。

6.3.2.3　其他池化操作

（1）L_p 池化。最大池化容易造成数据的过拟合，并且不能保证模型的泛化性。平均池化考虑到了特征的平均情况，但是对于一些较重要的激活值却产生了一定的抑制作用。为了解决这些问题，受生物学启发，L_p 池化层被设计出来（Hyvärinen et al., 2007）。给定一个池化区域 R_j，L_p 池化将经过激活函数 a_i 的特征值平均化。公式如下所示：

$$S_j = \left(\sum_{i \in R_j} a_i^p \right)^{1/p} \tag{6.12}$$

其中，当 p 为 1 时，等价于平均池化；当 p 为无穷大时，等价于最大池化；当 p 介于 1 与无穷大之间时，此池化操作被认为是最大池化与平均池化的权衡操作。应用 L_p 池化的深度卷积神经网络在街区门牌号（the street view house numbers, SVHN）数据集的分类比赛中取得了突出成绩，打败了很多之前优异的卷积神经网络。

（2）随机池化。为了解决平均池化和最大池化带来的问题，改善 Dropout 的效用。Zeiler 等（2013）设计了一种随机的池化技术。该池化操作归一化每一个区域中的激活值，并以一定的概率对激活值进行选取，公式如下：

$$P_i = \frac{a_i}{\sum_{k \in R_j} a_k} \tag{6.13}$$

根据上式可知，以 P_i 的概率激活每一个池化区域中的数值。池化激活值 a_l 表示为

$$S_j = a_l, \quad l \sim P\left(P_1, P_2, \cdots, P_{|R_j|}\right) \tag{6.14}$$

随机池化层在输入的特征图中进行固定区域的随机池化选择，其中大的特征值以较大的概率被选中。随机池化可以很好地避免过拟合，并且与其他的正则化技术结合使用，如 Dropout、数据增强等技术。

（3）因子最大池化。Graham（2014）在池化过程中引入随机思想，随机地选择池化区域的大小。因子最大池化的池化区域大小为 $\beta \times \beta$，其中 β 为介于 1 到 2 之间的随机因子系数，因子最大池化可以降低池化输入空间的维度，使用该池化结构的模型在 CIFAR 数据集上取得了很好的结果，然而这样的结构在 Inception 网络和残差网络中并不适用。

（4）混合池化。受随机池化、Dropout、DropConnect 等技术的启发，Yu 等（2014）设计出了混合池化技术。混合池化技术不但提高了深度卷积神经网络正则化的能力，而且解决了平均池化和最大池化带来的问题。混合池化沿用了随机处理过程，随机地选择最大或者平均池化的区域。第 k 个特征图对应的混合池化输出 a_{kij} 的数学公式表示如下：

$$a_{kij} = \lambda \cdot \max_{(p,q) \in R_{ij}} x_{kpq} + (1 - \lambda) \frac{1}{|R_{ij}|} \sum_{(p,q) \in R_{ij}} x_{kpq} \tag{6.15}$$

其中，池化区域 R_{ij} 的大小为 $|R_{ij}|$，池化中心位置为 (p,q)，池化输入为 x_{kpq}，参数 λ 决定着采用最大池化还是平均池化，取值为 0 或者 1。混合池化可以同其他正则技术组合起来。在 SVHN 数据集图像分类比赛中，混合池化的效果比平均池化、最大池化、随机池化、L_p 池化表现要好，但在某些数据集上其表现效果不如 L_p 池化。

（5）谱池化。为了加快模型的训练速度，不再将卷积与池化操作放在空间域内进行，Rippel 等（2015）将卷积与池化操作设计在频域内，提出了谱池化操作。其首先计算输入特征图的离散傅里叶变换得到对应的谱表示，之后通过频度中心子矩阵截取谱表示，这样的设计可以保证输出维度的大小固定。最后使用逆离散傅里叶变换，将表征从频域转化回空间域上。这样的方法解决了最大池化在空间域上的计算开销，与 Dropout 正则化技术相似。谱池化适用于简单的卷积神经网络结构，对于复杂的网络结构谱池化的效果并没有常用的

池化层效果好。

6.3.2.4 不使用池化操作

Springenberg 等（2015）提出在卷积神经网络中不使用池化层，而是用卷积层来代替池化层操作，步长为 2 的卷积层替换最大池化层是一个比较理想的结果。Springenberg 等（2015）给出了最大池化层 p 范数的表现形式，证明了用卷积操作代替池化操作的合理性。最大池化如公式（6.16）所示，其中，f 是卷积操作之后的特征图，可以表示为一个三维的张量 $W \times H \times N$，W, H, N 分别表示输入特征图的宽度、高度和深度。最大池化层 p 范数公式可以看作是一个池化核大小为 k、步长为 r 的最大池化操作。

$$s_{i,j,u}(f) = \left(\sum_{h=-\lfloor k/2 \rfloor}^{\lfloor k/2 \rfloor} \sum_{w=-\lfloor k/2 \rfloor}^{\lfloor k/2 \rfloor} \left| f_{g(h,w,i,j,u)} \right|^p \right)^{1/p} \tag{6.16}$$

式中，$g(h,w,i,j,u) = (r \times i + h, r \times j + w, u)$ 为特征图经过最大池化 p 范数后得到池化输出 s 的一个转换函数。$p \to \infty$ 的时候，公式（6.16）为最大池化层操作。将上述公式（6.16）和标准的卷积公式（6.17）进行比较，可以发现两个公式有很多相似之处，即 θ 值为 1 的时候，两个公式是相同的，因此可以用卷积操作来代替池化操作。

$$c_{i,j,o}(f) = \sigma \left(\sum_{h=-\lfloor k/2 \rfloor}^{\lfloor k/2 \rfloor} \sum_{w=-\lfloor k/2 \rfloor}^{\lfloor k/2 \rfloor} \sum_{u=1}^{N} \theta_{h,w,u,o} * f_{g(h,w,i,j,u)} \right) \tag{6.17}$$

式中，θ 是卷积神经网络的参数；σ 为 ReLU 非线性激活函数；o 为输出特征图的个数；$*$ 为卷积操作。

池化的作用有三点：①使得卷积神经网络在抽象特征时保持特征的局部不变性；②池化操作能够降低维度，减少参数数量，使神经网络可以具备更深层次的结构，从而使得网络对特征的抽象更加有效；③池化操作优化比较简单。实验表明，池化具有的三个作用中，第二个特点是使网络表现良好的关键因素。无论是从降低维度还是减少参数数量的角度，卷积和池化操作都有着相似之处，实验结果表明卷积操作替换池化操作会在一些物体识别任务中获得更加优异的表现。从模型结构的角度来看，原始的卷积神经网络包含卷积层、池化层、全连接层，删除了池化层的结构更加简单。

在池化操作中，当输入大小为 i、池化核大小为 k、步长为 s 时，输出的大小可以表示为如下公式：

$$o = \left\lfloor \frac{i-k}{s} \right\rfloor + 1 \tag{6.18}$$

6.3.3 激活函数

激活函数（activation functions）不仅影响神经网络的训练时间，还影响模型的表现。卷积神经网络的运算涉及很多的激活函数，如 sigmoid、tanh、ReLU 等。构成激活函数的条件有三个：①因为网络优化涉及反向传播，所以要求激活函数连续可导；②函数应该具有非线性变换性质，这样可以将线性函数没法解决的问题用非线性函数解决，在特定的网络结构中利用非线性函数可以使网络学到任意复杂的函数；③要求激活函数的输出为一个近似输入的恒等映射（identity mapping）。假设激活函数是 $f(wx^{\mathsf{T}} + b)$，f 为激活函数，w、b 为参数，初始化参数使得 $wx^{\mathsf{T}} + b \approx 0$，因为 f 是恒等函数，所以 $f(wx^{\mathsf{T}} + b)$ 接近于 0，所以 $\frac{\partial f}{\partial w} \approx 0$，这样可以使神经网络在很短的时间内达到收敛。

6.3.3.1　ReLU 激活函数

在卷积神经网络中运用较多的一个激活函数是 ReLU（Nair et al., 2010）。这是一个计算十分高效的非线性激活函数，公式如下：

$$y_{ReLU}(x) = \max(0, x) \tag{6.19}$$

其导函数公式如下：

$$y'_{ReLU}(x) = \begin{cases} 0, & x < 0 \\ 1, & x \geqslant 0 \end{cases} \tag{6.20}$$

ReLU 的导数在正数区间取值恒为 1，并且不会饱和，sigmoid 函数会出现导数饱和现象。这是因为 sigmoid 函数值在自变量趋于 0 和 1 的时候变化不明显，导致导数接近于零，这在反向传播时会带来梯度消失的问题。ReLU 函数的设计减少了产生梯度消失的可能性，因此 ReLU 被广泛地应用在深度神经网络中。图 6.11 所示为 ReLU 函数及其导数的图像。

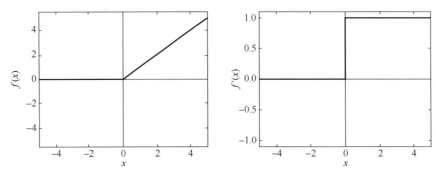

图 6.11　ReLU 函数及其导函数的图像（Aghdam et al., 2017）

ReLU 函数有一个特性，可以将一个神经元变成死亡神经元（dead neurons），死亡的神经元对于任何一个输入返回的值都是 0。当误差反向传播时，如果参数更新为负值，在下一次经过前向传播运算之后输出值为负值，最后经过 ReLU 激活函数将输出值变为 0。这一性质有利也有弊，其缺点在于负值导致部分神经元的死亡，影响部分参数优化精度。其优点在于输出函数如果为 0，在后续的传播过程中，将恒为 0，减少了没有必要的计算开销。

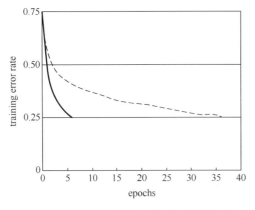

图 6.12　ReLU 与 tanh 函数在训练时间上的比较（实线表示 ReLU，虚线表示 tanh）（Rawat et al., 2017）
training error rate：训练错误率。epochs：训练次数

6.3.3.2　卷积神经网络使用 ReLU 激活函数的原因

Glorot 等（2011）讨论了使用 ReLU 激活函数的作用，图 6.12 比较了 4 层卷积神经网络分别使用 ReLU 与 tanh 函数的训练速度。从图中可以看出，使用 ReLU 激活函数的深度卷积神经网络在训练速度上比 tanh 函数快 6 倍。

下面简单回顾一下 sigmoid 激活函数与 tanh 激活函数，函数图像如图 6.13 所示。

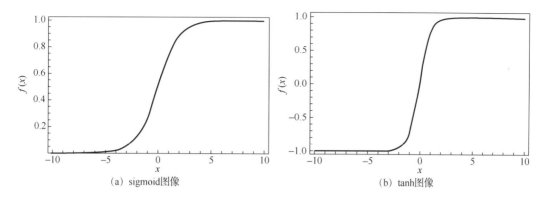

图 6.13　sigmoid 函数图像和 tanh 图像（Physcal, 2015）

对于使用 sigmoid 和 tanh 作为激活函数的原因，下面从数学和神经科学两个角度进行解释。数学角度：两个函数图像中央区域的信号增益较大，两侧的信号增益较小，在信号的特征空间映射上有很好的效果。神经科学角度：中央区变化较大，类似于神经元的兴奋状态，两侧变化平缓类似于神经元的抑制状态，在神经网络学习的过程中，此激活函数可以将重要的特征推向中央区，将不重要的特征推向两侧。不管从哪个角度看这样的激活函数设计都要比早期的线性函数符合神经网络要求。

sigmoid 与 tanh 激活函数存在的问题：后来对生物细胞的研究发现，神经元的编码工作方式具备稀疏性和分布性。所谓的稀疏性指大脑一次工作只有少量的神经元被激活。从信号处理角度看，神经元只对少部分信号进行处理，屏蔽大部分信号，这样可以提高学习的精度，更好更快地提取稀疏特征。按照经验初始化参数之后，sigmoid 与 tanh 激活函数一次可以激活一半的神经元，这不符合神经科学的研究，并且会给深度网络带来问题。

对于使用 ReLU 作为激活函数的原因，稀疏性研究在早期是一个十分热的研究话题，它不仅在神经科学、机器学习领域活跃，在信号处理、统计学习中也被广泛应用。稀疏性有三大贡献：①信息分离。每一个原始数据通常缠绕着高度密集的特征，如果能够解开特征间缠绕的复杂关系，将密集特征转化为稀疏特征，模型抽取出的特征会更加具备鲁棒性。②线性可分性。稀疏特征更加具备线性可分性，并且对非线性映射有着较小的依赖。③稠密分布。稠密分布着的特征包含最为丰富的信息。如果使用带有稀疏性的激活函数，可以更好地从稠密的数据中学习到相对稀疏的特征，起到自动分离效果。

ReLU 激活函数自带稀疏性，可以将网络中负的激活值稀疏化为 0，其等效于给模型做一个无监督学习的预训练。实验结果发现，没有做预训练的情况下，带 ReLU 激活函数的神经网络比其他神经网络表现效果好，不使用预训练带 ReLU 激活函数的神经网络比经过预训练使用其他激活函数的神经网络效果好。如果给带 ReLU 激活函数的神经网络增加预训练，其模型效果仍然有提升空间。ReLU 激活函数缩小了无监督学习和监督学习之间的鸿沟。图 6.12 表明由 ReLU 激活函数组成的神经网络进行 50 次循环（epochs）就能把错误率降到 1.05%，tanh 激活函数组成的神经网络进行 1500 次循环使得错误率为 1.37%，同样的错误率 ReLU+tanh 激活函数组合需要 170 次循环。这说明加入 ReLU 的网络可以更快地进行特征学习。Glorot 等（2011）对稀疏性做了实验，使用现有的激活函数时理想的稀疏性比例在 70%～85%。稀疏性比例超过 85%，网络容量就会成问题，导致模型的错误率上升。在大脑中稀疏性比例为 95%，可以看出现有的激活函数还是无法真正模拟大脑的激活变化。

6.3.3.3 Leaky ReLU 激活函数

为了避免使用 ReLU 激活函数的网络产生过度稀疏的问题，Maas 等（2013）提出了一种 Leaky ReLU 激活函数。

Leaky ReLU 激活函数的函数公式如下所示：

$$y_{\text{LeRLU}}(x) = \begin{cases} \alpha x, & x < 0 \\ x, & x \geqslant 0 \end{cases} \tag{6.21}$$

导数公式如下所示：

$$y'_{\text{LeRLU}}(x) = \begin{cases} \alpha, & x < 0 \\ 1, & x \geqslant 0 \end{cases} \tag{6.22}$$

Leaky ReLU 激活函数有一个很好的性质，无论自变量取正还是负值，函数都不会出现梯度消失的问题。函数导数总是返回 α 或者 1，α 是一个参数，一般在[0,1]取值，通常将 α 设为 0.01。在实践过程中 Leaky ReLU 和 ReLU 产生的输出结果十分相似，其函数与导数图像如图 6.14 所示。

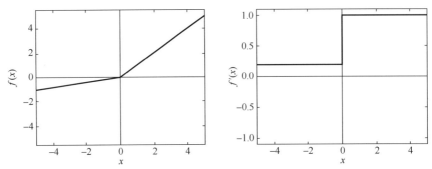

图 6.14　Leaky ReLU 激活函数的函数图像及其导函数图像（Aghdam et al., 2017）

6.3.3.4 softplus 激活函数

ReLU 和 Leaky ReLU 激活函数在原点是不可导的，softplus 激活函数解决了这一问题。该函数在定义域范围内处处可导。除此之外其与 ReLU 函数十分相似，函数取值范围是 $[0,\infty]$，softplus 激活函数公式如下所示：

$$y_{\text{softplus}}(x) = \ln\left(1 + e^x\right) \tag{6.23}$$

导数公式如下所示：

$$y'_{\text{softplus}}(x) = \frac{1}{1 + e^{-x}} \tag{6.24}$$

softplus 的导数公式和 sigmoid 函数的公式相同，其值的取值范围在[0,1]。

6.3.3.5 Maxout 激活函数

为了结合 ReLU 和 Leaky ReLU 激活函数的优点，Goodfellow 等（2013）设计了一种新的激活函数 Maxout，其公式表示如下：

$$\max\left(w_1^{\text{T}} X + b_1, w_2^{\text{T}} X + b_2\right) \tag{6.25}$$

可以发现，当 w_1^{T}, b_1 都取 0 时该激活函数就是 ReLU。此函数设计了一种自动调节取最大值的方法，使得神经网络在参数计算时更加灵活。Maxout 函数既具备 ReLU 的非饱和特性，又有

Leaky ReLU 在负数上的处理能力，使得模型在运用此激活函数的时候表现出突出的效果。但 Maxout 函数需要计算新的参数，在计算时间复杂度方面仍然是一个问题。

6.4 设计卷积神经网络的动机

当输入数据很多时，训练一个全连接神经网络涉及的参数会很多，网络的计算时间复杂度会很高。卷积神经网络的结构设计解决了计算时间复杂度高的问题。其结构设计还可以使得网络处理的图像具有物体平移不变性。物体平移不变性指图像中待检测的物体在图像中产生一段较小的位置移动时，网络可以分辨出移动前后的物体是同一个物体。图 6.15 为不同种类的图像不变性表示。

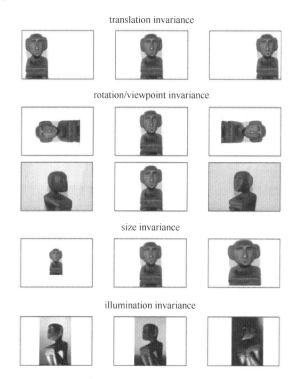

图 6.15　不同种类的图像不变性表示（YJango, 2007）

translation invariance：平移不变性。rotation/viewpoint invariance：旋转或视角不变性。size invariance：尺寸大小不变性。
illumination invariance：光照不变性

6.4.1　局部连接

早期的全连接神经网络是将隐藏层中的每一个神经元与之前的全部输入信息相连接，其简化图如图 6.16 所示，左侧九个圆圈代表输入图像的九个像素。右侧三个圆圈代表第一个隐藏层的三个神经元，图中只画了一个神经元与输入图像的全部信息相连接，虚线箭头代表连接参数，其余神经元与此神经元连接方式相同。

卷积神经网络采用了局部感受野来获得视觉信息，所谓局部感受野是一个神经元对输入信息的作用范围，即隐藏层的每个神经元与前一层的输入的部分信息相互连接，这种连接的方式又称为局部连接（LeCun, 1985）。这种连接方式如图 6.17 所示，左侧九个圆圈代表输入图像的九个像素，方框代表一个神经元的局部感受野。右侧三个圆圈代表第一个隐藏层的三个神经元，图中只画了一个神经元与输入图像的局部连接，虚线箭头代表连接参数，同层的神经元使用相同的连接参数。采用局部连接处理视觉图像时所需要的参数数量比采用全连接神经网络时的参数数量要少，当输入数据很大并且每层的神经元个数很多的时候这个数量将会有指数级的差距。

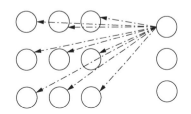

图 6.16   一个神经元对输入的全连接过程

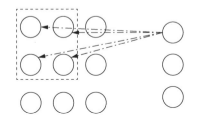

图 6.17   一个神经元对输入的局部连接过程

局部连接不仅可以减少参数数量，提高神经网络的计算效率，避免过拟合，还可以保持图像相邻像素的相似临近不变性。图像在空间中的组织结构是很紧密的，图像相邻区域内的像素具有一定的相关性，相隔较远的像素之间通常是没有什么关联的。卷积神经网络采用局部连接结构捕捉到了像素之间的相关性，这样的结构同人类视觉系统处理外界图像的结构相似。

局部连接还使网络具备物体平移不变性。例如识别图 6.18 中的"三点图案"，使用深度为 1、大小为 4×4 的灰度图像作为卷积神经网络的输入，浅色圆点像素中的数值为 0，深色圆点像素中的数值为 1。无论"三点图案"在图像中的哪个位置其折横形状是不变的。

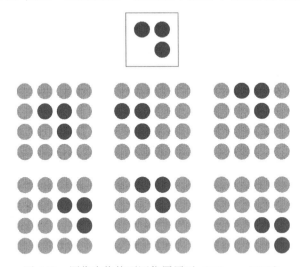

图 6.18   图像中物体不同位置展示（YJango, 2007）

用图 6.18 中第二行第一个图像作为前馈神经网络的输入，根据网络结构特点，图像只能被表示成一个平铺的向量作为网络的输入，即将一个 4×4×1 大小的图片展成 16×1 维的向量。将输入向量经过前馈神经网络的几个隐藏层，最后输出一个维度为 2×1 的向量，表示有"三点图案"和没有"三点图案"，此过程如图 6.19 所示。

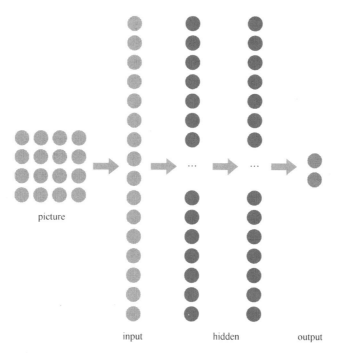

图 6.19　图像在前馈神经网络中的传递过程（YJango, 2007）

picture：图像。input：输入。hidden：隐藏层。output：输出

将图 6.19 中的图像像素进行编号，如图 6.20 所示。

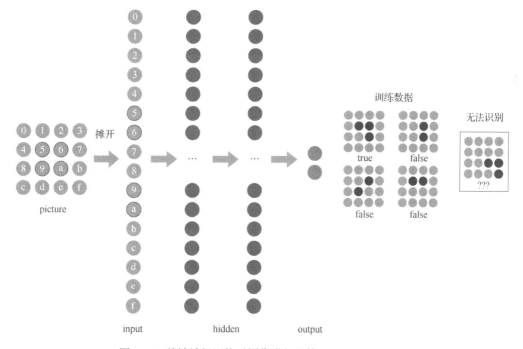

图 6.20　前馈神经网络对图像进行训练（YJango, 2007）

picture：图像。input：输入。hidden：隐藏层。output：输出。true：正确的。false：错误的

使用图 6.20 右侧的训练数据对前馈网络进行训练时，网络只会对"三点图案"在中央，

编号为 5、6、9、a 的相应节点的权重进行调节，当"三点图案"出现在右下角的时候网络则无法识别。对于这种情况，解决的方法是使用大量的"三点图案"在不同位置的图像作为训练数据对模型进行训练。同样的物体只是因为在图片中的位置不同就要重新训练模型，这样训练的效率很低。

卷积神经网络通过局部连接的设计实现了"三点图案"对应参数的共享，使网络能够识别出图像中不同位置的"三点图案"，这样的结构使得网络具备了物体平移不变的性质。图 6.21 展示了图像 0、1、4、5 号节点通过参数 w_1、w_2、w_3、w_4 局部连接到一个神经元上。

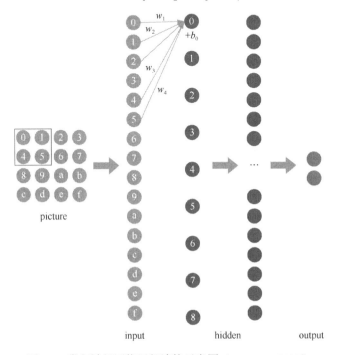

图 6.21 卷积神经网络局部连接示意图（YJango，2007）

picture：图像。input：输入。hidden：隐藏层。output：输出

这里的卷积核区域大小为 2×2。图 6.21 中第二层 0 节点表示一个神经元，它的输出数值就是图像局部连接区域的线性组合。用 x 表示神经元的输入值，y 表示输出值，x,y 的角标数字分别表示图中标注数字，则 0 号神经元节点的输出可以表示为如下公式：

$$y_0 = x_0 \times w_1 + x_1 \times w_2 + x_4 \times w_3 + x_5 \times w_4 + b_0 \qquad (6.26)$$

式中，b_0 为 0 号神经元节点的偏移量。

6.4.2 参数共享

卷积神经网络中参数共享的作用同局部连接作用相似，这样的结构设计减少了网络中参数的数量，使网络具备了图像物体平移不变性。参数共享指隐藏层中每个神经元对前一层的特征图连接参数是相同的。如图 6.22 所示，四个神经元共享同一个卷积核，对输入为 3×3 的图像进行卷积产生四个输出，其所用的参数数量为 2×2。若不用参数共享，四个神经元对 3×3 的图像进行全连接计算，需要的参数数量是 $2 \times 2 \times 4$。当输入的图像维度很高的时候，模型参数的数量会有显著的减少。在参数共享作用下，参数的数量只与卷积核的大小以及种类有关，与输入图像大小无关。

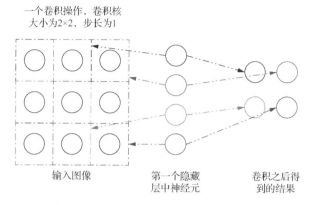

图 6.22　参数共享的三层卷积神经网络结构

参数共享使得网络具备物体平移不变性。物体平移不变性的数学表示为：函数 $f(x)$ 与 $g(x)$ 满足 $f(g(x)) = g(f(x))$。假设 I 表示不同亮度的图像，实验发现先对 I 进行平移变换再对其结果进行卷积操作，与先对 I 进行卷积操作再对其结果进行平移变换实现的效果是一样的。$f(g(I)) = g(f(I))$，$g(x)$ 为平移函数，$f(x)$ 为卷积函数，即卷积函数对于平移函数具有不变性。当用卷积处理时间序列的时候，卷积操作可以将时间序列中的某时间段内的某事件抽象成具有时间序列性的特征。将这个事件向后延时一个时间段，卷积操作可以抽象出该事件的相同特征表示，只是时间延时了。图像中虽然同一个物体可能在不同的位置出现，但是通过卷积运算，得到的同一物体的特征表示都是相同的，这些都体现了卷积操作具有物体平移不变性。

6.4.3　理解卷积层

卷积层在卷积神经网络中有着重要的作用，该层是一个非线性的、具有图像平移不变性的操作层。卷积核可以将表示相同信息的特征关联起来，并决定网络提取特征的好坏。卷积核对于输入信息的提取及特征信息的推断起着重要的作用。下面讨论选择不同卷积核（过滤器）的方法。

6.4.3.1　生物学视角

过滤器的设计主要有两种方法。

（1）采用简单细胞 S 与复杂细胞 C 交替的方式设计。生物的视觉皮层结构给卷积神经网络的结构设计带来了很大的启发。在视觉皮层处理信息的早期阶段，结构简单的细胞可以检测到物体基础的特征信息，例如：物体的条纹、边缘、轮廓等。之后的信息处理阶段，结构复杂的细胞可以检测到物体更加复杂的特征信息。

人工神经网络使用定向 Gabor 过滤器或变尺度高斯导数模拟视觉皮层中简单细胞处理视觉信息的过程。其中 Gabor 过滤器可以处理音阶和时间序列信号，并描述物体颜色和动作位置信息。

Riesenhuber 等（1999）设计出基于特征组合的物体识别模型来模拟视觉皮层中复杂的细胞结构。基于特征组合的物体识别模型的主要思想是：高层过滤器由低层过滤器线性组合得到，模型的层数越高对应的过滤器结构越复杂。该模型结构示意图如图 6.23 所示，模型由简单神经元细胞和复杂神经元细胞组成。该图表明，简单细胞 S1 使用定向 Gabor 过滤器可检测到具有方向性的条状结构。更高层的简单细胞 S2 检测到的信息由 S1 的信息组合而成，S2 可以检测到更加复杂的方向性条状结构。在简单细胞 S 之间穿插着复杂细胞 C，该细胞可以对简单细胞的输出信息做空间调整，使网络对信息具有平移不变的特性。

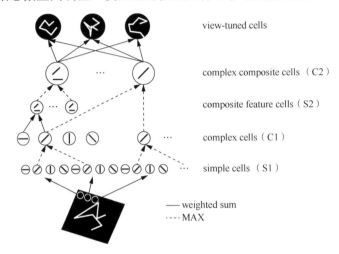

图 6.23　基于特征组合的物体识别模型提取特征结构示意图（Riesenhuber et al., 1999）

view-tuned cells：视觉调试层细胞。complex composite cells（C2）：复杂的组织细胞（C2）。composite feature cells（S2）：组织特征细胞（S2）。complex cells（C1）：复杂细胞（C1）。simple cells（S1）：简单细胞（S1）。weighted sum：权重加和。MAX：最大化

　　Serre 等（2007）设计出一个成功的生物神经网络，该网络模拟了视觉皮层处理信息的过程。网络结构如图 6.24 所示，该网络共四层，由简单细胞 S 和复杂细胞 C 交替堆叠而成，结构与基于特征组合的物体识别模型相似。

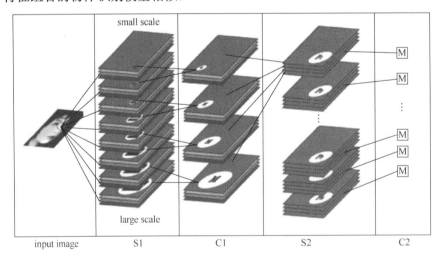

图 6.24　Serre 等（2007）设计出的网络结构示意图

input image：输入图像。large scale：大尺度。small scale：小尺度

　　在这个网络中，S1、S2 细胞所在层为卷积层，其中 S1 使用二维定向 Gabor 过滤器。C1 所在层使用特征核在一个固定的区域（patch）中提取前一层学到的特征信息，将 C1 输出特征进行匹配便获得 S2 的输入特征信息，这样的设计灵感来自于 Serre 等（2005）和 Blakemore 等（1970）的文献。该网络可以应用于音频处理（Jhuang et al., 2007），其中 S1、S2 细胞所在层为三维卷积层，可对三维数据进行处理。整个网络采用三阶高斯导数过滤器对特征进行分

离提取，提高了网络对信息的抽象能力。

（2）采用 Filter → Rectify → Filter 的模式结构设计过滤器。Filter → Rectify → Filter 的模式结构模拟视觉皮层处理高阶图像（Baker et al., 2001）。Baker 等认为在网络的高层和低层应该采用结构相似的卷积核，高层可以将低层的局部特征抽象成具有全局结构的特征，这样的联合统计方式可以将不同尺度和方向的特征很好地组合在一起。

人类视觉系统在识别真实世界中的物体时，无论物体出现在何处都能准确辨认出移动前后的物体是否是同一物体，这种性质被称为物体平移不变性，生物学家将这种能力应用在设计生物神经网络中。网络前几层的核设计都采用了 Hubel 等（1962）的设计方法。这样的网络只能从生物学的角度认为其设计是合理的，要想对这样的网络进行理论性的解释是一个十分困难的问题。

6.4.3.2　理论视角

很多设计卷积核理论性的方法受生物学科的启发，不同的理论性方法有着不同的核选择策略。

看待核选择问题的第一种观点是：认为自然界的物体是由一系列基础的形状组合而成的，想要发现物体的本质特征就需要采用基于形状的方法看待物体（Fidler et al., 2006）。使用定向 Gabor 过滤器可以寻找到图像中最基础的形状特征，这些形状特征包括：带有方向的边、简单的条形结构等。高层可以将低层找到的基础形状特征进行组合，并获得更加复杂的特征。高层组合低层的方式需要通过模型训练得到。在基于形状的方法中只有低层特征可以采用无监督的方式训练得到，高层特征需要通过带有标签的监督学习训练得到。这样的模型结构虽然可以在高层发现抽象的特征，但是模型只能识别物体种类单一的数据，当数据具有很多的种类时，这样的结构无法同时发现不同种类的特征。

看待核选择问题的第二种观点是：观察卷积核学习到的特征。经可视化观察发现，卷积神经网络在训练时卷积核会学到相似且多余的特征。其中，网络前几层中的卷积核会学到具有相似方向的形状特征，如图 6.25 所示。

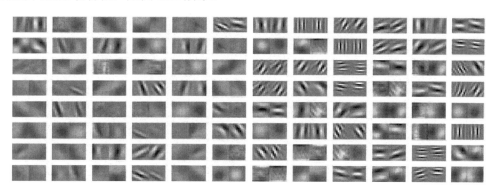

图 6.25　卷积核的可视化图（Shang et al., 2016）

解决模型学习到相似且冗余特征问题的方法有以下几种。

（1）将数据的先验知识融入网络设计中，可以更好地对卷积核进行选择。一种方法是通过一组基础的二维求导器来学习每层的卷积核（Jacobsen et al., 2016），如图 6.26 所示。

图 6.26 网络中每一层卷积核的构建是通过前一层卷积核采用 n 阶高斯导数线性组合得到的。网络除了学习到卷积核参数之外，还学习到线性组合分配参数 α_{ij}。该网络固定了一组基础的卷积核，将低层学到的特征使用线性组合的方法作为高层的输入，这样学到的卷积核可

以避免输出特征冗余。该方法可以简化网络结构，保持网络可解释性，但是这种方法给现代卷积神经网络带来了瓶颈，增加了模型所要学习的参数数量，提高了模型训练的时间复杂度。

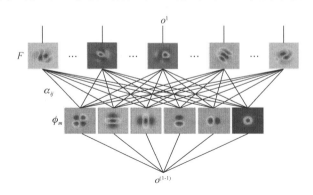

图 6.26　一个带有感受野的卷积神经网络（Jacobsen et al., 2016）

（2）设计一个具有旋转不变性的模型。经观察发现具有旋转不变性的网络可以学到物体的不同旋转角度特征。例如，带有球形函数的网络经过训练可以学到具有等变性质的核特征（Worrall et al., 2017）。还有一些方法将旋转不变性融入硬编码从而改变网络自身的结构。例如，通过一组基础的定向 Gabor 过滤器学习网络中每一个卷积核（Luan et al., 2017）。

（3）基于分组理论人工设计神经网络，并在设计中融入先验知识。Bruna 等（2013）精心设计每一个卷积核使网络具备最大不变的性质。拥有这样性质的卷积核可以减小纹理识别中的形变与损失，也可以最大化物体识别中的旋转不变性（Oyallon et al., 2015）。分散转换网络（scattering transform network, ScatNet）对于输出有着严格的数学证明（Bruna et al., 2013）。ScatNet 假设一个好的图像特征可以忽略人为的缩小图像尺寸，造成图像局部损坏，图像中物体细微的位置变化，表达出图像的结构信息。ScatNet 网络中的卷积核使用一系列基于小波变换的函数 ψ_λ，使网络能抽象出好的图像特征，其中 λ 是小波变换中的频度系数，定义为 $\lambda = 2^{-j} r$，其中 2^{-j} 表示扩张量，r 表示旋转变换。网络由堆叠的卷积层组成，涉及的操作有不同频率的小波变换和非线性变换。整个网络处理特征的过程如图 6.27 所示。

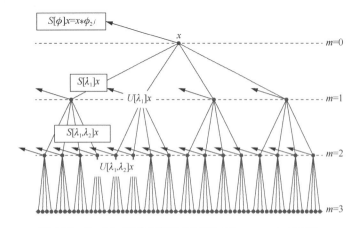

图 6.27　ScatNet 对特征的处理过程（Bruna et al., 2013）

图 6.27 中 $S[\lambda_i]x$ 是分散转换函数（Bruna et al., 2013），在每个 m 层中，将前一层的输出特征 $U[\lambda_i]x$ 作为分散函数的输入，经过相同的变换得到输出特征，每一次变换的频度不同，

所以每一层都能提取出新的特征。

看待核选择问题的第三种观点是：使用 PCA 技术预先固定过滤器（Chan et al., 2015）。PCA 可以看成一类用于最小化重构误差的简单自编码器。对于图像中的每一个像素点 x_i，经过一个 $k_1 \times k_2$ 大小的过滤器产生对应特征 $\bar{x}_i$，将这些特征堆叠起来组成 $x=[\bar{x}_1, \bar{x}_2, \cdots, \bar{x}_N]$，使用 xx^T 产生特征向量，向量值当作卷积核 w_l 的初始值。

基于理论的方法选择卷积核关键在于向模型每层的表达中引入先验知识，从而解决模型学习到相似且多余特征问题。一些方法基于组合理论依赖最大不变性，一些方法依赖一组组合的卷积核。虽然网络中已经可以找到较好的低层核，其对特征的处理过程与信号处理中的带通滤波器对信号的处理过程十分相似，但是对于高层核的选择仍然是一个开放性问题。

6.4.4　理解整流线性单元

神经网络可以将输入信号转化为非线性特征进行处理。整流操作可以看作是网络引入非线性变换的第一个阶段，该操作将逐点（pointwise）的非线性应用到卷积层的输出中。"整流"一词来自信号处理领域，意为将信号由交流变成直流。神经网络中的整流操作被应用在神经科学和机器学习领域，并可以从生物和理论两个角度进行解释。计算神经科学家在寻找合理解释神经科学数据的模型时发现了整流操作，而机器学习研究者采用整流操作使模型更快和更好地学习到数据特征。

6.4.4.1　生物学视角

站在生物学角度看，计算模型中引入整流操作是为了解释神经元对输入信号的传播频率（Dayan et al., 2005）。生物学中采用带泄漏积分的触发模型（leaky integrate and fire model, LIFM）对神经元的传播频率进行分析。该模型模拟了神经元维持激活状态的现象，该现象需要对网络输入信号进行确定性阈值的设定。Heeger（1991）用带有波形整流结构的模型对视觉皮层细胞进行分析。

Hubel 等（1962）用半波整流技术证明了结构简单的细胞在处理信息时是非线性的。网络中卷积层提取的特征值有正也有负，然而生物细胞在处理外界信号时只会产生正电波信号。为了模拟生物细胞处理信息，他们认为神经网络中的非线性截断操作应该被设计成只有正信号输出的结构。Movshon 等（1978）通过不同的半波整流技术研究出了在一确定阈值下的截断操作，该操作可以提取输出中的正值。Heeger（1991）对非线性的截断操作产生负信号做了研究。采用双通道半波整流技术，将输入模型的正负信号分别截入两个通道中，通过点对平方操作处理负值信号。在此模型中细胞被视为逆过程的能量机，能够同时编码正负输出信息。站在生物学的角度设计整流操作成了当下建立卷积神经网络常用的方法，下面讨论基于理论的方法设计整流操作。

6.4.4.2　理论视角

从理论的角度看整流操作。该操作被机器学习领域专家研究有两个原因：①它可以使得网络学到信息更加复杂的更具判别力的结构特征；②它可以使网络快速学习到数字化的特征表达。早期的神经网络使用具有 sigmoid 特性的非线性变换，例如，逻辑非线性变换或双曲正切变换（LeCun et al., 1998）。逻辑非线性变换可以用生物学的知识解释，保证了输出信号的非负性。双曲正切变换使模型可以学到更加稳定的状态特征。逻辑非线性变换和双曲正切变换对应的函数如图 6.28（a）、（b）所示。

tanh 函数的值域中有负值出现，可以采用模量操作解决这一问题。Nair 等（2010）提出了整流线性单元，因为它的出色表现，在很多领域被当作是整流操作的默认选择（Maas et al., 2013）。ReLU 成功地应用在深度学习网络中（Krizhevsky et al., 2012），该函数避免了模型过拟合现象，加快了网络训练过程，比传统的 sigmoid 类型的整流激活操作效果好。

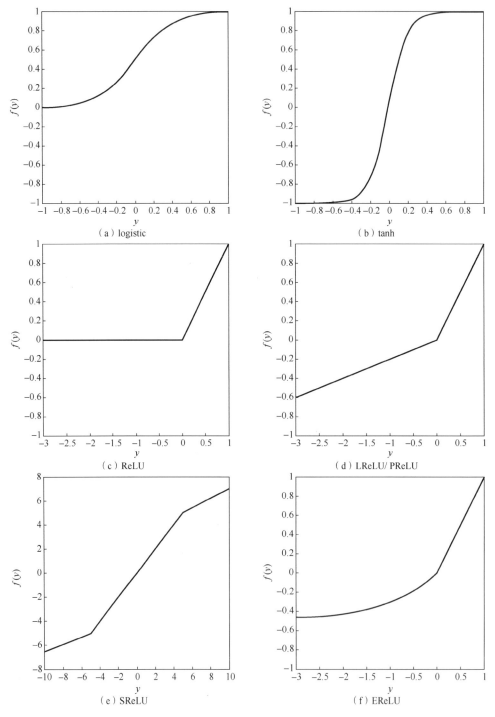

图 6.28　不同激活函数图像示意图（Hadji et al., 2018）

logistic：逻辑斯谛。tanh：双曲正切。ReLU：整流线性单元。

LReLU/ PReLU：L 型/P 型整流线性单元。SReLU：S 型整流线性单元。EReLU：E 型整流线性单元

ReLU 函数公式如下所示：

$$y_{\text{ReLU}}(x) = \max(0, x) \tag{6.27}$$

图像如图 6.28（c）所示。ReLU 有两个性质：①当输入为正数时，ReLU 不具备饱和性，正数的导数恒为 1，这样避免了梯度消失现象的出现；②当输入为负数时，ReLU 输出结果恒为 0，这样可以引入稀疏性，使网络的训练速度加快，并且具有较高的分类准确率。

ReLU 的变体有很多，例如，泄漏整流线性单元（leaky rectified linear unit, LReLU）（Maas et al., 2013）、参数化整流线性单元（parametric rectified linear unit, PReLU）（He et al., 2015）。LReLU 的函数图像如图 6.28（d）所示。

LReLU 解决了反向传播时产生零梯度的问题，这样的函数设计并没有很好地改善网络的表现效果，而且训练具有该函数的模型会在交叉验证集训练过程中消耗大量的时间。PReLU 可以使得网络高层参数产生较大的激活值，改善了模型的表现能力，并且能够快速优化网络参数，提高模型训练速度。

大多数卷积神经网络前几层的卷积核倾向于学到负相关对形式的数据，例如，学到一对 180° 相反的图形，这样导致模型学习到冗余的信息特征，不利于网络特征的表达。网络采用连接整流线性单元（concatenated rectified linear unit, CReLU）（Shang et al., 2016）激活函数，可以通过两个通道的整流变换编码数据，减少了网络训练参数，消除了冗余特征，使网络产生更好的表现效果。

另一个 ReLU 的扩展函数是 S 型整流线性单元（S-shaped rectified linear unit, SReLU）（Jin et al., 2016），如图 6.28（e）所示。该激活函数虽然可以使网络学到更多非线性变换的特征，但是由于引入了更多的参数，网络的训练更加困难。

指数整流线性单元（exponential rectified linear unit, EReLU）（Clevert et al., 2016）也是 ReLU 的一个变体，其函数图像如图 6.28（f）所示。该函数的设计增加了模型对噪声数据的鲁棒性。ReLU 家族的整流变换有一个共性：模型的负值输入应该被考虑在模型设计当中，并且模型在输出时要对相应的负值做恰当的处理。

站在理论的角度，ReLU 家族的非线性变换成了整流操作的主要选择。ReLU 家族的函数忽略了输出的负值却没有给出一个合理的证明过程，因此遭到了很多研究者的质疑（Clevert et al., 2016）。将 ReLU 与整流模量操作进行比较，模量操作保留了输入的能量信息，却丢失了状态信息。ReLU 可以通过仅保留信号中的正值特征获得信号中的状态特征。若将两种特征同时保留，可以提高模型在特定任务中的表现，有许多学者对这样的方法进行了研究（Heeger, 1991）。

6.4.5 理解池化层

池化层中池化区域的设计既可以通过大量数据训练模型确定，也可以人为设置。好的池化区域的选择可以使网络对物体位置和尺寸的变化具备不变性，并且有压缩特征图的作用。与卷积层相似，池化层有生物学科的支持和理论研究的驱动，不同的是池化层讨论如何对池化函数进行选择。目前较流行的池化操作有平均池化和最大池化，下面将从生物学角度和理论角度讨论它们的优缺点以及其他池化操作。

6.4.5.1 生物学视角

从生物学的角度看，池化层的设计灵感来源于视觉皮层中复杂的神经细胞（Carandini,

2006）。Hubel 等（1962）在实验中发现，复杂细胞与简单细胞都可以检测到物体的方向性，不同于简单细胞，复杂细胞还可以发现待检测物体的位置不变性。图 6.29 为复杂细胞与简单细胞在检测物体方向性上的区别，复杂细胞检测的方向特征是简单细胞检测方向特征的线性组合。

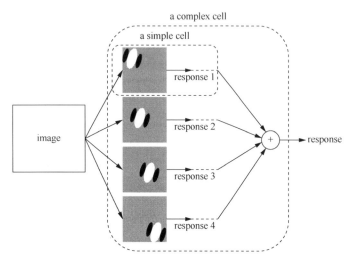

图 6.29　复杂细胞与简单细胞在检测物体方向性特征上的区别（Hadji et al., 2018）
image：图像。response：传播回应。a simple cell：简单细胞。a complex cell：复杂细胞

　　早期生物神经网络有 Fukushima（1980）设计的 neocognitron 网络、LeNet 卷积神经网络（LeCun et al., 1998），它们使用的池化操作作为平均池化。Hubel 等（1962）将池化层的位置放在子采样层（sub-sampling）之后，可以起到减小网络位置敏感性的作用，使网络对于物体位置平移有着不变特性。而基于特征组合的物体识别模型的网络（Riesenhuber et al., 1999）采用最大池化的方法，最大池化方法适合用于 Gabor 过滤器产生的输出特征，图 6.30 为基于 Gabor 过滤器提取特征，之后将特征输入平均池化和最大池化的影响效果。

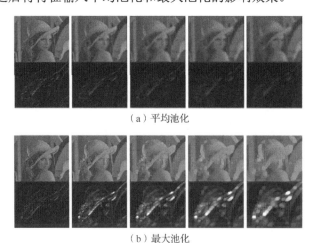

（a）平均池化

（b）最大池化

图 6.30　特征经平均池化和最大池化后的不同表现（Serre et al., 2007）

　　图 6.30（a）上半部分为原始灰度图像，下半部分为经 Gabor 过滤器与平均池化操作所提取轮廓特征的可视化结果，可以看出图像提取的轮廓信息正在逐渐消失。相反，图 6.30（b）

中经最大池化操作所提取的轮廓特征得到明显的增强。

Mutch 等（2006）认为，复杂细胞处理视觉信息可以看作跨通道的池化操作。跨通道池化操作将前一层不同过滤器的输出进行组合并作为本层的输入，可以保证最大化地检测到物体的空间位置和方向性，如图 6.31 所示。

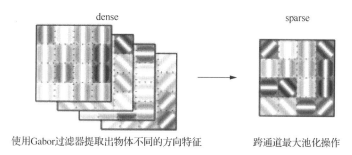

图 6.31　跨通道最大池化结构示意图（Mutch et al., 2006）

dense：密集层。sparse：稀疏层

站在生物学的角度解释使用最大池化和平均池化都是合理的，然而更多的生物学家支持平均池化。除了如何选择池化操作外，池化层还有很多重要的问题有待解决，例如，选择池化区域的大小，池化函数应该怎样设计等。

6.4.5.2　理论视角

池化是计算机视觉系统中重要的组成部分（Carandini, 2006），池化操作可以检测到物体位置的不变特性，使模型对有噪声和离群点的数据更加稳定。从理论的视角出发，Koenderink等（1999）讨论了局部无序池化操作，该操作使用感兴趣区域（region of interest, RoI）提取出像素的位置信息，这样的区域可以忽略图像的重复特征，保留图像的全局结构。目前基于理论驱动的方法与生物学相似，主要研究最大池化和平均池化。下面从几个角度分别进行讨论。

（1）站在纯理论的角度选择池化层。ScatNet（Bruna et al., 2013）、SOE-Net（Hadji et al., 2017）都是基于理论设计的网络，这些网络采用平均池化的方法，从频域的角度保证了信号的完整性，增加了网络的不变性，减少了信息的冗余。Hadji 等分析了 SOE-Net 中采用平均池化比采用单一盒（simple box car）池化和最大池化效果好的原因。

早期的卷积神经网络结构也使用平均池化（Fukushima, 1980），随着基于数据学习的卷积神经网络的发展，平均池化操作逐渐被最大池化操作所代替。Koenderink 等（1999）讨论了池化在卷积神经网络中的重要性，比较了平均池化和最大池化的表现效果，证明随机初始化的网络使用平均池化表现得更好。

（2）通过比较最大池化和平均池化选择池化层。Scherer 等（2010）更加系统地比较了平均池化和最大池化，认为两者之间存在互补关系，该关系由输入数据类型决定。利用互补关系设计出的池化层可以使网络发现更多的特征信息。Boureau 等（2010）从理论角度比较了平均池化和最大池化提取特征的效率。他们论证了：①当池化层的输入十分稀疏时，使用最大池化可以使得模型训练更加稳定；②池化基数应该随着输入尺度的增加而增加，池化基数影响着池化函数，池化区域控制池化函数的范围并对池化层起着重要作用。

神经网络发展的早期阶段池化基数就开始被学者研究了（Jia et al., 2012）。池化基数方法借鉴了空间金字塔池化编码方法（Lazebnik et al., 2006），这种编码方式解决了预先定义固定池化网络带来的问题。模型中学习池化区域是训练分类器的重要部分。随机选择不同基数的池化窗口对网络进行训练可以提高网络的表现能力，这样学习到的池化层可以适应数据集。巧妙地设计池化窗口大小和基数可以将网络应用于文本处理中（Coates et al., 2011）。

（3）站在机器学习的角度选择池化层。池化操作可以当作是一种正则化的技术，相关的池化层有网络中的网络结构池化层（Lin et al., 2014）、使用 Maxout 网络的跨通道池化层。NiN 是第一个解决过拟合问题的卷积神经网络（Lin et al., 2014）。传统网络中的每一层有大量的卷积核，其中很多卷积核在模型训练结束后提取的特征是冗余的。网络中的网络（network in network）引入了减少冗余的机制，通过训练网络，高层学习到低层输出特征图的线性组合。与网络中的网络相似，Maxout 网络引入了跨通道池化操作，其输出是跨通道中前 k 个最大值。Hadji 等（2017）使用跨通道技术减少池化特征后出现的特征冗余现象，是很好的训练网络的模式。该模型基于固定的过滤器词汇表，使用相似的卷积核组合特征图，使得模型输出具备可解释性。

（4）通过均衡最大池化和平均池化选择池化层。Lee 等（2016）认为，均衡最大池化与平均池化可以使得网络学到最优的池化操作。Scherer 等（2010）采用多类型池化选择策略，通过实验的方式选择最优池化操作，从而影响网络对输入信息的抽象能力。该网络采用三种不同的最大池化与平均池化的组合方法：混合池化、门池化、树形池化。

第一种组合方法：混合池化。该方式组合平均池化与最大池化独立于池化区域大小，池化公式如下：

$$f_{\mathrm{mix}}(x) = a_l f_{\mathrm{max}}(x) + (1 - a_l) f_{\mathrm{avg}}(x) \tag{6.28}$$

式中，x 为池化层输入特征；$a_l \in [0,1]$ 为调节池化种类系数。

第二种组合方法：门最大平均池化。该池化方式自适应池化区域大小，网络通过学习门参数 w 得到最优池化操作，池化公式如下：

$$f_{\mathrm{mix}}(x) = \sigma(w^{\mathrm{T}}x) f_{\mathrm{max}}(x) + (1 - \sigma(w^{\mathrm{T}}x)) f_{\mathrm{avg}}(x) \tag{6.29}$$

式中，$\sigma(w^{\mathrm{T}}x) = \dfrac{1}{1 + \exp(-w^{\mathrm{T}}x)}$。

第三种组合方法：树形池化。该池化方法既有混合池化的特点又可以学到线性组合的池化函数。

图 6.32 为三种不同池化方法的比较。三种池化方法的主要思想是：让池化策略与池化区域相适应。这样的设计思路不但可以将平均池化和最大池化组合在一起，而且可以设计出适应池化区域的池化函数。

（5）采用全局池化的方式选择池化层。He 等（2014）将全局池化层应用在卷积神经网络中，解决了网络构建困难的问题。传统的卷积神经网络最后几层通常是全连接层，这些层的设计使模型产生大量的训练参数，导致网络容易出现过拟合现象，除了使用 Dropout 技术解决这一问题之外，Lin 等（2014）在设计的网络结构中采用全局池化

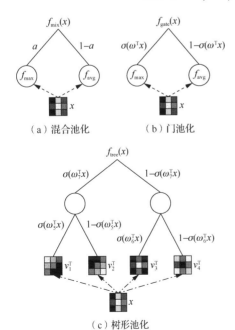

（a）混合池化　　（b）门池化

（c）树形池化

图 6.32　三种池化方法的比较（Lee et al., 2016）

操作也很好地解决了这一问题。全局池化还应用在 SPP-Net（He et al., 2014）网络中，该网络中空间金字塔池化（spatial pyramid pooling, SPP）（Lazebnik et al., 2006）可以接收网络中任意大小的输入，并输出固定大小的特征以便用于之后的全连层。SPP 结构如图 6.33 所示，SPP 用于处理卷积神经网络最后一层输出的特征图，使用该结构不需要对输入图像大小进行预先统一处理，便可以输出相同大小的特征。

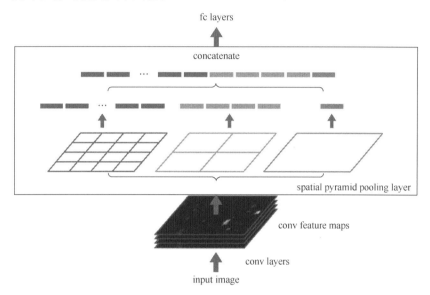

图 6.33　SPP 结构处理图像流程图（He et al., 2014）

fc layers：全连接层。concatenate：连接。spatial pyramid pooling layer：空间金字塔池化层。
conv feature maps：卷积特征层。conv layers：卷积层。input image：输入图像

通常情况下，默认的池化操作为最大池化和平均池化。最近的研究讨论了最大池化和平均池化的互补性，认为在选择池化操作时应该有更多参数被考虑在内。基于这个观点，最近倾向于池化函数与相关参数的研究相继出现，但是采用这样的方法容易使模型产生过拟合现象，并且不利于模型可解释性。总的来说，池化应该被看作是对之前层特征的总结，以压缩的方式将重要的信息保留，丢弃不重要的细节。相比如何压缩重要的特征信息，了解数据的结构并决定以怎样的池化方式去呈现数据特征更加重要。

6.4.6　卷积与池化作为强先验分布

卷积神经网络中卷积和池化的组合是一种无限强的先验分布。这样的组合使卷积神经网络可以更好地发现输入信息的特征。卷积神经网络中无限强的先验分布指网络中同一个隐藏层神经元参数必须与其相邻的神经元参数相同。卷积和池化操作涉及的局部连接与参数共享，可以看作是在网络参数中引入了无限强的先验分布，先验分布使得网络具备了图像物体平移不变的特性。然而在全连接神经网络中这样的分布是不存在的。

卷积神经网络的先验分布要求神经元中除了一些局部的参数外其余的参数都设置为零，这样可能导致网络欠拟合。网络在设计时要求隐藏层的某些通道上使用池化而在另一些通道上不使用池化，这样的设计使网络避免欠拟合并且使网络具备物体平移不变性。

6.5　卷积神经网络训练

6.5.1　卷积神经网络训练过程

6.5.1.1　前向传播

（1）图像在卷积层中的前向传播。假设输入是二维矩阵的灰度图像，矩阵中的元素值对应图像相应位置像素值。卷积核同为二维矩阵。前向传播的公式如下所示：

$$a^2 = f(z^2) = f(a^1 * w^2 + b^2) \tag{6.30}$$

式中，$a^1 = x$ 代表输入图像；w^2 代表输入与卷积层之间的参数；b^2 代表卷积层的偏置；字母上标代表层数；f 代表激活函数，一般是用 ReLU；*代表卷积操作。

（2）特征信息在池化层中的前向传播。池化层将前一层传来的特征图进行降维处理，它并没有引入新的参数，所以在传递过程中只涉及简单的数值计算，一般将池化区域大小定为 $k \times k$，池化方法取最大池化或者平均池化。

（3）特征信息在卷积层中的前向传播。假设前一层的输出特征信息是一个三维张量，卷积核个数为 n 个，经卷积操作后输出 n 个二维矩阵。计算过程如下：

$$a^l = f(z^l) = f(a^{l-1} * w^l + b^l) \tag{6.31}$$

式中，a 表示激活值；w 代表卷积核参数；*代表卷积运算；b 代表偏置项；上标代表层数；f 代表激活函数，通常使用 ReLU 函数。这个公式与输入信息经卷积层传播的公式基本一样，唯一的区别就是其输入来自隐藏层的输出特征，公式（6.30）的输入来自图像。

（4）特征信息在全连接层中的前向传播。特征信息在全连接层的计算过程和标准的前馈神经网络计算过程相同，公式如下：

$$a^l = f(z^l) = f(w^j a^{l-1} + b^l) \tag{6.32}$$

式中，a 表示激活值；w 代表卷积核参数；b 代表偏置项；上标代表层数；f 代表激活函数，这里使用 tanh 或 sigmoid 等激活函数。全连接层的层数根据不同任务自定义。输出层为 softmax 输出层，输出层与前边的全连接层唯一区别就是激活函数 f 换成了 softmax 函数。

算法 6.1 介绍了卷积神经网络前向传播算法步骤。

算法 6.1　卷积神经网络前向传播算法

输入：图像 x，网络层数 L，卷积核大小 w，神经元偏执 b

输出：卷积神经网络的最终输出结果 a^l

1　将输入的图像转化为输入层能够接收的数据 a^1

2　随机初始化所有隐藏层参数 w,b

3　**for** $l = 2$ **to** $L-1$：

情况一：若第 l 层是卷积层，输出为
$$a^l = \text{ReLU}(z^l) = \text{ReLU}(a^{l-1} * w^l + b^l)$$

情况二：若第 l 层是池化层，输出为
$$a^l = \text{pool}(a^{l-1})$$

式中，pool 按具体的池化区域 k 和池化方法设计

情况三：若第 l 层是全连接层，输出为

$$a^l = f\left(z^l\right) = f\left(w^l a^{l-1} + b^l\right)$$

4   对于输出层计算公式如下：

$$a^l = \text{softmax}\left(z^l\right) = \text{softmax}\left(w^l a^{l-1} + b^l\right)$$

6.5.1.2 反向传播

在讨论卷积神经网络的反向传播之前，先回忆一下前馈神经网络的反向传播过程。用 δ^l 表示 l 层的反向传播误差，即第 l 层各个神经元的回传梯度，J 代表损失函数。

$$\delta^l = \frac{\partial J(w,b)}{\partial z^l} = \frac{\partial J(w,b)}{\partial a^l} \odot f'\left(z^l\right) \tag{6.33}$$

式中，$\odot$ 为 Hadamard 运算。利用迭代法，可以将前一层的误差与本层误差建立关系：

$$\delta^l = \delta^{l+1} \frac{\partial z^{l+1}}{\partial z^l} = \left(w^{l+1}\right)^{\mathrm{T}} \delta^{l+1} \odot f'\left(z^l\right) \tag{6.34}$$

在有了各个层误差的表达之后，利用梯度下降算法反复迭代更新直到收敛便可以求出每一层的参数 w,b。其中的每次迭代梯度计算如下：

$$\frac{\partial J(w,b)}{\partial w^l} = \frac{\partial J(w,b)}{\partial z^l} \frac{\partial z^l}{\partial w^l} = \delta^l \left(a^{l-1}\right)^{\mathrm{T}} \tag{6.35}$$

$$\frac{\partial J(w,b)}{\partial b^l} = \frac{\partial J(w,b)}{\partial z^l} \frac{\partial z^l}{\partial b^l} = \delta^l \tag{6.36}$$

如果想要在卷积神经网络反向传播中利用前馈神经网络反向传播方法需要先解决以下几个问题：①对池化层来说没有激活函数。这可以通过将池化层的激活函数设置为 $f(z)=z$ 来解决，这样一来池化层的导数就为 1。②卷积层和池化层对输入进行了降维，反向传播要解决维度变化的问题，同时需要重新推导不同层 δ^l 到 δ^{l-1} 的误差。③卷积层计算时，卷积操作梯度求解困难，对应的网络参数 w,b 求解也是一个问题。下面举一个例子来说明信息在网络中的反向传播过程。

（1）已知池化层 δ^l，推导前一个隐藏层的 δ^{l-1}。池化层操作会涉及数据降维过程，假设经过池化后区域大小为 2×2，下面的 δ_k^l 表示第 l 层第 k 个子矩阵：

$$\delta_k^l = \begin{pmatrix} 1 & 2 \\ 3 & 4 \end{pmatrix} \tag{6.37}$$

将其还原成原来矩阵为

$$\begin{pmatrix} 0 & 0 & 0 & 0 \\ 0 & 1 & 2 & 0 \\ 0 & 3 & 4 & 0 \\ 0 & 0 & 0 & 0 \end{pmatrix} \tag{6.38}$$

若之前进行的是最大池化，在池化操作时需要记录下池化区域最大值的位置，还原的矩阵为

$$\begin{pmatrix} 1 & 0 & 0 & 2 \\ 0 & 0 & 0 & 0 \\ 0 & 3 & 0 & 4 \\ 0 & 0 & 0 & 0 \end{pmatrix} \tag{6.39}$$

如果是平均池化，还原的矩阵为

$$\begin{pmatrix} 0.25 & 0.25 & 0.5 & 0.5 \\ 0.25 & 0.25 & 0.5 & 0.5 \\ 0.75 & 0.75 & 1 & 1 \\ 0.75 & 0.75 & 1 & 1 \end{pmatrix} \tag{6.40}$$

这样就得到了上一层 $\dfrac{\partial J(w,b)}{\partial a_k^{l-1}}$ 的值，从而可以求得

$$\delta_k^{l-1} = \frac{\partial J(w,b)}{\partial a_k^{l-1}} \frac{\partial a_k^l}{\partial z_k^{l-1}} = \text{upsample}\left(\delta_k^l\right) \odot f'\left(z^{l-1}\right) \tag{6.41}$$

式中，upsample 就是前面描述的池化误差矩阵重构的过程。上述公式又可以写为

$$\delta^{l-1} = \text{upsample}\left(\delta^l\right) \odot f'\left(z^{l-1}\right) \tag{6.42}$$

（2）已知卷积层误差，求上一隐藏层误差。卷积操作前向传播时公式为

$$a^l = f\left(z^l\right) = f\left(a^{l-1} * w^l + b^l\right) \tag{6.43}$$

在前馈神经网络中，推导 δ^{l+1} 与 δ^l 的关系为

$$\delta^l = \frac{\partial J(w,b)}{\partial z^l} = \frac{\partial J(w,b)}{\partial z^{l+1}} \frac{\partial z^{l+1}}{\partial z^l} = \delta^{l+1} \frac{\partial z^{l+1}}{\partial z^l} \tag{6.44}$$

要想得到 δ^{l-1} 与 δ^l 的递推关系必须求得 $\dfrac{\partial z^l}{\partial z^{l-1}}$，其中 z^l 和 z^{l-1} 的关系为

$$z^l = a^{l-1} * w^l + b^l = f\left(z^{l-1}\right) * w^l + b^l \tag{6.45}$$

因此，可以求出：

$$\delta^{l-1} = \delta^l \frac{\partial z^l}{\partial z^{l-1}} = \delta^l * \text{rot180}\left(w^l\right) \odot f'\left(z^{l-1}\right) \tag{6.46}$$

式中，rot180 表示将卷积核中的每个元素反转了 180°，即将卷积核上下翻转，之后左右翻转。假设 l–1 层的输出 z^{l-1} 为 3×3 的矩阵，第 l 层卷积核为 2×2 矩阵，步长为 1，输出 z^l 为 2×2 矩阵，简化 b^l 为 0。

$$a^{l-1} * w^l = z^l \tag{6.47}$$

列出 a,w,z 的矩阵表示形式：

$$\begin{pmatrix} a_{11} & a_{12} & a_{13} \\ a_{21} & a_{22} & a_{23} \\ a_{31} & a_{32} & a_{33} \end{pmatrix} * \begin{pmatrix} w_{11} & w_{12} \\ w_{21} & w_{22} \end{pmatrix} = \begin{pmatrix} z_{11} & z_{12} \\ z_{21} & z_{22} \end{pmatrix} \tag{6.48}$$

于是求出：

$$z_{11} = a_{11}w_{11} + a_{12}w_{12} + a_{21}w_{21} + a_{22}w_{22} \tag{6.49}$$

$$z_{12} = a_{12}w_{11} + a_{13}w_{12} + a_{22}w_{21} + a_{23}w_{22} \tag{6.50}$$

$$z_{21} = a_{21}w_{11} + a_{22}w_{12} + a_{31}w_{21} + a_{32}w_{22} \tag{6.51}$$

$$z_{22} = a_{22}w_{11} + a_{23}w_{12} + a_{32}w_{21} + a_{33}w_{22} \tag{6.52}$$

求导得

$$\nabla a^{l-1} = \frac{\partial J(w,b)}{\partial a^{l-1}} = \frac{\partial J(w,b)}{\partial z^l}\frac{\partial z^l}{\partial a^{l-1}} = \delta^l\frac{\partial z^l}{\partial a^{l-1}} \tag{6.53}$$

由上式可以看到，反向传播误差是 $\delta_{11}, \delta_{12}, \delta_{21}, \delta_{22}$ 组成的矩阵。$\dfrac{\partial z^l}{\partial a^{l-1}}$ 为参数 w 对应的梯度，利用上边的等式，可以求出一层的相应九个误差梯度。例如 a_{11} 的梯度，因为 a_{11} 在 4 个等式中只与 z_{11} 有乘积关系，所以

$$\nabla a_{11} = \delta_{11}w_{11} \tag{6.54}$$

再比如 a_{12} 只与 $z_{11}z_{12}$ 有乘积关系，所以

$$\nabla a_{12} = \delta_{11}w_{12} + \delta_{12}w_{11} \tag{6.55}$$

同理得到

$$\nabla a_{13} = \delta_{12}w_{12} \tag{6.56}$$

$$\nabla a_{21} = \delta_{11}w_{21} + \delta_{21}w_{11} \tag{6.57}$$

$$\nabla a_{22} = \delta_{11}w_{22} + \delta_{12}w_{21} + \delta_{21}w_{12} + \delta_{22}w_{11} \tag{6.58}$$

$$\nabla a_{23} = \delta_{12}w_{22} + \delta_{22}w_{12} \tag{6.59}$$

$$\nabla a_{31} = \delta_{21}w_{21} \tag{6.60}$$

$$\nabla a_{32} = \delta_{21}w_{22} + \delta_{22}w_{21} \tag{6.61}$$

$$\nabla a_{33} = \delta_{22}w_{22} \tag{6.62}$$

上边的式子用矩阵的形式表示为

$$\begin{pmatrix} 0 & 0 & 0 & 0 \\ 0 & \delta_{11} & \delta_{12} & 0 \\ 0 & \delta_{21} & \delta_{22} & 0 \\ 0 & 0 & 0 & 0 \end{pmatrix} \times \begin{pmatrix} w_{22} & w_{21} \\ w_{12} & w_{11} \end{pmatrix} = \begin{pmatrix} \nabla a_{11} & \nabla a_{12} & \nabla a_{13} \\ \nabla a_{21} & \nabla a_{22} & \nabla a_{23} \\ \nabla a_{31} & \nabla a_{32} & \nabla a_{33} \end{pmatrix} \tag{6.63}$$

（3）求得误差梯度 δ 之后求解相应的参数 w, b 的梯度。因为全连接层参数梯度的求法和前馈神经网络的求法相似，池化层不涉及参数求导问题，所以这里只讨论卷积层参数的梯度求解过程。

卷积输出 z 和 w, b 的关系为

$$z^l = a^{l-1} * W^l + b \tag{6.64}$$

因此有

$$\frac{\partial J(w,b)}{\partial w^l} = \frac{\partial J(w,b)}{\partial z^l}\frac{\partial z^l}{\partial w^l} = \delta^l * \text{rot}180(a^{l-1}) \tag{6.65}$$

对于 b 可以求出：

$$\frac{\partial J(w,b)}{\partial b^l} = \sum_{u,v}(\delta^l)_{u,v} \tag{6.66}$$

算法 6.2 介绍了卷积神经网络反向传播算法步骤。

算法 6.2　卷积神经网络反向传播算法步骤

输入：图像总个数 m，网络层数 L，卷积核大小 w，激活函数 f，学习率 α，最大循环次数 max，停止迭代阈值 ϵ

输出：卷积神经网络各层的参数 w,b

1　　将各隐藏层和输出层的参数初始化

2　　**for** epoch=1 **to** max：

　　2.1　　**for** i=1 **to** m：

　　　　2.1.1　将输入变为卷积神经网络可以操作的数值 a^l

　　　　2.1.2　**for** l=2 **to** L，有以下三种方式计算前向传播：

　　　　　　情况一：若当前是全连接层，$a^{i,l}=f\left(z^{i,l}\right)=f\left(w^l a^{i,l-1}+b^{i,l}\right)$

　　　　　　情况二：若当前是卷积层，$a^{i,l}=f\left(z^{i,l}\right)=f\left(w^l*a^{i,l-1}+b^{i,l}\right)$

　　　　　　情况三：若当前是池化层，$a^{i,l}=\text{pool}\left(a^{i,l-1}\right)$

　　　　2.1.3　输出层的计算：$a^{i,l}=\text{softmax}\left(z^{i,l}\right)=\text{softmax}\left(w^{i,l}a^{i,l-1}+b^{i,l}\right)$

　　　　2.1.4　通过损失函数计算误差：$\delta^{i,l}$

　　　　2.1.5　**for** l=2 **to** L　根据以下三种情况计算相关的反向传播误差：

　　　　　　情况一：若前向传播时前一层是全连接层
$$\delta^{i,l}=\left(w^{l+1}\right)^{\text{T}}\delta^{i,l+1}\odot f'\left(z^{i,l}\right)$$

　　　　　　情况二：若前向传播时前一层是卷积层
$$\delta^{i,l}=\delta^{i,l+1}*\text{rot}180\left(w^{l+1}\right)\odot f'\left(z^{i,l}\right)$$

　　　　　　情况三：若前向传播时前一层是池化层
$$\delta^{i,l}=\text{upsample}\left(\delta^{i,l+1}\right)\odot f'\left(z^{i,l}\right)$$

　　2.2　**for** l=2 **to** L 根据下面两种情况计算参数 w,b：

　　　　　　情况一：若前向传播时前一层是全连接层
$$w^l=w^l-\alpha\sum_{i=1}^{m}\delta^{i,l}\left(a^{i,l-1}\right)^{\text{T}},b^l=b^l-\alpha\sum_{i=1}^{m}\delta^{i,l}$$

　　　　　　情况二：若前向传播时前一层是卷积层
$$w^l=w^l-\alpha\sum_{i=1}^{m}\delta^{i,l}*\text{rot}180\left(a^{i,l-1}\right),b^l=b^l-\alpha\sum_{i=1}^{m}\sum_{u,v}\left(\delta^{i,l}\right)_{u,v}$$

　　2.3　若所有的参数小于阈值 ϵ，则算法跳转到 3

3　　输出相应的参数 w,b

6.5.1.3　损失函数

　　损失函数在训练卷积神经网络时起了重要作用，它为网络反向传播提供了误差梯度。卷积神经网络中最常用的为分类损失函数，多元分类中为 softmax 交叉熵损失函数，二元分类中为 logistic 交叉熵损失函数。

　　Ng（2013）用数学公式推导出二分类和多分类的损失函数及误差梯度，logistic 交叉熵损失函数可写成如下公式：

$$J(\theta) = -\frac{1}{m}\left(\sum_{i=1}^{m} y^{(i)}\log\left(h_\theta\left(x^{(i)}\right)\right) + \left(1 - y^{(i)}\right)\log\left(1 - h_\theta\left(x^{(i)}\right)\right)\right) \tag{6.67}$$

式中，θ 为参数；$(x^{(i)}, y^{(i)})$ 表示输入的第 i 个训练样本对；m 为样本数量。$J(\theta)$ 参数的求导公式可以写成

$$\frac{\partial J(\theta)}{\partial \theta_j} = \frac{1}{m}\sum_{i=1}^{m}\left(h_\theta\left(x^{(i)}\right) - y^{(i)}\right)x_j^{(i)} \tag{6.68}$$

式中，$h_\theta\left(x^{(i)}\right) = \dfrac{1}{1 + \mathrm{e}^{-\theta^\mathrm{T} x^{(i)}}}$ 为 sigmoid 函数。

softmax 交叉熵损失函数可写作如下公式：

$$J(\theta) = -\frac{1}{m}\left(\sum_{i=1}^{m}\sum_{j=1}^{k} 1\left\{y^{(i)} = j\right\}\log\frac{\mathrm{e}^{\theta_j^\mathrm{T} x^{(i)}}}{\sum_{l=1}^{k}\mathrm{e}^{\theta_l^\mathrm{T} x^{(i)}}}\right) \tag{6.69}$$

式中，$1\{\cdot\}$ 为指示函数，其对于 θ 的导数公式为

$$\nabla_{\theta_j} J(\theta) = -\frac{1}{m}\sum_{i=1}^{m}\left(x^{(i)}(1\{y^{(i)} = j\} - p(y^{(i)} = j \mid x^{(i)}; \theta))\right) \tag{6.70}$$

用 softmax 函数作为分类任务的损失函数原因是，其输出是一个带有评分意义的向量，评分高低由概率大小决定，softmax 函数公式如下：

$$p\left(y^{(i)} = j \mid x^{(i)}; \theta\right) = \frac{\mathrm{e}^{\theta_j^\mathrm{T} x^{(i)}}}{\sum_{l=1}^{k}\mathrm{e}^{\theta_l^\mathrm{T} x^{(i)}}} \tag{6.71}$$

若网络的最后一层为 softmax 层，该层不同维度值代表不同类别的概率估计，由上述公式可知，其数值在 0 到 1 之间且和为 1，softmax 层为分类提供了一个实数划分类别的标准。

6.5.1.4　初始化方法

模型参数初始化是网络训练过程中关键的步骤，常见的初始化方法有：随机初始化、Xavier 初始化等。随机初始化：模型参数初始化数值可以来自均值为 0 方差为 0.001 的高斯分布，也可以来自最小最大值分别为-0.001，0.001 的均匀分布。这样的参数初始化方法可以使参数很小，从而初始化参数结果不会对模型训练产生太大影响。Glorot 等（2010）提出了 Xavier 初始化，他们在其论文中证明了 Xavier 初始化的合理性，用 Xavier 初始化模型参数需满足如下均匀分布：

$$W \sim U\left[-\frac{\sqrt{6}}{\sqrt{n_j + n_{j+1}}}, \frac{\sqrt{6}}{\sqrt{n_j + n_{j+1}}}\right] \tag{6.72}$$

式中，n_j 表示输入层的维度；n_{j+1} 表示输出层的维度。

6.5.1.5　正则化

正则化在训练卷积神经网络中起到重要作用，该技术可以很好地避免模型过拟合现象。正则化将一些参数约束在 0 的附近，可以更好地控制模型的方差。

L_2 正则化指对网络参数进行 L_2 正则约束，公式表示如下：

$$L_2(x) = L(x) + \lambda \|w\|_2 \qquad (6.73)$$

式中，$\|w\|_2$ 为参数的 L_2 范数；λ 为惩罚因子，表示对参数的惩罚力度。通过上式可知，当最小化 L_2 时，w 会越接近 0，惩罚因子的选择决定了模型的平滑程度。

L_1 正则化与 L_2 正则化类似，公式表示如下：

$$L_1(x) = L(x) + \lambda |w| \qquad (6.74)$$

式中，$|w|$ 为 L_1 范数；λ 为惩罚因子。L_1 与 L_2 的功能不同，L_1 使得模型参数更加稀疏，即参数趋于 0，而 L_2 使得模型参数更加平滑，即参数值分布在同一个区间。过度的 L_1，L_2 正则化会对反向传播产生影响，为了适度使用 L_1，L_2，有学者将其结合使用，公式如下：

$$L_{l1l2}(x) = L(x) + \lambda_1 |w| + \lambda_2 \|w\|_2 \qquad (6.75)$$

L_1，L_2 正则技术是在损失函数中加入正则项，而 Max-norm 正则化是使参数值 w 保持在一个固定的常数 c 值范围内。当损失函数误差梯度小于阈值 c 时，将对应的参数映射到 c 附近，其公式如下：

$$W = \frac{w}{\|w\|_2} \times c \qquad (6.76)$$

该正则化方法将参数固定在阈值 c 附近，所以避免了网络梯度爆炸的现象。

Dropout 也是常见的正则化方法。深度神经网络有着十分强的学习能力，但这容易使模型产生过拟合现象。Srivastava 等（2014）设计的 Dropout 技术成功缓解了过拟合的问题，其主要思想是在训练过程中随机丢掉一些神经元。Dropout 正则技术可以用在神经网络的任何层与层之间的位置，但是通常情况下用在网络最后两层之间。原因是卷积神经网络最后两层之间通常是全连接，参数多，容易产生过拟合。所以将 Dropout 正则化技术用在最后两层之间可以很好地缓解过拟合现象，Dropout 正则化技术如图 6.34 所示。

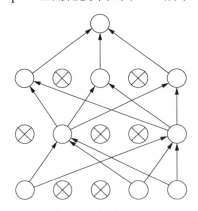

图 6.34　Dropout 技术在深度神经网络中的应用（Srivastava et al., 2014）

图 6.34 画叉的神经元表示在一次前向传播中被丢弃的神经元，即神经元的输出值为 0。这些被丢弃的神经元是以一定的概率随机挑选出来的，在下一次前向传播时模型将重新随机挑选新的被丢弃神经元，这样的技术使网络具有了稀疏性，很好地避免了模型过拟合现象。网络在训练的时候要将神经元丢弃，但是在测试的时候并不需要丢弃神经元。

Srivastava 等（2014）提出一个观点，可以通过 Dropout 技术近似计算数据后验概率从而达到评估模型的目的。Srivastava 等（2014）证明了 Dropout 技术比其他的正则化技术开销小。Wang 等（2013）设计出了一种快速的 Dropout 技术，加快了网络训练速度。Dropout 也有不适用的情况，当训练数据很少时，例如在 Alternative Splicing 数据集上（Xiong et al., 2011），贝叶斯网络（Neal, 1995）比 Dropout 效果好。Dropout 缓解了模型过拟合现象，但在深度学习网络中，参数容量有时过于庞大，这同时会出现模型欠拟合的现象（Bottou et al., 2007）。

正则化方法还有很多，一些学者将上面提到的正则化技术结合起来组合成新的正则化技术，称为 Mixed 正则化。例如将 L_2 与 Dropout 相互结合可以降低模型的过拟合。

6.5.1.6 设置学习速率

常见的设置学习速率的方法有四种：第一种，学习速率退火（learning rate annealing）算法（Li et al., 2016）指当模型在采用不同的优化算法优化参数时，相应的学习速率随模型训练过程不断改变。退火算法使得模型训练稳定，能够快速收敛于最小值。第二种，学习速率随步数衰减算法。该算法与模型的训练步骤有关，当模型训练达到一定的步骤时，学习速率会缩小一定的比例。例如模型在每 5 个训练周期之后，模型优化时的学习速率会缩小一半。或者每 20 个训练周期，学习速率缩小到原来的 0.1。相应的周期数与缩减倍数需根据不同的任务设计。第三种，指数衰减算法，其学习速率的公式表达为

$$\alpha = \alpha_0 e^{-kt} \tag{6.77}$$

式中，α_0、k 为超参数；t 为迭代的次数或周期数。第四种，$1/t$ 衰减算法，其数学公式如下：

$$\alpha = \frac{\alpha_0}{1+kt} \tag{6.78}$$

式中，α_0、k 为超参数；t 为迭代的次数或周期数。

6.5.2 输入图像预处理

卷积神经网络模型在处理图像任务时通常不能将原始图像直接作为网络输入，若采用原始图像作为输入，网络无法捕捉到原始图像内部的信息特征。在许多的应用领域需要对卷积神经网络的输入图像进行预处理。图像预处理技术旨在对图像进行正式处理前所做的一系列操作。通过对图像的预处理可以减少非重要信息对目标特征信息的干扰，抑制不需要的图像形变，增强图像的特征表达。图像预处理的方式有很多，例如将原有的像素值从区域[0,255]归一化到区域[0,1]或者区域[-1,1]之间；对原始的图像进行数据增强，以此获得更好的特征；当在采集原始图像对图像内容造成损坏时，需要对图像进行恢复，利用先验知识对退化图像进行修复；对图像进行对比度和亮度的调整、灰度级变换、几何变换、对比度归一化等操作。下边分别对这些预处理方法进行讨论。

（1）数据增强（data augmentation）。在卷积神经网络中，为了防止过拟合，需要大量的输入数据，将图像进行几何变换、改变图像大小等方法，能增加输入数据的数量，这些方法称为数据增强。该方法被用在语音识别（Jaitly et al., 2013）、图像识别、物体检测等多个领域。常见的数据增强法有添加噪声法（Sietsma et al., 1991），在输入数据中添加一些噪声扰动，可以增加训练模型对数据的鲁棒性，常用的噪声有高斯噪声、椒盐噪声等。对图像来说，将图像按照不同视角提取内容信息也可以起到数据增强的作用，常见的提取

内容信息的方式有：改变图像大小尺寸（resize），如图 6.35 所示；图像反转变换（rotation），将图像转换一个角度或者改变图像内容的方向提取信息，如图 6.36 所示；图像翻转变换（flip），将图像沿着水平或者垂直的方向反转图像提取信息；图像水平平移（shift），将图像中的内容以一定的方向尺度进行平移并提取信息，平移方向可以是人为设定也可以是随机设定；颜色变换（color），将图像按照不同的光照强度、颜色配比、亮度强弱进行变换并提取信息。通过这些数据增强的方法可以获得更多的训练数据集，大大减少模型过拟合现象。

图 6.35　图片 resize 变换（将图像由 512×512 大小变换成 80×60 大小）（Xiao, 2018）

before resize：图像变换之前。after resize：图像变换之后

图 6.36　图片 rotation 变换（将图像反转 $30°$）（Xiao, 2018）

rotate：旋转

（2）对比度和亮度调整。有时采集的图像由于光线或曝光率等问题会导致图像过亮或过暗，需要对像素进行 gamma 调整，相应的幂操作公式如下：

$$I = I_0^g \tag{6.79}$$

式中，I 表示图像中的像素；g 是 gamma 参数。当 $g > 1$ 时，新图像比原图像暗；当 $g < 1$ 时，新图像比原图像亮。图 6.37 为不同 gamma 值所展现的图像。

除了 gamma 调整之外，log 对数调整也是一种调整方法，其公式如下：

$$I = \log(I_0) \tag{6.80}$$

式中，I 与 I_0 为图像像素。

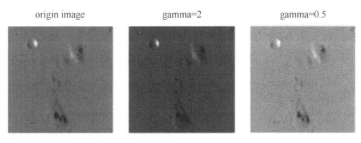

图 6.37 不同 gamma 值的图像展示（Xiao, 2018）

origin image：原始图像

（3）灰度级变换。采用斜率为-1、截距为 255 的线性函数对图像像素进行处理，相当于将图像做了反色变换；将线性函数扩展到非线性函数可以得到直方图均匀化变换。如果一张图像有很多灰度级像素并且这些像素点均匀分布，这样的图像具有高对比度。通过直方图均匀化可以实现灰度级变换从而得到高对比度图像。直方图均匀化变换对图像中灰度级像素个数多的部分进行扩展，将灰度级像素个数少的部分进行压缩，这样可以提高图像对比度和灰度色调，使得图像更加清晰。灰度级变换示意图如图 6.38 所示。

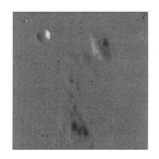

图 6.38 灰度级像素变换示意图（Xiao, 2018）

（4）边缘检测算子。该方法是局部图像预处理方法。心理学家证明，人类对物体边缘非常敏感，这是发现物体高级抽象特征的必要检测能力之一，边缘检测对于物体识别起到了重要作用。目前一种有效的边缘提取方法为二阶非线性检测算子，其对白噪声影响的边缘是最优的，该算法中的 sigma 参数可以调整边缘检测细度，图 6.39 为不同 sigma 值的边缘检测图像。

图 6.39 不同 sigma 值的边缘检测图像（Xiao, 2018）

从图 6.39 中可以看出，sigma 值越小，边缘线条越细。

（5）对比度归一化。对比度指图像中亮像素和暗像素的差异大小。在深度学习中图像对比度为图像中像素的标准差。假设一张向量表示的图像 $x \in R^{r \times c \times 3}$，其中 $x_{i,j,1}$ 表示第 i 行第 j 列的红色强度，$x_{i,j,2}$ 表示绿色强度，$x_{i,j,3}$ 表示蓝色强度，图像对比度表示公式如下：

$$\sqrt{\frac{1}{3rc}\sum_{i=1}^{r}\sum_{j=1}^{c}\sum_{k=1}^{3}\left(x_{i,j,k}-\overline{x}\right)^2} \tag{6.81}$$

全局对比归一化产生图像 x' 的公式如下：

$$x'_{i,j,k}=s\frac{x_{i,j,k}-\overline{x}}{\max\left\{\varepsilon,\sqrt{\lambda+\frac{1}{3rc}\sum_{i=1}^{r}\sum_{j=1}^{c}\sum_{k=1}^{3}\left(x_{i,j,k}-\overline{x}\right)^2}\right\}} \tag{6.82}$$

式中，$\overline{x}$ 表示图片的平均强度，表示为

$$\overline{x}=\frac{1}{3rc}\sum_{i=1}^{r}\sum_{j=1}^{c}\sum_{k=1}^{3}x_{i,j,k}$$

（6）其他图像预处理技术。其他常见的预处理方法如下。

第一，减均值法。先求出图像样本的均值，再将每一个训练样本减去这个均值便得到有利于模型训练的输入数据，这样的操作可以使图像数据向着中心原点移动。

第二，归一化法。其主要思想是尽可能让所有图像数据值大小相等。常用的归一化方法有两种：①先对输入图像数据进行零中心化，再除以数据的标准差；②对输入图像数据每个维度上的数值进行归一化，使得每一维度中最大值和最小值分别是 1 和-1。

第三，PCA 和白化技术。PCA 技术可以将高维数据从高维空间映射到低维空间，这样的低维数据可以更好地被卷积神经网络处理。白化技术的目的是去除输入图像数据的冗余信息。例如，图像相邻像素之间存在相关性，在有些任务中这些相关的像素被同时输入到模型中显然是没有必要的，利用白化技术可以去除图像中具有相关性的像素。

第四，批归一化，这种技术是由 Ioffe 等（2015）提出的。图像数据在经过每一个神经网络层之后，相应的输出分布都在不断地发生着改变，每一层输出数据在不同的分布上不利于网络对数据特征进行提取。批量正则化在每一个神经网络层之后添加一个批归一化层，添加该层可以使每层的输出数据归一化到相似的分布中，这样做有利于网络对数据信息的提取。Wilson 等（2003）认为不同批数（batch）的设定会对正则化产生不同的效果。

6.5.3 卷积神经网络训练技巧

神经网络要优化的损失函数通常是非凸的，网络训练容易出现局部极小值的现象（Gori et al., 1992; Sontag et al., 1989; Brady et al., 1989），一些研究者通过改进优化算法解决这一问题，还有一些研究者通过对网络进行预处理来解决这一问题。Choromanska 等（2015）、Dauphin 等（2014）、Saxe 等（2013）提到，神经网络优化的关键不是找到全局最优解，而是在参数空间中找到一个具有极小损失的局部最优解，通过对网络进行预处理可以使网络在参数空间中找到具有极小损失的参数。训练一个表现良好的卷积神经网络，单凭上文讨论的训练规则，训练出来的结果可能并没有想象中的好。很多情况下，在对网络进行实验时，加入训练技巧可以使网络性能得到提升。常用的模型训练技巧有以下几种。

（1）构造数据验证集合。验证集的作用是在训练的不同阶段验证模型的训练情况，从而得知此时的模型是否有必要继续训练下去。当使用一些公共数据集时，大部分数据集只会给出相应的训练集和测试集，或者只有训练集。这时需要按集合总数的一定比例构造训练集、

测试集、验证集。通常情况对应的训练集、测试集、验证集分配比例为 8∶1∶1。

（2）卷积层与池化层的设计技巧。一般将输入图像大小变为 2 的幂次方，如 32×32、64×64、128×128 等。卷积层中，卷积核的大小不要太大，一般选用 3×3 或者 5×5，也可以设计成 1×1。对输入的图像最好进行零填充操作，p 值设为 2。池化层中，池化区域大小最好不要超过 3，并且使用最大池化层对特征图进行处理。

（3）其他的技巧：①预训练。使用预训练之后的神经网络作为初始模型，再利用有监督数据对网络进行精调。②正则化技术。适当地对网络进行 L_1、L_2、Dropout 处理，避免过拟合问题，Sjöberg 等（1995）指出提前终止（early stop）也是一种正则化。③激活函数。在卷积神经网络中最好使用 ReLU、Leaky ReLU 等激活函数避免梯度消失。④画图法。当网络超参很多不知道该如何组合时，采用网格搜索的方法，画出不同组合超参模型在训练集和测试集上的输出结果，进一步分析哪些超参组合比较合适。⑤集成学习。集成多种模型的方法，一次训练多种模型，再将这些训练好的模型联合起来形成一个大的模型，将多种模型输出的均值作为大模型的最终输出。集成多种模型的方法往往比单个模型的表现效果好。

6.5.4 卷积神经网络实例

（1）卷积神经网络应用于图像识别任务。图像识别任务指网络对图像中的主要内容进行分类。如图 6.40 所示，假设给定一张猫的图片，卷积神经网络系统能够以较高的置信度确定这张图片是猫，而不是狗、帽子、杯子或者其他的类别。

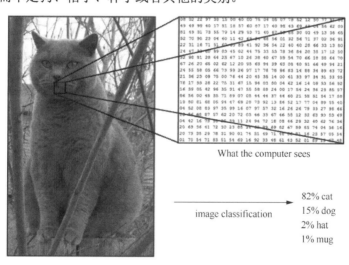

图 6.40　卷积神经网络识别的图像实例（Ng, 2017a）

What the computer sees：电脑看见了什么。image classification：图像分类。cat：猫。dog：狗。hat：帽子。mug：杯子

假设要实现的任务是对国家标准技术研究所手写数字（modified national institute of standards and technology, MNIST）数据集的图像进行分类。MNIST 数据集共有 70000 个手写数字图像，分成 60000 个训练样本和 10000 个测试样本。训练样本分成 60000 张图像和 60000 个对应图像的相应数字标签，测试样本分成 10000 张图像和 10000 个对应图像的相应数字标签。训练样本用来训练卷积神经网络模型，测试样本用来对模型进行测试评价。每张图像的大小为 28×28 像素，对应的数字标签为 10×1 的向量。数字图像由 0 到 9 的 10 个类别组成。图 6.41 为 MNIST 的部分图像。

图 6.41 MNIST 手写数字图像

模型采用 LeNet5（LeCun et al., 1998），其模型结构如图 6.42 所示。

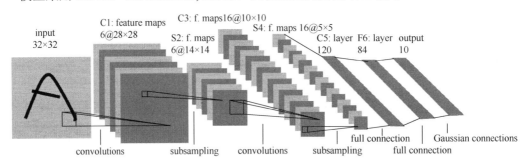

图 6.42 LeNet5 模型结构示意图（LeCun et al., 1998）

input 32×32：输入图像大小为 32×32。C1:feature maps：第一层特征图。6@28×28：6 个大小为 28×28 的特征图。

S2:f.maps：第二层特征图。C5:layer 120：第五层：具有 120 个特征图的全连接层。F6:layer 84：具有 84 个特征图的全连接层。

output 10：输出 10 个向量。convolutions：卷积层。subsampling：池化层。full connection：全连接层。

Gaussian connections：高斯连接层

　　LeNet5 一共由 7 层组成，分别是 C1、C3、C5 卷积层，S2、S4 降采样层（降采样层又称池化层），F6 为一个全连接层，输出是一个高斯连接层，该层使用 softmax 函数对输出图像进行分类。为了对应模型输入结构，将 MNIST 中的 28×28 的图像扩展为 32×32 像素大小。下面对每一层进行详细介绍。

　　C1 卷积层由 6 个大小为 5×5 的不同类型的卷积核组成，卷积核的步长为 1，没有零填充，卷积后得到 6 个 28×28 像素大小的特征图；S2 为最大池化层，池化区域大小为 2×2，步长为 2，经过 S2 池化后得到 6 个 14×14 像素大小的特征图；C3 卷积层由 16 个大小为 5×5 的不同卷积核组成，卷积核的步长为 1，没有零填充，卷积后得到 16 个 10×10 像素大小的特征图；S4 最大池化层，池化区域大小为 2×2，步长为 2，经过 S2 池化后得到 16 个 5×5 像素大小的特征图；C5 卷积层由 120 个大小为 5×5 的不同卷积核组成，卷积核的步长为 1，没有零填充，卷积后得到 120 个 1×1 像素大小的特征图；将 120 个 1×1 像素大小的特征图拼接起来作为 F6 的输入，F6 为一个由 84 个神经元组成的全连接隐藏层，激活函数使用 sigmoid 函数；

最后一层输出层是一个由 10 个神经元组成的 softmax 高斯连接层，可以用来做分类任务。如果读者想要实现 LeNet5 模型，建议使用深度学习框架 TensorFlow（TensorFlow，2017），这个框架可以很方便地设计出上边提到的模型结构。下面来讨论用 LeNet5 实现手写数字识别任务。

（2）网络前向传播。随机初始化卷积神经网络中所有卷积核的参数。输入为 $32\times32\times3$ 的彩色输入图片，即输入为一个 $32\times32\times3$ 的矩阵。①图像在经过 C1 卷积层之后输出的特征图大小为 $28\times28\times6$；②特征图经过 S2 池化层，其通道数量（即深度）保持不变，只是宽度和高度变为了原来的一半，再将其输入一个 ReLU 激活函数得到最终的 $14\times14\times6$ 大小的特征图；③将 S2 输出的 $14\times14\times6$ 的特征图作为 C3 卷积层的输入，输出特征图大小为 $10\times10\times16$；④将 $10\times10\times16$ 特征图经过 S4 最大池化层，使用 ReLU 作为非线性激活函数，得到一个 $5\times5\times16$ 的特征图；⑤将 S4 输出的 5×516 的特征图作为 C5 卷积层的输入，输出特征图大小为 $1\times1\times120$；⑥将 C5 的输出向量输入一个 F6 全连接隐藏层，其中神经元为 84 个，激活函数为 ReLU；⑦在网络的最后添加一个 softmax 输出层，其输出为一个 10×1 的向量，向量中的每一个维度输出值分别表示 0～9 中的不同类数字概率大小。这样就可以将一个 $32\times32\times3$ 的图像经过卷积神经网络前向传播转化为一个 10×1 的特征向量。

（3）网络反向传播。网络通过反向传播对模型参数更新优化，图像分类任务中采用 softmax 交叉熵作为损失函数，其公式可以写成 $L(y,\hat{y})=\sum_x y\log(\hat{y})$，其中的 y 为图片对应的真实标签，$\hat{y}$ 为模型预测值。应用上述损失函数与 6.5.1 小节介绍的卷积神经网络与卷积神经网络反向传播算法便可得到每一个参数的误差梯度，再应用随机梯度下降算法便可更新整个网络参数。如果读者只是想要简单地在工程上应用卷积神经网络模型来进行图像识别任务，并不需要求解反向传播每一次梯度损失，在深度学习框架中只需几行代码便可以实现自动求梯度的过程，网络内部复杂的链式求导运算由计算图框架处理。其反向传播过程 TensorFlow 代码如下：

```
loss = tf.losses.sparse_softmax_cross_entropy(labels=labels, logits=logits)
optimizer = tf.train.GradientDescentOptimizer(learning_rate=0.001)
train_op = optimizer.minimize(loss=loss)
```

代码第一行代表损失函数的计算，其中 labels 为图像的真实标签，logits 为模型的预测输出。第二、三行为采用 SGD 算法最小化误差函数更新模型参数。只使用三行代码便可以完成复杂的卷积神经网络反向传播参数更新的过程。

上述前向传播与反向传播过程只是针对一张图片，实际的 MNIST 数据集中有 60000 张训练图片，需要分批次（batch）将 60000 张图片送入模型中进行训练，假设每一批中包含 128 张图像，那么总共要输入 469 批数据才能将 60000 张图片训练完成一次。循环训练 60000 张图片 100 次（即 100 个 epoch），并对网络进行参数更新得到最后的最优卷积神经网络模型。

（4）网络的预测。网络预测指将一张图片放入训练好的卷积神经网络中，经过前向传播得到一个 10×1 的预测结果向量，向量的每一个维度分别代表这张图片属于 0～9 的可能概率，10 维中最大的数值对应的位置便是预测此图像对应的数字，10 维对应位置代表的数字分别为 0～9。

6.6　CNN 用于图像分类

卷积神经网络在计算机视觉方面比较突出的应用方向为图像分类。很多比赛为图像分类而设，其中比较著名的为 ILSVRC（Russakovsky et al., 2015）比赛，该比赛主要是用来评价设计的算法在大规模图像上对物体的检测和图像的分类效果。每年的 ILSVRC 比赛主要包括以下三项：图像分类、单物体定位、物体检测。而此比赛中最常用到的数据集是 Deng 等（2009）所设计的 ImageNet 数据集。这个数据集共有 1500 万张已经标注过的高清图片，共拥有 22000 个类，其中约有 100 万张标注了图片的主要物体定位边框。整个数据集的图片来自互联网上约 10 亿张图片，经过 167 个国家的近 5 万名工作者一起精心挑选。每年的 ILSVRC 只使用 ImageNet 的子数据集，有 120 万张图片，1000 类标注，比赛一般的评价标准是 top-5 和 top-1 错误率。

在 2010 年和 2011 年，ILSVRC 比赛获胜者是传统机器学习算法中的浅层模型。从 2012 年至今，该比赛的获胜者都是深度学习模型，历届 ILSVRC 比赛代表模型成绩及模型达到的最优成绩参见图 1.4。正是 ILSVRC 比赛使得深度学习模型被广泛关注，也正是由于深度学习模型在 ILSVRC 上的突出表现，2017 年 ILSVRC 比赛成为最后一届比赛。比赛落幕的原因在于模型在图像识别上的错误率已经远远低于人类，ILSVRC 比赛原有的目的已经达到，继续下去也没有多少意义。

6.6.1　AlexNet

2012 年，Hinton 的学生 Alex 提出了深度卷积神经网络 AlexNet（Krizhevsky et al., 2012），这是继 LeNet5（LeCun et al., 1998）神经网络之后的更新更深的卷积神经网络，此模型第一次将深度学习应用到大规模数据集上，并且在计算机视觉上取得了巨大的成就，模型有很多的创新点，例如模型使用 GPU 并行加速运算。并且将很多深度学习的训练技巧加入到了这个模型当中，例如 ReLU、Dropout 等技术。模型的参数比起 LeNet5 有着明显的增多，模型中约有 6 亿个连接，6000 万个参数，65 万个神经元，5 个卷积层，其中 3 个卷积层后边连接了最大池化层，最后是 3 层全连接层。此模型在 2012 年的 ILSVRC 比赛中获得了冠军。top-5 错误率为 16.4%。正是因为其优异表现深度学习又一次流行起来。

AlexNet（Krizhevsky et al., 2012）有以下特点：①将部分的激活函数换成了 ReLU 函数，成功解决了 sigmoid 带来的梯度消失的问题。也正是因为 AlexNet 应用了 ReLU 激活函数，并且表现优异，之后才有很多学者开始对 ReLU 进行了更加深刻的研究。②应用了 Dropout 技术，使得这样庞大而复杂的神经网络避免了过拟合的现象。③使用了重叠的最大池化层，所谓的重叠就是池化核的步长比池化区域要小，这样可以很好地增加模型抽象特征的丰富性。在之前的卷积神经网络中大部分应用的是平均池化层，这个过程会产生特征模糊化现象，应用最大池化层可以很好地避免这个问题。④提出了局部响应归一化层（local response normalization, LRN），这种机制使得比较大的值在经过该层之后变得更大，使得较小的值被很好地抑制，这样做可以提高模型的泛化能力。⑤模型首次将图形处理器（graphics processing unit, GPU）应用在卷积神经网络中，GPU 可以很好地并行处理神经网络中大量的矩阵计算。

AlexNet 模型使用了两块 GTX 580 GPU 进行训练，在每个 GPU 上存储一半的 AlexNet 参数，这样做可以高效并且快速得到训练后的模型。⑥应用数据增强的方法增加数据集的训练数量。随机地从 256×256 的原始图像中截取 224×224 大小的区域，并且使用了图像平移、反转、缩放的技术。模型对图像应用 PCA 技术进行降维并且增加一些噪声，这些技术的应用使得 AlexNet 模型错误率得到显著下降。

　　AlexNet 的结构如图 6.43 所示，网络有 8 个需要训练参数的层，前 5 层为卷积层，后 3 层为全连接层，其中最后一层是有 1000 类输出的 softmax 层，LRN 层在第一个和第二个卷积层之后，ReLU 应用在这 8 层每一层的后面，因为这个模型使用了 GPU，所以大部分的参数以及输入数据被拆成两部分。AlexNet 输入图片大小为 224×224，第一个卷积层卷积核的大小为 11×11，共有 96 个，步长为 4，池化区域大小为 3×3，步长为 2。除了第一层卷积层的卷积核较大，其他层的卷积核都是 3×3、5×5 的卷积核。随着层数的增加，AlexNet 中每层的参数在逐渐增多，计算速度在逐渐加快。

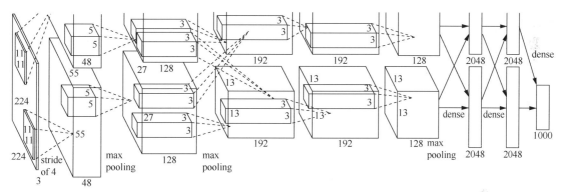

图 6.43　AlexNet 卷积神经网络的模型结构（Krizhevsky et al., 2012）

stride of 4：步长为 4。max pooling：最大池化。dense：全连接

　　算法 6.3 介绍了卷积神经网络前向传播算法步骤。这个算法与原始论文有些不同之处在于其并没有涉及模型的 GPU 分布式训练。

算法 6.3　AlexNet 算法实现

输入：图像 x，训练过程中的损失变化率 δ，学习速率 learning_rate = 0.01，最大循环次数 num_epochs = 10，批处理大小 batch_size = 128，丢弃率 dropout_rate = 0.5

输出：模型参数

1　　　　对模型进行初始化：按照初始化规则对 AlexNet 网络模型进行初始化

2　　　　预训练模型：将构建好的 AlexNet 模型在 ImageNet 数据集上进行图像识别任务，将预训练好的模型保存

3　　　　训练模型：

　　3.1　设置相应的模型训练超参数：learning_rate = 0.01，num_epochs = 10，batch_size = 128，dropout_rate = 0.5，采用随机梯度下降优化方法对参数进行更新

　　3.2　将预训练好的模型参数导入要训练的模型中

　　3.3　**for** m=1 **to** num_epochs：

　　　　3.3.1　采用最小批处理方法对 AlexNet 模型进行训练

3.3.2 **if** 训练的批数为 10 或者 10 的倍数：

计算模型的预测结果和真实样本标签之间的交叉熵并输出

3.3.3 **if** 模型每隔 10 次训练的损失值 $< \delta$：

模型训练完成，输出模型参数

3.3.4 **if** num_epochs=10：

模型训练结束，输出最后的损失值，保存并输出模型的训练参数

3.3.5 采用随机梯度下降算法对模型参数进行更新，输出参数

6.6.2   ZFNet

由于 AlexNet 在图像视觉领域突出的表现，卷积神经网络开始流行起来，然而卷积神经网络为什么会表现得如此之好，以及如何变换网络结构才能提升卷积神经网络性能，这些都是阻碍卷积神经网络发展的重要问题。针对这些问题 Zeiler 等（2014）提出了一种网络可视化技术，通过可视化技术可以理解模型每一层输出的特征图，同时可以观察到在训练的每一个阶段的参数或者特征的变化情况，发现模型在每一阶段出现的问题。

ZFNet 用反卷积技术重构每一层的输入特征，并加以可视化，通过可视化这些特征可以分析如何更好地构建网络。实验发现不同神经网络层中不同神经元对输入特征的激活能力是不同的，较低层的神经元只对一些简单的轮廓图形感兴趣，较高层的神经元可以激活一些较为复杂的结构特征。ZFNet 网络的模型基础是 AlexNet，但是 ZFNet 在分类任务上的表现却超过了 AlexNet。

6.6.2.1   ZFNet 结构

ZFNet 主要采用了 AlexNet（Krizhevsky et al., 2012）的网络结构，通过反卷积技术，可视化 AlexNet 模型的参数以及模型输出的特征结果，并根据可视化的结果重新设计 AlexNet，最终得到 ZFNet。

ZFNet 网络主要由四部分结构组成：①卷积层。该层与普通的卷积层相同，将前一层输出的特征图与卷积核进行卷积运算，得到新的特征图。②整流线性单元（ReLU）操作。③最大池化层。④对池化后的特征进行对比度归一化操作，这样的操作可以使网络输出的特征更加稳定。图 6.44 上方右侧是 ZFNet 主要结构的示意图。

ZFNet 每层有相应的可视化结构设计，即反卷积层。输入图像通过 ZFNet 产生对应特征，将这些特征当作反卷积层的输入便可以得到特征的可视化结果。反卷积层结构如图 6.44 上方左侧所示。反卷积过程中有如下操作：①降池化。卷积神经网络中的最大池化是不可逆的，ZFNet 应用一种近似计算过程，在前向传播特征经过最大池化层时，用一个转换表格（switches）将特征最大值位置记录下来，在降池化过程中，最大值还原到原来的位置，其余地方填补 0，通过这样的操作可以还原池化前的特征。图 6.44 底部描述了这一过程。②整流线性单元操作。为了在反卷积过程中实现与卷积过程一样的对称性，让反卷积层输出的数据经过 ReLU 非线性映射。③反卷积。卷积时，用卷积核与输入的特征图做卷积操作，为了实现这个操作的逆过程，反卷积层中的卷积核采用对应卷积层中的转置卷积核，对输入特征进行卷积操作，得到反卷积输出。

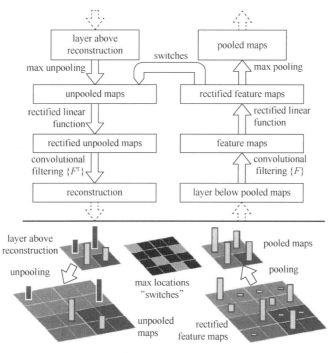

图 6.44　一个反卷积结构示意图（Zeiler et al., 2014）

layer above reconstruction：上层重建层。max unpooling：最大反池化。unpooled maps：反池化。

rectified linear function：整流线性映射函数。rectified unpooled maps：整流反池化特征图。convolutional filtering：卷积过滤层。

reconstruction：重建层。unpooling：反池化。max locations "switches"：最大局部转换。rectified feature maps：整流特征图。

pooling：池化。pooled maps：池化特征图。max pooling：最大池化。feature maps：特征图。

layer below pooled maps：底层池化特征图

6.6.2.2　用反卷积重设计模型结构

用 AlexNet 网络处理图像分类任务，图 6.45～图 6.47 展示了 AlexNet 不同层输出特征的可视化情况。

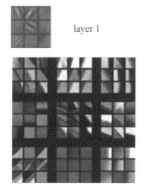

图 6.45　第一个卷积层对于图像某些特征被激活输出可视化图（Zeiler et al., 2014）

layer 1：第一层

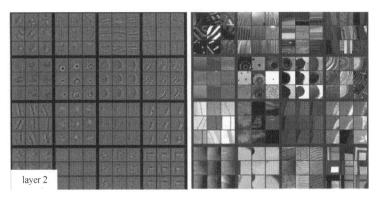

图 6.46　第二个卷积层对于图像某些特征被激活输出可视化图（Zeiler et al., 2014）

layer 2：第二层

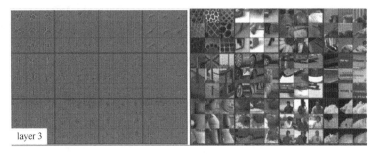

图 6.47　第三个卷积层对于图像某些特征被激活输出可视化图（Zeiler et al., 2014）

layer 3：第三层

　　用反卷积观察 AlexNet 网络可视化之后的结果发现网络存在很多问题：①第一层卷积核混杂了大量高频和低频信息，缺少中频信息。②第二层由于卷积步长太大，产生了无用的特征。为了解决这些问题对 AlexNet 网络重新设计，将第一个卷积层中的卷积核大小由 11×11 调整为 7×7，将卷积核步长由 4 调整为 2。重新设计后将 AlexNet 变为 ZFNet 的模型结构，如图 6.48 所示。

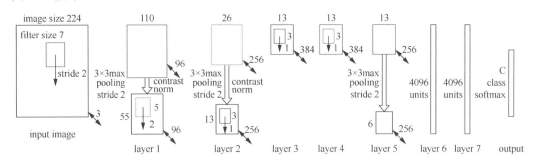

图 6.48　ZFNet 模型结构示意图（Zeiler et al., 2014）

image size：输入大小。filter size：过滤器大小。stride：步长。input image：输入图像。max pooling：最大池化。

layer 1：第一层。contrast norm：对比正则范数。4096 units：4096 个神经元。class softmax：分类最大软化损失函数

　　ZFNet 在分类问题中的表现比 AlexNet 表现要好，ZFNet 错误率为 11.7%，AlexNet 错误率为 16.4%。

6.6.3 VGGNet

Simonyan 等（2014）讨论了卷积神经网络深度与网络性能之间的联系并提出了 VGGNet，这个网络反复堆叠了 3×3 的卷积层和 2×2 的池化层，使得卷积神经网络的最高层数达到了 19 层。VGGNet 在 2014 年的 ILSVRC 比赛中获得了分类比赛第二名、定位比赛第一名的好成绩，主要思想是通过不断加深层数来获得更好的表现效果。VGGNet 虽然层数很深，但其模型却十分简洁，其原因是每个卷积层卷积核大小为 3×3，池化层池化区域大小为 2×2，这样的设计大大减少了模型参数的数量。如表 6.1 为 VGGNet 不同参数的 VGGNet 结构图，表 6.2 列出了不同网络结构的参数数量。

表 6.1　不同参数的 VGGNet 结构图

A	A-LRN	B	C	D	E
11 weight layers	11 weight layers	13 weight layers	16 weight layers	16 weight layers	19 weight layers
input (224 × 224 RGB image)					
conv3-64	conv3-64	conv3-64	conv3-64	conv3-64	conv3-64
	LRN	conv3-64	conv3-64	conv3-64	conv3-64
max pooling					
conv3-128	conv3-128	conv3-128	conv3-128	conv3-128	conv3-128
		conv3-128	conv3-128	conv3-128	conv3-128
max pooling					
conv3-256	conv3-256	conv3-256	conv3-256	conv3-256	conv3-256
conv3-256	conv3-256	conv3-256	conv3-256	conv3-256	conv3-256
			conv3-256	conv3-256	conv3-256
					conv3-256
max pooling					
conv3-512	conv3-512	conv3-512	conv3-512	conv3-512	conv3-512
conv3-512	conv3-512	conv3-512	conv3-512	conv3-512	conv3-512
			conv1-512	conv3-512	conv3-512
					conv3-512
max pooling					
conv3-512	conv3-512	conv3-512	conv3-512	conv3-512	conv3-512
	conv3-512	conv3-512	conv3-512	conv3-512	conv3-512
			conv1-512	conv3-512	conv3-512
					conv3-512
max pooling					
FC-4096					
FC-4096					
FC-1000					
softmax					

注：weight layers：带权值的网络层数。input：输入。RGB image：RGB 图像。conv：卷积核。max pooling：最大池化。FC：全连接层。softmax：激活函数

表 6.2　在表 6.1 中不同模型结构的参数数量

network	number of parameters
A,A-LRN	133
B	133
C	134
D	138
E	144

注：number of parameters：网络参数数量。network：网络

由表 6.1、表 6.2 可知，模型前几层的卷积层虽然有很深的结构，但是所用的参数数量并不是很大。模型最后三层全连接层是导致参数数量庞大的主要原因。表中 D 和 E 又分别叫作 VGG-16、VGG-19。VGG 由 5 个卷积段组成，每个卷积段后边跟着一个最大池化层，每个段之间由很多个 3×3 的卷积核组成，使用多个 3×3 的卷积核目的是减少参数数量。后来 Szegedy 等（2016）指出两个 3×3 卷积核的作用相当于一个 5×5 的卷积核作用，但是参数数量却大大减少了，同时经过更多的卷积核意味着进行了更多次的非线性变化，使得卷积神经网络能够抽象出更加好的特征，卷积核等价结构示意图如图 6.49 所示。

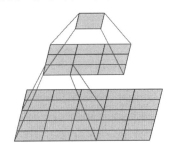

图 6.49　卷积核等价结构示意图
（Szegedy et al., 2016）

VGGNet 中存在一个技巧，与模型预训练有些相似。首先训练表 6.2 中的 A 模型，之后用 A 模型的参数初始化后边的几个复杂网络，这样的好处是使得模型的收敛速度更快。在训练模型的时候，VGGNet 还使用了多尺度的数据增强方法，将原始图像缩放到不同的尺度，这样使得训练的数据变得更加丰富。Simonyan 等（2014）通过实验发现，AlexNet 中提出的 LRN 层在 VGGNet 中作用并不是很大；在一定的条件下网络层数越多效果越好；1×1 的卷积核有一定的作用，可以起到同维度特征映射和减少参数数量的作用，但是没有 3×3 的卷积效果好。VGGNet 训练使用了 4 块 GPU 并行计算，大大缩短了模型的训练时间，2014 年 ILSVRC 的比赛中，错误率降到了约 7.3%，与同年的第一名的错误率十分接近。

6.6.4　Inception

6.6.4.1　Inception V1

GoogLeNet（Szegedy et al., 2015a）的成名是在 ILSVRC 2014，之所以将名字中的 L 和 N 大写是为了纪念卷积神经网络的初始模型 LeNet5。它以较低的错误率获得了比赛分类任务的第一名（以微弱的优势胜过了同年的 VGGNet），其分类性能 top-5 错误率为 6.67%。GoogLeNet 中主要涉及的模块为 Inception，之后 GoogLeNet 有很多的扩展，所以 2014 年的这个最早的模型称为 Inception V1。如果说 VGGNet 是在模型的深度上做文章，那么 Inception V1 可以理解为在宽度或者模型结构变换上做文章。其模型虽然比较复杂，但是参数的数量只用到了 AlexNet 模型参数的 1/12，精确度却远胜于 AlexNet。Inception V1 效果好的原因在于它应用了更深更复杂的模型结构，并且它的结构设计放弃了全连接层的使用，用全局池化代替。Inception V1 模块结构如图 6.50 所示，这种做法借鉴了 Lin 等（2014）的网络中的网络思想，之所以称为网络中的网络，从图 6.50 可以直观地理解，就是在原来的网络层之间又添加了新的网络层。

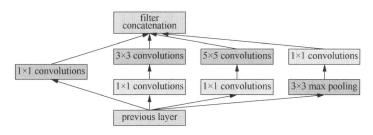

图 6.50　Inception 模块的结构（Szegedy et al., 2015a）

convolutions：卷积操作。filter concatenation：过滤器连接层。max pooling：最大池化层。previous layer：之前的连接层输出

Inception V1 的核心部分是 Inception 模块的设计，这个模块包含四个分支。第一个分支中是 1 个 1×1 的卷积核，该卷积核需要的参数少。通过设置 1×1 的卷积核深度，可以灵活调节输出尺度大小。如果用 1×1 的卷积核对图像进行卷积，虽然输出的特征图宽度和高度是一样的，但是输出特征的深度是由卷积核的种类数量决定的，通过设置 1×1 卷积核的种类，可以实现信息跨通道联系，这一点对于特征的提取很有帮助。可以发现在图 6.50 Inception 的四个分支中都使用了 1×1 的卷积核结构，可见该结构的重要性。分支二和分支三都是一个 1×1 卷积结构加上一个 3×3 或者 5×5 的卷积结构。分支四使用了最大池化加 1×1 的卷积结构，更加有效地减少了模型的参数。前一层的输入特征图信息流经 Inception 模块分别输入四个分支中，在四个分支中进行相应的卷积操作得到四个输出，将这些输出按照维度拼接起来作为后一层的输入特征图。Szegedy 等（2015a）表明 Inception 模块可以缓解模型过拟合的问题，提高模型效率。

6.6.4.2　Inception V2

Ioffe 等（2015）提出了 Inception V2 模型，该模型借鉴了 VGGNet 模型的思想，采用两个 3×3 代替一个 5×5 的卷积核。该模型主要的特点是应用了批归一化的思想，在传统的深度神经网络中每经过一层的计算，输入的分布就会发生变化，这样使得训练模型变得十分困难，在卷积神经网络每个输出之后添加一个 BN 层，对输出数据进行标准化处理，使得输出值规范化到 $N(0,1)$ 的高斯分布，避免了网络输出数据分布不断改变的现象。Inception V2 还调大学习速率并且加快学习速率的衰减速度，并且运用移除 Dropout 以及 LRN 等方法，经过这些加速操作使得模型的训练速度比 V1 版本快了 14 倍并且获得了更高的准确率。

6.6.4.3　Inception V3

Szegedy 等（2016）提出的 Inception V3 模型采用卷积核分解的思想，即将一个大卷积核分解成几个小卷积核，大卷积核和小卷积核之间在计算上是等价的。不同的是应用小卷积核可以减少参数数目，降低过拟合风险，使特征能够尽量多被提取出来。例如将一个 7×7 卷积核拆分成一个 1×7 卷积核和一个 7×1 卷积核，或者将一个 3×3 的卷积核拆分成一个 3×1 和 1×3 的卷积核，等价结构示意图如图 6.51 所示。

Inception V3 优化了 Inception 模块。如图 6.52～图 6.54 所示为 Inception V3 优化的三个不同的 Inception 模块，其中图 6.52 是将 5×5 卷积核换成 3×3 卷积核结构图，图 6.53 采用卷积核分解技术，将 $n×n$ 的卷积核分成 $1×n$ 和 $n×1$ 两部分，图 6.54 在 Inception 中又添加了分支，充分应用了网络中的网络的思想。

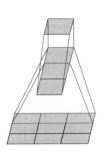

图 6.51 3×3 的卷积核拆分成 1×3 和 3×1 的两个卷积核（Szegedy et al., 2016）

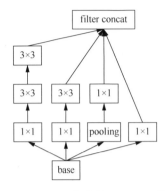

图 6.52   Inception V3 优化的 Inception 模块（一）（Szegedy et al., 2016）

filter concat：过滤器层连接。pooling：池化。base：基础层

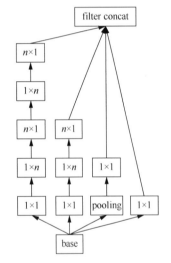

图 6.53   Inception V3 优化的 Inception 模块（二）（Szegedy et al., 2016）

filter concat：过滤器层连接。pooling：池化。base：基础层

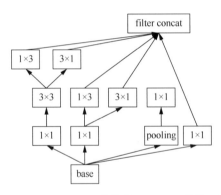

图 6.54   Inception V3 优化的 Inception 模块（三）（Szegedy et al., 2016）

filter concat：过滤器层连接。pooling：池化。base：基础层

6.6.4.4   Inception V4

Szegedy 等（2017）设计了 Inception V4，其层数变得更深，并且将 Inception 和残差网络相结合解决层数深带来的梯度消失问题。Szegedy 等将 Inception V4 与 Inception-Resnet V1 和 Inception-Resnet V2 进行了比较，实验结果发现没有残差结构的 Inception V4 与有残差结构的 Inception-Resnet V2 在图像识别方面有着相似的表现结果。图 6.55 左边的图显示了一个仅由 Inception 模块组成的模型示意图，右边的图显示了左边图中 stem 的具体结构。将图中的 Inception-A、Inception-B、Inception-C 换成图 6.56 所示的具体结构便可以表示成具体的 Inception V4。图 6.57 左边的图显示了 Inception-Resnet 模块的基本结构，右边的图显示了 stem 的具体结构。将图中的 Inception-A、Inception-B、Inception-C 换成图 6.58 和图 6.59 所示的具体结构便可以表示成具体的 Inception-Resnet V1、Inception-Resnet V2。

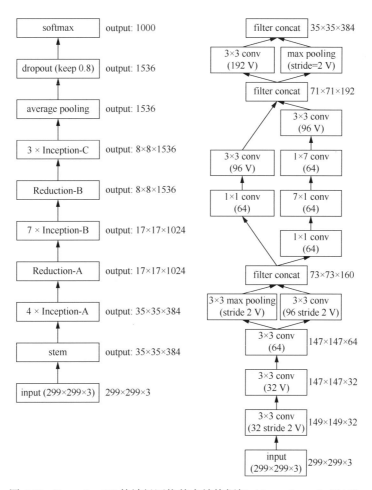

图 6.55　Inception V4 的神经网络基本结构框架（Szegedy et al., 2017）

dropout(keep 0.8)：丢弃层（丢弃率为 0.2）。average pooling：平均池化层。

3 × Inception-C：三个 Inception-C 模块。Reduction-B：B 型降维模块。stem：分支。input：输入。

filter concat：过滤器连接层。3 × 3 conv：3 × 3 的卷积核。max pooling：最大池化。stride：步长。output：输出

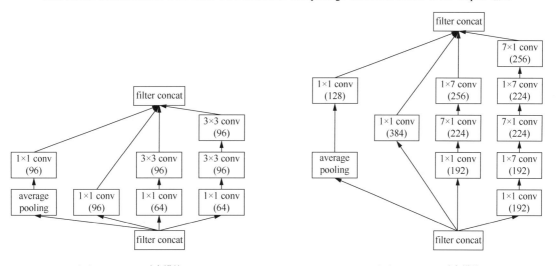

（a）Inception-A对应模块　　　　　　　　　　　　　　　　　（b）Inception-B对应模块

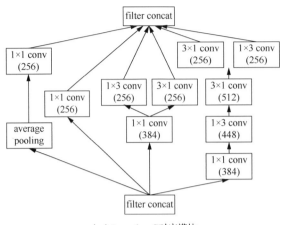

（c）Inception-C对应模块

图 6.56　Inception-V4 的神经网络（Szegedy et al., 2017）

filter concat：过滤器连接层。1×1 conv：1×1 的卷积核。average pooling：平均池化层

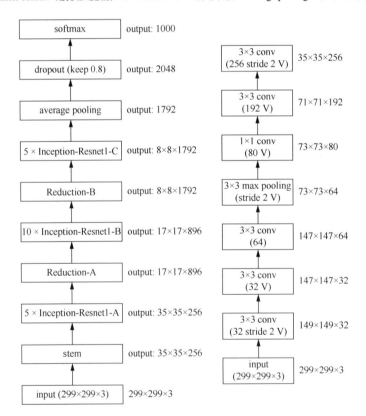

图 6.57　Inception-Resnet 的神经网络基本结构框架（Szegedy et al., 2017）

dropout(keep 0.8)：丢弃层（丢弃率为 0.2）。average pooling：平均池化层。

5×Inception-Resnet1-C：五个 Inception-残差 C 模块。Reduction-B：B 型降维模块。stem：分支。input：输入。

filter concat：过滤器连接层。1×1 conv：1×1 的卷积核。max pooling：最大池化。stride：步长。output：输出

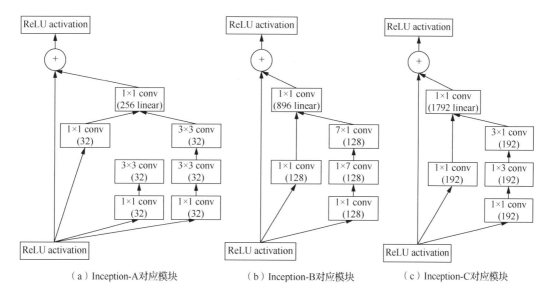

（a）Inception-A对应模块　　（b）Inception-B对应模块　　（c）Inception-C对应模块

图 6.58　Inception-Resnet V1 的神经网络（Szegedy et al., 2017）

ReLU activation：ReLU 激活。1×1 conv：1×1 的卷积核。linear：线性

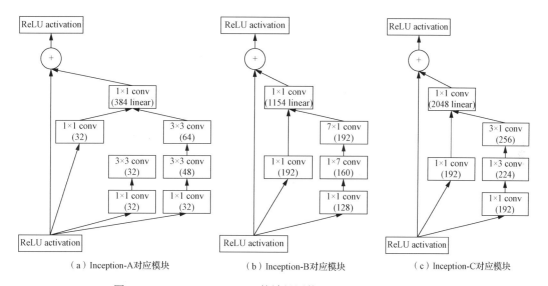

（a）Inception-A对应模块　　（b）Inception-B对应模块　　（c）Inception-C对应模块

图 6.59　Inception-Resnet V2 的神经网络（Szegedy et al., 2017）

ReLU activation：ReLU 激活；1×1 conv：1×1 的卷积核。linear：线性

6.6.4.5　Xception

Chollet（2017）提出了 Xception。这个模型将 Inception 模块作为传统卷积神经网络卷积层和深度分离卷积层的中间结构，从某种角度来看深度分离卷积神经网络可以被理解成大量 Inception 模块的组合。Xception 将 Inception 模块替换成深度分离卷积层（depthwise separable convolutions）。其结构如图 6.60 所示，其中数据首先通过输入流，之后通过中间流，这样的中间流模块结构要重复经历 8 次，最后通过输出流。所有的数据流在进入卷积层和分离卷积层之前都要进行批正则化。

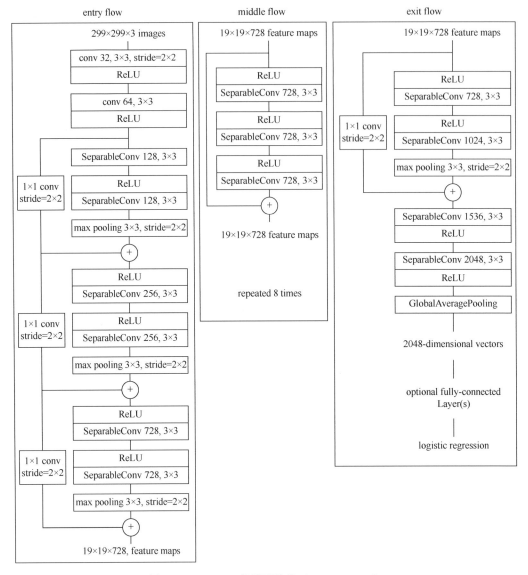

图 6.60　Xception 的模型结构（Chollet, 2017）

entry flow：输入流。middle flow：中间流。exit flow：输出流。images：图像。ReLU：线性整流单元。1×1 conv：1×1 的卷积核。
SeparableConv：可分离卷积。max pooling：最大池化。stride：步长。feature maps：特征层。repeated 8 times：循环迭代 8 次。
GlobalAveragePooling：全局平均池化。2048-dimensional vectors：2048 维度向量。optional fully-connected Layer(s)：可选连接层。
logistic regression：逻辑斯谛回归

对于 Inception 模块和深度分离卷积层之间的联系，图 6.61 描述了一个 Inception V3 的模块，图 6.62 是对图 6.61 模块的化简，图 6.62 能够进一步变成图 6.63 结构，图 6.63 是图 6.62 的等价表现形式。图 6.63 将数据输入 1×1 的卷积之后，对每一个通道数据做 3×3×1 的独立卷积，之后将卷积后的结果连接起来，这样的操作可以保证通道数据之间的独立性，使得数据之间不会存在影响，结构如图 6.64 所示。通过模型的化简，可以在 Inception 和深度分离卷积层之间建立联系。将极限版本的 Inception（图 6.64）与深度分离卷积层之间的区别概括成两点：①卷积的操作顺序。在深度分离卷积层中要对每一个输入通道先进行逐层卷积之后再进行 1×1 的卷积，而在 Inception 模型中卷积的过程正好是相反的。②在 Inception 中有 ReLU 非线性映射，但是在深度分离卷积层中删除了这样的映射。

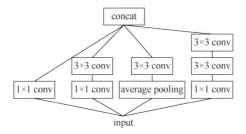

图 6.61　Inception V3 中一个 Inception 模块（Chollet, 2017）

concat：连接。1×1 conv：1×1 的卷积核。average pooling：平均池化。input：输入

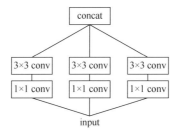

图 6.62　对 Inception V3 中一个 Inception 模块的简化（Chollet, 2017）

concat：连接。1×1 conv：1×1 的卷积核。input：输入

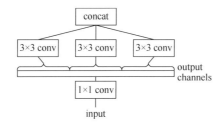

图 6.63　对图 6.62 的模块的一个等价改写形式（Chollet, 2017）

concat：连接。1×1 conv：1×1 的卷积核。input：输入。output channels：输出通道

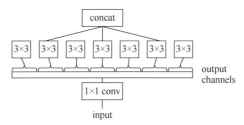

图 6.64　Inception 模块的一个极限版本（在 1×1 卷积之后对每一个通道进行一次 3×3 卷积）（Chollet, 2017）

concat：连接。1×1 conv：1×1 的卷积核。input：输入。output channels：输出通道

　　实验表明，Xception 网络在 ImageNet 比赛中表现胜过了 Inception V3，Xception 的模型参数与 Inception V3 的模型参数数量相当，这说明 Xception 表现好并不是因为其在模型容量

上占据了优势，而是在结构设计上利用高效且独立的卷积操作使每一个参数得到了充分利用。

6.7 残差神经网络

6.7.1 ResNet

残差神经网络（residual neural network, ResNet）是由 He 等（2016a）提出的模型，该论文获得了 CVPR 2016 最佳论文。这个模型标志着卷积神经网络发展到了又一个新高度，它成功训练了一个 152 层深的卷积神经网络，在 ILSVRC 2015 的图像分类、目标检测、语义分割各个比赛中均获得了最好成绩，在图像分类中其 top-5 错误率已经达到了 3.57%，该模型不但表现优异而且参数数量要少于 VGGNet 模型，拓展性好，上面提到的 Inception V4 就是将 Inception 和 ResNet 结合使用的。ResNet 模型的提出使得训练深度达数百甚至数千层的网络成为可能。

6.7.1.1 残差神经网络原理及结构

从 AlexNet 到 VGGNet 再到后来的 GoogLeNet，模型的深度在不断增加，但是如果只是简单地将网络层堆叠在一起，这样并不会使深度模型表现力有所提升，相反还会使得模型表现力变差，原因在于随着层数的增加，网络会产生梯度消失（Glorot et al., 2010; Bengio et al., 1994; Hochreiter, 1991）现象，当反向传播回来的数值很小的时候经过很多梯度的连乘，会使得梯度在传递过程中变得越来越小，以至于最后梯度接近于零。如图 6.65 所示，该图展现了随着神经网络层数的增加网络训练效果变差的现象。同时深度网络会因为层数的加深导致模型在优化时出现欠拟合的现象。在 ResNet 出现之前，有研究者也对层数加深出现的问题做出了很多的研究，例如使用归一化初始网络参数（He et al., 2015; Saxe et al., 2013; LeCun et al., 1998），但是效果都不明显。

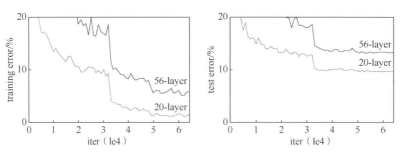

图 6.65　单纯的叠加层数得到的训练结果和测试结果（He et al., 2016a）

training error: 训练误差。56-layer: 56 层的网络。iter: 迭代次数

ResNet 的提出很好地解决了这一问题，其最重要的思想是引入一个"恒等映射连接"（identity shortcut connection），模型不希望每一层输出能够拟合一个函数映射，而是希望每一层输出能够拟合一个残差映射，同时假设残差映射比原映射更容易被优化。这个技术在很早以前就出现了（Schraudolph, 1998a; Ripley, 1996; Bishop, 1995），之后又有文献（Vatanen et al., 2013; Raiko et al. 2012, Schraudolph, 1998b）采用中心层对应方式求解梯度，利用反向传播技术实现恒等映射连接，有时恒等映射连接也被称为跳跃连接（skip connection）。

ResNet 的关键在于残差块的设计，假设神经网络层的输入为 x，期望得到的输出为 $H(x)$，残差网络不再学习比较难学的 $H(x)$，而是学习期望输出 $H(x)$ 与输入 x 之间的残差，即

$\mathcal{F}(x)=H(x)-x$，所以期望的输出 $H(x)=\mathcal{F}(x)+x$，如图 6.66 所示为一个残差块的结构图。

图 6.66 中 identity 可以使得模型很好地学习到相应的输入值与期望输出的残差。信息可能在前向传播过程中被丢失，增加一个 identity 可以将之前丢失的信息重新引入网络。将其结构中第一与第二个权重层的输出 $\mathcal{F}(x)$ 写成数学的表达形式：

$$\mathcal{F}\left(x,\{w_i\}\right)=w_2 f\left(w_1 x\right) \tag{6.83}$$

式中，f 为 ReLU 激活函数。输入信息在经过 $\mathcal{F}(x)$ 之后与一个 identity 相加，再经过一个 ReLU 激活函数得到最终的残差块输出 y。

$$y=f\left(\mathcal{F}\left(x,\{w_i\}\right)+x\right) \tag{6.84}$$

式中，f 为 ReLU 激活函数。将图 6.66 简化成如图 6.67 所示的结构。

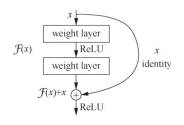

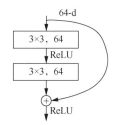

图 6.66　残差块的结构图（He et al., 2016a）

weight layer: 权重层。ReLU：整流线性单元。identity：恒等映射

图 6.67　残差块的简化示意图（He et al., 2016a）

ReLU：整流线性单元

残差结构随着层数的增加会导致计算复杂度越来越大，为了减少模型的训练时间，将残差块的设计改为一种瓶颈结构，对每一个残差函数 $\mathcal{F}(x)$ 采用三层结构来替代原来的两层结构，三层分别是 1×1、3×3、1×1，如图 6.68 所示。

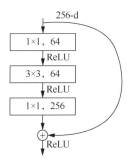

图 6.68　瓶颈型残差网络结构示意图（He et al., 2016a）

ReLU：整流线性单元

将上述残差块堆叠起来便得到了如图 6.69 右侧所示的深度残差神经网络，图 6.69 中描述了一个 34 层的残差网络结构和一个 VGG-19 模型以及未使用恒等映射连接的深度神经网络模型对比图。图中间的网络是一个普通的深度神经网络，它有多个卷积层，最后一层是一个 softmax 层。右图是在中间模型基础上加了跳跃连接的残差神经网络。从图 6.69 中可以看到当网络层中输入与输出的维度增加时（图中虚线连接部分）会采取两种策略进行应对：①快捷连接。仍然使用自身映射，对于维度的增加用 0 来进行填补；②使用投影捷径来匹配维度大小，即采用 1×1 的卷积核来调节维度上的不同。在 TensorFlow 的 Slim 框架中采用了第二种解决方法，使用 1×1 的卷积核来达成不同层之间的维度匹配。

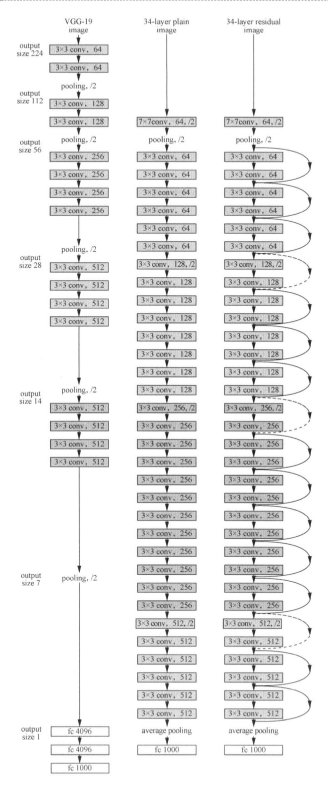

图 6.69　VGG-19 和普通 34 层深度模型以及残差网络模型结构对比图（He et al., 2016a）

VGG-19：19 层的 VGG 网络模型。34-layer plain：34 层的普通神经网络。34-layer residual：34 层的残差网络。image：图像。3×3 conv：3×3 的卷积核。stride：步长。pooling：池化。output size 224：输出大小为 224。fc 4096：拥有 4096 个神经元的全连接网络。average pooling：平均池化

6.7.1.2　残差神经网络的设计动机

本节讨论残差神经网络的设计动机，并说明在构建深层次的残差网络的同时不降低模型在训练集上的效率，简单的模型如图 6.70 所示。

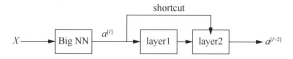

图 6.70　添加残差块的神经网络示意图（Ng, 2017b）

Big NN：拥有多个神经网络层的模块。shortcut：跳跃连接。layer1：第一层

假设有一个大的神经网络，输入为 x，输出为 $a^{[l]}$，一次给这个网络增加两层，网络最后的输出为 $a^{[l+2]}$，将增加的这两层变成一个残差块，整个网络使用 ReLU 激活函数，所有的激活值都大于 0，$a^{[l+2]}$ 可以表示成如下公式：

$$a^{[l+2]} = f\left(z^{[l+2]} + a^{[l]}\right) \tag{6.85}$$

式中，f 为激活函数；$z^{[l+2]}$ 是第 $l+2$ 层的未经过激活的神经网络输出；$a^{[l]}$ 为第 l 层连接到第 $l+2$ 层的恒等连接。通过上式可以发现，为了使得计算可行，要保证 $z^{[l+2]}$ 的维度与 $a^{[l]}$ 的维度相同。将上式展开可以写成如下形式：

$$a^{[l+2]} = f\left(w^{[l+2]}a^{[l+1]} + b^{[l+2]} + a^{[l]}\right) \tag{6.86}$$

假设 $w^{[l+2]}$ 趋向于 0，非决定性参数 $b^{[l+2]}$ 为 0，$a^{[l+2]} = f\left(a^{[l]}\right)$，因为整个网络使用 ReLU 激活函数，所以 $a^{[l+2]} = a^{[l]}$。跳跃连接可以使得网络很容易地学到 $a^{[l+2]} = a^{[l]}$，这意味着即使增加 2 层，网络的学习效率也不逊色于不加这 2 层的神经网络。学习恒等函数对网络来说是一件很容易的事情，尽管多了两层，通过恒等连接，也是可以把 $a^{[l]}$ 赋值给 $a^{[l+2]}$ 的。不论是将残差块增加到网络的中间还是末端位置，都不会影响网络的表现。当然目标不仅仅是保持网络的效率，而是要提升网络效率。上面假设的是 $w^{[l+2]}$ 趋向于 0，即残差块没有学到任何信息，但是在实际中这是不可能的，只要 $w^{[l+2]}$ 不为 0，残差块就能学到一些信息，网络的效果要比仅学习到恒等函数的效果要好。没有残差块的普通的深度神经网络，学习恒等连接都很困难，更不可能会比之前的效果好。

残差网络起作用的主要原因是这些残差块学习恒等函数非常容易，可以保证网络性能不会受到影响，很多时候甚至可以提高效率，并且至少不会降低网络的效率，因此创建残差块可以提升网络性能。

6.7.1.3　残差神经网络操作与实现

用残差网络处理分类任务步骤如下。

（1）根据分类任务中数据规模的大小设计残差网络的模型结构，包括：网络层数、卷积层超参数、池化层超参数、残差块的种类以及对应的恒等映射连接。

（2）采用初始化卷积神经网络的方法对残差网络进行参数初始化。

（3）使用 ImageNet 数据集对残差网络进行预训练。

（4）训练阶段。用训练数据集对模型进行训练，采用前向传播和反向传播方法优化模型参数。相应的优化方法和传统神经网络的优化方法相同。

采用上边的步骤能够得到一个残差网络，该网络可以处理图像分类任务。算法 6.4 是对上述步骤的描述。

算法 6.4　ResNet V1 算法实现

输入：图像 x，学习速率 learning_rate = 0.01，最大循环次数 num_epochs = 10，批处理大小 batch_size = 128，丢弃率 dropout_rate = 0.5

输出：模型参数

1　设计模型结构：

  1.1　设计 ResNet V1 基本的残差块

  1.2　设计残差块中相应的卷积神经网络的模型结构，并设置卷积核相对应超参数

  1.3　将设计好的残差块进行堆叠

  1.4　设计瓶颈残差学习单元，同时设置相应的卷积层超参数

  1.5　将恒等映射与残差单元相加

2　对模型进行初始化：根据任务需求设计模型的参数

3　用 ImageNet 图像对 ResNet V1 模型进行图像识别预训练任务

4　训练模型：

  4.1　设置相应的模型训练超参数：learning_rate、num_epochs、batch_size、dropout_rate。采用随机梯度下降优化方法对参数进行更新

  4.2　将预训练好的模型参数导入要训练的模型中

  4.3　**for** m=1 **to** num_epochs：

    4.3.1　采用最小批处理方法对模型进行训练

    4.3.2　**if**　训练的批数为 10 或者 10 的倍数：

        计算模型的预测结果和真实样本标签之间的交叉熵，并输出

    4.3.3　**if**　模型每隔 10 次训练的损失值 $< \delta$：

        模型训练完成，输出模型参数

    4.3.4　**if**　训练的 epochs=num_epochs：

        模型训练结束，输出最后的损失值，保存并输出模型的训练参数

    4.3.5　采用随机梯度下降算法对模型参数进行更新，输出模型参数

目前很多深度学习框架，例如 TensorFlow、Keras、MatConv，已经对残差网络进行了实现。用户只需填入模块对应的参数，便可以快速搭建一个残差神经网络。

6.7.2　ResNet V2

深度残差网络在精度和收敛方面都有很好的表现，之后 He 等（2016b）又提出了残差神经网络的第二个版本（ResNet V2），同时分析了残差块背后的计算传播方式，证明了当跳跃连接以及附加激活函数都使用恒等映射时，前向和反向传播的信号能够直接从一个模块传播到其他任意模块。此模型与 ResNet V1 不同之处在于将其中的非线性激活函数换成恒等映射（identity mappings：$y=x$），并且 ResNet V2 每层中都使用了批归一化进行处理，这样大大增加了模型的泛化性能。如图 6.71 所示，对比了 BN 与 ReLU 在不同位置时模型的表现情况，图中所有网络的组成成分相同，只是 BN 与 ReLU 所在位置不同。

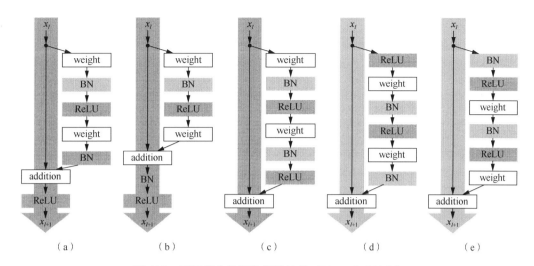

图 6.71　不同组合位置的模型结构（He et al., 2016b）

weight：权重。BN 批正则化。addition：加法层。ReLU：线性整流激活单元

He 等推导了残差公式，如下所示：

$$y_l = h(x_l) + \mathcal{F}(x_l, W_l) \tag{6.87}$$

$$x_{l+1} = f(y_l) \tag{6.88}$$

式中，$\mathcal{F}(x_l, W_l)$ 代表残差映射；$h(x_l)$ 代表跳跃连接；$f(y_l)$ 代表激活函数。如果 $h(x_l)$ 和 $f(y_l)$ 都是恒等映射，那么在前向和反向传播阶段，信号可以直接从一个模块传递到其他任意的模块。实验证明当 $h(x_l)$ 和 $f(y_l)$ 是恒等映射时，模型训练会变得十分容易。在分析比较了跳跃连接 $h(x_l)$ 的各种类型之后发现 ResNet V1 中的恒等映射误差衰减最快，训练误差最低。其他的使用了缩放技术、门控制技术、改变卷积核大小的跳跃连接技术，都产生了很高的损失误差。实验表明，设计一个好的跳跃连接对于化简和优化模型十分重要。图 6.72 为 ResNet V1 与 ResNet V2 的模型结构。

ResNet V1 结构只是保证了让 $h(x_l) = x_l$，为了构建一个恒等映射 $f(y_l) = y_l$，将 ReLU 和 BN 放在线性变化之前，这一激活顺序的改动产生了一个新的残差网络 ResNet V2。ResNet V2 与原始的 ResNet V1 相比更加容易训练，泛化能力更强。

下面讨论 ResNet V2 的残差块。残差网络通过将不同类型的残差块堆叠组合而成。在 ResNet V1 中，原始残差的计算公式如下，公式可参照图 6.72（a），垂直部分代表 $h(x_l)$ 跳跃连接，右侧残差块为 $\mathcal{F}(x_l, W_l)$，addition 为相加操作，ReLU 为 $f(y_l)$ 操作。

$$y_l = h(x_l) + \mathcal{F}(x_l, W_l) \tag{6.89}$$

$$x_{l+1} = f(y_l) \tag{6.90}$$

式中，x_l 表示第 l 个残差单元的输入特征；$W_l = \{W_{l,k} | 1 \leqslant k \leqslant K\}$ 是一组与第 l 个残差单元相关的权重，K 是每个残差单元中的层数；$\mathcal{F}$ 表示残差函数，例如 3×3 的卷积堆叠运算；函数 f 是激活函数，例如 ReLU 函数。函数 h 被设置为恒等映射：$h(x_l) = x_l$。在 ResNet V1 中没有强调 $f(y_l)$ 也是恒等映射。如果让 f 也是一个恒等映射，即 $x_{l+1} = y_l$，将其恒等公式带入公式（6.89）得出以下公式：

$$x_{l+1} = x_l + \mathcal{F}(x_l, W_l) \tag{6.91}$$

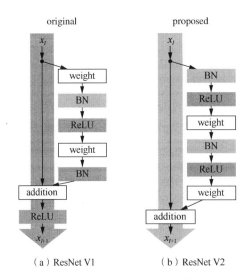

图 6.72　ResNet V1 和 ResNet V2 的模型结构（He et al., 2016b）

weight：权重。BN：批正则化。addition：加法层。ReLU：线性整流激活单元。original：原始网络。proposed：新网络

这样根据公式（6.89）可以写出一个递归：

$$x_L = x_l + \sum_{i=l}^{L-1} \mathcal{F}(x_i, W_i) \tag{6.92}$$

公式（6.92）展现了两个良好的特性：①对于任意深度的残差单元 L 的特征 x_L，可以表达为一个浅层单元 l 的特征 x_l 加上一个形如 $\mathcal{F}(x_i, W_i)$ 的残差函数，这就能将残差的概念扩展到任意一层，即任意层 L 与层 l 之间都可以进行跳跃连接；②对于任意深的单元 L，它的特征 $x_L = x_0 + \sum_{i=0}^{L-1} \mathcal{F}(x_i, W_i)$，这正好是 x_0 加上所有之前残差函数的总和。特征 x_L 是一系列矩阵向量的乘积，也就是 $\sum_{i=0}^{L-1} W_i x_0$。

公式（6.92）也具有很好的反向传播性质。假设损失函数为 ε，对损失函数进行链式求导得

$$\frac{\partial \varepsilon}{\partial x_l} = \frac{\partial \varepsilon}{\partial x_L} \frac{\partial x_L}{\partial x_l} = \frac{\partial \varepsilon}{\partial x_L} \left(1 + \frac{\partial}{\partial x_l} \sum_{i=l}^{L-1} \mathcal{F}(x_i, W_i) \right) = \frac{\partial \varepsilon}{\partial x_L} + \frac{\partial \varepsilon}{\partial x_L} \frac{\partial}{\partial x_l} \sum_{i=l}^{L-1} \mathcal{F}(x_i, W_i) \tag{6.93}$$

公式（6.93）最右边的项表明了梯度 $\dfrac{\partial \varepsilon}{\partial x_l}$ 能够被分解成两部分：从等式最右边看，$\dfrac{\partial \varepsilon}{\partial x_L}$ 直接传递信息而不涉及任何的权重层，而另一部分 $\dfrac{\partial}{\partial x_l} \sum_{i=l}^{L-1} \mathcal{F}(x_i, W_i)$ 表示与权重层的传递有关系。

$\dfrac{\partial \varepsilon}{\partial x_l}$ 保证了信息能够直接传回任意的浅层 l。公式（6.93）还表明了在一个小批量（mini-batch）

中梯度 $\dfrac{\partial \varepsilon}{\partial x_l}$ 不可能出现消失的情况，因为通常 $\dfrac{\partial}{\partial x_l} \sum_{i=l}^{L-1} \mathcal{F}(x_i, W_i)$ 对于一个批量样本加和不可能都

为-1。这意味着，即使权重是任意小的，也不可能出现梯度消失的情况。信息流能从一个单元传递到任意其他单元需满足两个条件：①恒等跳跃连接 $h(x_l) = x_l$；②激活函数 f 也是一个恒等的映射函数。这些直接传递的信息流如图 6.71～图 6.73 所示，其中当灰色箭头不附带任

何的操作时，上述两个条件是成立的。

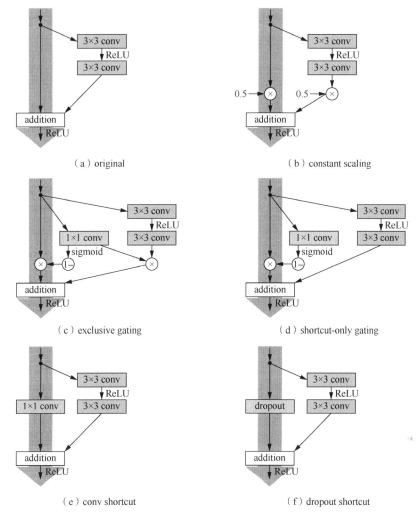

（a）original   （b）constant scaling

（c）exclusive gating   （d）shortcut-only gating

（e）conv shortcut   （f）dropout shortcut

图 6.73　不同类型的跳跃连接（He et al., 2016b）

3×3 conv：3×3 卷积核。addition：加法层。ReLU：线性整流激活单元。original：原始结构。sigmoid：s 形激活函数。

exclusive gating：门限制。conv shortcut：卷积跳跃连接。constant scaling：固定缩放层。

shortcut-only gating：仅有跳跃连接的门限制。dropout shortcut：丢弃跳跃连接

下面根据公式（6.93）详细说明这两个条件。

第一个条件：恒等跳跃连接 $h(x_l) = x_l$。根据 $y_l = h(x_l) + \mathcal{F}(x_l, W_l)$ 与 $x_{l+1} = y_l$ 可以得到 $x_{l+1} = h(x_l) + \mathcal{F}(x_l, W_l)$，假设 $h(x_l)$ 的传播不是恒等的，即 $h(x_l) = \lambda_l x_l$，得以下公式：

$$x_{l+1} = \lambda_l x_l + \mathcal{F}(x_l, W_l) \tag{6.94}$$

式中，λ_l 是一个调节标量，通过方程的递归可以得到类似于公式（6.92）的等式：

$$x_L = \left(\prod_{i=l}^{L-1} \lambda_i \right) x_l + \sum_{i=l}^{L-1} \hat{\mathcal{F}}(x_i, W_i) \tag{6.95}$$

式中，$\hat{\mathcal{F}}$ 的作用是将所有的信息合并到残差函数中。类似于公式（6.93）的等式，式（6.94）的反向传播公式可以表示为

$$\frac{\partial \boldsymbol{\varepsilon}}{\partial x_l} = \frac{\partial \boldsymbol{\varepsilon}}{\partial x_L}\left(\left(\prod_{i=l}^{L-1}\lambda_i\right) + \frac{\partial}{\partial x_l}\sum_{i=l}^{L-1}\hat{\mathcal{F}}(x_i, W_i)\right) \tag{6.96}$$

第一项由因子 $\prod_{i=l}^{L-1}\lambda_i$ 进行调节。对于一个很深的网络，当 L 很大时，如果对于所有的 i 都有 $\lambda_i > 1$，那么这个因子将会是指数大的；相反地，如果对于所有的 i 都有 $\lambda_i < 1$，那么这个因子将会是无穷小的。这就会导致梯度消失，使得反向传播回来的信息为 0，并迫使信息流向权重层，会对优化造成困难，所以最好的解决方法就是不要 λ，使得 $h(x_l)$ 为恒等映射，即 $h(x_l) = x_l$。

第二个条件：f 也是一个恒等的映射函数。假设通过重新安排激活函数（ReLU 或者 BN）的位置，可以使得 f 成为一个恒等映射。ResNet V1 残差连接如图 6.71（a）所示，BN 在每一个权重层之后，接着连上一个 ReLU，最后，元素相加再连接一个 ReLU（即 f=ReLU）。

图 6.71（b）～图 6.71（e）为 ResNet V2 不同版本结构。下边分别讨论几种情况：①如图 6.71（b），BN 在 addition 之后执行，在将 f 调整至恒等映射之前，先在加法后添加一个 BN，这样 f 就包含了 BN 和 ReLU，这样的设计改变了流经捷径连接的信号，并阻碍了信息的传递，比基本结构的结果要差很多。②如图 6.71（c），ReLU 在 addition 之前，这导致网络的输出为非负，然而一个"残差"函数的输出域应该是 $(-\infty, +\infty)$，这会影响网络表达能力，结果只会变得更差。③采用后激活（post-activation）或者预激活（pre-activation）设计网络，在原始的设计中激活函数 $x_{l+1} = f(y_l)$，在两条路线上对下一个残差单元造成影响：$y_{l+1} = f(y_l) + \mathcal{F}(f(y_l), W_{l+1})$。接下来研究一种非对称的方式，能够让激活函数 $\hat{f}$ 对于任意层 l 只对 $\mathcal{F}$ 路径造成影响：$y_{l+1} = y_l + \mathcal{F}(\hat{f}(y_l), W_{l+1})$［如图 6.74（a）和图 6.74（b）］。这样的结构可以得到如下公式：

$$x_{l+1} = x_l + \mathcal{F}(\hat{f}(x_l), W_l) \tag{6.97}$$

这个公式与式（6.92）很相似，同理其反向方程同式（6.93）相似。对于残差单元，其中新附加的激活函数变成了一个恒等映射。这样的设计说明了，如果一个新的附加激活函数 $\hat{f}$ 是非对称的，等同于将 $\hat{f}$ 作为下一个残差单元的预激活（pre-activation）项，如图 6.74 所示，将一个非对称的激活函数设在 addition 之后等价于重新构建一个预激活残差单元。后激活与预激活的区别是元素级加法 addition 的存在造成的，如图 6.74（b）和图 6.74（c）所示，ReLU 与 BN 都在 weight 层之前，当 BN 和 ReLU 都用在预激活上，效果得到了可观的改善，实验表明"预激活"模型比原始的模型在性能上提高了很多。预激活的影响主要表现在两方面：①因为 f 也是恒等映射，与原始的 ResNet V1 相比优化变得更加简单；②在预激活中使用 BN 能够提高模型的正则化能力。He 等（2016b）也对这样的说法给出了相应的证明实验，他们证明了恒等捷径连接和恒等附加函数对信息顺利传播有着重要作用。根据这些结论设计出了 ResNet V2，使得残差网络向更深的层数发展，达到千层，并且模型的准确率也获得了很大的提升，其表现超过了 ResNet V1。

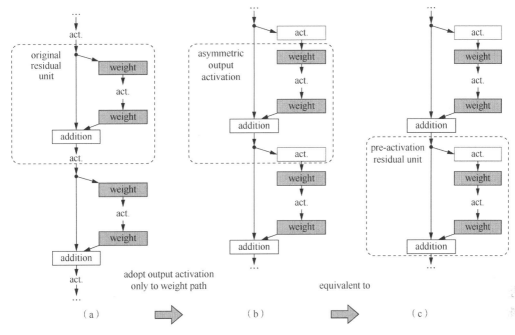

图 6.74   一个非均匀的残差激活结构（He et al., 2016b）

original residual unit：原始残差单元。act.：激活。weight：权重。addition：加法。

adopt output activation only to weight path：仅在权重路径采用激活。asymmetric output activation：非均匀输出激活。

equivalent to：等价于。pre-activation residual unit：预激活残差单元

6.7.3   ResNeXt

传统的卷积神经网络模型想要提高准确率，大多的做法是加深或者加宽网络的结构，但是随着超参数的增加，网络设计的难度和计算开销也会随之增加。

Xie 等（2017）设计出了一个用于图像分类高度模块化的网络结构 ResNeXt 。该结构可以在提高网络准确率的同时不引入更多的超参数，该网络为残差网络的一个扩展。网络由一个模型重复堆叠组成，这个模块包含了一组具有相同拓扑结构的转换层，这样的设计可以实现多分支同构结构，网络中涉及一个重要的参数：基数（cardinality）。不同于模型深度和宽度参数，ResNeXt 中的基数指每个网络层模块中包含的分支总数，是设计模型的一个指标。ResNeXt 模型只需要调节一个超参数，相比于 Inception Net 模型训练要简单得多。图 6.75 为最初的残差网络和 ResNeXt 网络的对比图，图 6.75（b）看起来与 GoogLeNet 的 Inception 模块十分相似，都是网络中的网络，并且都遵循“拆分-转换-合并”规则。它们有两个不同之处：第一个不同之处在于 ResNeXt 模型是将不同分支的输出相加再合并到一起，而 Inception 是直接将多分支结果合并；另一个不同之处在于 Inception 每个分支有不同的卷积层组合类型，而在 ResNeXt 中每个分支的卷积类型都是相同的。实验表明，在 ImageNet-1K 数据集上，增加基数能够提高分类精度，并且当增加模型容量时，增加基数比增加模型的深度和宽度更加有效。在 ImageNet-5K 数据集上和 COCO 检测集上 ResNeXt 模型的表现效果相对较好。构建 ResNeXt 有三种等价的形式，如图 6.76 所示。由于该模型的优异表现，使其在 2016 年的 ILSVRC 比赛中获得第二名的好成绩。

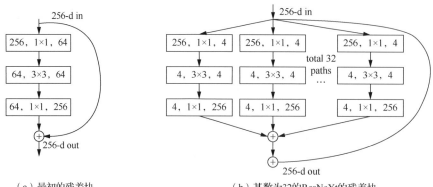

（a）最初的残差块　　　　　　　（b）基数为32的ResNeXt的残差块

图 6.75　最初的残差网络和 ResNeXt 网络的对比图（Xie et al., 2017）

256-d in：256 维的输入。256-d out：256 维的输出。total 32 paths：共有 32 个通道

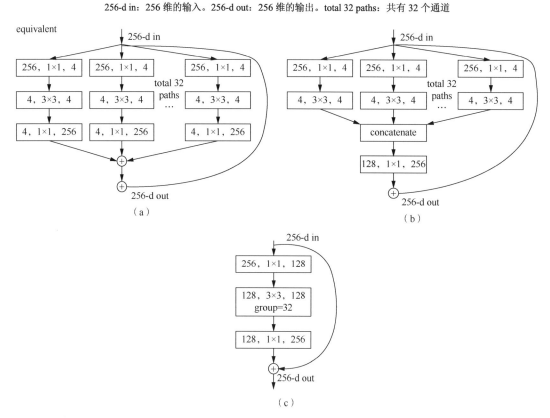

图 6.76　构建 ResNeXt 残差块的几种等价形式（Xie et al., 2017）

256-d in：256 维的输入。256-d out：256 维的输出。equivalent：等价于。

total 32 paths：共有 32 个通道。concatenate：连接。group=32：分 32 个组

6.7.4　DenseNet

卷积神经网络的发展大多是从深度和宽度入手对模型存在的问题进行解决，很少有人从模型提取特征的角度对卷积网络模型进行研究。随着网络深度的加深，梯度消失问题变得更加明显，如果只是使用残差网络，可能会造成模型精度下降的情况。

Huang 等（2017）提出了一种新的模型密度网络（dense convolutional network, DenseNet）。

此模型延续了一个思想：捷径连接。与 ResNet 的不同之处在于之前的模型是将输入与输出相加来获得网络中的残差，DenseNet 是将输出与输入并联，使得模型中的每一层都能获得之前所有层的输入信息。DenseNet 借鉴了 ResNet 的恒等映射连接技术，并且对每一层信息利用更加充分，其结构如图 6.77 所示。

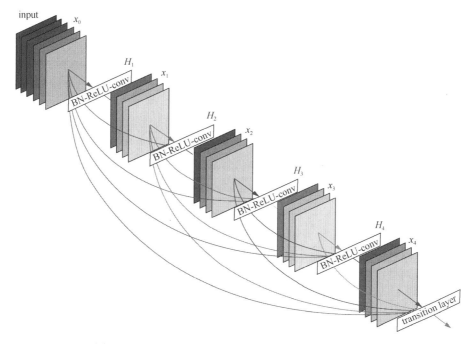

图 6.77　DenseNet 模块结构示意图（Huang et al., 2017）

input：输入。BN-ReLU-conv：具有批正则-线性整流单元-卷积操作的层。transition layer：转换层

由图 6.77 可以得知每层的输入都包含了之前所有层的输出，并将该层的输出传递给之后的每一层。在这个模型中，不仅解决了梯度消失问题，还能表现出特征重用的功能。之前的 ResNet 网络用恒等映射（identity mapping）将输入与输出相加，可能造成输入与输出的分布不同，这样阻碍了信息的传播。如果将输入与输出结果级联起来就能很好地保留所有的特征分布，并且增加输出的方差，有利于模型抽象出信息特征，提高信息利用率。图 6.78 为 DenseNet 的整体结构示意图，该图描述了一个带有三个 DenseNet 块的网络，此网络用于处理分类任务。

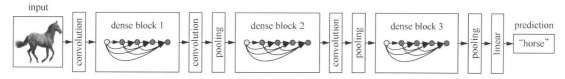

图 6.78　带有三个 DenseNet 块的网络结构（Huang et al., 2017）

input：输入层。convolution：卷积层。dense block 1：第一个密集层。pooling：池化。linear：线性连接层。prediction：预测。horse：马

DenseNet 不同扩展模型见表 6.3，对表中前三个 DenseNet 网络来说，增长率 k 为 32，最后一个 k 为 48，其中的每一个卷积层都应用了 BN-ReLU-conv 来处理输入数据。

Dense 模型的设计有一些特别的地方。①采用级联的连接方式将输出拼接起来。假设 x_l 为第 l 层的输出，H_l 为一个非线性函数，ResNet 输出公式如下：

$$x_l = H_l\left(x_{l-1}\right) + x_{l-1} \tag{6.98}$$

表 6.3　DenseNet 的整体结构图

layers	output size	DenseNet-121(k=32)	DenseNet-169(k=32)	DenseNet-201(k=32)	DenseNet-161(k=48)
convolution	112 × 112	7 × 7 conv,stride 2			
pooling	56 × 56	3 × 3max pooling,stride 2			
dense block 1	56 × 56	$\begin{bmatrix}1\times1\,\text{conv}\\3\times3\,\text{conv}\end{bmatrix}\times6$	$\begin{bmatrix}1\times1\,\text{conv}\\3\times3\,\text{conv}\end{bmatrix}\times6$	$\begin{bmatrix}1\times1\,\text{conv}\\3\times3\,\text{conv}\end{bmatrix}\times6$	$\begin{bmatrix}1\times1\,\text{conv}\\3\times3\,\text{conv}\end{bmatrix}\times6$
transition layers 1	56 × 56	1 × 1 conv			
	28 × 28	2 × 2 average pooling,stride 2			
dense block 2	28 × 28	$\begin{bmatrix}1\times1\,\text{conv}\\3\times3\,\text{conv}\end{bmatrix}\times12$	$\begin{bmatrix}1\times1\,\text{conv}\\3\times3\,\text{conv}\end{bmatrix}\times12$	$\begin{bmatrix}1\times1\,\text{conv}\\3\times3\,\text{conv}\end{bmatrix}\times12$	$\begin{bmatrix}1\times1\,\text{conv}\\3\times3\,\text{conv}\end{bmatrix}\times12$
transition layers 2	28 × 28	1 × 1 conv			
	14 × 14	2 × 2 average pooling,stride 2			
dense block 3	14 × 14	$\begin{bmatrix}1\times1\,\text{conv}\\3\times3\,\text{conv}\end{bmatrix}\times24$	$\begin{bmatrix}1\times1\,\text{conv}\\3\times3\,\text{conv}\end{bmatrix}\times32$	$\begin{bmatrix}1\times1\,\text{conv}\\3\times3\,\text{conv}\end{bmatrix}\times48$	$\begin{bmatrix}1\times1\,\text{conv}\\3\times3\,\text{conv}\end{bmatrix}\times36$
transition layers 3	14 × 14	1 × 1 conv			
	7 × 7	2 × 2 average pooling,stride 2			
dense block 4	7 × 7	$\begin{bmatrix}1\times1\,\text{conv}\\3\times3\,\text{conv}\end{bmatrix}\times16$	$\begin{bmatrix}1\times1\,\text{conv}\\3\times3\,\text{conv}\end{bmatrix}\times32$	$\begin{bmatrix}1\times1\,\text{conv}\\3\times3\,\text{conv}\end{bmatrix}\times32$	$\begin{bmatrix}1\times1\,\text{conv}\\3\times3\,\text{conv}\end{bmatrix}\times24$
classification layer	1 × 1	7 × 7 global average pooling			
		1000D fully-connected,softmax			

注：layers：层数。convolution：卷积层。pooling：池化层。dense block：密集块。transition layers：转换层。classification layer：分类层。output size：输出层。DenseNet：密集网络。average pooling：平均池化层。stride：步长。fully-connected：全连接层。softmax：激活函数。conv：卷积核

Dense 模型不是将上一层的全等映射与本层的非线性变化相加，而是直接合并起来，这种合并的方法称为级联，公式如下：

$$x_l = H_l\left(\left[x_0, x_1, \cdots, x_{l-1}\right]\right) \tag{6.99}$$

式中，$[x_0, x_1, \cdots, x_{l-1}]$ 表示数据维度的拼接操作，经过 H_l 将所有输出变成了一个张量的形式，这样的做法不仅能够简化模型，还能使之前的一些重要信息保留下来，并且在本层得到重复利用。②参考其他模型思想，模型的每一个 H_l 都是一个组合函数，H_l 由 BN 加一个 ReLU 非线性变化再加一个卷积操作联合组成，如图 6.77 中的 H_l 所示。③模型可以很好地实现数据降维，相应的操作过程有：池化变换、压缩 DenseNet-BC、设置增长速率 k。其中压缩 DenseNet-BC 指让所有经过转化层的特征图尺度统一缩小为一个定值，这样既对模型的准确率不会有太大的影响，同时还会减少参数数量。这些设计不仅提高了模型的性能，而且在表现上不比同级别的 ResNets 表现差。增长速率指模型统一了每一层的输出特征图的大小，k 值的设置要适中，如果 k 设置太大，会导致参数变得非常大。

6.7.5　MobileNet

Han 等（2016）提出了一些对卷积神经网络深度压缩的方法，相关论文被评为 ICLR 2016 最佳论文，之后很多人在移动设备实现深度神经网络方面做研究。Howard 等（2017）设计出了一种新的模型 MobileNet，它可以应用在手机等移动设备上。MobileNet 是 ResNeXt 的扩展，充分利用压缩技术，将模型嵌入到移动设备中，计算量压缩至原有计算量的 1/30。这个模型

的核心思想就是设计一个通道可分解卷积层。传统的卷积运算是将卷积操作和改变特征数量两件事合在一起来处理，与传统的卷积层不同，新提出的模型将这两个过程分开处理，这样分解可以有效减小计算量，减少模型参数数量。分解过程如图 6.79 所示，一个标准的卷积核等价一个通道可分解卷积层和一个逐点卷积层（pointwise convolution）。MobileNet 模型最大的亮点是使用了很多的 depthwise 卷积，因为将二维的 depthwise 卷积核和 1×1 的卷积核组合可以更好地近似普通的三维卷积，并且可以将其计算量压缩八九倍。MobileNet 模型在分类任务上的效果可以与 VGG 相当，但是参数的数量却相当于 VGG 模型的 1/30。

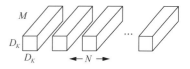

（a）一个标准的卷积核

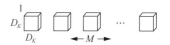

（b）深度相对应的卷积核

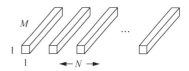

（c）点对相对应的1×1卷积核

图 6.79　标准卷积核等价分解成两个卷积核（Howard et al., 2017）

6.7.6　ShuffleNet

　　同 MobileNet 一样，受到 ResNeXt 模型的启发，Zhang 等（2017）提出了 SuffleNet 模型。这个模型为移动设备设计，采用了一种更加高效的卷积结构，此模型能够在减小复杂度的基础上保持模型的识别精度。模型的核心思想是利用组逐点卷积（group pointwise convolution）结构来代替原来的卷积结构，组逐点卷积结构如图 6.80 所示，这样的卷积结构虽然减少了计算量，但是带来的问题是不同的组内信息是独立的，没有办法进行信息之间的交流，这一点影响了模型的表现力和识别精度。因此需要将不同组之间的信息进行重排操作，可以减少信息之间的独立性。信息重排指从第二层的卷积核开始，要接受之前的所有组的输出特征，这一点与 ResNeXt 相似，模型引入通道重排技术来实现这一想法，将组逐点卷积和通道重排技术结合形成新的模型，如图 6.80 所示。图 6.80（a）为只有通道可分解卷积的 ShuffleNet 卷积网络，图 6.80（b）为逐点方组卷积（pointwise group convolution）和重排技术相结合的模型，图 6.80（c）将图 6.80（b）模型中的卷积步长设置为 2，这个结构继承了残差网络的设计思想，并沿用了之前模型的 3×3 和 1×1 的卷积核大小。

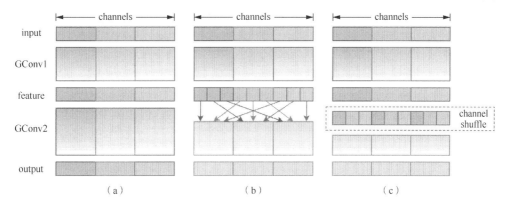

图 6.80　逐点对卷积与通道重排操作（Zhang et al., 2017）

channels：通道。input：输入。GConv1 第一个分组卷积层。feature：特征。output：输出。channel shuffle：随机通道

ShuffleNet 由 16 个图 6.81（b）的结构堆叠而成，当分的组数越多的时候，模型的计算能力越低，因此较大的组数可以获得较多的输入信息。

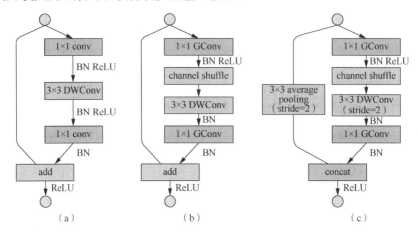

图 6.81　三种不同的 ShuffleNet 网络结构比较（Zhang et al., 2017）

1×1 conv：1×1 的卷积核。BN ReLU：批正则整流线性单元。3×3 DWConv：3×3 的 DW 的卷积核。add：加法。
ReLU：线性整流单元。channel shuffle：随机通道。1×1 GConv：1×1 的分组卷积核。average pooling：平均池化。
stride：步长。concat：连接

6.7.7　Wide Residual Networks

大多数研究卷积神经网络结构的人通过增加网络层数获得模型更好的表现，但是 Zagoruyko 等（2016）提出的宽度残差网络（wide residual networks, WRN）提供了另外一种思路。WRN 也是残差网络的一种，将模型的每一层向着更宽的方向扩展。WRN 与传统的残差网络解决的问题相似，都是要解决由于模型层数加深而产生的梯度消失问题，与传统的残差网络不同之处在于 WRN 加大的不再是模型的深度而是模型的宽度。研究者认为，之前的残差网络随着模型深度的增加，梯度在反向传播的时候并不能流经每一个残差模块，以至于很难让每一个神经元学到充分的信息，因此在整个网络的训练过程中，只有很少的几个残差模块能够学到输入信息有用的表达，其余大部分的残差模块并没有学到数据有用的信息。Zagoruyko 等希望使用一种较浅的、而层中结构更宽的模型有效地提升网络性能，宽度残差网络随之产生。研究者还认为，模型中的参数数量庞大，防止过拟合是首先要解决的，使用传统的 BN 会使模型计算开销很大，WRN 中采用一种新的技术来解决过拟合问题，在残差模块中使用新的 Dropout 技术，虽然模型仅有 16 层的深度，但是模型的表现比之前的 ResNet 好。

图 6.82 描述了原始的残差网络结构块和宽度残差网络结构块之间的对比。图 6.82（a）和图 6.82（b）为传统残差网络的结构，图 6.82（b）比图 6.82（a）更加节省计算开销。这里先定义一个符号方便下文中的理解。$B(m,n)$表示一个残差模块中包含一个 $m\times m$ 的卷积层和一个 $n\times n$ 的卷积层。图 6.82（a）就是一个 $B(3,3)$。$B(3,1,3)$就是 3×3 的卷积层后接 1×1 的卷积层，随后再接一个 3×3 的卷积层，$B(1,3,1)$就是图 6.82（b）的结构。

将图 6.82 展开模块如表 6.4 所示。

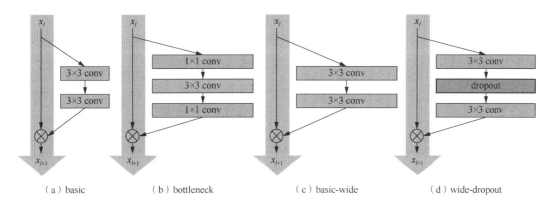

（a）basic　　　　　　（b）bottleneck　　　　　（c）basic-wide　　　　（d）wide-dropout

图6.82　传统残差模块和宽度残差模块的对比图（Zagoruyko et al., 2016）

1×1 conv：1×1 的卷积核。dropout：丢弃层。basic：基础层。bottleneck：瓶颈层。

basic-wide：基础延宽层。wide-dropout：延宽的丢弃层

表6.4　WRN 的结构

group name	output size	block type=$B(3,3)$
conv1	32 × 32	$[3\times3,16]$
conv2	32 × 32	$\begin{bmatrix}3\times3,16\times k\\3\times3,16\times k\end{bmatrix}\times N$
conv3	16 × 16	$\begin{bmatrix}3\times3,32\times k\\3\times3,32\times k\end{bmatrix}\times N$
conv4	8 × 8	$\begin{bmatrix}3\times3,64\times k\\3\times3,64\times k\end{bmatrix}\times N$
average pooling	1 × 1	$[8\times8]$

注：group name：组名。output size：输出大小。block type：模块类型。conv：卷积核。average pooling：平均池化层

表 6.4 中最右边一列中 $[3\times3,16]$ 表示一个卷积核大小为 3×3，通道数为 16。$\begin{bmatrix}3\times3,16\times k\\3\times3,16\times k\end{bmatrix}\times N$ 中 $16\times k$ 代表通道数变宽的倍数，N 代表有 N 个这样的模块，表示有 N 块叠加在一起的 3×3 的通道数为 $16\times k$ 的卷积核。通过增加系数 k 来增加输出通道的数量，使得模型在宽度上有所改变。在实验中作者发现使用 $B(3,3)$ 的效果比使用 $B(3,3,3,3)$ 或 $B(3,3,3)$ 的效果都要好，$B(3)$ 的效果最差。在表 6.5 中可以发现此模型对于深度的增长，参数数量呈线性增大；对于宽度的增长，参数的数量成二次方增大，所以此模型结构更加适用于 GPU 的训练。表 6.5 用深度为 40、宽度为 4 的 WRN 模型和深度为千层残差网络的对比，通过对比可知：增加宽度确实能很好地提高模型的性能，在增加相同数量的参数时，增加宽度比增加深度的训练效果好。

表 6.5　WRN 与深度残差模型的对比结果

网络名称	depth-k	#params	CIFAR-10	CIFAR-100
NIN	—	—	8.81	35.67
DSN	—	—	8.22	34.57
FitNet	—	—	8.39	35.04

续表

网络名称	depth-k	#params	CIFAR-10	CIFAR-100
Highway	—	—	7.72	32.39
ELU	—	—	6.55	24.28
Original-ResNet	110	1.7M	6.43	25.16
	1202	10.2M	7.93	27.82
Stoc-depth	110	1.7M	5.23	24.58
	1202	10.2M	4.91	—
Pre-act-ResNet	110	1.7M	6.37	—
	164	1.7M	5.46	24.33
	1001	10.2M	4.92	22.71
WRN	40～4	8.9M	4.53	21.18
	16～8	11.0M	4.27	20.43
	28～10	36.5M	4.00	19.25

注：depth-k：深度为 k 的网络。params：参数

通过 WRN 模型，可以总结出以下三条结论：①网络通过改变层中宽度的方法也增加了网络表现能力；②提升深度和提升宽度对于提升网络的表现能力同样有效，但是由于网络的参数数量过于庞大，不得不采用残差 Dropout 正则化技术；③同样的参数数量，WRN 网络训练的速度更快。

6.7.8 Dual Path Network

Chen 等（2017a）指出 ResNet 是 DenseNet 模型的特例，并且结合前人的模型提出了一种新型的网络——对偶通道网络（dual path network, DPN）。Chen 等认为 DenseNet 与高阶循环神经网络有很多相似之处，证明了 ResNet 和循环神经网络有着很相似的地方，以循环神经网络为桥梁，ResNet 是一种特殊的 DenseNet，并且两种类型的网络各有长处。ResNet 有着很好的重用性，DenseNet 可以发现处理信息新的特征，如果将两个网络数据共享，这样的网络直觉上会得到更好的结果，如图 6.83 所示。

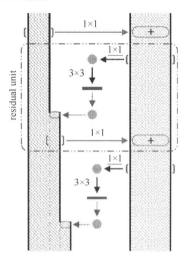

图 6.83   共享 ResNet 与 DenseNet 网络结构示意图（Chen et al., 2017a）

residual unit：残差单元

但是经实验表明这样的网络存在局限性，信息共享策略使 ResNet 不能很好地发现新的特征，同时 DenseNet 抽象出的特征有很高的冗余性。考虑到上述的缺点，Chen 等又设计了一种模型，如图 6.84 所示。图 6.84（a）与图 6.84（b）为等价形式，对偶网络通过一个 1×1 的卷积核将两个模型的信息实现共享。

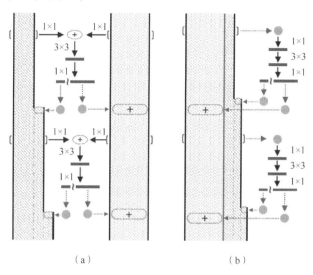

（a）   （b）

图 6.84　DPN 的两种等价形式模型结构图（Chen et al., 2017a）

图 6.84（a）由两个网络组成，左边的网络为一个 DenseNet，右边的网络是一个 ResNet。图 6.84（b）是一个等价形式，在 DPN 中，以 ResNet 为主要骨架，DenseNet 为辅助网络，这样的设计降低了模型的计算时间复杂度，减少了 GPU 计算时的存储开销。这样的设计不管从模型的结构复杂度还是从计算的时间复杂度上都要比 DenseNet 和 ResNet 中任意一个网络低。实验表明，相比于其他模型，DPN 训练速度更高，内存占用率也有所降低，并且保持了较高的准确率。正是因为 DPN 模型设计的优越，研究者用 DPN 再结合基本聚合模型拿下了 ILSVRC 2017 目标定位比赛的第一名，其定位的错误率为 62%，为 ILSVRC 2017 的落幕画上了圆满的句号。

残差网络这个大的家族从 2015 年开始在 ILSVRC 比赛中出现，其家族成员的发展包括 ResNet、ResNeXt、MobleNet、ShuffleNet、WRN 和 DPN，还有很多其他的残差网络扩展的模型例如 AlphaGo（Silver et al., 2016），这些网络的发展都说明了残差网络在计算机视觉中的流行程度，从侧面说明了深度学习在当下计算机视觉领域的火热程度。ILSVRC 比赛虽然结束了，但是 ResNet 并没有结束，深度学习在计算机视觉方面还有着很多的难题和挑战等待着研究者去解决。

■6.8　CNN 用于目标检测

图像的检测任务是从一个复杂的图片场景中找到不同的物体，再给各个物体加边界框并标注的过程。图像检测的三个著名的数据集是基于模式分析统计模型和计算学习的物体视觉类别（pattern analysis, statistical modelling and computational learning visual object classes，PASCAL VOC）数据集、图像网络（ImageNet）数据集和微软的语境中常见对象（common objects

in context, COCO）数据集。PASCAL VOC 包含 20 种物体的类别，而 ImageNet 包含一千多种
物体类别，COCO 有 80 种物体类别和 150 万个物体实例。下面讨论卷积神经网络在目标检测
中比较有代表性的模型。

6.8.1　R-CNN

区域检测卷积神经网络（region-based convolutional networks, R-CNN）是卷积神经网络在
目标检测领域的第一个模型。Girshick 等（2014）指出具有强描述力的特征对于目标检测任务
十分重要。要得到好的目标检测模型就要在图像分类与目标检测之间建立桥梁，因为要想检
测到图像中的目标，对图像中的物体进行分类是必不可少的工作。图像分类技术在深度学习
领域已经是一个比较成熟的技术了，其中比较好的图像分类模型是卷积神经网络。将这样的
卷积神经网络与目标检测任务相结合可以利用已有的模型快速搭建用于目标检测的深度学习
框架。

传统的目标检测对候选区域特征的提取常用的方法是尺度不变特征变换（scale invariant
feature transform, SIFT）（Lowe, 2004）和梯度方向直方图（histograms of oriented gradient, HOG）
（Dalal et al., 2005），这些方法以人工的方式提取图像特征。随着目标检测任务需求的增加，
传统的方法遇到了瓶颈，研究者开始尝试在深度学习中表现出色的卷积神经网络与目标检测
任务之间建立联系。不同于分类问题，目标检测需要目标的具体位置，这是传统的卷积神经
网络模型设计中不具备的。为了解决这个问题，Girshick 等用一些矩形框对图像中的物体进行
标记，这些矩形框称作区域，每个区域代表图像中的一个物体，之后用卷积神经网络模型对
一张图像中的不同区域进行特征识别从而实现目标检测。

图 6.85 显示了一个 R-CNN 的结构，图 6.85（a）为一张待检测的输入图像，将这张图片
用图 6.85（b）中的传统目标检测技术（区域推荐技术）自下而上产生 2000 个目标区域。对
这张图片的每一个推荐区域用图 6.85（c）中的 CNN 来提取特征。图 6.85（d）将每一个区域
的特征放到支持向量机中以完成分类任务的训练。图 6.85（a）～图 6.85（d）为一个完整 R-CNN
对一张图片进行物体检测的过程，通过这种方式可以使得模型学习到一张图片中各个区域的
特征，可以更好地对图片进行目标检测。

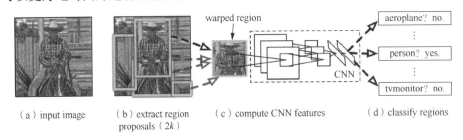

（a）input image　（b）extract region　（c）compute CNN features　（d）classify regions
proposals（2k）

图 6.85　R-CNN 的结构示意图（Girshick et al., 2014）

input image：输入图像。extract region proposals（2k）：每次提取 2k 个推荐区域。warped region：变形区域。
compute CNN features：计算卷积神经网络特征。classify regions：分类区域。aeroplane? no：是飞机么？不是。
person? yes：是人么？是。tvmonitor? no：是电视监视器么？不是

为了使 R-CNN 模型训练地更好，要对模型中的 CNN 进行预训练，CNN 为 VGG 网络，
使用 LSVRC 2012 的数据集进行预训练。训练 R-CNN 需要以下几步。

（1）要用区域推荐技术（region proposal）获得一张图片的 2000 个推荐区域，并固定其
区域的大小为 227×227，R-CNN 采用可选性搜索技术对图像的区域进行绑定。得到推荐区

域之后要训练 R-CNN 中的 CNN 模型，这个 CNN 模型在传统的 CNN 模型基础上稍加修改，最后的 softmax 输出层除了原有的分类结果外还要添加背景区域类别、推荐区域位置以及代表类别。举个简单的例子，假设要对图像进行区域检测，设置要检测的物体包括三类，分别是树、猫、狗。softmax 层应该有 8 个维度，分别是 $\left[p_c, b_x, b_y, b_h, b_w, c_1, c_2, c_3\right]$，其中 p_c 表示被检测的物体是否是背景，如果是背景，p_c 值为 0，将 $b_x, b_y, b_h, b_w, c_1, c_2, c_3$ 全部设置为 0；如果 p_c 不是背景，p_c 为 1，b_x, b_y 代表待检测物体中心点坐标，b_h, b_w 代表标记物体推荐区域的大小，有了 b_x, b_y, b_h, b_w 便可以在一张图像中清楚地标记一个物体了，c_1, c_2, c_3 分别代表着树、猫、狗三类，如果是树，c_1, c_2, c_3 的值分别是[1,0,0]。为了评价图片中的某一物体是否被矩形框正确地标记出来，常采用交叉面积（intersection over union, IOU）指标评价对象定位算法是否准确。IOU 的计算是将图像中某个物体的真实标记区域与推荐算法选出的物体绑定区域的交集除以二者的并集，当 IOU 大于 0.5 时表示推荐区域（又叫绑定区域，bounding box）选择正确。用区域推荐算法选出来的 2000 个区域按照 IOU 值进行分类，其值小于 0.5 的为背景，反之就将该区域分到相应的类别中。

（2）将 2000 个区域输入到 CNN 中对模型进行训练，就可以使得模型得到相应的 2000 个区域推荐的特征。使用 CNN 模型作为图像特征提取器还有一个好处就是可以很好地减小模型的开销，加快训练的速度。

（3）因为目标检测的主要任务是判断推荐区域的物体是哪个类别，这相当于是一个目标识别任务，当前较流行的分类模型是支持向量机，所以当拿到 CNN 训练完成的一张图片不同区域特征之后将其输入到一个支持向量机中，对支持向量机进行分类任务训练，从而判断出这个区域属于图像的背景还是图像中的物体，最终完成目标检测任务。在对支持向量机进行训练的时候，将 IOU<0.5 作为背景负样本，反之定义为正样本。正负样本的设计可以很好地得到一个区域分类模型，通过这样的训练方式可以使得模型对候选区域进行更好的预测。

通过以上的描述可以将 R-CNN 的训练过程概括成三个步骤：①应用区域推荐的算法得到若干候选区域；②用 CNN 对每个候选区域提取特征；③使用支持向量机对每个 CNN 处理后的候选区域进行预测。在 PASCAL VOC 2010 中，R-CNN 的均值平均测度（mean average precision, mAP）为 53.7%。在有 200 个类别的 ILSVRC 2013 的物体检测数据集上，其 mAP 是 31.4%，比之前表现最好的过拟合模型提高了 7%的准确度，比 VOC 2012 最好的结果的准确度提高了 30%。虽然 R-CNN 的表现效果很好，但是 R-CNN 存在着训练速度慢的问题，主要的原因有：①每次使用区域推荐算法选择候选区域是一个十分耗时的过程；②对每张图片的上千个候选区域使用 CNN 进行特征提取，是一个十分漫长的过程；③CNN 的特征提取、支持向量机对图像的不同推荐区域的分类、图像边框的回归计算这三个过程都是相互独立的，训练的时候要分开训练，这样的分布式训练方式不但给训练过程带来了不方便，使得训练的效率变低，同时增加了模型训练时的误差。

算法 6.5 介绍了 R-CNN 算法的实现。

算法 6.5　R-CNN 算法实现

输入：图像 x

输出：模型预测的图片中物体的相应位置及其类别

　1　对候选框进行提取：

1.1 提取图像对应的类别区域，采用非极大约束方式产生图像的 2000 张候选区域

1.2 设置 CNN 输入大小，将候选区域尺寸进行重新设定，可以使用各向异性进行缩放，也可以使用各向同性进行缩放。如果采用 AlexNet 充当卷积神经网络，重设计图像大小为 227×227

2 使用卷积神经网络对特征进行提取：

2.1 设计 CNN 中对应的模型参数

2.2 模型的预训练：对 CNN 在 ILSVRC 2012 的数据集上进行预训练

2.3 模型的精调：再次用验证集调整网络参数。设置学习速率、批处理大小、模型的循环次数

2.4 更新卷积神经网络模型参数

3 对于每个类别训练一个 SVM 的二分类器：

3.1 用 CNN 模型的输出特征来训练 SVM 对应的模型参数

3.2 更新相应的 SVM 参数

3.3 回归计算：使用预测的绑定框和真实的绑定框计算每张图像的回归误差，更新网络参数

4 输出一张图像中物体的绑定框图和类别

6.8.2 Fast R-CNN

目标检测相对于图像分类是一个十分复杂的任务，需要知道待检测物体的大概位置，在 R-CNN 模型中使用区域推荐算法处理大量图片并找到物体的大概位置区域，之后对这些区域用定位算法进行非精确的定位，再将这些非精确定位转化为精确定位。正如前文所提到的 R-CNN 存在的问题是模型想要找出一个精确的图像定位框是一个十分漫长的过程。

Girshick（2015）通过分析 R-CNN 模型存在的问题，设计出了一种 Fast R-CNN 框架，基本的 CNN 结构应用 VGG-16，并且采用了很多新技术来解决模型训练速度慢的问题，这种框架比 R-CNN 在目标检测任务中的效果更好。这个模型训练的训练过程采用端到端的方法，训练 Fast R-CNN 时不需要将整个模型拆分成模块训练，通过一次输入数据便可以直接得到想要的输出分类预测结果，模型训练时可以一次更新所有的训练参数。这样的训练方式降低了训练的误差，加快了模型的训练速度，不会带来模型因分块所产生的额外开销，不需要浪费磁盘存储空间。Fast R-CNN 的模型结构如图 6.86 所示，模型的输入是一张图片，图片经过几个卷积层和最大池化层得到相应的输出特征，然后将结果输入池化层得到固定大小的特征图，之后再将特征图输入一个全连接神经网络，最后得到两个分支输出，一个分支为分类任务常见的 softmax 层，输出包括待检测物体的种类、背景，不同类别对应的概率。另一个分支的输出为对每一张图片中绑定框具体位置的预测结果。

图 6.86 中提到了一个感兴趣区域池化层（the RoI pooling layer），其主要的作用是：①将图像中提取出来的感兴趣区域特征与特征图中的区域相互对应；②用一个单层的 SPP 层（He et al., 2014）将感兴趣区域的特征池化到固定大小的特征，再传入全连接层。可将任意大小的感兴趣区域特征转化为具有 $H \times W$ 的固定大小特征图，其中 W,H 为超参数。SPP 技术指对特征图进行固定大小处理的一种方式。对于 Fast R-CNN 的模型初始化，采用预训练机制，最终的 Fast R-CNN 模型是由 CaffeNet、VGG 网络组合得到。

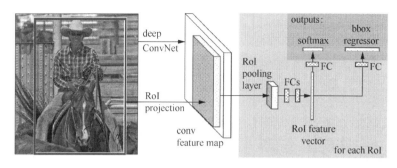

图 6.86　Fast R-CNN 的结构示意图（Girshick, 2015）

deep ConvNet：深度卷积神经网络。RoI projection：感兴趣区域映射。conv feature map：卷积特征图。
RoI pooling layer：感兴趣区域池化层。FCs 全连接层。RoI feature vector：感兴趣特征向量。outputs：输出。
bbox regressor：b 型回归函数。for each RoI：对于每一个感兴趣区域来说

Fast R-CNN 与之前的网络有些不同之处：①将输入的数据修改为两种数据；②将最后一个最大池化层变为感兴趣区域的池化层并与第一个全连接层进行结合；③将最后一个全连接层和 softmax 层合并成为一个 softmax 层，在这个 softmax 层中包含 N 个物体类别、一个背景类别、一个绑定区域位置。在目标检测的训练过程中，因为其使用端到端的训练方式，所以反向传播优化网络参数是 Fast R-CNN 一个很重要的过程，要想很好地利用反向传播，仔细设计模型是一个不可缺少的部分。模型在整个训练的过程中联合优化一个 softmax 分类器和一个绑定区域来代替之前的 R-CNN 三个独立的过程。以下分别对两个损失函数进行介绍。

（1）softmax 分类损失函数，输出的维度大小为 $N+1$，代表 N 个类别个数和一个背景类。

（2）回归损失函数，其输出维度大小为 $4×N$，对于每一个类别都会训练出一个独立的回归器，用来使模型产生的绑定区域能十分接近物体的真实推荐区域。

模型总的目标函数如下：

$$L\left(p,u,t^{u},v\right)=L_{\text{cls}}\left(p,u\right)+\lambda\left[u\geqslant 1\right]L_{\text{loc}}\left(t^{u},v\right) \tag{6.100}$$

式中，$p=\left(p_{0},\cdots,p_{k}\right)$ 表示 $k+1$ 个类别概率；t^{u} 代表第 u 个物体的绑定框图位置；u 代表真实的类别；v 代表真实的绑定区域位置；$L_{\text{cls}}\left(p,u\right)=-\log p_{u}$ 为真实类别 u 的损失。绑定回归的损失函数如下所示：

$$L_{\text{loc}}\left(t^{u},v\right)=\sum_{i\in\{x,y,w,h\}}\text{smooth}_{L_{1}}\left(t_{i}^{u}-v_{i}\right) \tag{6.101}$$

式中，$\text{smooth}_{L_{1}}$ 为平滑的 L_{1} 正则项，避免了离群点的干扰，展成如下形式：

$$\text{smooth}_{L_{1}}=\begin{cases}0.5x^{2}, & \text{当}|x|<1\\|x|-0.5, & \text{其余情况}\end{cases} \tag{6.102}$$

对式（6.102）中的目标函数 L 求偏导数计算公式如下：

$$\frac{\partial L}{\partial x_{i}}=\sum_{r}\sum_{j}\left[i=i^{*}\left(r,j\right)\right]\frac{\partial L}{\partial y_{rj}} \tag{6.103}$$

式中，y 是池化层的输出；x 是池化层的输入单元。若 y 是由 x 的池化操作产生，则将损失函数对输入的偏导数累加，最后累加完 R 个感兴趣输出。

此模型可以解决尺度不变性问题，对于目标的尺度变化是不敏感的，SPP 方法解决尺度

不变性有两种方法：①单尺度方法。目标图像不需要预先设置大小再传入网络，直接将图像的输出大小固定到某个尺度。②多尺度方法。采用金字塔算法生成一个金字塔，在上面找到目标图像对应的比较接近 227×227 的投影版本，然后用找到的版本作为训练网络的输入。直觉上第二种应该比第一种好，但研究者进行了很多次的对比实验发现，第二种方法并没有比第一种方法好太多，只是提升了 1 个 mAP 值，但是得到相应的特征图，模型的开销会很大，所以在实践中还是使用第一种方法进行图像的尺度不变性操作。Fast R-CNN 还有一个特别之处就是使用感兴趣区域映射，这个操作使得一幅图中的不同区域共享卷积层参数，这样既减少了模型训练时候的计算量，又使得物体检测的速度变得更快。

6.8.3 Faster R-CNN

传统的目标检测网络要求先使用区域推荐算法计算出推测目标的位置（Szegedy et al., 2015b; Erhan et al., 2014），如 Fast R-CNN（Girshick, 2015）、SPP（He et al., 2014）。这两种算法虽然减少了模型对目标检测的运行时间，但是区域推荐算法仍然具有瓶颈。Ren 等（2015）提出了一种目标检测模型，由两个模块组成，第一个模块是一个用来推荐区域的卷积神经网络，第二个模型沿用了上边讲到的 Fast R-CNN，网络的整体结构如图 6.87 所示，模型为一个单层联合两个网络的结构，其中区域推荐网络提供了一个相当于注意力的功能，可以使得网络知道应该对哪些区域进行关注。

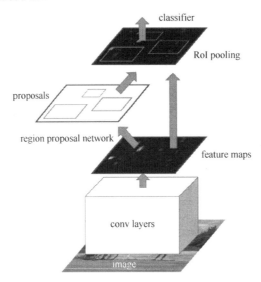

图 6.87　Faster R-CNN 结构示意图（Ren et al., 2015）

classifier：分类器。proposals：推荐框。RoI pooling：感兴趣池化。region proposal network：推荐区域网络。
feature maps：特征图。conv layers：卷积层。image：图像

Faster R-CNN 与之前的网络有所不同，之前的网络是要得到图像的推荐区域并将其输入到 CNN 中提取特征，这个网络不对每个区域进行卷积操作而是对整个图片进行卷积操作，将卷积操作之后的输出特征图与相应图像中的物体位置进行对应，为了这样的对应，卷积输出的大小也需要特殊的设定。从图 6.87 得知 Faster R-CNN 可以分为 4 个主要结构：①卷积层。作为一种卷积神经网络目标检测的方法，Faster R-CNN 采用卷积操作、池化操作、激活操作提取图像的特征图，此特征图之后被用于 RPN 层与全连接层。②区域推荐网络（region proposal networks, RPN)。RPN 可以用以生成推荐区域，并将区域输入 softmax 层用以判断锚点（anchors）属于前景还是背景，再利用绑定区域回归函数修正锚点，以此获得更精确的判断。③感兴趣区域。该层收集特征图和推荐区域，将这些信息综合之后提取具有推荐性质的特征图，之后将其输入全连接层用于目标识别。④分类层。利用具有推荐性质的特征图计算推荐区域的类别，同时使用绑定框回归函数获得检测框最终的精确位置。

区域推荐网络中输入为一个任意大小的图像，输出为一系列矩形推荐框的集合，每个推荐框有一个目标得分，之后使用一个全卷积神经网络对这个推荐框集合进行卷积操作。为了生成区域推荐框，将最后一个卷积层输出的特征图用一个滑动网络进行映射，每一个滑动窗口映射到一个低维向量上，将这些向量分别输入同级的分类层和回归层，推荐区域网络如图 6.88（a）所示，其是网络中滑动窗口在特征图中某个位置时的举例，由于网络是滑动窗口的形式，对应的全连接层的参数是共享的。RPN 是一个全卷积神经网络，网络可以同时预测图片中物体的边界框和物体属于不同类别的得分。应用 RPN 可以生成区域推荐框，之后将这些区域推荐框输入到 Fast R-CNN 的网络中进行目标检测，通过相互交替的优化方法训练 RPN 和 Fast R-CNN 的共享卷积参数。在 RPN 中同样用到了一些区域推荐算法，传统的区域推荐算法使用的前提是待训练的模型需要有较小的规模，使用选择性搜索方法进行区域推荐是一种较常用的方法，应用中央处理器（central processing unit, CPU）进行图像处理的区域推荐所需的时间和目标检测时所需的时间几乎一样。随着 Fast R-CNN 的出现，可以利用 GPU 对图像进行计算，这种方法虽然使得模型在计算上快了不少，但是使用了 GPU 使得网络参数无法进行共享计算。Ren 等（2015）使用了一种深度网络计算推荐框，引入这样的推荐框可以减小计算的开销，RPN 中便是使用这种推荐区域算法对推荐框进行计算的。RPN 可以同 Fast R-CNN 实现参数共享。与 RPN 相类似的预测区域推荐框的算法还有金字塔算法（Felzenszwalb et al., 2010）。

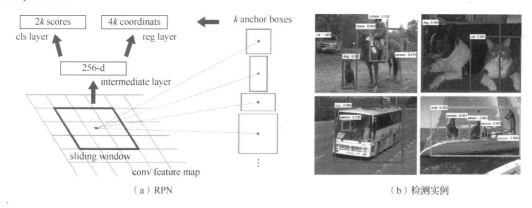

（a）RPN   （b）检测实例

图 6.88   RPN 和用 RPN 推荐框在 PASCAL VOC 2007 测试集上的检测实例（Ren et al., 2015）

2k scores: 2k 的得分。coordinats: 协调。cls layer: 分类层。reg layer: 正则层。intermediate layer: 中间层。
sliding window: 滑动窗口。conv feature map: 卷积特征图。anchor boxes: 中心坐标图

为了训练 RPN，为每一个锚框分配一个标签，与之前的绑定框图不同，绑定框中只能绑定一个目标检测的物体，当在一个框中出现多个物体时，就要用锚框代替。锚点表示物体的中心位置，所谓的锚框就是参数化的推荐框，一个锚框可以用于绑定多个物体。用锚框可使得特征具备平移不变性，将正标签分给两种锚：第一种是与某个真实数据绑定框有着最高 IOU 值的锚；第二种是与任意真实数据绑定框的 IOU 大于 0.7 的锚。分配负标签给所有真实数据

绑定框低于 0.3 的锚。之后按照 Faster R-CNN 中的多任务损失，最小化目标函数，将其目标函数定义为如下形式：

$$L\left(\{p_i\},\{t_i\}\right)=\frac{1}{N_{\text{cls}}}\sum_i L_{\text{cls}}\left(p_i,p_i^*\right)+\lambda\frac{1}{N_{\text{reg}}}\sum_i p_i^* L_{\text{reg}}\left(t_i,t_i^*\right) \tag{6.104}$$

式中，i 为最小批锚的索引；p_i 是锚 i 的预测概率，如果锚为正，真实数据 p_i^* 为 1，否则为 0；t_i 是一个向量，表示预测绑定框的 4 个参数化坐标；t_i^* 是与正锚对应的真实数据绑定框的坐标向量；L_{cls} 为分类的损失函数，其形式如下：

$$L_{\text{cls}}\left(p_i,p_i^*\right)=-\frac{1}{N}\sum_i\left(p_i\log\left(p_i^*\right)+\left(1-p_i\right)\log\left(1-p_i^*\right)\right) \tag{6.105}$$

对于回归函数可以表示为如下形式：

$$L_{\text{reg}}\left(t_i,t_i^*\right)=R\left(t_i-t_i^*\right) \tag{6.106}$$

其中的 R 可以表示为

$$R=\text{smooth}_{L_1}\begin{cases}0.5x^2, & \text{当} |x|<1 \\ |x|-0.5, & \text{其余情况}\end{cases} \tag{6.107}$$

$p_i^* L_{\text{reg}}\left(t_i,t_i^*\right)$ 表明，只有正的锚才有损失，其他情况损失都为 0。对于回归任务，计算真实推荐框与模型的预测推荐框之间的插值，参数化四个坐标分别是 $t_x=(x-x_a)/w_a$、$t_y=(y-y_a)/h_a$、$t_w=\log(w/w_a)$、$t_h=\log(h/h_a)$，对应的真实坐标为 $t_x^*=(x^*-x_a)/w_a$、$t_y^*=(y^*-y_a)/h_a$、$t_w^*=\log(w^*/w_a)$、$t_h^*=\log(h^*/h_a)$，其中绑定框中心的坐标为 x,y，宽度高度为 w,h。x,x_a,x^* 分别指预测的绑定框、锚的绑定框和真实数据的绑定框，对于 (y,w,h) 同理，可以简单理解为从预测锚绑定框和真实数据绑定框的回归计算。这个模型的创新之处在于使得映射的特征具有相同空间的大小。

目前已经描述了使用 RPN 生成推荐区域的过程，那么如何利用这些推荐区域训练 Faster R-CNN。对于检测网络，采用之前提到的 Fast R-CNN，通过一种算法来学习 RPN 和 Fast R-CNN 之间的共享参数。由于涉及两个网络，如果采用简单的独立训练方式，显然没有办法将两个网络的参数共享。使用联合的模型也不只是将两个网络连接起来利用反向传播算法就能够解决参数共享问题，因为只有简单的连接很难使得两个模型参数同时收敛于一个最优值。Ren 等（2015）设计了一种交替优化算法：第一步，使用 ImageNet 对 RPN 进行预训练初始化，之后再对其进行端到端精调训练，目的是训练一个好的 RPN 使其能产生有效的推荐区域。第二步，用上一步产生的推荐框训练一个独立的 Fast R-CNN 检测网络，这个网络首先要由 ImageNet 预训练初始化得到。第三步，将第二步中训练好的 Fast R-CNN 检测网络与第一步中的 RPN 网络连接起来，固定共享卷积层参数，对整个网络进行精调，实现两个网络的参数共享。第四步，保持其他层不变，精调 Fast R-CNN 的全连接层，使模型能够更好地应用于目标检测任务。经过这四步之后一个 Faster R-CNN 就训练完成了。

训练好整个模型之后模型的表现在 PASCAL VOC 2007 和 PASCAL VOC 2012 上都取得了目标检测比赛第一的好成绩，准确率分别是 73.2%mAP、70.4%mAP。

6.8.4　Mask R-CNN

He 等（2017）总结前人模型的经验提出了 Mask R-CNN，模型设计目的是解决图像目标分割领域的一些问题。目标分割是一个比目标检测还要困难的任务，因为这项任务要检测出图像中的所有目标，还有对目标进行相应的分割。目标分割既涉及目标检测又涉及图像的分割，所以是一个相对复杂的任务，Mask R-CNN 的表现效果比传统目标分割模型的表现效果要好。该模型通过扩展 Faster R-CNN，在每个感兴趣区域上添加一个用于分割的掩码来实现目标分割。其结构框架图如图 6.89 所示。其中的掩码分支与全连接层相互连接，以端到端的方式进行图像的预测。虽然增加的掩码分支与物体分类和推荐区域回归分支并行计算，但是模型的开销并不是很大，总的来说 Mask R-CNN 还是比较容易实现和训练的。

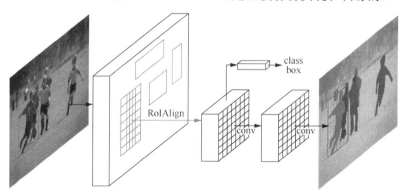

图 6.89   用于实例分割的 Mask R-CNN 框架结构示意图（He et al., 2017）

RoIAlign：感兴趣分配层。class box：分类盒。conv：卷积层

　　传统的目标分割方法使用基于分割推荐的算法，采用自下而上的图像分割技术。后来又有研究者对其算法进行修改，对图像进行分割候选，将得到的候选区域输入 Faster R-CNN 来对图像进行分类。这些方法不但使训练过程变得十分缓慢，对模型的表现效果也没有明显的提高。为了解决这些问题，Mask R-CNN 在之前的模型中添加掩码输出分支，这个输出同之前 Faster R-CNN 的两个输出有所不同，Faster R-CNN 的两个输出分别是类输出和框输出，而 Mask R-CNN 增加了一个掩码分支。在 Mask R-CNN 中采用了两阶段训练模型方式，第一个阶段训练一个 RPN 网络。第二个阶段模型将分别输出三个分支：预测类别分支，预测框计算分支，二进制掩码分支。在训练期间每一个感兴趣区域的多任务损失函数定义为如下公式：

$$L = L_{cls} + L_{box} + L_{mask} \qquad (6.108)$$

式中，L_{cls}、L_{box}、L_{mask} 分别表示预测类别分支损失、预测框计算分支损失、二进制掩码分支损失。等式（6.108）右边的前两项分别对应公式（6.105）和公式（6.106）中的 L_{cls} 和 L_{reg}。L_{mask} 被定义为平均二进制交叉熵损失，掩码分支对于每个感兴趣区域的输出维度为 km^2。掩码分支输出的掩码表示为输入目标所在的布局空间特征，其空间结构特征可以通过卷积神经网络来进行提取。为了使感兴趣区间特征更好地对齐，保留特征之间的对应关系，模型又添加了一个感兴趣区域分配层（RoIAlign）。感兴趣区域分配层的提出解决了感兴趣区域池化的错位现象，实现了特征的准确对齐。为了避免传统方法在计算过程中四舍五入带来的误差，新方法采用双线性插值来计算每个位置的精确值，这样的计算有利于之后模型在训练过程中的最大池化或者平均池化。

　　研究者让 Mask R-CNN 的表现胜过了目前表现最好的目标分割算法，该模型的测试结果如图 6.90 与图 6.91 所示。

图 6.90　Mask R-CNN 在 COCO 测试集上的测试结果（He et al., 2017）

图 6.91　Mask R-CNN 使用 ResNet-101-FPN 在 COCO 测试集上的测试结果（He et al., 2017）

Mask R-CNN 与其他方法比较的结果如图 6.92 所示。

图 6.92　FCIS 与 Mask R-CNN 的结果比较（He et al., 2017）

　　研究者还将模型应用于高难度的城市风景（cityscapes）数据集上进行目标分割，让模型对 8 个类别进行分割，8 个类别分别是行人、骑手、小汽车、卡车、公交车、火车、摩托车、自行车。使用 Mask R-CNN（ResNet-50-FPN）进行训练，模型的测试结果如图 6.93 所示，在城市风景测试数据集上其平均准确率（average precision, AP）值为 32%，右下角的一幅图片展示了失败的预测结果，其错误地将自行车预测成了行人。

　　这个模型不但可以完成目标分割任务，还可以将模型扩展到姿态估计问题中。在这项任务中 k 个关键点和目标检测任务一样是相对独立的，图 6.94 是一个 Mask R-CNN（ResNet-50-FPN）在 COCO 测试集上的关键点检测结果，这个模型可以同时输出目标的分割结果和关键点测试的 AP 值，其 AP 值为 63.1，运行速度为 5 帧/s。

图 6.93 Mask R-CNN 在 COCO 测试集上的关键点测试结果（一）（He et al., 2017）

图 6.94 Mask R-CNN 在 COCO 测试集上的关键点测试结果（二）（He et al., 2017）

Mask R-CNN 是目前目标检测与目标分割中表现较好的模型之一，但是随着深度学习的不断发展，之后还会有很多更加优秀的模型被研究者设计出来。目标检测的发展还有很大的空间，同时也存在着很大的挑战。

6.9 CNN 用于像素级语义分割

人们很久之前就开始研究语义分割技术了（Pinheiro et al., 2014; Hariharan et al., 2014; Gupta et al., 2014; Ganin et al., 2014; Farabet et al., 2013; Ciresan et al., 2012; Ning et al., 2005），其中图像分割属于语义分割的一个分支，图像分割至今已有很多研究者在研究（Farabet et al., 2013; Turaga et al., 2010; Briggman et al., 2009）。随着深度学习在图像识别和目标检测领域取得的巨大成功，图像中的语义分割技术也开始采用深度学习算法。图像中的语义分割指让计算机自动将图像中的内容分割出来并将分割出来的内容进行识别，它与前边两项技术的不同之处在于这项技术是面向像素级别的，目标检测的目的是识别出推荐框中内容，而这项技术是将图片中的每一个像素都进行识别，并且将每一个像素合成一个目标之后对目标进行分类。Long 等（2015）提出了一种全卷积的神经网络（fully convolutional networks, FCN）来实现图像中的语义分割，并且取得了好成绩。

为了发现图像中更多的信息，研究者从图像的像素级别出发对图像的每一个像素进行特征提取，这样的操作可以使得卷积神经网络识别更多更加精细的图像结构。之前的卷积神经网络应用到语义分割技术中，由于模型使用的是非端到端的分布式训练方式，任务处理起来存在较大的误差，为了解决这样的问题，Long 等（2015）运用迁移学习技术将卷积神经网络和密集预测相结合设计出了全卷积神经网络。全卷积神经网络是在现有的卷积神经网络基础上将任意大小的输入转化为一个高度密集的像素输出，这个输出包含了图像中的所有像素，这样可以很好地对每一个像素进行预测，如果在其基础上加上无监督式的预训练可以提高网络表现能力。其结构如图 6.95 所示，模型直接用分割任务中的真实数据（ground truth）来做监督信息，使网络进行像素级别的点对预测，并得到更好的预测结果。

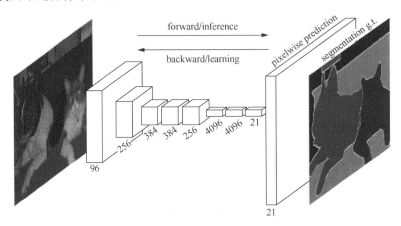

图 6.95　FCN 网络的结构模型（Long et al., 2015）

forward/inference：前向传递/推理。backward/learning：反向传播/学习。

pixelwise prediction：逐像素预测。segmentation g.t.：真实的分割标签

全卷积神经网络在之前的卷积神经网络模型上进行修改，使用传统的预处理方法来初始化网络参数，经过全卷积的精调来学习更好的网络参数。在全卷积网络当中，输出数据大小为 h,w,d 的三维数组，其中 h,w 代表特征图的高度和宽度，d 代表深度，这与传统的卷积神经网络类似。因为有着典型的卷积神经网络的卷积和池化操作，因此模型输出的特征具备图像的平移不变性。模型的前向传播计算公式如下：

$$y_{i,j} = f_{ks}\left(\{X_{si+\delta i,sj+\delta j}\}_{0\leq \delta i,\delta j\leq k}\right) \tag{6.109}$$

式中，k 代表卷积核大小；s 代表步长；f_{ks} 为卷积操作、池化操作或非线性变换。上述公式为基本的卷积运算，将上述公式写成用卷积大小和步长表示的公式形式，如下所示：

$$f_{ks} \circ g_{k's'} = (f \circ g)_{k'+(k-1)s',ss'} \tag{6.110}$$

将上述公式运算称为全卷积计算。根据上述的公式可以想到，FCN 可以计算任意大小的输入并产生对应大小的输出。将模型的损失函数定义为

$$l(x;\theta) = \sum_{ij} l'\left(x_{i,j};\theta\right) \tag{6.111}$$

从公式（6.111）可以看出，总的损失是每一层损失的总和，总的梯度是每一层梯度的总和。

因为处理的是像素级别的元素，需要将网络的输出转化到像素的级别上。要想实现这样的转化需要做到以下几点。

（1）将传统的卷积神经网络的分类层稍加修改使之可以预测密集型数据点。传统图像识别的卷积神经网络采用的是固定输入维度大小，输出一个对类别估计的概率向量，这样的估计是对图像整体的结构进行估计，往往忽略了像素的坐标位置，使得更小的图像粒度特征无法被估

计到。而全卷积神经网络解决了这样的模型粗粒度估计问题,其采用的估计方法如图 6.96 所示。

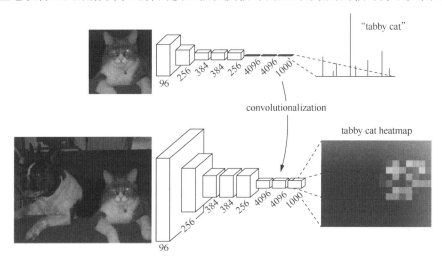

图 6.96　将传统卷积神经网络的输出转化成像素级的热图输出（Long et al., 2015）

convolutionalization：卷积化。tabby cat heatmap：虎斑纹猫的热图

　　将最后一层的输出形式改为图 6.96 的表示方式,可以很好地将粗粒度问题转化为细粒度问题并从图像的像素级角度考虑图像特征,将模型的像素级预测值与真实样本（ground truth）的像素级标签值通过反向传播的方法进行损失计算并估计参数的梯度,其大致过程和传统的卷积神经网络进行图像识别的过程相似,只是最后一层输出的计算方式有些不一样,采用这样的输出结构对于模型的计算能力有着很大的提升。

　　（2）采用稀疏滤波技术,密度预测技术能够将粗糙粒度像素转化为细粒度的像素,通过交叉错位的方式产生细粒度输出,这样的操作可以保证输出像素与模型接受域的中心像素一致。模型通过使用信号处理领域的多孔算法来产生想要的结果。实验表明仅仅使用多孔算法无法产生和旋转技术（shift-and-switch）相同的结果,为了产生相同的结果采用扩大技术来实现系数滤波的效果,公式如下：

$$w'_{ij} = \begin{cases} w_{\frac{i}{s},\frac{j}{s}}, & \text{当}i, j\text{能被}s\text{整除} \\ 0, & \text{其余情况} \end{cases} \tag{6.112}$$

式中, w 表示过滤器参数。为了能够实现系数滤波的效果,全卷积神经网络需要重复放大每一层过滤器（即放大卷积核的尺寸）,直到输入的特征通过了所有的池化层。网络中放大滤波器的操作可以使模型获得更多的特征信息,这样的操作增大了模型的计算开销,之后研究者将模型中的池化操作用一种上采样替代,这样的替代可以加快模型的训练速度。

　　（3）对输出密集像素做插值变换。简单来讲就是调换一下卷积的传播顺序,从前向传播变为反向传播,这样可以更好地应用端到端的方式训练模型。

　　（4）以逐块（patchwise）损失采样的方式训练模型。使用逐块损失可以使得卷积神经网络产生任意的分布,同时采用逐块的训练方式比传统的块均匀采样方式更加高效,而且还减少了训练的批次数。逐块采样训练方法还可以调整分类的误差,减轻由密集空间输出产生的相关性影响。

　　图 6.97 是对全卷积神经网络再训练的结构,通过这样的方法使得模型表现更加出色。

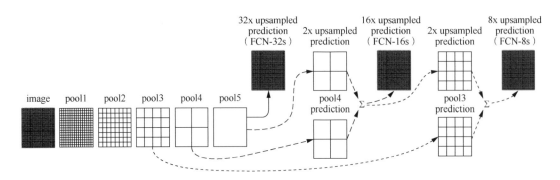

图 6.97　采用跳跃层的方式精调网络模型结构（Long et al., 2015）

image：图像。pool 1：第一个池化层。upsampled prediction：池化预测。FCN：全卷积网络。pool4 prediction：第 4 个池化层预测

上述结构采用跳跃层连接（skip layer）方法，这种思想与残差神经网络类似，在层数较低的时候较少上采样步长得到一个较精确的输出特征，将这样的特征与高层的含有较抽象的输出特征相互融合，将融合后的结果进行上采样最后得到输出特征，这样的做法可以将局部的信息和全局的信息同时考虑进来，使得模型的表现更加出色。

全卷积神经网络有很多优点：①模型采用了端到端的训练方式，比之前使用分步卷积神经网络的结构效果要好；②模型设计巧妙，只需在传统的卷积神经网络末尾添加一个上采样层，模型参数的训练方式还是与传统的模型训练方式相似；③不限制输入的尺寸大小，不管输入的大小如何，只需在最后一层按比例缩放回规定的大小即可。

全卷积神经网络只是卷积神经网络与图像语义分割结合的一个开始，之后也有很多改进的网络相继提出（Chen et al., 2017b; Ronneberger et al., 2015; Noh et al., 2015）。这些网络的提出使得深度学习在语义分割这一领域获得了很大的发展。

6.10　CNN 用于超高分辨率成像

日常的生活中，画家能够使用物体的部分特征画出一个与真实物体很像的图片。在人工智能领域，人们也希望机器能够从模糊不清的图像信息中抓住物体的特征并推断出该图像对应的高清细节信息，从而解决图像的超分辨率问题，想要做到这一点就需要一些算法来使得机器能够理解图像的内容。传统的机器学习算法已经对这一领域有所研究（Jia et al., 2013; Timofte et al., 2013; Bevilacqua et al., 2012; Zeyde et al., 2012; Yang et al., 2012, 2010, 2008; Chang et al., 2004; Freeman et al., 2000），但是效果都不是很好。最近，随着深度学习的发展，研究者开始用深度学习的方法来解决超高分辨率成像的问题了。

随着信息时代的飞速发展，摄像技术在短短几年时间里不断提高，图像的分辨率已经从原来的低分辨率发展到了今天的高清乃至超清分辨率了，为了更好地呈现这些高清分辨率图像，成像技术也在不断发展。使用之前的设备拍摄记录下的照片放在高清的屏幕上会带来成像模糊的问题，并且分辨率的增大使得网络带宽压力变大。为了解决这样的问题，图像超分辨率技术开始变得流行起来。在传统的算法中使用三次插值的方法将缺失的像素用数学的方法估计出来，这样虽然能部分复原图像但是效果却不是很理想。深度学习技术的发展，使得计算可以在像素级别上操作，这样的操作可以解决超高分辨率成像的问题。在深度学习领域，卷积神经网络对于图像的处理有着优异的表现，目前很多卷积神经网络的模型已经应用到了

图像超分辨率的任务当中。卷积神经网络最初是从网络结构的宽度和深度方面对超分辨率领域进行研究的（Scherer et al., 2010）；之后研究者又设计出了其他的模型结构，就像上面讲过的 Inception 模型及其变种一样，将这些不同的模型结构应用于图像超分辨率任务中。随着残差网络的流行，研究者又将其与深度残差网络相结合，这些模型都可以很好地提高分辨的效果；风格转化的流行，使得研究者把注意力集中在内容损失上，从语义层面上对图像进行生成；生成对抗网络的广泛使用，卷积神经网络与生成对抗网络结合，通过对抗训练使得生成图像的质量又得到了进一步的提升；之后像素卷积神经网络的流行，将图像的特征与像素级别建立依赖关系。虽然模型生成的图像质量是最佳的，但是模型同时也存在着相应的图像失效率。

Dong 等（2014）对超高分辨率（super-resolution, SR）成像出现的问题在模型上进行了改进。之前是用稀疏编码的方式分步处理模型每一部分对应的特征，将稀疏编码中的编码方法用深度学习中的卷积神经网络编码方法替代，采用端到端的学习方法直接学习图像从低分辨率到高分辨率的映射。简单来讲就是用一个传统的卷积神经网络将一个有着较低分辨率的图像作为输入，经过模型的转化并输出一个有着高分辨率的图像。这样的替代并不是想当然的，他们在论文中给出了模型被替代合理性的证明。

在处理图像超分辨率的任务中，单一图像超分辨率是一个比较常见的问题。目前的 SR 算法主要是基于样本训练的方法，这种方法的好处是利用了图像的相似性，可以从大量外部的较低分辨率图像样本中学到较好的映射特征。虽然来自外部的样本提供了丰富的信息，但是"随之而来的"模型计算量的增加却成为当下要解决的问题；稀疏编码的方法是一种基于外部样本的方法，但这种方法中间的分步过程太多，使得计算误差和计算复杂度都有所增加。受深度学习的启发，研究者将稀疏编码的编码方式用深度学习模型的计算方式等价地表达出来，这样只需考虑 CNN 模型的结构设计及其损失函数的设计，不用考虑中间的复杂过程。更多的好处在于这样可以从低分辨率图像中端到端地学习高分辨率图像的特征，这种映射可以直接学习到原图像空间和特征图像空间的流行结构，学习过程由隐藏层实现，整个模块的训练过程不需要进行模型的预处理和人工处理。

这种用于处理图像超分辨率的模型称为卷积神经网络图像超分辨率模型（super-resolution convolutional neural network, SRCNN）（Dong et al., 2014）。SRCNN 有些很好的性质：①其结构简单。相比于同一时期的方法，其具有更好的准确率。图 6.98 为双立方线性插值算法与 SRCNN 算法的比较，SRCNN 仅使用了少量的迭代次数，便在模型的表现上超过了双立方线性插值算法，如果使用更多的迭代次数，可以使得 SRCNN 模型的表现能力得到进一步提升。②模型结构的特殊性使得其在 CPU 上实现了很快的训练速度，同其他基于样本的训练方法比起来要快得多。③模型有足够的数据集进行训练时，网络的表现会有进一步的改善。

训练 SRCNN 模型时需要对模型进行预处理，用双立方体插值算法预训练出模型所需要的图像尺寸参数，将低分辨率图像输入到预训练好的模型中，从而得到低分辨率图像 Y。最终的目标就是将 Y 恢复成高清的真实图像，此操作记为 $F(Y)$。映射 F 有三个操作：①小块的特征提取以及表示。这个操作的含义是从低分辨率的图像中提取特征小块，通过模型将其表示为高维向量。②非线性映射。将小块表示的高维度向量非线性映射到另一个高维度空间向量上。③重建高分辨率的原图。将上述通过非线性映射产生的小块进行聚合得到高分辨率小块，并将其用于产生最终的高分辨率图像。图 6.99 是上述三个步骤的示意图，给出预训练后的低分辨率图像数据集 Y，并将其输入到 SRCNN 中，模型的第一层提取特征，第二层将这些特征非线性映射到高维空间中，最后一层将处理好的小块进行特征的聚合以此来形成最后的图像 $F(Y)$。

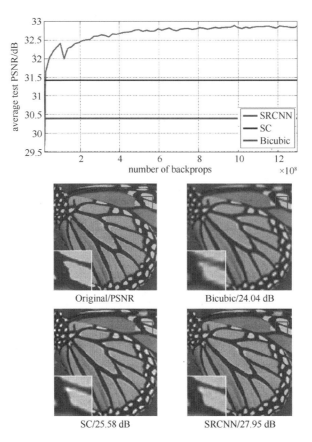

图 6.98   SRCNN 与双立方线性插值算法进行比较（Dong et al., 2014）

average test PSNR：平均测试值。number of backprops：反向传播次数。Original/PSNR：原始高清图像。
Bicubic：二元三次法产生的图像。SC：SC 模型。SRCNN：SR 卷积神经网络模型

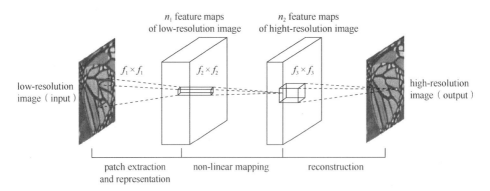

图 6.99   SRCNN 训练得到超高分辨率图像的简单结构图（Dong et al., 2014）

low-resolution image(input)：低分辨率输入图像。feature maps of low-resolution image：低分辨率图像的特征图。
feature maps of hight-resolution image：高分辨率图像的特征图。high-resolution image(output)：输出高分辨率图像。
patch extraction and representation：特征块的提取和表示。non-linear mapping：非线性映射。reconstruction：重构

下面讨论三个操作的过程。

第一，对于小块的提取和表示，此模型采用传统的图像超分辨率算法提取小块，以较大的概率在图像较密集的地方提取小块，并结合预训练出的图像特征来表示最终的小块，通过

一组滤波器对图像进行卷积操作。等价形式的卷积操作表达为如下的形式：

$$F_1(Y) = \max\left(0, W_1 * Y + B_1\right) \tag{6.113}$$

式中，W_1 与 B_1 分别表示卷积核和偏执项，W_1 的大小为 $c_1 \times k_1 \times k_1 \times n_1$，$c_1$ 是输入图像的通道数，$k_1 \times k_1$ 是卷积核大小，n_1 是滤波器数量，激活函数使用 ReLU 函数对特征进行激活。

第二，非线性映射。在第二层中将第一层提取的 n_1 维度的向量特征通过非线性映射变成 n_2 维度的向量，第二层的运算公式如下：

$$F_2(Y) = \max\left(0, W_2 * F_1(Y) + B_2\right) \tag{6.114}$$

式中，W_2 的大小为 $n_1 \times 1 \times 1 \times n_2$；$B_2$ 的维度为 n_2。在这一层中可以增加更多的非线性映射卷积核来提取不同类型的图像特征，这样虽然能够得到更好的结果，但是也会提高模型的复杂度，因此需要更多的训练时间对模型进行训练，在 SRCNN 中只使用一个卷积层的原因是它已经可以获得足够好的表现效果了。

第三，图像的重建过程。传统的方法是将预测出的小块叠加并取平均值形成最终完整的图像。在这种方法的基础上，定义一个相似的卷积层来产生最后的高分辨率图像，其计算的公式如下所示：

$$F(Y) = W_3 * F_2(Y) + B_3 \tag{6.115}$$

式中，W_3 的大小为 $n_2 \times k_3 \times k_3 \times c$；$B_3$ 是 c 维向量。

尽管上述三个过程有着不同的处理方法，但是从深度学习的角度来看，将这三个步骤放在一起便可以用一个三层的卷积神经网络来代替，并通过反向传播优化所有的权值和偏重。

SRCNN 模型与基于稀疏编码的方法密切相关，基于稀疏编码的超分辨率算法可以看作是一个卷积神经网络模型，图 6.100 描述了从卷积神经网络视角看稀疏编码，但在 SRCNN 中并不是所有层的操作都可以看作是稀疏编码方法的等价替代。SRCNN 涉及的优化还有高分辨率字典表示、激活非线性映射、图像特征的平均化操作，这些是稀疏编码方法中没有的。采用 SRCNN 模型能够很好地运用深度学习中端到端的结构，使得模型训练变得更加简单。

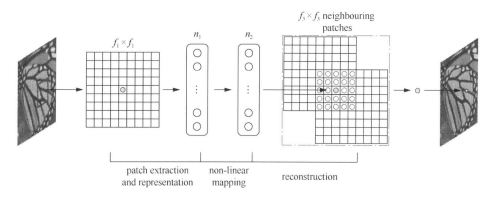

图 6.100　卷积神经网络视角解释稀疏编码方法（Dong et al., 2014）

neighbouring patches：临近块。patch extraction and representation：特征块的提取和表示。
non-linear mapping：非线性映射。reconstruction：重构

对于模型目标函数，采用了最小化重建图像 $F(Y; \Theta)$ 与高分辨率图像 X 之间的损失，其中高分辨率数据集标签采用 $\{X_i\}$ 表示，低分辨率用 Y_i 表示，目标函数可以写成均方差的表现形式：

$$L(\Theta)=\frac{1}{n}\sum_{i=1}^{n}\|F(Y_i;\Theta)-X_i\|^2 \qquad (6.116)$$

式中，n 为样本的个数，通过反向传播以及随机梯度下降算法便可以优化此网络。

6.11　球形卷积神经网络

6.11.1　球形卷积神经网络设计动机

在现实生活中球形图像数据日益增加，对于球形图像处理的需求也越来越大。球形图像可以应用于无人机、机器人、自动驾驶、分子回归问题、全球气候预测等多个计算机视觉领域。传统的处理球形图像的方法是将图像投影到二维平面上，对投影平面信号进行二维卷积操作，这样的方法在投影时导致了球形图像空间结构发生扭曲，使得卷积神经网络无法高效共享参数。目前卷积神经网络只能高效地处理二维平面图像，对于球形图像的处理还是无能为力。

Cohen 等（2018）设计出了球形卷积神经网络（spherical CNN, S^2-CNN）。该网络采用球形跨相关性（spherical cross-correlation）技术，可以处理球形信号表达和旋转等变性之间的关系。球形跨相关性技术满足傅里叶理论，采用快速傅里叶变换（fast Fourier transform, FFT）近似理论可以计算出球形图像信息。在数学中 FFT 又称为不可交换的谐波分析（non-commutative harmonic analysis）。球形卷积神经网络采用 FFT 操作代替标准卷积神经网络中的卷积操作，使网络可以处理带有球形图像的任务。

图 6.101 为球形图像信号映射到二维平面造成信号扭曲的示意图。由图可知，平面的位移映射不能模拟球形信号中的旋转变换。

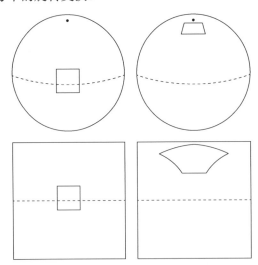

图 6.101　球形图像信号映射到二维平面造成信号扭曲的示意图（Cohen et al., 2018）

平移卷积操作和平移跨相关性映射不能很好地分析球形信号，可以将平移跨相关性映射中的平移过滤器变为旋转过滤器来处理球形信号，这种技术称为球形跨相关性技术。该技术可以很好地捕捉到三维流形中的信号，三维流形信号用 $SO(3)^2$ 表示。在卷积神经网络的高层

中采用了 $SO(3)^2$ 组相关性技术。

设计 S^2-CNN 模型有两个困难：①网络中球形跨相关性技术相应的旋转过滤器很难设计，为了实现过滤器的旋转操作，模型采用插值技术近似该操作；②模型有着较高的计算复杂度。对于处理 $SO(3)^2$ 空间中的数据，复杂度为 $O(n^6)$。

S^2-CNN 的特点：①站在理论的角度解释深度神经网络结构；②S^2-CNN 模型可以处理二维平面 S^2 或者三维流形空间 $SO(3)^2$ 中的数据，球形跨相关性技术有利于模型的优化。③S^2-CNN 模型可以学习到图像旋转不变的特性。

6.11.2　球形空间与旋转组之间的关系

通过平面 z^2 解释二维平面相关与球形相关，用 S^2 代表二维平面空间，用 $SO(3)$ 代表球形空间。①平面相关性：网络在 z^2 平面内通过计算输入特征图和过滤器的内积得到平移转换后的输出特征 x，$x \in z^2$。②球形相关性：网络在 $SO(3)$ 球形空间中通过计算输入特征图和过滤器的内积得到旋转后的输出特征 R，$R \in SO(3)$。在旋转操作中可以标记输出的特征图，利用这一点可以建立 $SO(3)$ 的相关函数。

下边讨论数学模型 S^2-CNN 涉及的相关概念。

（1）单位球面（the unit sphere）。S^2 由范数为 1 的 x 集合点组成，其中 $x \in R^3$，是一个二维流形，用球形坐标 α 与 β 表示，其中 $\alpha \in [0, 2\pi]$，$\beta \in [0, \pi]$。

（2）球形信号（spherical signals）。采用一个连续函数 $f: S^2 \to R^k$ 作为过滤器来处理球形图像，其中 k 表示通道数量。

（3）旋转操作（rotations）。三维空间中的旋转操作称为空间正交组或 $SO(3)$ 操作。旋转操作表示为 3×3 的矩阵，其保持了三维空间中点的距离和方向性。将球面中的点用三维向量表示，可以将旋转操作用矩阵相乘的形式表示为 Rx。旋转组为三维流形，可用 ZYZ-欧拉角 α, β, γ 参数化表示。其中 $\alpha \in [0, 2\pi]$，$\beta \in [0, \pi]$，$\gamma \in [0, 2\pi]$。

（4）球形信号的旋转操作（rotation of spherical signals）。为了求解球形相关性，需要定义旋转操作。旋转操作 L_R 可以表示为如下函数：

$$[L_R f](x) = f(R^{-1}x) \tag{6.117}$$

式中，f 表示旋转函数；R^{-1} 表示旋转操作。

（5）内积操作（inner products）。在球形信号向量空间中内积表示为

$$\langle \psi, f \rangle = \int_{S^2} \sum_{k=1}^{K} \psi_k(x) f_k(x) \mathrm{d}x \tag{6.118}$$

式中，$\mathrm{d}x$ 为球形标准旋转不变融合测量，在球形坐标中表示为 $\mathrm{d}\alpha \sin(\beta)\,\mathrm{d}\beta / 4\pi$。对于任意的旋转 $R \in SO(3)$，旋转不变性保证了 $\int_{S^2} f(Rx)\mathrm{d}x = \int_{S^2} f(x)\mathrm{d}x$。$L_R$ 可以写成如下公式：

$$\langle L_R \psi, f \rangle = \int_{S^2} \sum_{k=1}^{K} \psi_k(R^{-1}x) f_k(x) \mathrm{d}x$$

$$= \int_{S^2} \sum_{k=1}^{K} \psi_k(x) f_k(Rx) \mathrm{d}x$$

$$= \langle \psi, L_{R^{-1}} f \rangle \tag{6.119}$$

（6）球形相关性（spherical correlation）。对于球形信号 ψ 与 f，相关性可以表示成如下公式：

$$[\psi \star f](R) = \langle L_R \psi, f \rangle = \int_{S^2} \sum_{k=1}^{K} \psi_k \left(R^{-1}x \right) f_k(x)\mathrm{d}x \qquad (6.120)$$

球形相关的输出是作用在 $SO(3)$ 空间中的函数。

（7） $SO(3)$ 空间中的旋转操作（rotation of $SO(3)$ signals）。公式（6.117）为对球形信号的旋转操作。公式（6.120）为球形跨相关性计算。定义 $SO(3)$ 的相关性操作需要泛化的旋转操作，将（6.117）写成如下公式：

$$[L_R f](Q) = f\left(R^{-1}Q \right) \qquad (6.121)$$

式中， $f : SO(3) \to R^k$ ， $R \in SO(3)$ ； $Q \in SO(3)$ ； $R^{-1}Q$ 为旋转操作的组合。

（8）旋转组相关性（rotation group correlation）。定义旋转组中两个信号的相关性操作，公式如下：

$$[\psi \star f](R) = \langle L_R \psi, f \rangle = \int_{SO(3)} \sum_{k=1}^{K} \psi_k \left(R^{-1}Q \right) f_k(Q)\mathrm{d}Q \qquad (6.122)$$

式中， $\psi, f : SO(3) \to R^k$ ，融合测量 $\mathrm{d}Q$ 在 $SO(3)$ 中具有旋转不变的性质，可用 ZYZ-欧拉角 $\mathrm{d}\alpha \sin(\beta)\mathrm{d}\beta\mathrm{d}\gamma / \left(8\pi^2 \right)$ 表示。

（9）等变性（equivariance）。旋转操作 L_R 定义了相关性，这样的操作只适用于处理网络中的输入层信息，然而之后网络层的操作同样应该具有等变性。网络层 Φ 具有等变性，当且仅当 $\Phi \circ L_R = T_R \circ \Phi$ ，其中 T_R 为任意旋转操作。网络中任意层的等变性可以写成如下公式：

$$\left[\psi \star [L_Q f] \right](R) = \langle L_R \psi, L_Q f \rangle = \langle L_{Q^{-1}R} \psi, f \rangle = [\psi \star f]\left(Q^{-1}R \right) = \left[L_Q[\psi \star f] \right](R) \quad (6.123)$$

上式的导数对球形相关性和旋转组相关性都起作用。

6.11.3　应用 G-FFT 代替卷积操作

快速傅里叶变换能高效实现平面的相关性操作和卷积操作，相关涉及的傅里叶理论中 $\widehat{f * \psi} = \hat{f} \cdot \hat{\psi}$ ，其中 FFT 变换的计算复杂度为 $O(n\log n)$ 。傅里叶变换操作比传统的空间卷积操作（标准卷积操作）的计算复杂度低，空间卷积操作需要 $O\left(n^2 \right)$ 的计算复杂度。傅里叶变换应用在球形空间和旋转组中有一个近似的转换操作：泛化的傅里叶变换（generalized Fourier transform, GFT），相应的快速算法为泛化的快速傅里叶变换（generalized fast Fourier transform, G-FFT）。

通常所说的 GFT 是线性的映射函数，对于圆（ S^1 ）或直线（ R ）该函数用指数形式表示： $\exp(in\theta)$ 。对于 $SO(3)$ 空间该函数表示为 Wigner-D，即 $D_{mn}^l(R)$ ，其中 $l \geq 0$ ， $-l \leq m, n \leq l$ 。对于 S^2 空间该函数表示为球谐函数 $Y_m^l(x)$ ，其中 $l \geq 0$ ， $-l \leq m \leq l$ 。X 对应流形空间 S^2 与 $SO(3)$ 。用基础函数 U^l 表示向量值 Y^l 和矩阵值 D^l ，将 GFT 函数写成如下形式：

$$\hat{f}^l = \int_X f(x)\overline{U^l(x)}\mathrm{d}x \qquad (6.124)$$

式中， $f : X \to R$ 。

$SO(3)$ 空间中的逆傅里叶变换为

$$f(R) = \sum_{l=0}^{b} (2l+1) \sum_{m=-l}^{l} \sum_{n=-l}^{l} \hat{f}_{mn}^l D_{mn}^l(R) \qquad (6.125)$$

式中，最大频率系数 b 为带宽。

根据 Wigner-D 函数性质可知： $D^l(R)D^l(R') = D^l(RR')$ ， $D^l\left(R^{-1} \right) = D^l(R)^\dagger$ ， $SO(3)$ 相关性

操作满足 $\widehat{\psi \star f} = \hat{f} \cdot \hat{\psi}^{\dagger}$，其中 $\hat{f}, \hat{\psi}^{\dagger}$ 为矩阵，$\cdot$ 为矩阵相乘操作。

S^2 空间的逆傅里叶变换与 $SO(3)$ 空间中的变换相似。$Y(Rx) = D(R)Y(x)$，$Y_m^l = D_{m_0|S^2}^l$，在 S^2 空间中卷积操作可以近似表示为 $\widehat{\psi \star f}^l = \hat{f}^l \cdot \hat{\psi}^{l\dagger}$，其中 $\hat{f}^l$, $\hat{\psi}^l$ 为向量，以上计算基于一个假设：两个球形信号的 $SO(3)$-FT 变换能够被 S^2-FT 变换的外积计算得到。S^2 空间的逆傅里叶变换计算如图 6.102 所示，这样的变换操作等价于卷积操作。

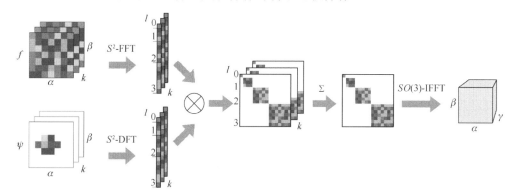

图 6.102　谱空间的球形相关性示意图（Cohen et al., 2018）

S^2-FFT：S^2 空间的快速傅里叶变换。S^2-DFT：S^2 空间的离散傅里叶变换。$SO(3)$-IFFT：$SO(3)$ 空间中的整合快速傅里叶变换

图 6.102 中是对信号 f 和过滤器 ψ 进行傅里叶变换操作，之后将变换后的信息进行张量化处理，将张量化信息输入通道进行累加求和操作，最后将信息以逆傅里叶变换的形式输出。其中 α, β 为 S^2 的参数空间坐标，α, β, γ 为 $SO(3)$ 空间中的 ZYZ-欧拉角。

球形卷积神经网络中的 G-FFT 计算主要参考 Kostelec 等（2007）提出的相关傅里叶变换。下边讨论 $SO(3)$ 空间的快速傅里叶变换和 S^2 空间的快速傅里叶变换。

（1）$SO(3)$ 空间的快速傅里叶变换。输入是 $SO(3)$ 空间中的信号 f，采用离散网络法对信号进行采样，并将采样后的结果存储在三维数组中，样本对应的坐标为 ZYZ-欧拉角 α, β, γ。$SO(3)$-FFT 的计算步骤分两步：①对信号在 α 和 γ 轴上进行标准的二维傅里叶变换；②用 Wigner-D 函数线性收缩傅里叶变换后的 β 轴数值，即 $d_{mn}^l(\beta)$。因为线性收缩变换在计算时有很大的计算开销，所以采用 GPU 核进行相应的计算。输出是傅里叶相关系数 $\hat{f}_{mn}$，其中 $l \geqslant n$, $m \geqslant -l$, $l = 0, \cdots, L_{\max}$。

（2）S^2 空间的快速傅里叶变换与 $SO(3)$ 空间的快速傅里叶变换相似：①对信号在 α 轴上进行傅里叶变换；②用 Legendre 函数线性收缩傅里叶变换后的 β 轴数值。

通过这样的傅里叶变换使卷积神经网络很好地对球形数据进行处理。

6.11.4　球形卷积神经网络实验

实验证明球形卷积神经网络有很好的数值稳定性和精确性，并且模型可以在实际问题中处理带有球形信号的任务，其在三维物体检测中取得了很好的成绩。下面讨论球形卷积神经网络处理三维物体检测任务。

实验数据集为三维形状分类数据集，其中包含 51300 个三维模型，55 个类别。使用直接径向映射技术，将三维网格数据映射到球形闭包中。如图 6.103 所示，右侧两幅图为 (α, β) 坐标中的球形信号，分别来自球形距离与高斯模型的射线余弦。两图中间的点对应于左图的红外线。

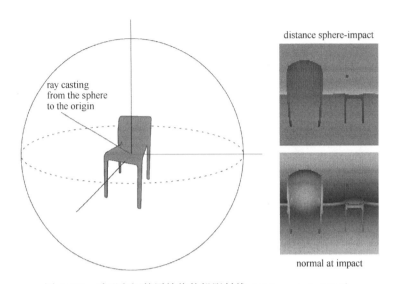

图 6.103　球形空间的原始物体投影射线（Cohen et al., 2018）

ray casting from the sphere to the origin：从三维球面到原始平面的光线投影。

distance sphere-impact：球面影响距离。normal at impact：正常的影响情况

球形卷积神经网络与三个在三维分类任务中表现较好的模型进行比较，采用标准的评估指标对模型性能进行评估，表 6.6 为不同模型在三维形状分类任务中的表现结果。

表 6.6　三维形状分类任务中不同模型的表现结果（Cohen et al., 2018）

模型	P@N	R@N	F1@N	mAP	NDCG
Tatsuma_ReVGG	0.705	0.769	0.719	0.696	0.783
Furuya_DLAN	0.814	0.683	0.706	0.656	0.754
SHREC16-Bai_GIFT	0.678	0.667	0.661	0.607	0.735
Deng_CM-VGG5-6DB	0.412	0.706	0.472	0.524	0.624
S^2-CNN	0.701（3rd）	0.711（2nd）	0.699（3rd）	0.676（2nd）	0.756（2nd）

由表 6.6 可知，除了在 P@N 和 F1@N 测度中模型表现为第三外，在其他测度上都取得了第二名。Tatsuma_ReVGG、Furuya_DLAN 两个模型之所以能在各项测度中取得较突出的成绩，是因为这两个模型专门是为解决三维形状分类任务而设定的，二者并不具有泛化能力。比起以上这些无法解释的模型结构，S^2-CNN 可以用球面理论进行解释。

6.12　CNN 用于文本处理

因为卷积神经网络有着独特的模型结构，除了应用于计算机视觉中处理图像数据，还可以应用于自然语言处理。

6.12.1　KimCNN

自然语言领域以序列化处理数据为主，适合处理这类数据的序列化深度学习模型也有很多，例如循环神经网络、长短期记忆神经网络等。Kim（2014）提出一种非序列化语言模型 KimCNN。使用该模型可以解决情感分析、文本分类等一系列语言问题，并且效果比一些传

统的语言模型表现出色，同时此模型也是第一个将卷积神经网络与语言文字相结合的例子。模型的设计说明了在自然语言处理方面不仅只有序列化的深度学习模型可以处理序列化数据，非序列化数据模型同样可以处理序列化数据，模型结构如图 6.104 所示。

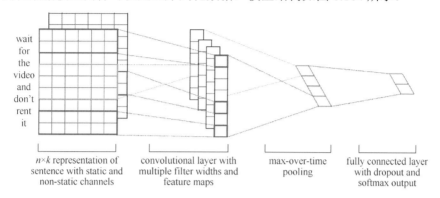

图 6.104　带有双通道的卷积神经网络语言模型处理句子的过程（Kim, 2014）

wait for the video and don't rent it：等待视频播放并且不会租借。

$n \times k$ representation of sentence with static and non-static channels：$n \times k$ 静态非静态句子表示通道。

convolutional layer with multiple filter widths and feature maps：多个过滤器和特征图组成的卷积层。

max-over-time pooling：最大时间池化。fully connected layer with dropout and softmax output：具有丢弃和最大软化输出

假设输入是一个句子，用一个二维矩阵存储。矩阵的行代表句子中每个单词，矩阵的列代表一个单词所需要的词向量维度。假设一个句子有 n 个词，每个词用固定的维度 k 表示，一个矩阵代表一个句子，则该矩阵的大小为 $n \times k$。KimCNN 的输入有两个通道，一个代表静态通道，一个代表动态通道。静态通道指在一个句子的词向量输入该通道后，关于这个通道的词向量是不随着模型的反向传播而改变的（将生成词向量网络中的参数也作为整个 KimCNN 网络优化的参数），而动态通道的意思就是在反向传播过程中词向量网络参数随着梯度更新而时刻改变。KimCNN 对文本分类的操作步骤为：①卷积操作。卷积核的大小是 $h \times k$，其中 h 表示一次参与卷积运算的词有 h 个，即句子矩阵中的行数，k 表示词向量（word vector）的维度。句子矩阵经过卷积运算得到很多的特征图。②将特征图输入池化层进行池化操作。这里的池化和图像处理的池化有些不同，由于任务的特殊性，输入池化层的特征图由多个一维的特征向量组成，池化操作是从前一层的每一个特征图向量中取一个最大值，再将这些值拼接起来。这种方法称为最大时间池化（max-over-time pooling）。经过最大时间池化之后得到最终的池化特征图。③再将池化特征图输入一个单层的全连接层，最后通过一个 softmax 层完成分类任务。为了避免过拟合，模型采用了 Dropout 技术，增加了模型的泛化能力。

模型训练之前，输入 KimCNN 的词向量表示都是由词向量网络（Word2vec）经过预训练得到。用 Google News 预训练 Word2vec 模型。训练时，模型的激活函数使用 ReLU，卷积核的大小分别为 3×3、4×4、5×5，各 100 个，Dropout 设为 0.5，L_2 约束网络参数数量不超过三个，小批量（mini-batch）的大小设置为 50，该模型的实验结果如表 6.7 所示。

表 6.7　不同语言模型之间的对比实验结果

模型	MR	SST-1	SST-2	Subj	TREC	CR	MPQA
CNN-rand	76.1	45.0	82.7	89.6	91.2	79.8	83.4
CNN-static	81.0	45.5	86.8	93.0	92.8	84.7	89.6

续表

模型	MR	SST-1	SST-2	Subj	TREC	CR	MPQA
CNN-non-static	81.5	48.0	87.2	93.4	93.6	84.3	89.6
CNN-multichannel	81.1	47.4	88.1	93.2	92.2	85.0	89.4
RAE	77.7	43.2	82.4	—	—	—	86.4
MV-RNN	79.0	44.4	82.9	—	—	—	—
RNTN	—	45.7	85.4	—	—	—	—
DCNN	—	48.5	86.8	—	93.0	—	—
Paragraph-Vec	—	48.7	87.8	—	—	—	—
CCAE	77.8	—	—	—	—	—	87.2
Sent-Parser	79.5	—	—	—	—	—	86.3
NBSVM	79.4	—	—	93.2	—	81.8	86.3
MNB	79.0	—	—	93.6	—	80.0	86.3
G-Dropout	79.0	—	—	93.4	—	82.1	86.1
F-Dropout	79.1	—	—	93.6	—	81.9	86.3
Tree-CRF	77.3	—	—	—	—	81.4	86.1
CRF-PR	—	—	—	—	—	82.7	—
SVMs	—	—	—	—	95.0	—	—

在表 6.7 中，前四个模型是 KimCNN 及其相应扩展。其中 CNN-rand 表示所有词向量随机初始化得到。CNN-static 表示所有词向量经过 Word2vec 预训练得到，并且在训练过程中用固定的 Word2vec 模型参数，产生固定的词向量。CNN-non-static 表示所有词向量经过 Word2vec 预训练得到，并且在训练过程中 Word2vec 随着反向传播参数更新而不断变化，每个词的词向量表示也在随着网络的更新发生变化。CNN-multichannel 表示所有词向量经过 Word2vec 预训练得到，并且使用模型双通道训练方式对 KimCNN 进行训练。从对比试验中可以看出 CNN-multichannel 获得了相对较高的准确率。

6.12.2　DCNN

随着卷积神经网络在自然语言处理领域的不断发展，Kalchbrenner 等（2014）又提出了动态卷积神经网络（dynamic convolutional neural network, DCNN）。这个网络提供了一个新颖的池化方式：动态池化。采用动态池化可以使网络的输入不再局限于固定长度的句子，网络可以处理任意长度的句子。图 6.105 展示了模型对一个句子提取特征的过程，信息自下而上传递，每一层信息的合并都代表着信息之间的交互，或达成某种语义之间的联系。通过这样的信息传递方式最终可以提取出有意义的句子抽象特征。

模型中包含两种操作层，一种是一维卷积层，一种是最大动态 k 池化层。当卷积核在处理一个句子的时候，每个单词表示的向量维度是固定不变的，能改变的只有卷积操

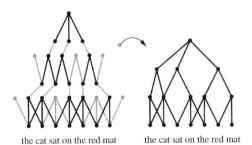

图 6.105　DCNN 对句子特征的提取过程
（Kalchbrenner et al., 2014）

the cat sat on the red mat：猫坐在红色垫子上

作中卷积词向量的个数，因为卷积核只有一个维度，能自行调整，所以称为一维卷积，其操作与 KimCNN 中的一维卷积操作类似。当使用最大动态 k 池化层时，可以提取到句子中的多种信息。

图 6.106 为 DCNN 模型结构示意图。模型使用了一种宽卷积（wide convolution）的卷积方式，对输入数据进行卷积操作。首先卷积出的特征经过一个动态 k 最大池化层，再将数据送入一个叠加层（folding），最后进入一个全连接层。宽卷积核的作用是图输出的尺寸大于输入的尺寸，如图 6.107 所示，假设一维卷积核大小为 5，步长为 1，在输入层中添加零填充，其他的超参数设置不变，这样就可以实现宽卷积操作，图 6.107 通过这样的方式就可以获得比输入尺寸更大的输出特征。与宽卷积操作相反的是窄卷积操作，该操作有数据降维的作用。

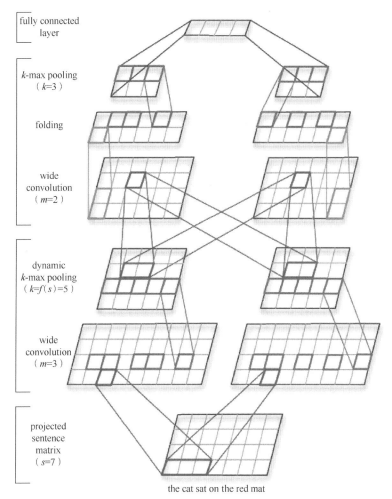

图 6.106　DCNN 的模型结构图（Kalchbrenner et al., 2014）

fully connected layer：全连接层。k-max pooling：最大 k 池化。folding：堆叠。wide convolution：宽卷积层。

dynamic k-max pooling：最大动态 k 池化层。projected sentence matrix：映射句子矩阵。

the cat sat on the red mat：猫坐在红色垫子上

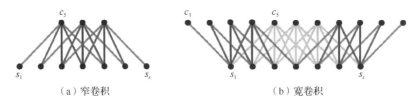

（a）窄卷积   （b）宽卷积

图 6.107　窄卷积和宽卷积的对比图（Kalchbrenner et al., 2014）

模型的主要贡献是设计出最大动态 k 池化层。最大 k 池化（k-max-pooling）操作指给定一个数值 k 和一个序列数值 p，在序列 p 中选择前 k 个最大值。应用最大 k 池化的好处在于，当句子中的重要信息不止一个的时候，可以将前 k 个比较重要的信息提出来，模型中 k 的计算公式如下：

$$k_l = \max\left(k_{\text{top}}, \left\lceil \frac{L-l}{L} s \right\rceil \right) \tag{6.126}$$

式中，l 为当前层数；L 是网络中共有卷积层层数；k_{top} 是模型最高层对应的 k 值，是人为设置的固定值；s 表示输入句子的长度；$\lceil\ \rceil$ 表示向上取整。动态池化的作用在于可以从不同长度的句子中提取语义信息，很好地解决了卷积神经网络处理不同句子长度的问题。

在图 6.106 中还有一个叠加层（folding）。之前的卷积操作考虑了单词与单词之间的相连性。但 Kalchbrenner 等（2014）认为同一单词不同维度之间也有着相关的表征信息，所以将同一行的不同列相加在一起就可以发现同一单词不同维度之间的对应关系。这样的操作保留了原始句子的语序和词语之间的相对位置关系，这样处理的好处是模型不需要任何的先验知识（例如语法分析树等）便可以获得很好的训练效果。

DCNN 用于分类任务时，最后两层分别为全连接层和 softmax 层，损失函数使用分类交叉熵损失，采用 L_2 对模型参数进行正则化，采用随机梯度下降的方法对模型进行优化。模型在影评好感度数据集上的测试结果如表 6.8 所示，从实验结果可以看出，DCNN 的准确率比其他传统模型的准确率更高，同时模型的性能也优于其他传统的模型。

表 6.8　电影评价好感度分析的不同模型准确率对比结果 　　　　　　（单位：%）

模型	Fine-grained	Binary
NB	41.0	81.8
BINB	41.9	83.1
SVM	40.7	79.4
RECNTN	45.7	85.4
MAX-TDNN	37.4	77.1
NBOW	42.4	80.5
DCNN	48.5	86.8

卷积神经网络在自然语言处理与理解方面的应用还有很多。有些模型将卷积神经网络与循环神经网络模型结合，应用混合模型思想，模型之间相互取长补短从而达到更好的训练效果。卷积神经网络在自然语言处理领域的发展只是一个开始，相信之后还会出现更多更好的卷积神经网络扩展模型。

6.13 胶囊网络

卷积神经网络结构在不断改进,模型的容量越来越庞大,模型的结构越来越复杂。但是无论模型怎么变化,它的基础模型都是卷积神经网络结构,各种模型内部的模块都是卷积操作模块、池化操作模块,很少有人怀疑这样的模块设计是否合理。

Hinton 在一次演讲中对传统卷积神经网络存在的问题做了总结:①传统的卷积神经网络中结构种类太少,神经元、层数以及整个网络都比较单一,只能靠着模型的堆叠提高性能,这样大大提高了模型的计算复杂度,并且训练一个卷积神经网络需要很多的训练数据;②传统卷积神经网络将提取的特征和特征对应的相邻信息捆绑在一起处理,这其实是一个不好的设计,因为相邻特征可能表示实体的不同属性,应该将特征分开提取,分开提取对属性发现有着很好的效果;③传统的卷积神经网络池化层也存在问题,其结构不符合形态感知心理学对物体发现的过程,此结构解决了不变性(invariance)与恒变性(discarding)问题,而卷积神经网络模型设计的最初目的是想解决恒变性与解缠绕(disentangling)的问题;④池化层操作并没有使用非线性结构,这一点不符合神经科学理论,并且池化层会丢失大量的信息,降低了空间分辨率,从而导致对于输入信息的微小变化,对应的池化输出是不变的,这样不利于卷积神经网络处理类似于语义分割方面的任务。

针对传统卷积神经网络存在的问题,Sabour 等(2017)提出了胶囊网络(capsule network, CapsNet)。该模型有以下优点:①胶囊(capsule)的结构模拟大脑皮层的微柱体(mini-column),可以同时学到物体的多种姿态;②胶囊采用路由机制,高层胶囊从底层胶囊中接收预测向量,并找到一种组合低层胶囊的方式,这一点有利于胶囊网络处理监督学习任务。

6.13.1 动态路由胶囊网络

6.13.1.1 胶囊

胶囊网络是由胶囊构成的,一个胶囊是由多个神经元组成的,可以学习到图像中的特定物体和姿态。胶囊的输出是一个向量,向量的长度代表物体是否存在的概率,方向代表物体的姿态,例如物体所在的位置,旋转的角度以及尺寸变化等。当同一物体的姿态稍有变化时,胶囊会使用非线性挤压函数,输出一个长度相同但是方向稍微变化的向量,这样胶囊既可以检测到物体的存在,又可以检测到物体姿态的变化。

胶囊最早应用于变换自动编码器(transforming auto-encoders)(Hinton et al., 2011),图 6.108 为一个带有胶囊的变换自动编码器。图中每个胶囊有三个识别单元和四个生成单元组成,通过反向传播实际输出和目标输出之间的差异学习网络参数。网络的输入为一幅图像以及预期的位移 Δx 和 Δy,隐藏层由三个胶囊组成,输出是位移后的图像。每个胶囊有相应的逻辑识别单元(logistic recognition units),逻辑识别单元作为隐藏层计算 x、y 和 p 三个数,x、y 代表物体当前的位置,p 代表图像中物体存在的概率。胶囊中还有生成单元(generation units),用于计算网络输出图像的位移变化,生成单元的输入是 $x+\Delta x$ 和 $y+\Delta y$,生成单元的输出与 p 相乘作为最后图像的位移,与 p 相乘可使未激活的胶囊在物体位移计算时不起任何作用。

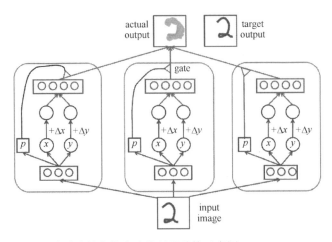

图 6.108　带有胶囊的变换自动编码器结构示意图（Hinton et al., 2011）

actual output：真实输出。target output：目标输出。gate：门。input image：图像输出

6.13.1.2　胶囊网络

胶囊网络与传统的神经网络类似，由多层构成，图 6.109 为一个简单的胶囊网络结构示意图。低层的胶囊被称为基础胶囊（primary capsules），每个基础胶囊采用部分图像区域作为输入，之后探测该区域某种模式是否存在，这种模式可以是物体的某些姿态，例如物体所在的位置、旋转的角度以及尺寸变化等，也可以是组成物体的基本形状，如矩形、三角形等。高层的胶囊被称为路由胶囊（routing capsule layer），该胶囊可以检测到更加复杂的物体结构特征以及物体的总体轮廓，例如船的轮廓或者房子的轮廓等。在图 6.109 中，基础胶囊层有两个 5×5 的胶囊输出的特征图，路由胶囊层有两个 3×3 的胶囊输出的特征图。不同类型的箭头代表不同胶囊的输出向量，有些代表检测到三角形的胶囊输出，有些箭头代表检测到矩形的胶囊输出，有些代表检测到船的胶囊输出，有些箭头代表检测到房子的胶囊输出，箭头的方向表示不同的姿态。

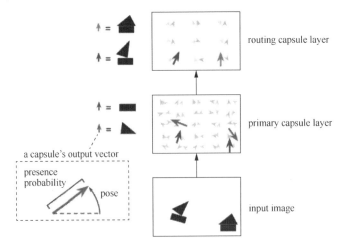

图 6.109　简单的胶囊网络结构示意图（Aurélien, 2018）

a capsule's output vector：一个胶囊输出向量。presence probability：出现概率。pose：位置。
routing capsule layer：路由胶囊层。primary capsule layer：主胶囊层。input image：输入图像

Hui 等（2017a）总结了动态路由胶囊网络结构，示意图如图 6.110 所示，该网络共六层，

包括一层卷积层、两层胶囊层和三层全连接层。

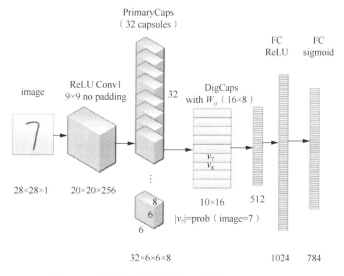

图 6.110　胶囊的简化结构示意图（Hui, 2017a）

image：图像。ReLU Conv1 9×9 no padding：第一个卷积层，大小为 9×9，激活函数为整流线性单元，没有填充。
PrimaryCaps（32 capsules）具有 32 个胶囊的基础胶囊层。DigCaps with W_{ij}：数字胶囊层，参数为 W_{ij}。
prob（image=7）：图像等于 7 的概率。FC ReLU：具有线性整流单元的全连接层。FC sigmoid：s 形函数的全连接层

（1）第一层为一个传统的卷积层，有 256 个大小为 9×9 的卷积核，步长为 1，没有零填充。该层将一张大小为 28×28×4 的输入图像转化成 256 个 20×20 的特征图。

（2）第二层为基础胶囊，胶囊内部由几个卷积层组成，卷积核大小为 9×9，步长为 2，没有零填充。使用 8×32 个卷积核表示 32 个输出为 8 维的胶囊，基础胶囊输出为 32×8 个 6×6 的特征图。

（3）第三层为数字胶囊（digit caps）。该层采用动态路由算法利用转换矩阵将输出为 8 维向量转换成输出为 16 维的向量。

（4）第四～六层为全连接层，这三层的作用是为了重建输入图像，以便可视化胶囊的特征，用于实验结果分析。

模型使用公式（6.127）作为边缘损失函数：

$$L_k = T_k \max\left(0, m^+ - \|v_k\|^2\right) + \lambda\left(1 - T_k\right)\max\left(0, \|v_k\| - m^-\right)^2 \qquad (6.127)$$

当实例为类 k 时：$T_k = 1$，$m^+ = 0.9$，$m^- = 0.1$，λ 是一个调节参数。使用 Adam 对网络参数进行优化。模型在训练时使用一种重建的正则化方法，该方法用于激活数字胶囊层的输出向量，激活的向量用于重建图像。数字胶囊层的输出作为 3 层全连接层的输入。重建图像过程采用均方差最小化 sigmoid 层输出值与正确标签，使用 0.0005 缩小重建损失，使无关因素不会成为边缘损失的主要损失部分。

6.13.1.3　胶囊的操作

胶囊处理输入数据分三个阶段：仿射变换、动态路由和挤压变换。

1. 仿射变换

仿射变换类似于神经网络中的线性组合操作，但是仿射变换不是针对一个神经元，而是针对一个胶囊的操作。相应的数学表达形式如下：

$$\hat{u}_{j|i} = W_{ij}u_i \tag{6.128}$$

式中，W_{ij} 代表低层 i 胶囊到高层 j 胶囊的转换矩阵；u_i 表示胶囊的输入；$\hat{u}_{j|i}$ 为仿射变换后的结果。

2．动态路由

为了实现高性能表达效果，胶囊网络采用动态路由机制。该机制指将表达相似特征的胶囊组合到高层的同一个父胶囊中。数学表示如下：

$$s_j = \sum_i c_{ij}\hat{u}_{j|i} \tag{6.129}$$

式中，c_{ij} 表示胶囊 i 对高层胶囊 j 的耦合系数，可以测量胶囊 i 与高层胶囊 j 之间的一致性，通过动态路由迭代求得。Sabour 等（2017）采用内积方式更新耦合系数，更新公式如下：

$$a_{ij} = \hat{u}_{j|i} \cdot v_j \tag{6.130}$$

c_{ij} 的 softmax 形式如下所示：

$$c_{ij} = \frac{\exp(b_{ij})}{\sum_k \exp(b_{ik})} \tag{6.131}$$

式中，b_{ij} 为对数先验概率（log prior probabilities）。b_{ij} 的大小取决于两个胶囊的位置和类型。

下面举一个例子来说明动态路由的作用。假设有两个基础胶囊，一个识别矩形，一个识别三角形。矩形和三角形可以是房子或船的一部分，如图 6.111 所示。图中左侧，根据矩形的姿态（旋转角度），两矩形为向右旋转，对应的房子或船也是向右旋转的。图中右侧，根据三角形的姿态（旋转角度），两三角形为向右旋转，对应的房子几乎完全是上下反转的，而船只是向右旋转了一点。可以看到矩形和三角形在船上的旋转姿态是一致的，在房子上却不一致。因此，这里的矩形和三角形可能是同一条船上的一部分，而不是房子的一部分，从而可以得知基础胶囊检测到的矩形和三角形是船的特征而不是房子的特征。

胶囊中通过动态路由机制，可以把矩形和三角形的输出信息更多地指向高层的房子胶囊。通过这样的方法，使船的胶囊获得更多有用的输入信号，如图 6.112 所示。每一个高层胶囊与低层的胶囊之间有一个耦合系数，当不同的低层胶囊对于同一个高层胶囊是一致的时候，对应的耦合系数会增加，反之耦合系数减少。

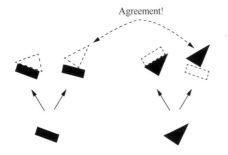

图 6.111　动态路由第一步：基于物体的部分特征和对应姿态（物体旋转角度）预测物体是否存在，以及对应姿态如何（Aurélien, 2018）

Agreement：一致

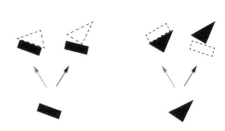

图 6.112　动态路由第二步：更新路由权重（Aurélien, 2018）

采用动态路由算法对于拥挤的场景十分有用，如图 6.113 为一个拥挤的场景，图中第一行为将中间部分看成是上下反转的房子的结果，但这样会使上边的三角形和下边的矩形无法解释。图中第二行是按动态路由算法得到的解释，可以将下半部分看作船，上半部分看作是房子，这样图像的模糊性就得到了很好的解释。

3. 挤压变换

网络使用挤压（squashing）函数替代 ReLU 激活函数，确保向量压缩到接近于 0 到 1 之间的长度，将较小的向量压缩到 0，将较大的向量压缩到 1。胶囊的输出可以表示为如下公式：

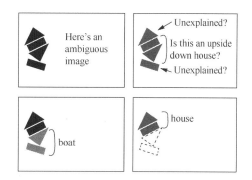

图 6.113 动态路由举例说明（Aurélien, 2018）
Here's an ambiguous image：这里有一个模糊的图像。boat：船。
Unexplained：未解释的。
Is this an upside down house：这是一个倒置的房子。house：房子

$$v_j = \frac{\|s_j\|^2}{1+\|s_j\|^2} \frac{s_j}{\|s_j\|} \tag{6.132}$$

式中，v_j 代表第 j 个胶囊的输出向量；s_j 代表总输入向量；$\|s_j\|$ 表示 s_j 的 L_2 范数。

特征信息在胶囊层中传播的过程如图 6.114 所示，该图展示了胶囊的层级结构和动态路由过程。最下边层级共有两个胶囊单元，它们输出两个向量，向量分别与不同的转换矩阵相乘，得到仿射变换结果。在动态路由过程中，仿射变换结果和耦合系数相乘，再经挤压变换后传入特定的高层胶囊，图中的高层胶囊共由四个胶囊单元组成。

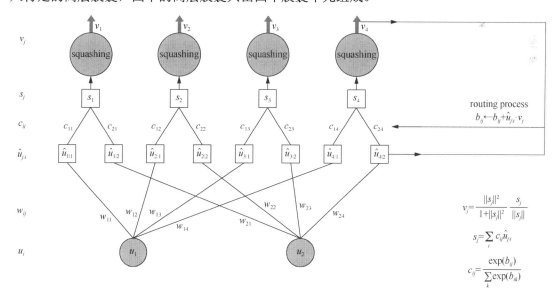

图 6.114 特征信息在胶囊中的传播过程（蒋思源，2017）

squashing：挤压。routing process：路由过程

6.13.1.4 动态路由算法

图 6.114 右侧描述了路由更新的过程，先计算出 $\hat{u}_{j|i} \cdot v_j$ 结果，之后与原来的 b_{ij} 相加并更

新 b_{ij}，然后利用 $\mathrm{softmax}\left(b_{ij}\right)$ 更新 c_{ij}，这样可以修正后一层胶囊的输入 s_j，从而得到新的 v_j，当输出新的 v_j 后又可以迭代更新 c_{ij}。

算法 6.6 介绍了胶囊网络中的路由算法。

算法 6.6　胶囊网络中的路由算法

输入： 胶囊网络层数 L，迭代次数 r

输出： 高层胶囊的输出向量

1	进行路由算法
2	所有第 l 层的胶囊 i 和第 $l+1$ 层的胶囊 j：$\quad b_{ij} \leftarrow 0$
3	**for** $m=1$ **to** r :
4	第 l 层的所有胶囊 i：$\quad c_i \leftarrow \mathrm{softmax}\left(b_i\right)$，如公式（6.131）所示
5	第 $l+1$ 层的所有胶囊 j：$\quad s_j \leftarrow \sum_i c_{ij} \hat{u}_{j|i}$
6	第 l 层的所有胶囊 i：$\quad v_j \leftarrow \mathrm{Squash}\left(s_j\right)$，如公式（6.132）所示
7	第 l 层的胶囊 i 和第 $l+1$ 层的所有胶囊 j：$\quad b_{ij} \leftarrow b_{ij} + \hat{u}_{j|i} \cdot v_j$

6.13.1.5　胶囊网络的实验

图 6.115 中的 (l, p, r) 分别代表图像的真实标签、预测和重建目标。最右边的两列展示了两个模型重建图像失败的例子，说明模型混淆了数字 5 和 3。

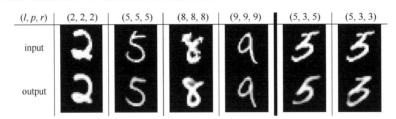

图 6.115　在 MNIST 数据集上使用 3 次路由迭代的 CapsNet 网络重建结果（Sabour et al., 2017）
input：输入。output：输出。

在 28×28 的 MNIST 数据集上对模型进行实验，数据集有 6 万张训练集和 1 万张测试集。Baseline 模型在使用旋转和缩放的扩充数据集上测试错误率为 0.21%，在没有使用扩充数据的情况下测试错误率为 0.39%。在不使用扩充数据集的前提下图 6.110 中的胶囊网络实现了更低的错误率，为 0.25%。

胶囊网络对于图像非线性变换比传统的卷积神经网络更具鲁棒性。在 MNIST 手写数字中，同类图像有着不同的旋转、倾斜和字体等的变换，胶囊网络对于这些变换是具有鲁棒性的。实验在一个变化的 MNIST（affnist）与标准的 MNIST 数据集上进行，每一个数字都被放置在一个 40×40 的背景图像上。胶囊网络在 MNIST 测试集上的精确度为 99.23%，在 affnist 测试集上的精确度为 79%。有相同参数数量的标准卷积神经网络，在 MNIST 测试集上精确度为 99.22%，在 affnist 测试集上只实现了 66% 的精确度。

CapsNet 还有一个特点，可以分割高度重叠的数字。将相同数据集中不同类的两个数字重叠在一起产生了多样国家标准技术研究所手写数字（multiple modified national institute of standards and technology, MultiMNIIST）数据集。数据集中两个数字的重叠率为 80%，每一个单一数字产生 1000 个 MultiMNIIST 样本，训练集大小为 6000 万个，测试集大小为 1000 万个。对 MultiMNIIST 数据集的重建过程如图 6.116 所示，胶囊网络可以将图像分割成两个分开的数字，并正确地处理重叠部分。图像中的数字及其位置都能在数字胶囊层中进行正确的编码，解码器可以根据编码结果重建一个数字。模型能够忽略数字的重叠是因为每一个数字胶囊可以从基础胶囊层接收字体特征和位置特征。

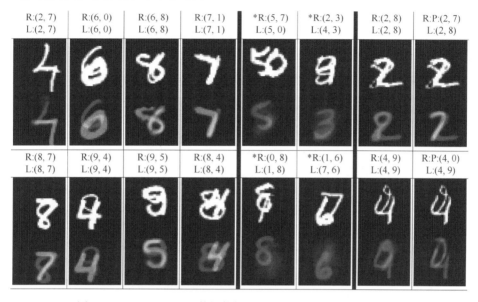

图 6.116　MultiMNIIST 数据集的重建过程（Sabour et al., 2017）

图 6.116 为路由胶囊网络在 MultiMNIIST 测试数据集上的重构图像。图像分为白色数字和灰色数字，白色数字代表 MultiMNIIST 原始测试数据集，灰色数字代表模型的重建数字。L 代表两个数字的真实标签，R 代表模型的重建数字。最右侧的列模型错误地预测了标签。在(2,8)和(4,9)的例子中，模型将 7 与 8、0 与 9 混淆。左侧的 1～4 列为模型在重叠度高的场景下对两个数字的正确分类。*号中的灰色图案表示重建结果原本是不存在的，模型生成结果不来自于预测和标签结果。在(5,0)中，模型没有将 7 重建是因为模型知道(5,0)才是最合适的。

表 6.9 为不同步骤的胶囊网络测试错误率结果，其强调了动态路由胶囊的重要性，由表可知增加路由次数可以获得更高的实验准确率。

表 6.9　不同步骤的胶囊网络的测试错误率结果

模型	路由	重构	MNIST/%	MultiMNIST/%
Baseline	—	—	0.39	8.1
CapsNet	1	否	$0.34_{\pm0.032}$	—
CapsNet	1	是	$0.29_{\pm0.011}$	7.5
CapsNet	3	否	$0.35_{\pm0.036}$	—
CapsNet	3	是	$0.25_{\pm0.005}$	5.2

6.13.2　EM 路由矩阵胶囊网络

胶囊网络的设计突破了传统的卷积神经网络设计理念，第一代胶囊网络表现出了很多优势，Hinton 等（2018）又设计出了一种新的胶囊网络，即期望最大化路由矩阵胶囊网络。

6.13.2.1　矩阵胶囊

期望最大化路由矩阵胶囊网络（Hinton et al., 2018）由一组矩阵胶囊组成，矩阵胶囊由一组神经元组成，该胶囊与动态路由胶囊不同的是：①矩阵胶囊输出为一个 4×4 的姿态矩阵（16×1 的向量）和一个激活值。姿态矩阵可以学习到物体的不同姿态，例如物体所在的位置、旋转的角度以及尺寸变化等，激活值表示图像中物体存在的概率。②胶囊网络中胶囊层的胶囊输出值由最大期望算法求得。矩阵胶囊的结构示意图如图 6.117 所示。

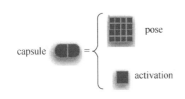

图 6.117　矩阵胶囊结构示意图
（Hinton et al., 2018）

capsule：胶囊。pose：位置。activation：激活函数

6.13.2.2　矩阵胶囊网络

EM 路由矩阵胶囊网络结构示意图如图 6.118 所示。该网络由五个隐藏层组成，第一层为传统卷积层，之后所有层为胶囊层。卷积层输出特征图，胶囊层中的每一个胶囊输出一个 4×4 的姿态矩阵和一个激活值。姿态矩阵由低一层的激活值线性变换得到，激活值由低一层的激活值加和，并经 sigmoid 非线性变换得到。

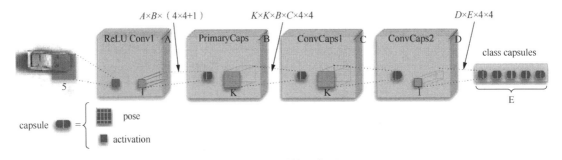

图 6.118　EM 路由矩阵胶囊网络结构示意图（Hinton et al., 2018）

ReLU Conv1：第一个卷积层，激活函数为线性整流单元。PrimaryCaps：基础胶囊。ConvCaps1：第一个胶囊卷积层。
class capsules：分类胶囊层。capsule：胶囊。pose：位置。activation：激活函数

（1）第一层为 ReLU 卷积层，该层是一个传统的卷积层，使用 32 个不同的 5×5 的卷积核，步长为 2，激活函数为 ReLU，输出 32 个特征图。

（2）第二层为基础胶囊层，该层应用一个 1×1 的卷积核将 32 个特征图转换成 32 个基础胶囊输入，每一个胶囊输出一个 4×4 的姿态矩阵和一个激活值，对基础胶囊层的参数使用一个正则项约束。

（3）第三层为卷积胶囊层（convolution capsule layer, ConvCaps1），该层使用一个 3×3 的卷积核，步长为 2。卷积胶囊层的输入为上一层胶囊的输出，每一个胶囊输出一个 4×4 的姿态矩阵和一个激活值，该层使用 EM 路由算法计算胶囊的输出。

（4）第四层也是一个卷积胶囊层（convolution capsule layer, ConvCaps2），该层的输入为前一个卷积胶囊层的输出，每一个胶囊输出一个 4×4 的姿态矩阵和一个激活值，其中卷积核大小为 1×1，步长为 1。

（5）第五层为类别胶囊（class capsules），该层由 10 个胶囊组成，每个胶囊表示一个类别。

网络在 ConvCaps1、ConvCaps2、class capsules 层之间使用 EM 路由算法计算姿态矩阵和激活值，在不同特征的空间维度上共享相同的转换矩阵 W，该转换矩阵和动态路由胶囊中的转换矩阵相同，通过反向传播更新。

6.13.2.3　矩阵胶囊的操作

1. 姿态矩阵的计算

假设 v_{ij} 表示第 i 个低层胶囊对第 j 个高层胶囊的投票，该投票组成的矩阵称为投票矩阵（又称为高层胶囊输出的姿态矩阵），计算公式如下：

$$v_{ij} = M_i W_{ij} \tag{6.133}$$

式中，M_i 表示低层胶囊 i 的姿态矩阵；W_{ij} 表示低层胶囊与高层胶囊之间的转换矩阵。

2. 激活值的计算

在 EM 矩阵胶囊网络中，假设胶囊的姿态矩阵中的每一个元素满足不同的高斯分布，姿态矩阵的 16 个位置分别由 16 个不同的均值 μ 和 16 个不同的方差 σ 组成。结合高斯分布概率密度函数 $P(x) = \dfrac{1}{\sigma\sqrt{2\pi}} e^{-(x-\mu)^2/2\sigma^2}$，可以计算出低层胶囊 i 属于高层胶囊 j 的概率，公式如下：

$$p_{i|j}^h = \frac{1}{\sqrt{2\pi\left(\sigma_j^h\right)^2}} \exp\left(-\frac{\left(v_{ij}^h - \mu_j^h\right)^2}{2\left(\sigma_j^h\right)^2}\right) \tag{6.134}$$

式中，v_{ij}^h 表示第 h 个成分的投票值，即输出的 16 维姿态矩阵中的一个维度数值；$p_{i|j}^h$ 表示低层胶囊 i 中的第 h 个姿态属于高层胶囊 j 中的第 h 个姿态的概率，写成似然的形式如下：

$$\begin{aligned}
\ln(p_{i|j}^h) &= \ln \frac{1}{\sqrt{2\pi\left(\sigma_j^h\right)^2}} \exp\left(-\frac{\left(v_{ij}^h - \mu_j^h\right)^2}{2\left(\sigma_j^h\right)^2}\right) \\
&= -\ln\left(\sigma_j^h\right) - \frac{\ln(2\pi)}{2} - \frac{\left(v_{ij}^h - \mu_j^h\right)^2}{2\left(\sigma_j^h\right)^2}
\end{aligned} \tag{6.135}$$

将胶囊的姿态矩阵与损失函数联系，相应的损失函数可以写成如下公式：

$$\text{cost}_{ij}^h = -\ln(p_{i|j}^h) \tag{6.136}$$

式中，cost_{ij}^h 表示第 i 个胶囊对第 j 个胶囊在第 h 个姿态下的激活程度。实际上在模型刚开始训练的时候，胶囊 i 与胶囊 j 是不具备相互连接关系的，所以要使用分配率 r_{ij} 表示低层胶囊与高层胶囊之间的联系，公式如下：

$$\begin{aligned}
\text{cost}_j^h &= \sum_i r_{ij} \text{cost}_{ij}^h \\
&= \sum_i -r_{ij} \ln(p_{i|j}^h) \\
&= \sum_i r_{ij}\left(\ln\left(\sigma_j^h\right) + \frac{\ln(2\pi)}{2} + \frac{\left(v_{ij}^h - \mu_j^h\right)^2}{2\left(\sigma_j^h\right)^2}\right)
\end{aligned}$$

$$= \frac{\sum_i r_{ij}\left(\sigma_j^h\right)^2}{2\left(\sigma_j^h\right)^2} + \left(\ln\left(\sigma_j^h\right) + \frac{\ln(2\pi)}{2}\right)\sum_i r_{ij}$$

$$= \left(\ln\left(\sigma_j^h\right) + k\right)\sum_i r_{ij} \qquad (6.137)$$

式中，k 是常数。为了判断胶囊 j 是否被激活，对应的胶囊激活值如下：

$$a_j = \mathrm{sigmoid}\left(\lambda\left(b_j - \sum_h \mathrm{cost}_j^h\right)\right) \qquad (6.138)$$

式中，使用 $-b_j$ 表示胶囊 j 的均值和方差损失；r_{ij}, μ, σ, a_j 通过 EM 路由算法迭代计算；λ 为温度参数的倒数 $\dfrac{1}{\mathrm{temperature}}$。在实际中 λ 被设计为 1，随着路由迭代逐渐增加。

　　3．胶囊之间的分配

　　低层胶囊被聚类到高层胶囊是通过分配概率 r_{ij} 实现的。图 6.119 为低层胶囊分配到高层胶囊的概率示意图。

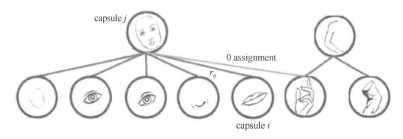

图 6.119　低层胶囊分配到高层胶囊示意图（Hui, 2017b）

capsule j：第 j 个胶囊。assignment：分配概率

　　具有手特征的胶囊并不属于脸部胶囊，所以分配概率为 0，r_{ij} 还表示高层胶囊对低层胶囊的激活程度。

6.13.2.4　EM 路由算法

　　矩阵胶囊网络中的 EM 路由算法指：网络通过 EM 迭代算法，将表达特征相似的低层胶囊聚类到高层的同一个胶囊中。在路由机制中引入 EM 算法，使得计算同一物体不同姿态过程是相同的，为网络更新参数提供了好的优化方法。

　　下边举一个例子说明 EM 路由算法将属于同一类姿态的胶囊聚类到相应的父胶囊中的过程，如图 6.120 所示。

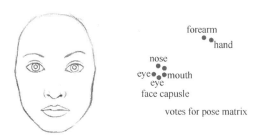

图 6.120　高层人脸胶囊聚类结果（Hui, 2017b）

nose：鼻子。eye：眼睛。mouth：嘴巴。forearm：前臂。hand：手。face capusle：脸部胶囊。votes for pose matrix：位置矩阵的投票值

　　假设检测鼻子、眼睛、嘴巴等特征的胶囊输出相似的姿态矩阵值，就将这些胶囊聚类到一个脸部父胶囊中。然而检测手掌和手臂胶囊输出的姿态矩阵值相似，但与其他胶囊的姿态矩阵值不相似，于是被聚类到其他父胶囊中。图 6.121 为低层胶囊向高层胶囊聚类结果，聚类算法为高斯混合模型算法，聚类结果采用 EM 算法迭代获得。

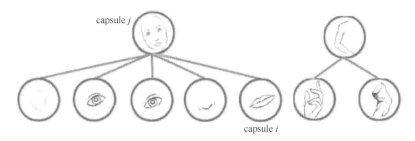

图 6.121　低层胶囊向高层胶囊聚类结果（Hui, 2017b）

capsule j：第 j 个胶囊

　　通过 EM 路由算法的迭代计算得到姿态矩阵和胶囊的输出激活值。在 EM 算法中，E 步决定着每一个数据点相应的父胶囊的分配概率 r_{ij}，M 步利用 r_{ij} 重新计算高斯模型的相应分布值。将 EM 算法重复迭代 3 次，最后一次的 a_j 为父胶囊输出的最终激活值。胶囊输出的 4×4 姿态矩阵中 16 个位置分别由 16 个不同的均值 μ 和16个不同的方差 σ 组成。

　　算法 6.7 介绍了胶囊网络的 EM 路由算法过程。

算法 6.7　胶囊网络中的 EM 路由总算法过程

输入：胶囊初始化激活值 a，胶囊输出矩阵 V，循环次数 t，高斯均值 μ，高斯方差 σ，分配概率 R，低层胶囊 i，高层胶囊 j，胶囊网络层数 L

输出：迭代计算 a，姿态矩阵 M

1 　　$\forall i \in \Omega_L,\ j \in \Omega_{L+1}: R_{ij} \leftarrow 1/\left|\Omega_{L+1}\right|$

2 　　**for** m=1 **to** t:

3 　　　　$\forall j \in \Omega_{L+1}:$ M-STEP (a, R, V, j)

4 　　　　$\forall i \in \Omega_L:$ E-STEP (μ, σ, a, V, i)

　　上述算法中 $i \in \Omega_L$ 表示在 L 层的所有胶囊集合，a 为父胶囊激活值，V 为子胶囊的投票矩阵。随机初始化 r_{ij}，使之满足均匀分布，表示低层胶囊与任何父胶囊有着相等的连接关系。使用 M 步更新高斯模型参数(μ, σ)、父胶囊激活值 a、投票矩阵 V 和分配概率 r_{ij}。使用 E 步基于激活值 a 更新分配概率 r_{ij}。

　　算法 6.8 介绍了 EM 路由算法 M 步过程。

算法 6.8　EM 路由算法 M-STEP 过程

输入：胶囊初始化激活值 a，胶囊输出矩阵 V，分配概率 R，低层胶囊 i，高层胶囊 j，胶囊网络层数 L，可学习超参 β_v，β_a，温度参数λ，每层胶囊中有 h 个成分

输出：高斯均值 μ，高斯方差 σ，胶囊网络输出a，输出矩阵V，分配概率 r_{ij}

1 　　　　$\forall i \in \Omega_L: R_{ij} \leftarrow R_{ij} * a_i$

$$2 \qquad \forall h: \mu_j^h \leftarrow \frac{\sum_i R_{ij} v_{ij}^h}{\sum_i R_{ij}}$$

$$3 \qquad \forall h:\left(\sigma_j^h\right)^2 \leftarrow \frac{\sum_i R_{ij}\left(v_{ij}^h - \mu_j^h\right)^2}{\sum_i R_{ij}}$$

$$4 \qquad \mathrm{cost}^h \leftarrow \left(\beta_v + \log\left(\sigma_j^h\right)\right)\sum_i R_{ij}$$

$$5 \qquad a_j \leftarrow \mathrm{sigmoid}\left(\lambda\left(\beta_a - \sum_h \mathrm{cost}^h\right)\right)$$

在 M 步中，基于激活值 a_i 计算参数 μ, σ, r_{ij}, V，同时重新计算父胶囊激活值 a_j, β_u, β_a。λ 为温度参数的倒数。

算法 6.9 介绍了 EM 路由算法 E 步过程。

算法 6.9   EM 路由算法 E-STEP 过程

输入：高斯均值 μ，高斯方差 σ，胶囊初始化激活值 a，胶囊输出矩阵 V，低层胶囊 i

输出：似然概率 P，分配函数 R

$$1 \qquad \forall j \in \Omega_{L+1}: p_j \leftarrow \frac{1}{\sqrt{\prod_h^H 2\pi\left(\sigma_j^h\right)^2}}\exp\left(-\sum_h^H \frac{\left(v_{ij}^h - \mu_j^h\right)^2}{2\left(\sigma_j^h\right)^2}\right)$$

$$2 \qquad \forall j \in \Omega_{L+1}: R_{ij} \leftarrow \frac{a_j p_j}{\sum_{u\in\Omega_{L+1}} a_u p_u}$$

在 E 步中，根据 μ, σ, a 重新计算分配参数 r_{ij}。

在传统的卷积神经网络中，计算神经元的激活输出公式如下：

$$y_j = \mathrm{ReLU}\left(\sum_i W_{ij} * x_i + b_j\right) \tag{6.139}$$

对于高层胶囊的输出采用 EM 路由算法计算相应的姿态矩阵和激活值。为了使得网络能够顺利地迭代，相关的网络参数转换矩阵 W 与 β_v, β_a 需通过反向传播求解。

在矩阵胶囊中，为了训练参数 W, β_v, β_a，模型需要使用传播损失作为损失函数，公式表示如下：

$$L_i = \left(\max\left(0, m-\left(a_t - a_i\right)\right)\right)^2 \tag{6.140}$$

式中，a_t 为真实标签的激活值；a_i 为 i 胶囊的激活值。上述公式进一步写成如下形式：

$$L = \sum_{i\neq t}\left(\max\left(0, m-\left(a_t - a_i\right)\right)\right)^2 \tag{6.141}$$

当错误预测与真实标签的边界差值小于 m，将 $m-\left(a_t - a_i\right)$ 作为惩罚项。m 初始设置为 0.2，之后每次循环迭代增加 0.1，最大增长到 0.9，m 的设置可以避免训练初期出现胶囊死亡现象。此外，在损失函数中还可以添加正则项与重建损失项，这需要根据不同的任务设定。

6.13.3 胶囊与卷积神经网络的区别

图 6.122 为三张人脸的不同视角（姿态）的图像，图像从左到右分别是 0°、20°、-20° 方向的人脸。传统的卷积神经网络在处理相同图像不同视角的分类任务时需要较大的模型容量，来存储不同视角的物体。

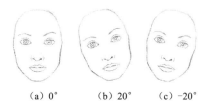

（a）0°　　　（b）20°　　　（c）-20°

图 6.122　不同视角下的相同人脸图片（Hui, 2017b）

卷积神经网络需要通过增加层数来记忆不同角度的人脸，不同角度的人脸需要不同的神经元探测，如图 6.123 所示。这样的网络只是记住了不同角度的人脸而不是发现人脸的角度特征。这样的网络需要更多的训练数据来调节参数，容易使模型产生过拟合现象。

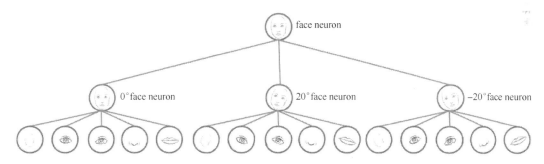

图 6.123　不同层级 CNN 神经元对不同视角人脸图像理解示意图（Hui, 2017b）

face neuron：检测脸部方向的神经元

在胶囊网络中，只需要一个胶囊便可以发现图像不同旋转角度的特征。胶囊可以检测到脸部旋转角度这一特征，而不是记忆不同旋转角度的人脸。图 6.124、图 6.125 为同一个胶囊检测不同角度人脸过程。

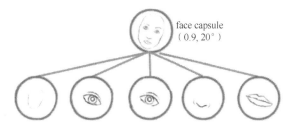

图 6.124　20° 人脸（Hui, 2017b）

face capsule：检测脸部方向的胶囊

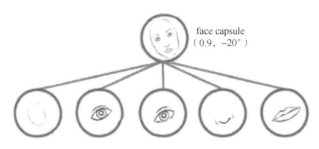

图 6.125 −20° 人脸（Hui, 2017b）

face capsule：检测脸部方向的胶囊

此外，对抗样本可以使卷积神经网络产生错误的预测，在测试时给测试数据添加一些人眼无法看到的噪声，便可以"欺骗"神经网络。图 6.126 为一个添加噪声"欺骗"神经网络的实例。在熊猫的图像中加入特殊的高斯噪声，便可让标准卷积神经网络以较高的置信度将图像分类成长臂猿。而胶囊可以对对抗样本产生一定的防御能力。

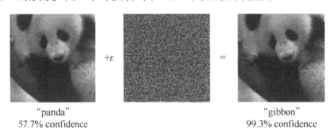

"panda"
57.7% confidence

"gibbon"
99.3% confidence

图 6.126 用噪声欺骗神经网络示意图（Hui, 2017b）

panda：熊猫。confidence：执行度。gibbon：长臂猿

6.14 阅读材料

本章从卷积神经网络的历史开始讲起，讨论了神经网络与神经科学的关系。为了明确关于动物视觉网络如何工作，Hubel 等（1959）进行了相关研究并获得了诺贝尔奖。受到生物视觉系统中细胞结构与系统层次结构的启发，在 20 世纪 50 年代，Fukushima（1980）提出了 neocogitron 神经网络，其对卷积神经网络模型的发展有着启发式的作用。

接着介绍了卷积神经网络的基本结构、卷积神经网络动机以及卷积神经网络操作，更多更详细的内容可以继续阅读 Rawat 等（2017）、Goodfellow 等（2016）的文献。

卷积神经网络在图像识别的应用中除了 AlexNet、ZFNet、VGGNet、Inception 网络外，Hu 等（2017）提出了卷积扩张网络（squeeze-and-excitation networks, SENet），此模型在 ILSVRC 图像识别比赛中取得了第一的好成绩。在目标检测领域很多表现更好的卷积神经网络模型相继出现。你只需要看一次（you only look once, YOLO）模型（Redmon et al., 2016）、多盒探测（single shot multibox detector, SSD）模型（Liu et al., 2016）、基于区域的全卷积网络（Dai et al., 2016），这些模型可以更好地发现物体的推荐区域，快速地训练网络参数。图像分割领域除了 FCN 外，反卷积网络（deconvolution network, DeconvNet）（Noh et al., 2015）、深度实验模型（deeplab）（Chen et al., 2017b）、U 网络（U-net）（Ronneberger et al., 2015）等可以更加精准地将图像中的多个物体分割开。

卷积神经网络在图像超分辨率方面的应用也十分广泛。除了 SRCNN 之外，还有记忆网络（memNet）（Tai et al., 2017）、提升速度的区域检测视神经网络（Dong et al., 2016）、加速超分辨率模型（Kim et al., 2016）、拉普拉斯金字塔超分辨率网络（laplacian pyramid super-resolution network, LapSRN）（Lai et al., 2017）。卷积神经网络还被用在语音生成领域，其中比较著名的深度学习模型是声波网络（wavenet）（Oord et al., 2016）。

卷积神经网络在图形学领域获得了很多成果。Wang 等（2017b）提出一种基于八叉树的卷积神经网络，该网络可以用于对三维物体进行分类、检索和分割。Tompson 等（2016）使用卷积神经网络加速流体模拟，该方法省去了求解大规模线性方程组的过程，仅用卷积神经网络便可以对数据进行预测。Chu 等（2017）提出一种用卷积神经网络进行烟雾合成的方法，卷积神经网络可以模拟烟雾运动力学模型，并学习到粗粒度烟雾和细粒度烟雾局部对应关系的映射。Gatys 等（2015）用卷积神经网络合成图像纹理，之后 Sendik 等（2017）使用卷积神经网络学习纹理特征并合成图像纹理，与 Gatys 等的网络不同之处在于他们的网络没有使用 gram 矩阵描述纹理特征，而是使用结构化能量捕捉纹理的自相似性和规则性。Zhang 等（2017）使用图像的全局统计信息将灰度图像彩色化。Kalantari 等（2017）利用卷积神经网络生成高动态范围（high dynamic range, HDR）图像。

卷积神经网络在各个领域的表现被研究者所认可，如何解释网络表现成了一个热门的话题。Bau 等（2017）提出了一种名为"Network Dissection"的通用框架，分析了卷积神经网络的可解释性。Wu 等（2018）通过树正则化对卷积神经网络进行解释。

参 考 文 献

蒋思源, 2017. 先读懂 CapsNet 架构然后用 TensorFlow 实现, 这应该是最详细的教程了. (2017-11-05)[2018-08-03]. https://mp.weixin. qq.com/s/WspmbqlwdxKXH1 cgbkuGwQ.

亚萌, 2017. 深度学习之四大经典 CNN 技术浅析. (2017-02-28)[2018-08-03]. https://www.leiphone.com/news/201702/dgpHuriVJHTPqqtT.html.

Aghdam H, Heravi E, 2017. Guide to Convolutional Neural Networks: A Practical Application to Traffic-Sign Detection and Classification. New York: Springer , 2017.

Alom M, Taha T, Yakopcic C, et al., 2018. The history began from AlexNet: a comprehensive survey on deep learning approaches. arXiv preprint arXiv: 1803.01164.2018.

Aurélien G, 2018. Introducing capsule networks. (2018-02-06)[2018-08-03]. https://www.oreilly.com/ideas/introducing-capsule-networks.

Abadi M, Barham P, Chen J, et al., 2017. TensorFlow. [2018-08-03]. https://www.tensorflow.org/.

Baker C, Mareschal I, 2001, Processing of second-order stimuli in the visual cortex. Progress in Brain Research, 134:171-191.

Bau D, Zhou B, Khosla A, et al., 2017. Network dissection: quantifying interpretability of deep visual representations. IEEE International Conference on Computer Vision and Pattern (CVPR'17).

Bengio Y, Simard P, Frasconi P, et al., 1994. Learning long-term dependencies with gradient descent is difficult. IEEE Transactions on Neural Networks, 5(2):157-166.

Bevilacqua M, Roumy A, Guillemot, et al., 2012. Low-complexity single-image super-resolution based on nonnegative neighbor embedding. In the British Machine Vision Conference (BMVC'12).

Bishop C, 1995. Neural Networks for Pattern Recognition. Oxford: Oxford University Press.

Blakemore C, Cooper G, 1970. Development of the brain depends on the visual environment. Nature, 228(5270): 477-478.

Bottou L, Bousquet O, 2007. The tradeoffs of large scale learning. Conference and Workshop on Neural Information Processing Systems (NIPS'07).

Boureau Y, Ponce J, LeCun Y, 2010. A theoretical analysis of feature pooling in visual recognition. International Conference on Machine Learning (ICML'10).

Boureau Y, Roux L, Bach N, 2011. Ask the locals: multi-way local pooling for image recognition. International Conference on Computer Vision (ICCV'11).

Brady M, Raghavan R, Slawny J, 1989. Back-propagation fails to separate where perceptrons succeed. IEEE Transactions on Circuits and Systems, 36(5): 665-674.

Briggman K, Denk W, Seung S, et al., 2009. Maximin affinity learning of image segmentation. Conference and Workshop on Neural Information Processing Systems (NIPS'09).

Bruna J, Mallat S, 2013. Invariant scattering convolution networks. IEEE Transactions on Pattern Analysis and Machine Intelligence, 35(8): 1872-1886.

Carandini M, 2006. What simple and complex cells compute?. Journal of Physiology, 577(2): 463-466.

Chan T, Jia K, Gao S, et al., 2015. PCANet: a simple deep learning baseline for image classification. Transactions of Image Processing, 24(12): 5017-5032.

Chang H, Yeung D, Xiong Y, 2004. Super-resolution through neighbor embedding. IEEE International Conference on Computer Vision and Pattern (CVPR'04).

Chen B, Ting J, Marlin B, et al., 2010. Deep learning of invariant spatio-temporal features from video. Conference and Workshop on Neural Information Processing Systems (NIPS'10).

Chen L, Papandreou G, Kokkinos I, et al., 2017b. DeepLab: semantic image segmentation with deep convolutional nets, atrous convolution, and fully connected CRFs. arXiv preprint arXiv: 1606.00915.

Chen Y, Li J, Xiao H, et al., 2017a. Dual path networks. arXiv preprint arXiv: 1707. 01629.

Chollet F, 2017. Xception: deep learning with depthwise separable convolutions . arXiv preprint arXiv: 1610.02357.

Choromanska A, Henaff M, Mathieu M, et al., 2015. The loss surface of multilayer networks. Artificial Intelligence and Statistics:192-204.

Chu M, Thuerey N, 2017. Data-driven synthesis of smoke flows with CNN-based feature descriptors. ACM Transactions on Graphics, 36(4): 69.

Ciresan D, Giusti A, Gambardella L, et al., 2012. Deep neural networks segment neuronal membranes in electron microscopy images. Conference and Workshop on Neural Information Processing Systems (NIPS'12).

Ciresan D, Meier U, Masci J, et al., 2011. High performance convolutional neural networks for image classification. In the International Joint Conference on Artificial Intelligence (IJCAI'11).

Clevert D, Unterthiner T, Hochreiter S, 2016. Fast and accurate deep network learning by exponential linear units. International Conference on Learning Representations (ICLR'16).

Coates A, Huval B, Wang T, et al., 2012. Deep learning with COTS HPC systems. International Conference on Machine Learning (ICML'12).

Coates A, Ng A, 2011. Selecting receptive fields in deep networks. Conference and Workshop on Neural Information Processing Systems (NIPS'11).

Cohen T, Geiger M, Köhler J, et al., 2018. Spherical CNNs. International Conference on Learning Representations (ICLR'18).

Dahl R, Norouzi M, Shlens J, 2017. Pixel recursive super resolution. International Conference on Computer Vision (ICCV'17).

Dai J, Li Y, He K, et al., 2016. R-FCN: Object detection via region-based fully convolutional networks. Conference and Workshop on Neural Information Processing Systems (NIPS'16).

Dalal N, Triggs B, 2005. Histograms of oriented gradients for human detection. IEEE International Conference on Computer Vision and Pattern (CVPR'05).

Dauphin Y, Pascanu R, Gulcehre C, 2014. Identifying and attacking the saddle point problem in high-dimensional non-convex optimization. Conference and Workshop on Neural Information Processing Systems (NIPS'14).

Dayan P, Abbott L, 2005. Theoretical Neuroscience: Computational and Mathematical Modeling of Neural Systems. Cambridge: MIT Press.

Deng J, Dong W, Socher R, et al., 2009. Imagenet: a large-scale hierarchical image database. IEEE Conference on Computer Vision and Pattern Recognition(CVPR'09).

Denil M, Bazzani L, Larochelle H, et al., 2012. Learning where to attend with deep architectures for image tracking. Neural Computation, 24(8): 2151-2184.

Desjardins G, Simonyan K, 2015. Natural neural networks. arXiv preprint arXiv: 1507.00210.

Dong C, Loy C, He K, et al., 2014. Learning a deep convolutional network for image super-resolution. European Conference on Computer Vision (ECCV'14).

Dong C, Loy C, Tang X, 2016. Accelerating the super-resolution convolutional neural network. European Conference on Computer Vision (ECCV'16).

Erhan D, Szegedy C, Toshev A, et al., 2014. Scalable object detection using deep neural networks. IEEE International Conference on Computer Vision and Pattern (CVPR'14).

Farabet C, Couprie C, Najman L, et al., 2013. Learning hierarchical features for scene labeling. IEEE Transactions on Pattern Analysis and Machine Intelligence, 35(8): 1915-1929.

Felzenszwalb P, Girshick R, McAllester D, et al., 2010. Object detection with discriminatively trained part based models. IEEE Transactions on Pattern Analysis and Machine Intelligence, 32(9): 1627-1645.

Fidler S, Berginc G, Leonardis A, 2006. Hierarchical statistical learning of generic parts of object structure. IEEE International Conference on Computer Vision and Pattern (CVPR'06).

Fidler S, Leonardis A, 2007. Towards scalable representations of object categories: learning a hierarchy of parts. IEEE International Conference on Computer Vision and Pattern(CVPR'07).

Freeman W, Pasztor E, Carmichael O, 2000. Learning low-level vision. International Journal of Computer Vision, 40(1):25-47.

Fukushima K, 1980. Neocognitron: a self-organizing neural network model for a mechanism of pattern recognition unaffected by shift in position. Biological cybernetics, 36(4):193-202.

Ganin Y, Lempitsky V, 2014. Neural network nearest neighbor fields for image transforms. Asian Conference on Computer Vision (ACCV'14).

Gatys L, Ecker A, Bethge M, 2015. Texture synthesis using convolutional neural networks. Conference and Workshop on Neural Information Processing Systems (NIPS'15).

Girshick R, 2015. Fast R-CNN. International Conference on Computer Vision (ICCV'15).

Girshick R, Donahue J, Darrel T, et al. , 2014. Rich feature hierarchies for accurate object detection and semantic segmentation Tech report (v5). IEEE International Conference on Computer Vision and Pattern (CVPR'14).

Glorot X, Bengio Y, 2010. Understanding the difficulty of training deep feedforward neural networks. International Conference on Artificial Intelligence and Statistics (AISTATS'10).

Glorot X, Bordes A, Bengio Y, 2011. Deep sparse rectifer neural networks. International Conference on Artificial Intelligence and Statistics (AISTATS'11).

Goodfellow I, Bengio Y, Courville A, et al., 2016. Deep learning. Cambridge, MA, USA: The MIT Press.

Goodfellow I, Warde-Farley D, Mirza M, et al., 2013. Maxout networks. International Conference on Machine Learning (ICML'13).

Gori M, Tesi A, 1992. On the problem of local minima in backpropagation. IEEE Transactions on Pattern Analysis and Machine Intelligence, 14(1): 76-86.

Graham B, 2014. Fractional max-pooling. arXiv preprint arXiv: 1412.6071.

Gupta S, Girshick R, Arbelaez P, et al., 2014. Learning rich features from RGB-D images for object detection and segmentation. European Conference on Computer Vision (ECCV'14).

Hadji I, Wildes R., 2017. A spatiotemporal oriented energy network for dynamic texture recognition. International Conference on Computer Vision (ICCV'17).

Hadji I, Wildes R, 2018. What do we understand about convolutional networks. arXiv preprint arXiv: 1803.08834.

Han S, Mao H, Dally W, 2016. Deep compression: compressing deep neural networks with pruning, trained quantization and huffman coding. International Conference on Learning Representations (ICLR'16).

Hariharan B, Arbeláez P, Girshick R, et al., 2014. Simultaneous detection and segmentation. European Conference on Computer Vision (ECCV'14).

He K, Georgia P, Dollar´, et al., 2017. Mask R-CNN. International Conference on Computer Vision (ICCV'17).

He K, Zhang X, Ren S, et al., 2014. Spatial pyramid pooling in deep convolutional networks for visual recognition. arXiv preprint arXiv: 1406.4729.

He K, Zhang X, Ren S, et al., 2015. Delving deep into rectifiers: surpassing human-level performance on imagenet classification. International Conference on Computer Vision (ICCV'15).

He K, Zhang X, Ren S, et al., 2016a. Deep residual learning for image recognition. IEEE Conference on Computer Vision and Pattern Recognition(CVPR'16).

He K, Zhang X, Ren S, et al., 2016b. Identity mappings in deep residual networks. European Conference on Computer Vision (ECCV'16).

Heeger D, 1991. Nonlinear Model of Neural Responses in Cat Visual Cortex. Cambridge: MIT Press.

Hinton G, Frosst N, Sabour S, 2018. Matrix capsules with EM routing. International Conference on Learning Representations (ICLR'18).

Hinton G, Krizhevsky A, Wang S, 2011. Transforming auto-encoders. Internet Corporation for Assigned Names and Numbers (ICANN'11).

Hinton G, Srivastava N, Krizhevsky A, et al., 2012. Improving neural networks by preventing co-adaptation of feature detectors. arXiv preprint arXiv: 1207.0580.

Hochreiter S, 1991. Untersuchungen zu dynamischen neuronalen Netzen. Munich: TU Munich.

Howard A, Zhu M, Chen B, et al., 2017. Mobilenets: efficient convolutional neural networks for mobile vision applications. arXiv preprint arXiv:1510.00149.

Hu J, Shen L, Sun G, 2017. Squeeze-and-excitation networks. IEEE International Conference on Computer Vision and Pattern (CVPR'17).

Huang G, Liu Z, Weinberger K, et al., 2017. Densely connected convolutional networks. IEEE International Conference on Computer Vision and Pattern (CVPR'17).

Hubel D, Wiesel T, 1959. Receptive fields of single neurones in the cat's striate cortex. Journal of Physiology, 148(3): 574-591.

Hubel D, Wiesel T, 1962. Receptive fields, binocular interaction and functional architecture in the cat's visual cortex. Journal of Physiology, 160(1): 106-154.

Hui J, 2017a. Understanding dynamicrouting between capsules (capsule networks). (2017-11-03)[2018-08-03]. https://jhui.github.io/2017/11/03/Dynamic-Routing- Between-Capsules/.

Hui J, 2017b. Understanding Matrix capsules with EM Routing (Based on Hinton's Capsule Networks). (2017-11-14)[2018-08-03]. https://jhui.github.io/2017/11/14/ Matrix-Capsules-with-EM-routing-Capsule-Network/

Hyvärinen A, Hurri J, Hoyer P O, 2015. Natural image statistics: a probabilistic approach to early computational vision. International Conference on Learning Representations (ICLR'15).

Hyvärinen A, Köster U, 2007. Complex cell pooling and the statistics of natural images. Network: Computation in Neural Systems, 18(2): 81-100.

Ioffe S, Szegedy C, 2015. Batch normalization: accelerating deep network training by reducing internal covariate shift. International Conference on Machine Learning (ICML'15).

Jacobsen J H, van Gemert J, Lou Z Y, et al., 2016. Structured Receptive fields in CNNs. IEEE International Conference on Computer Vision and Pattern (CVPR'16).

Jain V, Murray J, Roth F, et al., 2007. Supervised learning of image restoration with convolutional networks. In the International Comference on Computer Vision (ICCV'07).

Jaitly N, Hinton G, 2013. Vocal tract length perturbation (VTLP) improves speech recognition. International Conference on Machine Learning (ICML'13).

Jhuang H, Serre T, Wolf L, et al., 2007. A biologically inspired system for action recognition. International Conference on Computer Vision (ICCV'07).

Jia K, Wang X, Tang X, 2013. Image transformation based on learning dictionaries across image spaces. IEEE Transactions on Pattern Analysis and Machine Intelligence, 35(2): 367-380.

Jia Y, Huang C, Darrell T, 2012. Beyond spatial pyramids: receptive field learning for pooled image features. IEEE International Conference on Computer Vision and Pattern (CVPR'12).

Jin X, Xu C, Feng J, et al., 2016. Deep learning with S-shaped rectified linear activation units. Association for the Advance of Artificial Intelligence (AAAI'16).

Johnson J, Alahi A, Li F., 2016. Perceptual losses for real-time style transfer and super-resolution. European Conference on Computer Vision(ECCV'16).

Kalantari N, Ramamoorthi R, 2017. Deep high dynamic range imaging of dynamic scenes. ACM Transactions on Graphics, 36(4): 144.

Kalchbrenner N, Grefenstette E, Blunsom P, 2014. A convolutional neural network for modelling sentences. arXiv preprint arXiv:1404.2188.

Kavukcuoglu K, Sermanet P, Boureau Y, et al., 2010. Learning convolutional feature hierarchies for visual recognition. Conference and Workshop on Neural Information Processing Systems (NIPS'10).

Kim J, Lee J, Lee K, 2016. Accurate image super-resolution using very deep convolutional networks. IEEE Conference on Computer Vision and Pattern Recognition(CVPR'16).

Kim Y, 2014. Convolutional neural networks for sentence classification. Conference on Empirical Methods in Natural Language Processing (EMNLP'14).

Koenderink J, van Doorn A, 1999. The structure of locally orderless images. International Journal of Computer Vision, 31(2-3): 159-168.

Kostelec P, Rockmore D, 2007. Soft: SO(3) Fourier transforms. arXiv preprint arXiv: 0704.2188.

Krizhevsky A, Sutskever I, Hinton G, 2012. ImageNet classification with deep Convolutional Neural Networks. Conference and Workshop on Neural Information Processing Systems (NIPS'12).

Lai W, Huang J, Ahuja N, 2017. Deep laplacian pyramid networks for fast and accurate super-resolution. IEEE International Conference on Computer Vision and Pattern (CVPR'17).

Larochelle H, Hinton G, 2010. Learning to combine foveal glimpses with a third-order Boltzmann machine. In Advances in Neural Information Processing Systems (NIPS'10).

Lazebnik S, Schmid C, Ponce J, 2006. Beyond bags of features: spatial pyramid matching for recognizing natural scene categories. IEEE International Conference on Computer Vision and Pattern (CVPR'04).

LeCun Y, 1985. Learning Processes in An Asymmetric Threshold Network. Berlin, Heidelberg: Springer.

LeCun Y, Boser B, Denker J, et al., 1990. Handwritten digit recognition with a back-propagation network. In Advances in Neural Information Processing Systems (NIPS'90).

LeCun Y, Bottou L, Bengio Y, et al., 1998. Gradient-based learning applied to document recognition. Proceedings of the IEEE, 86(11):2278-2324.

LeCun Y, Huang F, Bottou, 2004. Learning methods for generic object recognition with invariance to pose and lighting. IEEE International Conference on Computer Vision and Pattern (CVPR'04).

Ledig C, Theis L, Huszár F, et al., 2016. Photo-realistic single image super-resolution using a generative adversarial network. arXiv preprint arXiv:1609.04802.

Lee C, Gallagher P, Tu Z, 2016. Generalizing pooling functions in convolutional neural networks: mixed, gated, and tree. In the International Conference on Artificial Intelligence and Statistics (AISTATS'16).

Lee H, Grosse R, Ranganath R, et al., 2009. Convolutional deep belief networks for scalable unsupervisedlearning of hierarchical representations. International Conference on Machine Learning (ICML'09).

Li F, Karpathy A, Johnson J, 2016. CS231n: convolutional neural networks for visual recognition. [2018-08-03]. http://cs231n.stanford.edu/.

Li X, Dong Y, Peers P, et al., 2017. Modeling surface appearance from a single photograph using self-augmented convolutional neural networks. ACM Transactions on Graphics, 36(4): 45.

Lim B, Son S, Kim H, et al., 2017. Enhanced deep residual networks for single image super-resolution. IEEE International Conference on Computer Vision and Pattern (CVPR'17).

Lin M, Chen Q, Yan, S, 2014 Network in network. International Conference on Learning Representations (ICLR'14).

Liu W, Anguelov D, Erhan D, et al., 2016. Ssd: single shot multibox detector. European Conference on Computer Vision (ECCV'16).

Long J, Shelhamer E, Darrell T, 2015. Fully convolutional networks for semantic segmentation. IEEE International Conference on Computer Vision and Pattern (CVPR'15).

Lowe D, 2004. Distinctive image features from scale-invariant keypoints. International Journal of Computer Vision (ICCV'04).

Luan S, Zhang B, Chen C, et al., 2017. Gabor convolutional networks. arXiv preprint arXiv: 1705.01450.

Maas A, Hannun A, Ng A, 2013. Rectifier nonlinearities improve neural network acoustic Models. International Conference on machine Learning (ICML'13).

Martens J, 2010. Deep learning via Hessian-free optimization. International Conference on Machine Learning (ICML'10).

Movshon A, Thompson I, Tolhurst D, 1978. Understanding locally competitive networks. Journal of Physiology, 283:53-77.

Mutch J, Lowe D, 2006. Multiclass object recognition with sparse, localized features. IEEE International Conference on Computer Vision and Pattern (CVPR'06).

Nair V, Hinton G E, 2010. Rectified linear units improve restricted Boltzmann machines. International Conference on Machine Learning (ICML'10).

Neal R, 1995, Bayesian Learning for Neural Networks. Lecture Notes in Statistics.Berlin, Heidelberg: Springer.

Ning F, Delhomme D, LeCun Y, et al., 2005. Toward automatic phenotyping of developing embryos from videos. IEEE Transactions on Image Processing, 14(9): 1360-1371.

Noh H, Hong S, Han B, 2015. Learning deconvolution network for semantic segmentation. International Conference on Computer Vision (ICCV'15).

Ng A, 2013. UFLDL tutorial. [2018-08-03]. http://ufldl.stanford.edu/wiki/index.php/UFLDL.

Ng A, 2017a. Deeplearning.ai. [2018-08-03]. https://mooc.study.163.com/learn/2001281004?tid=2001392030#/learn/content?type=detail&id=

20017 28689.

Ng A, 2017b. Deeplearning.ai. https://mooc.study.163.com/learn/2001281004?tid=2001392030#/learn/content?type=detail&id=2001729329.

Oord A, Dieleman S, Zen H, 2016. WaveNet: a generative model for raw audio.arXiv preprint arXiv: 1609.03499.

Oyallon E, Mallat S, 2015. Deep roto-translation scattering for object classification. IEEE International Conference on Computer Vision and Pattern (CVPR'15).

Pinheiro P, Collobert R, 2014. Recurrent convolutional neural networks for scene labeling. International Conference on Machine Learning (ICML'14).

Pinto N, Stone Z, Zickler T, et al., 2011. Scaling up biologically-inspired computer vision: a case study in unconstrained face recognition on facebook. IEEE International Conference on Computer Vision and Pattern (CVPR'11).

Poole B, Sohl-Dickstein J, Ganguli S, 2014. Analyzing noise in auto-encoders and deep networks. arXiv preprint arXiv: 1406.1831.

Physcal, 2015. ReLu(Rectified Linear Units). (2015-04-25)[2018-08-03]. http://www.cnblogs.com/neopenx/p/4453161.html.

Raiko T, Valpola H, LeCun Y, 2012. Deep learning made easier by linear transformations in perceptrons. International Conference on Artificial Intelligence and Statistics (AISTATS'12).

Ranzato M, Huang F, Boureau Y, et al., 2007. Unsupervised learning of invariant feature hierarchies with applications to object recognition. IEEE International Conference on Computer Vision and Pattern (CVPR'07).

Rawat W, Wang Z, 2017. Deep convolutional neural networks for image classification: a comprehensive review. Neural Computation 29(9): 2352-2449.

Redmon J, Divvala S, Girshick R, et al., 2016. You only look once: unified, real-time object detection. IEEE International Conference on Computer Vision and Pattern (CVPR'16).

Ren S, He K, Girshick R, et al. 2015. Faster R-CNN: towards real-time object detection with region proposal networks. Conference and Workshop on Neural Information Processing Systems (NIPS'15).

Riesenhuber M, Poggio T, 1999. Hierarchical models of object recognition in cortex. Nature Neuroscience, 2(11): 1019-1025.

Ripley B, 1996. Pattern recognition and neural networks. Cambridge: Cambridge university press.

Rippel O, Snoek J, Adams R, 2015. Spectral representations for convolutional neural networks. Advances in neural information processing systems (NIPS'15).

Ronneberger O, Fischer P, Brox T, 2015. U-net: convolutional networks for biomedical image segmentation. Medical Image Computing and Computer-Assisted Intervention (MICCAI'15).

Russakovsky O, Deng J, Su H, et al., 2015. ImageNet large scale visual recognition challenge. International Journal of Computer Vision, 115(3): 211-252.

Sabour S, Frosst N, Hinton G, 2017. Dynamic routing between capsules. Conference and Workshop on Neural Information Processing Systems (NIPS'17).

Saeedan F, Weber N, Goesele M, et al., 2018. Detail-preserving pooling in deep networks. IEEE International Conference on Computer Vision and Pattern (CVPR'18).

Saxe A, Koh P, Chen Z, et al., 2011. On random weights and unsupervised feature learning. International Conference on Machine Learning (ICML'11).

Saxe A, McClelland J, Ganguli S, 2013. Exact solutions to the nonlinear dynamics of learning in deep linear neural networks. International Conference on Learning Representations (ICLR'13).

Schaul T, 2014. Unit tests for stochastic optimization. International Conference on Learning Representations (ICLR'14).

Scherer D, Müller A, Behnke S, 2010. Evaluation of pooling operations in convolutional architectures for object recognition. The Internet Corporation for Assigned Names and Numbers (ICANN'10).

Schraudolph N, 1998a. Accelerated gradient descent by factor-centering decomposition. Technical Report.

Schraudolph N, 1998b. Centering neural network gradient factors. In Neural Networks: Tricks of the Trade, 207-226.

Sendik O, Cohen D, 2017. Deep correlations for texture synthesis. ACM Transactions on Graphics, 36(5): 161.

Serre T, Kouh M, Cadieu C, et al., 2005. A theory of object recognition: computations and circuits in the feedforward path of the ventral stream in primate visual cortex. Technical Report.

Serre T, Wolf L, Bileschi S, et al., 2007. Robust object recognition with cortex-like mechanisms. IEEE Transactions on Pattern Analysis and Machine Intelligence, 29(3): 411-426.

Shang W, Sohn K, Almeida D, et al., 2016. Understanding and improving convolutional neural networks via concatenated rectified linear units. International Conference on Machine Learning (ICML'16).

Shan S, 2017. Deeplearningourse. [2018-08-03]. http://study.163.com/course/courseLearn.htm?courseId=1005023019#/learn/video?lessonId=1051314737&courseId=1005023019

Sietsma J, Dow R, 1991. Creating artificial neural networks that generalize. Neural Networks, 4(1),67-79.

Silver D, Huang A, Maddison C, et al., 2016. Mastering the game of go with deep neural networks and tree search.Nature, 529(7587): 484-489.

Simard D, Steinkraus P, Platt J, 2003. Best practices for convolutional neural networks. In the International Conference on Document Analysis and Recognition (ICDAR'03).

Simard P, Victorri B, LeCun Y, et al., 1991. Tangent prop—a formalism for specifying selected invariances in an adaptive network. Conference and Workshop on Neural Information Processing Systems (NIPS'91).

Simonyan K, Zisserman A, 2014. Very deep convolutional networks for large-scale image recognition. International Conference on Learning Representations (ICLR'14).

Sjöberg J, Ljung L, 1995. Overtraining, regularization and searching for a minimum, with application to neural networks. International Journal of Control, 62(6): 1391-1407.

Sontag E, Sussman H, 1989. Backpropagation can give rise to spurious local minima even for networks without hidden layers. Complex Systems, 3: 91-106.

Springenberg J, Dosovitskiy A, Brox T, et al., 2015. Striving for simplicity: the all convolutional net. International Conference on Learning Representations (ICLR'15).

Srivastava N, Hinton G, Krizhevsky A, et al., 2014. Dropout: a simple way to prevent neural networks from overfitting. Journal of Machine Learning Research, 15(1): 1929-1958.

Srivastava R, Greff K, Schmidhuber J, 2015. Training very deep networks. Conference and Workshop on Neural Information Processing Systems (NIPS'15).

Szegedy C, Ioffe S, Vanhoucke V, et al., 2017. Inception-v4, Inception-ResNet and the impact of residual connections on learning. Association for the Advance of Artificial Intelligence (AAAI'17).

Szegedy C, Liu W, Jia Y, et al., 2015a. Going deeper with convolutions. IEEE Conference on Computer Vision and Pattern Recognition (CVPR'15).

Szegedy C, Reed S, Erhan D, et al., 2015b. Scalable, high-quality object detection. arXiv preprint arXiv: 1412.1441.

Szegedy C, Toshev A, Erhan D, 2013. Deep neural networks for object detection. Conference and Workshop on Neural Information Processing Systems (NIPS'13).

Szegedy C, Vanhoucke V, Ioffe S, et al., 2016. Rethinking the inception architecture for computer vision. IEEE Conference on Computer Vision and Pattern Recognition (CVPR'16).

Tai Y, Yang J, Liu X, et al., 2017. MemNet: a persistent memory network for image restoration. International Conference on Computer Vision(ICCV'17).

Tang Y, Eliasmith C, 2010. Deep networks for robust visual recognition. International Conference on Machine Learning (ICML'10).

Timofte R, De Smet V, et al., 2013. Anchored neighborhood regression for fast example-based super-resolution. International Conference on Computer Vision (ICCV'13).

Tompson J, Schlachter K, Sprechmann P, et al., 2016. Accelerating eulerian fluid simulation with convolutional networks. arXiv preprint arXiv:1607.03597.

Turaga S, Murray J, Jain V, et al., 2010. Convolutional networks can learn to generate affinity graphs for image segmentation. Neural Computation, 22(2): 511-538.

Vatanen T, Raiko T, Valpola H, et al., 2013. Pushing stochasticgradient towards second-order methods—backpropagation learning with transformations in nonlinearities//Neural Information Processing. Berlin: Springer.

Wang H, Raj B, Xing E, 2017a. On the origin of deep learning. arXiv preprint arXiv:1702.07800.

Wang P, Liu Y, Guo Y, et al., 2017b. O-CNN: octree-based convolutional neural networks for 3D shape analysis. ACM Transactions on Graphics, 36(4): 72.

Wang S, Manning C, 2013. Fast dropout training. International Conference on Machine Learning (ICML'13).

Warde-Farley D, Goodfellow I, Courville A, et al., 2014. An empirical analysis of dropout in piecewise linear networks. International Conference on Machine Learning (ICML'14).

Weber N, Waechter M, Amend S, et al., 2015. Rapid, detail-preserving image downscaling. ACM Transactions. Graph, 35(6): 205.

Wikipedia contributors, 2017. Wikipedia, the free encyclopedia. [2018-08-03]. https://en.wikipedia.org/wiki /Convolution.

Wilson D, Martinez T, 2003. The general inefficiency of batch training for gradient descent learning. Neural Networks, 16(10): 1429-1451.

Worrall D, Garbin S, Turmukhambetov D, et al., 2017. Harmonic networks: deep translation and rotation equivariance. IEEE International Conference on Computer Vision and Pattern (CVPR'17).

Wu M, Hughes M, Parbhoo S, et al., 2018. Beyond sparsity: tree regularization of deep models for interpretability. Association for the Advance of Artificial Intelligence (AAAI'18).

Xiao L, 2018. Image preprocessing. [2018-08-03]. http://blog.leanote.com/post/scp-173/computer-vision-4.2018.

Xie S, Girshick R, Dollar P, et al., 2017. Aggregated residual transformations for deep neural networks. IEEE International Conference on Computer Vision and Pattern (CVPR'17).

Xiong H, Barash Y, Frey B, 2011. Bayesian prediction of tissue-regulated splicing using RNA sequence and cellular context. Bioinformatics, 27(18): 2554-2562.

Yang J, Wang Z, Lin Z, et al., 2012. Coupled dictionary training for image super-resolution. IEEE Transactions on Image Processing, 21(8): 3467-3478.

Yang J, Wright J, Huang T, et al., 2008. Image super-resolution as sparse representation of raw image patches. IEEE International Conference on Computer Vision and Pattern (CVPR'08).

Yang J, Wright J, Huang T, et al., 2010. Image super-resolution via sparse representation. IEEE Transactions on Image Processing, 19(11): 2861-2873.

YJango, 2007. Deep learning tutorials. [2018-08-03]. https://zhuanlan.zhihu.com/p/27642620.

Yu D, Wang H, Chen P, et al., 2014. Mixed pooling for convolutional neural networks. International Conference on Rough Sets and Knowledge Technology (RSKT'14).

Zagoruyko S, Komodakis N, 2016. Wide residual networks. arXiv preprint arXiv:1605.07146.

Zeiler M, Fergus R, 2013. Stochastic pooling for regularization of deep convolutional neural networks. International Conference on Learning Representations (ICLR'13).

Zeiler M, Fergus R, 2014. Visualizing and understanding convolutional networks. European Conference on Computer Vision (ECCV'14).

Zeyde R, Elad M, Protter M, 2012. On single image scale-up using sparserepresentation. International Conference on Curves and Surfaces, 711-730.

Zhai S, Cheng Y, Zhang Z, et al., 2016. Doubly convolutional neural networks. Conference and Workshop on Neural Information Processing Systems (NIPS'16).

Zhang X, Zhou X, Lin M, et al., 2017. ShuffleNet: an extremely efficient convolutional neural network for mobile devices. arXiv preprint arXiv:1707.01083.

Zhou Y, Chellappa R, 1998. Computation of optical flow using a neural network. IEEE International Conference on Neural Networks, 71-78.

循环神经网络

自 20 世纪 90 年代起，循环神经网络（RNN）一直是人工智能研究与开发的重点，该网络旨在学习序列数据的变化模式。序列数据既可以是上下文相关的文本数据，也可以是随时间连续或离散变化的时序数据（Rumelhart et al., 1986）。2015 年，美国贝勒医学院的研究者在 *Science* 上指出，在大脑的皮层中，可以通过一系列互联规则捕获局部回路的基本连接，如图 7.1 所示，而且这些规则在大脑皮层中处于不断循环之中（Jiang et al., 2015）。相比于传统的前馈神经网络，RNN 更符合生物神经元的连接方式。

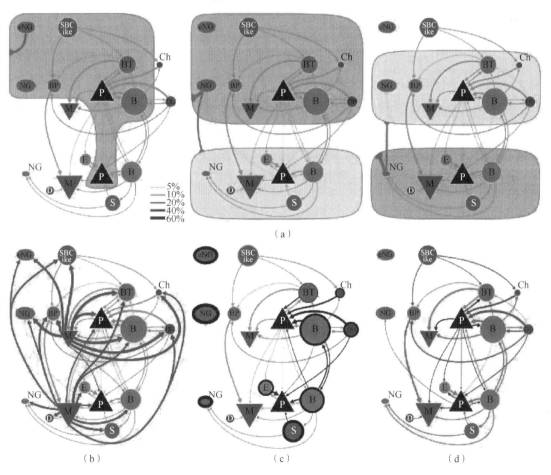

图 7.1　贝勒医学院的研究成果（Jiang et al., 2015）

RNN 与前馈神经网络的本质区别在于循环神经网络的神经元之间存在反馈机制。前馈神经网络如 CNN，其神经元的连接方式都是从输入到输出方向，不具有任何反馈连接，而循环神经网络至少具有一个反馈连接，这意味着前一时间步（或多个时间步）的输入可以影响当前的状态。RNN 通过使用带有自反馈的神经元，理论上可以处理任意长度的序列数据，由于循环神经网络允许神经元中的反馈连接，因此循环神经网络的拓扑结构多种多样，任何神经元都可以连接到网络中的其他神经元，甚至存在自己到自己的连接。这种反馈连接赋予网络一个显著的优点，可以在对网络进行分析的时候将它视为动态系统，其中网络在某一时刻的状态受到前一时刻状态的影响（Collins et al., 2017; Yi, 2013）。

当处理固定长度的句子时，传统的前馈神经网络给每个输入特征分配一个单独的参数，所以对句子中每个位置的语言规则来说，都需要分别学习。与前馈网络不同，RNN 的权重参数在所有时间步内共享，不再需要单独学习，同时 RNN 中输出的每一项是通过对之前的输出应用相同的更新规则来得到的。在输出之间利用相同的规则进行循环，实现参数共享。

在基础的 RNN 被提出后，由于它仍然存在一些不足之处，所以基于原始 RNN 的各种变体被提出。Hochreiter 等（1997）在 RNN 的基础上引入了门限机制，形成新的模型 LSTM，有效解决了长期依赖问题。Schuster 等（1997）提出了双向 RNN，能够同时处理历史信息和未来信息。Graves 等（2013）提出深度 RNN，通过堆叠 RNN 提升模型的效果。Cho 等（2014a）提出 GRU，减少了 LSTM 中门的数目，降低了计算复杂度。Lei 等（2017）提出 SRU，极大地提高了 RNN 的计算速度。

7.1 简单循环神经网络

7.1.1 简单循环神经网络的结构

在传统的神经网络模型中，从输入层到隐藏层，从隐藏层到输出层，层与层之间是全连接的，同一层的节点之间是不存在连接的。这种传统的神经网络在处理序列数据的时候会遇到麻烦。比如说，当需要预测句子中接下来生成的一个单词是什么的时候，一般都会考虑到之前生成的单词，因为在一个句子中前后单词并不是相互独立的。RNN 的循环特征体现在，网络对一个序列中的每个元素执行相同的任务，因为在序列中当前的输出与前面的输出均有关。具体的表现形式为神经网络会对前面的信息进行"记忆"，捕获到目前为止所计算的信息，并将它应用在当前输出的计算过程中，即隐藏层之间的节点不再和之前一样是无连接的，而是存在连接性的，并且隐藏层的输入不仅包括输入层的输出还包括前一时刻隐藏层的输出。理论上，循环神经网络能够处理任意长度的序列数据。但是在模型训练中，为了降低复杂性往往假设当前的状态只与之前的几个状态是相关的。图 7.2 便是循环神经网络基本结构的展开图。

图 7.2 左侧是循环神经网络的基础结构，可以将它简单视为"输入层→隐藏层→输出层"的三层结构，但是当输入层的输出到达隐藏层之后，隐藏层会拥有一个闭环连接到自身，环环相扣。将循环神经网络的基础结构按照时间序列展开后得到的就是图 7.2 右侧部分，其中的 x_t 表示神经网络中某一时刻的输入，与多层感知机的输入不同，循环神经网络的输入是整个序列，即序列 $x = \{x_1, \cdots, x_{t-1}, x_t, x_{t+1}, \cdots, x_T\}$，在语言模型中，每一个 x_t 表示一个词向量，整个序列就表示一句话。h_t 表示的是 t 时刻隐藏层的状态，o_t 表示的是 t 时刻输出层的状态。u 表示的是输入层到隐藏层的权重，将原始输入数据进行抽象得到隐藏层的输入，w 表示的是

隐藏层到隐藏层的权重，用来控制调度神经网络中的"记忆"，v 表示的是隐藏层到输出层的权重，把从隐藏层学习到的结构再进行一次抽象，作为最终的输出。

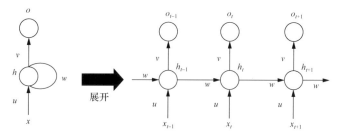

图 7.2 将 RNN 的基础结构按时间序列展开

从图 7.2 的展开过程可以看出 RNN 具有两个优点：①处理序列数据时，输入大小是固定不变的，因为在 RNN 中是从一种状态到另外一种状态的转移，而不是在可变长度的历史状态上进行计算；②状态转移函数具有相同的参数，在传统神经网络中，同一网络层的参数是不共享的。而在循环神经网络中，输入层共享参数 u，隐藏层共享参数 v，输出层共享参数 w，这反映了循环神经网络中的每一步都在重复做相同的事，只是输入有所不同，因此大大地减少了网络中需要学习的参数个数，降低了计算的复杂度。

7.1.1.1 输入层

输入层是将输入进行抽象，得到能够表示所有输入信息的向量，并将得到的向量传递给隐藏层进行计算。x_t 表示的是第 $t(t=1,2,3,\cdots)$ 时间步的输入，比如说，在处理文本数据时，x_t 为第 t 个单词的词向量。在输入层处理自然语言时，需要将自然语言转化为机器能够识别的符号，所以需要将自然语言转变为数值，而单词是构成自然语言的基础，所以在处理的时候可以将单词视为基本单元并将它进行数值化转化为词向量。词向量主要有两种模式，one-hot 词向量和 Word2vec 词向量。one-hot 词向量是用一个指定长度的数值向量来表示一个单词，如果序列中单词的数量为 $|V|$，则生成的词向量的大小为 $|V|*1$，向量中只有一个 1，其余的均为 0。1 的位置对应着这个单词在词典中的位置，因此该向量可以代表整个单词。Word2vec 是通过神经网络或者深度学习对单词进行训练，输入为该单词的 one-hot 向量，然后需要通过嵌入矩阵将 one-hot 向量映射到嵌入向量，作为输入。

7.1.1.2 输出层

输出层对所有的隐藏层的输出进行加权和函数处理，然后得到的数值就是输出层的输出结果。o_t 表示的是第 t 时间步的输出，这是 t 时刻的输入和之前所有的历史输出共同作用的结果，比如说，在处理自然语言领域中，如果想得到预测序列中下一步的输出，需要对下一个词出现的概率进行建模，想让神经网络输出概率，那么可以通过 $o_t = \text{softmax}(Vs_t)$ 进行计算，即使用 softmax 层作为神经网络的输出层。

softmax 函数的定义为

$$g(z_i) = \frac{e^{z_i}}{\sum\limits_{k} e^{z_k}} \tag{7.1}$$

softmax 函数可以视为一种归一化操作，softmax 层的输入和输出均是向量，两个向量具有相同的维度。输出向量具有以下特征：每一项的值域为 0 到 1，所有项的加和为 1。由于这些特征符合概率的特征，因此可以将它视为输出概率。

循环神经网络的输入层与输出层具有几种结构，即一对一、多对一、一对多、多对多，如图 7.3 所示。

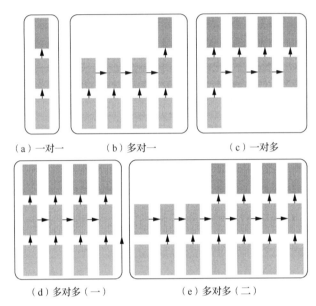

（a）一对一　　　（b）多对一　　　　　（c）一对多

（d）多对多（一）　　　　　（e）多对多（二）

图 7.3　RNN 的不同结构（Alom et at., 2018）

一对一，就是对循环神经网络来说，只有一个输入和一个输出，如图 7.3（a）所示；多对一，就是多个输入对应着一个输出，比如说自然语言处理中的情感分析，对一句话中的多个单词进行计算，分析该句的情感，这种结构也可以用于处理文本分类问题，对一段文本进行运算，得到其唯一的分类结果，如图 7.3（b）所示；一对多，就是根据一个输入产生多个输出，比如说根据一幅图片，生成图片的文字描述，输入为图片，输出为一段文字，如图 7.3（c）所示；多对多，就是多个输入对应着多个输出，比如说在处理语言翻译问题时，输入为一种语言的一段话，输出为另一种语言的一段话，如图 7.3（d）所示；图 7.3（e）所示为另外一种多对多的表现形式，比如说视频分类问题，将视频帧作为输入并且希望标记所示视频的每一帧。

7.1.1.3　隐藏层

隐藏层的输入具有两个来源，分别是输入层的输出、隐藏层的输出。隐藏层的输出具有两个去向，分别为传递给隐藏层的自连接、传递给输出层作为输出层的输入。

多层 RNN 指的是具有多个隐藏层的循环神经网络，在训练过程中，单一隐藏层的循环神经网络效果并不是很好，故而大多选择多层循环神经网络。多层 RNN 可以被视为深度循环神经网络，Pascanu 等（2013）提出三种扩展深度 RNN 的模式：一种是增加输入分量，如图 7.4（a）所示，即将最后时刻隐藏层的输出作为接下来隐藏层的输入再继续计算；一种是增加循环分量，如图 7.4（b）所示，即对循环神经网络的隐藏层进行多次循环计算，把最后一层隐藏层的输出作为第一层隐藏层的输入，多次循环隐藏层；一种是增加输出分量，如图 7.4（c）所示，把每一层的隐藏层输出作为第一层隐藏层的输入。

RNN 的反馈连接方式一般有以下两种。

（1）隐藏层到隐藏层的连接。如图 7.5 所示，隐藏层的神经元之间存在循环连接。该图展示的是将输入序列 x 通过隐藏层状态 h 映射到输出序列 o 过程中，RNN 训练损失的计算图。图中的 $x^{(t-1)},x^{(t)},x^{(t+1)}$ 联合表示输入序列中不同单词的词向量，通过输入层到隐藏层的权重矩阵 U 和隐藏层到隐藏层自连接的权重矩阵 W，计算得到隐藏层状态，t 时刻的隐藏层状态 $h^{(t)}$ 与 t 时刻的输入层结果 $x^{(t)}$ 和 $t-1$ 时刻隐藏层状态 $h^{(t-1)}$ 相关，隐藏层状态的个数 n 由隐藏层单元数目决定，然后通过隐藏层到输出层的权重矩阵 V，计算得到输出层结果 $o^{(t)}$。损失 L 衡量每个 o 与相应的训

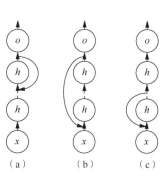

图 7.4 三种扩展深度 RNN

练目标 y 的差距，当使用 softmax 输出的时候，假设 o 是未归一化的对数似然概率。损失 L 内部计算 $\hat{y}=\text{softmax}(x)$，并将 $\hat{y}$ 与 y 进行比较。

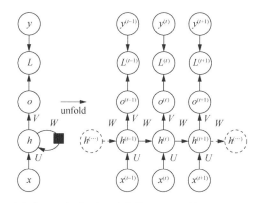

图 7.5 隐藏层到隐藏层之间有循环连接的 RNN 结构（Goodfellow et al., 2016）

unfold：展开

（2）输出层到隐藏层的连接。每个时间步输出层的输出都会连接到隐藏层的神经元，如图 7.6 所示。这种类型的 RNN 中存在的唯一循环是从输出层到隐藏层的反馈连接。在图 7.5 中，历史信息通过隐藏层状态 h 传递，并且将 h 向后传播，在图 7.6 中，历史信息通过输出 o 传递，没有隐藏层状态 h 前向传播的直接连接，之前的 h 通过产生的预测 o 间接连接到当前状态。

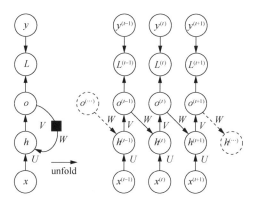

图 7.6 之前时刻的输出层到当前时刻的隐藏层有循环连接的 RNN 结构（Goodfellow et al., 2016）

unfold：展开

下面以一个翻译任务为例子来解释一下从输入到输出的变换过程，如图 7.7 所示，输入是"echt dicke kiste"，输出是"awesome sauce"，左侧边框表示一个 RNN，右侧边框表示另一个 RNN，左侧 RNN 的最终输出作为右侧 RNN 的输入。左侧 RNN 经过三个时间步的迭代后得到最终的输出，右侧 RNN 经过两个时间步完成任务，每个时间步的输出都作为最终结果。在每一个时间步输入一个 x，通过神经网络的计算得到隐藏层的状态 h，然后把这个隐藏层的状态传递给下一个时间步，和接下来的输入一起作为下面时间步的输入，共同通过神经网络进行计算，在把所有的输入都计算结束后，得到一个最终的隐藏层状态，把这个最终的隐藏层状态作为输出的结果，传递给下一个部分，作为其输入。在产生输出 y 的时候，每一个时间步通过计算隐藏层状态得到一个输出结果，把所有时间步的输出连接起来作为最终的输出语句。

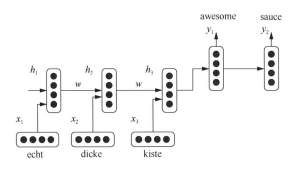

图 7.7 翻译任务举例

echt dicke kiste：很棒的酱汁。awesome sauce：很棒的酱汁

7.1.2 循环神经网络的算法

7.1.2.1 循环神经网络的前向传播

对于一个简单的循环神经网络，隐藏层把当前时刻输入层的结果和前一时刻隐藏层的结果作为输入进行计算，得到当前时刻隐藏层的结果，并将它传递给输出层，进行输出层的计算。

$$o_t = g(Vh_t) \tag{7.2}$$

$$a_t = Ux_t + Wh_{t-1} \tag{7.3}$$

$$h_t = f(a_t) \tag{7.4}$$

以上三个公式显示的是循环神经网络的前向传播计算过程，在接收到输入 x_t 后，隐藏层的值为 h_t，输出层的值为 o_t。公式（7.2）表示的是输出层的计算公式，输出层是一个全连接层，o_t 表示的是 t 时刻输出单元的值，V 表示的是输出层的权重矩阵，g 是输出层的激活函数。

公式（7.3）是隐藏层的计算公式，a_t 表示的是 t 时刻隐藏层神经元的值，U 表示的是输入层的权重矩阵，W 表示的是隐藏层节点到隐藏层节点的权重矩阵，即自连接的权重，x_t 是 t 时刻每个输入单元的值，h_{t-1} 是 $t-1$ 时刻每个隐藏层节点的值。由公式（7.3）可以看出，第一项是接收来自输入层的数据，第二项是接收来自隐藏层的数据。

公式（7.4）是对隐藏层的值施加激活函数，产生隐藏层单元的最终激活值 h_t，f 是隐藏层的激活函数。如果将公式（7.3）和公式（7.4）带入公式（7.2），可以得到

$$o_t = g(Vh_t)$$
$$= g\big(Vf(Ux_t + Wh_{t-1})\big)$$
$$= g\big(Vf(Ux_t + Wf(Ux_{t-1} + Wh_{t-2}))\big)$$
$$= g\big(Vf(Ux_t + Wf(Ux_{t-1} + Wf(Ux_{t-2} + Wh_{t-3})))\big)$$
$$= g\big(Vf(Ux_t + Wf(Ux_{t-1} + Wf(Ux_{t-2} + Wf(Ux_{t-3} + \cdots))))\big) \tag{7.5}$$

由此可以看出，t 时刻循环神经网络输出层的值是由前面历次输入值 $x_t, x_{t-1}, x_{t-2}, \cdots$ 影响的，这就是循环神经网络具有"记忆"的原因。

下面以伪代码为例来解释一下 RNN 前向传播算法的计算过程。

算法 7.1　RNN 前向传播算法

输入：当前时刻的输入 x_t，前一时刻的隐藏层状态 h_{t-1}

输出：新的输出层状态 o_t

1　　**for** 时间步 $1 \leqslant t \leqslant T$ **do**
2　　　$[x_t, h_{t-1}]$
3　　　$h_t \leftarrow Ux_t + Wh_{t-1}$
4　　　$o_t \leftarrow Vh_t$
5　　　把更新后的输出层状态添加到状态序列中
6　　**end for**

7.1.2.2　循环神经网络的反向传播

循环神经网络的反向传播步骤为：根据前向传播得到每个神经元的输出值作为预测，对比预测和真实值得到误差项，将误差沿输出到输入的路径进行反向传播，同时沿时间轴进行传播。最后使用随机梯度下降算法（Hochreiter et al., 2001）更新权重的值。

RNN 的学习过程可以定义为优化可微的损失函数 L，并对句子的所有时间步的损失进行求和。通过梯度下降法的迭代，得到合适的 RNN 权重矩阵参数 U, W, V。下面以对数损失函数为例对 RNN 的反向传播过程进行解释，最终的损失为对序列的每个位置的损失函数累加得到

$$L = \sum_{t=1}^{T} L_t \tag{7.6}$$

把 RNN 输出层和隐藏层的计算一般化为公式（7.7）的形式，其中输出层的激活函数 f 为 softmax 函数，隐藏层的激活函数 f 为 tanh 函数

$$y = f(Wx + b) \tag{7.7}$$

输出层的权重矩阵 V 的梯度计算为

$$\frac{\partial L}{\partial V} = \sum_{t=1}^{T} \frac{\partial L_t}{\partial V} = \sum_{t=1}^{T} \frac{\partial L_t}{\partial o_t} \frac{\partial o_t}{\partial V} = \sum_{t=1}^{T} (\hat{y}_t - y_t)(h_t)^{\mathrm{T}} \tag{7.8}$$

在 RNN 反向传播的过程中，某一个序列位置的梯度损失由当前时刻 t 的输出对应的梯度

损失和下一时刻 $t+1$ 梯度损失共同决定，定义当前时刻 t 隐藏层状态的梯度为

$$\delta_t = \frac{\partial L}{\partial h_t} \tag{7.9}$$

从 $t+1$ 时刻的隐藏层梯度 h_{t+1} 递推得到当前时刻隐藏层的梯度 h_t：

$$\delta_t = \frac{\partial L}{\partial o_t}\frac{\partial o_t}{\partial h_t} + \frac{\partial L}{\partial h_{t+1}}\frac{\partial h_{t+1}}{\partial h_t}$$

$$= V^{\mathrm{T}}\left(\hat{y}_t - y_t\right) + W^{\mathrm{T}}\delta_{t+1}\mathrm{diag}\left(1-\left(h_{t+1}\right)^2\right) \tag{7.10}$$

对于最终时刻 T 的梯度 δ_T 计算为

$$\delta_T = \frac{\partial L}{\partial o_T}\frac{\partial o_T}{\partial h_T} = V^{\mathrm{T}}\left(\hat{y}_T - y_T\right) \tag{7.11}$$

在得到当前时刻隐藏层状态的梯度后，计算隐藏层权重 W 和输入层权重 U：

$$\frac{\partial L}{\partial W} = \sum_{t=1}^{T}\frac{\partial L_t}{\partial h_t}\frac{\partial h_t}{\partial W} = \sum_{t=1}^{T}\mathrm{diag}\left(1-\left(h_t\right)^2\right)\delta_t\left(h_{t-1}\right)^{\mathrm{T}} \tag{7.12}$$

$$\frac{\partial L}{\partial U} = \sum_{t=1}^{T}\frac{\partial L_t}{\partial h_t}\frac{\partial h_t}{\partial U} = \sum_{t=1}^{T}\mathrm{diag}\left(1-\left(h_t\right)^2\right)\delta_t\left(x_t\right)^{\mathrm{T}} \tag{7.13}$$

算法 7.2　RNN 反向传播算法

输入：T 时刻的输出 y_T 和目标值 I_T

输出：神经网络的权重矩阵参数值

1　　　$\delta_y^{\mathrm{T}} \leftarrow (I_T - y_T)\cdot g'(o_T)$

2　　　$\delta_h^{\mathrm{T}} \leftarrow W\delta_y^{\mathrm{T}}\cdot f'(h_T)$

3　　　$\delta_i^{\mathrm{T}} \leftarrow U\delta_i^{\mathrm{T}}\cdot f'(x_T)$

4　　**for**　$t \leftarrow T{-}1; t \geqslant 1; t \leftarrow t{-}1$　**do**

5　　　$\delta_r^y \leftarrow (I_T - y_T)\cdot g'(o_t)$

6　　　$\delta_t^h \leftarrow \left[W_t\delta_{t+1}^h + V_t\delta_t^y\right]\cdot f'(h_t)$

7　　　$\delta_t^i \leftarrow U_t\delta_t^h\cdot f'(x_t)$

8　　**end for**

9　　　$V \leftarrow V + \gamma\sum_{t=1}^{T}\delta_y^t h_t^{\mathrm{T}}$

10　　$W \leftarrow W + \gamma\sum_{t=1}^{T}\delta_h^t h_t^{\mathrm{T}}$

11　　$U \leftarrow U + \gamma\sum_{t=1}^{T}\delta_i^t h_t^{\mathrm{T}}$

■7.2　循环神经网络的训练

7.2.1　损失函数和 dropout

在处理分类问题时，神经网络大多会选择交叉熵损失函数作为代价函数，本质上来说，交叉熵函数就是极大似然损失函数。根据全概率公式，输出序列的概率为

$$p(w_1, w_2, \cdots, w_T) = p(w_1) \times p(w_2 | w_1) \times \cdots \times p(w_T | w_1, w_2, \cdots, w_{T-1}) \qquad (7.14)$$

所以模型的训练目标就是最大化 $p(w_1, w_2, \cdots, w_T)$。而损失函数通常被视为最小化问题，因此定义：

$$\mathrm{Loss}(w_1, w_2, \cdots, w_T | \theta) = -\log P(w_1, w_2, \cdots, w_T | \theta) \qquad (7.15)$$

将公式（7.15）展开，得到

$$\mathrm{Loss}(w_1, w_2, \cdots, w_T | \theta) = -(\log P(w_1) + \log p(w_2 | w_1) + \cdots + \log p(w_T | w_1, w_2, \cdots, w_{T-1})) \qquad (7.16)$$

展开式中的每一项都是一个 softmax 分类模型，数目为模型所使用的词库大小。

在循环神经网络的训练过程中，经常会有过拟合效果的出现，dropout 方法被提出来防止过拟合，它通过修改循环神经网络结构来实现（Zaremba et al., 2014; Srivastava et al., 2014; Mikolov et al., 2011）。在网络训练的开始，随机"临时删除"一半隐藏层神经元，保持输入层和输出层神经元不变，按照反向传播算法更新神经网络中隐藏层的权重值，但是不更新之前被删除的神经元的权重。之后进行第二次迭代，对循环神经网络使用同样的方法，但是这次"删除"的一半隐藏层神经元与第一次"删除"的神经元不会是完全相同的，因为每次都是随机选中一半的神经元进行"删除"，之后不停进行迭代，直到训练过程结束。使用了 dropout 的训练过程，相当于每次都训练具有半个隐藏层的神经网络。每一个这样的半数网络，都会产生一个结果，这些结果中有正确的也有错误的，但是随着迭代过程的增加，越来越多的半数网络都能够给出正确的结果，少数的错误结果并不会影响模型的最终效果，因此可以在防止过拟合现象出现的同时，又不降低模型的准确度。

7.2.2　循环神经网络的训练技巧

1．采样期间增加噪声

Jaeger（2002）提出对训练过程中增加噪声的解释。经验表明，在具有嘈杂的训练数据的任务中，噪声插入并不是有意义的，当没有输出反馈连接时也不需要。然而，有一种情况，即使用没有输出反馈连接的经验数据，噪声插入可能是有意义的。小的训练集和大的测试集会导致学习的模型过拟合数据，在这种情况下，在统计学习理论意义上，额外噪声的注入是正则化的。训练误差会增加，但是测试误差会减少。

2．使用额外的偏差输入

当期望的输出具有偏离零的平均值时，在训练和测试期间，使用一个额外的输入单元并给它提供恒定值（偏差）。该偏差输入将训练后的输出设置为正确的平均值。相对较大的偏置输入能够将许多内部单元转移到其 S 形的一个极端外部范围，当想要实现强烈的非线性行为时，这可能是可取的。

3．找到合适的模型大小

一般来说，对于较大的 RNN 模型，可以学习更复杂的参数，或者更准确地学习给定的参数。但是，可能会出现过拟合现象：如果模型太强大，则训练数据中的不相关的统计波动将被模型学习，这导致测试数据的泛化差。尝试增加网络大小，直到测试数据的性能恶化。训练经验表明，在处理嘈杂的数据时，过拟合的问题尤为重要。因此制定合适大小的模型对防止过拟合现象的出现是有一定的必要性的。

4．lightRNN

尽管 RNN 在处理可变长度序列的时候表现出色，但是当它应用于具有较大词汇量的文本语料库时，模型将变得很大。为了预测下一个词的概率，顶部隐藏层通过输出嵌入矩阵投影到词汇表中的所有单词的概率分布，当包含很多单词时，RNN 的结构将变得很大，计算时会特别消耗资源，复杂度很高。为了解决这个问题，微软亚洲研究院（Li et al.，2016）提出了lightRNN 的概念，它对循环神经网络中的单词表示使用 2-分量共享嵌入，每一行与一个向量相关联，每一列与另一个向量相关联，然后根据单词在词汇表中的位置使用两个分量联合表示这个单词。由于同一行中的单词共享行向量，同一列中的单词共享列向量，所以只需要 $2\sqrt{|V|}$ 个向量来表示具有 $|V|$ 个单词的词汇表，大大减少了标准 RNN 模型所需要的向量数 $|V|$。在预测阶段，lightRNN 首先基于前面得到的所有结果预测其行向量，然后基于前面所有的结果和已经预测出来的行向量预测其列向量。这样可以降低计算复杂度，同时节省了计算时间。

5．截断式沿时间反向传播

循环神经网络在处理较长序列时对运算能力的要求较高，尤其是在反向传播误差项时会造成昂贵的代价。同时由于梯度消失问题，反向传播的误差越来越小，截断式沿时间反向传播算法可以降低循环神经网络中每项参数在更新梯度时的复杂度，提高参数更新的频率。截断式沿时间反向传播算法将正向传播过程和反向传播过程拆分成一系列较小时间段的正向传播和反向传播操作，这允许所有的输入并行执行序列前向传播过程，但是只有最后数十个时间步会被用来计算梯度，并用于更新参数的权重。这种方法同时存在缺点，在出现长期依赖的时候，截断式沿时间传播学习到的依赖长度会比完整的反向传播短，使得误差项反向流动的距离不够长，无法完成存储必要信息所需的参数更新。因此在训练过程中，选择合适的截断长度是必要的。

6．beam search 算法

由于系统语料库中的训练数据比较多，而且对模型的结果来说，正确答案存在不唯一性，系统的训练目标是使用某种方法以最快的速度找到最接近正确答案的解，因此在这种情况下，beam search 更适合。首先，目标序列随机采样得到的元素（即回复目标中随机采样的单词）被组织成单词查找树。接着，从左到右进行集束搜索，但是仅仅保留出现在单词查找树中的假设。这样，搜索的时间复杂度由 $O(|R|I)$ 变为 $O(aI)$，$|R|$ 为候选目标集合大小，a 是集束大小，I 仍然是最长回复的长度，极大地降低了模型复杂性。所以这种方法可以有效地减少找到最优回复的时间。就质量方面而言，使用集束搜索得到 R 中的最佳回复和对所有回复进行评分得到最高分的回复非常相似，这就说明，集束搜索并没有降低系统的质量。

■7.3 长短期记忆神经网络

7.3.1 长短期记忆神经网络的起源

7.3.1.1 梯度消失与梯度爆炸问题

Bengio 等（1994）提出 RNN 在处理较长序列时会出现梯度消失和梯度爆炸问题。梯度爆炸问题是指在训练过程中梯度的大幅度增加，这是由于长期分量相较于短期分量呈爆炸性增长。梯度消失问题与梯度爆炸问题相反，当长期分量的增长指数速度超过范数 0 时，模型

就不能够学习到当前时刻与较长时间之前事件的相关性。这些将导致在训练时梯度不能在较长序列中一直传递下去，从而使循环神经网络对时间跨度较长的信息不敏感。

可以简单认为第 t 层隐藏层状态和第 $t-1$ 层隐藏层状态之间的联系为

$$h^{(t)} = W^{\mathrm{T}} h^{(t-1)} \tag{7.17}$$

这是一个简单缺少激活函数和 t 时刻输入的循环神经网络，将它迭代递推得到 t 时刻隐藏层状态和初始时刻隐藏层状态的关系为

$$h^{(t)} = \left(W^t\right)^{\mathrm{T}} h^{(0)} \tag{7.18}$$

而当权重矩阵 W 符合以下形式的特征分解时：

$$W = Q\Lambda Q^{\mathrm{T}} \tag{7.19}$$

式中，Q 为正交矩阵；Λ 为特征值。t 时刻的隐藏层状态和初始隐藏层状态的联系可以进一步简化为

$$h^{(t)} = Q^{\mathrm{T}} \Lambda^t Q h^{(0)} \tag{7.20}$$

通过公式（7.20）可以发现，特征值 Λ 已经经过 t 次的幂运算，这将导致幅值比 1 小的特征值衰减到零，造成梯度消失问题，而幅值比 1 大的特征值就会激增到无穷大，造成梯度爆炸问题，$h^{(0)}$ 中任何不与最大特征向量对齐的部分最终都将被丢弃，这时想要得到的 $h^{(0)}$ 信息会被丢失，不能传递到 t 时刻的隐藏层。

处理梯度爆炸问题时，可以设置一个梯度阈值，设定这个阈值的一个很好的启发是在一个足够大量的更新中查看关于平均规范的统计数据，当梯度超过这个阈值时直接进行截取。

由于梯度消失的问题更难检测到，有三种方法可以用来应对梯度消失问题：①对权重矩阵进行合理初始化，尽量使得每个神经元不要取得极大值或者极小值，来避开梯度消失的区域；②使用 ReLU 函数代替 sigmoid 函数和 tanh 函数作为循环神经网络的激活函数；③使用具有门结构的循环神经结构网络，减少长期依赖问题。使用表示对参数偏好的正则化范数，使得反向传播的梯度既不会增加也不会减少，但是正则化范数仅强制雅可比矩阵 $\frac{\partial x_{k+1}}{\partial x_k}$ 在错误

$\frac{\partial \epsilon}{\partial x_{k+1}}$ 的相关方向保留范数，而不是任何方向（不强制所有特征值接近 1），同时不能保证误差信号的范围得以保留。

循环神经网络的一个重要优点是在输入和输出序列之间的映射过程中具有使用上下文信息的能力。不幸的是，对于标准的 RNN 结构，可以访问的上下文范围有限。问题在于给定输入对隐藏层造成的影响，因此在网络输出层上的影响会随着网络周期性连接的周期而衰减或爆炸。迄今为止，最有效的解决方案是长短期记忆网络。

7.3.1.2 长期依赖问题

RNN 之所以能在自然语言处理方面得到广泛应用，是因为它能够把现在的信息和之前的历史信息联系到一起来解决当前的问题。比如，在一句话中联系之前的单词来预测当前的单词，但是，在处理当前任务的时候，有些只需要看一下比较近的一些信息，有些情况下却需要更多的上下文信息。比如当输入序列为"小明酒后驾车被交通警察抓到了，交警惩罚了_"，这个时候自然而然就会得到预测的答案"小明"，这种情况下，需要预测的内容和相关信息之间的距离很小，循环神经网络就能够利用较近的信息，很容易得出结果。但不是所有的情况

都是这样的，比如"我一直居住在法国，……（此处省略一万字），所以我讲_"，可以看出这个时候应该预测的答案是"法语"，但是这个需要通过很长时间之前提到的信息，才能得到这个正确的预测答案，传统循环神经网络很难做到这个。

随着当前预测信息和需要参考的信息之间的间隔增大，普通 RNN 很难将它们关联起来，于是 Hochreiter 等（1997）、Gers 等（2000）提出了长短期记忆网络，用来解决长期依赖问题，其主要作用是能够记住较长时间之前的信息，该网络已经被广泛地应用到很多领域，并都取得了非常好的效果。

7.3.2 长短期记忆神经网络的结构

7.3.2.1 单元格状态

长短期记忆网络中隐藏层的基本单元是记忆块，它取代了传统 RNN 中的隐藏层单元。一个记忆块包含了一个甚至多个记忆单元和三个乘法单元输入：输入门、输出门、遗忘门。记忆块允许单元格共享相同的门，因此能够减少自适应参数的数目，每个记忆单元的核心是一个称为常数误差流（constant error carrousel, CEC）的循环自连接线性单元，其激活称为单元状态（Greff et al., 2017）。它解决了梯度消失的问题：在没有新的输入或错误信号的情况下，CEC 的局部误差回流保持恒定，既不增长也不衰减。CEC 由输入门和输出门的前向流动激活和向后流动误差保护。当门关闭（激活为零）时，不相关的输入和噪声不会进入单元，单元格状态也不会扰乱网络的其余部分。

LSTM 中记忆块的结构如图 7.8 所示，该记忆块的输入有两部分，图中的"input"表示从输入层获得的输入，"recurrent"表示从前一时刻隐藏层获得的输入。分别把输入送进输入门和遗忘门，然后把得到的数据传递给单元格，再经过输出门的作用，得到最终的输出。图中的"peepholes"表示窥视孔，添加窥视孔的连接使得计算遗忘门和输入门的时候能够获得单

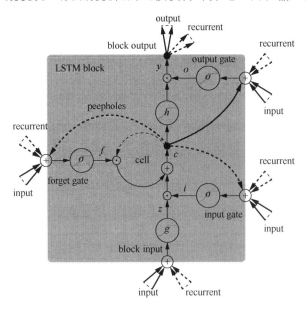

图 7.8　一个 LSTM 单元（Greff et al., 2017）

cell：单元格。block input：记忆块的输入。input：输入层获得的输入。recurrent：从前一时刻隐藏层获得的输入。

input gate：输入门。forget gate：遗忘门。output gate：输出门。output：输出。peepholes：窥视孔。block output：记忆块的输出

元格的状态。该记忆块的输出将再一次连接到其他的记忆块。

　　LSTM 最关键的状态就在于单元格状态的存储。单元格状态的传输就像一条传送带，信息向量从整个单元格中穿过，只是进行了少量的线性操作，LSTM 中门的结构导致能够很轻松地完成信息从整个单元格中穿过却不进行任何改变，这样就能实现对记忆的长时间保留了。

　　单元格的状态是用来提供输出信息的值，主要由以下几个部分组成。

　　输入数据：一般用 x 进行表示。

　　输入状态：当前时间步的隐藏层状态和当前输入的线性组合的值，一般用 i 来表示。

　　隐藏层状态：与传统循环神经网络相同，均表示当前隐藏层的值，一般用 h 来表示。

　　内部状态：用来作为"记忆"的值，一般用 c 来表示。

7.3.2.2　门限机制

　　LSTM 之所以能够记住很久之前的信息，是因为它具有门限机制，该机制是通过一种叫作"门"的结构来实现的，LSTM 的关键就是如何通过门来控制单元格的长期状态。最基本 LSTM 使用三个门进行调整和控制：遗忘门、输入门、输出门。这三个门就相当于是三个控制开关，遗忘门负责控制保存长期单元格状态，输入门用来控制把当前时刻状态中哪些部分输入到长期状态，输出门负责控制决定是否把长期状态作为当前 LSTM 的输出部分。

　　从概念上来讲门的结构就是一个全连接层，把一个向量作为输入，门经过计算后，输出一个值域为 0 到 1 之间的实数，门的计算公式如下：

$$g(x) = \sigma(Wx + b) \tag{7.21}$$

式中，W 是门的权重矩阵；b 是门的偏置项。门的使用方法是将需要控制的那个向量按元素乘以门的输出向量。由于门的输出是值域为 0 到 1 之间的实数向量，故而，当门的输出为 1 的时候，任何与之相乘的向量都不会有任何改变，这就相当于所有东西（"记忆"）都可以通过，当门的输出为 0 的时候，任何向量与之相乘的结果都是零向量，这就相当于所有的东西都不能通过。

　　门之所以能让信息选择性地通过，主要是通过一个按元素相乘的操作和一个 sigmoid 激活函数来实现的。sigmoid 函数的输出向量中每个元素都是 0 到 1 之间的实数，表示让其对应的信息通过的权重。由于 sigmoid 函数的值域为(0,1)，这就导致门的状态都是半开半闭的。

　　输入门决定当前时刻的输入有多少会保留到当前的记忆中，由激活函数决定将更新多少信息。如果输入门的输出结果为 1，则当前的输入都将保存在记忆中，如果输出结果为 0，则表示当前输入内容无关紧要，不会保留在记忆中。遗忘门用来控制让哪些信息保存到当前单元格中，即从单元格状态中丢弃之前的哪些信息。如果遗忘门的输出结果为 0，则表示所有信息将全部被忘记，不会保存在单元格中，但是输出结果如果为 1，则表示所有信息都会保存下来。输出门控制当前的单元格状态会有多少保留到神经网络的输出值，决定把单元格状态的哪些部分输出出来，能够调制之前的记忆对当前输出的影响。

7.3.3　长短期记忆神经网络的算法

7.3.3.1　长短期记忆神经网络的前向计算

　　不同于普通 RNN，LSTM 的单元格包含四个交互层，如图 7.9 所示。

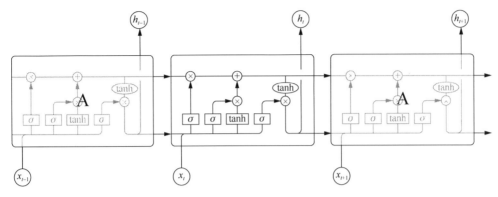

图 7.9 按时间序列展开的 LSTM 单元格（Olah, 2015）

根据记忆块的结构，按照算法的计算顺序给出长短期记忆神经网络的前向计算公式（Olah, 2015）。在下面公式中，x_t 表示输入，f_t 表示遗忘门，o_t 表示输出门，i_t 表示输入门，h_t 表示隐藏层状态，C_t 表示单元格状态，$\tilde{C}_t$ 表示单元格状态的候选值，σ 表示每个门的激活函数，W 表示权重，b 表示偏差。

首先计算遗忘门（图 7.10）：

$$f_t = \sigma\left(W_f \cdot [h_{t-1}, x_t] + b_f\right) \tag{7.22}$$

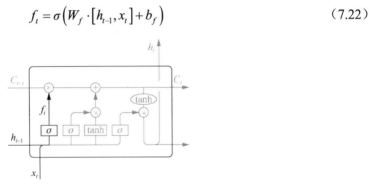

图 7.10 遗忘门的计算（Olah, 2015）

遗忘门主要是决定丢弃信息，比如说在语言模型中，预测下一个单词的情况下，在看到新的主语时，希望忘记旧的主语。公式（7.22）表示通过激活函数的计算得到遗忘门的输出结果。

接下来确定在单元格状态中存放哪些新的信息，一共包含两个步骤：先是通过输入门决定什么值将更新；然后通过 tanh 层创建一个新的候选向量，这个向量将会被加入到单元格状态中（图 7.11）。

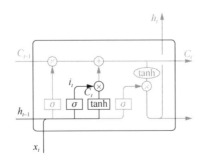

图 7.11 计算输入门和单元格状态（Olah, 2015）

$$i_t = \sigma\left(W_i \cdot [h_{t-1}, x_t] + b_i\right) \tag{7.23}$$

$$\tilde{C}_t = \tanh\left(W_C \cdot [h_{t-1}, x_t] + b_C\right) \tag{7.24}$$

接下来是更新单元格的状态，调制之前的单元格状态到当前的单元格状态。它是由当前的单元格状态按元素乘以遗忘门的输出，再把输入门的输出按元素乘以当前时刻的输入状态，然后将两个乘积加和得到的。这样 LSTM 就能够将之前的记忆状态和当前的记忆状态结合到一起，形成新的单元格状态。由于有遗忘门的控制，单元格中可以保存很久之前的信息，也就是长期记忆，而由于有输入门的控制，又可以调制当前进入记忆的内容，避免当前无关紧要的内容进入记忆（图 7.12）。

$$C_t = f_t * C_{t-1} + i_t * \tilde{C}_t \tag{7.25}$$

最后确定输出什么值，通过输出门和激活函数调制输出，这就是接下来计算过程中实际使用的值。最终的输出是由单元格状态值和输出门的结果共同决定的。首先运行 sigmoid 层（输出门）确定单元格状态的哪个部分将被输出，然后把单元格状态通过 tanh 处理，并将它和 sigmoid 门的输出相乘，最终会输出所需要输出的那部分（图 7.13）。

$$o_t = \sigma\left(W_o \cdot [h_{t-1}, x_t] + b_o\right) \tag{7.26}$$

$$h_t = o_t * \tanh\left(C_t\right) \tag{7.27}$$

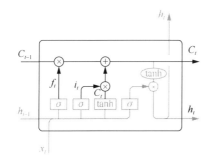

图 7.12　更新单元格状态（Olah, 2015）

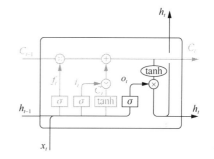

图 7.13　确定最后输出值（Olah, 2015）

LSTM 算法的工作过程可以描述如下。

算法 7.3　LSTM 前向传播算法

输入：输入 x_t，隐藏层状态 h_{t-1}，单元格状态 c_{t-1}

输出：隐藏层状态 h_t，单元格状态 c_t

1	**for** $t \leftarrow 1; t \leq T; t \leftarrow t+1$ **do**	
2	$x \leftarrow [h_{t-1}, x_t]$	//把前一时刻的隐藏层状态和当前时刻的输入连接起来
3	$f_t \leftarrow \text{sigmoid}\left(x \cdot W_f + b_f\right)$	//遗忘门
4	$i_t \leftarrow \text{sigmoid}\left(x \cdot W_i + b_i\right)$	//输入门
5	$o_t \leftarrow \text{sigmoid}\left(x \cdot W_o + b_o\right)$	//输出门
6	$\tilde{C}_t \leftarrow \tanh\left(x \cdot W_C + b_c\right)$	//单元格状态
7	$C_t \leftarrow f_t \cdot C_{t-1} + i_t \cdot \tilde{C}_t$	//更新单元格
8	$h_t \leftarrow o_t \cdot \tanh\left(C_t\right)$	//更新隐藏层状态
9	$y_t \leftarrow h_t \cdot W_y + b_y$	//计算输出
10	**end for**	

7.3.3.2　长短期记忆神经网络的反向传播

长短期记忆神经网络的训练算法依然是反向传播算法（Pineda, 1987），主要具有以下步骤（Graves, 2012）。

（1）根据前向计算公式，得到神经元的输出值，即 i_t，f_t，o_t，C_t，h_t。

（2）反向计算每个神经元的误差项 δ 的值，与循环神经网络一样，LSTM 误差项的反向传播也是具有两个方向的：一个是沿时间轴的反向传播，从当前时刻开始反向传播回初始时刻 t_1；另一个是将它传递到上一层的网络。

（3）根据得到的相应误差项，更新每个权重矩阵的梯度。

长短期记忆神经网络的反向传播公式为

$$\epsilon_c^t \overset{\text{def}}{=} \frac{\partial O}{\partial C_t} \tag{7.28}$$

$$\epsilon_s^t \overset{\text{def}}{=} \frac{\partial O}{\partial h_t} \tag{7.29}$$

单元格的输出为

$$\epsilon_c^t = \sum_{k=1}^{K} w_{ck} \delta_k^t + \sum_{g=1}^{H} w_{ch} \delta_h^{t+1} \tag{7.30}$$

输出门 t 时刻的结果为

$$\delta_o^t = f'\left(a_o^t\right) \sum_{c=1}^{C} h(h_t) \epsilon_c^t \tag{7.31}$$

隐藏层的状态为

$$\epsilon_s^t = o_t b_w^t h'(h_t) \epsilon_c^t + f_t \epsilon_s^{t+1} + w_{ci} \delta_i^{t+1} + w_{cf} \delta_f^{t+1} + w_{cw} \delta_o^t \tag{7.32}$$

单元格的状态为

$$\delta_c^t = b_l^t g'\left(a_c^t\right) \epsilon_s^t \tag{7.33}$$

遗忘门 t 时刻的结果为

$$\delta_f^t = f'\left(a_f^t\right) \sum_{c=1}^{C} h_{t-1} \epsilon_s^t \tag{7.34}$$

输入门 t 时刻的结果为

$$\delta_i^t = f'\left(a_i^t\right) \sum_{c=1}^{C} g\left(a_c^t\right) \epsilon_s^t \tag{7.35}$$

公式（7.30）中的 K 是输出神经元的数目，H 是隐藏层神经元的数目，w_{ck} 是隐藏层到输出层的权重，w_{ch} 是隐藏层到隐藏层的权重。公式（7.31）中 a_o^t 是在通过激活函数 $o_t = f\left(a_o^t\right)$ 之前的输出门状态，C 是单元格的数目。公式（7.32）中 w_{ci} 是输入门的权重，w_{cf} 是遗忘门的权重，w_{cw} 是单元格的权重。公式（7.33）中 a_c^t 是 $C_t = g\left(a_c^t\right)$ 通过激活函数之前的单元格状态。公式（7.34）中 a_f^t 是 $f_t = f\left(a_c^t\right)$ 通过激活函数之前的遗忘门状态。公式（7.35）中 a_i^t 是 $i_t = f\left(a_i^t\right)$ 通过激活函数之前的输入门状态。

每个需要求偏导的参数都要看有谁会反向传回梯度给它，可以看到最复杂的就是单元格状态的计算了，因为这是对那个状态值求导，它不只连向了三个门［公式（7.32）后三项，两个表示下一时刻，最后一个是本时刻的］，还连向了最后的输出 ϵ_c^t［公式（7.32）第一项］以及下一时刻的自己 ϵ_s^{t+1}［公式（7.32）第二项］。还有一点，最后的损失函数是每一时间的一个求和，所以在计算当前输出层传回来的残差的时候就可以忽略其他项了。举个例子：ϵ_c^t 是对 C_t 求偏导，而 C_t 是正向传播 LSTM 单元格的输出，输出到当前层的输出层和下一层的隐藏层，这两项最后的损失函数是分开的，彼此之间没有关系，所以公式里是两部分相加。公式中的 G 和之前的 H 一样，也是泛指，因为它不一定只输出到下一时间的自己，可能还会输出到下一时间的其他隐藏层单元。

  LSTM 的反向传播算法伪代码如下。

算法 7.4　LSTM 反向传播算法

输入：t 时刻的误差 E_t，t 时刻的输入 $x = \begin{bmatrix} h_{t-1}, x_t \end{bmatrix}$，$t$ 时刻隐藏层状态 h_t

输出：参数的总梯度

1　　**for**　$t \leftarrow T; t \geqslant 0; t \leftarrow t-1$　**do**

2　　　　$\delta h_t \leftarrow \dfrac{\partial E_t}{\partial h_t}$

3　　　　// $h_t \leftarrow o_t \cdot \tanh(C_t) z$　　　计算 C_t 和 o_t 的偏导数

4　　　　$\delta o_t \leftarrow \delta h_t \odot \tanh(C_t)$

5　　　　$\delta C_t \leftarrow \delta h_t \odot o_t \odot \left[1 - \left(\tanh(C_t) \right)^2 \right]$

6　　　　// $C_t \leftarrow f_t \cdot C_{t-1} + i_t \cdot \tilde{C}_t$　　　计算 f_t 的偏导数

7　　　　$\delta f_t \leftarrow \delta C_t \odot C_{t-1}$

8　　　　// $C_t \leftarrow f_t \cdot C_{t-1} + i_t \cdot \tilde{C}_t$　　　计算 i_t 的偏导数

9　　　　$\delta i_t \leftarrow \delta C_t \odot \tilde{C}_t$

10　　　// $C_t \leftarrow f_t \cdot C_{t-1} + i_t \cdot \tilde{C}_t$　　　计算 $\tilde{C}_t$ 的偏导数

11　　　$\delta \tilde{C}_t \leftarrow \delta C_t \odot i_t$

12　　　$\delta C_{t-1} \leftarrow \delta C_t \odot f_t$

13　　　// 计算各个门的偏导数

14　　　// 遗忘门

15　　　$\delta W_f \leftarrow \left[\delta f_t \odot f_t \odot (1 - f_t) \right] \otimes (x)^{\mathrm{T}}$

16　　　// 输入门

17　　　$\delta W_i \leftarrow \left[\delta i_t \odot i_t \odot (1 - i_t) \right] \otimes (x)^{\mathrm{T}}$

18　　　// 输入门

19　　　$\delta W_o \leftarrow \left[\delta o_t \odot o_t \odot (1 - o_t) \right] \otimes (x)^{\mathrm{T}}$

20　　　// 单元格

21　　　$\delta W_C \leftarrow \left[\delta \tilde{C}_t \odot \left(1 - \tilde{C}_t^2 \right) \right] \otimes (x)^{\mathrm{T}}$

22　　　// $t-1$ 时刻隐藏层状态

23　　　$\delta h_{t-1} = W_h \cdot \begin{bmatrix} \delta o_t \odot (1 - o_t) \\ \delta f_t \odot (1 - f_t) \\ \delta f_t \odot (1 - f_t) \\ \delta \tilde{C}_t \odot \left(1 - \tilde{C}_t \right)^2 \end{bmatrix}$

24　　**end for**

25　　// 总梯度

$$26 \quad \frac{\partial E}{\partial W} \leftarrow \sum_{t=0}^{T} \frac{\partial E_t}{\partial W}$$

7.4 长短期记忆神经网络的训练

7.4.1 学习率

在机器学习的算法中，对于很多有监督学习模型，都需要对原始的模型构建损失函数，然后对损失函数进行优化。一般采用某种优化算法来寻找得到局部的最优参数，使损失函数值达到最小。在优化机器学习参数的算法中，广泛使用的是梯度下降学习算法，与批梯度下降算法相比训练速度较快，但准确度却有所下降。为了能够使随机梯度下降有较好的性能，学习率的设定就必须在合适的范围内，学习率决定了参数移动到最优解的速度快慢，也就是权值更新的速度。学习率设置得过大，系统的动能会很大，参数向量会呈现无规律的跳动，会使结果超过局部最优解，不能到达原本可以到达的最好位置。反之如果学习率设置得过小，优化的效率可能很低，实际进展很少，需要很长时间才能达到收敛。所以学习率的设定对于算法的表现至关重要，在训练过程中不断调整学习率是必要的。

在每次迭代中调整学习率的值是一种很好的自适应学习方法，其基本思路是当距离局部最优解很远的时候，需要向最优值移动的就越多，即学习率就应该越大。当距离局部最优解很近时，需要向最优值缓慢移动，防止错过最优值，即学习率就应该减小。在模型训练过程中可以通过设置学习率衰减节点来迭代减小学习率的值，其作用是每次迭代减小学习率的大小。在几个周期的训练结束后，会统计上一轮的损失值，如果当前的损失与三轮训练之前得到的损失相比效果没有提升，则乘以学习率衰减节点来降低学习率。

7.4.2 长短期记忆神经网络的训练技巧

1. 门的权重初始化

由于 RNN 具有循环结构，因此可以对可变长度的序列建模，但是这种循环结构会出现梯度爆炸和梯度消失的问题，当 LSTM 中门的初始化值选定合适的值后，可以对解决这个问题起到一定的作用，故而引入正交初始化的概念，即构造一个随机的正交矩阵作为参数矩阵的初始化值。图 7.14 展示了 3 种不同门的初始化方法得到的训练误差和验证误差：0.513 的线表示门的初始化值均为 0，0.443 的线表示用一种经常用于前馈网络的初始化方式，0.404 的线表示使用正交初始化方法，实线显示验证误差，虚线显示训练误差。这个实验结果参考了YJango（2017）在知乎"你在训练 RNN 的时候有哪些特殊的 trick？"的回答。

由图 7.14 可以看出，全零初始化方法无论是对训练误差还是验证误差来说训练都特别的慢，并不适用于模型的一般训练情况。前馈网络的初始化方法对训练误差来说下降的速度很快，但是对验证误差来说，下降到 20 个周期左右后就会上升，这是过拟合的征兆。正交初始化方法虽然使训练误差的下降速度不是很快，但是对验证误差的效果却很好，综合来看，正交初始化更适合模型的使用。

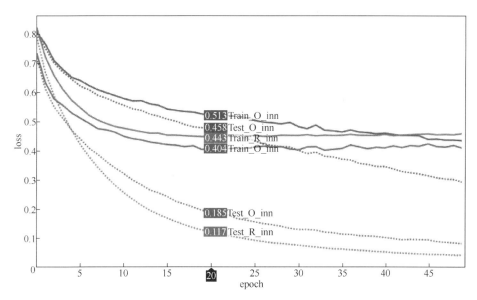

图 7.14　3 种不同门的初始化方法得到的训练误差和验证误差对比（YJango, 2017）

loss：损失。epoch：周期

2．遗忘门的偏差初始化

很多论文中都提到遗忘门的偏差的值初始化为 1.0 的效果很好，而且 TensorFlow 中的 LSTM 的默认值就是 1.0。但是这个并不是绝对的，不能适应所有的情况。有些情况下，初始值为 0.0 的训练效果会比初始值为 1.0 的训练效果更好，图 7.15 就显示了不同初始值的训练效果。

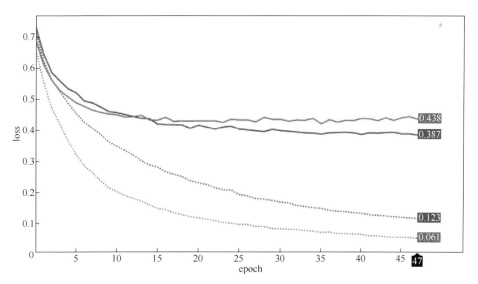

图 7.15　不同遗忘门初始值对结果的影响（YJango, 2017）

loss：损失。epoch：周期

图 7.15 中 0.387 的线表示遗忘门的偏差初始值为 1.0，0.438 的线表示遗忘门的偏差初始值为 0.0，实线是验证误差，虚线是训练误差。可以看出，遗忘门的偏差为 1.0 的时候，训练误差下降速度很快，但是验证误差的训练效果并不好，而初始值为 0.0 的情况下，训练误差

的下降速度比 1.0 的情况下较慢，但是验证误差的值却比 1.0 情况下好很多。因此，在进行模型训练的过程中，可以尝试将遗忘门的偏差值设置为 0.0，可能会有出人意料的效果。

3. L_2 正则化

在循环神经网络训练的过程中，经常会导致过拟合现象的出现，神经网络在训练数据集上的误差逐渐减小，但是在验证数据集上的误差却在逐步增加。为了防止过拟合现象的出现，可以引入 L_2 正则化。L_2 正则化也可以称为权重衰减，它就是在代价函数的基础上再添加一个正则化项：

$$C = C_0 + \frac{\lambda}{2n} \sum_w w^2 \tag{7.36}$$

公式（7.36）中的 C_0 是原始的代价函数，正则化项是将所有参数 w 的平方累加得到的和除以训练数据集的样本大小 n，λ 为正则项系数。正则化项可以使权重参数 w 的值变小，从某种意义上来说，权重的值越小，网络的复杂度越低，对数据的拟合效果也更好，能有效防止过拟合效果的出现。

在 LSTM 中，真正容易出现过拟合效果的是各种门，而不是整个网络。所以将正则项添加在门的权重上，效果会有很大的提升，图 7.16 演示的是将 L_2 正则化添加在输入门和输出门的权重上的效果。

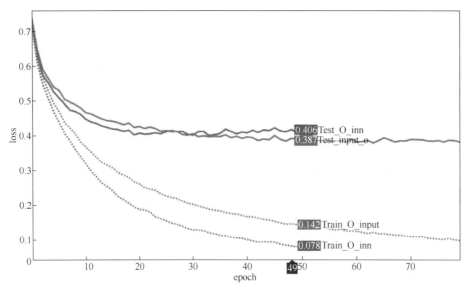

图 7.16　在输入门和输出门的权重添加 L_2 正则化的结果（YJango, 2017）

loss: 损失。epoch: 周期

实施了 L_2 正则化后，会对神经网络的训练有所约束，故而需要更多次的训练，从图中可以看出，添加了正则项后，验证损失的表现变得更好，如果没有正则项，验证损失的值会随着训练损失值的下降而上升。

4. 反转输入序列

在处理输入序列时，反转了输入序列的单词顺序，这样做有助于减少句子中单词部分的依赖关系的长度，特别是句子开头的依赖关系，可以在源序列和目标序列间引入许多短期依赖，使得选择回复变得更容易。

7.5 RNN 和 LSTM 的变体

7.5.1 RNN 的简单变体

7.5.1.1 双向循环神经网络

常规的循环神经网络在需要双向信息的情况下训练起来有很多限制，比如说对于当前时刻 t，简单循环神经网络只会考虑之前时刻的信息却不能考虑下文的信息，在很多 RNN 的应用中，t 时刻的输出 $y^{(t)}$ 的预测值可能由整个输入序列决定，因为它可能与附近的输出之间存在语义依赖，这个时候就需要双向信息。为了克服这些限制，Schuster 等（1997）提出了双向循环神经网络（bidirectional recurrent neural network, bi-RNN），其目的是引入一个被展开为双向神经网络的结构，可以使用过去和将来某一特定时间段的所有可用的输入信息进行训练。简单来说，双向循环神经网络把从序列起点开始移动的 RNN 和另一个从序列终点开始移动的 RNN 结合起来，图 7.17 显示了双向循环神经网络的基本结构。

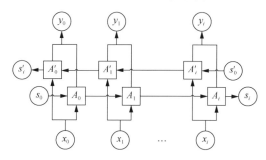

图 7.17　双向循环神经网络的结构图

这个想法是把普通的循环神经网络中的状态神经元分割为顺时间方向（前向状态）和逆时间方向（反向状态）。来自前向状态的输出不连接到反向状态的输入，反之亦然。注意，如果没有反向状态，则该结构可以简化为常规的单向前向 RNN。如果没有前向状态，则会产生具有反转时间轴的常规单向 RNN。随着同一网络中的两个时间方向的关注，当前评估的时间步的过去和未来的输入信息可以直接用于最小化目标函数，而不需要延迟来包括将来的信息。因此，当应用于处理时间序列数据时，信息不仅可以按照原有时间序列传递，而且也可以反向向先前的时间步骤提供进一步的信息。

如图 7.18 所示，这是双向循环神经网络按照时间顺序从左到右的展开结构，隐藏层 h_1 以 RNN 的标准方式展开，隐藏层 h_2 是反向 RNN 的展开。

双向循环网络原则上可以使用与常规单向 RNN 相同的算法进行训练，因为两种类型的状态神经元之间没有相互作用，因此可以展开成普通的前馈网络。然而，如果使用任何形式的反向传播，则前向和反向传播过程会更复杂，因为单元格状态和输出神经元的更新不能一次一个地完成。如果不使用反向传播，则随着时间的推移，向前和向后遍历展开的双向循环网络几乎与常规多层感知机相同。只有在训练数据的开始和结束时才需要进行一些特殊处理。$t=1$ 时刻前向状态输入和 $t=T$ 时刻反向状态输入都

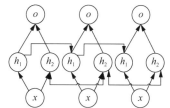

图 7.18　双向循环神经网络
从左到右的展开结构

是未知的，在训练过程中这些可以被设置为任意的固定值。另外，对于 $t=T$ 时刻前向状态和 $t=1$ 时刻反向状态的局部状态导数也均是未知的，通常被设置为零。随着时间的推移，展开式双向循环神经网络的训练过程可以概括如下。

前向传播：通过双向循环神经网络运行一个时间片的所有输入数据，并确定所有预测输出。①从 $t=1$ 到 $t=T$ 对前向隐藏层做前向传播；②从 $t=T$ 到 $t=1$ 对反向隐藏层做前向传播；③从 $t=1$ 到 $t=T$ 对输出神经元前向传播。前向传播算法的伪代码如下。

算法 7.5   双向 RNN 的前向传播算法

输入：双向 RNN 前一时刻所有层的状态

输出：双向 RNN 当前时刻所有层的状态

1   **for** $t \leftarrow 1; t \leqslant T; t \leftarrow t+1$ **do**
2   对前向隐藏层做前向传播，并在每个时间步存储结果
3   **end for**
4   **for** $t \leftarrow T; t \geqslant 0; t \leftarrow t-1$ **do**
5   对反向隐藏层做前向传播，并在每个时间步存储结果
6   **end for**
7   **for** $t \leftarrow 1; t \leqslant T; t \leftarrow t+1$ **do**
8   使用两个隐藏层的存储结果，对输出层做前向传播
9   **end for**

反向传播：对在前向传播过程中使用的时间片计算目标函数的导数。①从 $t=T$ 到 $t=1$ 对输出神经元进行反向传播；②从 $t=T$ 到 $t=1$ 对前向隐藏层做反向传播；③从 $t=1$ 到 $t=T$ 对反向隐藏层做反向传播。反向传播算法的伪代码如下。

算法 7.6   双向 RNN 的反向传播算法

输入：双向 RNN 当前时刻所有层的状态

输出：双向 RNN 前一时刻所有层的状态

1   **for** $t \leftarrow T; t \geqslant 0; t \leftarrow t-1$ **do**
2   对输出层做反向传播，并在每个时间步存储偏导项
3   **end for**
4   **for** $t \leftarrow T; t \geqslant 0; t \leftarrow t-1$ **do**
5   使用从输出层得到的偏导项，对前向隐藏层做反向传播
6   **end for**
7   **for** $t \leftarrow 1; t \leqslant T; t \leftarrow t+1$ **do**
8   使用从输出层得到的偏导项，对反向隐藏层做反向传播
9   **end for**

权重更新：随着时间推移，不能直接计算反向传播，故而将模型视为两个 RNN 的组合，即一个标准 RNN 和一个反向 RNN，然后将反向传播应用于每个 RNN，在计算得到两个梯度后，更新权重。

实际的模型使用相同的单一模型处理来自不同时间步骤的数据。具体计算公式为

$$h_1^t = \sigma\left(W_{h1}X + W_{r1}h_1^{t-1}\right) \tag{7.37}$$

$$h_2^t = \sigma\left(W_{h2}X + W_{r2}h_2^{t+1}\right) \tag{7.38}$$

$$y = \sigma\left(W_{y1}h_1^t + W_{y2}h_2^t\right) \tag{7.39}$$

式中，h_1^t 表示 t 时刻通过时间向前移动的隐藏层 h_1 的状态；h_2^t 表示通过时间向后移动的隐藏层 h_2 的状态。这允许输出单元 y 计算同时依赖于过去和未来且对时刻 t 的输入值最敏感的表示，而不必指定 t 周围固定大小的窗口。

7.5.1.2　扩张循环神经网络

在长序列上学习循环神经网络是一项极其困难的任务。有三个主要的挑战：①复杂的依赖性；②梯度消失和梯度爆炸；③高效的并行化。Chang 等（2017）提出了一种简单有效的RNN 连接结构，即扩张循环神经网络（dilated recurrent neural network, Dilated RNN），它同时解决了这些问题。该体系结构的特点是多分辨率的扩大循环跳跃连接，并可灵活地与不同的RNN 单元相结合。此外，Dilated RNN 减少了所需的参数数量，显著提高了训练效率，同时能够很好地处理涉及长期依赖的任务。

Dilated RNN 提供了一个简单而有用的解决方案，试图同时减轻所有的挑战。这是一种多层、以多分辨率为特征的单元格独立机制的扩张循环跳跃连接结构。这项工作的主要贡献如下：①引入了一个新的扩张循环跳跃连接作为所提出的体系结构的关键构件。这样减少了梯度消失问题，扩展了时间依赖的范围，就像传统的循环跳跃连接一样，但是在扩张的版本中需要较少的参数和显著提高计算效率。②将堆叠多个扩张循环层，构造出一个 Dilated RNN，在不同的层次上学习不同尺度的时间依赖性。③将平均循环的长度作为一种新的神经记忆容量测量方法，它揭示了之前的循环跳跃连接与扩张的版本之间的性能差异。

将 t 时刻 l 层的单元状态表示为 $c_t^{(l)}$。扩张跳跃连接可以表示为

$$c_t^{(l)} = f\left(x_t^{(l)}, c_{t-s^{(l)}}^{(l)}\right) \tag{7.40}$$

这与正规的跳跃连接相似：

$$c_t^{(l)} = f\left(x_t^{(l)}, c_{t-1}^{(l)}, c_{t-s^{(l)}}^{(l)}\right) \tag{7.41}$$

式中，$s^{(l)}$ 是跳跃的长度或者 l 层的扩张程度；$x_t^{(l)}$ 是 t 时刻 l 层的输入；$f(\cdot)$ 是任何 RNN 单元和输出层的操作。跳跃连接允许信息沿着更少的边传播。扩张跳跃连接和常规跳跃连接的不同在于不存在 $c_{t-1}^{(l)}$ 的依赖。图 7.19 中的左侧和中间的图表示了跳跃长度 $s^{(l)} = 4$ 时两种机制之间的不同，中间的图中移除了 W_r'，这样减少了参数的数量。

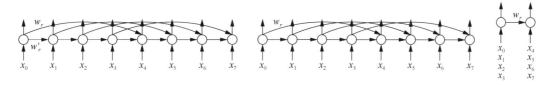

图 7.19　常见跳跃连接的单层 RNN（左）、周期性跳跃连接的单层 RNN（中）及其计算结构（下）（Chang et al., 2017）

更重要的是，在常规的 RNN 中，通过并行化操作极大地改进计算效率（例如使用 GPU）是不可行的。通过把四个子序列送进一个常规 RNN，可以并行计算四个单元链 $\left\{c_{4t}^{(l)}\right\}$，$\left\{c_{4t+1}^{(l)}\right\}$，$\left\{c_{4t+2}^{(l)}\right\}$，$\left\{c_{4t+3}^{(l)}\right\}$，正如图 7.19 右侧部分所示，然后通过相互交织四个输出链来获得输出。

为了提取复杂的数据依赖项，堆叠扩张循环层来构造 Dilated RNN。与 WaveNet 中引入

的设置类似，层之间的扩张速度呈指数级增长。$s^{(l)}$表示第 l 层的扩张：

$$s^{(l)} = M^{(l-1)}, \quad l = 1, \cdots, L \tag{7.42}$$

图 7.20 的左侧以 $L=3$ 和 $M=2$ 为例解释 Dilated RNN。一方面，堆叠多个扩张循环层增加了模型的能力，另一方面，以指数级增加扩张速度有两个收益：首先，它使不同的层专注于不同的时间分辨率；其次，它减少了在不同时间步节点之间的平均路径长度，这样提高了RNN 提取长期依赖关系的能力，并防止了梯度消失和梯度爆炸。

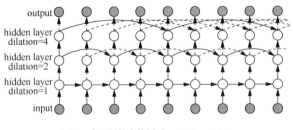

（a）一个三层扩张的例子，dilation=1,2,4　　（b）一个双层扩张 RNN 的例子，在第一层 dilation=2。在这种情况下，需要额外的嵌入连接（弧线）来补偿缺少的数据依赖

图 7.20　两个扩张 RNN 的例子（Chang et al.,2017）

input：输入。hidden layer：隐藏层。output：输出

7.5.1.3　密集循环神经网络

与没有跳跃连接的模型相比，跳过一些层的跳跃连接可以使深度网络更好地被训练。一些学者提出将跳跃连接应用于复发性连接，形成密集循环神经网络（dense recurrent neural network, dense RNN），从之前的多个隐藏状态到 t 时刻隐藏状态的快捷路径等于通过时间的跳跃连接（Yoo et al., 2018）。快捷路径包括不同时间步下不同层次之间的反馈连接。每个连接都由注意门控制，类似于门限反馈 RNN 中的全局门。dense RNN 被定义为

$$h_t^j = \phi\left(W^j h_t^{j-1} + \sum_{k=1}^{K}\sum_{i=1}^{L} g^{(k,i)\to j} U^{(k,i)\to j} h_{t-k}^i \right) \tag{7.43}$$

式中，$g^{(k,i)\to j}$ 是注意门，可以由公式（7.44）定义：

$$g^{(k,i)\to j} = \sigma\left(w_g^j h_t^{j-1} + u_g^{(k,i)\to j} h_{t-k}^i \right) \tag{7.44}$$

这是 $t-k$ 时刻 i 层之前隐藏状态的处理函数。

循环连接能够根据之前的顺序数据预测下一个数据。在语言建模中，RNN 可以根据前一个单词和前一个上下文来预测下一个单词，直到最后一个词。它假设只有前一个单词影响下一个单词。但是，从完整的句子"the sky is blue"中得到"the sky is"，目标是预测"blue"这个词。在这个例子中，前面的词"sky"提供了比前一个词更好的线索。根据事实来看，一个通过直接引用最近的词来预测下一个词的稠密模型更适合。换句话说，输出 h_t^j 是输入 h_t^{j-1} 和最近的之前输出 h_{t-k}^j 的函数。

神经网络的层次越高，隐藏状态越抽象。在语言建模中，随着层的增加，隐藏状态表示单词、句子和段落的特征。传统的 RNN 只有在同一层之间的连接。意思是前面的单词、句子和段落分别决定下一个单词、句子和段落。然而，给定一个单词也可以确定下一段的上下文。另外，给定段落可以确定下一个单词。例如，"mystery"这个词在"it is mystery"的后面可以跟着与"mystery"相关的段落，反之亦然。反馈连接可以反映事实。

前面的单词、句子和段落会影响下一个单词、句子和段落。然而，前面的词并不是均匀

地影响下一个词的预测。在句子"the sky is blue"中，"sky"这个词与"blue"这个词有着非常密切的关系。但是单词"the"与"blue"这个词的关系不大。两个词之间的关系取决于这两个词的类型。这种相关性的程度定义为门限注意力 g。

注意力 g 是由前面的单词和输入的最后一个单词决定的。在句子"the sky is blue"中，把"the"这个词的特征表示为 h_{t-2}，"sky"的特征表示为 h_{t-1}，单词"is"被表示为 x_t 或者 h_t^0。然后，从单词"the"预测"blue"这个词的注意力是由"the"和"blue"决定的。从单词"is"预测"blue"这个词的注意力是由"is"和"blue"这个词决定的。换句话说，某一时间步的注意力依赖于之前的隐藏状态 h_{t-k}^j 和输入 h_t^{j-1}。

7.5.1.4 循环附加网络

Lee 等（2017）提出了一个比现有方法简单得多的新 RNN 体系结构（例如，较少的参数和更少的非线性）并产生高度可解释的输出，同时在基准语言建模任务上能与 LSTM 的健壮性能相匹敌。更具体地说，Lee 等（2017）所提出的循环附加网络（recurrent additive network，RAN）的特征就是使用纯粹的附加潜在状态更新。在每一个时间步中，新的状态被计算为输入和之前状态的门限元素加和。与几乎所有现有的 RNN 不同，在每一个时间步，非线性函数只通过控制门来影响循环状态。

简化这种转换动态的一个好处就是可以正式地定性 RAN 函数的计算空间。很容易看出，每个时间步下 RAN 的内部状态都是指在那个时间内输入向量的加权和。因为所有的计算是特定组件的，RAN 可以直接选择每个输入元素的哪个部分在时间步中保留下来，从而形成一个高度表达性的可解释模型。

接下来首先正式定义 RAN 模型，然后表明它代表了在输入向量上相关的附加函数。

假设输入序列为 $\{x_1, \cdots, x_n\}$，定义一个产生输出向量序列 $\{h_1, \cdots, h_n\}$ 的神经网络。随着时间的推移，所有的循环都是由一个状态向量的序列 $\{c_1, \cdots, c_n\}$ 来调节的，内容层 $\tilde{c}_t$ 的计算如下：

$$\tilde{c}_t = W_{cx}x_t \tag{7.45}$$

RAN 中的内容层 $\tilde{c}_t$ 非常简单，而且允许输入向量和状态向量的维数不同。类似地，输出函数可以是将 h_t 和 c_t 的合并。当内容和输出层都很简单时，可以将它简化为更简单的形式，在 t 时间步的计算如下：

$$i_t = \sigma\left(W_{ic}c_{t-1} + W_{ix}x_t + b_i\right) \tag{7.46}$$

$$f_t = \sigma\left(W_{fc}c_{t-1} + W_{fx}x_t + b_f\right) \tag{7.47}$$

$$c_t = i_t \circ x_t + f_t \circ c_{t-1} \tag{7.48}$$

和 LSTM 不同，RAN 只使用附加连接来更新最近的状态 c_t，而且 RAN 使用的参数数量更少。RAN 的另一个优点是可以正式地描述用于计算隐藏状态 c_t 的函数空间。特别地，每个状态都是一个关于输入的基于组件（component-wise）加权和的形式：

$$\begin{aligned} c_t &= i_t \circ x_t + f_t \circ c_{t-1} \\ &= \sum_{j=1}^{t}\left(i_j \circ \prod_{k=j+1}^{t} f_k\right) \circ x_j \\ &= \sum_{j=1}^{t} w_j^t \circ x_j \end{aligned} \tag{7.49}$$

每个权重 w_j^t 是输入门 i_j（当其各自的输入 x_j 被读取时）和每一个遗忘门 f_k 的结果。这些权重的一个有趣特性是，像门限机制一样，它们也是软基于组件的二进制过滤器。这产生了一个高度可解释的模型，每个状态的每个组件都可以直接追溯到对其贡献最大的输入。

考虑到 RAN 预测的相对可解释性，可以跟踪在前面的每一个元素中的每个成分的重要性。在语言建模中，同样可以计算 t 时间步之前的单词在预测下一个词时的重要影响：

$$v_t = \underset{j}{\arg\max}\left(\max_m\left(w_j^t(m)\right)\right) \tag{7.50}$$

图 7.21 中把每个单词 t 的箭头都画到了最具影响力的前一项（即权重最高的前一个词）。在这三个例子句子中，可以看到，RAN 可以恢复远距离的依赖，这是给定文本的句法和语义结构的直观感觉。例如，动词与它们的指令有关，相对从句中的名词也依赖于它们所修饰的名词。图 7.21 举了三个例子，其只对模型捕捉到的东西提供了一个瞥见（glimpse）以及未来的可能。将单个组件考虑在内的详细可视化可以提供进一步的见解，这是 RAN 在实践中学到的。

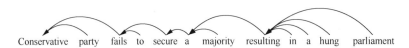

图 7.21　由 RAN 计算的加权和中权重的部分可视化（箭头表示前一个有最高权重的分量的单词）

（Lee et al., 2017）

An earthquake struck northern California killing more than 50 people：加利福尼亚州北部发生地震，造成 50 多人死亡。

He sits down at the piano and plays：他坐在钢琴旁边并开始弹琴。

Conservative party fails to secure a majority resulting in a hung parliament：保守党未能获得多数票，导致议会悬而未决

7.5.1.5　时钟循环神经网络

为了解决长期依赖的问题，很多基于循环神经网络的改良版本均被提出，Koutník 等（2014）提出了时钟循环神经网络（clockwork recurrent neural network, CW-RNN），其作者表明 CW-RNN 的训练效果已经超过了 RNN 和 LSTM。

CW-RNN 在传统循环神经网络的基础上做出了以下的改变。

（1）把隐藏层节点分成了若干个模块，模块的个数可以自定义，而且每个模块都分配了一个时钟周期，每个模块按照自身的时间粒度，仅在其规定的时钟速率下进行计算，减少了参数的数量，降低了标准 RNN 的复杂度，便于独立管理。CW-RNN 通过不同的隐藏层模块在不同的时钟频率下工作来解决长期依赖问题，将时钟周期进行离散化，不同的隐藏层模块在不同的时间点下工作，故而不会存在所有隐藏层模块同时工作的情况，这样就可以加速网络的训练。

（2）隐藏层之间的连接，一个模块内部是全连接的，但是模块之间是有方向的。模块之间的连接是从时钟频率高的模块指向时钟频率低的模块，即信息的传递是从速度慢、周期大

的模块连接到速度快、周期小的模块，具有高频更新的模块相当于短期记忆，低频更新的模块相当于长期记忆。

CW-RNN 与传统的循环神经网络类似，同样具有输入层、隐藏层、输出层，而且连接方向也是相同的，具有输入层到隐藏层和隐藏层到输出层的连接。但与传统 RNN 不同的是，隐藏层中的神经元被划分为大小为 k 的 g 个模块。为每个模块分配一个时钟周期 $T_n \in \{T_1, T_2, \cdots, T_g\}$，每个模块在内部完全相互连接，但是只有当周期 T_i 小于周期 T_j 时，模块 j 到模块 i 的循环连接才会存在。通过增加周期对模块进行排序，即 $T_1 < T_2 < \cdots < T_g$，那么模块之间将从右到左传递隐藏状态，即从较慢的模块传播到更快的模块。

CW-RNN 的结构如图 7.22 所示。

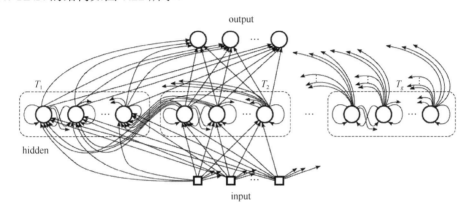

图 7.22   CW-RNN 的结构图（Koutník et al., 2014）

input：输入。hidden：隐藏层。output：输出

传统 RNN 的隐藏层计算公式为

$$y_H^{(t)} = f_H\left(W_H \cdot y^{(t-1)} + W_I \cdot x^{(t)}\right) \tag{7.51}$$

式中，W_H 是隐藏层神经元的自连接权重；W_I 是输入层到隐藏层的输入权重矩阵。与传统 RNN 不同，不是所有的隐藏层都会执行操作。在 t 时刻，只有满足 $(t \bmod T_i) = 0$ 的隐藏层模块才会执行，并且每个隐藏层模块的周期 $\{T_1, T_2, \cdots, T_g\}$ 都是任意的。W_H 和 W_I 权重矩阵将被划分为 g 个块：

$$W_H = \begin{pmatrix} W_{H_1} \\ \vdots \\ W_{H_g} \end{pmatrix}, W_I = \begin{pmatrix} W_{I_1} \\ \vdots \\ W_{I_g} \end{pmatrix} \tag{7.52}$$

W_H 是一个上三角矩阵，每一组的行 W_{H_i} 被划分为列向量 $\{0_1, 0_2, \cdots, 0_{i-1}, W_{H_{i,i}}, W_{H_{i,i+1}}, \cdots, W_{H_{i,g}}\}$，在每个时间步中，只有与执行模块对应的 W_H 和 W_I 会被用于计算，其余的均为 0：

$$W_{H_i} = \begin{cases} W_{H_i}, & (t \bmod T_i) = 0 \\ 0, & \text{其他} \end{cases} \tag{7.53}$$

并且只有执行的模块所对应的输出层才会输出向量，其他模块保留上一个时间步的输出值。

CW-RNN 的反向传播过程与传统 RNN 类似，但是也存在一定的区别，即误差只在处于执行状态的隐藏层模块间进行传播，未处于执行状态的隐藏层模块只是复制其连接的前面隐藏层模块的反向传播，而传统 RNN 的误差在所有隐藏层模块间传播。也就是处于执行态的隐藏层模块反向传播的误差不止来自于输出层，并且来自与其连接的左侧隐藏层模块的反向传播误差，而未处于执行状态的隐藏层模块的反向传播误差仅仅来自于与其连接的左侧的隐藏层模块的反向传播误差。因为并不是所有隐藏层模块都在每个时间步进行计算，所以 CW-RNN 比具有相同数量隐藏层神经元的 RNN 运行快得多。

　　图 7.23 表示的是 RNN、LSTM 和 CW-RNN 的实验比较结果，实线是预测结果，散点是真实结果。每个模型都是对前半部分进行学习，然后预测后半部分。根据实验结果可以看出，RNN 倾向于学习序列的前几个步骤，然后生成剩余部分的平均值，而 LSTM 的回归效果相对平滑，CW-RNN 更准确地逼近序列，效果更好。

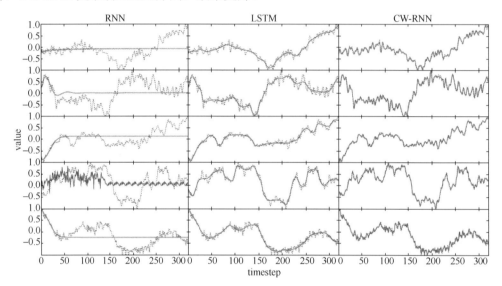

图 7.23　RNN、LSTM、CW-RNN 的实验结果比较（Koutník et al., 2014）

value：值。timestep：时间步

7.5.2　增强 RNN

7.5.2.1　自适应计算时间

　　对于神经网络，神经元通常被排列成紧密相连的层，计算时间的一个明显度量是网络执行的层到层之间转换的数目。增加网络的深度将使网络具有更好的性能，这是不容争辩的，最近的一些实验结果显示，增加序列长度可以达到类似的效果。但是，对于特定的输入向量或序列，实验人员仍然需要决定先验计算量。一个解决方案是简单地使每个网络的深度都非常深，并设计它的体系结构，以减轻与长链的迭代相关的梯度消失问题。然而，在计算效率和学习方便的同时，似乎更可取的方法是动态地改变网络在产生输出结果之前所需要的步骤数。在这种情况下，每个步骤中网络的有效深度就成为到目前为止接收到的输入的动态函数。

　　自我限制神经网络利用一个停止神经元来结束在一个大型的部分激活的网络中的一个特定的更新。Graves（2016）用一个简单的激活阈值来进行决策，而没有对停止时间的梯度进行传播。更广泛地说，学习何时停止可以被看作是一种条件计算的形式，在这种情况下，根据学习的策略，部分网络被选择性地启用和禁用，这种算法被称为自适应计算时间算法。

　　下面介绍 ACT 算法的主要思想，该算法允许循环神经网络学习在接收输入和产生输出之间需要多少计算步骤。ACT 要求对网络架构进行最小的更改,它是确定的而且是可微的,同时不会给参数梯度添加任何噪声。简单来说,就是让 RNN 在每一步都有不同计算量的方式,核心想法是让 RNN 在每一个时间步做多个计算步骤。图 7.24 显示了 ACT 的主要想法。

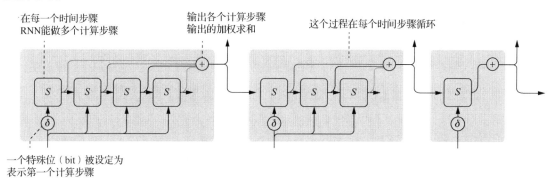

图 7.24 ACT 的主要想法(Olah et al., 2016)

将上述模型进行展开,得到一个完整的包含一个时间步骤、三个计算步骤的图解(图 7.25)。

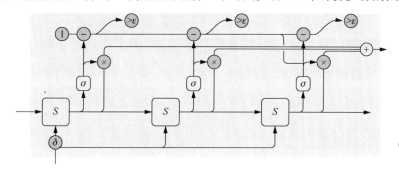

图 7.25 将 ACT 模型展开(Olah et al., 2016)

由于计算稍有些复杂,所以接下来一步一步解决。在高层次上,一边运行着 RNN,另一方面输出状态的加权求和(图 7.26)。

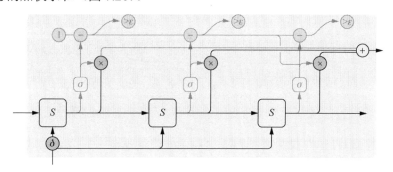

图 7.26 ACT 中 RNN 的运行(Olah et al., 2016)

每一步的权重由停止神经元所决定,它是一个根据 RNN 状态产生的 sigmoid 神经元,并产生一个停止权重,这个可以被认为是应该在那个步骤停下来的概率(图 7.27)。

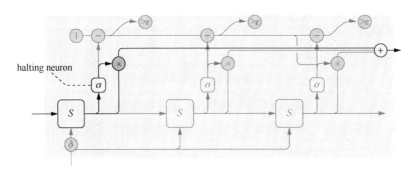

图 7.27　ACT 计算第一步（Olah et al., 2016）

halting neuron: 停止工作的神经元

对于所有停止权重，预测其加和为 1，所以顺着顶层跟踪这个预测，当权重值小于阈值时，则停止计算（图 7.28）。

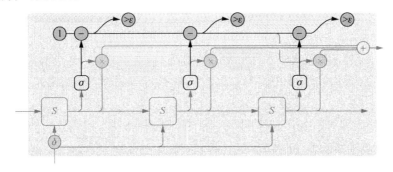

图 7.28　ACT 计算第二步（Olah et al., 2016）

由于是当预测权重值小于阈值时停止，所以当停止的时候可能会剩余一些预算，那么该怎么使用它呢？技术上，它应该被赋予接下来的步骤，但是这样会增加计算复杂度，所以将它归属于最后一个步骤（图 7.29）。

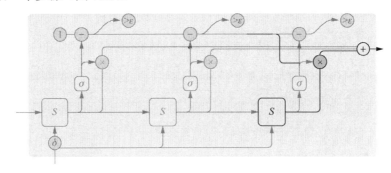

图 7.29　ACT 计算第三步（Olah et al., 2016）

接下来从公式方面解释 ACT 模型。考虑一个循环神经网络 $\mathcal{R}$，它由输入权重 W_x、参数状态转换模型 S、一系列输出权重 W_y、输出偏差 b_y 组成。当作用在输入序列 $x = \{x_1, x_2, \cdots, x_T\}$，$\mathcal{R}$ 计算状态序列 $s = \{s_1, s_2, \cdots, s_T\}$ 和输出序列 $y = \{y_1, y_2, \cdots, y_T\}$，从 $t = 1$ 到 T 迭代下面的公式：

$$s_t = S\left(s_{t-1}, W_x x_t\right) \tag{7.54}$$

$$y_t = W_y s_t + b_y \tag{7.55}$$

状态是一个固定大小的实数向量，包含了网络的完整动态信息。对于一个标准的循环网络，这仅仅是隐藏单元的激活向量。对于 LSTM，状态也包含了记忆单元的激活。一般情况下，状态的某些部分对输出单元是不可见的，在这种情况下，考虑将 W_y 的相应列设置为 0。

ACT 通过允许 $\mathcal{R}$ 执行可变数量的状态转换，并在每个输入步骤计算可变数目的输出来实现常规设置。$N(t)$ 是在步骤 t 中执行的更新总数，定义 t 时刻的中间状态序列 $(s_t^1, s_t^2, \cdots, s_t^{N(t)})$ 和中间输出序列 $(y_t^1, y_t^2, \cdots, y_t^{N(t)})$ 的计算公式为

$$s_t^n = \begin{cases} S(s_{t-1}, x_t^1), & n=1 \\ S(s_t^{n-1}, x_t^n), & 其他 \end{cases} \tag{7.56}$$

$$y_t^n = W_y s_t^n + b_y \tag{7.57}$$

式中，$x_t^n = x_t + I_{n,1}$ 是在时间 t 上增加的输入，使用一个二进制位来表示输入步骤是否已经增加，允许网络区分重复输入和相同输入的重复计算。注意，所有状态转换使用相同的状态函数，同样，所有输出都共享输出权重和偏差。还可以在每个中间步骤使用不同的状态和输出参数。

图 7.30 显示了具有 ACT 的 RNN 计算。如图 7.30 所示，每个状态和输出计算扩展到一个可变数量的中间更新。指向盒子的箭头表示应用于盒子里所有单元的操作，而离开盒子的箭头则表示对盒子里所有单元的求和。

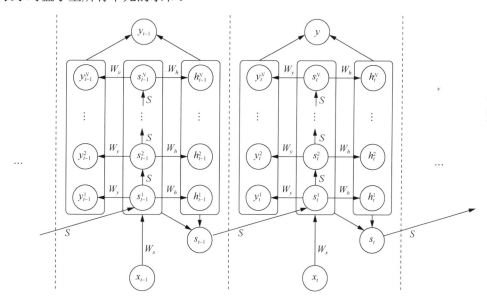

图 7.30　具有 ACT 的 RNN 计算（Graves, 2016）

总的来说，ACT 这种方法允许循环神经网络学习对每一个输入进行多次更新。实验证明，ACT 可以使 RNN 学习的方法变得简单易懂，并且能够动态地调整其对数据需求的计算量。但是当前 ACT 算法的一个缺点是，它对控制计算时间和预测误差相对成本的时间惩罚参数非常敏感。未来工作的一个重要方向是找到适应准确性和速度之间平衡的方法。

7.5.2.2　神经编程器

深度神经网络在图像识别、语音识别、序列学习等诸多任务中都取得了显著的监督分类性能。然而，这些模型的一个主要局限在于它们无法学习简单的算术和逻辑运算。例如，已有研究表明神经网络不能学习可靠地加和两个二进制数字。基于这种情况，Neelakantan等（2015）提出了神经编程器（neural programmer），这是一种神经网络，它有一组基本的算术和逻辑运算，可以通过反向传播来进行端到端训练。神经编程器可以通过几个步骤调用这些增强操作，从而诱导比内置操作更复杂的组合编程。模型从一个弱的监控信号中学习，由于信号是正确程序执行的结果，因此不需要对正确的程序本身进行昂贵的注释。神经编程器能够推断哪些操作可以调用，哪些数据段可以应用。在训练过程中，这样的决定是用可微的方式进行的，这样整个网络就可以通过梯度下降来进行训练。实验中发现，训练模型是很困难的，但是通过在梯度上添加随机噪声可以大大提高模型的效果。在一个相当复杂的合成数据集里，传统的循环神经网络和注意力模型表现不佳，而神经编程器通常可以获得近乎完美的准确度。

图 7.31 显示了时间步 t 神经编程器的架构，一种用算术和逻辑运算增强的神经网络。控制器选择算术操作、逻辑操作和数据段。内存存储应用于数据段的操作和控制器所采取的之前操作的输出。控制器运行几个步骤，从而产生比内置操作更复杂的组合程序。虚线表示控制器在内存中使用信息来在下一时间步中做出决策。

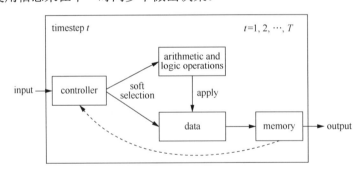

图 7.31　神经编程器的结构（Neelakantan et al., 2015）

timestep：时间步。input：输入。controller：控制器。soft selection：选择。

arithmetic and logic operations：算术和逻辑操作。

data：数据段。memory：内存存储。output：输出

从一个简单的模型入手会更容易理解，给定一个算术表达式，并把它作为完成任务的工具。生成程序是由一系列的运算构成的，每个运算被定义为在之前的运算输出结果上进行运算，所以一个运算可能是在两个步骤前的输出运算和一个步骤前的输出运算相加这种操作，如图 7.32 所示。

图 7.32 运算例子（Olah et al., 2016）

程序依次通过控制器 RNN 生成一个运算，在每一个时间步，控制器 RNN 输出一个概率分布，决定下一个运算是什么，比如说，可能在确定当前步骤执行加法后，要有一个时间决定接下来要做的是什么操作，如减法或者乘法等（图 7.33）。

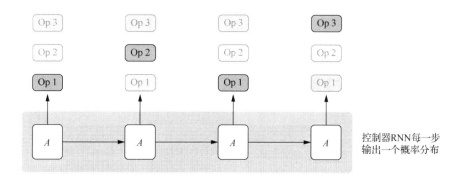

图 7.33 控制器 RNN 生成一个运算（Olah et al., 2016）

运算上的输出分布是可以被评估的，不再是在每一步运行单个运算，而是同时运行所有运算，然后平均所有输出，通过运行这些运算的概率对它加权（图 7.34）。

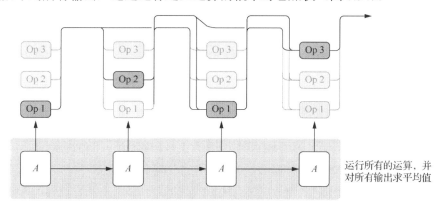

图 7.34 对输出求平均值（Olah et al., 2016）

只要通过该运算能够定义导数，那么关于概率的程序输出就是可微的，之后就能定义损失函数，并训练神经网络生成得到正确答案。在这种方式下，神经编码器在没有正确程序样本的情况下学习产生程序，监督是程序应该得到的答案。

Neelakantan 等（2015）将神经编程器应用在回答问题的任务上，这是一个以前没有被神经网络尝试过的任务。在这个任务的实现中，神经编程器运行了预先选择的 T 个时间步，以产生完成 T 个操作的组合程序。该模型由以下四个模块组成。

（1）一个处理输入问题的循环神经网络（Question RNN）。

（2）一个在每一步上分配两个概率分布的选择器，一个在操作集合上，另一个在数据段上。

（3）一个模型可以应用的操作列表。

（4）一种历史 RNN，用来记住当前时间步之前模型所选择的操作和数据段。

图 7.35 对四个模块进行了解释，历史 RNN 联合选择器模块函数作为控制器。通过应用加权数据的操作，得到了 t 时刻模型的输出。模型的最终输出是第 T 个时间步的输出，虚线表示在 $t+1$ 阶段的历史 RNN 的输入。

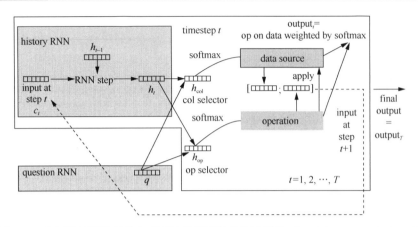

图 7.35　在回答问题的任务上应用神经编程器的四个模块（Neelakantan et al., 2015）

history RNN：历史 RNN。input at step t：t 时间步的输入。question RNN：问题 RNN。col selector：联合选择器模块函数。

op selector：操作选择函数。data source：数据源。operation：操作。timestep：时间步。final output：模型的最终输出。

RNN step：RNN 时间步。op on data weighted by softmax：由 softmax 函数计算数据的权重

7.5.2.3　可解释循环神经网络

在许多问题领域里，神经网络模型的可解释性对于模型的部署至关重要。因此，引入一个转换输入的仿射变换组成的循环架构——一个没有任何显式非线性的 RNN，但是使用的是依赖输入的循环权重。这个简单的形式使 RNN 变体可以通过直接的线性方法进行分析：可以准确地描述每个输入对模型预测的线性贡献；可以用一个变换的方法来求解输入、输出和计算隐藏的单位子空间；对于一个简单的人物可以完全逆向工程架构的解决方案。尽管这种解释很容易，但转换输入的仿射网络在一个文本建模任务上实现了合理的性能，而且比具有标准非线性的网络的计算效率更高。

可解释性的定义很广泛，Lipton（2016）确定了两种广泛的解释方式：事后解释和透明度。事后解释采取学习模式，并从中吸取一些有用的见解。通常，这些见解仅提供模型的工作原理部分或间接解释。透明度更直接地提出"模式如何工作"，并寻求提供一些方法来了解模型本身的核心机制。

事后解释技术主要有两种最常见的类型：可视化和迁移学习。可视化可能是最常见的事后解释类型，特定类型的可视化成为标准，这些可视化是有用的。在可视化和理解神经机器翻译中，计算相关性分数，量化了特定神经元对另一个神经元的贡献。在迁移学习中，任务 A（通常是高级任务）为学习的代表被应用于任务 B（通常是较低级别的任务）。任务 B 的成功程度表明任务 A 模型已经学到了任务 B。

透明度——构建和训练的模型本身可以解释。主要方法是建立一个神经网络，在这个网络中，解释性是一个显式的设计约束。在这种方法中，典型的结果是一个可以更好地理解的系统，但代价是性能降低。模型的决策解释包括逻辑斯谛回归、决策树以及支持向量机内核。

Foerster 等（2017）引入了交换输入仿射网络（input switched affine networks, ISAN），它的输入通过选择一个过渡矩阵和偏置作为输入的函数来确定切换行为，并且没有非线性。

在 ISAN 中，可以分析过去哪些因素对于确定当前的字符预测是重要的。对任意输入序列利用隐藏状态动态的线性度，将当前隐藏状态 h_t 分解为来自输入历史上不同时间点的贡献。

$$h_t = \sum_{s=0}^{t} \left(\prod_{s'=s+1}^{t} W_{x_{s'}} \right) b_{x_s} \tag{7.58}$$

按照惯例，当 $s+1 > t$ 时，空的输出被设置为 1，初始隐藏层状态会学习到 $b_{x_0} = h_0$。

利用这个分解是一个线性变换的事实，也可以把非归一化的逻辑向量 l_t 作为偏差中线性变换的加和：

$$l_t = b_{ro} + \sum_{s=0}^{t} K_s^t \tag{7.59}$$

$$K_s^t = w_{ro} \left(\prod_{s'=s+1}^{t} W_{x_{s'}} \right) b_{x_s} \tag{7.60}$$

式中，K_s^t 是 s 时间步到 t 时间步逻辑的贡献，且 $K_s^t = b_{x_t}$。

在标准的 RNN 中，非线性导致了跨时间的偏差项的相互依赖，而在 ISAN 中，偏差项对状态的贡献是独立的线性项，它们通过时间传播和转换。需要强调的是，K_s^t 包含了 $W_{x_{s'}}$ 的乘法贡献（$s < s' < t$）。它独立于之前的输入 $x_{s'}$（$s' < s$）。这是 ISAN 与非线性 RNN 的主要区别。在一般的循环网络中，特定字符序列的贡献将取决于序列开始时的隐藏状态。由于动力学的线性关系，在 ISAN 中不存在这种依赖关系。

7.5.3　LSTM 的变体

根据不同的激活函数和门限的变换，LSTM 可以产生以下 8 个变体（Greff et al., 2017）。

（1）NIG（no input gate）——没有输入门：

$$i^t = 1 \tag{7.61}$$

（2）NFG（no forget gate）——没有遗忘门：

$$f^t = 1 \tag{7.62}$$

（3）NOG（no output gate）——没有输出门：

$$o^t = 1 \tag{7.63}$$

（4）NIAF（no input activate function）——没有输入激活函数：

$$g(x) = x \tag{7.64}$$

（5）NOAF（no output activate function）——没有输出激活函数：

$$h(x) = x \tag{7.65}$$

（6）CIFG（correlate input forget gate）——将输入门和输出门联合起来：

$$f^t = 1 - i^t \tag{7.66}$$

（7）NP（no peephole）——没有窥视孔：

$$\overline{i}^t = W_i x^t + R_i y^{t-1} + b_i \tag{7.67a}$$

$$\overline{f}^t = W_f x^t + R_f y^{t-1} + b_f \tag{7.67b}$$

$$\overline{o}^t = W_o x^t + R_o y^{t-1} + b_o \tag{7.67c}$$

（8）FGR（full gate recurrent）——全门限循环：

$$\overline{i}^t = W_i x^t + R_i y^{t-1} + p_i \odot c^{t-1} + b_i + R_{ii} i^{t-1} + R_{fi} f^{t-1} + R_{oi} o^{t-1} \tag{7.68a}$$

$$\overline{f}^t = W_f x^t + R_f y^{t-1} + p_f \odot c^{t-1} + b_f + R_{if} i^{t-1} + R_{ff} f^{t-1} + R_{of} o^{t-1} \tag{7.68b}$$

$$\bar{o}^t = W_o x^t + R_o y^{t-1} + p_o \odot c^{t-1} + b_o + R_{io} i^{t-1} + R_{fo} f^{t-1} + R_{oo} o^{t-1} \tag{7.68c}$$

为了衡量 LSTM 及其变体的性能差别，Greff 等（2017）进行了三个实验：语音识别、手写识别、复调音乐建模。语音识别是在 TIMIT 语音语料库的数据集上进行的，将每个音频分类到 61 个集合中，用分类错误百分比来衡量模型的性能。手写识别任务的数据集是 IAM 在线手写（IAM Online）数据库，该数据库是由英语句子组成的时间序列，需要映射到字符，通过解码后的字符错误率来测量性能。复调音乐建模任务是在 JSB Chorales 的数据集上进行的，预处理的数据由二进制向量的序列组成，任务是下一步预测，使用测试集上的对数似然概率衡量模型性能。对原始 LSTM 模型和 8 个变体分别在这三个数据集上进行实验，结果如图 7.36 所示。

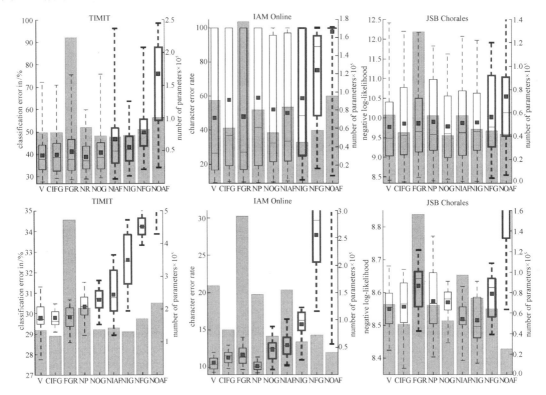

图 7.36　不同的数据集和变量模型的测试结果（Greff et al., 2017）

classification error in %：分类错误百分比。classification error rate：分类错误率。

number of parameters：参数的数量。negative log-likelihood：负对数似然

对每个数据集和变量进行测试，图 7.36 中，上面三个图是对所有的 200 个测试的表现，下面三个图是最佳 10%测试表现。方块里显示数据的第 25 和第 75 百分位之间的距离，而虚线则表示整个范围。方框中的点代表的是平均值和方框中的数据的中间值。粗线方块显示的是 LSTM 的不同版本。灰色的直方图背景介绍了每一种变体的前 10%的参数的平均个数。

图 7.36 显示了在整个搜索空间上 200 个测试集的表现，通过选择包括每个变量的最佳参数在内的超参的合理范围，并且设置范围足够小到允许一个有效的搜索。对不同的变体和数据集来说，均值和方差都是相似的，但是仍然可以发现一些显著的差异。

基于图 7.36 的第一个重要的发现是，删除输出激活函数（NOAF）或遗忘门（NFG）极大地损害了这三个数据集的性能。除了 CEC，对于 LSTM 架构，忘记旧信息的能力对单元格

状态的影响似乎是至关重要的。实际上，没有输出激活函数，单元格的输出原则上可以无限增长。将输入门和遗忘门联合起来能够避免这个问题，可能会让非线性输出的使用变得不那么重要，这也可以解释为什么 GRU 也会拥有很好的效果。

输入门和遗忘门的联合（CIFG）并没有显著改变任何数据集上的平均值，尽管在音乐建模方面，最好的表现有所改善。同样地，去掉了窥视孔的连接（NP）也没有导致显著的变化，但是对手写识别来说最好的性能有了轻微的提高。这两种变体简化了 LSTM，并且减少了计算复杂性，所以将这些更改合并到 LSTM 结构中可能是值得的。

添加全门限循环（FGR）并没有显著更改在 TIMIT 或 IAM Online 中的性能，但是对于 JSB Chorales 数据集却导致了更糟糕的结果。考虑到这变量极大地增加了参数的数量，故而建议不要使用它。

删除输入门（NIG）、输出门（NOG）和输入激活函数（NIAF）导致在语音识别和手写识别方面的表现显著下降。然而，对音乐建模没有明显的性能影响。对于 NIG 和 NIAF 关于音乐的架构建模方面平均值表现有很小的提高。对在连续数据上的有监督学习任务（比如语音识别和手写识别）来说，输入门、输出门和输入激活函数是获得良好表现的必要因素。

7.5.3.1　门限循环单元

在 LSTM 被提出后，很多基于 LSTM 的变体也出现了，众多 LSTM 的变体中，最成功的一种应该是门限循环单元（GRU），它在 LSTM 的基础上进行了很多的简化，但是却同时保持着和 LSTM 相同的效果，并且已经被广泛使用（Chung et al., 2014）。

GRU 相对于传统的循环神经网络主要具有以下两方面改进：①序列中处在不同位置的单词对当前隐藏层状态值的影响不同，位置越靠前的单词影响越小，也就是每个之前的状态都对当前的影响进行了距离加权，距离越大，权重越小。②在反向传播中处理误差项的时候，误差可能由某一个或者某几个单词导致，不能是由所有单词引发的，所以应该仅仅对与它们对应的单词权重进行更新，而不是更新所有的参数权重。

在 GRU 的结构中，只存在两个门——重置门和更新门，同时把单元格状态和隐藏层状态合并成一个状态值。图 7.37 分别表示 LSTM 的单元格和 GRU 的单元格，图 7.37（a）中 i,f,o 分别表示输入门、遗忘门、输出门，c 表示单元格状态，$\tilde{c}$ 表示新的单元格状态值，图 7.37（b）中 r 和 z 分别表示重置门和更新门，h 表示隐藏层状态，$\tilde{h}$ 表示候选隐藏层状态。

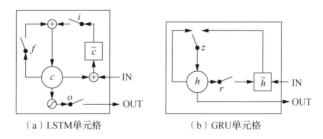

（a）LSTM单元格　　　　（b）GRU单元格

图 7.37　LSTM 单元格和 GRU 单元格（Chung et al., 2014）

IN：输入。OUT：输出

GRU 的计算过程为如下。

h_t^j 表示 t 时刻 GRU 的激活状态，它是由 h_{t-1}^j 和 $\tilde{h}_t^j$ 线性计算得到的：

$$h_t^j = \left(1 - z_t^j\right)h_{t-1}^j + z_t^j \tilde{h}_t^j \qquad (7.69)$$

更新门 z_t^j 决定由多少单元将更新其激活状态或者内容：

$$z_t^j = \sigma\left(W_z x_t + U_z h_{t-1}\right)^j \tag{7.70}$$

候选隐藏层状态 $\tilde{h}_t^j$ 的计算与传统循环神经网络单元的计算类似：

$$\tilde{h}_t^j = \tanh\left(W x_t + U\left(r_t \odot h_{t-1}\right)\right)^j \tag{7.71}$$

重置门有效地使单元起到如同正在读取输入序列的第一个符号的作用，从而允许它忘记先前计算的状态：

$$r_t^j = \sigma\left(W_r x_t + U_r h_{t-1}\right)^j \tag{7.72}$$

将 LSTM 和 GRU 比较一下，会发现两者既有相似点也有不同点：

（1）GRU 把 LSTM 的三个门整合为两个门，把两个状态整合为一个，删除了单元格状态。

（2）在 LSTM 中，遗忘门和输入门控制信息的保存和输入，而 GRU 则是通过重置门来控制对之前"记忆"（隐藏状态的信息）的保留，但是却不再限制当前时刻信息的输入。

（3）在 LSTM 的结构中，更新得到全新的单元格状态后，不能将它直接输出，需要通过输出门过滤决定输出单元格状态的哪些部分，同样在 GRU 中，在得到了新的隐藏层状态 $\tilde{h}_t^j$ 后也不能直接进行输出，需要通过更新门来控制最后的输出部分。

（4）LSTM 中输入门和对应的重置门的位置也有所不同。LSTM 单元计算新的单元格状态时，无需对从上一个时间步长流出的信息量进行单独的控制。另外，GRU 在计算新的候选隐藏层状态时控制从之前隐藏层状态得到的信息流，但是不能独立控制被添加的候选隐藏层状态的数量（这个由更新门控制）。

Chung 等（2014）为了比较传统的双曲正切、LSTM 和 GRU 的性能，在复调音乐建模和语音信号建模任务上进行实验，实验结果如表 7.1 和表 7.2 所示。复调音乐建模任务分别使用了 Nottingham、JSB Chorales、Muse Data 和 Piano-midi 四种数据集，这些数据集包含的二进制向量序列的维度分别是 93、96、105、108。语音信号建模任务使用了 Ubisoft 提供的两个内部数据集，Ubisoft A 数据集中的序列长度为 500，Ubisoft B 数据集中的序列长度为 8000。表 7.1 主要显示了三个模型在两个任务上的表现，每个模型的参数数量大致相同，使得模型具有较好的可比较性。表 7.2 显示了三个模型在不同数据集的训练集和测试集上的结果。可以发现 LSTM 和 GRU 的实验结果差别并不大，但是都比传统双曲正切 tanh 要明显提高很多，所以对于 LSTM/GRU 的选择需要根据具体的任务数据是什么来决定。

表 7.1　LSTM、GRU、tanh 在音乐建模领域和语音建模领域的测试结果对比（Chung et al., 2014）

单元格类型	单元格数目	参数数目
音乐建模		
LSTM	36	$\approx 19.8 \times 10^3$
GRU	46	$\approx 20.2 \times 10^3$
tanh	100	$\approx 20.1 \times 10^3$
语音建模		
LSTM	195	$\approx 159.1 \times 10^3$
GRU	227	$\approx 168.9 \times 10^3$
tanh	400	$\approx 168.4 \times 10^3$

表 7.2　训练集合和测试集合的平均负对数概率（Chung et al., 2014）

数据集			tanh	GRU	LSTM
音乐数据集	Nottingham	训练	3.22	2.79	3.08
		测试	3.13	3.23	3.20
	JSB Chorales	训练	8.82	6.94	8.15
		测试	9.10	8.54	8.67
	Muse Data	训练	5.64	5.06	5.18
		测试	6.23	5.99	6.23
	Piano-midi	训练	5.64	4.93	6.49
		测试	9.03	8.82	9.03
Ubisoft 数据集	Ubisoft 数据集 A	训练	5.29	2.31	1.44
		测试	6.44	3.59	2.70
	Ubisoft 数据集 B	训练	7.61	0.38	0.80
		测试	7.62	0.88	1.26

7.5.3.2　简单循环单元

序列的前后依赖导致 RNN 在并行化计算上存在困难，例如，关于 h_t 的向前传递计算被阻塞，直到完成了 h_{t-1} 的整个计算，这是并行计算的一个主要瓶颈。Lei 等（2017）提出了一个可替代 LSTM 的简单循环单元（SRU），通过故意简化状态计算来暴露更多的并行性。SRU 的循环单元运行的速度与卷积层的速度一样快，而且比用 cuDNN（用于深度神经网络的 GPU 加速库）优化的 LSTM 快 5～10 倍。

SRU 的计算过程为

$$c_t = f_t \odot c_{t-1} + i_t \odot \tilde{x}_t = f_t \odot c_{t-1} + (1-f_t) \odot \tilde{x}_t \qquad (7.73)$$

式中，f_t 和 i_t 分别可以看作是遗忘门和输入门。在 LSTM 中 f_t 的计算需要用到之前的输出状态 h_{t-1}，这样打破了计算过程的独立性和并行性，隐藏状态的每个维度都彼此依赖，因此对 h_t 的计算必须等到整个 h_{t-1} 的结果得出后才可以进行。在 SRU 中为了提高计算速度，省略了这种连接，故 f_t 的计算公式为

$$f_t = \sigma\left(W_f x_t + b_f\right) \qquad (7.74)$$

为了简化计算，选择 $i_t = 1 - f_t$，在不同的 RNN 变种中 $\tilde{x}_t$ 具有不同的计算方法，在 SRU 中选择了最简单的一种变化来处理输入向量 $\tilde{x}_t = W x_t$。

在 SRU 模型中两个循环层之间添加了跳跃连接和高速连接，并对单元格内部状态 c_t 进行了一个激活函数处理 $g(\bullet)$，因此输出状态 h_t 的计算为

$$h_t = r_t \odot g(c_t) + (1-r_t) \odot x_t \qquad (7.75)$$

r_t 是针对输出的重置门，其计算为

$$r_t = \sigma\left(W_r x_t + b_r\right) \qquad (7.76)$$

首先，在所有时间步骤中，矩阵乘法可以进行批处理，这样能够显著提高计算强度，从而提高 GPU 的利用率。其次，序列中的所有元素操作都可以合并到一个内核函数中并在隐藏的维度上并行化。公式 $\tilde{x}_t = W x_t$ 中的矩阵乘法可以被划分成一个单一的乘法：

$$W^{\mathrm{T}} = \begin{pmatrix} W \\ W_f \\ W_r \end{pmatrix} [x_1, x_2, \cdots, x_n] \qquad (7.77)$$

表 7.3 显示了 SRU 和 cuDNN LSTM 在 WMT'14 将英语翻译为德语的任务上的运行结果，由于 SRU 没有涉及 h_{t-1} 的计算，故而明显减少了训练的时间。通过数据的对比可以发现，一轮训练中在编码器和解码器中添加一层 LSTM 需要额外花费 23min，然而添加一层 SRU 只需要多花费 4min。但是在同样的参数下，SRU 的翻译质量没有 LSTM 的质量高，比如在 3 层隐藏层的情况下，cuDNN 的 BLEU 值是 19.85，而 SRU 只有 18.89。

表 7.3　SRU 和 cuDNN LSTM 在 WMT'14 将英语翻译为德语的任务上的运行结果（Lei et al., 2017）

模型	层数	尺寸/m		测试 BLEU	时间/min
		训练集	验证集		
cuDNN LSTM	2	84	9	19.67	46
cuDNN LSTM	3	88	13	19.85	69
cuDNN LSTM	5	96	21	20.45	115
SRU	3	81	6	18.89	12
SRU	5	84	9	19.77	20
SRU	6	85	10	20.17	24
SRU	10	91	16	20.70	40

7.5.3.3　结构演进长短期记忆网络

结构演进长短期记忆网络（structure-evolving LSTM）是通过长短期记忆循环神经网络（LSTM）在层次图结构上建立了一个通用框架。Liang 等（2017）建议在 LSTM 网络优化过程中，通过数据的渐进和随机的方式进一步学习中间解释器多级图结构，而不是在预先固定的结构上学习 LSTM 模型。因此，将此模型称为结构演进的 LSTM。特别是，从最初的元素级别的图表示开始，每个节点都是一个小的数据元素，结构演进的 LSTM 逐渐演化出多层次的图表示，它将图节点与堆叠的 LSTM 层的高兼容性合并在一起。在每个 LSTM 层中，估计两个连接节点与相应的 LSTM 门输出的相容性，用于生成合并概率。生成候选图结构中节点通过合并概率被分成小组（cliques）。然后用 Metropolis-Hasting 算法（Barbu et al., 2003）来生成新的图结构，通过接受概率的随机抽样来降低被困在局部最优状态的风险。一旦一个图结构被接受，就会通过把分区的 cliques 作为它的节点来构造一个更高层次的图。在进化的过程中，表示变成更高层次的抽象，冗余信息会被过滤，并且允许长范围数据依赖关系更有效的传播。

结构演进 LSTM 由 6 个门组成：输入门 g^u、遗忘门 g^f、自适应遗忘门 $\bar{g}^f$、记忆门 g^c、输出门 g^o、边缘门 p，W^e 是循环边门的权重参数，W^u、W^f、W^c、W^o 是针对输入特征的循环门限权重矩阵，U^u、U^f、U^c、U^o 是每个节点的隐藏层状态，U^{un}、U^{fn}、U^{cn}、U^{on} 是邻居节点的状态权重参数。通过运行当前节点的输入状态和它们的隐藏状态，结构演进的 LSTM 单元指定了不同的近邻节点，定义为 $\bar{g}_{i,j}^f, j \in N_{G^{(t)}}(i)$。这对邻居节点的更新记忆状态 m_i^{t+1} 和隐藏状态 h_i^{t+1} 产生了不同的影响。图中每一对节点的合并概率 p_{ij} 由自适应遗忘门 $\bar{g}_{i,j}^f$ 和权重矩阵 W^e 计算。自适应遗忘门是识别不同节点对的不同相关性。例如，某些节点的相关性比其他节点更强。因此，从自适应遗忘门到图演化，估计每一对的合并概率。$G^{(t)}$ 中新的隐藏状态、记忆状态和边缘门（即每一对连接节点的合并概率）可以计算如下：

$$g_i^u = \delta\left(W^u f_i^t + U^u h_i^{t-1} + U^{un}\bar{h}_i^{t-1} + b^u\right) \tag{7.78}$$

$$\bar{g}_{ij}^f = \delta\left(W^f f_i^t + U^{fn} h_j^{t-1} + b^f\right) \tag{7.79}$$

$$g_i^f = \delta\left(W^f f_i^t + U^f h_i^{t-1} + b^f\right) \tag{7.80}$$

$$g_i^o = \delta\left(W^o f_i^t + U^o h_i^{t-1} + U^{on} \overline{h}_i^{t-1} + b^o\right) \tag{7.81}$$

$$g_i^c = \tanh\left(W^c f_i^t + U^c h_i^{t-1} + U^{cn} \overline{h}_i^{t-1} + b^c\right) \tag{7.82}$$

$$g_i^u = \frac{\sum_{j \in N_G(i)} \left(\mathbb{1}(q_j=1)\overline{g}_{i,j}^f \odot m_j^t + \mathbb{1}(q_j=0)\overline{g}_{ij}^f \odot m_j^{t-1}\right)}{\left|N_{G^{(t)}}(i)\right|} + g_i^f \odot m_i^{t-1} + g_i^u \odot g_i^c \tag{7.83}$$

$$h_i^t = \tanh\left(g_i^o \odot m_i^t\right) \tag{7.84}$$

$$p_{ij}^t = \delta\left(W^e \overline{g}_{i,j}^f\right) \tag{7.85}$$

W, U 表示所有权重矩阵的连接，$\left\{Z_{j,t}\right\}_{j \in N_G(i)}$ 表示邻居节点的所有相关信息。该机制充当一个内存系统，其中的信息可以被写入内存状态，并由每个图节点按顺序记录，然后被用来与随后的图节点和以前的 LSTM 层的隐藏状态进行通信。在训练过程中，通过近似于特定任务的最终图结构来监督图边的合并概率，例如图像解析的最终语义区域的连接。反向传播被用来训练所有的权重矩阵。

给定图结构 $G^{(t)} = \langle V^{(t)}, \epsilon^{(t)} \rangle$ 和所有合并概率 $\{p_{ij}\}, \langle i,j \rangle \in \epsilon^{(t)}$，更高层次的图结构 $G^{(t+1)}$ 可以通过随机合并图中一些节点和接受概率来改进，如图 7.38 所示。具体地说，一个新的图节点 $G^{(t+1)}$ 是通过合并一些图节点和合并概率来构造的。由于没有从初始图到最终图的确定性图转换路径，在大搜索空间中枚举所有可能的 $G^{(t+1)}$ 是很棘手的。因此，使用随机机制而不是确定的机制来寻找一个合适的图转换路径。这种随机搜索方案也有效地减轻了被困在局部最优环境中的风险。为了在两个图 $G^{(t)}$ 和 $G^{(t+1)}$ 之间找到一个更好的图转换，从图 $G^{(t)}$ 到图 $G^{(t+1)}$ 的转换接受率是由 Metropolis-Hasting 方法定义的：

$$\alpha\left(G^{(t)} \to G^{(t+1)}\right) = \min\left(1, \frac{q\left(G^{(t+1)} \to G^{(t)}\right)}{q\left(G^{(t)} \to G^{(t+1)}\right)} \frac{P(G^{(t+1)} \mid I; W, U)}{P(G^{(t)} \mid I; W, U)}\right) \tag{7.86}$$

式中，$q\left(G^{(t+1)} \to G^{(t)}\right)$ 和 $q\left(G^{(t)} \to G^{(t+1)}\right)$ 表示从一个图到另一个图的状态转换概率；$P(G^{(t+1)} \mid I; W, U)$ 和 $P(G^{(t)} \mid I; W, U)$ 分别表示图 $G^{(t+1)}$ 和图 $G^{(t)}$ 的后验概率。典型地，假设 $P(G^{(t)} \mid I; W, U)$ 符合吉布斯分布，$\frac{1}{Z}\exp\left(-\mathcal{L}\left(F\left(I, G^{(t)}, W, U\right), Y\right)\right)$，其中 Z 是分割函数，$F\left(I, G^{(t)}, W, U\right)$ 是网络预测，Y 是特定目标，$\mathcal{L}(\cdot)$ 是对应的损失函数。模型更有可能接受一个新的图结构 $G^{(t+1)}$，它可以带来由 $\frac{P(G^{(t+1)} \mid I; W, U)}{P(G^{(t)} \mid I; W, U)}$ 指示的更显著的性能改进。图状态转移概率比率可以计算为

$$\frac{q\left(G^{(t+1)} \to G^{(t)}\right)}{q\left(G^{(t)} \to G^{(t+1)}\right)} \propto \frac{\prod_{\langle i,j \rangle \in \varepsilon^{(t+1)}} \left(1-\left(1-p_{ij}^t\right)\right)}{\prod_{\langle i,j \rangle \in \varepsilon^{(t)}} \left(1-\left(1-p_{ij}^t\right)\right)} = \prod_{\langle i,j \rangle \in \varepsilon^{(t)} \setminus \varepsilon^{(t+1)}} p_{ij}^t \tag{7.87}$$

通过将 $G^{(t)}$ 中消除边的所有合并概率相乘，得到状态转移概率。在 $G^{(t)}$ 中具有较大合并概

率的图节点 $\{p_{ij}^t\}$ 更受鼓励在 $G^{(t+1)}$ 中得到合并。为了能够在每一步的指定时间内完成图结构的探索，可以在实验中以经验的方式设置采样试验的上限。

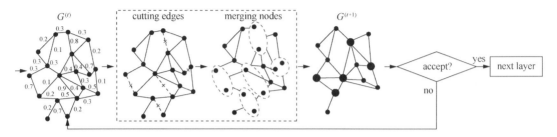

图 7.38　随机结构的演进步骤（Liang et al., 2017）

cutting edges：剪边。merging nodes：合并节点。accept：接受。next layer：下一层

在第 $(t+1)$ 结构演化的 LSTM 层中，在新图拓扑 $G^{(t+1)} = \left\langle V^{(t+1)}, \epsilon^{(t+1)} \right\rangle$ 的所有节点上执行信息传播。每个节点 $v_i^{t+1} \in V^{(t+1)}$ 的输入状态 f_i^{t+1} 是由平均 $G^{(t)}$ 中所有相应的合并节点产生。同样地，v_i^{t+1} 的隐藏和记忆状态被平均并用于进一步的更新。结构演进的 LSTM 单元的权重矩阵与生成的分层图表示层共享，有助于提高网络参数感知多层次语义抽象的能力。训练结构演化 LSTM 的最终损失包括最终任务相关的预测损失和所有层预测合并概率的损失。为了确保一个好的学习结构，利用全局优势奖励来指导节点合并操作，以从上一个新图中演化出一个新的图。全局优势奖励不仅保证了从之前的图转换到新图的开销较小，也保证了新图带来的优势识别能力。在测试过程中，学习结构的质量可以通过学习的合理的边缘概率来保证。

7.5.3.4　高速公路网络

在传统的前馈网络体系结构中，几个非线性变换的叠加通常会导致激活函数和梯度的传播效果不是很理想。因此，对于各种各样的问题，深入研究深度网络的好处仍是一件很困难的事情。同时，随着神经网络的深度增加，梯度信息回流将受到阻碍，造成了网络的训练困难。为了克服这个问题，Srivastava 等（2015）从长短期记忆网络中获取灵感，修改了深度前馈神经网络的架构，提出了高速公路网络（highway network），使跨层的信息流变得更加容易。

假设定义一个非线性激活函数为 $y = H(x, W_H)$，对于高速公路网络还定义了两个非线性变换 $T(x, W_T)$ 和 $C(x, W_C)$：

$$y = H(x, W_H) \cdot T(x, W_T) + x \cdot C(x, W_C) \tag{7.88}$$

式中，T 作为转换门；C 作为携带门。它们通过转换输入和携带信息来表达输出量的多少，可以设置 $C = 1 - T$，则

$$y = H(x, W_H) \cdot T(x, W_T) + x \cdot \left(1 - T(x, W_T)\right) \tag{7.89}$$

这个将作为网络的最终输出。

对于门函数取极端的情况，会产生：

$$y = \begin{cases} x, & T(x, W_T) = 0 \\ H(x, W_H), & T(x, W_T) = 1 \end{cases} \tag{7.90}$$

在高速公路网络中，x，y，$T(x, W_T)$ 和 $C(x, W_C)$ 具有相同的维度，如果维度不足的话，会使用 0 去补充或者使用一个卷积层使它变为相同维度。

在对参数进行初始化的时候，将偏置 b 设置为负数能够使得携带门函数 C 偏大，这样会让更多的信息直接回流到输入，不再需要经过一个非线性函数的转换。

图 7.39 显示了具有高速公路网络和没有高速公路网络的模型训练效果。

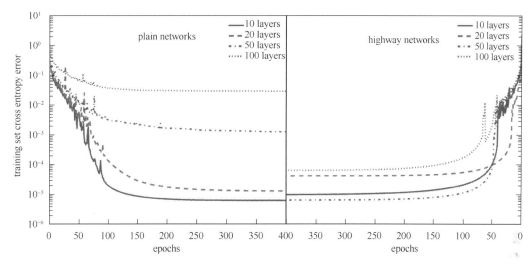

图 7.39　原始网络与高速网络的训练结果对比（Srivastava et al., 2015）

training set cross entropy error：训练集的交叉熵。plain networks：普通网络。
highway networks：高速网络。epochs：周期。layers：层

可以看出，随着网络加深，训练的误差并没有一直下降，反而有所上升，但是当加入了高速网络后，误差上升情况得到了一定的缓解。

7.5.3.5　循环高速网络

许多序列处理任务从一个步骤到下一个步骤时需要复杂的非线性转换函数。然而，即使在使用长短期记忆网络（LSTM）时，具有"深度"转换函数的循环神经网络仍然难以训练。因此，基于 Geršgorin 圈定理引入一个循环神经网络的新的理论分析，解释一些建模和优化问题，并提高对 LSTM 单元格的理解。基于此分析，Zilly 等（2016）提出了循环高速网络（recurrent highway networks, RHN），它扩展了 LSTM 体系结构，使转换时的深度大于 1（图 7.40）。

对 RNN 来说，与叠加隐藏层相比，增加循环深度可以显著提高建模能力。图 7.40 解释了堆叠 d 个 RNN 层，允许在隐藏层之间最大的信用分配路径长度为 $d+T-1$（非线性转换的数量），T 是时间步部分，循环深度 d 可以获得的最大化路径长度为 $d \times T$。

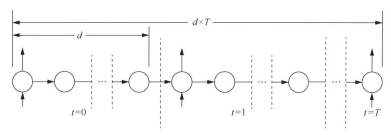

图 7.40　循环高速网络的结构（Zilly et al., 2016）

高速公路可以通过使用非常深入的前馈网络自适应的计算进行轻松训练。让 $h = H(x, W_H)$，$t = T(x, W_T)$，$c = C(x, W_c)$ 作为具有相关权重矩阵 $W_{H,T,C}$ 的非线性转换 H，T，C 的输出，高速公路层的计算被定义为

$$y = h \cdot t + x \cdot c \tag{7.91}$$

在一个标准 RNN 中，循环状态转换可以描述为 $y^{[t]} = f\left(Wx^{[t]} + Ry^{[t-1]} + b\right)$。在循环状态转换中构建一个循环高速公路网络（RHN）层，它具有一个或多个高速公路层转换（等于所需要的循环深度）。一个具有 L 循环深度的 RHN 层可以被描述为

$$s_\ell^{[t]} = h_\ell^{[t]} \cdot t_\ell^{[t]} + s_{\ell-1}^{[t]} \cdot c_\ell^{[t]} \tag{7.92}$$

$$t_\ell^{[t]} = \tanh\left(W_H x^{[t]} II_{\{\ell=1\}} + R_{H_\ell} s_{\ell-1}^{[t]} + b_{H_\ell}\right) \tag{7.93}$$

$$t_\ell^{[t]} = \sigma\left(W_T x^{[t]} II_{\{\ell=1\}} + R_{T_\ell} s_{\ell-1}^{[t]} + b_{T_\ell}\right) \tag{7.94}$$

$$c_\ell^{[t]} = \sigma\left(W_C x^{[t]} II_{\{\ell=1\}} + R_{C_\ell} s_{\ell-1}^{[t]} + b_{C_\ell}\right) \tag{7.95}$$

式中，$II_{\{\}}$ 是指示函数。

图 7.41 为 RHN 的计算图图解，RHN 层的输出是第 L 个高速公路层的输出，即 $y^{[t]} = s_L^{[t]}$。

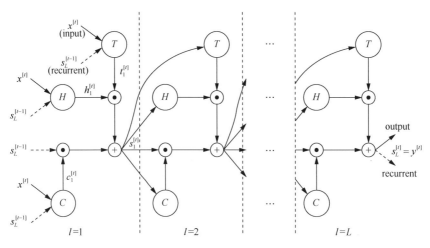

图 7.41　循环高速网络的计算流程图（Zilly et al., 2016）

input: 输入。recurrent: 循环。output: 输出

注意，循环转换中 $x^{[t]}$ 只在第一个高速公路层（$L=1$）被直接转换，$s_{\ell-1}^{[t]}$ 是前一时间步 RHN 层的输出。随后的高速公路层只处理前面的层的输出。图 7.41 中的虚线将循环转换中的多个高速公路层分割开。

为了概念上的清晰性，重要的是观察到 $L=1$ 的 RHN 层本质上是一个基本的 LSTM 层。类似于其他变体如 GRU，它保留了 LSTM-multiplicative 门限单元的基本成分，通过自连接的单元格控制信息流动。然而，RHN 层自然延伸至 $L>1$，扩展了 LSTM 用于建模更复杂的状态转换。与高速公路和 LSTM 层类似，其他变体也可以在不改变基本原则的情况下被构造，例如将一个或两个门都固定打开，或将门连接起来。

▉7.6 递归神经网络

7.6.1 递归神经网络的结构

递归神经网络（recursive neural network）是一种特殊类型的动态神经网络（Hush et al., 1991; Pollack, 1990）。它是三个子网——非递归子网和两个递归子网的单输入单输出非线性动力系统（Deng et al., 2014）。非递归子网通过具有二阶输入单元（SOMLP）的多层感知机馈送当前和先前的输入样本。以类似的方式，两个递归子网通过 SOMLP 反馈先前的输出信号。将三个子网的输出相加，形成整个网络输出。

图 7.42 所显示的是递归神经网络将所有的单词和句子都映射到一个二维向量空间中。从图中可以看出，如果两个句子的含义非常接近，则用来表示这两个句子的两个向量在向量空间中的距离就会很近。同一类的单词和句子间的向量距离也是很近的，由于"Germany"和"France"都表示地点，"Monday"和"Tuesday"都表示时间，故而"Germany"和"France"距离图中的"the country of my birth"更近。这样，就可以通过向量的距离得到一种语义的表示。

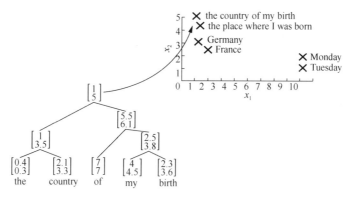

图 7.42 通过递归神经网络实现单词和句子与一个二维向量空间的映射（Deng et al., 2014）

the country of my birth：我的出生国家。the place where I was born：我的出生地。Germany：德国。France：法国。Monday：周一。
Tuesday：周二

递归神经网络被构造为深层树状结构，图 7.43 为递归神经网络的典型计算图和循环神经网络的计算图对比（Deng et al., 2014），由于树状结构的优势，它可以很好地解决长期依赖问题。

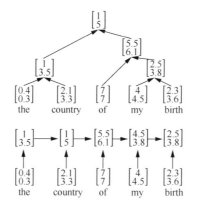

图 7.43 递归神经网络的典型计算图和循环神经网络的计算图对比（Deng et al., 2014）

the country of my birth：我的出生国家

　　给定一个句子的结构表示，以解析树为例，它通过一种自下而上的方式递归生成父节点的表示，然后组合得到短语的表示，最终生成整个句子的表示。

7.6.2　递归神经网络的前向计算

　　递归神经网络的输入是两个子节点表示，或者是多个子节点，输出是将这两个子节点编码后产生的父节点和这个新节点的可信度，如图 7.44 所示。

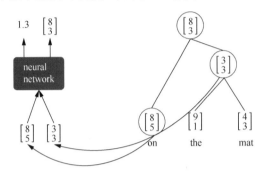

图 7.44　递归神经网络的输入与输出（Deng et al., 2014）
neural network：神经网络。on the mat：在垫子上

　　递归神经网络组成了一个架构，在结构设置中，同样的权重集合被递归地应用：给定一个位置指示的非循环图，它会以拓扑顺序访问这些节点，然后对以前计算过的子节点递归地应用转换来生成其进一步表示。事实上，一个循环神经网络可以看作是一个具有特定结构的递归神经网络。

　　给定一个二叉树结构，其中的叶子具有初始的表示形式，例如，一个解析树其叶子节点上有一个词向量表示，通过一个递归神经网络计算每个内部节点的表示形式：

$$x_\eta = f\left(W_L x_{l(\eta)} + W_R x_{r(\eta)} + b\right) \tag{7.96}$$

式中，$l(\eta)$ 和 $r(\eta)$ 分别是树的左子节点和右子节点；W_L 是将左子节点接到父节点的权重矩阵；W_R 是将右子节点连接到父节点的权重矩阵；b 是一个偏置向量。由于 W_L 和 W_R 是方阵，无论 $l(\eta)$ 和 $r(\eta)$ 是叶子还是内部节点，都产生了一个有趣的解释：在非终端的叶子节点和中间节点的初始表示位于同一个空间中，二者没有差别。以解析树为例，在相同的意义空间中，递归神经网络结合了两个子短语的表示，为更大的短语生成一个表示。然后，在表示层之上有一个根据不同任务确定的输出层：

$$y_\eta = g\left(U x_\eta + c\right) \tag{7.97}$$

式中，U 是输出层的权重矩阵；c 是输出层的偏置向量。在一个有监督的任务中，y 是对这个节点的预测值（类标签或响应值），并且这个层是有监督的。举个例子，对于情绪分类的任务，y 是由根子树给出的这个短语的预测情绪标签。因此，在有监督的学习过程中，初始的外部错误会发生在 y 上，并从根返回到叶子上。

　　尽管叶节点和内部节点的定义相同，但是可以使用一个"松"变体来区分叶子和内部节点。其方法是，通过一个简单的加权 W 的参数化，来判断传入的边界是来自于叶子还是内部节点：

$$h_\eta = f\left(W_L^{l(\eta)} h_{l(\eta)} + W_R^{r(\eta)} h_{r(\eta)} + b\right) \tag{7.98}$$

如果 η 是叶子节点，则 $h_\eta = x_\eta \in \mathcal{X}$，否则 $h_\eta \in \mathcal{H}$。如果 η 是叶子节点则 $W^\eta = W^{xh}$，否则 $W^\eta = W^{hh}$。$\mathcal{X}$ 是单词的向量空间，$\mathcal{H}$ 是短语的向量空间。W^{xh} 是将一个从单词空间转换到短语空间的权重矩阵，而 W^{hh} 是将一个从短语空间转换到自身的权重矩阵。

在这种情况下，递归神经网络可以看成是 Elman 类型的循环神经网络的泛化（Irsoy et al., 2014），h 类似于循环网络的隐藏层，x 与输入层类似。这样做的好处有两个：①现在的权重矩阵 W^{xh} 的大小为 $|h| \times |x|$，W^{hh} 的大小为 $|h| \times |h|$，这意味着可以使用大型的预先训练的单词向量和少量的隐藏单元，而不需要对向量维度进行二次依赖。因此，可以通过使用具有大维度的预训练的词向量来训练得到一个小而强大的模型。②由于单词和短语的表示处在不同的空间中，可以使用 f 的整流器激活单元，这在训练深度神经网络时得到了很好的效果。词向量密度很大，通常有正和负的项，而整流器的激活会导致中间的媒介变得稀疏而非负。因此，当在同一空间中表示叶子节点和内部节点的结构时，就会出现一个差异，并且将相同的权重矩阵应用于叶节点和内部节点，期望处理稀疏和密集的情况，这可能比较困难。因此，可以更自然地使用整流器分离叶子和内部节点。

7.6.3　递归神经网络的反向传播

递归神经网络的训练过程和循环神经网络的训练过程具有一定的相似处。两者不同之处在于，循环神经网络是将残差从当前时刻反向传播到初始时刻，而递归神经网络需要将残差从根节点反向传播到每个叶子节点（Chinea, 2009）。

递归神经网络的反向传播过程基本上和一般的反向传播一样：

$$\delta^{(l)} = \left(\left(W^{(l)} \right)^{\mathrm{T}} \delta^{(l+1)} \right) \circ f'\left(z^{(l)} \right) \tag{7.99}$$

$$\frac{\partial}{\partial W^{(l)}} E_R = \delta^{(l+1)} \left(a^{(l)} \right)^{\mathrm{T}} + \lambda W^{(l)} \tag{7.100}$$

递归和树结构导致反向传播过程的三种差异：

（1）所有节点的导数 W 的和；

（2）在每个节点上拆分导数；

（3）添加来自父节点本身的错误消息。

假设每个节点都是不同的，比如：

$$\frac{\partial}{\partial W} f\left(W\left(f\left(W_x \right) \right) \right) = f'\left(W\left(f\left(W_x \right) \right) \right) \left(\left(\frac{\partial}{\partial W} W \right) f\left(W_x \right) + W \frac{\partial}{\partial W} f\left(W_x \right) \right)$$

$$= f'\left(W\left(f\left(W_x \right) \right) \left(f\left(W_x \right) + W f'\left(W_x \right) x \right) \right) \tag{7.101}$$

如果对每个事件求导，得到的是相同的：

$$\frac{\partial}{\partial W_2} f\left(W_2 \left(f\left(W_1 x \right) \right) + \frac{\partial}{\partial W_1} f\left(W_2 \left(f\left(W_1 x \right) \right) \right) \right)$$

$$= f'\left(W_2 f\left(W_1 x \right) \right) \left(f\left(W_1 x \right) \right) + f'\left(W_2 \left(f\left(W_1 x \right) \right) \left(W_2 f'\left(W_1 x \right) x \right) \right)$$

$$= f'\left(W_2 \left(f\left(W_1 x \right) \right) \left(f\left(W_1 x \right) + W_2 f'\left(W_1 x \right) x \right) \right)$$

$$= f'\left(W\left(f\left(W_x \right) \right) \left(f\left(W_x \right) + W f'\left(W_x \right) x \right) \right) \tag{7.102}$$

在向前传播时，父进程使用两个子节点进行计算：

$$p = \tanh\left(W\begin{bmatrix}c_1\\c_2\end{bmatrix}+b\right) \tag{7.103}$$

因此，反向传播过程中每一个错误都需要被计算出来：

$$\delta_{p\to c_1c_2} = \begin{bmatrix}\delta_{p\to c_1} & \delta_{p\to c_2}\end{bmatrix} \tag{7.104}$$

对于每个节点，所有的错误消息=来自父节点的错误信息+来自自身评分的错误消息。如图 7.45 所示，c_1 和 c_2 分别是表示两个子节点的向量，parent 是表示父节点的向量。子节点和父节点组成一个全连接神经网络，图中的实线表示递归神经网络的前向传播过程，把子节点的向量作为网络的输入，产生父节点的向量，然后再把产生的父节点的向量和其他子节点的向量再次作为网络的输入，再次产生它们的父节点，一直递归下去，直至整棵树处理完毕。图中的虚线表示递归神经网络的反向传播过程，误差从父节点传递给子节点，逐层向下传播，直至传播到叶子节点。

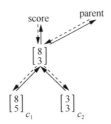

图 7.45　递归神经网络的前向传播和反向传播计算

score：分数。parent：父节点

7.7　循环神经网络的应用

7.7.1　词向量

在自然语言处理中，到目前为止最常用的单词表示方法是 one-hot 表示，它将每个单词映射到一个很长的向量，向量的维度等于单词表的大小，向量中只有一个维度的值为 1，其余的元素为 0，这个维度表示了当前的单词。one-hot 的想法相当于给每个单词分配一个专属的 ID，表示起来很简洁，但是这样所有的单词之间都是互相独立的，从向量中看不出来单词之间的关系（语义相似或相反）。于是在深度学习中，不再使用 one-hot 这种很长的向量，而是使用分布式表示。

基于神经网络的分布表示又称为词向量、词嵌入（word embedding），可以通过神经网络训练语言模型得到词向量。现在使用较多的神经网络语言模型主要有神经网络语言模型（neural network language model, NNLM）、对数双线性语言模型、C&W 模型、连续词袋模型（continuous bag-of-words, CBOW）和跨词序列模型（Skip-Gram），而实现 CBOW 和 Skip-Gram 模型的工具就是 Word2vec（Rong, 2014）。CBOW 根据一系列词向量中的上下文环境来预测中心词汇，Skip-Gram 根据一个中心词汇来预测上下文单词的分布。

Word2vec 是一款将单词表征为向量的高效工具，它在 2013 年由谷歌公布为开源的，是从大量文本语料中以无监督的方式学习语义知识的一种模型。基本思想是把自然语言中的每一个单词表示成一个统一意义统一维度的词向量。Word2vec 通过学习文本来用词向量的方式表征单词的语义信息，即通过一个嵌入空间使得语义上相似的单词在该空间内的距离很近。通过训练，Word2vec 可以把文本内容的处理过程简化为向量运算，向量是 K 维向量空间中的，而文本语义上的相似度可以用向量空间上的相似度来表示，因此输出的词向量可以被用来做很多自然语言处理方面的相关工作，将单词的表示向量化会更容易计算它们之间的相似度。Word2vec 主要分为两种模式：CBOW 和 Skip-Gram。CBOW 是从原始语句推测目标单词，而 Skip-Gram 是从目标单词推测出原始语句。

Word2vec 具有两个训练方法：负采样和分级的 softmax。负采样通过抽样对立例子来定义一个对象，把语料中一个词串的中心词替换为其他的单词，构建语料中不存在的词串作为负样本。在这种策略下，优化目标变成了最大化正样本的概率，同时最小化负样本的概率。分级的 softmax 是一种对输出层进行优化的策略，输出层不再使用原始的 softmax 计算概率值，而是使用霍夫曼树计算概率值。开始的时候，使用词表中的全部单词作为叶子节点，单词的频率作为节点的权重，构建霍夫曼树作为输出。从根节点到叶子节点的路径是唯一的，分级 softmax 利用这条路径来计算指定单词的概率。

CBOW 模型把一个单词的上下文 C 个单词的词向量作为输入，输出这个单词出现的概率，以"我喜欢北京"这句话为例，若上下文大小 $C=2$，选取的单词为"喜欢"，上下文对应的单词为前后各两个单词——"我"和"北京"，模型把"我"和"北京"的 one-hot 表示方式作为输入，也就是 C 个 $1\times V$ 的向量（V 为词表大小），分别和同一个系数矩阵相乘得到 C 个隐藏层，然后对 C 个隐藏层取平均得到一个隐藏层，再和另一个系数矩阵相乘得到 C 个输出层，输出层中每个元素表示的是词表中单词出现的概率，输出层需要和真实数据"喜欢"的 one-hot 表示进行比较得到损失，模型如图 7.46 所示。

Skip-Gram 模型与 CBOW 相反，输入为"喜欢"的 one-hot 表示，输出为这个单词前后两个单词的 one-hot 表示。当模型训练好后，输出向量实际上是一个概率分布。模型结构如图 7.47 所示。

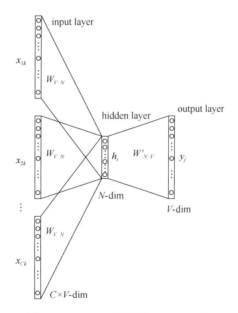

图 7.46 CBOW 模型（Rong，2014）

input layer：输入层。hidden layer：隐藏层。output layer：输出层。dim：维度

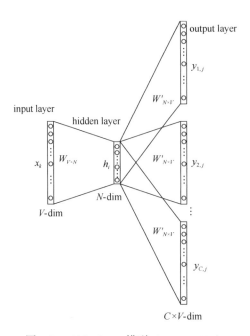

图 7.47　Skip-Gram 模型（Rong, 2014）

input layer：输入层。hidden layer：隐藏层。output layer：输出层。dim：维度

7.7.2　评价指标

在使用 RNN 解决自然语言处理方面问题时，需要对其结果进行评价，因此选择合适的评价指标是必要的。对语言学建模，简单来说就是给定之前的 n 个单词，预测第 $n+1$ 个单词是什么。

具有多个参考的结构化自然语言输出的常用度量指标是 BLEU 分数（Papineni et al., 2002）。BLEU 评分与修改单位精度有关。它是对于 1 和上限 N 之间 n 的所有 n-gram 精度的几何平均值。实际上，4 是 N 的典型值，表明与人类评估者达成最大的一致性。因为精度过高可能会导致翻译过多，所以 BLEU 评分包括一个简单的惩罚 B。其中 c 是平均候选翻译的长度，r 是参考翻译的平均长度，惩罚的计算方法是

$$B = \begin{cases} 1, & c > r \\ \mathrm{e}^{\left(1-\frac{r}{c}\right)}, & c \leqslant r \end{cases} \tag{7.105}$$

BLEU 分数值的计算公式为

$$\mathrm{BLEU} = B \cdot \exp\left(\frac{1}{N}\sum_{n=1}^{N}\log p_n\right) \tag{7.106}$$

式中，p_n 是修改的 n-gram 精度，它是出现在任何参考翻译中候选翻译的 n-gram 数除以候选翻译的 n-gram 总数。这被称为修改精度，因为它是对多个引用情况的精度的适应。

BLEU 分数通常用于最近的论文中来评估翻译和字幕系统。虽然 BLEU 得分确实与人类判断高度相关，但是不能保证任何具有较高 BLEU 评分的给定翻译优于另一个具有较低 BLEU 评分的翻译。事实上，虽然 BLEU 分数往往与大量翻译的人类判断相关，但它们不是单句话级别的准确预测因子。

METEOR 是一个替代度量，旨在克服 BLEU 评分的弱点。METEOR 是基于候选语句和参考语句之间的明确的词对字匹配。与 BLEU 不同，METEOR 利用已知的同义词和词干。第一步是计算 F 分数：

$$F_\alpha = \frac{P \cdot R}{\alpha \cdot P + (1-\alpha) \cdot R} \tag{7.107}$$

基于单字匹配，其中 P 是精度，R 是召回。下一步是计算碎片损失 $M \propto c/m$，其中 c 是连续字的块的最小数目，使得这两个字在候选和参考中都是相邻的，而 m 是匹配的单字组合的总数的得分。最后，METEOR 值计算公式为

$$METEOR = (1-M) \cdot F_\alpha \tag{7.108}$$

经验上，这一指标已经被发现与人类评估者一致，超过了 BLEU 评分。但是，METEOR 不如 BLEU 那么简单。要复制另一方报告的 METEOR 分数，必须准确复制其词干匹配和同义词匹配以及计算。这两个指标都依赖于具有完全相同的参考翻译。

即使在简单的二元分类的情况下，没有顺序依赖，常用的性能指标如 F1 会产生最佳的阈值策略。同样，鉴于上述性能指标是真实目标的弱因素，可能会区分真正更强大的系统和最适用于使用该性能指标的系统。

7.7.3　机器翻译

7.7.3.1　基础机器翻译模型

从概率的角度来看，翻译相当于找到一个目标句子 y，它使给定句子 x 的条件概率最大化，即 argmax $p(y|x)$（Cho et al., 2014a）。在神经机器翻译中，可以通过拟合一个参数化模型，以使用并行训练语料库来最大化语句对的条件概率。一旦翻译模型学习到条件分布，给定一个源语句，便可以通过搜索最大化条件概率的句子来生成相应的翻译。

这种神经机器翻译方法通常由两部分组成，第一个部分编码源语句 x，第二个部分解码到目标句子 y。例如，Cho 等（2014b）和 Sutskever 等（2014）使用两个循环神经网络来将可变长度的源语句编码为固定长度向量并将向量解码为一个可变长度的目标语句。尽管是一种相当新的方法，但是在神经机器翻译方面已经显示出杰出的效果。Sutskever 等（2014）提出，基于具有长短期记忆（LSTM）神经网络的神经机器翻译实现了英语到法语的翻译任务，其性能已经接近于常规基于短语的机器翻译系统的最先进性能，为现有翻译系统添加神经元素，以便对短语表中的短语对进行评分（Cho et al., 2014b），或重新排列候选翻译（Sutskever et al., 2014），机器翻译模型的表现水平在不断地提高。

在机器翻译方面应用最广的是编码器-解码器架构，其中最著名的是 Sutskever 等（2014）提出的序列到序列模型（sequence to sequence, seq2seq）。

序列到序列模型是通过两个 LSTM 来处理非固定长度的输入和输出语句，这个想法是使用一个 LSTM 来读取输入序列，一次一个时间步长，以获得大的固定维度向量表示，然后使用另一个 LSTM 从该向量中解码出目标序列。LSTM 能够成功地学习具有长距离时间依赖性的数据，由于输入与其相应输出之间存在相当大的时间滞后，因此它可以成为该应用的自然选择。图 7.48 显示了 seq2seq 模型的结构。

模型读取输入序列"*ABC*"并产生输出序列"*WXYZ*"，序列生成过程中不断地根据之前的状态和产生的结果来预测即将输出的单词，当模型预测到要输出一个句末结束标志"<EOS>"后停止预测。

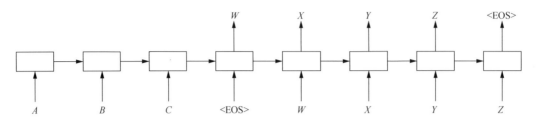

图 7.48   序列到序列的模型基础结构（Sutskever et al., 2014）

将模型展开得到图 7.49。

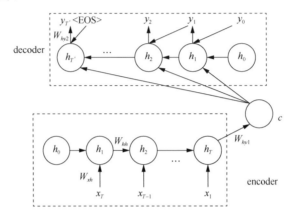

图 7.49   按照时间序列展开的序列到序列模型

encoder：编码器。decoder：解码器

每个 x 都是 $n \times 1$ 维的向量，表示输入序列的一个词向量。

每个 y 都是 $n' \times 1$ 维的向量，表示输出序列的一个词向量。

h_i 和 $h_{i'}$ 都是 $k \times 1$ 维的向量，i 的取值范围是 1 到 T，i' 的取值范围是 1 到 T'，图 7.49 中的每个圆圈都体现的是不同时间步下同一层隐藏层的状态，使用一个实数向量进行表示。每一个箭头表示一个函数操作（比如矩阵相乘）。

c 是一个 $k \times 1$ 维的向量，表示第一个 LSTM 的输出，以一个长度固定的实数向量形式表示所有输入信息。同时也是第二个 LSTM 中每个时间步的输入之一，第二个 LSTM 就是根据这个中间向量和前一时刻的输出不停地进行计算输出预测的结果。

LSTM 的目标是估计条件概率 $p(y_1, y_2, \cdots, y_{T'} \mid x_1, x_2, \cdots, x_T)$，其中 $(x_1, x_2, \cdots, x_T)$ 是输入序列，$(y_1, y_2, \cdots, y_{T'})$ 是其对应的输出序列，T' 的长度可以与 T 不同。第二个 LSTM 首先获得由第一个 LSTM 最后一个隐藏状态给出的固定维数向量 v，它表示所有的输入序列 $(x_1, x_2, \cdots, x_T)$，然后使用标准 LSTM-LM 公式计算 $y_1, y_2, \cdots, y_{T'}$ 的条件概率，其初始隐藏状态设置为能够表示输入序列 $(x_1, x_2, \cdots, x_T)$ 的向量 c：

$$p(y_1, y_2, \cdots, y_{T'} \mid x_1, x_2, \cdots, x_T) = \prod_{t=1}^{T'} p(y_t \mid y_0, y_1, y_2, \cdots, y_{t-1}) \qquad (7.109)$$

公式（7.109）中每一个 $p(y_t \mid y_0, y_1, y_2, \cdots, y_{t-1})$ 分布都是单词表中所有单词的 softmax 表示。

1. encoder

encoder 过程很简单，直接使用 LSTM 生成语义向量

$$h_t = f(x_t, h_{t-1}) \qquad (7.110)$$

$$c = \phi\left(h_1, h_2, \cdots, h_T\right) \tag{7.111}$$

公式（7.110）中的 f 是非线性激活函数，h_{t-1} 是上一个隐藏节点的输出，x_t 是当前时刻单元格的输入。向量 c 通常为 LSTM 中最后一个隐藏节点，或者是对多个隐藏节点的加权求和。

2．decoder

该模型的 decoder 过程是不断地预测结果输出，使用另外一个 LSTM 通过当前的单元格状态 h_t 来计算当前的输出向量 y_t，这里的 h_t 和 y_t 都与其之前的单元格状态和输出相关：

$$h_t = f\left(h_{t-1}, y_{t-1}, c\right) \tag{7.112}$$

$$p\left(y_t | y_{t-1}, \cdots, c\right) = g\left(h_t, y_{t-1}, c\right) \tag{7.113}$$

通过最大化给出源语句 S 的正确翻译 T 的对数概率来训练机器翻译模型，因此训练目标是

$$\frac{1}{|S|} \sum_{(T,S) \in S} \log p(T | S) \tag{7.114}$$

式中，S 是训练集。一旦模型的训练完成，会根据 LSTM 的输出结果找到最有可能的翻译来进行翻译：

$$\hat{T} = \operatorname{argmax} \, p(T / S) \tag{7.115}$$

表 7.4 显示的是在 WMT'14 英语到法语测试集上使用序列到序列模型与 SMT 模型的结果比较。

表 7.4　不同模型在翻译任务上测试结果 BLEU 值的对比（Sutskever et al., 2014）

模型	BLEU 分数
基础模型	33.30
Cho et al.	34.54
最高结果	37.0
使用单个前向 LSTM 重新评分最佳 1000 个基础模型	35.61
使用单个反向 LSTM 重新评分最佳 1000 个基础模型	35.85
使用 5 个反向 LSTM 重新评分最佳 1000 个基础模型	36.5
使用 Oracle 重新评分最佳 1000 个基础模型	45

7.7.3.2　对偶机器翻译模型

虽然神经机器翻译已经取得了很好的进展，但是训练过程中需要数千万双语句对。然而，人工标签是非常昂贵的。为了解决这个训练数据瓶颈，He 等（2016）提出一种对偶学习机制，可以使 NMT 系统通过对偶学习游戏来自动学习未标记的数据。这种机制受到以下观察的启发：任何机器翻译任务都具有双重任务，例如，英语到法语翻译（原始）与法语到英语翻译（对偶）；原始任务和对偶任务可以形成闭环，并产生信息反馈信号来训练翻译模型，不需要人工标签参与。在对偶学习机制中，使用一个代理来代表原始任务的模型，另一个代理来代表对偶任务的模型，然后通过强化学习过程来教导对方。基于在此过程中产生的反馈信号（例如，模型输出的语言模型似然性以及原始和双重翻译后原始语句的重构误差），迭代地更新两个模型直到收敛（例如，使用策略梯度方法）。实验表明，对偶神经机器翻译（dual-NMT）在英文翻译中的效果非常好，特别是通过单语数据的学习，可以达到使用完整双语数据训练的法语到英语翻译 NMT 的准确性。具体来说，dual-NMT 的对偶学习机制可以描述为以下的双代理通信游戏。

（1）仅了解 A 语言的第一个代理通过嘈杂的频道将语言 A 的消息发送给第二个代理，该通道使用翻译模型将消息从语言 A 转换为语言 B。

（2）仅了解 B 语言的第二个代理以 B 语言接收翻译的消息。它检查该消息并通知第一个代理是否是 B 语言中的自然句子（请注意，第二个代理可能无法验证它的原始信息是不是正确的）。然后，它通过另一个嘈杂的频道将接收到的消息发送回第一个代理，该频道使用另一个翻译模型将接收到的消息从语言 B 转换回到语言 A。

（3）从第二个代理接收到消息后，第一个代理将对它进行检查并通知第二个代理是否收到的消息与其原始消息一致。通过反馈，两名代理都将知道两个通信渠道（因此两个翻译模型）是否表现良好，并可以相应地改善它们。

（4）游戏也可以从 B 语言中的第二个代理程序开始，然后两个代理将通过对偶过程，根据反馈改进两个通道也就是翻译模型。

假设语料库 D_A 包含 N_A 语句，语料库 D_B 包含 N_B 语句。将 $P(\cdot|s;\theta_{AB})$ 和 $P(\cdot|s;\theta_{BA})$ 分别表示为两个神经翻译模型，其中 θ_{AB} 和 θ_{BA} 是它们的参数。假设已经有两个训练有素的语言模型 $LM_A(\cdot)$ 和 $LM_B(\cdot)$，每个语言模型都将一个句子作为输入，并输出一个真实值来表示判断这句话是否是用自己的语言表示的句子。

对于以 D_A 中句子开始的游戏，将 s_{mid} 作为中间翻译输出。这个中间步骤有一个立即的回报 $r_1 = LM_B(s_{mid})$，表明输出的句子在语言 B 中的流利程度。给定中间翻译输出 s_{mid}，使用从 s_{mid} 恢复的对数概率作为通信的奖励（将互换使用重建和通信），可以使用 $r_2 = \log P(s|s_{mid};\theta_{BA})$ 作为通信奖励。简单地采用 LM 奖励和通信奖励的线性组合作为总奖励，$r = \alpha r_1 + (1-\alpha)r_2$，其中 α 是一个超参数。由于游戏的奖励可以被认为是 s_{mid} 和翻译模型 θ_{AB}，θ_{BA} 的函数，可以通过广泛使用再强化学习中的策略梯度方法优化翻译模型中的参数，用于奖励最大化。

根据翻译模型 $P(\cdot|s;\theta_{AB})$ 对 s_{mid} 进行采样。然后通过期望奖励 $E[r]$ 来计算参数 θ_{AB} 和 θ_{BA} 的梯度：

$$\nabla_{\theta_{BA}}E[r] = E\left[(1-\alpha)\nabla_{\theta_{BA}}\log P(s|s_{mid};\theta_{BA})\right] \tag{7.116}$$

$$\nabla_{\theta_{AB}}E[r] = E\left[r\nabla_{\theta_{AB}}\log P(s_{mid}|s;\theta_{AB})\right] \tag{7.117}$$

在每次循环中，一个句子从 D_A 集合中采样，一个句子从 D_B 集合中采样，然后分别根据这两个句子，更新模型中参数。

将 dual-NMT 与标准的 NMT 以及生成伪对齐语料来辅助 NMT 训练的 pseudo-NMT 在英法和法英翻译任务上进行对比。实验结果如表 7.5、图 7.50 所示。

表 7.5 NMT、pseudo-NMT、dual-NMT 在英语—法语—英语和法语—英语—法语的翻译任务上的结果对比

	英语—法语—英语 （长句子）	法语—英语—法语 （长句子）	英语—法语—英语 （短句子）	法语—英语—法语 （短句子）
NMT	39.92	45.05	28.28	32.63
pseudo-NMT	38.15	45.41	30.07	34.54
dual-NMT	51.84	54.65	48.94	50.38

可以看出，dual-NMT 在所有的实验设置上的效果都好于 NMT 和 pseudo-NMT，并且使用的语料更少，表明了对偶神经翻译模型的有效性。

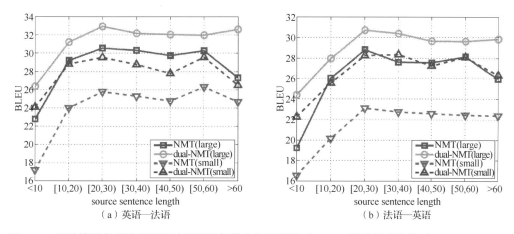

图 7.50　四种模型在英法翻译和法英翻译任务上句子长度对 BLEU 值的影响结果（He et al., 2016）

source sentence length：源语句长度。large：长句子。small：短句子

7.7.4　情感分析

7.7.4.1　单句情感分析

现阶段循环神经网络已经成功被用在情感分析方面，输入为一句话，输出为一个值，表示积极或者消极情感。研究者在循环神经网络的基础上，提出了很多改进的变体。

Tai 等（2015）提出树状 LSTM（Tree-LSTM），将标准 LSTM 结构推广到树形结构化网络拓扑，并在连续 LSTM 上显示出表达句子意义的优势。标准 LSTM 从当前时间步长的输入和前一时间步长中的 LSTM 单元的隐藏状态构成其隐藏状态，Tree-LSTM 从输入向量和任意许多孩子节点的隐藏状态构成其状态。实际上，标准 LSTM 可以被认为是 Tree-LSTM 的特殊情况，其中每个内部节点只有一个孩子。

图 7.51 显示的是标准 LSTM，图 7.52 显示的是 Tree-LSTM 结构的比较，LSTM 结构的限制是它们只允许信息按照严格的顺序传播。标准 LSTM 和 Tree-LSTM 之间的区别在于门控向量和存储单元的更新取决于许多子单元的状态。此外，Tree-LSTM 单元不是单个遗忘门，而是包含每个孩子 k 的一个遗忘门 f_{jk}。这允许 Tree-LSTM 单元选择性地并入每个孩子的信息。

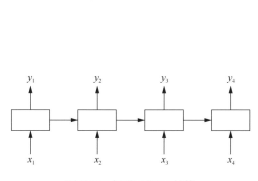

图 7.51　标准 LSTM 结构

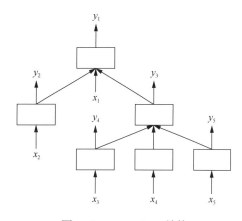

图 7.52　Tree-LSTM 结构

给定一棵树，$C_{(j)}$ 表示孩子节点 j 的集合，Tree-LSTM 的计算公式如下：

$$\overline{h}_j = \sum_{k \in C(j)} h_k \tag{7.118}$$

$$i_j = \sigma\left(W^{(i)} x_j + U^{(i)} \overline{h}_j + b^{(i)}\right) \tag{7.119}$$

$$f_{jk} = \sigma\left(W^{(f)} x_j + U^{(f)} \overline{h}_k + b^{(f)}\right) \tag{7.120}$$

$$o_j = \sigma\left(W^{(o)} x_j + U^{(o)} \overline{h}_j + b^{(o)}\right) \tag{7.121}$$

$$u_j = \tanh\left(W^{(u)} x_j + U^{(u)} \overline{h}_j + b^{(u)}\right) \tag{7.122}$$

$$c_j = i_j \odot u_j + \sum_{k \in C(j)} f_{jk} \odot c_k \tag{7.123}$$

$$h_j = o_j \odot \tanh\left(c_j\right) \tag{7.124}$$

$$k \in C_{(j)} \tag{7.125}$$

直观地，可以将这些方程式中的每个参数矩阵解释为 Tree-LSTM 单元的分向量，输入 x_j 和孩子的隐藏状态 h_j 之间的编码相关性。例如，在依赖树的应用中，模型可以学习参数 W，使得当输入是语义上重要的内容单词时，输入门 i_j 的分量具有接近 1 的值（即"开"），当输入是相对不重要的单词（例如确定器）时，值接近于 0（即"闭合"）。

对于 Tree-LSTM，模型产生每个句子的依赖关系，对于树中的每个节点，如果其范围与训练集中的标记跨度匹配，则会给出一个情绪标签。

Tai 等（2015）在以下任务上评估 Tree-LSTM 的性能：对电影评论中抽取的句子的情感进行分类。表 7.6 显示了实验的结果，把标准 LSTM、单层隐藏层的双向 LSTM、具有两层隐藏层的 LSTM 和双向 LSTM、Constituency Tree-LSTM 和 Dependency Tree-LSTM 进行对比。在数据集中，为每个句子提供了标准的二进制解析树，树中的每个节点都带有一个情绪标签，使用 LSTM 最后的隐藏层状态的表示来预测一个短语的情绪。表 7.6 显示了不同模型的实验对比结果，实验的测试集是 Stanford Sentiment Treebank，fine-grained 是 5 级（5-class）情感分类，binary 是积极/消极情感分类。从实验结果可以看出，Constituency Tree-LSTM 在分类任务上优于现有的系统，并且在 binary 分类任务上接近最高的水准。

表 7.6　不同模型的实验对比结果（Tai et al., 2015）

模型	fine-grained	binary
RAE	43.2	82.4
MV-RNN	44.4	82.9
RNTN	45.7	85.4
DCNN	48.5	86.8
Paragraph-Vec	48.7	87.8
CNN-non-static	48.0	87.2
CNN-multichannel	47.4	**88.1**
DRNN	49.8	86.6
LSTM	46.4(1.1)	84.9(0.6)
Bidirectional LSTM	49.1(1.0)	87.5(0.5)
2-layer LSTM	46.0(1.3)	86.3(0.6)

续表

模型		fine-grained	binary
2-layer Bidirectional LSTM		48.5(1.0)	87.2(1.0)
Dependency Tree-LSTM		48.4(0.4)	85.7(0.4)
Constituency Tree-LSTM	Randomly Initialized Vectors	43.9(0.6)	82.0(0.5)
	Glove Vectors, fixed	49.7(0.4)	87.5(0.8)
	Glove Vectors, tuned	51(0.5)	88.0(0.3)

注：加粗的数据为高值；括号中数据为浮动误差

7.7.4.2　文章情感分析

只能分析出单个句子的情感是远远不够的，有时候需要分析出整篇文章的情感分类，但是文档级情感分类仍然是一个挑战：如何在文本的语义含义上对句子之间的内在（语义或句法）关系进行编码。这对情绪分类至关重要，因为像"对比"和"原因"这样的关系对确定文件的含义有很大的影响。为了解决这个问题，Tang 等（2015）引入了一个神经网络模型，以统一的、自下而上的方式学习基于向量的文档表示。该模型首先用卷积神经网络或长短期记忆神经网络学习句子的表示。之后，句子及其关系的语义被自适应地编码在具有门限循环神经网络的表示中。

该模型用连续矢量表示可变长度文档，这些表示形式进一步用作对每个文档的情感标签进行分类的特征。该方法的概述如图 7.53 所示，图中主要分为单词表示、句子组成、句子表示、文本组成、文本表示几个部分。该模型基于组成原理来记录语义，它指出较长表达式（例如句子或文档）的含义来自于其组成成分和用于组合它们的规则。由于一个文件由一个句子列表组成，每个句子由一个单词列表组成，所以方法将文档表示分为两个阶段。它首先用具有句子组合的单词表示产生连续的句子向量。之后，句子向量被视为文档组合的输入以获得文档表示。然后将文档表示用作文档级别情绪的特征分类。

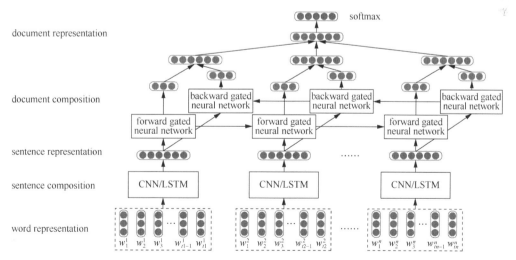

图 7.53　应用于文档级别情感分类的神经网络结构（Tang et al., 2015）

word representation：单词表示。sentence composition：句子组成。sentence representation：句子表示。document composition：文本组成。document representation：文本表示。forward gated neural network：前向门限网络。

backward gated neural network：后向门限网络

模型在得到使用 CNN 和 LSTM 来计算具有语义组合的句子的连续表示向量后，把这个可变长度的句子的向量作为输入，文档合成产生固定长度的文档向量作为输出。为此，一个简单的策略是忽略句子的顺序和平均句子向量作为文档向量。尽管它的计算效率高，但它不能捕获句子之间复杂的语言关系（例如"原因"和"对比"）。卷积神经网络是文档组合的替代方法，它将局部句子关系与线性层共享参数进行建模。标准循环神经网络可以通过用前一步骤 h_{t-1} 的输出向量递归变换当前语句向量 s_t，将可变长度的句子向量映射到固定长度向量。转换函数通常是线性层，随后是逐点非线性层，例如 tanh。

$$h_t = \tanh\left(W_r \cdot [h_{t-1}; s_t] + b_r\right) \tag{7.126}$$

式中，$W_r \in \mathbb{R}^{l_h \times (l_h + l_{oc})}$；$b_r \in \mathbb{R}^{l_h}$，$l_h$ 和 l_{oc} 分别是隐藏向量和句子向量的维度。不幸的是，标准 RNN 存在梯度消失或爆炸的问题，其中梯度可能在长序列上呈指数地增长或衰减，这使得难以在序列中建立长距离相关性。为了解决这个问题，Tang 等（2015）开发了一种用于文档构图的门限循环神经网络，它以顺序的方式工作，并在文档表示中自适应地编码句子语义。具体来说，模型中使用的门控 RNN 的过渡功能可以由以下公式表示：

$$i_t = \text{sigmoid}\left(W_i \cdot [h_{t-1}; s_t] + b_i\right) \tag{7.127}$$

$$f_t = \text{sigmoid}\left(W_f \cdot [h_{t-1}; s_t] + b_f\right) \tag{7.128}$$

$$g_t = \tanh\left(W_r \cdot [h_{t-1}; s_t] + b_r\right) \tag{7.129}$$

$$h_t = \tanh\left(i_t \odot g_t + f_t \odot h_{t-1}\right) \tag{7.130}$$

式中，$\odot$ 代表按元素相乘，W_i, W_f, b_i, b_f 自适应地选择和删除历史向量和语义组合的输入向量。该模型可以被看作是一个输出门的 LSTM，因为不希望丢弃语句的任何部分来获得更好的文档表示。图 7.54 显示了最后一个隐藏向量被视为情感分类的文档表示的标准顺序方式。

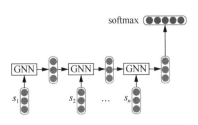

图 7.54　将最后一个隐藏向量视为情感分类的文档表示（Tang et al., 2015）
GNN：门限神经网络

在得到文档向量后，添加一个线性层将文档向量转换为长度为类 C 的实值向量。之后，添加一个 softmax 层，将实数值转换为条件概率，得到情感分析结果。

7.7.5　对话模型

自然语言交谈是人类智力问题中具有挑战性的问题之一，涉及语言理解、推理和常识知识的利用。以前在这个方向上的工作主要集中在基于规则或基于学习的方法。这些类型的方法通常依赖于手工设计规则或者对特定模型的自动训练学习算法和少量数据，这使得难以开发可扩展的开放域会话系统（Wang et al., 2016）。

Shang 等（2015）提出了神经回应机（neural response machine, NRM），一种用于短文对话的基于神经网络的响应发生器。NRM 采用通用编码器-解码器框架，而编码器和解码器都是用循环神经网络实现的。

NRM 的基本思想是构建一个输入序列的隐藏表示，然后根据它产生响应，如图 7.55 所示。在具体的说明中，编码器将输入序列 $x = (x_1, x_2, \cdots, x_T)$ 转换为一组高维隐藏表示 $h = (h_1, h_2, \cdots, h_T)$，其与 t 时刻的注意力信号 α_t 一起被反馈送到上下文生成器以构建 t 时刻输入到解码器上下文，用 c_t 表示。然后 c_t 由作为解码器的一部分的矩阵 L 线性变换成生成 RNN 的刺激，以产生第 t 个响应词，表示为 y_t。在神经翻译系统中，L 将源语言的表示转换为目标语言。在 NRM 中，L 扮演着更为困难的角色：需要将输入序列或其中的一部分内容转化为许多合理的响应。实际上一个输入序列可以从 NRM 中引发许多不同的响应。注意信号的作用是确定在生成过程中应该着重强调隐藏层表示 h 的哪一部分。应该注意的是，α_t 可以随着时间的推移而变化，或者在生成响应序列 y 时动态变化。在动态设置中，α_t 可以是由之前生成的子序列 $(y_1,y_2,\cdots,y_{t-1})$、输入序列 x 或其潜在表示构成的函数。使用循环神经网络作为编码器和解码器，最大的好处就是能够生成任意长度的输出序列。

接下来分别对解码器和编码器给出解释，图 7.56 给出了解码器的模型结构。

解码器本质上是一个标准的 RNN 语言模型，第 t 个单词的生成概率可以由公式（7.131）计算得到：

$$p\left(y_t|y_{t-1},\cdots,y_1,x\right)=g\left(y_{t-1},s_t,c_t\right) \tag{7.131}$$

$$s_t=f\left(y_{t-1},s_{t-1},c_t\right) \tag{7.132}$$

图 7.56 中的虚线表示 $g(\bullet)$，这是一个 softmax 函数，实线表示 $f(\bullet)$，是一个线性函数，转换 L 通常被看作是 $f(\bullet)$ 的参数。

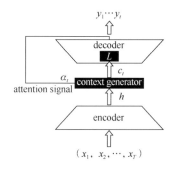

图 7.55 NRM 的结构（Shang et al., 2015）
context generator：上下文生成器。encoder：编码器。
decoder：解码器。attention signal：注意力信号

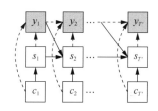

图 7.56 NRM 中解码器模型（Shang et al., 2015）

编码器具有三种类型，分别是全局编码器、局部编码器和两者结合编码器。全局编码器的模型结构如图 7.57（a）所示，它就是简单的 RNN 模型，定义最后一个隐藏层状态为上下文向量 $c_t=h_T$。局部编码器是在全局编码器的基础上添加了注意力模型，结构如图 7.57（b）所示，在计算注意力权重 $\alpha_{tj}=q\left(h_j,s_{t-1}\right)$ 后，对隐藏层状态加权求和得到上下文向量 $c_t=\sum_{j=1}^{T}\alpha_{tj}h_j$。

全局编码器能够抓住全局特征，局部编码器能够依赖注意力机制选择不同位置的单词作为重要特征，将局部编码器和全局编码器结合得到第三种编码器，上下文向量的计算为 $c_t=\sum_{j=1}^{T}\alpha_{tj}\left[h_j^l;h_T^g\right]$，模型结构如图 7.58 所示。

表 7.7 直观地显示了 NRM 和类似基于检索的模型产生的响应区别，其中 NRM-glo 表示具有全局编码器的 NRM，NRM-loc 表示具有局部编码器的 NRM，NRM-hyb 的编码器是将全局编码器和局部编码器结合，Rtr.-based 是基于检索的模型，Post 是给定的标签，四个模型根据标签生成对应的响应，采用人工注释来比较不同模型的性能。从实现结果可以发现，有三

个 NRM 变体给出了合适但具有不同视角和不同词语选择的回答，这是由模型的架构变化和随机效应（如参数初始化）引起的。在第四个例子中，基于检索的模型给出一个带有错误实体名字"WenShan"的响应，这实际上对基于检索的模型来说是一个相当普遍的问题。相比之下，可以观察到 NRM 倾向于做出正常的响应，很少产生这种细节上的问题。

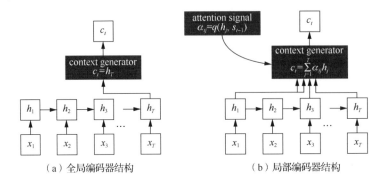

（a）全局编码器结构 （b）局部编码器结构

图 7.57 全局编码器结构和局部编码器结构（Shang et al., 2015）

context generator：上下文生成器。attention signal：注意力信号

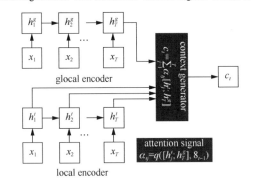

图 7.58 将全局编码器和局部编码器结合的第三种编码器（Shang et al., 2015）

context generator：上下文生成器。attention signal：注意力信号。glocal encoder：全局编码器。local encoder：局部编码器

表 7.7 不同模型产生的响应（Shang et al., 2015）

编号	Post	NRM-glo	NRM-loc	NRM-hyb	Rtr.-based
1	每年元旦都来高烧。 High fever attacks me every New Year's Day.	多休息，增强免疫力！ Rest more to boost your immune system!	每年元旦都去医院看病。 Go to see a doctor every New Year's Day.	祝早日康复，身体健康！ Get well soon and stay healthy!	高烧…… High fever…
2	又老了一岁，感谢我们组，我很高兴。 I gain one more year. Grateful to my group, so happy.	生日快乐！永远支持你！ Happy birthday! Will stand by you forever!	生日快乐！永远年轻漂亮！ Happy birthday! Wish you always stay young and pretty!	老了老了，岁月不饶人啊！ Getting old now. Time has no mercy!	我只是老了一岁。 I just gain only one more year.
3	吃素第一天，坚持住，崔朵拉。 First day of being a vegetarian. Hold on, CuiDuoLa.	必须来支持！加油！ I come to offer my support! Keep it up!	坚持住，坚持下去。 Hold on, keep it up.	每天都是素食主义者。 I have been being a vegetarian everyday.	坚持住！ Hold on!

续表

编号	Post	NRM-glo	NRM-loc	NRM-hyb	Rtr.-based
4	这种天气真应该带个帅哥出去踏青赏花。We should go out with some cute guys to enjoy a great outing in such a nice weather.	这是哪啊？真美！Where is it? It is so beautiful!	阳光明媚，心情舒畅。Such a nice sunny day! I am in a great mood.	这种天气真不是盖的。It is indeed a very nice weather.	文山啊，出去踏青寻找灵感，哈哈！WenShan, let's go out to get some inspiration. Ha! Ha!

7.7.6 诗歌生成

诗歌的自动生成是一个长期的热点问题。现在，深度学习为它打开了一扇新的大门。深度学习使计算机不再依赖于准备模板，并尝试用学习合成方法自动从大量优秀的诗歌中学习。Yi 等（2017）提出建立一个基于 RNN 的编码器-解码器结构以生成四行诗歌，用一个主题词作为输入。诗歌生成系统可以共同学习单独某行诗歌中语义的含义和一首诗歌中所有行之间的语义相关性，结构的运用，节奏和音调的模式，但是它没有利用任何约束模板。

在中国古典四行诗中，两个相邻行之间存在着紧密的语义相关性。这两行语义相关的序列被配成一对。使用 RNN 编码-解码器来学习相关性，然后在给定前一行的情况下用它来生成新的一行诗。利用上下文不同级别的信息，模型构建三个诗行生成块来生成整个四行诗：单词到一行诗，行与行之间，上下文与行之间。

如图 7.59 所示，用户输入一个关键字作为主题来显示诗歌主要应该传达的内容和情感。首先，WPB（单词诗块）生成与此相关的一行关键字作为第一行；然后 SPB（句子诗块）需要把第一行作为输入并生成相关内容第二行；CPB（上下文诗块）把前两行作为输入来生成第三行；最后，CPB 需要把第二行和第三行作为输入生成最后一行。

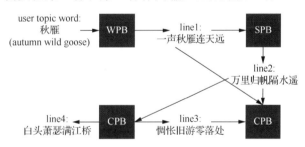

图 7.59　把关键词"秋雁"作为输入时诗句的生成过程解释（Yi et al., 2017）

user topic word：用户主题单词。line：行

SPB 用于行到行之间的生成。当生成第二行时，唯一可用的上下文信息是第一行。因此，模型使用 SPB 生成第二行时，获取第一行作为输入。如图 7.60 所示，模型使用双向 RNN 构建 SPB。

为了利用更多的上下文信息，模型构建另一个称为 CPB 的编码-解码器。主要的结构类似于 SPB，不同的是 CPB 在一个四行诗中连接了两个相邻的行，作为一个长期的输入序列，并使用第三行作为训练中的目标序列。通过这种方式，模型可以利用前两行信息生成当前行。

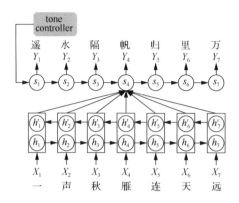

图 7.60　SPB 的解释图（Yi et al., 2017）

tone controller：语音控制器

　　理想情况下，SPB 将生成相关的一行字作为输入。但是，训练对都是长序列，当输入是一个简短的单词时，模型将不会很好地工作。因此，模型训练第三个编码器-解码器称为 WPB。根据已经训练好的 SPB 的模型参数，使用一些<单词，行>序列对来训练模型，更多地是为了提高 WPB 用短序列生成长序列的能力。

7.7.7　图片描述

7.7.7.1　基于图片生成文本

　　自动描述图像的内容是连接计算机视觉和自然语言处理的人工智能的一个根本问题。Vinyals 等（2015）提出了一个模型，用来生成描述图像的自然语言，它使用计算机视觉和机器翻译的技术，该模型以最大化给出训练图像描述句的可能性为目标（Mnih et al., 2014）。

　　这个模型主要是将 CNN 和 LSTM 结合起来。LSTM 模型被训练来预测句子中的每一个单词，因为它已经看到图像以及之前所有已经预测得到的单词，可以由公式 $p(S_t \mid I, S_0, \cdots, S_{t-1})$ 进行计算。为图像和每个句子创建了 LSTM 存储器的副本，使得所有 LSTM 在时间上共享相同的参数，在时间 t 被馈送到 LSTM 的 $t-1$ 时刻 LSTM 的输出 m_{t-1}，如图 7.61 所示。所有循环连接都将转换为展开版本中的前馈连接。更详细地说，如果用 I 表示输入图像，并用 $S = (S_0, S_1, \cdots, S_N)$ 表示描述该图像的真实句子，展开过程如下：

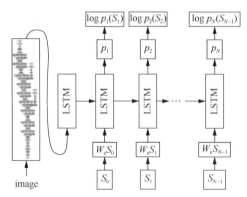

图 7.61　结合了 CNN 图像嵌入和词向量的 LSTM 模型
（LSTM 内存之间的循环连接见左侧方框中，所有 LSTM 共享相同的参数）（Vinyals et al., 2015）

image：图像

$$x_{t-1} = \text{CNN}(I) \tag{7.133}$$

$$x_t = W_e S_t, \quad t \in \{0, \cdots, N-1\} \tag{7.134}$$

$$p_{t+1} = \text{LSTM}(x_t), \quad t \in \{0, \cdots, N-1\} \tag{7.135}$$

将每个单词表示为尺寸等于字典大小的一个 one-hot 向量 S_t。请注意，模型中用 S_0 表示一个特殊的开始单词，并用 S_N 表示一个指定句子开始和结束的特殊停止字符。特别是通过发出停止字符，LSTM 发出一个完整的句子已经被生成的信号。图像和单词被映射到相同的空间，图像通过使用视觉 CNN，单词 W_e 通过使用词向量进行表示。图像 I 仅输入一次，在 $t = -1$ 处，以通知 LSTM 关于图像内容。损失函数是每个步骤中正确单词的负对数似然度的总和，公式如下：

$$L(I, S) = -\sum_{t=1}^{N} \log p_t(S_t) \tag{7.136}$$

上述损失的目标是最小化 w, r, t, LSTM 的所有参数，以及图像嵌入器 CNN 的顶层和词向量 W_e。

Vinyals 等（2015）在 MS COCO 数据集上对模型进行实验评估。这个数据集包含了图像和用于描述这些图像的句子，对于图像注释任务，输入是图像，输出是模型对图像的描述文本。图 7.62 显示了模型的运行结果，使用人类等级分类的方式进行分组，由于分数排名对图像生成文本任务来说不是令人满意的，因此使用人工评估方法。实验结果一共分成了四组：图像与文本完美匹配，图像与文本匹配之间有一点误差，文本和图像之间有一些关联，图像和文本完全不相关。

图 7.62　由人类评估的结果（Vinyals et al., 2015）

7.7.7.2　图片与文本双向映射

Chen 等（2015）引入了图像与其基于句子描述之间的双向映射。关键是一个循环神经网络，试图在生成或读取标题时动态构建场景的视觉表示，该表示自动学习记住长期的视觉概念。这个模型能够产生图像的文字描述，并且重建具有图像描述的视觉特征。

该模型在传统 RNN 的基础上，主要贡献是添加了复现视觉隐藏层 u，如图 7.63 所示第一层方框部分。迭代层 u 尝试从以前的单词重建视觉特征 v，即 $\tilde{v} \approx v$。$\tilde{w}_t$ 使用视觉隐藏层来帮助预测下一个单词。也就是说，网络可以比较其视觉记忆 u，它代表了已经说过的内容，结合目前观察到的 v 来共同预测下一步要说什么。在句子的开头，u 表示视觉特征的先前概率。随着观察到更多的单词，视觉特征被更新以反映"视觉解释"。例如，如果产生"冰箱"一词，则与"冰箱"相对应的视觉特征应该增加。与冰箱相对应的其他功能也可能会增加，因为它们与"冰箱"高度相关。

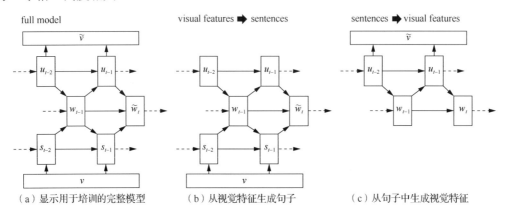

（a）显示用于培训的完整模型　　　（b）从视觉特征生成句子　　　（c）从句子中生成视觉特征

图 7.63　模型的解释（Chen et al., 2015）

full model：完整模型。visual features：视觉特征。sentences：语句

复现视觉特征的一个重要特征就是长期记住视觉概念的能力。属性来源于模型结构。直观地，人们可以假设在句子完成之前不应该估计视觉特征。也就是说，不应该用于估计 v，直到 w_t 生成句子的结尾。然而，在该模型中，迫使在每个时间步长估计 v，这有助于学习长期的视觉概念。例如，如果产生了"猫"这个词，则 u_t 将增加与"猫"相对应的视觉特征的可能性。假设 v 中的"猫"视觉功能处于活动状态，网络将收到正面的强化，以将关于"猫"的记忆从一个时间点传播到下一个实例。

注意，相同的网络结构可以预测来自句子的视觉特征或从视觉特征生成句子。如图 7.63（b）所示，为了生成句子，v 是已知的，$\tilde{v}$ 可能被忽略。如图 7.63（c）所示，为了预测句子的视觉特征，w 是已知的，s 和 v 可能被忽略。这是因为单词 w 将模型分成两部分以分别用于预测单词或视觉特征。如果隐藏单元直接连接到 u，则该属性将丢失，网络将作为正常的自动编码器。

在图 7.63（c）中，$\tilde{v}$ 表示图像特征，w_t 表示 t 时刻生成的单词，作者在之前的基础上添加了 u_t 和 $\tilde{v}$，其中 u_t 表示的是已经得到的单词的隐藏层向量，用来描述这些单词中包含的信息，这个向量在每次生成 w_t 的时候都会被使用，作为提供给模型的提示。同时，在每个阶段都还原视觉信息 v，通过计算的视觉信息在训练的时候要求尽可能等于 $\tilde{v}$。也就是说已经得到的单词要尽可能地表达视觉信息，才能达到很好地还原的目的。

假设 $W_t = \{w_1, \cdots, w_t\}$ 表示在 t 时刻之前已经得到的所有单词，$U_t = \{u_1, \cdots, u_t\}$ 是所有单词表达信息的隐变量，之前模型的建模都是在图像信息和已经生成单词的条件下获得下一个单词

的概率： $P(w_t|v,W_{t-1},U_{t-1})$ 。而这里建模的是 $P(w_t,v|W_{t-1},U_{t-1})$ ，由于使用 w_t 和 v 的联合分布，不仅可以利用图像生成文字，还可以利用文字生成图像特征。

Chen 等（2015）在 MS COCO 数据集上进行实验，评估了模型生成句子描述图片的能力，把模型的输出结果与人类语言进行对比。MS COCO 数据集包含了 82783 个训练图像和 40504 个验证图像，每个图像都包含了 5 个人类语言的描述，在实验中使用训练集和验证集来训练模型。图 7.64 显示了模型的训练结果，每张图片下的第一个句子是模型生成的，第二个句子是人类自然语言。

A table topped with plates of food and bowls of food.
This table is filled with a wariety of different dishes.

A man that is jumping in the air while riding a skateboard.
A man on a skateboard is performing a trick at the park.

A brown and white dog sitting on top of a street.
A picture of a dog laying on the ground.

A white refrigerator freezer sitting in front of a stove.
A kitchen with a refrigerator, stove and oven with cabinets.

A group of baseball players playing a game of baseball.
A grooup of baseball players is crowded at the mound.

A large living room filled with furniture and a flat screen tv.
A woman stands in the dining area at the table.

A group of motorcycles parked on the side of a road.
A motorcycle parked in a parking space next to another motorcucle.

A close up of a sink in a bathroom.
A faucet running next to a dinosuar holding a toothbrush.

A stop sign sitting on the side of a road.
A stop sign is mounted upside-down on it's post.

A group of people standing on top of a snow covered slope.
A group of people riding skis on top of a ski slope.

图 7.64　MS COCO 数据集上的句子生成的定性结果（Chen et al., 2015）

7.7.8　语音识别

7.7.8.1　语音预处理

声音以声波的形式传播，声波是一维的，在每个时刻，它有单一的高度值对应，如果要将声波转换为数值进行存储，则需要对声波在等间隔点采样其高度值，得到一个数值数组，其中每个元素表示声波在间隔处的高度值（振幅）。但是直接处理这些样本对神经网络来说是困难的，因此需要对音频数据预处理。

Hwang 等（2016）提出一种端到端的语音识别 CTC 技术，可以实现只通过一个输入音频序列和一个输出序列，把音频输入后直接输出序列预测的概率。

假设输入的音频序列为 $O=\{O_1,O_2,\cdots,O_n\}$ ，输出文本序列为 $W=\{W_1,W_2,\cdots,W_n\}$ ，在推断的时候，输入 O 是保持不限的，目标是找到一个 W 使得概率 $\prod\limits_n P(W_n|O_n)$ 最大，所以用如下公式来描述语音识别问题：

$$W^* = \underset{x_w}{\mathrm{argmax}}\, P(O|W)*P(W) \qquad (7.137)$$

式中， $P(O|W)$ 是用声学模型刻画的似然概率； $P(W)$ 是用语言模型刻画的输出单词序列。

因为输入的音频每帧只有 20～30ms，表达的内容不能完整覆盖一个单词，所以一般输出的建模单元为音素，假设音素序列为 Q ，那么概率的计算公式可以写成如下形式：

$$P(O|W) = \sum_Q P(O,Q|W) = \sum_Q P(O,Q|W) * P(Q|W) \approx \sum_Q P(O|Q) * P(Q|W) \qquad (7.138)$$

最后得到的 $P(O|Q)$ 就是实际声学模型，$P(Q|W)$ 是在单词序列条件下音素序列的概率，用来表示每个单词都是由哪些音素组成的，也称为音素模型。CTC 就是对声学模型进行建模的。

由于输出的单词序列中有可能一个单词对应着几帧，并且有些帧的输出可能只包含静音，所以会导致最后的输出长度远远小于输入的长度。CTC 增加了一个空白（blank）标签，也就是对每帧 softmax 的时候增加一个类别，通过去除空白标签和去除重复元素，得到最后的结果。

7.7.8.2 语音识别技术

神经网络通常在语音识别中被训练为帧级分类器。这需要针对每个帧单独训练目标，进而要求由隐马尔可夫模型确定音频和转录序列之间的对准。然而，对齐操作只有在分类器被训练好后才是可靠的，这就导致了分割和识别之间的循环依赖关系（Graves et al., 2014a, 2013）。此外，对齐方式与大多数语音识别任务无关，只有单词级别的转录是重要的。Graves（2012）提出的连接时间分类（CTC）是一个目标函数，允许训练 RNN 完成序列转录任务时不需要输入和目标序列之间的任何事先的对齐。输出层每个包含一个单位的转录标签（字符、音素、音符等）加上称为"空白"的额外单位（Hwang et al., 2016）。给定长度 T 输入序列 x，输出向量 y_t 用 softmax 函数进行归一化，解释为在时间 t 发出索引 k 的标签（或空白）的概率：

$$\Pr(k,t|x) = \frac{\exp\left(y_t^k\right)}{\sum_{k'} \exp\left(y_t^{k'}\right)} \qquad (7.139)$$

式中，y_t^k 是 y_t 的第 k 个元素。CTC 对齐 a 是空白和标签索引长度为 T 的序列的空白和标签索引。a 的概率 $\Pr(a|x)$ 是每个时间步长的发射概率的乘积：

$$\Pr(a|x) = \prod_{t=1}^{T} \Pr(a_t, t|x) \qquad (7.140)$$

对于给定的转录序列，存在与将空白分离标签的不同方法一样多的可能的比对。例如（使用 '_' 表示空格），对齐（a,_, b, c,_,_）和（_,_,a,_,b,c）都对应于转录（a,b,c）。当相同的标签出现在对齐中的连续时间步长时，重复被删除，因此（a; b; b; b; c; c）和（a; ; b; ; c; c）也对应于（a; b; c）。由 B 表示一个操作符，首先删除重复的标签，然后从对齐中删除空白，输出转录的总概率 y 等于与其对应的对齐概率的总和：

$$\Pr(y|x) = \sum_{a \in B^{-1}(y)} \Pr(a|x) \qquad (7.141)$$

直觉上，因为不知道特定转录中的标签将在哪里发生，所以总结出所有可能出现的地方。给定目标转录 γ，然后可以训练网络以最小化 CTC 目标函数：

$$CTC(x) = -\log \Pr(y^*|x) \qquad (7.142)$$

Graves 等（2013）提出一个语音识别系统，该系统基于深度双向 LSTM 循环神经网络结构和连接时间分类 CTC 目标函数的组合。引入对目标函数的修改，训练网络以最小化任意转录丢失函数的期望。这允许直接优化单词错误率，即使没有词典或语言模型，效果也很好。图 7.65 为深度双向 LSTM 的模型结构。双向 LSTM 是在双向 RNN 的基础上，将 RNN 中的基础单元变成 LSTM 的单元格，一个 LSTM 从左向右传播，另一个 LSTM 从右向左传播。深度模型是叠加多个隐藏层的结构，将深度模型和双向 LSTM 结合得到应用在语音识别系统中的模型。

　　网络的训练遵循混合系统中使用的标准方法，通过由隐马尔可夫系统给出的强制对齐在训练集上提供帧级状态目标。然后对网络进行训练，使用 softmax 输出层来最小化目标的交叉熵误差，其中 softmax 输出层的神经元数目与可能的隐马尔可夫状态的总数相同。在解码时，由网络产生的状态概率与词典和语言模型相结合以确定最可能的转录，对于长度为 T 的声音序列 x，网络产生长度为 T 的输出序列 y，其中每个 y_t 定义为 K 个可能的状态的概率分布。

给定一个长度为 T 的状态目标序列 z，最小化：$-\log \Pr(z|x) = -\sum_{t=1}^{T} \log y_t^{z_t}$，这导致输出层的误

差导数为 $\dfrac{\partial \log \Pr(z|x)}{\partial \hat{y}_t^k} = y_t^k - \delta_{k,z_t}$，其中 $\hat{y}_t$ 是在使用 softmax 函数进行标准化之前输出的激活

向量。这些导数通过反向传播来确定权重梯度。

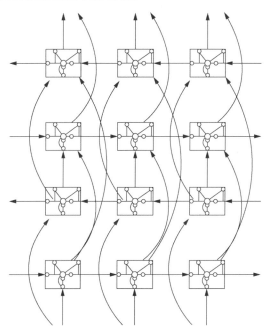

图 7.65　深度双向 LSTM 模型（Graves et al., 2013）

　　表 7.8 显示的是 DBLSTM、有噪声的 DBLSTM 和 DBRNN 模型的对比表现结果，分别用音素错误率（PER），每个帧的帧错误率（FER）和交叉熵误差（CE）进行评价。实验在 TIMIT 数据集上进行，每一个随机化的 LSTM 网络都是先被训练成没有噪声的收敛，然后再通过权重噪声进行二次训练。

表 7.8　三种模型在 TIMIT 训练集上的结果对比

模型	发展集 PER 测试集 PER	发展集 FER 测试集 FER	发展集 CE 测试集 CE
DBRNN	19.91 ± 0.22 21.92 ± 0.35	30.82 ± 0.31 31.91 ± 0.47	1.07 ± 0.010 1.12 ± 0.014

模型	发展集 PER 测试集 PER	发展集 FER 测试集 FER	发展集 CE 测试集 CE
DBLSTM	17.44 ± 0.156 19.34 ± 0.15	28.43 ± 0.14 29.55 ± 0.31	0.93 ± 0.011 0.98 ± 0.019
DBLSTM （噪声）	16.11 ± 0.15 **17.99 ± 0.13**	26.64 ± 0.08 **27.88 ± 0.16**	0.88 ± 0.008 **0.93 ± 0.004**

注：加粗的数据为最高值

7.7.9　手写识别

手写识别传统上分为离线识别和在线识别。离线是用于处理手写文字的图像。在线识别中，笔尖在表面上的位置以规则的间隔被记录，并且任务是从笔位置序列映射到单词序列（Graves et al., 2008）。直接标注原始在线输入看起来很简单，事实是每个字母或单词分布在许多笔位上，这对常规的序列标签算法而言是一个问题，这些算法难以处理长距离相关性的数据。对无约束手写而言，这个问题尤其严重，写作风格可能是草书、印刷或混合的，相互依赖程度因此难以提前确定。RNN 是时间上的建模，手写字体识别是随着时间的推移字体状态发生了改变，每一个字都有一类状态转移过程，所以循环神经网络特别适合在线手写字体的识别。

7.7.9.1　在线手写识别

Liwicki 等（2007）提出可以将双向 LSTM 应用于在线手写识别。LSTM 架构是双向长短期存储器，它因为具有长时间依赖性的数据处理能力而被选择。循环神经网络使用时间分类输出层，它专门用于标记未分段的序列数据。引入一种将语法约束应用于网络输出的算法，从而提供词级转录。关键创新在 RNN 中引入被称为连接时间分类（CTC）的目标函数。先前的目标函数仅训练 RNN 来标记序列内的各个数据点，CTC 训练网络能够一次标记整个输入序列。这意味着网络可以用未分段的输入数据进行训练，这是在线手写的重要要求，因为单个字母的正确分割通常难以实现，最后的标签序列是直接由网络输出得到的。

RNN 是在线手写识别任务的首要选择，因为它们能够在转录字符或者单词的时候访问大量的上下文信息。然而，RNN 受限于在输入句子的每一个时间步进行单独的分类，这会导致对手写笔迹识别等领域的适用具有局限性，因为它要求对训练数据进行预分割，并对网络输出进行二次处理来给出最终的转录。CTC 是一个旨在克服上述问题的 RNN 目标函数。它使用网络来定义一组固定标签上的概率分布，加上一个额外的"空白"单元。然后，它将网络输出的序列解释为一个给定输入序列的所有可能的转录的概率分布，并通过最大化训练集上正确转录的概率来训练网络。图 7.66 说明了 CTC 如何转录在线手写样本。最底下的部分是一个手写短语的图像，对从笔迹中取回的位置数据重建。在该短语之上的部分显示了呈现给网络的输入特征。在输入特征之上的部分给出隐藏层中的神经元的激活，最上层显示了网络最后的输出，可以看出，模型将手写笔迹"this square"转换为位置数据作为神经网络的输入，然后传递给神经网络的隐藏层，最终模型输出识别结果"this sqrere"。

如上所述，RNN 的优势来自于它访问上下文信息的能力，因此重要的是选择一个 RNN 架构，使可用上下文的数量最大化，LSTM 是专门设计用于在输入和目标事件之间存在长期依赖关系的情况，使得它更适合手写笔迹识别任务。然而 LSTM 只能使用当前输入之前的信息，但是双向 LSTM 能够在输入序列的每一个位置的两侧合并上下文，这在手写识别中很有用，因为通常需要在给定字母的左右两边查找以识别它，因此模型使用了双向 LSTM。

Liwicki 等（2007）提出的在线手写识别系统主要由三个模块组成：在线预处理，减少原始数据中的噪声，并将文本对倾斜、宽度、高度进行规格化；特征提取，将点序列转换为特征向量序列；笔迹识别，输出最终的结果。由于笔迹的倾斜、宽度、高度不同，如果不使用预处理，识别率会显著降低。在线手写数据通常包含噪声点和笔画内的间隙，这是由数据丢失造成的，因此首先使用一些噪声滤波操作，然后使用一些简单的方法将文本数据自动划分成行。由于斜度在同一行内变化很大，所以将行划分为子部分，并用线性回归来校正子部分。在预处理的最后一个步骤，字符数被估计为笔画数的一小部分，然后根据这个值缩放文本，将笔迹数据的特征提取到一个集合中，其包含了每一个点的特征。然后把这些点序列在 LSTM 的输入层转换为特征向量序列，输入 LSTM 的隐藏层，并使用 CTC 目标函数输出标签序列。

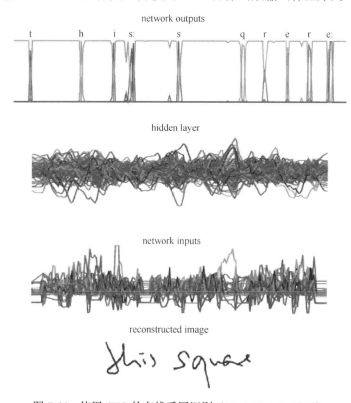

图 7.66　使用 CTC 的在线手写识别（Liwicki et al., 2007）

reconstructed image：重构图像。network inputs：网络的输入。hidden layer：隐藏层。network outputs：网络输出

7.7.9.2　离线手写识别

一般来说，离线手写识别比在线手写识别更难。在线手写识别中，可以从钢笔轨迹和生成的图像中提取特征，而在离线情况下，只有图像可用。Graves 等（2009）提出将多维 LSTM（multiple dimension LSTM，MDLSTM）应用到离线手写识别中，其解决方案是将数据通过 MDLSTM 层的层次结构，每级之后聚合激活块。选择块的高度以将二维图像逐渐折叠到一维序列上，然后可以由输出层 CTC 标记。通过反复编写具有前馈层的 MDLSTM 层创建层次结构。基本步骤如下：①图像被分成小像素块，每个像素块作为单个输入呈现给第一组 MDLSTM

层（例如，4×3 块被缩减为长度为 12 的矢量）。如果图像没有完全划分为块，则用零填充；②四个 MDLSTM 层在各个方向扫描像素块；③将 MDLSTM 层的激活收集到块中；④这些块作为输入提供给前馈层。注意，所有层都具有二维阵列的激活，例如具有来自 5×5 MDLSTM 块阵列的输入的 10 单位前馈层共有 250 次激活。上述过程根据需要重复多次，前馈层的激活取代了原始图像。分块的目的是双重的：收集本地上下文信息和减少激活数组的面积。特别地，因为 CTC 输出层需要一维序列作为输入，所以希望能够减少垂直尺寸。一般来说，不能假设输入图像是固定大小的。因此，根据 CTC 的要求，很难选择块高度，确保最终的激活阵列始终是一维的。一个简单的解决方案是通过对每个垂直线中的所有输入进行求和来折叠最终阵列，即在时刻 t CTC 的输入由 $a_k^t = \sum_x a_k^{(x,t)}$ 给出，其中 $a_k^{(x,y)}$ 是最终阵列中点 (x,y) 处单位 k 的未收缩输入。

图 7.67 显示了一个完整的离线手写识别系统。首先，将输入图像收集到 3 像素宽和 4 像素高的框中，然后由四个 MDLSTM 层进行扫描。分别显示每个层中的单元格的激活，角落中的箭头表示扫描方向。接下来，MDLSTM 激活被聚集到 4×3 框中，并被馈送到一个 tanh 求和单元的前馈层。该过程重复两次，直到最终的 MDLSTM 激活被折叠成一维序列并被 CTC 层转录。在这种情况下，除了第二个字符之外，所有字符都被正确标记，并且从字典中选择正确的城镇名称。

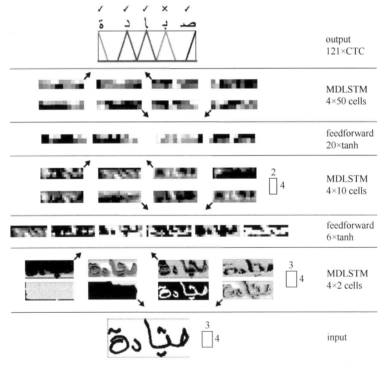

图 7.67　完整的离线手写识别系统（Graves et al., 2009）

input：输入。feedforward：前馈网络。output：输出

7.8　阅读材料

循环神经网络由 Rumelhart 等（1986）提出，并在学术界引起了很大的注意，Goodfellow

等（2016）和 Graves（2012）对循环神经网络进行了讲解。RNN 的出现虽然很好地解决了序列问题，但是存在一些缺点，因此基于 RNN 的变体也进一步被提出。在应用中被广泛使用的是双向 RNN（Schuster et al., 1997），由于它能够获取足够的上下文信息，使得模型的效果得到很大的提升。

由于 RNN 的梯度消失和梯度爆炸问题（Bengio et al., 1994），Hochreiter 等（1997）、Gers 等（2000）提出了长短期记忆网络（LSTM），LSTM 很快就成为深度学习中的主流技术。LSTM 在原始的 RNN 基础上引入了门机制，又称为门限 RNN，能够很好地解决长期依赖问题。由于在 LSTM 中计算比较复杂，因此 Chung 等（2014）又提出了 LSTM 的简化版本——门控循环单元，GRU 在 LSTM 基础上减少了一个门，因此降低了计算复杂度。由于并行化的内在困难，LSTM 计算的规模很大，于是 Lei 等（2017）提出了简单循环单元，通过故意地简化状态计算来暴露更多的并行性。SRU 的循环单元运行的速度与卷积层的速度一样快。一些综述对 RNN 与 LSTM 进行了详细的讲解：Gers（2001）博士的论文对比了 RNN 和 LSTM 并进行总结，Lipton 等（2015）创作了一篇针对 RNN 的综述性论文，Greff 等（2017）解释了 LSTM 及其变体的区别。

RNN 的算法主要分为前向传播和反向传播过程，在反向传播的过程中，通过 BPTT 算法计算得到的梯度，再结合任何通用的基于梯度的优化方法就能训练 RNN。LSTM 的训练与 RNN 相似，Olah（2015）对 LSTM 的前向传播过程给出了详细介绍。Graves（2012）对 LSTM 的反向传播过程给出了明确的计算公式。

RNN 能够很好地处理序列信息，将 RNN 使用在 seq2seq 框架中能够将一个序列映射到另一个序列。seq2seq 框架最初由 Cho 等（2014a）提出，之后由 Sutskever 等（2014）独立开发，并在深度学习中得到广泛应用。在 seq2seq 框架中，编码器端和解码器端可以使用不同的神经网络，例如 RNN、LSTM、CNN 等。

对于本章中没有详细介绍的 Dilated RNN，可以参考 Chang 等（2017）的论文，该论文有详细的解释。对于循环附加网络可以参考 Lee 等（2017）的论文来学习，对于时钟 RNN 可以参考 Koutnik 等（2014）的文献。

RNN 及其变体在实际应用中得到良好的效果，主要应用在机器翻译、语音识别、图片描述、手写识别等方面，由于这些应用都是以处理序列信息为主，因此 RNN 能够发挥很大的作用。在神经机器翻译中，seq2seq 框架得到出色的效果，使得机器翻译的水平接近人类翻译水平（Sutskever et al., 2014; Cho et al., 2014a）。在语音识别方面，RNN 可以做到将一系列语音元素转换为文本（Hwang et al., 2016; Graves et al., 2013）。在图片描述中，RNN 和 CNN 结合起来能够以自然语言描述图片内容（Vinyals et al., 2015; Chen et al., 2015）。

递归神经网络与循环神经网络结构不同，最初由 Pollack（1990）提出，它的结构是树状的，与循环神经网络的链状结构有所不同。递归神经网络的优势是，在处理相同长度的序列时，树的深度会比序列长度短，这样能解决长期依赖问题。

参 考 文 献

Alom M Z, Taha T M, Yakopcic C, et al., 2018. The history began from AlexNet: a comprehensive survey on deep learning approaches. arXiv preprint arXiv:1803.01164.

Bahdanau D, Cho K, Bengio Y, 2014. Neural machine translation by jointly learning to align and translate. arXiv preprint arXiv:1409.0473.

Balduzzi D, Ghifary M, 2016. Strongly-typed recurrent neural networks. International Conference on Machine Learning (ICML'16): 1292-1300.

Barbu A, Zhu S C, 2003. Graph partition by Swendsen-Wang cuts. International Conference on Neural Networks: 320.

Bengio Y, Frasconi P, Simard P, 1993. The problem of learning long-term dependencies in recurrent networks. IEEE International Conference on Neural Networks: 1183-1188.

Bengio Y, Simard P, Frasconi P, 1994. Learning long-term dependencies with gradient descent is difficult. IEEE Transactions on Neural Networks, 5(2): 157-166.

Chang S, Zhang Y, Han W, et al., 2017. Dilated recurrent neural networks. Neural Information Processing Systems (NIPS'17): 76-86.

Chen X, Lawrence Zitnick C, 2015. Mind's eye: a recurrent visual representation for image caption generation. Computer Vision and Pattern Recognition (CVPR'15): 2422-2431.

Chinea A, 2009. Understanding the principles of recursive neural networks: a generative approach to tackle model complexity. International Conference on Artificial Neural Networks(ICANN'09), Berlin, Heidelberg: Springer, 952-963.

Cho K, van Merriënboer B, Bahdanau D, et al., 2014a. On the properties of neural machine translation: Encoder-Decoder Approaches. arXiv preprint arXiv:1409.1259.

Cho K, van Merriënboer B, Gulcehre C, et al., 2014b. Learning phrase representations using RNN encoder-decoder for statistical machine translation. arXiv preprint arXiv:1406.1078.

Chung J, Gulcehre C, Cho K, et al., 2014. Empirical evaluation of gated recurrent neural networks on sequence modeling. arXiv preprint arXiv:1412.3555.

Collins J, Sohl-Dickstein J, Sussillo D, 2017. Capacity and Trainability in Recurrent Neural Networks, arXiv preprint arXiv: 1611.09913.

Deng L, Tur G, He X, et al., 2012. Use of kernel deep convex networks and end-to-end learning for spoken language understanding. IEEE. Spoken Language Technology Workshop (SLT'12): 210-215.

Deng L, Yu D, 2014. Deep learning: methods and applications. Foundations and Trends® in Signal Processing, 7(3/4): 197-387.

Foerster J N, Gilmer J, Sohl-Dickstein J, et al., 2017. Input switched affine networks: an RNN architecture designed for interpretability. International Conference on Machine Learning (ICML'17): 1136-1145.

Gers F, 2001. Long Short-Term Memory in Recurrent Neural Networks. Lausanne, Switzerland: Ecole Polytechnique Fédérale de Lausanne.

Gers F A, Schmidhuber J, Cummins F, 2000. Learning to forget: continual prediction with LSTM. Neural Computation, 12(10): 2451-2471.

Goodfellow I, Bengio Y, Courville A, et al., 2016. Deep Learning (Vol. 1). Cambridge: MIT Press.

Graves A, 2012. Supervised Sequence Labelling With Recurrent Neural Networks. [S.l.]: Springer.

Graves A, 2013. Generating sequences with recurrent neural networks. In the Advanced Data Mining and Applications (ADMA'13).

Graves A, 2016. Adaptive computation time for recurrent neural networks. arXiv preprint arXiv:1603.08983.

Graves A, Jaitly N, 2014a. Towards end-to-end speech recognition with recurrent neural networks. International Conference on Machine Learning (ICML'14): 1764-1772.

Graves A, Jaitly N, Mohamed A R, 2013. Hybrid speech recognition with deep bidirectional LSTM. IEEE Workshop on Automatic Speech Recognition and Understanding (ASRU'13): 273-278.

Graves A, Liwicki M, Bunke H, et al., 2008. Unconstrained on-line handwriting recognition with recurrent neural networks. Neural Information Processing Systems (NIPS'07): 577-584.

Graves A, Schmidhuber J, 2009. Offline handwriting recognition with multidimensional recurrent neural networks. Neural Information Processing Systems (NIPS'08): 545-552.

Graves A, Wayne G, Danihelka I, 2014b. Neural Turing machines. arXiv preprint arXiv:1410.5401.

Greff K, Srivastava R K, Koutník J, et al., 2017. LSTM: A search space odyssey. IEEE Transactions on Neural Networks and Learning Systems, 28(10): 2222-2232.

Gregor K, Danihelka I, Graves A, et al., 2015. Draw: a recurrent neural network for image generation. International Conference on Machine Learning (ICML'15): 1462-1471.

Hanbingtao, 2017. 零基础入门深度学习（5）——循环神经网络. (2017-01-24)[2019-02-14]. https://blog.csdn.net/u013378306/article/details/54709163.

He D, Xia Y, Qin T, et al., 2016. Dual learning for machine translation. Neural Information Processing Systems (NIPS'16): 820-828.

Hochreiter S, Schmidhuber J, 1997. Long short-term memory. Neural Computation, 9(8): 1735-1780.

Hochreiter S, Younger A S, Conwell P R, 2001. Learning to learn using gradient descent. International Conference on Artificial Neural Networks (ICANN'01), Berlin, Heidelberg: Springer: 87-94.

Hush D, Abdallah C T, Horne B, 1991. The recursive neural network. Technical Report.

Hwang K, Sung W, 2016. Sequence to sequence training of CTC-RNNs with partial windowing. International Conference on Machine Learning (ICML'16): 2178-2187.

Irsoy O, Cardie C, 2014. Deep recursive neural networks for compositionality in language. Neural Information Processing Systems (NIPS'14): 2096-2104.

Jaeger H, 2002. Tutorial on Training Recurrent Neural Networks, Covering BPPT, RTRL, EKF and the" Echo State Network" Approach (Vol. 5). Bonn: GMD-Forschungszentrum Informationstechnik.

Jiang X, Shen S, Cadwell C R, et al., 2015. Principles of connectivity among morphologically defined cell types in adult neocortex. Science, 350(6264): 9462.

Jing L, Shen Y, Dubček T, et al., 2016. Tunable Efficient Unitary Neural Networks (EUNN) and their application to RNN. International Conference on Machine Learning (ICML'17): 1733-1741.

Koutník J, Greff K, Gomez F, et al., 2014. A clockwork RNN. International Conference on Machine Learning (ICML'14): 1863-1871.

Lee K, Levy O, Zettlemoyer L, 2017. Recurrent additive networks. arXiv preprint arXiv: 1705.07393.

Lei T, Zhang Y, 2017. Training RNNs as fast as CNNs. arXiv preprint arXiv:1709.02755.

Li X, Qin T, Yang J, et al., 2016. LightRNN: Memory and computation-efficient recurrent neural networks. Neural Information Processing Systems (NIPS'16): 4385-4393.

Liang X, Lin L, Shen X, et al., 2017. Interpretable structure-evolving LSTM. IEEE Conference on Computer Vision and Pattern Recognition. (CVPR'17): 2175-2184.

Lipton Z C, 2016. The mythos of model interpretability. arXiv preprint arXiv: 1606.03490.

Lipton Z C, Berkowitz J, Elkan C, 2015. A critical review of recurrent neural networks for sequence learning. arXiv preprint arXiv:1506.00019.

Liwicki M, Graves A, Fernàndez S, et al., 2007. A novel approach to on-line handwriting recognition based on bidirectional long short-term memory networks. International Conference on Document Analysis and Recognition (ICDAR'07).

Medsker L R, Jain L C, 2001. Recurrent neural networks. Design and Applications, 5.

Mikolov T, Deoras A, Povey D, et al., 2011. Strategies for training large scale neural network language models. IEEE Workshop on Automatic Speech Recognition and Understanding (ASRU'11): 196-201.

Mnih V, Heess N, Graves A, 2014. Recurrent models of visual attention. Neural Information Processing Systems (NIPS'14): 2204-2212.

Neelakantan A, Le Q V, Sutskever I, 2015. Neural programmer: Inducing latent programs with gradient descent. arXiv preprint arXiv:1511.04834.

Olah C, 2015. Understanding LSTM Networks. (2015-08-27)[2019-02-14]. http://colah.github.io/posts/2015-08-Understanding-LSTMs/.

Olah C, Carter S, 2016. Attention and augmented recurrent neural networks. (2016-09-08)[2019-02-14]. https://distill.pub/2016/augmented-rnns/.

Papineni K, Roukos S, Ward T, et al., 2002. BLEU: a method for automatic evaluation of machine translation. Association for Computational Linguistics (ACL'02): 311-318.

Pascanu R, Gulcehre C, Cho K, et al., 2013. How to construct deep recurrent neural networks. arXiv preprint arXiv:1312.6026.

Pineda F J, 1987. Generalization of back-propagation to recurrent neural networks. Neural Information Processing Systems (NIPS'87): 602-611.

Pollack J B, 1990. Recursive distributed representations. Artificial Intelligence, 46(1): 77-105.

Rong X, 2014. Word2vec parameter learning explained. arXiv preprint arXiv:1411.2738.

Rumelhart D E, Hinton G E, Williams R J, 1986. Learning representations by back-propagating errors. Nature, 323(6088): 533.

Sak H, Senior A, Beaufays F, 2014. Long short-term memory recurrent neural network architectures for large scale acoustic modeling. International Speech Communication Association(INTERSPEECH'14): 338-342.

Sarangi N, Sekhar C C, 2015. Tensor deep stacking networks and kernel deep convex networks for annotating natural scene images. International Conference on Pattern Recognition Applications and Methods (ICPRAM'15), Cham: Springer: 267-281.

Schmidhuber J, 2014. Deep learning in neural networks: an overview. Neural Networks, 61: 85-117.

Schuster M, Paliwal K K, 1997. Bidirectional recurrent neural networks. IEEE Transactions on Signal Processing, 45(11): 2673-2681.

Shang L, Lu Z, Li H, 2015. Neural responding machine for short-text conversation. Association for Computational Linguistics (ACL'15): 1577-1586.

Socher R, Lin C C, Manning C, et al., 2011. Parsing natural scenes and natural language with recursive neural networks. International

Conference on Machine Learning (ICML'11): 129-136.

Srivastava N, Hinton G, Krizhevsky A, et al., 2014. Dropout: A simple way to prevent neural networks from overfitting. The Journal of Machine Learning Research, 15(1): 1929-1958.

Srivastava R K, Greff, K, Schmidhuber J, 2015. Training very deep networks. Neural Information Processing Systems (NIPS'15): 2377-2385.

Sutskever I, Vinyals O, Le Q V, 2014. Sequence to sequence learning with neural networks. Neural Information Processing Systems (NIPS'14): 3104-3112.

Tai K S, Socher R, Manning C D, 2015. Improved semantic representations from tree-structured long short-term memory networks. Association for Computational Linguistics (ACL'15): 1556-1566.

Tang D, Qin B, Liu T, 2015. Document modeling with gated recurrent neural network for sentiment classification. Empirical Methods in Natural Language Processing (EMNLP15): 1422-1432.

Vinyals O, Toshev A, Bengio S, et al., 2015. Show and tell: a neural image caption generator. IEEE Conference on Computer Vision and Pattern Recognition (CVPR'15): 3156-3164.

Wang S, Jiang J, 2016. Machine comprehension using match-LSTM and answer pointer. arXiv preprint arXiv: 1608.07905.

YJango, 2017. 你在训练 RNN 的时候有哪些特殊的 trick?. (2017-04-04)[2019-02-14]. https://www.zhihu.com/question/57828011.

Yang Y, Krompass D, Tresp V, 2017. Tensor-train recurrent neural networks for video classification. International Conference on Machine Learning (ICML'17): 3891-1900.

Yi X, Li R, Sun M, 2017. Generating chinese classical poems with RNN encoder-decoder. Chinese Computational Linguistics and Natural Language Processing Based on Naturally Annotated Big Data (CCL'17), Cham: Springer: 211-223.

Yi Z, 2013. Convergence analysis of recurrent neural networks (Vol. 13). [S.l.]: Springer Science & Business Media.

Yoo Y, Han H, Cho S, et al., 2018. Dense Recurrent Neural Network With Attention Gate.

Zaremba W, Sutskever I, Vinyals O, 2014. Recurrent neural network regularization. arXiv preprint arXiv:1409.2329.

Zilly J G, Srivastava R K, Koutník J, et al., 2016. Recurrent highway networks. arXiv preprint arXiv:1607.03474.

注意力机制和记忆网络

在心理学上，由于受限于处理瓶颈，人类倾向于选择性地集中于一部分信息，同时忽略其他可感知的信息。上述机制通常称为注意力（Anderson, 1985）。例如，当人们在阅读时，某一时刻只会聚焦于某些字或者某几行内容，并对这些内容进行处理。随着深度学习研究的深入，基于注意力机制的神经网络逐渐被广泛应用，并在实验中取得良好效果。注意力机制主要应用在图片处理和自然语言处理方面。注意力机制的应用通常是和其他模型配合的。一个典型例子是将注意力机制和编码器-解码器架构搭配，用来解决机器翻译的问题。翻译过程中，一个目标语言单词有可能对应着几个源语言单词，因此注意力机制对这几个单词分配更多的权重，并且忽略其他单词。

尽管 LSTM 在 RNN 的基础上增加了历史信息，但是由于受限于隐藏状态，RNN 和 LSTM 的记忆能力还是不够的。因此需要外显记忆来增加输入进模型的知识，记忆网络就是一组能够让神经网络按需读写的记忆单元，作为一种独立存储器来增强模型。每个记忆单元都可以看成是 LSTM 中单元格的扩展，同时记忆网络会输出一个内部状态来选择从哪个单元进行读取或者写入，如同计算机读写到某一地址的内存访问。

■8.1 注意力机制的概念

在日常生活中，当我们从外界接收各种信息输入的时候，并不是关注所有的信息，而是从这些大量信息中选择部分重要信息进行处理，这种能力就称为注意力机制。图片处理中的注意力机制会聚焦于一部分像素，类似于我们在看见一个人的时候，会把目光专注于某一部分，不会观察所有的细节。神经机器翻译中的注意力机制会在生成一个目标单词的时候，主要参考部分源单词，类似于我们在读一句话的时候，会主要关注其中几个单词。

如果把注意力机制从神经机器翻译的编码器-解码器框架中抽离，可以把注意力机制的本质抽象为图 8.1，这个图是在给出源的情况下，根据某个查询，得到这个查询和源之间的相关程度，也就是注意力的值。

以神经机器翻译为例，对于句子对<source,target>，将 source 中的元素看成是由一系列的键（key）和值（value）数据对构成的，对于给定 target 中的某个查询（query），通过计算 query 和每个 key 的相关性，得到每个 key 对应的 value 的权重系数，然后对 value 进行加权求和，得到的结果就是最终注意力的数值。从本质上来讲，注意力机制是对 source 中元素的 value 值加权求和，而权重系数是由 query 和 key 的相关性计算得到的，可以将其本质思想写成如下公式：

$$\text{attention}\left(\text{query},\text{source}\right)=\sum_{i=1}^{L_x}p\left(z=i\,|\,\text{key}_{1:N},\text{query}\right)*\text{value}_i \qquad (8.1)$$

从式（8.1）上可以把注意力理解为从大量信息中有选择地筛选出最重要的信息并且聚焦在这些重要信息上，而忽略其余不重要的信息。聚焦的过程主要体现在权重系数的计算上，权重越大，越聚焦其对应的 value 值，可以说权重表示的是信息（value）的重要性。

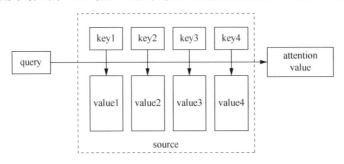

图 8.1　注意力机制的解释（CSDN 大数据，2017）

query：查询。key：键。value：值。attention value：注意力值

对注意力机制还有另外一种解释，将它视为一种软寻址，解释结构如图 8.2 所示，source 可以看成是存储器内存储的内容，存储器中包含很多元素，其中每个元素都由索引 key 和值 value 组成，对于查询 query，目标是取出存储器中对应的 value 值。由于是软寻址，所以注意力机制首先计算 query 和每个 key 的相似性，然后对其归一化得到权重系数，最后返回每个 value 的加权结果，作为寻址的结果。

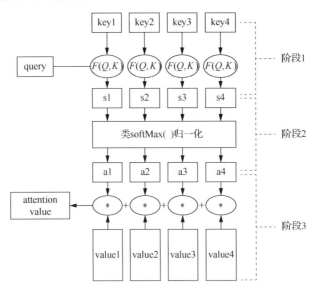

图 8.2　注意力机制的另一种解释（CSDN 大数据，2017）

query：查询。key：键。value：值。attention value：注意力值

注意力机制的计算过程可以分为三个阶段：第一个阶段根据 query 和 key_i 计算两者的相似性；第二个阶段对第一个阶段的得分进行归一化处理；第三个阶段对 value_i 进行加权求和处理。在计算 query 和 key_i 的相似性时有三种常见方法：求两者的向量点乘积，求两者的向量余弦相似性，通过激活函数求两者相似性。

点乘积：

$$\text{Similarity}(\text{query}, \text{key}_i) = \text{query} \cdot \text{key}_i \tag{8.2}$$

cosine 相似性：

$$\text{Similarity}(\text{query}, \text{key}_i) = \frac{\text{query} \cdot \text{key}_i}{\|\text{query}\| \cdot \|\text{key}\|} \tag{8.3}$$

激活函数：

$$\text{Similarity}(\text{query}, \text{key}_i) = v^{\mathrm{T}} \tanh(W \cdot \text{key}_i + U \cdot \text{query}) \tag{8.4}$$

第二个阶段对第一个阶段的得分进行归一化处理，一般采用 softmax 函数将原始分值转化为所有元素权重之和为 1 的概率分布：

$$a_i = \text{softmax}(\text{Similarity}_i) = \frac{e^{\text{Similarity}_j}}{\sum_{j=1}^{L_x} e^{\text{Similarity}_j}} \tag{8.5}$$

第二个阶段的结果 a_i 就是 value_i 对应的权重，接下来对 value_i 加权求和得到注意力的值：

$$\text{attention}(\text{query}, \text{source}) \sum_{i=1}^{L_x} a_i \cdot \text{value}_i \tag{8.6}$$

基于注意力的 RNN 模型的优势在于，它能够学会将权重分配到输入的各个部分，而不是对所有的输入项进行平均处理，从而可以提供输入和输出序列之间的固有关系。该机制不仅可以提高算法在某些任务上的表现，而且与普通的 RNN 模型相比，它也是一种强大的可视化工具。

基于注意力的 RNN 模型不仅适用于计算机视觉领域，也适用于各种序列相关问题。比如，在自然语言处理方面：机器翻译、机器理解、句子摘要、单词表示，在生物信息学方面，在语音识别方面，在游戏播放方面，在机器人技术方面等。

■8.2 注意力机制的分类

从模块参数是否可微的角度分析，可以将注意力机制分为软注意力（soft attention）和硬注意力（hard attention）。软注意力机制在求注意力分配概率分布的时候，对输入句子中任意一个单词都给出概率，是个概率分布，硬注意力机制直接从输入句子中找到某个特定的单词，然后把目标句子中单词和这个单词对齐，而其他输入句子中的其他单词硬性地认为对齐概率为 0。软注意力机制模块的参数是可微的，因此可以用标准的梯度下降算法进行优化。对于硬注意力机制，由于该模型参数是不可微的，因此采用了强化学习的方法进行优化。

从输入内容的角度分析，可以将注意力机制分为基于项的注意力和基于位置的注意力，基于项的注意力的输入要求是包含明确项的序列，基于位置的注意力的输入是整个特征图。

从注意力机制关注的范围角度进行分析，将注意力分为全局注意力（global attention）和局部注意力（local attention），全局注意力是考虑所有的输入，局部注意力是只考虑部分的输入。

从注意力机制的使用范围进行分类，可以分为普通注意力和自身注意力（self-attention），自身注意力又称为内部注意力，用来处理内部元素之间的关系。下面对这些注意力机制分别进行解释。

8.2.1　基于项的注意力和基于位置的注意力

基于项的注意力机制（item-wise attention）的输入是包含明确的项的序列，这个序列可以是直接得到的或者是需要经过预处理步骤后生成的序列。基于位置的注意力机制（location-wise attention）是针对输入为一个单独的特征图而设计的，通过权重的设置将注意力集中在图像的某一个区域，它是一个单一的特征映射。大多数情况下，基于位置的注意力处理的是图像数据。

进一步可以把注意力机制详细分为四种类型，分别是基于项的软注意力（item-wise soft attention）、基于项的硬注意力（item-wise hard attention）、基于位置的硬注意力（location-wise hard attention）、基于位置的软注意力（location-wise soft attention）（Wang et al., 2016）。表 8.1 给出了将要引入的四种注意力机制的说明。

表 8.1　四种注意力机制的区别

	基于项的注意力	基于位置的注意力
硬	把序列项作为输入 在输入集合中离散地选择一些项 使用强化学习	把整个特征匹配作为输入 从输入中离散地选择一个子区域 使用强化学习
软	把序列项作为输入 对输入集合中的项进行线性组合 使用梯度下降学习	把整个特征匹配作为输入 对所有输入进行转换 使用梯度下降学习

8.2.1.1　基于项的注意力机制

基于项的注意力机制的输入是原始输入经过神经网络处理后得到的序列，序列中的每一项都具有一个单独的编码。基于项的软注意力就是为每一个编码计算权重，然后对所有项进行线性加权操作，得到的最终编码就是注意力机制的输出结果。基于项的硬注意力不是线性加权，而是会做出硬性选择，会根据注意力的权重随机地选取一个编码作为最终特征。对于软注意力，注意力模块在参数输入方面是可微的，所以整个系统仍然可以通过梯度下降来更新。硬注意力机制做出硬性的决定，离散选择其输入的一部分，导致整个系统在其输入方面是不可微的，因此需要运用一些强化学习的技巧来解决优化问题。

1. 基于项的软注意力机制

由于基于项的注意力要求输入序列包含明确的项，因此会得到一个中间编码序列 C，$C=\{c_1,c_2,\cdots,c_T\}$，这里仅介绍第一个提出的基于项的软注意力模型，它用来自然语言处理。在解码过程 j，对于每一个输入编码 c_t 和对应的权重 α_{jt} 可以计算为

$$e_{jt}=f_{\text{att}}\left(c_t,h_{j-1}\right) \tag{8.7}$$

$$\alpha_{jt}=\frac{\exp\left(e_{jt}\right)}{\sum_{t=1}^{T}\exp\left(e_{jt}\right)} \tag{8.8}$$

式中，f_{att} 是注意力模块中的一个神经网络；权重 α_{jt} 是编码 c_t 和输出 y_j 的相关程度，或者可以说是第 t 个输入项在预测第 j 个输出时的重要性。最终的编码 c 可以通过所有的 c_t 和权重 α_{jt} 计算得到：

$$c = \sum_{t=1}^{T} \alpha_{jt} c_t \qquad (8.9)$$

软注意力机制是一个确定性机制，在求注意力分配概率分布的时候，对于输入中任何一个元素都会给出一个概率。

2．基于项的硬注意力机制

与软注意力通过线性加权中间编码学到 C 中所有的项不同，硬注意力根据它们的概率随机选择一个编码。具体来说，指示器 l_j 是在解码步骤 j 产生的，用来指示哪一个编码将被选择：

$$l_j \approx D\left(T, \{\alpha_{jt}\}_{t=1}^{T}\right) \qquad (8.10)$$

式中，$D()$ 是一个由编码概率 $\{\alpha_{jt}\}_{t=1}^{T}$ 参数化的分布；l_j 相当于一个索引：

$$c = c_{l_j} \qquad (8.11)$$

8.2.1.2 基于位置的注意力机制

基于位置的注意力机制直接在一个单独的特征图上进行操作，从特征图中离散地选取一个子区域作为最终的特征，选取的位置是由注意力模块计算出来的。在每个解码步骤中，基于位置的硬注意力机制从输入特征映射中分离出子区域，并将其反馈给编码器以生成中间编码。并由注意力模块计算子区域的选取位置。基于位置的软注意力机制仍然接受整个特征匹配作为输入，以突出想要注意的部分，而不是离散地选择子区域。

1．基于位置的硬注意力机制

基于位置的硬注意力机制选取图像中一个合适的子区域交给后续模型，进行下一步处理，下面以数字识别为例来介绍这种机制（Wang et al., 2016）。数字识别任务是输入一张图片，生成对该图像包含的数字串，可以表示为序列。注意力机制要从原图中选出中心位置为 s_t、高度为 h、宽度为 w 的一个子区域，作为编码器的输入计算中间特征，如图 8.3 所示。

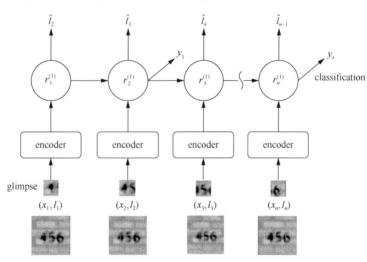

图 8.3　在目标检测应用中的 RNN 模型（Wang et al., 2016）

encoder：编码器。glimpse：瞥见。classification：分类

注意力机制以原图 x 和解码器上一个时间步的状态作为输入，利用如下的高斯分布输出中心位置：

$$s_t \sim N\big(f_{\text{att}}(x, h_{t-1}), d\big) \tag{8.12}$$

式中，f_{att} 是一个应用在注意力机制中的神经网络。那么注意力选出的子区域可以表示为 x_{s_t}，$\phi_{W_{\text{enc}}}$ 表示由 W_{enc} 参数化的神经网络，通过编码器计算出中间特征：

$$c_t = \phi_{W_{\text{enc}}}\big(x_{s_t}\big) \tag{8.13}$$

2. 基于位置的软注意力机制

基于位置的软注意力和基于项的软注意力类似，只是输入向量由一维变成了二维。

对于输入的特征图，对识别图像有帮助的可能不是规则的形状，所以需要进行不规则采样，于是 2015 年 DeepMind 团队提出的空间变换网络（spatial transformer networks, STN）利用了基于位置的软注意力机制，把整个特征图作为输入，经过变换后生成新的特征图。读者可以参阅原文（Aharoni et al., 2016），此处不再详述。

8.2.2　全局注意力和局部注意力

8.2.2.1　全局注意力机制

全局注意力机制的思想是在推导上下文向量 c_t 时考虑编码器的所有隐藏状态（Luong et al., 2015）。在这种模型中，通过将当前目标隐藏状态 h_t 与每个源隐藏状态 h_s 进行比较，得到可变长度对齐向量 α_t，其大小等于输入端的时间步数目。

$$\alpha_t(s) = \text{align}(h_t, \overline{h}_s) = \frac{\exp\big(\text{score}(h_t, \overline{h}_s)\big)}{\sum_{s'} \exp\big(\text{score}(h_t, \overline{h}_{s'})\big)} \tag{8.14}$$

式中，score() 是基于内容的评分函数。常见的评分函数有以下三种：

$$\text{score}(h_t, \overline{h}_s) = \begin{cases} h_t^{\mathrm{T}} \overline{h}_s, & \text{点乘} \\ h_t^{\mathrm{T}} W_a \overline{h}_s, & \text{一般} \\ v_a^{\mathrm{T}} \tanh\big(W_a[h_t; \overline{h}_s]\big), & \text{连接} \end{cases} \tag{8.15}$$

图 8.4 为全局注意力模型的解释图，首先使用编码器和解码器的 LSTM 顶层的隐藏层状态，然后根据计算路径：$h_t \to a_t \to c_t \to \tilde{h}_t$ 进行计算。

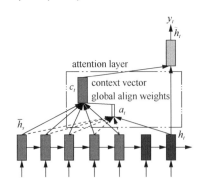

图 8.4　全局注意力模型（Luong et al., 2015）

global align weight：全局对齐权重。context vector：文本向量。attention layer：注意力层

8.2.2.2 局部注意力机制

全局注意力有一个缺点,就是它必须关注每个目标单词的来源句子的所有单词,这一点代价高昂,并且可能使翻译更长的序列(如段落或文档)变得非常困难。为了解决这个不足,Luong 等(2015)提出了一个局部注意力机制,该机制选择性地只关注每个目标词源位置的一小部分。

局部注意力是一种介于软注意力机制和硬注意力机制之间的注意力方式(Luong et al., 2015),其结构如图 8.5 所示。

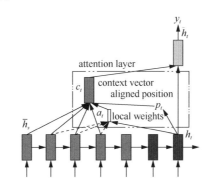

图 8.5   局部注意力模型(Luong et al., 2015)

local weights:局部权重。aligned position:对齐位置。context vector:文本向量。attention layer:注意力层

局部注意力机制有选择性地集中关注一个小窗口内的信息。这种方法的优点是避免了软注意力的昂贵计算,同时比硬注意力方法更容易训练。在具体细节中,模型首先在时间 t 为每个目标词生成一个对齐位置 p_t。然后将上下文向量 c_t 作为窗口内源隐藏状态集合上的加权平均值,窗口的大小为 $[p_t - D, p_t + D]$,D 是经验性选择的。与全局方法不同,局部对齐向量 α_t 的维数现在是固定。局部注意力模型具有两种形式:

(1)单调对齐(monotonic alignment),简单的设置 $p_t = t$,对齐向量 α_t 的定义和全局注意力机制计算方式一样。

(2)预测对齐(predictive alignment),通过式(8.16)预测对齐位置:

$$p_t = S \cdot \text{sigmoid}\left(v_p^{\mathrm{T}} \tanh\left(W_p h_t\right)\right) \tag{8.16}$$

式中,W_p 和 v_p^{T} 都是在预测位置的时候学习到的参数;S 是源端句子的长度。为了更好地利用 p_t 附近的对准点,设置一个以 p_t 为中心的高斯分布。具体来说,对齐权重现在被定义为

$$\alpha_t(s) = \text{align}\left(h_t, \bar{h}_s\right) \exp\left(-\frac{(s - p_t)^2}{2\sigma^2}\right) \tag{8.17}$$

其中,标准差 σ 是根据经验设定的,一般取 $\sigma = D / 2$,p_t 是真实的数字。

在实际应用中,全局注意力机制比局部注意力机制被更广泛的应用,因为局部注意力机制需要预测一个位置向量 p_t,而这个位置向量的预测并不是非常准确的,会影响对齐向量的准确率。同时,在处理不是很长的源端句子时,相比于全局注意力并没有减少很多计算量。

8.2.3 自身注意力机制

自身注意力机制有时被称为内部注意力机制，关联单个序列的不同位置，以计算序列的表示(Vaswani et al., 2017)。在处理一般任务的端到端框架中，源端输入和目标端输出的内容不同，比如说在处理翻译任务时，源端语言和目标端语言是不一样的，普通注意力机制发生在生成目标端的元素 query 和源端所有单词之间。而自身注意力指的不是目标端和源端之间的注意力机制，而是源端内部元素之间或者目标端内部元素之间发生的注意力机制，也可以认为是在目标端等于源端这种特殊情况下的注意力机制。具体的计算过程与普通注意力机制并无区别，只是计算对象不同而已。

图 8.6 表示了自身注意力在同一个英语句子中单词之间产生的联系。

attention visualizations

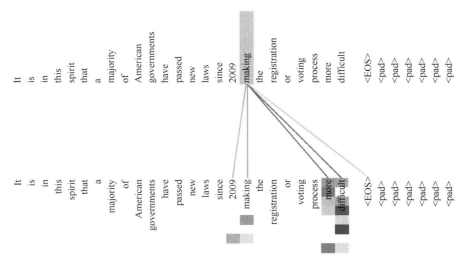

图 8.6　在 5 或 6 层的 self-attention 中，远程依赖注意力机制的一个例子（Vaswani et al., 2017）

attention visualizations：注意力可视化

从图 8.6、图 8.7 可以看出来，自身注意力机制可以捕获同一个句子中单词之间的一些句法特征（比如第一张图中有一定距离的短语结构）或者语义特征（比如第二张图中的 its 的指

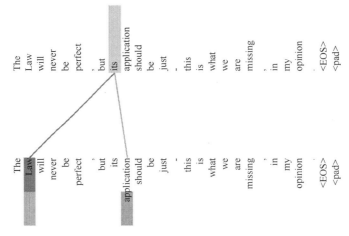

图 8.7　一个注意力 head 的例子（解释了从"its"这个单词得到的注意力）（Vaswani et al., 2017）

代对象 Law）。很明显地可以看出，在使用了自身注意力机制后会更容易捕获句子中长距离的相互依赖特征。自身注意力机制比普通的注意力机制效果更好的原因是，传统的注意力机制忽略了源端或目标端中自身元素之间的依赖关系，而自身注意力不仅可以得到源端和目标端元素之间的依赖关系，还可以得到源端或目标端自身元素之间的依赖关系。

自身注意力机制在计算过程中会直接将句子中任意两个单词的联系通过一个计算步骤直接联系起来，所以远距离依赖特征之间的距离被极大缩短，有利于有效地利用这些特征。除此外，自身注意力机制有利于增加计算的并行性。

8.3　注意力机制和 RNN 的结合

注意力机制的使用方法一般是将它应用在编码器-解码器模型中，极大地提升了原有编码器-解码器的模型质量。

传统的编码器-解码器模型结构如图 8.8 所示，对于解码器来说，根据输入语句的中间语义表示 c 和之前生成的历史信息来生成新的解码器隐藏层状态：$s_t = \mathrm{RNN}(y_{t-1}, s_{t-1}, c)$。在传统的模型中，编码器只是将最后一个时间步的输出作为中间语义向量传递给了解码器，这样解码器就知道了输入语句的大概含义，但是不能得到更多输入的细节，比如输入的位置信息。同时，如果源语句的长度和目标语句的长度不一样的时候，需要考虑对齐问题，也就是目标语句中的一个单词对应着源语句中哪几个单词，这在传统的编码器-解码器模型中是无法解决的。

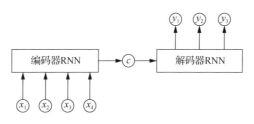

图 8.8　传统的编码器-解码器模型

将注意力机制应用在编码器-解码器模型中，可以很好地解决上述问题，新的模型结构如图 8.9 所示，在进行解码的时候，会根据中间语义向量重点关注输入序列中的某些部分，然后根据关注的区域来产生输出单词，解码器端的计算公式为 $s_t = \mathrm{RNN}(y_{t-1}, s_{t-1}, c_t)$。与传统的编码器-解码器模型不同的是，注意力机制不再要求编码器将所有输入信息都编码进一个固定长度的向量之中，而是在解码过程中，从编码器的隐藏层状态序列中挑选一个子集（关注的

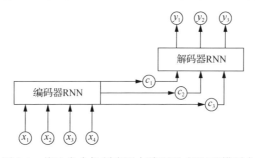

图 8.9　将注意力机制应用在编码器-解码器模型中

区域）来执行进一步的处理，在生成不同输出的时候，中间语义向量可以是不同的，这样会充分利用源语句中的信息。

注意力机制在编码器-解码器模型中主要的作用就是决定解码时需要关注的区域。

■8.4 注意力机制的应用

8.4.1 目标检测

图像处理是计算机视觉领域中最经典、最基本的应用之一，每个图像都有一个（一些）标签，模型需要学习如何预测给定的新输入图像的标签。现在最流行和最成功的图像分类任务的模型是 CNN。如上所述，CNN 将一个固定大小的矢量作为输入，但是它有一些缺点：

（1）当输入图像大于 CNN 接受的输入尺寸时，需要将图像缩小到较小的尺寸以满足模型的要求，或者图像需要被切割成一个接一个的部分。如果图像被缩小，图像细节上就会有一些牺牲，这可能会伤害到原始作品的表现。另一方面，如果图像被分割成若干块，那么计算量将随图像的大小线性增长。

（2）CNN 有一定程度的空间转换不变性，当图像噪声或标签指示的对象只占据输入图像的一个小区域时，CNN 的模型可能不会维持原有性能。

因此，Ba 等（2014）提出了基于 RNN 的图像分类模型——深度循环视觉注意力模型，并使用了基于位置的硬注意力机制。该模型利用注意力机制从图像中识别多个物体。使用注意力机制处理一张图像是具有 N 个时间步的序列问题，每一个时间步是由扫视构成的，在时间步 n，模型从一个 glimpse observation x_n 接收到位置信息 l_n。模型利用该 observation 来更新自身的状态，并且输出下一个时间步的位置信息 l_{n+1}。模型的简要结构见图 8.3。

在这个模型中，encoder 是一个编码器神经网络，它利用输入图像的一个补丁（patch）x 来生成中间编码，其中 x 是根据注意力网络产生的位置值 l 从原始图像中剪切出来的。然后，解码器接受中间编码作为输入进行预测。在图 8.3 中，解码器和注意网络被放入同一个网络 $r^{(1)}$（Wang et al., 2016）。注意力机制主要应用在瞥见网络中，其主要目的是从原始图像中位置 l_n 附近提取一组有用的特征。

Mnih 等（2014）通过实验比较了所提出的模型与一些非循环神经网络模型的性能，结果表明，基于 RNN 模型的注意力在与具有相似的参数个数的非循环神经网络上的性能相似，特别是在具有噪声的数据集上。

然而，图 8.3 所示的原始模型非常简单，其中 encoder 是一个双层神经网络，$r^{(1)}$ 是一个三层神经网络。此外，第一次的瞥见（图 8.3 中的 l_1）是手动分配的。所有的实验都只在一些 toy 数据集上进行。

后来 Wang 等（2016）提出了一个扩展的模型，如图 8.10 所示，首先通过使网络更深，然后使用一个上下文向量来获得更好的第一个瞥见。编码器（encoder）较深，它由三个卷积层和一个全连通层组成。图 8.10 中的模型与图 8.3 中的模型之间的另一个大区别在于，图 8.10 中的模型添加了一个独立的层 $r^{(2)}$ 作为注意力网络，以使第一个瞥见看到的内容尽可能准确。该模型从整个图像中提取出一个上下文向量（图中的 I_{coarse}），并将它反馈给注意力模型，以产生第一个潜在的位置 l_1。整个图像的相同上下文向量没有被输入到解码器网络 $r^{(1)}$ 中，因为观察到如果是这样，预测的标签会受到整个图像信息的高度影响。此外，$r^{(1)}$ 和 $r^{(2)}$ 都是循环的，而在图 8.3 中，只存在一个隐藏状态。

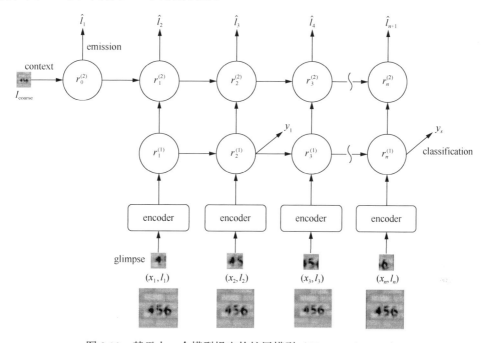

图 8.10　基于上一个模型提出的扩展模型（Wang et al., 2016）

encoder：编码器。glimpse：瞥见。classification：分类。emission：产生的结果。context：上下文

上述的两个模型都是在一个名为"MNIST pairs"的数据集上进行评估的，该数据集是由 MNIST 数据集生成的。MNIST 是一个手写的数字数据集，其中包含 70000 28×28 二进制图像［图 8.11（a）］。MNIST 数据集通过一些额外的噪声背景随机把两个数字转换为 100×100 的图片［图 8.11（b）］。很明显，第二个模型的性能更好。

　　（a）　　　　　　　　　　　　　　　　（b）

图 8.11　MNIST 和 MNIST pairs 数据集的例子（Wang et al., 2016）

第二个模型也使用多位街景门牌号（SVHN）序列识别任务进行测试，结果表明，相同级别的错误率，基于 RNN 的注意力模型的训练时间比最先进的 CNN 的方法少得多。

8.4.2　图片标注

图片标注是一个非常具有挑战性的问题：通过给出一个输入图像，系统需要生成一个自然语言句子来描述图像的内容。解决这个问题的经典方法是将问题分解为一些子问题，比如

目标检测、目标单词对齐、模板生成语句等，并单独解决每个问题。这个过程显然会在性能上做出一些牺牲。随着计算机翻译领域中循环神经网络的发展和成功，图片标注问题也可以作为机器翻译问题来处理。图像可以被看作是一种语言，而系统只是把它翻译成另一种语言（自然语言，比如英语）。基于 RNN 的图像字幕系统是最近在 NIC 中由 Vinyals 等（2015）提出的，它实现了编码器-解码器 RNN 框架。

图 8.12 给出了 NIC 的一般结构。在输入图像中，应用了上述的技巧：一个预先训练的卷积网络用作编码器，中间编码是一个全连通层的输出。然后把一个循环神经网络作为解码器来生成自然语言的标题，在 NIC 中使用 LSTM 单元。与将图片标注问题分解为一些子问题的渗透法相比，NIC 端到端的直接对原始数据进行训练，使整个系统更加简单，也可以保留输入数据的所有信息。实验结果表明，与传统方法相比，NIC 更具有优越性（Wang et al., 2016）。

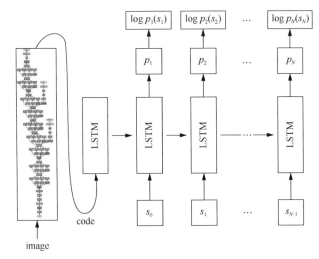

图 8.12　LSTM 模型结合了 CNN 图像嵌入和词向量（Vinyals et al., 2015）

（LSTM 内存之间的循环连接是蓝色的，所有 LSTM 共享相同的参数）

image: 图片。code: 编码

然而，NIC 的一个问题是，只有一个图像表示（中间编码）是由来自整个输入图像的编码器获得的，这是违反直觉的，即当人类用自然语言描述一幅图像时，会逐一地聚焦一些物体或一些突出的区域。因此，通过应用注意力方法来导入"聚焦"的能力是很自然的。

Xu 等（2015）将基于项的注意力机制添加到 NIC 系统中。编码器仍然是一个提前训练的 CNN，与全连接层不同的是，把卷积层的输出用来计算中间编码集合 C。详细来说，在每个解码步骤把整个图像送入提前训练好的 CNN，CNN 的输出是一个二维特征匹配。一些提前定义的特征匹配 14×14 子区域被提取出作为集合 C 中的项。这样会给图片的不同的位置提取一个特征，有了这个位置的特征，让解码器在解码时候拥有从这些位置特征中选择的能力，这就是注意力机制的应用。对于基于项的软注意力机制，在每个解码步骤中计算每一个中间编码 C 的权重，然后用集合 C 中所有编码的期望作为中间编码结果。对于基于项的硬注意力机制，C 中所有编码的权重被计算出来，并挑选出中间编码的索引。

除了性能，RNN 模型的另一个很大的优点是，它使可视化变得更简单、更直观。图 8.13 给出了一个可视化的例子，展示了模型在解码过程中的作用。很明显，注意力机制确实起作用了，例如，当生成"人"这个词时，模型关注的是人，产生"水"时，就会有湖泊。

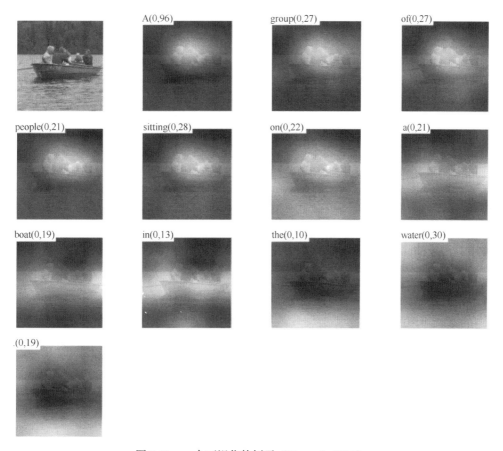

图 8.13　一个可视化的例子（Xu et al., 2015）

（在这个白色区域表示模型所关注的位置，用基于 item-wise 的基于 RNN 的模型生成标题。左上角的单词是模型生成的单词）

A group of people sitting on a boat in the water：一群人坐在水上的小船上

模型使用固定大小的特征图构建中间编码集合 C ，每个特征对应着输入图像的一个固定大小的块。但是有人声称这种设计可能会损害性能，因为一些"有意义的场景"可能只占图像块的一小部分，或者不能被单个 patch 所覆盖，而有意义的场景表明对象/场景对应的单词即将被预测。

8.4.3　机器翻译

8.4.3.1　使用基于注意力 RNN 的机器翻译

应用于自然语言处理方面的注意力机制主要用于机器翻译。简单理解起来，该模型在生成目标单词的时候，输入序列中每个单词对于生成目标单词的影响程度不同。直观来说，下面以一个神经机器翻译的例子来说明注意力机制的概念。将一个中文句子"我爱中国。"翻译为"I love China."，在生成英文句子中的每个单词的时候，源语句中每个单词的影响程度应该不一样，在生成"China"时，源语句中的"中国"的影响程度就会比较大，有可能的概率分布为 China = 0.1×"我" + 0.2×"爱" + 0.7×"中国"，其中的数值就表示源语句中不同单词的影响程度，可以看出这个时候"中国"的比重比较大，这就是所谓的注意力。

在这个模型的机制中，定义条件概率公式为

$$p(y_i|y_1,y_2,\cdots,y_{i-1},x) = g(y_{i-1},s_i,c_i) \qquad (8.18)$$

式中，s_i 是 RNN 在 i 时刻的隐藏层状态，可以通过式（8.19）计算得出：

$$s_i = f(s_{i-1},y_{i-1},c_i) \qquad (8.19)$$

这与现有的序列到序列的方法不同，对于每个目标单词 y_i 都具有不同的上下文向量 c_i。上下文向量 c_i 取决于编码器映射输入句子的注释序列 $(h_1,h_2,\cdots,h_{T_x})$。每个注释 h_i 包含关于整个输入序列的信息，并且主要集中于关于输入序列的第 i 个单词周围的部分（Bahdanau et al., 2014）。然后，上下文向量 c_i 可以被计算为这些注释的加权和：

$$c_i = \sum_{j=1}^{T_x} \alpha_{ij} h_j \qquad (8.20)$$

对于每一个注释 h_j 的权重 α_{ij} 可以计算为

$$\alpha_{ij} = \frac{\exp(e_{ij})}{\sum_{k=1}^{T_x} \exp(e_{ik})} \qquad (8.21)$$

$$e_{ij} = a(s_{i-1},h_j) \qquad (8.22)$$

图 8.14 是根据给出源语句 $(x_1,x_2,\cdots,x_T)$ 所生成第 t 个目标单词的注意力模型，这是一个对齐模型，它评估位置 j 周围的输入和位置 i 处的输出匹配的程度如何。得分基于 RNN 隐藏状态 s_{i-1} 和输入句子的第 j 个注释 h_j 之前。将对齐模型 a 参数化为前馈神经网络，与所提出的系统的所有其他部分联合训练。注意，与传统的机器翻译不同，对齐并不被认为是潜在变量。相反，对齐模型直接计算软对齐，这允许通过反向传播成本函数的梯度。该梯度可以用于一起训练对齐模型以及整个翻译模型，可以理解为将所有注释的加权和作为计算预期注释的方法。令 α_{ij} 是目标单词 y_i 与源单词 x_j 对准或对其进行翻译的概率。那么，第 i 个上下文向量 c_i 是所有具有概率 α_{ij} 的注释的预期注释。概率 α_{ij} 或其相关联的向量 c_{ij} 反映了在决定下一个状态 s_i 和生成 y_i 时关于先前隐藏状态 s_{i-1} 的注释 h_j 的重要性。直观地，这实现了解码器中的注意力机制。解码器要确定需要注意的源语句的一部分。通过让解码器有一个注意力机制，可以解决编码器不再必须将源语句中的所有信息编码成固定长度向量的问题，还能让模型仅聚焦于和下一个目标单词相关的信息。利用这种新的方法，信息可以遍布整个注释序列，可以由解码器相应选择性地检索。

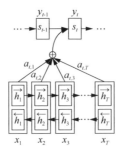

图 8.14　注意力模型的图形化说明（Bahdanau et al., 2014）

8.4.3.2　完全使用注意力的机器翻译

注意力机制已经成为各种任务中令人信服的序列建模和转换模型的组成部分，允许建立依赖关系，而不考虑它在输入或输出序列中的距离。Vaswani 等（2017）提出了一种完全依赖于注意力机制来绘制输入和输出之间的全局依赖关系的模型，不再使用循环神经网络进行翻译。

在这个模型中正式对注意力机制进行定义，注意力机制函数可以看作是将一个查询（query）和一系列键-值对（key-value）映射为一个输出的过程，输出是由加权的 value 加起来得到的，而权重是根据 query 和对应的 key 通过一个函数计算出来的，结构如图 8.15（a）所示。其注意力采用的是缩放点乘注意力（scaled dot-product attention）机制，就是多了一个 scale，在计算 query 和所有 key 的点乘时，把最终的结果除以 $\sqrt{d_k}$ ，d_k 是 query 和 key 的维度，然后使用 softmax 函数来得到 value 的权重：

$$\text{attention}(Q,K,V) = \text{softmax}\left(\frac{QK^{\mathrm{T}}}{\sqrt{d_k}}\right)V \tag{8.23}$$

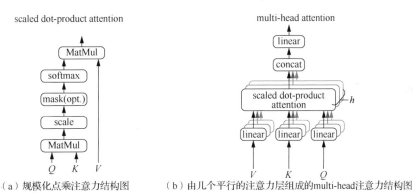

（a）规模化点乘注意力结构图　　（b）由几个平行的注意力层组成的multi-head注意力结构图

图 8.15　注意力结构图（Vaswani et al., 2017）

MatMul：点乘。scale：规模化。mask：掩码。linear：线性。concat：连接

通过使用不同的线性投影分别将 d_q、d_k 和 d_v 维度的 query、key 和 value 进行 h 次线性投影，而不是使用 d_{model} 维度的 query、key 和 value 来执行单一注意力。并行执行注意功能，产生 d_v 维的输出值。这些值被连接并再次映射，产生最终输出值，结构如图 8.15（b）所示，这就是模型中的多头注意力（multi-head attention）机制。多头注意力允许模型共同关注来自不同位置的不同表示子空间的信息：

$$\text{MultiHead}(Q,K,V) = \text{Concat}(\text{head}_1,\text{head}_2,\cdots,\text{head}_h)W^O$$

$$\text{where head}_i = \text{attention}(QW_i^Q, KW_i^k, VW_i^V) \tag{8.24}$$

把这种注意力机制应用到模型中，得到最终的翻译模型，编码器将符号表示 $(x_1, x_2, \cdots, x_n)$ 的输入序列映射到连续表示序列 $z = (z_1, z_2, \cdots, z_n)$。给定 z，然后解码器一次生成一个元素的输出序列 $(y_1, y_2, \cdots, y_n)$。在每个步骤中，模型是自回归的，在生成下一个输出时，将先前生成的符号作为附加输入。转换器遵循这种整体架构，分别使用图 8.16 的左半部分和右半部分的编码器和解码器的堆叠自我注意和点对点的全连接层。

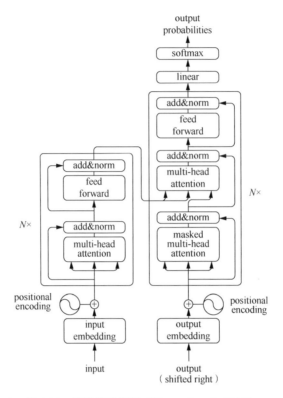

图 8.16　转换模型机制（Vaswani et al., 2017）

input：输入。output（shifted right）：输出。input embedding：输出词向量。output embedding：输出词向量。
positional encoding：位置编码。multi-head attention：多头注意力。masked multi-head attention：掩码多头注意力。
add&norm：累加正则化。feed forward：前馈神经网络。linear：线性处理层。output probabilities：输出概率

编码器：由 $N = 6$ 个相同堆叠组成。每层有两个子层：第一个是多头自注意力机制，第二个是一个简单的、完全连接的前馈网络。模型在两个子层之间采用残差连接，然后进行层归一化处理。也就是说，每个子层的输出是 $\mathrm{LayerNorm}\big(x + \mathrm{Sublayer}(x)\big)$，其中 $\mathrm{Sublayer}(x)$ 是由子层本身实现的功能。为了便于这些残留连接，模型中的所有子层以及嵌入层产生尺寸 $d_{\mathrm{model}} = 512$ 的输出。

解码器：也由 $N = 6$ 个相同层的堆叠组成。除了每个编码器层中的两个子层之外，解码器插入第三子层，在编码器堆栈的输出上执行多头注意力。与编码器类似，解码器也采用围绕每个子层的残差连接，然后进行层归一化处理。同时还修改了解码器堆栈中的自注意力子层，以防止当前位置参与到后续位置的计算。这种掩蔽与输出嵌入偏移一个位置的事实相结合，确保了位置 i 的预测只能取决于位于小于 i 的位置的已知输出。

翻译模型以三种不同的方式使用多头注意力：

（1）在"编码器-解码器注意力"的层中，查询来自先前的解码器层，存储器键和值来自编码器的输出。这允许解码器中的每个位置关注输入序列中的所有位置。这模拟了序列到序列模型中的典型的编码器-解码器注意力机制。

（2）编码器包含自注意力层，在自注意力层中，所有的键、值和查询来自相同的位置，在这种情况下，编码器中包含上一层的输出。编码器中的每个位置都可以参加编码器上一层

的所有位置的编码。

（3）类似地，解码器中的自注意力层允许解码器中的每个位置关注解码器中的所有位置，直到并包括该位置。模型需要防止解码器中的向左信息流保留自回归属性。通过屏蔽（设置为负无穷大）对应于非法连接的 softmax 输入中的所有值来实现缩放点乘注意力。

除了注意力子层之外，翻译模型的编码器和解码器中的每个层都包含一个完全连接的前馈网络，它分别应用于每个位置。这由两个线性变换组成，其间具有 ReLU 激活：

$$FFN(x) = \max(0, xW_1 + b_1)W_2 + b_2 \tag{8.25}$$

8.4.4　问答系统

8.4.4.1　文本问答

Chen 等（2017）提出一个文本问答系统，根据"问题"中的词向量，输出"回答"的词向量，在该模型中注意力机制可以用于处理以下情况：如果"问题"中的某个词向量出现在"回答"的输出中，则在"回答"的句子中该单词周围的词向量影响度更大，并且该影响度随着距离的变化呈现高斯分布。图 8.17 显示了注意力机制部分的结构。通过拟合高斯分布得到所有输入词向量的影响概率，然后将它作为权重，和输入词向量加权求和得到基于位置的影响向量，最后将得到的影响向量作为指定变量，计算所有输入词向量的隐含向量与指定向量之间的相关度。

在以往的大多数注意力机制中，一个单词的注意权重依赖于隐藏的表示，而位置信息没有得到很好的研究。Chen 等（2017）提出了一种位置注意方法，该方法将问题中单词的位置感知影响合并到答案的表示中。具体地说，在回答的句子中，位置 j 的单词的注意力权重是

$$\alpha_j = \frac{\exp\big(e(h_j, p_j)\big)}{\sum\limits_{k=1}^{l} \exp\big(e(h_k, p_k)\big)} \tag{8.26}$$

式中，h_j 是位置 j 的隐藏层向量；l 是句子长度；$e(\ )$ 是分数计算函数，用来衡量单词的重要性；p_j 是位置感知影响向量，可由下式计算得到：

$$p_j = Kc_j \tag{8.27}$$

其中，K 是高斯分布拟合的影响矩阵；c_j 是一个距离计数向量，测量不同距离的问题单词计数，对于位置 j 的单词，距离为 u 范围内的问题单词数目为

$$c_j = \sum_{q \in Q} \big((j-u)\epsilon \text{pos}(q)\big) + \big((j+u)\epsilon \text{pos}(q)\big) \tag{8.28}$$

然后把注意力权重和隐藏层状态进行加权求和得到基于位置的影响向量：

$$r_a = \sum_{j=1}^{l} \alpha_j h_j \tag{8.29}$$

最后计算输入单词和这个影响向量之间的相关程度，作为输出结果。

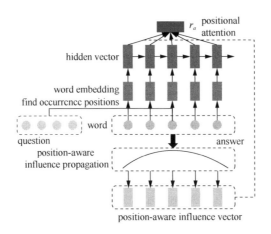

图 8.17 用基于位置的 RNN 回答表示（Chen et al., 2017）

positional attention：位置注意力机制。position-aware influence propagation：位置影响传播。

position-aware influence vector：基于位置的影响向量。word embedding：词向量。

hidden vector：隐藏向量。find occurrence position：找到产生位置。

question：问题。word：单词。answer：回答

8.4.4.2 视频问答

视频问答是视觉信息检索中的一个具有挑战性的问题，它根据问题提供了对视频内容的回答。然而，现有的视觉问题回答方法主要解决了静态图像问题的情况，由于对视频内容的时间动力学建模不充分，可能无法有效地解决视频问题。Ye 等（2017）提出了属性增强注意网络学习框架，使联合框架级的属性检测和统一的视频表示学习成为视频问题的回答，主要通过对视频问题的时间动力学和语义特征的建模，来解决以给定视频作为背景材料的 QA 问题。基本思路是根据问题发现哪一部分视频和这个问题相关，从而能生成更加相关的答案。属性增强注意力网络学习框架的输入包括多帧视频信息（视频每一帧通过CNN 等模型得到固定维度的隐含向量表示）以及处理问题（文本信息）得到的隐含向量表示，输出为回答中的多个单词。其实这篇论文只简单地将每一帧视频处理成一个固定向量，且多模部分的求和取平均有些过于简单。如果能更精确地分析每一帧画面相关的重点信息，结果应该会更加优化（图 8.18）。

8.4.4.3 交互式问答

基于神经网络的编码序列模型在编码器的框架内已经成功地应用于解决问题、预测问题的答案。然而，几乎所有以前的模型都没有考虑到详细的上下文信息和未知状态，在这些状态下，系统没有足够的信息来回答给定的问题。在交互式问答（interactive question answering，IQA）的设置中，信息不完整或不明确的场景非常常见。为了应对这一挑战，Li 等（2016）开发了一种新的模型（图 8.19）——上下文感知注意力（context-aware attention）模型，采用与上下文相关的单词级别的注意力来获得更准确的语句表示和问题引导的句子，以获得更好的上下文建模。利用这些注意力机制，模型能够准确地理解何时可以输出一个答案，或者当它需要根据不同的上下文来生成附加的输入问题时。用户的反馈被编码并直接应用于更新句子级别的注意力，从而推断出答案。

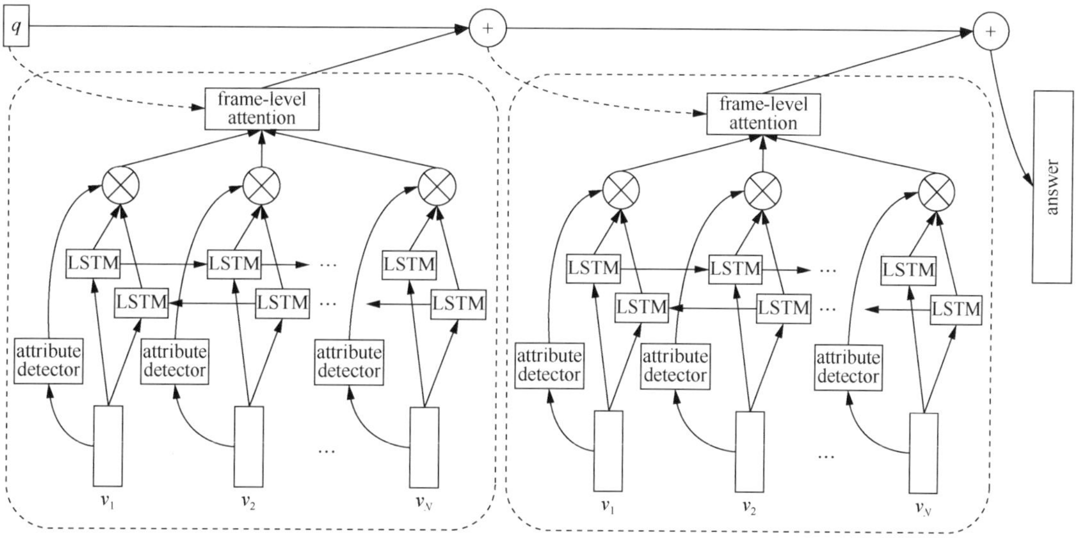

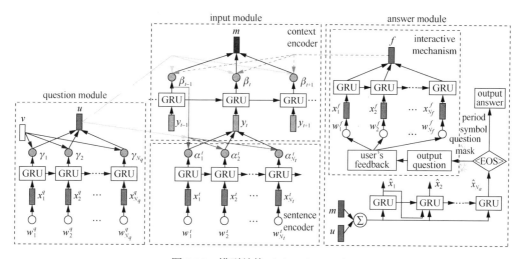

图 8.18　通过属性增强注意力网络学习来回答视频问题的概述（Ye et al., 2017）

frame-level attention：帧级注意力机制。attribute detector：属性检测。answer：答案

图 8.19　模型结构（Li et al., 2016）

question moduel：问题模块。input moduel：输入模块。answer moduel：回答模块。context encoder：上下文编码器。

sentence encoder：句子编码器。user's feedback：用户反馈。interactive mechanism：内部机制。output question：输出问题。

output answer：输出答案。period symbol question mask：阶段符号问题掩码

　　该任务的输入是给定背景文档（多个句子，每个句子由多个单词组成）的所有词向量，以及给定问题的隐含向量表示；输出是"回答"句子中的一个个单词。上下文感知注意力模型的基本思路为：首先在给定文档集中的每一个句子中，计算该句子中每一个单词和给定问题的相关度，通过这一层的注意力模型计算得到的向量作为每个句子的隐含向量表示；然后在给定的文档集中，计算每一个句子和给定问题的相关度；最后利用第二层注意力模型计算得到的向量作为上下文向量，用以生成回答。在该模型中注意力机制的计算方式如下：

$$\beta_t = \text{softmax}\left(u^{\mathrm{T}} s_t\right) \tag{8.30}$$

注意力权重 β_t 衡量问题表示向量 u 和对应的句子向量 s_t 之间的相关性，因此整个文本表

示向量 m 可以通过对所有句子向量和注意力权重加权求和得到：

$$m = \sum_{t=1}^{N} \beta_t s_t \qquad (8.31)$$

上下文感知注意力机制学习对输入句子的细粒度表示，并开发一种机制来与用户进行交互，以全面理解给定的问题。具体地说，模型采用两级的注意，应用于单词级和句子级，以计算所有输入句子的表示。从输入中提取的上下文信息可以影响对每个单词的注意力，并控制对句子表示做出贡献的单词语义。此外，当模型感到没有足够的信息来回答给定的问题时，创建了一个交互式机制来为用户生成一个补充问题。用户对补充问题的反馈被编码和利用，以处理所有输入的句子来推断答案。上下文感知注意力模型可以被看作是一个编码器-解码器的方法，它增加了两级的注意和一个交互机制，使模型自适应。

8.4.4.4　阅读理解式问答

阅读理解式问题回答应用中的端到端神经网络模型，旨在回答给定段落中的问题。微软的 R-Net（Wang et al., 2017a）就是通过 RNN 和注意力机制实现的阅读理解问答。首先将问题和段落通过门限注意力循环网络相匹配，以获得问题的段落表示。然后使用一种自我匹配（self-matching）的注意力机制，通过自身的匹配来优化表征，从而有效地对整个段落中的信息进行编码。最终使用指针网络来定位段落中答案的位置，提供一部分连续文本作为答案。

图 8.20 显示了 R-Net 模型的结构，模型由四部分组成：①循环神经网络编码器，分别为问题和段落建立表示；②门限匹配层来匹配问题和段落；③自匹配层从整个段落聚合信息；④基于指针网络的答案边界预测层。

（1）问题和段落编码器。

编码器使用双向 RNN 来模拟段落和问题的阅读动作：

$$u_t^Q = \text{BiRNN}_Q \left(u_{t-1}^Q, \left[e_t^Q, c_t^Q \right] \right) \qquad (8.32)$$

$$u_t^P = \text{BiRNN}_P \left(u_{t-1}^P, \left[e_t^P, c_t^P \right] \right) \qquad (8.33)$$

式中，Q 表示问题；P 表示段落；e 为输入的单词级别的词向量；c 为字符级别的词向量。产生的结果 u_t^Q 和 u_t^P 为对问题和段落中所有单词的内容表示。

（2）基于注意力门限循环网络。

用来匹配问题和对应的网络，使用文本本身的语境来调节来自段落的词表示。R-Net 会在问题的需求和文章的相关部分之间形成链接。为了确定段落部分的重要性和与问题相关的部分的注意力，在输入中添加另一个门，将这个部分称为基于注意力的门限 RNN，与 LSTM 或 GRU 中的门不同，增加的门是基于当前的通道词及其注意力集合向量，侧重于问题与当前词之间的关系。门有效地塑造了只有部分段落与之相关的现象。给定问题和段落的表示 u_t^Q 和 u_t^P，通过软对齐问题和段落之间的单词生成句子对表示 $\left\{ v_t^P \right\}_{t=1}^{n}$：

$$v_t^P = \text{RNN} \left(v_{t-1}^P, c_t \right) \qquad (8.34)$$

式中，c_t 是在整个问题 u^Q 上的注意力向量：

$$c_t = \text{att} \left(u^Q, \left[u_t^P, v_{t-1}^P \right] \right) \qquad (8.35)$$

注意力机制的计算方式为

$$s_j^t = v^{\mathrm{T}} \tanh \left(W_u^Q u_j^Q + W_u^P u_t^P + W_v^P v_{t-1}^P \right) \qquad (8.36)$$

$$a_i^t = \frac{\exp\left(s_i^t\right)}{\displaystyle\sum_{j=1}^m \exp\left(s_j^t\right)} \tag{8.37}$$

$$c_t = \sum_{i=1}^m a_i^t u_i^Q \tag{8.38}$$

每一个段落 v_t^P 表示动态合并整个问题的汇总匹配信息。

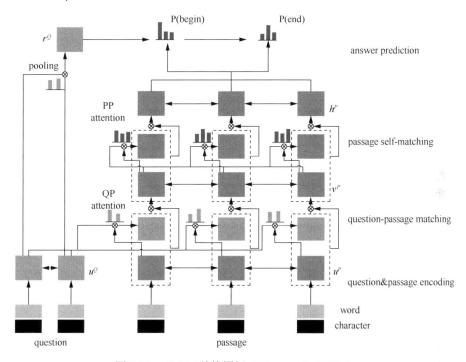

图 8.20   R-Net 结构图解（Wang et al., 2017a）

question：问题。passage：段落。word character：单词字符。pooling：池化。question & passage encoding：问题和段落编码。
question-passage matching：匹配问题和段落。passage self-maching：段落自匹配。answer prediction：答案预测

（3）自匹配注意力机制。

为了正确理解段落含义，需要比较段落中具有相似含义的不同单词，来分辨它们的不同之处。自匹配注意力机制根据当前的词汇和问题信息，从整篇文章中提取证据，在整个迭代过程中，使用当前段落的单词来衡量来自该段落本身的令牌（token），这有助于将当前单词与该段落中其他相似含义的单词区别开来，主要能够处理同一段落中距离比较远的单词的区别度。与之前的注意力计算方式不同，自匹配的注意力可以计算为

$$s_j^t = v^{\mathrm{T}}\tanh\left(W_v^P v_j^P + W_v^{\tilde{P}} v_t^P\right) \tag{8.39}$$

$$a_i^t = \frac{\exp\left(s_i^t\right)}{\displaystyle\sum_{j=1}^n \exp\left(s_j^t\right)} \tag{8.40}$$

$$c_t = \sum_{i=1}^n a_i^t v_i^P \tag{8.41}$$

自匹配注意力机制可以根据当前的段落和问题信息从整个段落中提取证据。

（4）指针网络确定答案。

使用指针网络预测答案的开始和结束位置，在问题表示中为指针网络生成初始隐藏向量，给定段落表示，注意力机制被用作指针来从段落中选择开始位置和结束位置。具体步骤是，根据问题计算一个注意力向量，作为当前迭代的起始语境，然后为该起始索引计算段落中每个单词的权重，把权重值最大的单词作为答案的起始位置，同时得到一个新的语境，它编码了该答案的起始信息，然后重复以上步骤，基于新的语境来计算答案的结束位置。

给定段落表示 $\left\{ h_t^P \right\}_{t=1}^n$，注意力用来从段落中选择开始位置（$p^1$）和结束位置（$p^2$）：

$$s_j^t = v^{\mathrm{T}} \tanh\left(W_h^P h_j^P + W_h^a h_{t-1}^a \right) \tag{8.42}$$

$$a_i^t = \frac{\exp\left(s_i^t \right)}{\sum_{j=1}^n \exp\left(s_j^t \right)} \tag{8.43}$$

$$p^t = \mathrm{argmax}\left(a_1^t, a_2^t, \cdots, a_n^t \right) \tag{8.44}$$

这里 h_{t-1}^a 表示答案循环网络的最后一个隐藏层状态，答案循环网络的输入是基于预测概率的注意力向量：

$$c_t = \sum_{i=1}^n a_i^t h_i^P \tag{8.45}$$

$$h_t^a = \mathrm{RNN}\left(h_{t-1}^a, c_t \right) \tag{8.46}$$

当预测开始位置的时候，h_{t-1}^a 表示答案循环网络的初始隐藏状态。

8.5 注意力变体

8.5.1 结构化注意力机制

Kim 等（2017）提出了结构化注意力（structured attention）架构，它将经典的注意力机制和新提出的两个注意力层统一在一个框架里，使得注意力机制从普通的软注意力机制变成了既能内部建模结构信息又不破坏端到端训练的新机制。

具体来说，之前普通的注意力机制的作用方式是，形式上用 $x = x_1, x_2, \cdots, x_n$ 表示输入序列，q 为查询，z 为样本空间 $\{1, 2, \cdots, n\}$ 的分类潜变量，在这些输入中编码所需的选择。目标是根据序列和查询生成上下文向量 c。为了做到这一点，假设得到了一个注意力分布的 $z \sim p(z \mid x, q)$，输入 x 和查询 q 的条件下决定 p 的值，序列的上下文被定义为期望，$c = E_{z \sim p(z \mid x, q)}\left[f(x, z) \right]$，$f(x, z)$ 是一个注释函数（annotation function）。这种形式的注意可以应用于任何类型的输入，但是，主要关注的是"深度"网络，在这个网络中，注释函数和注意力分布都是由神经网络参数化的，而产生的上下文是一个向下游网络传递的向量。

在获得这样一个框架后，就可以将一系列独立的 z 变成了互相之间有关联、有依赖的网络，从而也就有了结构信息的 z 分布表达，也就是结构化注意力网络。注意力网络用一个软模型模拟一个集合的选择。在这一工作中，考虑将注意力类型的选择，例如选择块、分段输入，甚至是潜在的子树。这种注意力的一种解释是，使用考虑输入所有可能结构的软选择，其中有很多可能性。当然，这个期望不能再用一个简单的和来计算，需要将推理机制直接合并到神经网络中。

定义一个结构化的注意力模型，z 是一个离散的潜在变量的向量 $[z_1, z_2, \cdots, z_m]$，注意分布 $p(z|x,q)$ 被定义为条件随机场，它指定了 z 变量的独立结构。形式上，假设这是一个具有 m 个节点的无向图结构。在这个定义下，注意概率定义为 $p(z|x,q;\theta) = \mathrm{softmax}\left(\sum_C \theta_C(z_C)\right)$，在一般意义上，使用的是对称 softmax 函数，即 $\mathrm{softmax}(g(z)) = \dfrac{1}{z}\exp(g(z))$，其中 $z = \sum_{z'}\exp(g(z'))$ 是隐含的配分函数。实践中，使用一个神经 CRF，θ 来自于由 x、q 构成的深度模型。

在结构化的注意力中，假设注释函数 f 为团注解（clique annotation）函数 $f(x,z) = \sum_C f_C(x,z_C)$。在条件独立结构的标准条件下，图形模型的推理技术可用于计算转发期望和上下文：

$$c = E_{z\sim p(z|x,q)}\big[f(x,z)\big] = \sum_C E_{z\sim p(z_C|x,q)}\big[f(x,z_C)\big] \tag{8.47}$$

下面以两个例子来详细阐述结构化注意力模型。

例 1：子序列的选择。

假设不是选择一个输入，而是要显式地为连续子序列的选择建模，即不再像经典注意力模型中以单词为单位。可以对所有子序列使用绝对的注意力，或者希望模型能够学习多模态分布来组合相邻的单词。结构化的注意力提供了另一种方法。

具体地，让 $m = n$，定义 z 是一个随机向量 $z_1, z_2, \cdots, z_n$，其中 $z_i \in \{0,1\}$，定义注释函数 $f(x,z) = \sum_{i=1}^{n} f_i(x,z_i)$，其中 $f_i(x,z_i) = 1\{z_i = 1\}x_i$，则期望为

$$E_{z_1, \cdots, z_n}\big[f(x,z)\big] = \sum_{i=1}^{n} p(z_i = 1\,|\,x,q)x_i \tag{8.48}$$

式（8.48）和式（8.47）是类似的，两者都是输入表示的线性组合，其中标量的范围为 [0, 1] 并表示应该对每个输入进行多少关注。然而，式（8.48）在两方面有本质的不同：①允许为给定的查询选择多个输入（或不输入）；②可以在 z_i 的基础上整合结构性的依赖性。例如，可以用带有成对边的线性链 CRF 来对 z 分布进行建模：

$$p(z_1, z_2, \cdots, z_n\,|\,x,q) = \mathrm{softmax}\left(\sum_{i=1}^{n-1}\theta_{i,i+1}(z_i, z_{i+1})\right) \tag{8.49}$$

式中，$\theta_{k,l}$ 是对于 $z_i = k$ 和 $z_{i+1} = l$ 的成对潜在性。模型结构如图 8.21（c）所示。与图 8.21（a）中的标准注意力模型，图 8.21（b）的 Bernoulli（sigmoid）选择注意力模型 $p(z_i = 1|x,q) = \mathrm{sigmoid}(\theta_i)$ 相比，所有这三种方法都可以利用同样的神经网络或 RNN，将 x 和 q 作为输入。

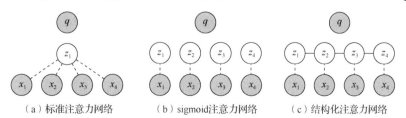

（a）标准注意力网络　　　　（b）sigmoid 注意力网络　　　　（c）结构化注意力网络

图 8.21　三种注意力网络（Kim et al., 2017）

在式（8.49）中线性链 CRF 的情况下，可以在线性时间内有效地计算边际分布 $p(z_i = 1|x)$，即前向后向传播算法。这些边缘允许进行式（8.48）的计算，这样就可以通过动态规划，隐式地对一个指数大小的结构集（即所有长度为 n 的二进制序列）求和。将这一类型的注意层称为"分割注意层"。

请注意，前向后向传播算法被用作参数化池（而不是输出计算），可以看作是标准的注意力 softmax 的泛化。至关重要的是，从向量的 softmax 到向前前向后的一般化只是一系列可微的步骤，可以计算其输出的梯度（边际）和它的输入（势）。这将允许结构化的注意力模型作为深度模型的一部分来进行端到端训练。

例 2：语法树的选择。

同样的方法也可以用于更多的结构依赖项。自然语言任务的一个流行结构是依赖树，它强制对许多语言中常见的循环依赖关系进行结构上的处理。特别地，一种依赖关系树强制每一个源句子中的每个单词都被指定一个父亲单词（head），并且这些赋值不交叉（投射式结构）。使用这种偏见可以鼓励系统根据学习的语法依赖进行软选择，而不需要语言注释或流水线决策。

依赖解析器可以部分形式化：潜在变量 $z_{ij} \in \{0,1\}$ 对于所有的 $i \neq j$，这表示第 i 个单词是第 j 个单词的父亲（即 $x_i \rightarrow x_j$）；还有一种特殊的全局约束，规定了违反分析约束的 z_{ij} 的配置。

基于图的 CRF 依赖解析器的参数是 θ_{ij}，其反映了选择 x_i 作为 x_j 父亲的得分。给定句子 $x = [x_1, x_2, \cdots, x_n]$ 的分析树 z 的概率为

$$p(z \mid x, q) = \mathrm{softmax}\left(1\{z \text{ is valid}\} \sum_{i \neq j} 1\{z_{ij} = 1\} \theta_{ij}\right) \tag{8.50}$$

z 由所有 $i \neq j$ 的 z_{ij} 向量表示。对于所有的 i、j 计算每条边的边缘概率 $p(z_{ij} \mid x, q)$ 可以通过 inside-outside 算法在 $O(n^3)$ 的时间内实现。

分析约束保证每个单词准确的具备一个头部，即 $\sum_{i=1}^{n} z_{ij} = 1$。因此，如果想要利用一个位置 j 的 soft-head 选择，上下文向量被定义为

$$f_j(x, z) = \sum_{i=1}^{n} 1\{z_{ij} = 1\} x_i \tag{8.51}$$

$$c_j = E_z\left[f_j(x, z)\right] = \sum_{i=1}^{n} p(z_{ij} = 1 \mid x, q) x_i \tag{8.52}$$

注意，在本例中，注释函数有一个下标 j，用于在句中为每个单词生成一个上下文向量。类似的注意也适用于其他树的属性，于是将这一类型的注意层称为"句法关注层"。

8.5.2 目标端注意力

标准的 seq2seq 模型一直在与生成长的响应进行斗争，因为解码器必须跟踪到所有输出，它们是固定长度的隐藏状态向量，从而导致不连贯甚至是矛盾的输出。为了解决这个问题，Shao 等（2017）建议将目标端注意力（target-side attention）集成到解码器网络中，这样它就可以跟踪到目前为止已经输出的内容。这样能够释放隐藏状态的能力，用于建模生成连贯的长响应期间所需的高级语义。

经典注意力机制在计算的时候，注意力池中只包含了源端编码器的信息，只能处理输入

序列中单词，这种机制在机器翻译任务上是没有问题的，但是在解决对话任务的时候，就会出现问题，因为有些时候输入序列中的信息是不充分的，比较短，这些时候反而是解码器中产生的输出序列可能会更有帮助，因此，提出解决方法：把解码器中产生的序列也放到注意力机制中，这样的话解码器中的隐藏层状态就可以少记忆一些已经生成的信息，也就能更好地去做整体的语义建模和表达。

作为一种权衡，Shao 等（2017）提出了一种技术，称为"瞥见模型（glimpse model）"，它分别在编码器的源端注意力和解码器之间的目标端注意力之间进行插值。解决方案是简单地从目标端的固定长度瞥见对解码器进行训练，同时在对编码器瞥见之前拥有源序列和目标序列的一部分，从而共享编码器的注意力机制。这可以作为一个简单的数据预处理技术，由一个标准 seq2seq 实现，并允许对非常大的数据集进行规模训练，而不会遇到任何内存问题。图 8.22 显示了一个图形化的概述。

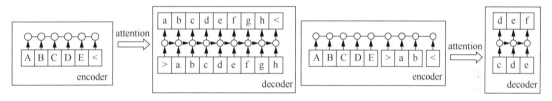

（a）the vanilla sequence-to-sequence model　　　　（b）length-3 target-glimpse model

图 8.22　两种 seq2seq 模型（Shao et al., 2017）

符号 "<" 和 ">" 是序列的开始和结束

encoder：编码器。attention：注意力。decoder：解码器。the vanilla sequence-to-sequence model：原始的 seq2seq 模型。

length-3 target-glimpse model：长度为 3 的目标端瞥见模型

接下来对 seq2seq 问题设置中的对话响应生成进行讨论。在这个设置中，有一个源序列 $x = (x_1, x_2, \cdots, x_M)$ 和目标序列 $y = (y_0, y_1, \cdots, y_N)$。假设 y_0 始终是序列标记的开始，y_N 是序列标记的结束。在一个典型的 seq2seq 模型中，编码器从源序列 x 获取其输入，解码器对目标序列 y（给定 x）的条件语言模型 $P(y \mid x)$ 进行建模。

具有注意力的 seq2seq 模型将每个符号的条件概率参数化为

$$P(y_i \mid y_{[0:i-1]}; x) = \text{DecoderRNN}\left(y_{i-1}, h_{i-1}, \text{attention}(h_{i-1}, x)\right) \quad (8.53)$$

对于 $1 \leqslant i \leqslant N$，DecoderRNN()是一个循环神经网络，将解码器符号的序列映射到固定长度的向量，attention()是一个函数，给定网络的之前循环状态 h_{i-1}，它产生了和预测 y_i 最相关的编码器符号 x 的一个固定大小的向量。完整的条件概率为

$$P(y \mid x) = \prod_{i=1}^{N} P(y_i \mid y_{[0:i-1]}; x) \quad (8.54)$$

目标端注意力是通过将已经生成的部分目标序列添加到注意力机制中，即将 $y_{[0:i-2]}$ 加入到注意函数的参数中：$\text{attention}\left(h_{i-1}, y_{[0:i-2]}, x\right)$。

为此，Shao 等（2017）提出了一种有固定长度解码器的目标端瞥见模型。目标端瞥见模型是使用一种标准的 seq2seq 模型来实现的，在此模型中，解码器有固定的长度 K。在训练中，将目标序列分割成固定长度 K 的非重叠、连续的瞥见。然后，在解码器中每个时间步在这些瞥见上训练一次，同时把瞥见前的所有目标端符号放在编码器中。例如，如果一个序列 y 被分割成两部分为 y_1 和 y_2，每个长度都为 K，那么将用两个例子 $x \rightarrow y_1$ 和 $x, y_1 \rightarrow y_2$ 来训练模型。

每次将箭头左边的连接序列放在编码器上，右边的序列放在解码器上。图 8.22（b）说明了当 $K=3$ 时 $x, y_1 \rightarrow y_2$ 的训练，在模型实现中，总是在整个编码器序列的末端放上源端的序列末端标记，并按解码器的时间步分割瞥见。例如，如果序列 y 为 $y_0, y_1, \cdots, y_{10}$ 和 $K=3$，第一个例子是将 y_0, y_1, y_2 放在解码器的输入层，y_1, y_2, y_3 放在解码器的输出层。第二个例子是将 y_3, y_4, y_5 作为解码器的输入和 y_4, y_5, y_6 作为解码器的输出，等等。在实验中，设置 $K=10$。

当解码每一个瞥见的时候，解码器会同时关注瞥见之前源序列和目标序列的一部分，从而从 GNMT 编码器的双向 RNN 中获益。通过泛化，解码器应该学会在目标序列的任意位置解码长度 K 的瞥见。然而，这个模型的一个缺点是注意力机制的上下文只包括生成到目前瞥见为止生成的单词，而不是从完整的目标。使用的方法是简单地将 GNMT 编码器的最后一个隐藏状态连接到解码器的初始隐藏状态，从而使解码器能够访问所有先前的符号，而不考虑瞥见的起始位置。

8.5.3 单调对齐注意力

在序列到序列模型中，输入和输出 RNN 之间的依赖关系会使推理难以进行。Aharoni 等（2016）提出了一个模型，它通过直接模拟在输入和输出序列之间的单调对齐来处理上述问题，这就是单调对齐注意力机制（hard monotonic attention）。模型由一个编码器-解码器神经网络与一个专用的控制机制：在每个步骤中，把一个输入状态送进解码器，把一个符号写入输出序列，或者把之前的注意力指针指向双向编码序列中的下一个输入状态，直观地描述如图 8.23 所示，解释了硬注意力网络架构。箭头表示它接收到的输入的连接。一旦预测了步骤操作，就会将其注意力转移到下一个输入元素。

该模型与之前的目标端注意力有相似之处，都考虑了解码器产生的输出，但是在那个基础上，添加了一种硬注意力的思想，使得在解码的过程中，解码器并不是一直在产生输出，而是像被一个门限控制一样，有时候需要输出，有时候则需要重新修改注意力的值（在编码器端进行移动）。由于软注意力是比较依赖于训练数据才能自动学习对齐模型的，然而有些时候语料库并不是足够多的，这样并不一定能尝试很好的对齐数据对，这时候硬注意力就能发挥出更好的作用。

这种建模很适合于输入和输出之间的自然单调对齐，因为网络在编写与输出相关的输出之前，会学习处理相关的输入。一个具有硬注意力机制的双向编码器可以在整个输入序列上进行限定，因为输入序列中的每个元素都使用前向 LSTM 和后向 LSTM 的连接。由于每个元素表示都知道整个上下文，因此也捕获了非单调关系，输出序列中的段是输入序列的长范围依赖性的结果，这在任务处理中很重要。解码器的周期性特性，加上一个专门的反馈连接，将最后一个预测传递到下一个解码器步骤，使模型在每一个预测步骤中也能对整个历史条件进行输出。硬注意力机制允许网络在每个步骤中使用集中的表示，而不是在软注意力模型中使用的表示加权和，从而使网络联合起来并进行转化。一个简单的训练过程，使用独立学习的对齐方式，可以通过使用一个方便的交叉熵损失，从第一个基于梯度的更新中对网络进行正确的对齐。

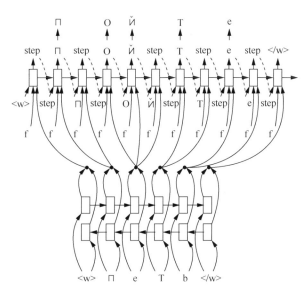

图 8.23　注意力网络架构（Aharoni et al., 2016）

step：时间步

接下来对 seq2seq 中硬注意力模型进行解释。假设想要将输入序列 $x_{1:n} \in \varSigma_x^*$ 转换成输出序列 $y_{1:m} \in \varSigma_y^*$，其中 $\varSigma_x$ 和 $\varSigma_y$ 分别是输入和输出单词。通过一个具有只读机制，随机访问输入序列的编码，以及一个确定当前读取位置的指针的模型，可以将序列转换建模为一系列的写操作和指针移动操作。如果序列之间的对齐是单调的，那么指针移动可以由一个"向前移动一步"操作（步骤）来控制，它被添加到输出词汇表中。使用一个编码器-解码器神经网络来实现这个行为，它有一个控制机制，决定了解码器的每一个步骤，无论是预测输出符号还是将注意力指针提升到输入的下一个元素。

在预测输出符号时，输出序列 $y_{1:m} \in \varSigma_y^*$ 的定义为

$$y_{1:m} = \underset{y'}{\operatorname{argmax}}\, p(y' \mid x_{1:n}, f) \tag{8.55}$$

式中，$x \in \varSigma_x^*$ 是输入序列；$f = \{f_1, f_2, \cdots, f_m\}$ 是一组影响转换任务的特征。由于希望模型在输入和输出之间强制执行一个单调的对齐操作，因此需要寻找一系列动作：$s_{1:q} \in \varSigma_s^*$，其中 $\varSigma_s = \varSigma_y \bigcup \{\text{step}\}$。这个序列是由 $x_{1:n}$ 到 $y_{1:m}$ 的写操作序列，根据它们之间的单调对齐。在这种情况下，定义：

$$s_{1:q} = \underset{s'}{\operatorname{argmax}}\, p(s' \mid x_{1:n}, f) = \underset{s'}{\operatorname{argmax}} \prod_{s_i' \in s'} p(s_i' \mid s_0' \cdots s_{i-1}', x_{1:n}, f) \tag{8.56}$$

然后使用一个神经网络进行评估：

$$s_{1:q} = \underset{s'}{\operatorname{argmax}}\, \text{NN}(x_{1:n}, f, \theta) \tag{8.57}$$

式中，θ 是使用一组训练样本学习的网络参数。接下来将描述网络架构。

编码器：把输入序列中每个元素的词向量标记为 $e_{x_1}, e_{x_2}, \cdots, e_{x_n}$。把这些词向量送进双向 LSTM 中，向量序列 $x_{1:n} = x_1, x_2, \cdots, x_n$ 中每个向量 $x_i = \text{LSTM}_{\text{forward}}(e_{x_1}, e_{x_2}, \cdots, e_{x_i})$，$\text{LSTM}_{\text{backward}}(e_{x_n}, e_{x_{n-1}}, \cdots, e_{x_i})$ 是将 e_{x_i} 送进双向 LSTM 时前向 LSTM 和后向 LSTM 输出的连接。

解码器：一旦输入序列被编码，每步把以下三个输入送进解码 RNN 中：

（1）当前参与的输入 $x_a \in \mathbb{R}^{2H}$，由编码序列的第一个元素 x_1 初始化。

（2）一组影响生成过程的特征，被连接成一个向量 $f = [f_1, f_2, \cdots, f_m] \in \mathbb{R}^{F \cdot m}$。

（3）$y_{i-1} \in \mathbb{R}^E$ 是在之前解码器步骤中所预测的输出符号。

这三个输入被连接成一个向量 $z_i = [x_a, f, y_{i-1}] \in \mathbb{R}^{2H+F \cdot m+E}$，这被送进解码器以得到解码器输出向量：$\text{LSTM}_{\text{dec}}(z_1, z_2, \cdots, z_i) \in \mathbb{R}^H$。最终，对所有可能的行为进行建模，把解码器输出映射到 $\Sigma_{\hat{y}}$ 中元素，通过一个 softmax 层实现：

$$p(s_i = c_i) = \underset{j}{\arg\max}\left(W \cdot \text{LSTM}_{\text{dec}}(z_1, z_2, \cdots, z_i) + b\right) \qquad (8.58)$$

模型通过使用传统的交叉熵损失函数训练网络来预测这些行为的序列：

$$\mathcal{L}(x_{1:n}, y_{1:m}, f, \theta) = -\sum_{s_j \in s_{1:q}} \log \underset{s_j}{\text{softmax}}\left(W \cdot \text{LSTM}_{\text{dec}}(z_1, z_2, \cdots, z_i) + b\right) \qquad (8.59)$$

8.5.4 循环注意力

添加注意力机制的 RNN 依次处理注意力，一次一个地处理图像（或视频帧）内的不同位置，并逐渐组合来自这些固定点的信息以建立场景和环境的动态内部表示。而不是一次处理整个图像以及边框。在每个步骤中，模型根据过去的信息和任务的需求来选择要关注的下一个位置。

在循环注意力模型（recurrent attention model, RAM）中，将注意力问题看作序列决策过程，由一个与视觉环境交互的目标导向代理（agent）构成（Mnih et al., 2014）。在每一个时间点，代理只通过带宽有限的传感器来观察环境，也就是说，它从来没有意识到完整的环境。它只能在局部区域或窄带中提取信息。但是，代理可以主动控制如何部署传感器资源（例如，选择传感器位置）。代理还可以通过执行操作来影响环境的真实状态。由于只能观察到环境的部分内容，代理需要通过时间来集成信息，以确定如何采取行动，以及如何最有效地部署传感器。在每个步骤中，代理都会收到一个标量奖励（这取决于代理执行的动作，并且可以被延迟），代理的目标是最大化这些奖励的总和。

该代理建立在一个循环神经网络上，如图 8.24 所示。在每一步中，它处理传感器数据，整合信息，并选择如何行动，以及如何在下次的步骤中部署传感器。

传感器：在每个步骤 t 中，代理以图像 x_t 的形式接收（局部）的环境观察。代理不能完全访问这张图像，而是可以通过带宽有限的传感器 ρ 从 x_t 中提取信息，例如，将传感器聚焦在某个区域或频率范围内。

假设带宽有限的传感器从图像 x_t 的 l_{t-1} 位置附近提取出类似于视网膜的表示 $\rho(x_t, l_{t-1})$。它以高分辨率对 l 周围的区域进行编码，但对像素的分辨率逐渐降低，导致了一个比原始图像 x 更低维度的向量。将这个低分辨率的表示称为"瞥见"。在所称的"瞥见网络" f_g 中使用的"瞥见传感器"可以生成"一瞥特征向量" $g_t = f_g(x_t, l_{t-1}; \theta_g)$，其中 $\theta_g = \{\theta_g^0, \theta_g^1, \theta_g^2\}$，如图 8.24（b）所示。

内部状态：代理维护一个内部状态，它总结了从过去的观察历史中提取的信息；它编码了代理对环境的知识，并有助于决定如何操作和部署传感器。该内部状态由循环神经网络的隐单元 h_t 形成，并随时间由核心网络进行更新：$h_t = f_h(h_{t-1}, g_t; \theta_h)$。网络的外部输入是瞥见的

特征向量 g_t。

行为：在每个时间步，代理有两种行为，它决定如何配置它的传感器，通过传感器控制因子 l_t 以及一个可能影响环境状态的环境行为 a_t。环境行动的性质取决于任务。在这项工作中，位置动作从 t 时刻位置网络 $f_l(h_t;\theta_h)$ 的分布参数中随机选择：$l_t \sim p(\bullet|f_l(h_t;\theta_h))$。环境的行为 a_t 类似于在第二次网络输出条件下的分布 $a_t \sim p(\bullet|f_a(h_t;\theta_a))$。对于分类，它是通过使用一个 softmax 输出和动态环境来制定的，它的精确表达取决于特定环境所定义的动作集。

奖励：执行动作后，代理接收环境 x_{t+1} 的视觉观察和奖励信号 r_{t+1}。代理的目标是最大限度地增加奖励信号的总和，通常是非常稀疏和延迟的：$R = \sum_{t=1}^{T} r_t$，在对象识别的情况下，例如，如果对象在 T 步骤后正确分类 $r_T = 1$，否则为 0。

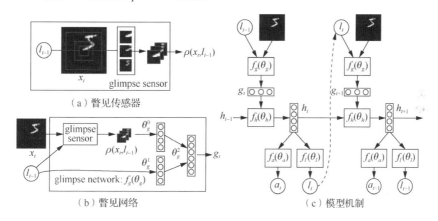

（a）瞥见传感器　（b）瞥见网络　（c）模型机制

图 8.24　循环神经网络的组成（Mnih et al., 2014）

glimpse sensor：瞥见传感器。glimpse network：瞥见网络

瞥见传感器：考虑到瞥见的坐标和输入图像，传感器提取出一种类似视网膜的表示 $\rho(x_t,l_{t-1})$，其以 l_{t-1} 为中心，包含多个解决补丁。图 8.24（b）给定位置 l_{t-1} 和输入图像 x_t，使用瞥见传感器提取视网膜表示 $\rho(x_t,l_{t-1})$。然后用由 θ_g^0 和 θ_g^1 参数化的独立线性层将视网膜表示和瞥见位置映射到一个隐藏的空间中，用调整单元和另一个线性层 θ_g^2 将两个分量的信息结合起来。瞥见网络 $f_g\left(\bullet;\{\theta_g^0,\theta_g^1,\theta_g^2\}\right)$ 定义一个可训练的带宽有限传感器，用于关注网络产生的一瞥表示 g_t。图 8.24（c）是具有注意力机制的 RNN 模型，网络的核心 $f_h(\bullet;\theta_h)$ 将瞥见的表示形式作为输入，并与上一个时间步长 h_{t-1} 的内部表示组合，产生模型新的内部状态 h_t。位置网络 $f_l(\bullet;\theta_l)$ 和动作网络 $f_a(\bullet;\theta_a)$ 使用模型的内部状态 h_t 分别产生下一个位置 l_t 和动作 a_t。将这个基本的 RNN 迭代有限次数，即可完成对模型的训练。

8.5.5　注意力之上的注意力

实验表明查询表示的进一步整合是必要的，应该更加注意利用查询信息。Cui 等（2016）提出了一个新的工作：注意力之上的注意力机制（attention over attention），再次关注主要的注意力，表明每个注意力的"重要性"，结构如图 8.25 所示。

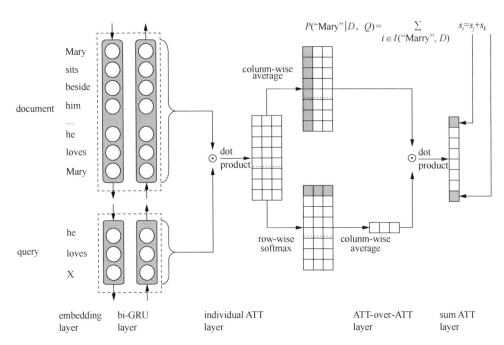

图 8.25　注意力之上的注意力机制结构（Cui et al., 2016）

embedding layer：词向量层。bi-GRU layer：双向 GRU 层。individual ATT layer：单个注意力层。

ATT-over-ATT layer：注意力之上的注意力层。sum ATT layer：累加注意力层。dot product：点乘运算。

colunm-wise average：逐列平均。row-wise softmax：逐行 softmax

模型具有两个输入，一个是 document，一个是 query。模型首先转换文档 D 中的每个单词，然后将查询 Q 单独表示，然后将它们转换为具有共享矩阵 W_e 的连续表示。通过共享词向量，文档和查询都可以参与学习过程，两者都将受益于这种机制。之后，使用两个双向 RNN 来获取文档的上下文表示，并单独进行查询，每个单词的表示通过连接前向隐藏状态和后向隐藏状态而形成，计算如下：

$$e(x) = W_e \cdot x, x \in D, Q \tag{8.60}$$

在得到文档 h_{doc} 和查询 h_{query} 的隐藏状态后，计算出一个 pair-wise 关联矩阵，它表示一个文档词和一个查询词的成对匹配程度。正式地，当给出文档第 i 个单词和查询第 j 个单词时，可以通过它们的点积来计算匹配分数，公式如下：

$$M(i, j) = h_{\text{doc}}(i)^{\text{T}} \cdot h_{\text{query}}(j) \tag{8.61}$$

在得到成对关联矩阵 M 之后，逐列使用 softmax 函数来得到每列中的概率分布，其中每列是当考虑单个查询词时，单个文档级别的关注。$\alpha(t)$ 是查询词在时间 t 的文档级关注度，这可以看作是查询到文档（query-to-document）的注意力：

$$\alpha(t) = \text{softmax}\big(M(1,t), \cdots, M(|D|,t)\big) \tag{8.62}$$

$$\alpha = \big[\alpha(1), \alpha(2), \cdots, \alpha(|Q|)\big] \tag{8.63}$$

然后计算一个反向的注意力，即对于每个文档单词在时间 t，计算查询的"重要性"分布，以表明哪个查询词对于单个文档词更重要。在成对关联矩阵 M 中逐行使用 softmax 函数来获得查询级别的关注。将 $\beta(t)$ 表示为关于文档词在时间 t 的查询级关注，这可以看作是文档到查询（document-to-query）的注意力：

$$\beta(t) = \text{softmax}\left(M(t,1),\cdots,M(t,|Q|)\right) \qquad (8.64)$$

对所有的 $\beta(t)$ 进行平均以得到平均的查询级别的注意力 β：

$$\beta = \frac{1}{n}\sum_{t=1}^{|D|}\beta(t) \qquad (8.65)$$

最后计算 α 和 β 的点积，获得"文档级别关注"（attended document-level attention），即注意力之上的注意力机制。直观地说，这个操作是在时间 t 查看查询词时，计算每个单独文档级别关注度 $\alpha(t)$ 的加权总和。通过这种方式，每个查询词的贡献可以被明确地学习，并且通过每个查询词的重要性的投票结果来做出最终决定（文档级关注）：

$$s = \alpha^{\mathrm{T}}\beta \qquad (8.66)$$

最后再进行累加 attention 注意力机制得到最终的结果：

$$P(w|D,Q) = \sum_{i\in I(w,D)} s_i \qquad (8.67)$$

8.6 记忆网络

8.6.1 记忆网络基础模型

LSTM 虽然存在记忆功能，但是在处理很长的句子时，效果并不理想，或者可以说 LSTM 中的记忆单元容量太小，不足以对上下文的信息进行存储。Weston 等（2014）提出记忆网络将机器学习算法与"记忆"模块结合起来。

一个记忆网络包括一个内存 m，它是一个具有很大空间的单独存储单元，实际上是一个数组对象，m_i 表示数组的第 i 个对象，此外还有四个被训练的组件 I、G、O、R。I（input）表示的是输入特征映射，用来将原始输入转换成模型的内部特征表示，比如说将文本转化成一个特征向量。G（generalization）在给定新的输入时更新内存 m，记忆网络有机会压缩和概括它在这个阶段的记忆，以便将来使用。O（output）根据当前给定的输入和内存 m 的状态，在特征表示空间中生成一个输出。R（response）将产生的输出转换成所需的对应格式。

这四个构件组成了记忆网络，结构如图 8.26 所示（Kapashi et al., 2015）。

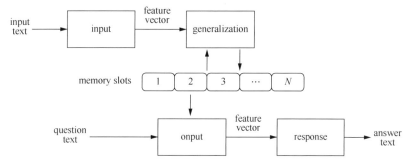

图 8.26 记忆网络机制（Kapashi et al., 2015）

input text：输入文本。question text：问题文本。feature vector：特征向量。memory slots：记忆槽。answer text：答案文本

根据记忆网络的结构图可以看出其工作流程为：input 模块将输入的文本转化为特征向量 $I(x)$，然后将它作为 generalization 模块的输入，根据输入的特征向量，该模块对记忆（memory）

进行更新操作 $m_i = G(m_i, I(x), m), \forall i$ ，然后 output 模块根据问题文本对记忆的内容进行权重处理，将记忆按照与问题文本的相关程度进行组合得到输出特征向量 $o = O(I(x), m)$ ，最终 response 模块根据特征向量得到最终的答案 $r = R(o)$ 。

接下来对记忆网络的基础模型进行介绍。I 模块接收输入文本。先假设输入是一个句子：要么是事实陈述，要么是由系统回答的问题。该文本以其原始格式存储在下一个可用记忆插槽（memory slot）中，即 $S(x)$ 返回下一个空的记忆插槽 $N : m_N = x, N = N + 1$ 。因此，G 模块仅用于存储这个新的记忆，旧的记忆不会更新。

主要的工作在于 O 和 R 模块。O 模块通过输入的问题向量找到 k 个相关记忆来产生输出特征。对于 $k = 1$ ，得分最高的记忆被选择：

$$o_1 = O_1(x, m) = \operatorname*{argmax} s_O(x, m_i) \tag{8.68}$$

对于 $k = 2$ ，接下来根据得到的和输入 x 一起选择与之最相关的记忆：

$$o_2 = O_2(x, m) = \operatorname*{argmax} s_O([x, m_{o1}], m_i) \tag{8.69}$$

最后，R 需要产生一个文本回应 r 。最简单的回应是返回 m_{ok} ，这样就选择出和问题文本最相关的 top-k 个记忆插槽，将其作为 R 模块的输入，来生成最终所需的答案。使用与前面相同的评分函数计算所有候选词与 R 输入的相关性，并将它们排序，把得分最高的词语作为正确答案：

$$r = \operatorname*{argmax}_{w \in W} s_R([x, m_{o1}, m_{o2}], w) \tag{8.70}$$

R 模块中使用的评分函数满足下面的形式：

$$s(x, y) = \Phi_x(x)^{\mathrm{T}} U^{\mathrm{T}} U \Phi_y(y) \tag{8.71}$$

记忆网络的训练是一个有监督的学习过程，使用最大距离损失和梯度下降方法优化参数，训练过程中已知部分问题的答案和记忆索引，就是在训练中提前知道哪句话对答案的帮助最大，而训练的目的就是让模型选择记忆的索引与提前知道的索引尽量一致，以及模型预测的答案与提前知道的答案尽量一致，公式如下：

$$\sum_{\bar{f} \neq m_{o1}} \max\left(0, \gamma - s_O(x, m_{o1}) + s_O(x, \bar{f})\right) + \sum_{\bar{f}' \neq m_{o2}} \max\left(0, \gamma - s_O([x, m_{o1}], m_{o2}) + s_O([x, m_{o1}], \bar{f}')\right)$$
$$+ \sum_{\bar{r} \neq r} \max\left(0, \gamma - s_R([x, m_{o1}, m_{o2}], r) + s_R([x, m_{o1}, m_{o2}], \bar{r})\right)$$

$$\tag{8.72}$$

下面通过一个例子来说明上述过程（图 8.27）。

Joe went to the kitchen. Fred went to the kitchen. Joe picked up the milk.
Joe travelled to the office. Joe left the milk. Joe went to the bathroom.
Where is the milk now? A: office
Where is Joe? A: bathroom
Where was Joe before the office? A: kitchen

图 8.27　记忆网络应用的一个例子（Kapashi et al., 2015）

翻译为 "Joe 进入厨房。Fred 进入厨房。Joe 拿起了牛奶。Joe 到达办公室。Joe 放下牛奶。Joe 进入浴室。牛奶现在在哪里？A：办公室。Joe 在哪里？A：浴室。Joe 在去办公室之前在哪里？A：厨房"

对于第一个问题：Where is the milk now？输出模块会对所有的 memory（其实就是输入的句子）进行评分，得到 "Joe left the milk." 得分最高，也就是与问题最相关，然后再对剩下的记忆进行评分，找出与 Where is the milk now？和 Joe left the milk 最相关的 memory。然后发现是"Joe travelled to the office"。这样就找到了最相关的记忆，接下来使用 R 模块对所有的单词进行评分找到得分最高的单词作为答案即可。

8.6.2 分层记忆网络

由于软注意力机制和硬注意力机制都有局限性，随着内存大小的增长，使用 softmax 权重的软注意力是不可伸缩的。它的计算非常昂贵，因为它的复杂性在内存大小上是线性的。此外，在初始化时，梯度分布非常分散，从而降低了梯度下降的效率。这些问题可以通过硬注意力机制来缓解，这种方法的选择是强化学习。然而，由于其具有很高的方差和现有的方差缩减技术是复杂的，强化学习可能是脆弱的。因此，它很少在内存网络中使用（即使是在内存大的情况下）。

Chandar 等（2016）提出了一种基于最大内积搜索（maximum inner product search，MIPS）的新内存选择机制，它既可扩展又易于训练。这可以被看作是一种将软注意力和硬注意力混合的注意力机制。关键思想是，以一种分层的方式构造内存，这样就很容易执行 MIPS，因此称为分层记忆网络（hierarchical memory network，HMN）。HMN 在训练时是可伸缩的。

HMN 与普通的记忆网络的不同在于它由两部分组成：记忆（the memory）和读取器（the reader）。

记忆：HMN 利用了层次化的内存结构，而不是扁平数组。记忆单元格被划分成小组，小组可以进一步组织成更高层次的小组。内存结构的选择与读取器的选择紧密耦合，这对于快速内存访问至关重要。模型考虑了三种处理内存结构的方法：基于哈希的方法、基于树的方法和基于集群的方法。

阅读器：HMN 中的阅读器与扁平记忆网络中的阅读器不同。扁平记忆网络中的阅读器在整个内存或硬盘上使用了软注意力，或者使用硬注意力检索单个单元格。虽然这些机制可能与小的记忆有关，但有了 HMN，更令人感兴趣的是在非常大的记忆中实现可伸缩性。因此，HMN 阅读器只对选定的内存子集使用软注意力。选择内存子集是由最大内积搜索算法引导的，它可以利用内存的层次结构，在次线性时间内检索最相关的信息。

下面开始解释使用 K-MIPS 的 HMN 记忆阅读器。给定一个输入点 $X = x_1, x_2, \cdots, x_n$ 和一个查询向量 q，目标是找到

$$\underset{i \in \mathcal{X}}{\operatorname{argmax}}^{(K)} q^{\mathrm{T}} x_i \tag{8.73}$$

其中，$\underset{i \in \mathcal{X}}{\operatorname{argmax}}^{(K)}$ 返回 top-K 最大值的索引。在 HMN 中，$\mathcal{X}$ 对应着记忆，q 对应着输入模型计算的向量。

利用这个近似 K-MIPS，在 HMN 中实现可伸缩的训练和推理。因此 Chandar 等（2016）提出使用近似的 K-MIPS 算法来组织内存，然后训练阅读器学习执行 MIPS，而不是用启发式过滤内存。具体地说，阅读器必须在每个阅读步骤中执行，以检索一组相关的候选项：

$$R_{\mathrm{out}} = \operatorname{softmax}\left(h(q) M^{\mathrm{T}}\right) \tag{8.74}$$

式中，$h(q) \in \mathbb{R}^d$ 是查询；$M \in \mathbb{R}^{N \times d}$ 是记忆；N 是记忆中单元格的总数目。使用 softmax$^{(K)}$ 代替 softmax：

$$C = \operatorname{argmax}^{(K)} h(q) M^{\mathrm{T}} \tag{8.75}$$

$$R_{\text{out}} = \text{softmax}^{(K)}\left(h(q)M^{\mathrm{T}}\right) = \text{softmax}\left(h(q)M[C]^{\mathrm{T}}\right) \tag{8.76}$$

式中，C 是 top-K MIPS 候选单元的索引；$M[C]$ 是 M 的子矩阵，其中行由 C 索引。

在训练的最初阶段，使用 softmax$^{(K)}$ 学习出现了一个问题，K-MIPS 的阅读器不包括正确的候选答案。为了避免这个问题，总是将正确的候选者包括在 K-MIPS 算法检索到的 top-K 候选中，这样能有效地执行完全有监督的学习形式。

在训练过程中，阅读器通过从输出模块进行反向传播，通过内存单元的子集进行更新。此外，使用 K-softmax 计算的正确事实的对数似然性也被最大化。第二种监督帮助阅读器学习如何修改查询，这样用内存的查询的最大内积就会在 top-K 候选集合中产生正确的答案。

到目前为止，描述的是基于 K-MIPS 的学习框架，它仍然需要对所有内存单元进行线性查找，并且对于大规模的内存来说是不可行的。在这种情况下，可以用近似 K-MIPS 替换训练过程中的精确 K-MIPS。这可以通过部署一个合适的内存层次结构来实现。同样基于近似 K-MIPS 的阅读器也可以在推理阶段使用。当然，近似的 K-MIPS 算法可能不会返回精确的 MIPS 候选项，而且可能会损害性能，但有利于实现可伸缩性。

基于集群的近似 K-MIPS，已经被证明优于各种其他最先进的数据依赖和数据独立的近似 K-MIPS 方法。下面介绍基于集群的方法，并提出了一些有助于学习 HMN 的改变。

与大多数其他近似 K-MIPS 算法类似，将 MIPS 转换为最大余弦相似搜索（maximum cosine similarity search，MCSS）问题：

$$\underset{i \in \mathcal{X}}{\text{argmax}}^{(K)} \frac{q^{\mathrm{T}} x_i}{\|q\|\|x_i\|} = \underset{i \in \mathcal{X}}{\text{argmax}}^{(K)} \frac{q^{\mathrm{T}} x_i}{\|x_i\|} \tag{8.77}$$

当所有的数据向量 x_i 都有相同的范数时，MCSS 就等于 MIPS。然而，这种额外的约束通常会受到限制。相反，在查询和数据向量上附加的额外维度，将 MIPS 转换为 MCSS。在 HMN 术语中，这将对应于在内存单元和输入表示中添加几个维度。

算法引入了两个超参 $U<1$ 和 $m \in N^*$。第一步是由同样的因子按比例规定内存中所有的向量，这样 $\max_i \|x_i\|_2 = U$，然后分别在记忆单元格和输入向量上应用两个映射 P 和 Q。这两个映射简单地将 m 个新组件连接到向量，并使数据点的规范大致相同。映射的定义如下：

$$P(x) = \left[x, \frac{1}{2} - \|x\|_2^2, \frac{1}{2} - \|x\|_2^4, \cdots, \frac{1}{2} - \|x\|_2^{2^m}\right] \tag{8.78}$$

$$Q(x) = [x, 0, 0, \cdots, 0] \tag{8.79}$$

因此，对于任何查询向量 q，都有以下关于 MIPS 的近似方法：

$$\underset{i}{\text{argmax}}^{(K)} q^{\mathrm{T}} x_i \approx \underset{i}{\text{argmax}}^{(K)} \frac{Q(q)^{\mathrm{T}} P(x_i)}{\|Q(q)\|_2 \cdot \|P(x_i)\|_2} \tag{8.80}$$

一旦将 MIPS 转换为 MCSS，就可以使用球形 k-means 或它的层次结构来近似和加速余弦相似搜索。一旦内存集群化，那么每个读操作只需要 K 个点积，其中 K 是集群中心的数量。

因为这是一个近似值，所以很容易出错。当使用这个学习过程的近似时，引入了梯度的一些偏差，它会影响 HMN 的整体性能。以下三个简单的策略可以减轻这种情况：

（1）在 mini-batch 中添加检索到其他所有阅读查询的 top-K 候选项，而不是只使用 top-K 的候选查询。这是为了达到两个目的。第一，可以通过利用 GPUs 来实现高效的矩阵乘法，因为批处理中的 K-softmax 都是相同的元素集。第二，这也有助于减少近似误差引入的偏差。

（2）对于每个读访问，而不是仅仅使用具有读查询的最大结果的前几个集群，同时从剩下数据中抽取一些集群，使得基于概率分布与集群中心的点乘积成正比。这也减少了偏差。

（3）还可以随机抽取内存块并将其添加到 top-K 候选中。

总结一下模型流程就是，使用分层聚类对记忆进行存储和排列，然后输入一个查询，先返回与查询最相关的一个或者几个聚类，然后在这个聚类上进行 MIPS 搜索，得到最相关的 K 个记忆及其得分。

8.6.3 端到端记忆网络

在记忆网络的基础模型中，I 模块和 G 模块并没有进行复杂操作，只是将原始文本进行向量化并保存，主要的工作由 O 模块和 R 模块承担。但是从目标函数公式中可以发现，需要知道 O 选择的相关记忆是否正确，R 生成的答案是否正确，也就是说 O 和 R 模块都需要监督，由于监督太多，使得反向传播不太容易进行。因此 Sukhbaatar 等（2015）提出一种端到端的记忆网络模型，它需要更少的监督数据。主要有两种架构，一种是单层的，一种是多层的。

记忆网络的结构如图 8.28 所示，左侧是单层记忆网络，右侧是三层记忆网络，可以看出多层记忆网络就是将单层网络堆叠得到的。

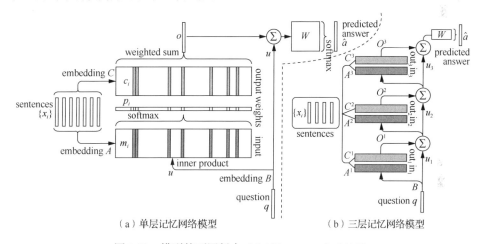

图 8.28 模型的不同版本（Sukhbaatar et al., 2015）

sentences：句子。embedding：词向量。question：问题。predicted answer：预测答案。
inner product：内部运算。weighted sum：加权和

模型主要包含 A、B、C、W 四个矩阵参数，其中 A、B、C 三个矩阵是将输入文本转化为词向量，W 是最终的输出矩阵。从图 8.28 可以看出，对于输入文本 s 会分别使用 A 和 C 进行转化得到 input 和 output 的记忆模块，把 input 与从问题转化的向量相乘得到每句话和 q 的相关性，对与 output 相关的行进行加权求和得到输出向量。

在该模型中输入模块将每句话压缩成一个向量对应到一个记忆插槽，也就是通过计算一句话中所有单词的词向量得到句向量。在这个过程中有两种编码方法：BoW 编码和位置编码。BoW 是将句子中所有单词的词向量求和所得到的向量作为句向量，但是这样会丢失句中单词的顺序关系，即语义有所损失，位置编码是对各个单词的词向量按照不同位置权重进行加权求和，公式为

$$m_i = \sum_j l_j \cdot A x_{ij}$$

（8.81）

式中，l_j 是位置信息向量，其结构为

$$l_{kj} = \left(1 - \frac{j}{J}\right) - (k/d)(1 - 2j/J) \qquad (8.82)$$

将问题经过输入模块转化为向量 u，然后把每个 m_i 与其点积计算两个向量的相似度，再进行归一化：

$$p_i = \text{softmax}\left(u^{\mathrm{T}} m_i\right) \qquad (8.83)$$

p_i 是 q 与 m_i 的相关性，然后对 output 中各个记忆按照相关性进行加权求和，得到最终的输出向量：

$$o = \sum_i p_i c_i \qquad (8.84)$$

response 模块结合 o 和 q 两个向量的和与 W 相乘再经过 softmax 产生各个单词是答案的概率，概率值最高的单词就是答案。

多层模型是将多个单层模型堆叠在一起得到的，从图 8.28 中可以看出，上层的输入就是下层 o 和 u 的和。

在基础的端到端记忆网络基础上引入门限机制（Perez et al., 2016），实现对记忆的正则化，使得模型可以动态地修改记忆，称为门限端到端记忆网络（gated end-to-end memory networks）。

门限记忆网络是将残差网络融入端到端记忆网络中，每层的功能都可以认为是 $u' = H(u)$，将其代入残差网络的公式中得到

$$T^k\left(u^k\right) = \sigma\left(w_T^k u^k + b_T^k\right) \qquad (8.85)$$

$$u^{k+1} = \sigma^k \odot T^k\left(u^k\right) + u^k \odot \left(1 - T^k\left(u^k\right)\right) \qquad (8.86)$$

模型的结构图如图 8.29 所示。

与原来模型相比，只是修改了模型中输出层的公式，将门限机制和记忆网络的结合对实验结果有一定的提升。

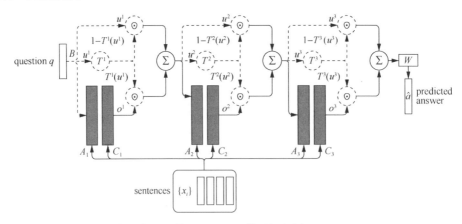

图 8.29　具有 3 个 hop 的 GMemN2N 模型解释图（Perez et al., 2016）

sentences：输入句子。question：问题。predicted answer：预测答案

8.6.4 动态记忆网络

基础的记忆网络使用词向量方法编码输入信息，这限制了模型用在别的任务上。Kumar 等（2016）提出了 DMN。DMN 包含情景记忆、输入、问题、回答四个模块，结构如图 8.30 所示。与基础记忆网络相似，根据问题的向量表示触发注意力机制，使用门限的方法选择与问题相关的输入，然后情景记忆模块结合问题和相关的输入生成记忆，得到答案的向量表示。

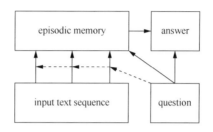

图 8.30　动态记忆网络结构（Kumar et al., 2016）

它们之间的通信用箭头表示，并使用矢量表示。episodic memory：情景记忆。input text sequence：输入。

question：问题。answer：回答

输入模块使用 GRU 对输入文本进行编码，问题模块使用 GRU 将问题编码成向量，最后只输出最后的隐藏层向量。情景记忆模块迭代输入向量，同时更新其内部情景记忆。在其一般形式中，情景记忆模块由注意力机制以及更新其记忆的循环网络组成。使用一个门限函数作为注意力机制，输入是当前的输入 c，前一时间步的记忆 m 和问题 q。首先计算三个输入之间的相似度作为特征向量，然后将其传入神经网络，最终计算出来的值就是输入与问题之间的相似度：

$$z(c,m,q)=\left[c,m,q,c \circ q,c \circ m,|c-q|,|c-m|,c^{\mathrm{T}}W^{(b)}q,c^{\mathrm{T}}W^{(b)}m\right] \tag{8.87}$$

将这些相似度特征向量连接起来传入神经网络即可：

$$G(c,m,q)=\sigma\left(W^{(2)}\tanh\left(W^{(1)}z(c,m,q)+b^{(1)}\right)+b^{(2)}\right) \tag{8.88}$$

计算出最终的相似度后，根据其大小对情景记忆更新，方法为使用 GRU 算出的记忆与门限值相乘，再加上原始记忆乘以(1-门限值)。更新 GRU 隐藏层状态的公式和计算该记忆的公式为

$$h_t^i=g_t^i\mathrm{GRU}\left(c_t,h_{t-1}^i\right)+\left(1-g_t^i\right)h_{t-1}^i \tag{8.89}$$

$$e^i=h_{T_C}^i \tag{8.90}$$

回答模块根据情景记忆模块的输出向量，将其作为隐藏层的初始状态，然后把问题和前一时刻的输出值连接起来，并使用交叉熵函数作为损失值反向传播。DMN 的具体细节结构如图 8.31 所示。

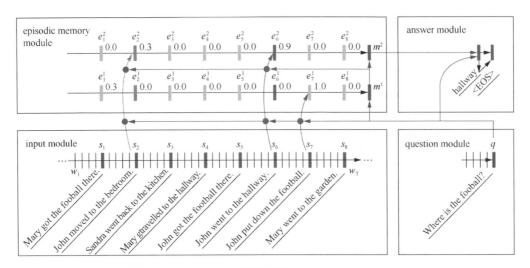

图 8.31　一个 DMN 应用的例子（Kumar et al., 2016）
episodic memory module：情景记忆模块。input module：输入模块。question module：问题模块。answer module：回答模块

图 8.31 可以解释为：假设问题是"Where is the football?"（足球在哪里？），在第一次迭代中，模型应该选择第 7 句，因为问题是关于足球的问题，而模型认为第 7 句与问题是最相关的，接下来，选择了 John 这个关键词进行第二次迭代，检索 John 的位置，选择出第 2 句和第 6 句，然后结合第一层的记忆迭代计算得到第二层的记忆，将其作为输出向量传给答案模块，并生成最终的答案。

8.6.5　神经图灵机

基础的记忆网络需要监督信号指示如何使用记忆单元，Graves 等（2014）提出的神经图灵机（neural Turing machine, NTM）可以不需要监督信号就能学习从记忆单元中读写内容，并使用软注意力模型允许端到端的训练。神经图灵机架构包含两个基本组件：一个神经网络控制器和一个外部存储库。图 8.32 展示了 NTM 的架构。与大多数神经网络一样，控制器通过输入和输出向量与外部世界进行交互。与标准网络不同，它还使用选择性读写操作与内存矩阵进行交互。与图灵机类比，这些操作是参数化为"头"（heads）的网络输出。

至关重要的是，NTM 结构的每个组件都是可微的，因此可以直接使用梯度下降来训练模型。通过定义"模糊"（blurry）的读写操作来实现这一点，这些操作与内存中的所有元素或多或少地进行交互（而不是处理单个元素，如普通的图灵机或数字计算机）。模糊的程度是由一个关注的"焦点"（focus）机制决定的，它限制了每个读和写操作，以与一小部分内存交互，忽略其余部分。由于与内存的交互非常稀疏，NTM 倾向于不受干扰地存储数据。进入注意力焦点的记忆位置是由头部发出的专门输出决定的。这些输出定义内存矩阵中的行（称为内存"位置"）的标准化加权。每个权重，一个读或者写，定义了头部在每个位置读或写的程度。因此，头部可以在一个位置上快速地进入记忆体，或者在许多位置上缓慢地进入记忆体。

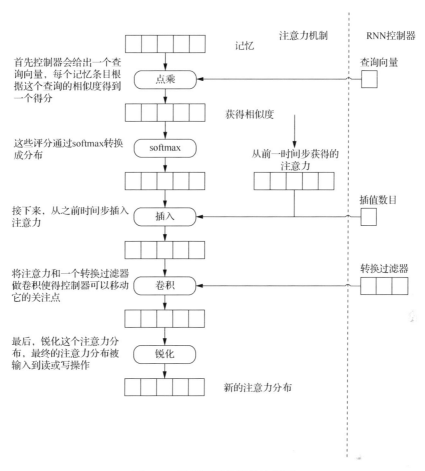

图 8.32 神经图灵机结构流程图

1. 读操作

令 M_t 是时间 t 的 $N \times M$ 内存矩阵的内容，其中 N 是存储位置的个数，M 是每个位置的向量大小。令 w_t 是一个在 t 时刻读操作头部在 N 个位置上产生的权重向量。由于所有的权重都是标准化的，w_t 的 N 个元素 $w_t(i)$ 服从以下约束：

$$\sum_i w_t(i) = 1, 0 \leqslant w_t(i) \leqslant 1, \forall i \tag{8.91}$$

由头部返回的长度为 M 的读向量 r_t 被定义为内存中的行向量 $M_t(i)$ 的一个凸组合：

$$r_t \leftarrow \sum_i w_t(i) M_t(i) \tag{8.92}$$

这显然是对记忆和权重的区分。

2. 写操作

从 LSTM 的输入门和遗忘门中获取灵感，将每个写分解为两个部分：一个擦除（erase），后面跟着一个添加（add）。

给定一个在 t 时刻由写头部产生的权重 w_t，以及一个擦除向量 e_t，其 M 元素都在范围 $(0,1)$ 内，前面的时间步骤的记忆向量 $M_{t-1}(i)$ 的修改如下：

$$\tilde{M}_t(i) \leftarrow M_{t-1}(i)(I - w_t(i)e_t) \tag{8.93}$$

式中，I 是所有元素为 1 的行向量，而对内存位置的乘法则是点乘的。因此内存位置的元素会被重置为零的情况是，只有当位置和擦除元素的权重均为 1 的时候。如果权重或擦除元素的权重是零，那么内存将保持不变。当出现多个写的头部时，可以按任意顺序执行擦除，因为乘法是可交换的。

每个写头部也会产生一个长度 M 的添加向量 a_t，在删除步骤完成后，它被添加到内存中：

$$M_t(i) \leftarrow \tilde{M}_t(i) + w_t(i)a_t \tag{8.94}$$

再一次，由多个头部执行的顺序是不相关的，所有的写头部的组合擦除和添加操作在时间 t 产生内存的最终内容。由于擦除和添加都是可微的，复合写操作也是可微的。注意，擦除和添加向量都有 M 个独立组件，允许对每个内存位置中的元素进行细粒度控制。

3. 寻址机制

虽然已经展示了读和写的公式，但没有描述如何产生权重。这些权重的出现是将两个寻址机制与互补设施相结合。第一个"基于内容的寻址"机制将注意力集中在基于它们当前值和控制器发出的值之间的相似性的位置上。这与 Hopfield 网络的内容寻址有关。基于内容的寻址的优点是，检索的时候很简单，只要求控制器对存储数据的一部分进行近似，然后将其与内存进行比较，以产生精确的存储值。

然而，基于内容的寻址并不是适合所有的问题。在某些任务中，变量的内容是任意的，但变量仍然需要一个可识别的名称或地址。算术问题就是属于不适合基于内容寻址的这一类任务：变量 x 和变量 y 可以取任意两个值，但过程 $f(x,y) = x \times y$ 仍需定义。这个任务的控制器可以取变量 x 和 y 的值，将它们存储在不同的地址中，然后检索它们并执行乘法算法。在这种情况下，变量是由位置而不是内容来处理的，将它称之为"定位寻址"。基于内容的寻址比基于位置的寻址更普遍的原因是，内存位置的内容可能包括内部的位置信息。然而，在实验中，提供基于位置的寻址作为一种原始操作被证明对某些形式的一般化来说是必要的，因此一般情况下这两种机制会联合使用。

图 8.33 展示了整个寻址系统的流程图，它显示了在读或写操作时构建权重向量的操作顺序。

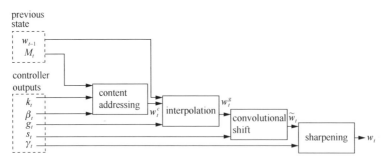

图 8.33　寻址系统流程图（Graves et al., 2014）

previous state：之前的状态。controller outputs：控制器输出。context addressing：内容寻址。interpolation：插值操作。convolutional shift：卷积转移。sharpening：锐化操作

图 8.33 中参数分别为键（key）向量 k_t 和键的长度 β_t，用于执行基于内容寻址的存储器矩阵 M_t，由此产生的基于内容的权重与加权插值 g_t。改变权重 s_t，用来决定旋转多少。最后根据 γ_t 增加权重，以用于内存访问。

4. 基于内容的注意力

对于基于内容寻址，每个头部（无论用于读或写）首先产生长度为 M 的键向量 k_t，通过

相似度度量 $K[\bullet,\bullet]$ 与每个向量 $M_t(i)$ 相比较。基于内容寻址系统根据相似性和键的长度 β_t，产生一个正常化权重 w_t^c，可以放大或衰减关注的精度：

$$w_t^c(i) \leftarrow \frac{\exp\left(\beta_t K\left[k_t, M_t(i)\right]\right)}{\sum_j \exp\left(\beta_t K\left[k_t, M_t(j)\right]\right)} \tag{8.95}$$

相似度度量是余弦相似度：

$$K[u,v] = \frac{u \cdot v}{\|u\| \cdot \|v\|} \tag{8.96}$$

5．基于位置的注意力

基于位置的寻址机制的设计是为了便于在内存的位置和随机访问跳转上进行简单的迭代。它是通过执行一个加权的旋转移位来实现的。例如，如果当前的权重完全集中在一个位置上，则 1 的旋转将焦点转移到下一个位置。一个负转移会将权重移动到相反的方向。

在旋转之前，每个头部在范围内产生一个标量插值门函数 g_t，范围为（0,1）。g_t 的值被用来在上一阶段由头部产生的权重 M_{t-1} 和由内容在当前的时间步骤中产生的权重 w_t^c 混合，从而产生门限权重 w_t^g：

$$w_t^g \leftarrow g_t w_t^c + (1-g_t) w_{t-1} \tag{8.97}$$

如果门的值是 0，则内容权重完全被忽略，使用前一个时间步骤的权重。相反，如果门的值是 1，则忽略前一个迭代的权重，系统应用基于内容的寻址。

在插值之后，每个头部都发出一个移位加权 s_t，它定义了允许的整数移位的正态分布。例如，如果允许在-1 和 1 之间变化，s_t 有 3 个元素，对应于-1、0 和 1 的变化。定义移位权重最简单的方法是使用附加到控制器的适当大小的 softmax 层。

如果把 N 个内存位置标记为从 0 到 $N-1$，通过 s_t 作用在 w_t^g 的旋转可以用以下循环卷积表示：

$$\tilde{w}_t(i) \leftarrow \sum_{j=0}^{N-1} w_t^g(j) s_t(i-j) \tag{8.98}$$

如果位移权重不高，那么在式（8.96）中卷积运算就会导致权重的泄漏或分散。例如，如果将-1、0 和 1 的变化给定权重为 0.1、0.8 和 0.1，旋转将把一个权重集中在 3 个点中的一个点上。为了解决这个问题，每个头部都发出一个标量 $\gamma_t \geq 1$，它的作用是使最终权重提高如下：

$$w_t(i) \leftarrow \frac{\tilde{w}_t(i)^{\gamma_t}}{\sum_j \tilde{w}_t(j)^{\gamma_t}} \tag{8.99}$$

加权插值和基于内容与位置的寻址系统可以在三种互补模式下进行操作。第一，内容系统可以选择一个权重，而不需要修改位置系统。第二，可以选择基于内容寻址系统产生的权重，然后进行移位。这使得焦点可以跳转到旁边的位置，而不是通过内容访问的地址；在计算术语中，这允许头部找到连续的数据块，然后访问该块中的特定元素。第三，可以在不使用任何基于内容的寻址系统的输入的情况下调整前一个步骤的权重。这使得权重可以通过在每个时间步骤中向前推进相同的距离来遍历地址序列。

6．控制器网络

上面描述的 NTM 架构中内存的大小、读和写的数量，以及允许的位置偏移的范围都是自由的参数。但用作控制器的神经网络的类型也许是最重要的架构选择。特别是，必须决定是否使用循环神经网络或前馈网络。像 LSTM 这样的周期性控制器有它自己的内部内存，可以补充矩阵中较大的内存。如果将控制器与数字计算机中的中央处理单元（尽管具有自适应性而非预定义指令）和内存矩阵进行比较，则循环控制器的隐藏激活就类似于处理器中的寄存器。它们允许控制器在多个时间步骤中混合信息。另一方面，前馈控制器可以通过在每个步骤中从内存读取和写入相同的位置来模拟循环神经网络。此外，前馈控制器通常会给网络的操作带来更大的透明性，因为相比解释 RNN 的内部状态，解释从读写到内存矩阵的模式更容易一些。然而，前馈控制器具有一个限制，即并发读和写头部的数量给 NTM 所能执行的计算类型带来了瓶颈。只有一个读的头部，它只能在每个时间步上对单个内存向量执行一元转换；有两个读的头部，它可以执行二元向量转换等。循环控制器可以在内部存储从以前的时间步骤中读取的向量，因此不受这个限制的影响。

8.6.6　记忆网络的应用

自然语言理解的大多数研究集中于从标记数据的固定训练集中进行学习，在词级（标记、解析任务）或句子级别（问题解答、机器翻译）中进行监督。这种监督对于人类的学习方式是不现实的，语言是通过交流使用的。因此记忆网络主要应用在基于对话的语言学习范围。

Weston（2016）提出了 10 个基于对话的监督任务数据集，并基于数据集，使用以下四种策略训练记忆网络。Weston 使用端到端记忆网络作为模型的基础，图 8.34 给出了模型结构的描述。

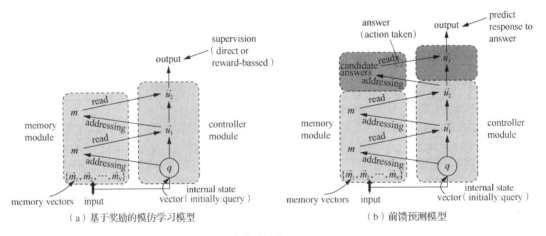

（a）基于奖励的模仿学习模型　　　　　　（b）前馈预测模型

图 8.34　两种模型结构（Weston, 2016）

memory module：记忆模块。controller module：控制器模块。memory vectors：记忆向量。

internal state vector（initially:query）：内部状态向量（初始查询）。

supervision（direct or reward-based）：（直接或者基于反馈的）监督。predict response to answer：预测的回复。

answer（action taken）：回答（执行行动）。output：输出。candidate answers：候选答案。

read：读取。addressing：寻址。input：输入

图 8.35（a）中的输入是对话的最后一句 x 和一系列记忆（上下文）$c_1, c_2, \cdots, c_N$，例如，最近的一些话语和回答（短期记忆），可能对回答问题有用的事实（长期记忆）。这些上下文输入 c_i 被转换为向量 m_i，然后存储在记忆之中。目标是通过处理输入 x，并使用它来处理和读取内存 m，产生一个回复 $\hat{a}$，在图中记忆被读取了两次，这被称为注意力的多"跳"（hop）。

在第一跳中，寻址和从记忆中读取的输出为

$$o_1 = \sum_i p_i^1 m_i, \quad p_i^1 = \text{softmax}\left(q^{\mathrm{T}} m_i\right) \tag{8.100}$$

输入和记忆之间的匹配是通过取内积来计算的，然后通过 softmax 函数，产生 p^1，这是一个关于记忆的概率向量。目标是选择与最后一句话相关的记忆，即最相关的记忆具有 p_i^1 的最大值。使用记忆的加权和来构造输出内存 o_1，然后将它添加到原始输入 $u_1 = R_1(o_1 + q)$，以形成控制器的新状态。接下来可以使用 u_1 作为寻址向量来表示记忆中的注意力：

$$o_2 = \sum_i p_i^2 m_i, \quad p_i^2 = \text{softmax}\left(u_1^{\mathrm{T}} m_i\right) \tag{8.101}$$

通过 $u_2 = R_2(o_2 + u_1)$ 更新控制器的状态，在两跳模型中，最终的输出被定义为

$$\hat{a} = \text{softmax}\left(u_2^{\mathrm{T}} A y_1, \cdots, u_2^{\mathrm{T}} A y_C\right) \tag{8.102}$$

式中，C 是 y 中的候选答案下标。接下来介绍模型使用的训练策略。

（1）模仿学习：这种方法简单地模仿观察对话中的一位发言者，本质上是一个监督学习目标。这是大多数现有对话学习以及问题答案系统用于学习的设置。例子以 (x, c, a) 三元组形式出现，其中 a（假定是）对上一个句子 x 在给定上下文 c 的情况下的响应。整个记忆网络模型使用随机梯度下降法通过最小化 a 与标签之间的标准交叉熵损失来训练。

（2）基于奖励的模仿：如果某些行动是不好的选择，那么就不想重复它们，不应该把它们当作一个有监督的目标。在对话模型中，积极的回报只是在正确的行为之后立即获得，否则就是零。因此，一个简单的策略就是将模仿学习应用于奖励行为。其余的操作只是从训练集中丢弃。

（3）前向预测：一种替代的训练方法是执行前向预测，目的是给出讲话者 1 的话语 x 和讲话者 2（即学习者）的答案 a 来预测 $\tilde{x}$，即对来自说话者 1 的答案的响应。一般来说，在行为 a 后预测变化状态，在这种情况下涉及新的话语 $\tilde{x}$。

为了更好地学习数据，记忆网络被做出一些修改，如图 8.34（b）所示，从图 8.34（a）的原始网络中截取最终的输出，并将其替换为一些额外的层来计算正向预测，记忆网络的第一部分没有改变，并且只能访问输入 x 和上下文向量 c，因此 $u_2 = R_2(o_2 + u_1)$ 的计算结果与之前完全相同。模型的主要想法是执行另一"跳"的注意力，而不是记忆的候选答案，同时模型还考虑对话中实际选择了哪个候选的信息。在这个"跳"之后，控制器的结果状态被用来做前向预测：

$$o_3 = \sum_i p_i^3 \left(A y_i + \beta^* [a = y_i]\right), \quad p_i^3 = \text{softmax}\left(u_2^{\mathrm{T}} A y_i\right) \tag{8.103}$$

式中，β^* 表示输出 o_3 中实际选择的动作。在获得 o_3 之后，正向预测可以被计算为

$$\hat{x} = \text{softmax}\left(u_2^{\mathrm{T}} A \overline{x}_1, \cdots, u_2^{\mathrm{T}} A \overline{x}_{\overline{C}}\right) \tag{8.104}$$

式中，$u_2 = R_2(o_2 + u_1)$。也就是说，它计算在候选 $\overline{C}$ 中选择答案 a 的可能性分数，该机制为模型提供了一种方法，将 x 的最可能答案与给定的答案 a 进行比较，如果给定的答案 a 是不正确的，并且模型能把值比较大的 p_i 分配给正确答案，因此输出 o_3 将包含少量的 β^*；相反，如果 a 是正确的，o_3 中将具有大量的 β^*。因此 o_3 把可能的响应 $\overline{x}$ 通知给模型。然后可以使用 $\hat{x}$ 和标签 $\overline{x}$ 之间的交叉熵损失进行训练。

（4）基于奖励的模仿+前向预测：基于奖励的模仿学习采用图 8.34（a）的体系结构，并且前向预测使用相同的体系结构，而且具有图 8.34（b）的附加层，因此可以与两种策略共同

学习。一个方案是简单地共享两个网络的权重，并为两个标准执行梯度步骤，每个操作具有一种类型。如前所述，前者利用奖励信号——可用时是一种非常有用的信号，但未能在随后的话语中使用潜在的监督反馈。它也有效地忽略了没有奖励的对话。相反，前向预测使用基于对话的反馈，并且可以在没有任何奖励的情况下训练。另一方面，在可用时不使用奖励是严重的障碍。因此，两种策略的混合是一个潜在的强大组合。

　　同时，记忆网络还可以实现端到端的任务型对话系统，旨在对于目标导向（goal-oriented）的对话系统构建一个比较完善的数据集和训练方法。Bordes 等（2016）提出了将记忆网络应用于餐厅预定领域。图 8.35 显示了用户和机器人之间的对话任务。

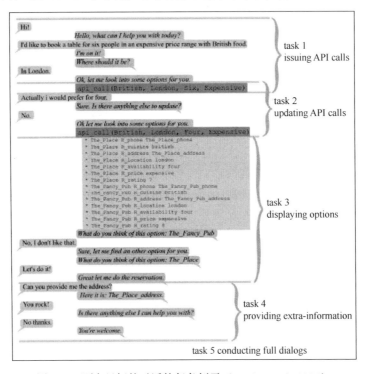

图 8.35　面向目标的对话的任务例子（Bordes et al., 2016）

task：任务。issuing API calls：问题 API 调用。updating API calls：更新 API 调用。displaying options：显示选择。

providing extra-information：提供额外信息。conducting full dialogs：产生整个对话

　　用户（用绿色）与机器人（蓝色）聊天，在餐厅预订餐桌。模型必须预测机器人语音和 API 调用（深红色）。任务 1 测试解释请求并询问正确问题发出 API 调用的能力。任务 2 检查修改 API 调用的能力。任务 3 和任务 4 测试使用来自 API 调用的输出（浅红色）的容量来提出选项（按等级排序）并提供额外信息。任务 5 结合了一切。根据用户需求分别调用对应的 API（用户需要输入餐厅信息，包括上面提到的存在 KB 中的餐厅的几个属性），用户更改需求重新调用 API，展示满足条件的结果，最终在用户确定某个餐厅后将其位置、电话等信息显示出来的四个任务。

■8.7　阅读材料

　　注意力机制最初在心理学领域被提出（Anderson, 1985），后来被应用在深度学习中，Wang

等（2016）将注意力机制分为基于项的注意力和基于位置的注意力，Luong 等（2015）将注意力分为全局注意力和局部注意力，2017 年谷歌提出的自身注意力与传统的注意力机制具有很大的不同（Vaswani et al., 2017）。

　　注意力机制最成功的一个应用就是将它与 RNN 结合起来用在神经机器翻译领域（Bahdanau et al., 2014），注意力对机器翻译的结果有很大的提升。谷歌提出只使用自身注意力进行机器翻译（Vaswani et al., 2017），同样取得了很好的效果。因为注意力机制可以集中在图片的某一部分，所以可以将注意力应用在图片处理方面，在目标检测和图片标注领域都取得了不错的效果（Google DeepMind, 2015; Vinyals et al., 2015）。在问答系统领域中使用注意力机制，可以更精确地确定答案的范围，精准定位答案区域，可以参考（Chen et al., 2017; Ye et al., 2017; Wang et al., 2017a; Li et al., 2016）这些文献。

　　在最初的注意力机制被提出后，又有很多的注意力机制变体出现，在不同的领域取得了更好的效果。结构化注意力机制从原始的注意力变成既能内部建模结构信息又不破坏端到端训练的新机制，详细介绍可以参考文献（Kim et al., 2017）。目标端注意力机制将目标端注意力集成到解码器网络中，这样它就可以跟踪到目前为止已经输出的内容，可以参考文献（Shao et al., 2017）。单调对齐注意力机制模拟在输入和输出序列之间的单调对齐来处理输入输出之间的依赖关系，可以参考文献（Aharoni et al., 2016）。循环注意力模型将注意力问题看作序列决策过程，本章没有进行详细介绍，可以参阅文献（Mnih et al., 2014）。

　　尽管 LSTM 存在记忆功能，但是 LSTM 中的记忆单元容量太小，不足以对上下文的信息进行存储。因此 Weston 等（2014）提出了记忆网络，用外显记忆来增加上下文的信息。在传统记忆网络的基础上，很多记忆网络的变体逐步出现，Chandar 等（2016）提出的分层记忆网络将软注意力机制和硬注意力机制结合，提升了梯度下降算法的效率。端到端记忆网络是一种端到端的记忆网络模型，它需要更少的监督数据，减少监督可以使反向传播更容易一些（Sukhbaatar et al., 2015）。由于基础的记忆网络使用词向量方法编码输入信息，这限制了模型用在别的任务上，因此 Kumar 等（2016）提出了动态记忆网络。传统的记忆网络需要监督指示如何使用记忆单元，Graves 等（2014）提出的神经图灵机不需要监督就能学习从记忆单元读写内容。

　　记忆网络主要应用在基于对话的语言学习范围。Weston（2016）提出了 10 个基于对话的监督任务数据集，使用四种策略训练记忆网络在对话领域的应用。Bordes 等（2016）提出了将记忆网络应用于餐厅预定领域。

参 考 文 献

Aharoni R, Goldberg Y, 2016. Sequence to sequence transduction with hard monotonic attention. arXiv preprint arXiv:1611.01487.

Anderson J R, 1985. Cognitive psychology and its implications. WH Freeman/Times Books/Henry Holt & Co.

Ba J, Mnih V, Kavukcuoglu K, 2014. Multiple object recognition with visual attention. arXiv preprint arXiv:1412.7755.

Bahdanau D, Cho K, Bengio Y, 2014. Neural machine translation by jointly learning to align and translate. arXiv preprint arXiv:1409.0473.

Bordes A, Boureau Y L, Weston J, 2016. Learning end-to-end goal-oriented dialog. arXiv preprint arXiv:1605.07683.

Chandar S, Ahn S, Larochelle H, et al., 2016. Hierarchical memory networks. arXiv preprint arXiv:1605.07427.

Chen Q, Hu Q, Huang J X, et al., 2017. Enhancing recurrent neural networks with positional attention for question answering. Special Interest Group on Information Retrieval (SIGIR'17): 993-996.

Choi E, Bahadori M T, Song L, et al., 2017. GRAM: graph-based attention model for healthcare representation learning. Knowledge Discovery and Data Mining (KDD'17): 787-795.

Chorowski J K, Bahdanau D, Serdyuk D, et al., 2015. Attention-based models for speech recognition. Neural Information Processing

Systems (NIPS'15): 577-585.

CSDN 大数据．2017．深度学习中的注意力机制．(2017-11-02)[2019-02-14]. https://blog.csdn.net/tg229dvt5i93mxaq5a6u/article/details/78422216.

Cui Y, Chen Z, Wei S, et al. 2016. Attention-over-attention neural networks for reading comprehension. Association for Computational Linguistics(ACL'16): 593-602.

Fu K, Jin J, Cui R, et al., 2017. Aligning where to see and what to tell: image captioning with region-based attention and scene-specific contexts. IEEE transactions on pattern analysis and machine intelligence, 39(12): 2321-2334.

Graves A, Wayne G, Danihelka I, 2014. Neural Turing machines. arXiv preprint arXiv:1410.5401.

Kapashi D, Shah P, 2015. Answering reading comprehension using memory networks. Report for Stanford University Course cs224d.

Kim Y, Denton C, Hoang L, et al., 2017. Structured attention networks. arXiv preprint arXiv:1702.00887.

Kumar A, Irsoy O, Ondruska P, et al., 2016. Ask me anything: dynamic memory networks for natural language processing. International Conference on Machine Learning (ICML'16): 1378-1387.

Li H, Min M R, Ge Y, et al., 2017. A context-aware attention network for interactive question answering. Knowledge Discovery and Data Mining (KDD'17): 927-935.

Luong M T, Pham H, Manning C D, 2015. Effective approaches to attention-based neural machine translation. Empirical Methods on Natural Language Processing(EMNLP'15): 1412-1421.

Ma F, Chitta R, Zhou J, et al., 2017. Dipole: diagnosis prediction in healthcare via attention-based bidirectional recurrent neural networks. Knowledge Discovery and Data Mining (KDD'17): 1903-1911.

Mnih V, Heess N, Graves A, 2014. Recurrent models of visual attention. Neural Information Processing Systems (NIPS'14): 2204-2212.

Netzer Y, Wang T, Coates A, et al., 2011. Reading digits in natural images with unsupervised feature learning. NIPS workshop on deep learning and unsupervised feature learning, Vol. 2011, No. 2, p. 5.

Olah C, 2016. Attention and Augmented Recurrent Neural Networks. (2016-09-08)[2019-02-14]. https://distill.pub/2016/augmented-rnns/.

Perez J, Liu F, 2016. Gated end-to-end memory networks. arXiv preprint arXiv:1610.04211.

Seo S, Huang J, Yang H, et al., 2017. Interpretable convolutional neural networks with dual local and global attention for review rating prediction. Eleventh ACM Conference on Recommender Systems: 297-305.

Shao Y, Gouws S, Britz D, et al., 2017. Generating high-quality and informative conversation responses with sequence-to-sequence models. Empirical Methods in Natural Language Processing (EMNLP'17): 2210-2219.

Sukhbaatar S, Szlam A, Weston J, et al., 2015. End-to-end memory networks. Neural Information Processing Systems (NIPS'15): 2440-2448.

Uijlings J. R, van de Sande K E, Gevers T, et al., 2013. Selective search for object recognition. International Journal of Computer Vision (IJCV'13): 154-171.

Vaswani A, Shazeer N, Parmar N, et al., 2017. Attention is all you need. Neural Information Processing Systems (NIPS'17): 6000-6010.

Vinyals O, Toshev A, Bengio S, et al., 2015. Show and tell: A neural image caption generator. Computer Vision and Pattern Recognition (CVPR'15): 3156-3164.

Wang F, Tax D M, 2016. Survey on the attention based RNN model and its applications in computer vision. arXiv preprint arXiv:1601.06823.

Wang W, Yang N, Wei F, et al., 2017a. R-NET: Machine reading comprehension with self-matching networks. Natural Lang, Beijing, China: 5.

Wang X, Yu L, Ren K, et al., 2017b. Dynamic attention deep model for article recommendation by learning human editors' demonstration. Knowledge Discovery and Data Mining (KDD'17): 2051-2059.

Weston J E, 2016. Dialog-based language learning. Neural Information Processing Systems (NIPS'16): 829-837.

Weston J, Chopra S, Bordes A, 2014. Memory networks. arXiv preprint arXiv:1410.3916.

Williams R J, 1992. Simple statistical gradient-following algorithms for connectionist reinforcement learning. Machine Learning, 8(304): 229-256.

Xu K, Ba J, Kiros R, et al., 2015. Show, attend and tell: neural image caption generation with visual attention. International Conference on Machine Learning (ICML'15): 2048-2057.

Ye Y, Zhao Z, Li Y, et al., 2017. Video question answering via attribute-augmented attention network learning. Special Interest Group on Information Retrieval (SIGIR'17): 829-832.